Holzfrei

Nr. 39
S. 9009—9240

1955
28. September

Chemisches Zentralblatt

Vollständiges Repertorium für alle Zweige der reinen und angewandten Chemie

1830 gegründet. 1897—1945 von der Deutschen Chemischen Gesellschaft fortgeführt.
Im Auftrage der Deutschen Akademie der Wissenschaften zu Berlin, der Chemischen Gesellschaft in der Deutschen Demokratischen Republik, der Akademie der Wissenschaften zu Göttingen und der Gesellschaft Deutscher Chemiker

herausgegeben von Prof. Dr. **Maximilian Pflücke**

126. Jahrgang

1955

Chefredakteure: Dr. Eugen Klever und Prof. Dr. Maximilian Pflücke

Akademie-Verlag GmbH., Berlin — Verlag Chemie, GmbH., Weinheim/Bergstr.

Inhalt

Namenregister

Chemisches Zentralblatt

1955 Nr. 39 28. September

Geschichte. Unterricht.

—, *J. A. Häfliger (geb. 29/5. 1873, gest. 21/11. 1954).* Nachruf auf den von 1926—1943 als Lektor für galen. Pharmazie u. Pharmaziegeschichte an der Universität Basel tätigen Stifter des Basler pharmaziehistor. Museums, Prof. Dr. phil. J. A. HÄFLIGER. (Arch. Pharmac. og Chem. **61** (**111**). 1040—41. 27/12. 1954.) R. K. MÜLLER. 1

S. G. P. Plant, *Edward Hope. 1886—1953.* Nachruf auf EDWARD HOPE (* 19/12. 1886 in Lowton, Lancashire, † 7/2. 1953 in Caterham, Surrey), Forschungen über Terpene u. Färbemittel, langjähriger Herausgeber des Chemists' Year Book. (J. chem. Soc. [London] **1953**. 3730—32. Nov.) W. KUNTZ. 1

—, *Albert Knoll.* Nachruf auf den Mitbegründer der chem. Fabriken Knoll A.-G., Ludwigshafen, A. KNOLL, * 4/6. 1858 in Braunschweig, † 1/5. 1952 in Baden-Baden. Er fand u. a. ein Verfahren zur rationellen Darst. von Kodein aus Morphin. (Arch. Pharmaz. Ber. dtsch. pharmaz. Ges. **285/57**. Nr. 4; Mitt. dtsch. pharmaz. Ges. **22**. 27—28. **1952**.) W. KUNTZ. 1

W. I. Nasarow, *Wladimir Adolfowitsch Naumow.* W. A. NAUMOW (geb. 1879, gest. 9/10. 1953), Ordinarius für Kolloidchemie u. später auch für physikal. Chemie am Institut für Volkswirtschaft u. gleichzeitig Professor für Kolloidchemie an der Moskauer Universität, war der Bahnbrecher für die Kolloidchemie in der UdSSR. — Bild. (Коллоидный Журнал [Kolloid-J.] **16**. 79—80. Jan./Febr. 1954.) J. v. SCHROEDER. 1

—, *Alwin Mittasch* †. Nachruf mit Bild auf den bekannten, auf dem Gebiete der Ammoniaksynthese erfolgreichen, 27/12. 1869 geborenen u. 4/6. 1953 gestorbenen Forscher. (Chemiker-Ztg. **77**. 415. 20/6. 1953.) M. PFLÜCKE. 1

G. Dupont, *Gustave Vavon (1884—1953).* Nachruf auf GUSTAVE VAVON, geb. 30/12. 1884 in Dampierre-sous-Bouly, gest. 2/1. 1953 in Paris, Professor der analyt. Chemie u. chem. Messung an der Sorbonne. Würdigung seiner Arbeiten über katalyt. Hydrierung, Stereochemie u. asymm. Synthese, u. a. Verzeichnis seiner Veröffentlichungen. — Bild. (Bull. Soc. chim. France, Mém. [5] **20**. 657—64. Juli/Aug. 1953.) W. KUNTZ. 1

Desmond Reilly, *Richard Chenevix (1774—1839) und die Auffindung des Palladiums.* Biograph. Notizen über den in Irland geborenen, in Frankreich erzogenen (vorwiegend analyt.) Chemiker. Er bestritt den Elementcharakter des von WOLLASTON (anonyme Mitt.) aus Roh-Pt isolierten Pd. (J. chem. Educat. **32**. 37—39. Jan. 1955. New York, Food Mach. and Chem. Corp.) K. BLUMRICH. 1

A. von Zeerleder, *Sainte-Claire Deville, Erfinder der industriellen chemischen Aluminiumerzeugung.* Geschichtlicher Rückblick. (Aluminium Suisse **4**. 75—77. Mai 1954.) H. HOCHSTEIN. 1

P. I. Sachartschenko und **K. B. Piotrowski,** *Ssergei Wassiljewitsch Lebedew und der Aufbau der Industrie des synthetischen Kautschuks in der UdSSR.* Ss. W. LEBEDEW (1874—1934) ist der Schöpfer der russ. Industrie des synthet. Kautschuks. Schon 1908 bis 1912 arbeitete er über die Polymerisation von Butadien u. anderen Verbb. mit Doppelbindung. Daraus entwickelte sich dann die industrielle Herst. des Kautschuks. 1932 begannen die ersten Betriebe, als erste in der Welt, mit der Erzeugung des synthet. Kautschuks. (Химическая Промышленность [Chem. Ind.] **1954**. Nr. 5. 1—5. Juli/Aug.) J. v. SCHROEDER. 1

N. Je. Chomutow, *Wassili Wladimirowitsch Petrow — ein hervorragender Physiko-Chemiker und der erste russische Elektrochemiker. (Zum 150 jährigen Bestehen der Elektrochemie in Rußland.)* W. W. PETROW (1761—1834) hat 1803 eine Arbeit über galvan. Verss. veröffentlicht, die als erste russ. Arbeit auf dem Gebiet der Elektrochemie Bedeutung gewonnen hat. Es wird eine zusammenfassende Darst. der elektrochem. Arbeiten von PETROW gegeben. (Журнал Физической Химии [J. physik. Chem.] **28**. 765—68. April 1954. Moskau, Chem.-technol. Mendelejew-Inst.) R. K. MÜLLER. 1

L. I. Bashenowa, *Jegor Jegorowitsch Wagner (Über die Rolle der russischen Chemiker bei Untersuchung der Terpene).* Würdigung der Arbeiten von J. J. WAGNER (1849 bis 1903) auf dem Gebiet der Terpene. — 48 Literaturangaben. — Bild. (Успехи Химии [Fortschr. Chem.] **19**. 619—31. Sept./Okt. 1950. Tambow.) A. TROFIMOW. 1

M. T. Glowatzki, *D. I. Mendelejew und die wissenschaftlich-technischen Gesellschaften der Ukraine (Geschichtliche Materialien).* Zusammenstellung von biograph. Dokumenten über die Beziehungen von MENDELEJEW zu den ukrain. wissenschaftlichen Gesellschaften u. über seinen Beitrag für die Entw. der Wissenschaft u. Technik der Ukraine. (Украинский Химический Журнал [Ukrain. chem. J.] **20.** Nr. 2. 216—22. 1954.) O. POLLAK V. EMHOFEN. 1

Ss. A. Schtschukarew, *Das Periodische Gesetz von D. I. Mendelejew als grundlegendes Prinzip der heutigen Chemie. (Zur 85. Wiederkehr des Tages der Entdeckung des Gesetzes.)* Die Bedeutung der Periodizität im Aufbau der Elektronenhüllen u. der Unterschiede zwischen s-, p- u. d-Elektronen für die Bindungsfestigkeit wird erörtert, wobei die Bildungswärme der Oxyde u. die Redoxpotentiale in wss. Lsgg. im Vordergrund stehen. (Журнал Общей Химии [J. allg. Chem.] **24** (86). 581—92. April 1954.) G. KIRSCHSTEIN. 2

I. I. Isskoldski, *Die Geschichte der chemischen Symbole und Formeln in Rußland.* (Химия в Школе [Chem. Schule] **9.** Nr. 2. 16—22. März/April 1954.) O. LEBTAG. 2

Denis I. Duveen und **Herbert S. Klickstein,** *Zwei Flugblätter, die Antoine Laurent Lavoisiers „Der neuen Nomenklatur angepaßte chemische Zeichen" erläutern.* Beschreibung u. Aufzeigen des Ursprungs der beiden Blätter, die JACKSON nach den von HASSENFRATZ u. ADET gemachten Vorschlägen zu der „Methode de Nomenclature Chimique" von MORVEAU, LAVOISIER, BERTHOLET u. FOURCROY [1787] bzw. nach dem „Rapport sur les Nouveaux Caractères Chimiques" von LAVOISIER (1799 engl.) drucken ließ. (Proc. Amer. philos. Soc. **98.** 466—68. 23/12. 1954. New York City; Univ. of Pennsylvania, Edgar Fahs Smith Library in the Hist. of Chem.) K. BLUMRICH. 2

John Cochrane, *Die Metalle der Platingruppe.* Geschichte der Auffindung von *Pt, Pd, Ir, Rh, Ru* u. *Os*, ihr Vork., ihre Gewinnung aus Erzen anderer Metalle u. ihre Reinigung. (J. chem. Educat. **31.** 407—09. Aug. 1954. Malvern, Pa., J. Bishop & Co. Platinum Works.) K. BLUMRICH. 2

Trevor I. Williams und **Herbert Weil,** *Die Stadien der Chromatographie.* (Vgl. C. **1953.** 5140.) In einem geschichtlichen Rückblick auf die Entw. der Chromatographie wird die Erklärung ZECHMEISTERs, wonach TSWETT der ausschließliche Erfinder der Chromatographie ist, untersucht. Vff. bringen zunächst eine krit. Zusammenstellung der verschied. Definitionen des Begriffes „Chromatographie". Die Entwicklungsgeschichte läßt sich in 3 Stadien unterteilen: A) Die erste empir. Periode geht zurück bis zu den alten Ägyptern, die bereits Prüfungen auf Fe auf mit Galläpfelextrakten imprägniertem Papyrus vornahmen, u. erstreckt sich bis ins 19. Jahrhundert, wo chromatograph. Verff. nicht nur im Farbengewerbe, sondern auch in der Zuckerindustrie, im Bleichen von pflanzlichen Ölen u. in der Raffination von Petroleum entwickelt u. angewandt wurden. B) Die zweite wissenschaftliche Papierchromatographie hat ihre Anfänge um 1850, die Säulenchromatographie um 1900. Große Verdienste haben sich hier DAY, bes. aber RUNGE, erworben, der 3 Bücher schrieb, die die Chromatographie zum Thema haben. Als an der weiteren Entw. Beteiligte werden GOPPELSROEDER, BAILY u. SCHOENBEIN genannt. Es wird betont, daß TSWETT GOPPELSROEDERs Capillaranalyse u. wahrscheinlich auch RUNGEs Arbeiten wohl bekannt waren. Die wissenschaftliche Entw. der Säulenchromatographie ist auch nicht das Werk eines einzelnen, REED, NASSE, ENGLER u. anderen sind Verdienste zuzuerkennen. C) Die techn. Periode findet ihren Nd. in der Patentliteratur. Bereits 1868 wurde dem brit. Petroleumchemiker FORDRED ein Patent für die Raffination von Paraffin mit Fullererde erteilt. Neuere Anlagen wurden bes. im Zusammenhang mit dem Atomenergieprojekt erbaut. Die erste vollständige industrielle Chromatographieranlage ist die der VALLEY VITAMINS INC. AT MC ALLEN in Texas. — 105 Literaturangaben. (Ark. Kemi **5.** Nr. 27. 283—96. 1953.) H. ENDRASS. 2

P. I. Gnip, *Die Eisenmetallurgie von Polessje.* Geschichtliches über die Entw. der Metallurgie in der Nordukraine von den Anfängen bis zum Anschluß der Ukraine an Rußland im Jahre 1793. (Вісник Академії Наук УРСР [Nachr. Akad. Wiss. UkrSSR] **26.** Nr. 3. 52—58. 1955.) O. LEBTAG. 2

Harold Finegold, *Der Streit zwischen Liebig und Pasteur.* Vgl. der prakt. fruchtbaren vitalist. Ansichten PASTEURs mit der umfassenderen (auch enzymat. Prozesse in Abwesenheit von Lebewesen) chem. Theorie LIEBIGs über die alkoh. Gärung u. andere fermentative Vorgänge. Der Streit befruchtete die weitere Forschung sehr. (J. chem. Educat. **31.** 403—06. Aug. 1954. Boston, Mass., Boston Univ., Jun. Coll.) K. BLUMRICH. 2

Elena Pennini, *Kurze Geschichte des „Epsom"- oder „englischen" Salzes.* Dieses Salz ist Magnesiumsulfat ($MgSO_4 \cdot 7H_2O$) u. stellt ein vom Volke vielverwendetes Wundheilmittel dar. Entdeckungsgeschichte u. andere damit verbundene histor. Begebenheiten werden beschrieben. (Rev. farmacéutica **94** (95). 49—51. Jan./Febr. 1952.) M. Reiher. 2

Wesley W. Wendlandt, *Die Vorlesungsdemonstration von Atomspektren.* Benutzung der Flammen von käuflichen, Sr-, Ba- oder Na-Salze enthaltenden Leuchtstäbchen (Safety Fusees; 1 in. brennt ca. 1 Min. lang). (J. chem. Educat. **32.** 9. Jan. 1955. Lubbock, Tex., Texas Technol. Coll.) K. Blumrich. 6

P. D. Moshei, *Demonstration von Explosionen von Gasgemischen.* Beschreibung von Unterrichtsverss. über die Explosion der Gemische von H_2 u. O_2, CH_4 u. O_2, Äthylen u. O_2, Acetylen u. O_2, Acetylen u. O_2 in Seifenblasen. (Химия в Школе [Chem. Schule] **9.** Nr. 2. 56—58. März/April 1954.) O. Lebtag. 6

D. A. Epstein, A. A. Grabetzki, A. A. Ossipow und **Ss. A. Schurchin,** *Versuche und Anschauungsmaterial zur Unterrichtung der Schüler über die Herstellung von synthetischem Ammoniak und Salpetersäure.* Beschreibung der Demonstrationsverss. über Herst. u. Zers. von NH_3 sowie über die Herst. von HNO_3. (Химия в Школе [Chem. Schule] **9.** Nr. 2. 48—55. März/April 1954.) O. Lebtag. 6

W. B. Dranitzyna und **W. Ss. Malinowski,** *Schuldemonstration des Einflusses der Oberfläche auf die Geschwindigkeit des Verlaufes heterogener chemischer Reaktionen.* Um die Bedeutung der Zerkleinerung des festen Stoffes für den Reaktionsverlauf zu demonstrieren, wird je 1 gleich großes Stück Kreide zerkleinert u. unzerkleinert in einem Glasgefäß mit der gleichen Menge 5% ig. HCl übergossen (ungleiche CO_2-Entw.). Durch ein leeres u. ein mit Porzellanscherben gefülltes Glasrohr wird von unten nach oben NH_3 durchgeleitet, von oben H_2SO_4 zugegeben. An der Rotfärbung des Phenolphthaleins im Kontrollglas erkennt man die unvollständige NH_3-Bindung durch H_2SO_4 im Glasrohr ohne Füllmasse. (Химия в Школе [Chem. Schule] **9.** Nr. 2. 58—60. März/April 1954.) O. Lebtag. 6

Erwin F. Lange, Roy Teranishi und **Bert E. Christensen,** *Eine Folge von Synthesen im allgemeinen organischen Praktikum.* p-Xylol wird mit $KMnO_4$ zu *Terephthalsäure* oxydiert; diese wird teils mit PCl_5 behandelt u. mit Methanol verestert, teils nitriert u. zum Amin red., das beim Erhitzen mit Formamid *4-Chinazolon-7-carbonsäure* liefert. — Anleitung, FF. u. Ausbeuten. (J. chem. Educat. **32.** 40—41. Jan. 1955. Portland, Portland State Extension Centre; Corvallis, Ore., State Coll.) K. Blumrich. 6

Robert L. Parker und **O. Strebel,** *Ein Gerät zur Herstellung von Holzkristallmodellen.* Es wird ein neuer App. beschrieben, mit dem sich Holzkristallmodelle winkelgetreu schneiden lassen. (Schweiz. mineralog. petrogr. Mitt. **34.** 177—83. 1954. Zürich) J.-E. Hiller. 6

Bernard M. Mitzner, *Anreiz zum Interesse an Laboratoriumsarbeiten.* Als Gegengewicht gegen zu mechan. Arbeiten der Studierenden nach den Laboratoriumsleitfäden u. als Anreiz zu selbständigem Denken wird empfohlen, sie zur Beantwortung krit. Fragen nach dem Wert u. möglicher Verbesserung der Methoden zu veranlassen. (J. chem. Educat. **31.** 480. Sept. 1954. New York, N. Y., Columbia Univ.) H. Mühlmeister. 6

Josef Gicklhorn und **Renée Gicklhorn,** Georg Joseph Kamel S. J. (1661—1706). Apotheker, Botaniker, Arzt u. Naturforscher d. Philippineninseln. Eutin: Internat. Ges. f. Geschichte d. Pharmazie. 1954. (122 S. m. Abb. u. 14 Taf.) = Veröffentlichungen d. Internat. Ges. f. Geschichte d. Pharmazie. N. F. Bd. 4. DM 10,—.

Henry Marshall Leicester, ed., Chymia. Annual studies in the history of chemistry. Vol. 3. Philadelphia: University of Pennsylvania Press. 1950. (IX + 250 S. m. Abb. u. Taf.) = Edgar F. Smith Memorial Collection University of Pennsylvania. $ 4,50.

Georg Lockemann, Geschichte der Chemie in kurzgefaßter Darstellung. Bd. 2: Von der Entdeckung des Sauerstoffs bis zur Gegenwart. Berlin: de Gruyter. 1955. (151 S. m. Abb.) = Sammlung Göschen. Bd. 265/265a. DM 4,80.

A. Allgemeine und physikalische Chemie.

G. Bruni, Chimica generale ed inorganica. Milano: Tamburini. 1954. (XXIV + 794 S. m. 181 Abb.) L. 6000,—.

Charles Elwood Dull and others, Modern physics. New York: Holt. 1955. (720 S. m. Abb., Diagrs.) $ 4,36.

Norman C. Harris and **Edwin M. Hemmerling,** Introductory applied physics. New York: McGraw-Hill. 1955. (737 S. m. Abb. u. Diagrs.) $ 6,75.

Herbert Köhle, ABC des Chemielaboranten. 4. ergänzte Aufl. Stuttgart: Enke. 1955. (VIII + 291 S. m. 95 Abb.) DM 16,80.

Carl Friedrich von Weizsäcker, Die Geschichte der Natur. 12 Vorlesungen. 2. durchges. Aufl. 21.—40. Tsd. Göttingen: Vandenhoeck & Ruprecht. 1954. (133 S. m. Abb.) = Die kleine Vandenhoeck Reihe. [1.] DM 2,40.

A_1. Kernphysik und Kernchemie.

P. C. Vaidya, *Kugelsymmetrische Lösungen in nichtsymmetrischen Feldtheorien.* 2. Mitt. (1. vgl. C. **1954**. 1637.) Korrektur u. Vereinfachung der l. c. abgeleiteten Tensoren u. Aufstellung von Tensorfeldern in allg. Relativität. Die Lösungen in den einheitlichen Feldtheorien entsprechen der Lösung für das Schwerefeld eines Strahlungssterns. Die sphär. symm. nichtstat. Lösungen der MAXWELLschen Elektrodynamik haben in der DIRAC-Elektrodynamik kein Analogon. (Physic. Rev. [2] **96**. 5—9. 1/10. 1954. Anand, India, Vallabh Vidyanagar.) GERHARD SCHMIDT. 80

Kazuhiko Nishijima, *Mehrkörperproblem in der Quantenfeldtheorie.* Die FEYNMAN-DYSON-Theorie wird auf den Fall der Streuung zusammengesetzter Teilchen erweitert. Die Integralgleichungen für verschied. Arten von FEYNMAN-Kernen werden abgeleitet u. die formalen Lösungen durch Fermionkerne u. Wechselwirkungsoperatoren ausgedrückt. (Progr. theoret. Physics [Kyoto] **10**. 549—74. Nov. 1953. Osaka City Univ., Dep. of Phys. [Orig.: engl.]) K.-H. BILLER. 80

Shoichi Hori, *Über die inverse Potenzentwicklung von $S_{vac}[\eta^*, \eta, J]$ und die Green-Funktionen.* Einführung geeigneter Funktionen η^*, η, J in die LAGRANGE-Dichte (nach SCHWINGER) zweier wechselwirkender skalarer Felder (neutral, geladen). (Progr. theoret. Physics [Kyoto] **10**. 575. Nov. 1953. Kanazawa Univ., Inst. for Theoret. Phys. [Orig.: engl.]) K.-H. BILLER. 80

D. Bohm und **J. P. Vigier,** *Modell der Kausaldarstellung der Quantentheorie in Termen einer Flüssigkeit mit unregelmäßigen Schwankungen.* Vorschlag eines physikal. Modells, das zu einer Kausaldarst. der Quantentheorie führt. Das Ergebnis wird auf die DIRAC-Gleichung u. das Mehrkörperproblem ausgedehnt. (Physic. Rev. [2] **96**. 268—16. 1/10. 1954. São Paulo, Univ., Fac. de Filos., Ciên. e Letr.; Paris, Inst. Henri Poincaré.) GERHARD SCHMIDT. 80

William M. MacDonald III und **John M. Richardson,** *Approximatives Variationsprinzip in der Quantenstatistik.* Formulierung einer allg. approximativen Variationsmeth. in der Quantenstatistik von Fermionen u. Bosonen unter Verwendung der Dichtematrix von NEUMANN u. der Verff. der zweiten Quantisierung. (Physic. Rev. [2] **96**. 18—21. 1/10. 1954. Pittsburgh, Pa., Bur. of Mines, Explos. and Phys. Sci. Div.) GERHARD SCHMIDT. 80

J. A. Spiers, *Eine vorgeschlagene Aufzeichnung für quantisierte Drehimpulse.* Vereinfachung der Berechnungen für Zustände quantisierter Drehimpulse. (Proc. physic. Soc., Sect. A **68**. 50—51. 1/1. 1955. Oxford, Clarendon Labor.) GERHARD SCHMIDT. 80

Mineo Ikeda, *Über eine fünfdimensionale Darstellung der Gleichungen des elektromagnetischen und des Elektronenfeldes in einer gekrümmten Raumzeit.* Verallgemeinerung des DIRAC-Formalismus. (Progr. theoret. Physics [Kyoto] **10**. 483—98. Nov. 1953. Hiroshima, Univ., Res. Inst. for Theoret. Phys. [Orig.: engl.]) K.-H. BILLER. 80

H. S. Green und **H. Messel,** *Über die Theorie der räumlichen und seitlichen Ausdehnung der Nucleonenkomponente der Höhenstrahlung.* Bei der 3dimensionalen Entw. der Nucleonenkomponente der ausgedehnten Luftschauer wird für die Verteilung der Nucleonen eine vektorielle Diffusionsgleichung abgeleitet. Es wird das mittlere Quadrat des Abstandes von der Schauerachse u. die mittlere Winkelabweichung für verschied. Anfangsbedingungen in Abhängigkeit von der atmosphär. Tiefe berechnet sowie für in Pb ausgelöste Schauer. Bei Luftschauern nimmt die Winkelabweichung innerhalb 250 g/cm² rasch zu, dann wird sie nahezu konstant, der mittlere Abstand steigt bis 400 g/cm² stark an. Beide sind der Minimalenergie der Teilchen umgekehrt proportional. In Luft erreicht die Schauerausdehnung auf $\sim$ 8000 m ein Maximum, in Pb wird in den ersten Metern kein solches Maximum erreicht. (Proc. physic. Soc., Sect. A **65**. 689—701. 1/9. 1952. Adelaide, South Australia, Univ.) M. WIEDEMANN. 85

A. L. Hodson, *Die Höhenvariation der durchdringenden Schauer.* Bei Flügen auf 56° N geomagnet. Breite wurde die Höhenabhängigkeit der lokalen durchdringenden Schauer u. der ausgedehnten Luftschauer untersucht. Die ersteren werden durch schnelle Nucleonen erzeugt, deren Schwächungsweglänge ergab sich in Luft zu 129 $\pm$ 2 g/cm². Unter einer Schicht von 10 cm Pb war die Häufigkeit der lokalen durchdringenden Schauer auf 35000 ft Höhe 750mal u. auf 30000 ft Höhe 500mal so groß wie auf Seehöhe. (Proc. physic. Soc., Sect. A **65**. 702—08. 1/9. 1952. Manchester, Univ., Phys. Labors.) M. WIEDEMANN. 85

C. B. A. McCusker und **D. D. Millar,** *Lokale durchdringende Schauer aus Wasser und Kohlenstoff.* Eine Nebelkammer von 30 cm Durchmesser u. 15 cm wirksamer Tiefe mit einer 2,5 cm Pb-Platte über der Mitte wurde $4^1/_2$ Monate unter einer 90 cm dicken Wasserschicht bzw. unter einer dem *O* im W. äquivalenten C-Schicht betrieben. Die

Nebelkammer wurde mit Zählrohren gesteuert. Die Gesamtzahl der Schauer aus W. betrug 137, die aus C 132, die mittlere Multiplizität 2,16 ± 0,13 bzw. 2,25 ± 0,13. Wird die Multiplizität von O der von C gleichgesetzt, berechnet sich für die Schauer aus *H* eine mittlere Multiplizität von 1,88 ± 0,68. (Proc. physic. Soc., Sect. A **65**. 758. 1/9. 1952. Dublin, Inst. for Advanced Stud.) M. Wiedemann. 85

Eyvind Wichmann und **Norman M. Kroll**, *Vakuumpolarisation in einem starken Coulomb-Feld.* Erweiterung der theoret. Betrachtungen über die Vakuumpolarisation in Verbindung mit der μ-Massenbest. u. den Kernradiusbestimmungen unter Berücksichtigung von Korrekturen höherer Ordnung sowie der Wirkungen des Massenoperators u. der Polarisationsladung (bei Röntgenfeinstruktur). Bei der Formel zur Berechnung der Polarisationsladungsdichte wird davon ausgegangen, daß die Lösung der Dirac-Gleichung für den Fall des Coulomb-Feldes bekannt ist. (Physic. Rev. [2] **96**. 232—34. 1/10. 1954. New York, N. Y., Columbia Univ.) Gerhard Schmidt. 90

Toichiro Kinoshita, *Familien von Spinorfeldern.* Bei gegebener Wechselwrkg. läßt sich ein Syst. von Spinorfeldern einheitlich in mehrere Reihen (Nucleonenfamilien) einordnen. Vf. gibt eine eindeutige Definition der „Familie“ auf der Grundlage der empir. Kenntnisse über die Wechselwirkung. (Physic. Rev. [2] **96**. 199—201. 1/10. 1954. Princeton, N. J., Inst. for Advanced Stud.) Gerhard Schmidt. 90

Daniel S. Ling jr., *Expansion von Wellenpaketen.* Bei Streuproblemen zeigt sich daß die Expansionskoeffizienten in den meisten Fällen mit den Fourier-Koeffizienten des Wellenpakets ident. sind. (Physic. Rev. [2] **96**. 216—17. 1/10. 1954. Lawrence, Kans., Univ. of Kansas.) Gerhard Schmidt. 90

Takehiko Takabayasi, *Eine nichtlokale Wellengleichung und ihr Zusammenhang mit den Dirac-Teilchen.* Theoret. Ableitung. (Progr. theoret. Physics [Kyoto] **9**. 557—59. Mai 1953. Nagoya, Univ., Phys. Inst. [Orig.: engl.]) K.-H. Biller. 90

Leonard Eisenbud, *Formulierung des quantenmechanischen Stoßproblems.* Die zeitabhängige Analyse gestattet eine detailliertere Darst. des Stoßprozesses u. zeigt, daß die Phasenverschiebung nicht nur die Wirkungsquerschnitte bestimmt, sondern auch auf die zeitabhängigen Eigg. des Stoßes von Einfl. ist. (J. Franklin Inst. **258**. 232—33. Sept. 1954.) F. Weigel. 90

R. M. Thaler, J. Bengston und **G. Breit**, *Kopplung durch Zwischenzustände und die Interpretation energiereicher Nucleon–Nucleon-Streuung.* Vff. untersuchen die energiereiche Nucleon–Nucleon-Streuung unter der Annahme, daß $^3P_2$- u. $^3F_2$-Zustände über Zwischenzustände des Syst. gekoppelt sind. Die Rechnung benutzt den Streumatrixformalismus u. zeigt, daß die experimentellen Daten bei 240 MeV einer solchen Annahme nicht widersprechen, u. daß die Hypothese der Ladungsunabhängigkeit der Kernkräfte dabei aufrechterhalten bleiben kann. (Physic. Rev. [2] **94**. 683—89. 1/5. 1954. New Haven, Conn., Yale Univ.) D. Geissler. 90

R. Gatto, *Multiple Pionenerzeugung über isomere Zustände des Nucleons. Die aus der Ladungsunabhängigkeit folgenden Theoreme.* (Vgl. Nuovo Cimento **9**. [1954.] 568.) Die Hypothese der Pionenerzeugung über angeregte Zustände des Nucleons wird auf Zusammenstöße von Nucleonen mit Mesonen, mit γ-Quanten u. mit Nucleonen angewandt. Aus der Hypothese der Ladungsunabhängigkeit werden allg. Beziehungen über die relativen Anzahlen an neutralen u. geladenen Pionen abgeleitet, die unabhängig von der Multiplizität gelten. Falls der isomere Zustand mit dem Isotopenspin 1/2 beteiligt ist, ist im Falle der Zusammenstöße von Nucleonen mit Mesonen wie mit γ-Quanten die Zahl der entstehenden geladenen Mesonen doppelt so groß wie die der neutralen; für einen Isotopenspin von 3/2 werden ebenfalls Beziehungen angegeben. (Nuovo Cimento [10] **1**. 159—73. 1/1. 1955. Roma, Univ., Ist. di Fis., Ist. Naz. di Fis. Nucleare.) M. Wiedemann. 90

T. D. Lee und **R. Christian**, *Methode der mittleren Kopplung für Meson–Nucleon-Streuung.* Vff. erweitern die Meth. von Tomonaga auf die Streuung von Mesonen an Nucleonen. Die Rechnungen werden für ein geladenes skalares Mesonfeld ausgeführt u. zeigen, daß im Grenzfall schwacher Kopplung die Ergebnisse mit denen der Störungstheorie genau übereinstimmen, während sie sich bei starker Kopplung von den strengen Ergebnissen nur um Zahlenfaktoren der Größenordnung 1 unterscheiden. Die Streuung von π^+-Mesonen an Protonen ähnelt der durch ein anziehendes, die von π^--Mesonen der durch ein abstoßendes Potential kurzer Reichweite. (Physic. Rev. [2] **94**. 1760—67. 15/6. 1954. New York, N. Y., Columbia Univ.; Los Alamos, N. Mex., Los Alamos Sci. Labor.) D. Geissler. 90

John O. Kessler und **Leon M. Lederman**, *Wechselwirkungen negativer π-Mesonen in Kohlenstoff und Blei.* Vff. berichten über Messungen des differentiellen u. totalen Querschnitts für elast. u. unelast. Streuung negativer π-Mesonen von 125 MeV Energie in C u. Pb mit Hilfe der Nebelkammer. Das Auftreten energiereicher Photonen deutet darauf hin, daß bei der Streuung zum Teil Ladungsaustausch stattfindet. Die experimentellen Ergebnisse lassen sich mit Hilfe des opt. Kernmodells deuten. (Physic. Rev. [2] **94.** 689—702. 1/5. 1954. New York, N. Y., Columbia Univ.) D. Geissler. 90

S. C. Snowdon und **H. S. Hans,** *Die Winkelverteilung elastisch gestreuter Neutronen.* (Vgl. C. **1955.** 5946.) Zur Messung der Winkelverteilung von an *Cu, Zn, Zr, Mo* u. anderen Elementen elast. gestreuten Neutronen werden vergleichende Unterss. zur Auswahl eines geeigneten Scintillationsmaterials durchgeführt, das nur auf Neutronen höherer Energie (hier 3,7 MeV), nicht aber auf solche niedriger Energie oder begleitende γ-Quanten anspricht. (J. Franklin Inst. **258.** 232. Sept. 1954.) F. Weigel. 90

T. B. Taylor, *Interpretation von Messungen des totalen Wirkungsquerschnitts für die Streuung energiereicher Neutronen an Kernen.* (Sitzungsbericht.) Die nach der Meth. von Fernbach u. Mitarbeitern (C. **1950.** I. 2314) beobachteten totalen Querschnitte für die Streuung von Neutronen mit Energien zwischen 60 u. 400 MeV an verschied. Elementen werden exakt berechnet. Das mittlere Kernpotential u. die mittlere freie Weglänge in der Kernmaterie für die unelast. Streuung von Neutronen werden als Funktionen der Energie den experimentellen Daten angepaßt. Der Kernradius ergibt sich als nichtlineare Funktion von $A^{1/3}$. Für leichte Elemente (C) ist er $1{,}55 \cdot A^{1/3}$ u. für schwere (Pb) $1{,}35 \cdot A^{1/3}$. (Physic. Rev. [2] **94.** 785. 1/5. 1954. Cornell Univ., u. Los Alamos Scient. Labor.) D. Geissler. 90

D. F. Shaw, *Streuung von 14,3 MeV-Neutronen an ^{4}He-Kernen.* Die Streuverss. werden in einer Nebelkammer von 9 in. Durchmesser mit Neutronen aus dem Beschuß eines dicken Zr–T-Targets mit einem gepulsten Bündel von 400 keV-Deuteronen durchgeführt. Die Neutronen aus diesem Target werden unter 90° zum Deuteronenbündel beobachtet. Zwei unabhängige Versuchsreihen werden durchgeführt, u. zwar a) mit einer Kammerfüllung von 60 cm Hg He, b) mit 11,5 cm He + 53,5 cm Ar. Die Ergebnisse geben für die Rückstoßrichtung zum einfallenden Neutron von 80—45° in 5°-Intervallen u. den entsprechenden Neutronenstreuwinkel im Schwerpunktssyst. die Anzahl der beobachteten Bahnen in jedem Winkelintervall sowie die differentiellen Streuquerschnitte in mbarn/Raumwinkel wieder. Die von Dodder u. Gammel (C. **1954.** 8501) aufgestellte theoret. Kurve stimmt mit den experimentellen Ergebnissen befriedigend überein. (Proc. physic. Soc., Sect. A **68.** 43—45. 1/1. 1955. Oxford, Clarendon Labor.) Gerhard Schmidt. 90

J. R. Patterson, H. W. Newson, R. C. Mobley und **T. E. Gilmer,** *Totale Neutronenwirkungsquerschnitte im kV-Bereich: Li, F, Cl, Sc, Rb, Mo, Ag und Ta.* (Sitzungsbericht.) Vff. berichten über Messungen des totalen Querschnitts für die Streuung von Neutronen an verschied. Kernen. Für Li u. F werden keine neuen Resonanzen zwischen 1 u. 80 keV festgestellt. In Sc finden sich Resonanzen bei 5, 10, 13, 15, 22, 34, 72, 81 keV mit durchschnittlichen Termabständen von 10 keV pro J-Wert unterhalb von 25 keV. Rb hat Resonanzen bei 5 u. 10 keV, Cl bei 8, 26, 120 u. 160 keV, beide außerdem noch schwächere oder nur zum Teil aufgelöste. Mo zeigt nur schwache, Ag u. Ta fast keine Resonanzen. (Physic. Rev. [2] **94.** 774. 1/5. 1954. Duke Univ.; Univ. of North Carolina.) D. Geissler. 90

H. W. Newson, R. M. Williamson, A. L. Toller und **P. F. Nichols,** *Totale Neutronenwirkungsquerschnitte im kV-Bereich: Se, Br, Y, J und Cs.* (Vgl. vorst. Ref.) (Sitzungsbericht.) Se hat Resonanzen bei 3, 7, 21, 32, 35, 46, 52 u. 62 keV, von denen die ersten beiden sicher, die meisten anderen wahrscheinlich von ^{80}Se herrühren. Unter dieser Annahme ist der durchschnittliche Termabstand bei ^{81}Se $\sim$ 9 keV. Y zeigt Resonanzen bei 8,5, 12,5, 18, 25, 31, 56, 58, 64 u. 71 keV mit einem mittleren Abstand von 12 keV pro J-Wert. Bei Br, J, Cs konnten Resonanzen nicht mit Sicherheit beobachtet werden. (Physic. Rev. [2] **94.** 774. 1/5. 1954.) D. Geissler. 90

H. Marshak, *Totale Neutronenwirkungsquerschnitte im kV-Bereich: Cu, ^{63}Cu, ^{65}Cu und Ga.* (Vgl. vorst. Reff.) (Sitzungsbericht.) ^{65}Cu zeigt Resonanzen bei 8,5 u. 19 keV, ^{63}Cu bei 2,5, 6, 11,5, 22, 31 u. 44 keV, während bei 15, 26,5 u. 35,5 keV in beiden Proben Resonanzen auftreten, die auf Beimischung anderer Cu-Isotope zurückzuführen sind. Der durchschnittliche Termabstand pro J-Wert beträgt bei ^{64}Cu 12 keV, bei ^{66}Cu beträchtlich weniger. In Ga ist bei 0,3 keV eine Resonanz vorhanden. (Physic. Rev. [2] **94.** 774. 1/5. 1954.) D. Geissler. 90

F. Titus und **K. Strauch,** *Streuung von 96 MeV-Protonen an leichten Kernen.* 1. Mitt. *Energieverteilung.* (Sitzungsbericht.) Vff. untersuchen die elast. u. unelast. Streuung von 96 MeV-Protonen an *Li, Be, B, C,* NaN_3, H_2O, NaF u. *Na* bei einem Winkel von 40°. Charakterist. Züge der Protonenspektren sind 1. eine Spitze, die von elast. Streuung herrührt, 2. Spitzen durch unelast. Streuung, die mit abnehmender Energie an Höhe abnehmen, u. 3. ein nicht aufgelöstes Kontinuum, das mit abnehmender Energie an Höhe zunimmt. (Physic. Rev. [2] **94.** 785. 1/5. 1954. Harvard Univ.) D. Geissler. 90

R. J. S. Brown, K. F. Famularo, H. D. Holmgren, D. Rankin und **T. F. Stratton,** *Elastische Streuung von Deuteronen an* ^{3}*He.* (Vgl. C. **1954.** 5930.) Ausführliche Darst. der C. **1954.** 3855 referierten Arbeit. (Physic. Rev. [2] **96.** 80—82. 1/10. 1954. Minneapolis, Minn., Univ. of Minnesota.) Gerhard Schmidt. 90

S. Sengupta, *Über die Verteilung der stabilen Kerne.* Es werden eine Reihe von Annahmen über Art u. Größe der Änderung der Bindungsenergie für das letzte Neutron bzw. Proton in einem Kern gemacht. Diese Annahmen sind mit dem Sättigungscharakter der Kernkräfte verträglich. (Indian J. theoret. Physics **1.** 47—66. Sept. 1953. Darjeeling, Darjeeling Govt. Coll., Phys. Labor.) F. Weigel. 95

Robert K. Adair, *Tiefe des Kernpotentialtrogs.* Vf. zeigt, daß sich die Neutron-Kern-Wechselwrkg. durch eine Potentialmulde von 42 MeV Tiefe u. einer Reichweite von $R = 1{,}45 \cdot A^{1/3} \cdot 10^{-13}$ cm darstellen läßt. Diese Potentialabmessungen geben die Variation des Quotienten von mittlerer Streulänge durch Kernradius richtig wieder u. stehen mit dem Schalenmodell in Einklang. (Physic. Rev. [2] **94.** 737—38. 1/5. 1954. Upton, N. Y., Brookhaven Nat. Labor.) D. Geissler. 95

G. Munschy und **P. Pluvinage,** *Einem Parameter für die 2 S-Zustände von He I angenäherte Wellenfunktionen.* Vff. dehnen die Meth. zur Bldg. angenäherter Wellenfunktionen der Atome mit 2 Elektronen auf die 2 S-Zustände von He I aus, wobei sie sich des Variationsprinzips bedienen. Auf die gegebenenfalls erforderliche Einschaltung eines zweiten Parameters wird hingewiesen. (J. Physique Radium **15.** 122—23. Febr. 1954. Strasbourg, Fac. des Sci.) Gerhard Schmidt. 95

H. Feshbach, C. E. Porter und **V. F. Weisskopf,** *Modell für Kernreaktionen mit Neutronen.* Vff. schlagen ein einfaches Modell zur Beschreibung der Streuung u. Compoundkernbldg. durch Nucleonen, die auf komplexe Kerne treffen, vor. Durch Aufstellung angenäherter Mittelwerte über Resonanzen läßt sich ein Strukturproblem definieren, dessen Lösung die Berechnung des mittleren Gesamtquerschnittes, des Querschnittes für die Bldg. des Compoundkerns u. des Teils des Querschnittes der elast. Streuung, der nicht die Bldg. des Compoundkerns umfaßt, gestattet. Das Modell wird ferner dazu benutzt, die Gesamtquerschnitte für Neutronen, die Winkelabhängigkeit der elast. Streuung u. den Querschnitt für die Bldg. des Compoundkerns wiederzugeben. Die beobachteten totalen Querschnitte für Neutronen lassen sich im Energiebereich zwischen 0 u. 3 MeV mit einer Muldentiefe von 42 MeV, einem ζ-Faktor von 0,03 u. einem Kernradius von $1{,}45 \cdot 10^{-13} A^{1/3}$ cm darstellen. (Physic. Rev. [2] **96.** 448—68. 15/10. 1954. Cambridge, Mass., MIT, Dep. of Phys. and Labor. for Nucl. Sci.) Gerhard Schmidt. 103

I. P. Grant, *Theorie der (d,p)- und (d,n)-Reaktionen.* 1. Mitt. *Allgemeine Theorie unter Vernachlässigung von Coulomb-Effekten.* Mit Hilfe Greenscher Funktionen berechnet Vf. den differentiellen Wirkungsquerschnitt für den (d,p)-Prozeß, wobei elast. Streuung des Protons an einem mittleren Potentialwall berücksichtigt wird. Eine weitere Spezialisierung auf den Fall eines harmon. Oscillatorpotentials liefert ein Ergebnis, das mit dem von Horowitz u. Messiah (vgl. C. **1955.** 8078) übereinstimmt, jedoch eine geschlossene Form besitzt. Aus der Diskussion der Compoundkernbldg. ergibt sich, daß die (d,p)-Querschnitte für verschied. Drehimpulsübertragungen immer additiv sind. Die Polarisation der emittierten Teilchen wird betrachtet. (Proc. physic. Soc., Sect. A **67.** 981—89. 1/11. 1954. Oxford, Clarendon Labor.) Gerhard Schmidt. 103

C. E. Mandeville, M. A. Rothman, W. C. Porter und **C. P. Swann,** *γ-Strahlen aus dem Protoneneinfang in Lithium.* Die Ausbeute der γ-Quanten aus ^{7}Li(p, γ)*Be* wird für Protonenenergien von 1,5—5 MeV gemessen. Mit Hilfe eines Scintillationszählers u. Impulsanalysators ist es möglich, die Linien bei 14,8 u. 17,6 MeV für die Messung auszusondern. Die Ausbeute dieser γ-Gruppen zeigt ein breites Maximum für $E_p = 2{,}1$ MeV. (J. Franklin Inst. **258.** 232. Sept. 1954.) F. Weigel. 103

Jun-ichi Fujita und **Masami Yamada,** *Obere Grenze der pseudoskalaren Kopplungskonstante beim β-Zerfall.* Vff. untersuchen das β-Spektr. von ^{6}*He* u. ^{12}B für gemischte Wechselwrkg. (pseudoskalar — tensoriell), wobei sich für das Verhältnis der entsprechenden Kopplungskonstanten Werte im Bereich von —55 u. 19 ergeben. (Progr. theoret. Physics [Kyoto] **10.** 518—24. Nov. 1953. Tokyo, Univ., Fac. of Sci., Dep. of Sci. [Orig.: engl.]) K.-H. Biller. 103

T. N. K. Godfrey, *Einfang negativer μ-Mesonen in Kohlenstoff.* (Vgl. C. **1955.** 6906.) (Sitzungsbericht.) Zur Unterss. des Einfangs negativer μ-Mesonen in C werden μ^--Mesonen der Höhenstrahlung in einem Scintillationszähler aus einer organ. Fl. abgebremst u. geeignete Ereignisse mit Hilfe einer Anordnung aus Koinzidenz- u. Antikoinzidenzzählern ausgewählt. Die in dem Scintillator abgebremsten Mesonen zerfallen entweder oder werden von C-Kernen eingefangen. Bei diesem Einfangprozeß entstehen entweder kleinere Kerntrümmer oder ein ^{12}B-Kern. Die Zahl der durch zerfallende μ^--Mesonen erzeugten Elektronen wird mit der Zahl der ^{12}B-Zerfallsprozesse verglichen. Aus dem Verhältnis beider Meßwerte in Verbindung mit der mittleren Lebensdauer des freien μ^--Mesons läßt sich der Anteil der zu ^{12}B führenden Einfangprozesse berechnen. (Physic. Rev. [2] **94**. 756. 1/5. 1954. Princeton Univ.) F. WEIGEL. 103

G. A. Jones, W. R. Phillips, C. M. P. Johnson und **D. H. Wilkinson,** *Einige Eigenschaften von Kernen der Masse 19.* Die Eigg. einiger Zustände von Kernen der M. 19 werden durch Unters. der COULOMB-Anregung von ^{19}F durch α-Strahlen, des Positronenzerfalls von ^{19}Ne u. des β-Zerfalls von ^{19}O bestimmt. Die Beobachtungen über den Zerfall von ^{19}Ne zum Grundzustand von ^{19}F zeigen, daß kein COULOMB - cross-over - Übergang des Grundzustandtripletts von ^{19}F induziert worden ist, u. daß der Grundzustand von ^{19}Ne (1/2 +) ist. Die Begrenzungen der *ft*-Werte des Zerfalls zu den angeregten Zuständen von ^{19}F gründen sich auf die Abwesenheit energiearmer γ-Strahlen. Aus dem β-Zerfall von ^{19}O wird durch Unters. von γ_4 u. durch eine Winkelkorrelationsmessung zwischen γ_1 u. γ_2 die Zuordnung für den 1,59 MeV-Zustand erreicht. Die direkte Messung der Lebensdauer für den 200 keV-Zustand von ^{19}F stimmt mit dem nach der Rückstoßmeth. erhaltenen Wert u. mit dem aus der COULOMB-Anregung bestimmten Matrixelement überein. Die Messungen der γ-Energien ergeben: $\gamma_1 = 1{,}366 \pm 0{,}008$ MeV, $\gamma_2 = 199{,}6 \pm 1{,}5$ keV u. $\gamma_3 = 111{,}5 \pm 1{,}5$ keV. Die Lagen u. Eigg. der Zustände gerader Parität des M. 19-Syst., das die Matrixelemente für γ- u. β-Zerfall einschließt, können durch eine Schalenmodellberechnung von ELLIOTT u. FLOWERS (noch nicht veröffentlicht) beschrieben werden. (Physic. Rev. [2] **96**. 547. 15/10. 1954. Cambridge, Cavendish Labor.) GERHARD SCHMIDT. 103

J. A. Smith, J. N. Cooper und **J. C. Harris,** *γ-Energien von ^{27}Al und ^{32}S.* (Sitzungsbericht.) Die Energien der γ-Strahlen, die bei 9 Resonanzen in ^{26}Mg(p, γ)^{27}Al u. bei 5 Resonanzen in ^{31}P(p, γ)^{32}S auftreten, werden mit einem Scintillationsspektrometer analysiert. Alle Resonanzen liegen im Bereich von 400 keV, E_p = 1200 keV. Die in beiden Fällen beobachteten γ-Energien sind mit den durch p–p-Streuung für ^{27}Al u. ^{32}S bestimmten Niveauschemata verträglich. (Physic. Rev. [2] **94**. 749. 1/5. 1954. Ohio State Univ.) F. WEIGEL. 103

L. Colli, *Ultraviolette Photonen beim Zerfall metastabiler Argonatome.* (Vgl. C. **1953**. 6614.) Zur Unters. der in Zählrohren ablaufenden Prozesse wird die Halbwertszeit der UV-Photonen, die von angeregten Ar-Zuständen emittiert werden, untersucht. Das UV-Licht wird mit Hilfe eines Fluorescenzschirmes in sichtbares umgewandelt u. dieses mit einem EMI 6262 Multiplier gemessen. Die Photonenenergie wird zu ca. 10 MeV bestimmt. Die Form der Abklingkurve wird angegeben. (Physic. Rev. [2] **95**. 892—94. 15/8. 1954. Milano, Labor. CISE.) H. NELKOWSKI. 103

Robert Sehr, *Relative Wahrscheinlichkeit von Positronenaussendung und Elektroneneinfang bei den Isotopen ^{22}Na, ^{52}Mn, ^{65}Zn, ^{77}Br und ^{93}Tc.* Vf. verwendet Mehrfachzählrohre zum Nachw. von K- u. γ-Strahlen. Durch verschied. geometr. Anordnung zweier in Koinzidenz geschalteter Zählrohre, zum Teil mit magnet. Ausblendung von β-Strahlen, werden Kγ-, Kβ-, βγ- u. Vernichtungsquantenkoinzidenzen gemessen. Es werden folgende Verzweigungsverhältnisse $N_+/(N_+ + N_e)$ (N_+ Häufigkeit des β^+-Zerfalls, N_e des K-Einfangs) bestimmt: ^{22}Na 0,91 ± 0,05, ^{52}Mn 0,33 ± 0,02, ^{65}Zn 0,038 ± 0,002, ^{77}Br 0,024 ± 0,004, ^{93}Tc 0,12 ± 0,01. Die Übereinstimmung mit den theoret. berechneten Werten ist befriedigend. (Z. Physik **137**. 523—44. 1954. Heidelberg, Max-Planck-Inst. für Med. Forsch., Inst. für Phys.) G. HERRMANN. 103

W. Bernstein, S. S. Markowitz und **S. Katcoff,** *Die Strahlung des 13,9 Minuten-^{146}Ce und 24,4 Minuten-^{146}Pr.* ^{146}Ce wird aus bestrahltem $UO_2(NO_3)_2$ durch Extraktion aus $NaBrO_3$-haltiger 10mol. HNO_3 mit Methylisobutylketon isoliert. ^{146}Pr wird aus ^{146}Ce durch mehrfache $Ce(JO_3)_4$-Fällungen u. $La(Pr)F_3$- sowie La(Pr)-Oxalatfällungen abgetrennt. Zur Messung dient ein Koinzidenzscintillationsspektrometer mit Anthracen- u. NaJ-Kristallen u. oscillograph. Registrierung. Die Oscillogramme werden mit einem Graukeil ausgewertet. ^{146}Pr hat erlaubte β-Übergänge von 2,3 ± 0,2 (44 %) u. 3,7 ± 0,2 MeV (56 %), ferner γ-Strahlen von 455 ± 13, 750 ± 30 u. 1490 ± 40 keV mit einem Intensitätsverhältnis 1,00, 0,22 ± 0,05 bzw. 0,33 ± 0,06; es sind 2 750 keV-Übergänge vorhanden. Ein Zerfallsschema wird aufgestellt. ^{146}Ce emittiert 700 ± 100 keV-β-Strahlen in Koinzidenz mit folgenden γ-Strahlen: 320 (1,00), 220 (0,52 ± 0,10), 142 (0,42 ± 0,08), 110 (0,20 ± 0,05), 270 (0,12 ± 0,03), 250 (schwach), 50 (schwach) u. 36 keV (stark, Pr-Röntgenstrahlung). (Physic. Rev. [2] **93**. 1073—75. 1/3. 1954. Upton, N. Y., BNL.) G. HERRMANN. 103

H. Hintenberger, W. Herr und **H. Voshage,** *Radiogenes Osmium aus rheniumhaltigem Molybdänglanz.* Die Abtrennung u. Identifizierung von radiogenem Os aus natürlichem Molybdänglanz wird mitgeteilt. Das unter Verwendung von 0,147 mg radioakt. Os als Leitisotop aus 139 g Erz (Re-Geh. 0,32%) abgeschiedene Os (2,26 mg) wird in Form von OsO_4 massenspektrometr. untersucht u. erweist sich als nahezu reines ^{187}Os. Hierdurch wird in Übereinstimmung mit der MATTAUCHschen Isobarenregel die von NALDRETT u. LIBBY (C. **1948.** E. 1373) getroffene Zuordnung der natürlichen Radioaktivität von Re zu ^{187}Re bestätigt (vgl. nachst. Ref.). (Physic. Rev. [2] **95.** 1690—91. 15/9. 1954. Mainz, Max-Planck-Inst. für Chem.) F. WEIGEL. 103

W. Herr, H. Hintenberger und **H. Voshage,** *Die Halbwertszeit von Rhenium.* (Vgl. vorst. Ref.) Der Geh. an Re u. radiogenem *Os* (l. c.) in Molybdänglanz wird zu 0,32 ± 0,01% Re u. 0,00161 ± 0,00009% Os bestimmt. Aus dem Verhältnis $^{187}Os/^{187}Re$ läßt sich, wenn das Alter des Erzes bekannt ist, die Halbwertszeit von ^{187}Re abschätzen. Das Alter t des untersuchten Minerals wird zu $50 \cdot 10^6 < t < 2500 \cdot 10^6$ Jahre abgeschätzt, womit sich für die Halbwertszeit von ^{187}Re folgende Grenzen angeben lassen: $5 \cdot 10^9 < T_{1/2} < 2{,}5 \cdot 10^{11}$ Jahre. Dieses Intervall liegt wesentlich niedriger als der von NALDRETT u. LIBBY angegebene Wert. Wird für das Alter des Minerals $t = 500 \cdot 10^6$ Jahre angenommen, so ergibt sich $T_{1/2} = 5 \cdot 10^{10}$ Jahre. (Physic. Rev. [2] **95.** 1691. 15/9. 1954.) F. WEIGEL. 103

J. P. Mize, M. E. Bunker und **J. W. Starner,** *Strahlungen von* ^{192m}Ir. (Vgl. C. **1955.** 2828.) Vff. untersuchen das Photonenspektr. von ^{192m}Ir (1,42 Min.) mit Scintillationsspektrometern u. mit einem mit Al ausgelegten Proportionalzählerspektrometer. Nachgewiesen werden ein Quantenkontinuum, Ir-L-Röntgenstrahlen u. ein 58 keV-γ-Strahl. Das Quantenkontinuum erweist sich als Bremsstrahlung, die durch Konversionselektronen aus dem isomeren Übergang erzeugt worden ist. Zur Unters. des Spektr. der Konversionselektronen wird ein 180°-Spektrograph hoher Auflösung mit permanentem Magneten benutzt. Die Energie des isomeren Überganges wird zu 58,0 ± 0,4 keV bestimmt. Die Lebensdauer–Energie-Betrachtungen u. die beobachteten L-Unterschalen-Konversions-Verhältnisse zeigen, daß der 58 keV-γ-Strahl ein E 3-Übergang ist. Der Konversionskoeff. der L-Schale wird aus Messungen mit dem Scintillationsspektrometer zu > 870 gefunden. (Physic. Rev. [2] **96.** 444—47. 15/10. 1954. Los Alamos, N. Mex., Univ. of California, Los Alamos Scient. Labor.) GERHARD SCHMIDT. 103

J. C. Knight, T. H. Braid und **H. O. W. Richardson,** *Die β-Strahlen von Thallium 204.* Vff. messen das β-Spektr. von ^{204}Tl mit Hilfe eines β-Spektrometers mit sphäroidalem Feld. Als Strahlenquellen dienen durch Vakuumverdampfung hergestellte Ndd. von akt. Tl-Metall, das durch Elektrolyse aus Tl_2SO_4-Lsg. gewonnen wird. Die spezif. Aktivität der Quellen beträgt 100 mC/g Tl, der Präparatdurchmesser 2 mm, als Unterlage dient 40 μg cm^{-2} Nylonfilm. Der Endpunkt des β-Spektr. wird zu 766 ± 2 keV gefunden. Das Spektr. zeigt geringfügige Abweichungen von der Gestalt, die für einen in 1. Ordnung verbotenen Übergang mit der Spinänderung 2 vorausgesagt wird. Die Größe dieser Abweichungen beträgt bis zu ca. 400 keV. (Proc. physic. Soc., Sect. A **67.** 881—84. 1/10. 1954. Edinburgh, Univ.; Princeton, Univ., Palmer Physic. Labor.; Exeter, Univ. Coll.) F. WEIGEL. 103

Peter Hillman, R. H. Stahl und **N. F. Ramsey,** *Gesamtwirkungsquerschnitte verflüssigter Gase für energiereiche Neutronen.* (Vgl. C. **1954.** 7112.) In Ergänzung der l. c. referierten Arbeit werden die totalen Neutronenquerschnitte von fl. *H*, CH_2–C, *He*, *C*, *N*, *O* sowie von *Al*, *Ar*, *Cu* u. *Pb* untersucht. Bei effektiven Energien von 88 ± 2 MeV sind die totalen Querschnitte 86,1 ± 2, 84,5 ± 2, 199 ± 6, 560 ± 8, 636 ± 10, 743 ± 15, 1200 ± 25, 1480 ± 20, 2265 ± 35 bzw. 4830 ± 40 mbarn, bei 47,5 ± 2 MeV-, 196 ± 10, 377 ± 12, 984 ± 20, 1110 ± 25, 1220 ± 25, 1750 ± 35, 2080 ± 45, 2810 ± 70 bzw. 4460 ± 100 mbarn. Bei der höheren Energie stimmen die Querschnitte mit dem opt. Modell überein, die Ergebnisse bei niedriger Energie entsprechen dem FESHBACH-WEISSKOPF-Modell. (Physic. Rev. [2] **96.** 115—20. 1/10. 1954. Cambridge, Mass., Harvard Univ.) GERHARD SCHMIDT. 103

J. W. Weale, *Messungen der α-γ-Winkelkorrelationen und der inneren Konversion in ThCC'' und ThC'D.* Die Winkelbeziehung zwischen den γ-Strahlen, die zum ThC'-Grundzustand führen, u. den ThC'D-α-Strahlen wird in Übereinstimmung mit der Theorie für isotrop gefunden. Die Winkelbeziehung zwischen dem 6,04 MeV-α-Strahl u. dem 40 keV-γ-Strahl in ThCC'' erweist sich als anisotrop u. wird am besten durch die Kurve $W(\Theta) = 1 - (0{,}22 \pm 0{,}05) \cos^2(\Theta)$ wiedergegeben. Für die Niveaus in ThC (Grundzustand), ThC'' (40 keV) u. ThC'' (Grundzustand) werden die Spinzuordnungen von 1 oder 2, 4 bzw. 5 abgeleitet. Der Koeff. der inneren Konversion des 40 keV-ThCC''-γ-Strahls wird bestimmt, woraus ein α_L-Wert von 15,7 ± 1,6 abgeleitet wird. (Proc. physic. Soc., Sect. A **68.** 35—42. 1/1. 1955. London, Imperial Coll., Dep. of Phys.) GERHARD SCHMIDT. 103

E. W. T. Richards, *Strahlungen von Wasser unter α-Teilchenbeschuß.* Vf. beschießt W. mit α-Teilchen von 15 mC Po u. mißt mit einem VX 5045-Photomultiplier die auftretenden Quanten. Die Unterscheidung zwischen in fl. W. u. in einem über dessen Oberflächen befindlichen Gas erzeugter Strahlung läßt sich durch Messung ihrer verschied. Lebensdauer treffen. Durch Best. der Absorption der von W. emittierten Quanten in verschied. Gasen läßt sich für die Wellenlänge der Quanten als obere Grenze ein Wert von 1900 Å angeben. (Proc. physic. Soc., Sect. A **67**. 922—26. 1/10. 1954. Harwell, Didcot, Berks., AERE.) F. Weigel. 103

Jeanne D. Gile, Warren M. Garrison und **Joseph G. Hamilton,** *Trägerfreie Radioisotope aus Cyclotrontargets.* 20. Mitt. *Darstellung und Isolierung von* $^{97,\,103}$*Ru aus Molybdän.* (19. vgl. **1954**. 4776.) Vff. beschießen ein massives Stück Mo-Metall auf wassergekühltem Targetträger mit 70 μA-Std. 40 MeV-Cyclotron-α-Teilchen u. trennen die gemäß Mo(α, xn)^{97}Ru u. ^{100}Mo(α, n)^{103}Ru gebildeten Ru-Isotope wie folgt ab: Von dem bestrahlten Mo-Target werden ~ 0,5 g der Oberflächenschicht abgefräst u. mit 5 g KOH u. 0,5 g KNO_3 in einem Ni-Tiegel 15 Min. bei 500° geschmolzen. Die Schmelze wird in möglichst wenig heißem W. gelöst, vom Ungelösten abzentrifugiert, in einen Glasdestillierkolben übergeführt u. durch Einleiten von Cl_2 die Ru-Aktivität als RuO_4 abdestilliert. Das Ru wird in einer Falle mit eisgekühltem 12nHCl aufgefangen. Die Ru-haltige Lsg. wird auf kleines Vol. eingeengt, mit NaOH alkal. gemacht, das Ru wie oben nochmals dest. u. in 12nHCl aufgefangen. Das Destillat der 2. Ru-Dest. wird mit 20 mg NaCl zur Trockne gedampft u. die Aktivität quantitativ in 2 ml dest. W. gelöst. Die Identifizierung erfolgt durch Aktivitätsmessung. (J. chem. Physics **19**. 1426—27. Nov. 1951. Berkeley u. San Francisco, Calif., Univ. of California, Crocker Labor. u. Radiat. Labor., Div. of Med. Phys., Exp. Med. and Radiol.) F. Weigel. 104

Jeanne D. Gile, Warren M. Garrison und **Joseph G. Hamilton,** *Trägerfreie Radioisotope aus Cyclotrontargets.* 21. Mitt. *Darstellung und Isolierung von* $^{200,\,201,\,202}$*Tl aus Quecksilber.* (20. vgl. vorst. Ref.) Vff. bestrahlen metall. Hg mit 19 MeV-Deuteronen einer Gesamtintensität von 30 μA-Std. u. trennen die aus den Hg-Isotopen durch (d,n)- u. (d,2n)-Rk. gebildeten Tl-Isotope trägerfrei ab. Als Targetkammer dient ein 100 ml Pyrexkolben mit einem aufgesetzten Rückflußkühler, der seitlich ein konkaves Glasfenster von 4 cm Durchmesser u. 0,15 mm Dicke besitzt u. mit Hg gefüllt wird. Nach beendeter Bestrahlung wird das Hg aus dem Kolben ausgegossen u. das an der Glaswand haftende, akt. Tl u. Spuren Hg in 16nHNO_3 gelöst, die Lsg. auf 2 ml eingeengt u. mit einem Überschuß von 12nHCl die HNO_3 zerstört u. dann auf ~ 3n verdünnt. Durch Extraktion dieser Lsg. mit Ae., der mit 3nHCl gesätt. war, werden 95% des Tl* aus der wss. Phase abgetrennt, die Ae.-Phase zur Entfernung von HCl mit W. gewaschen, 50 mg NaCl zum Ae. zugesetzt u. auf dem Dampfbad zur Trockne gedampft. Das trägerfreie $^{200,\,201,\,202}$Tl löst sich quantitativ in 5 ml dest. W. u. wird zur Darst. einer isoton. Lsg. auf p_H 6 eingestellt. Die Identifizierung erfolgt durch radioakt. Messungen u. chem. Trennungen. Erstere ergeben die Ggw. dreier Aktivitäten, nämlich die von 27 Std.-^{200}Tl, 72 Std.-^{201}Tl u. 11,8 Tage-^{202}Tl, letztere erweisen quantitative Trennbarkeit der Aktivitäten von zugesetzten Au- u. Hg-Trägern; von zugesetztem Tl-Träger läßt sich die Aktivität nicht trennen. (J. chem. Physics **19**. 1427. Nov. 1951.) F. Weigel. 104

Herman R. Haymond, Warren M. Garrison und **Joseph G. Hamilton,** *Trägerfreie Radioisotope aus Cyclotrontargets.* 22. Mitt. *Darstellung und Isolierung von* ^{203}*Pb aus Thallium.* (21. vgl. vorst. Ref.) Vff. bestrahlen eine 2 mm dicke u. durch eine Pt-Folie auf einem gerippten, wassergekühlten Targetträger gehaltene Tl_2O_3-Schicht mit 19 MeV-Deuteronen bei einem Teilchenstrom von 5 μA u. isolieren das durch ^{203}Tl(d,2n) gebildete 52 Std.-^{203}Pb in der folgenden Weise: Das bestrahlte Tl_2O_3 wird mit 1nHNO_3 gelöst, die Lsg. mit SO_2 gesätt., um Tl^{3+} zu Tl^{1+} zu reduzieren, u. der SO_2-Überschuß durch Erhitzen vertrieben. Zu der Lsg. werden 10 mg Fe^{3+} gegeben, mit NH_4OH gefällt, das die Hauptmenge ^{203}Pb enthaltende $Fe(OH)_3$ abzentrifugiert, 2mal mit verd. NH_4OH u. einmal mit W. gewaschen u. in 1nHNO_3 gelöst. Dieser Prozeß wird nach jedesmaligem Zufügen von 5 mg inertem Tl^{3+} noch 2mal wiederholt, die 3. $Fe(OH)_3$-Fällung in 6nHCl gelöst u. das Fe durch viermaliges Ausäthern entfernt. Nach Zufügen von 25 mg NaCl wird die Lsg. zur Trockne gedampft u. bei p_H 4 zur isoton. Lsg. gelöst. Identifizierung von ^{203}Pb erfolgt durch Aktivitätsmessung u. quantitative Abtrennung von Hg- u. Tl-Trägern. Die Aktivität verbleibt bei einem zugefügten Pb-Träger. (J. chem. Physics **19**. 1427. Nov. 1951.) F. Weigel. 104

Jeanne D. Gile, Warren M. Garrison und **Joseph G. Hamilton,** *Trägerfreie Radioisotope aus Cyclotrontargets.* 23. Mitt. *Darstellung und Isolierung von* $^{100,\,101,\,102,\,105}$*Rh aus Ruthenium.* (22. vgl. vorst. Ref.) Eine 2 mm starke Schicht von Ru-Pulver wird auf einem gerippten, wassergekühlten Cu-Targetträger mit 19 MeV-Deuteronen einer Gesamtintensität von 35 μA-Std. bestrahlt u. die durch (d,n)- u. (d,2n)-Rk. gebildeten Rh-Isotope wie folgt abgetrennt: Ru wird nach der Bestrahlung mit 10 g Na_2O_2 im Ni-Tiegel bei 300° 30 Min. geschmolzen, wobei in geringen Mengen entstandenes Tc abgetrennt wird. Die Schmelze wird unter Erwärmen in Königsw. gelöst u. vom Unlöslichen abzentrifugiert. Die Lsg. wird mit KOH bas. gemacht, auf ~ 100° erhitzt u. Ru durch Einleiten von Cl_2 als RuO_4 abdestilliert. Der Destillationsrückstand, der Ni u. 95% der Rh-Aktivitäten enthält, wird abzentrifugiert u. das Ni-Hydroxyd mit W. gewaschen u. in möglichst wenig verd. HNO_3 gelöst. Nach Zugabe von 5 mg Fe^{3+} wird $Fe(OH)_3$ mit NH_4OH gefällt, wobei Ni als $[Ni(NH_3)_6]^{2+}$ in Lsg. bleibt u. Rh* mit dem Fe zusammen ausfällt. $Fe(OH)_3$ wird 2 mal umgefällt, in 6 n HCl gelöst u. mit Ae. extrahiert, wobei Rh* in der wss. Phase bleibt. Letztere wird mit 50 mg NaCl zur Trockne gedampft u. mit 5 ml dest. W. aufgenommen. Aktivitätsmessungen zeigen die Halbwertszeiten von 37 Std.-^{105}Rh, 4,3 Tage-^{101}Rh u. 210 Tage-^{102}Rh. Werden bei der chem. Trennung inakt. Rh- u. Ru-Träger zugefügt, bleibt die Aktivität zu 98% beim Rh. (J. chem. Physics **19**. 1428. Nov. 1951.) F. Weigel. 104

Herman R. Haymond, Warren M. Garrison und **Joseph G. Hamilton**, *Trägerfreie Radioisotope aus Cyclotrontargets*. 24. Mitt. *Darstellung und Isolierung von ^{188,190,192}Ir aus Osmium*. (23. vgl. vorst. Ref.) Vff. beschießen ca. 0,5 g Os-Metallpulver (< 0,01% Ir-Geh.) auf einem gerippten wassergekühlten Targetträger mit 19 MeV-Deuteronen u. trennen die durch (d,2n)- u. (d,n)-Rk. gebildeten Ir-Isotope wie folgt ab: Das bestrahlte Os wird in Königswasser gelöst, mit überschüssiger HNO_3 versetzt u. bis zur Trockne erhitzt zwecks Abdest. der Hauptmenge Os, anschließend wird mit 2 ml HNO_3 zur Trockne gedampft, mit 2 ml H_2SO_4 bis zum Rauchen erhitzt, 1 ml HBr zur Entfernung von Re zugetropft u. zur Trockne abgeraucht. Die verbleibende Aktivität wird in 5 ml HCl gelöst, in ein 10 ml-Becherglas übergeführt, 25 mg NaCl zugegeben u. zur Trockne gedampft. Das Ir-haltige NaCl wird in W. zur isoton. Lsg. gelöst. (J. chem. Physics **20**. 199—200. Jan. 1952.) F. Weigel. 104

Jeanne D. Gile, Warren M. Garrison und **Joseph G. Hamilton**, *Trägerfreie Radioisotope aus Cyclotrontargets*. 25. Mitt. *Darstellung und Isolierung von ^{195,196,198,199}Au aus Platin*. (24. vgl. vorst. Ref.) Vff. beschießen $5 \cdot 10^{-3}$ in.-Folien aus Pt auf einem gekühlten Cu-Targetträger mit 19 MeV-Deuteronen von 20 μA-Std. Gesamtintensität. Die bestrahlten Folien werden in Königswasser gelöst, überschüssige HNO_3 durch 12 n HCl vertrieben, die Lsg. auf ca. 15 cm³ 3 n HCl verd. u. das Radiogold durch 4 malige Extraktion mit Ae. abgetrennt, der mit 3 n HCl vorbehandelt war. Nach Waschen der Ae.-Phase mit 6 n HCl wurde erstere nach Zusatz von 50 mg NaCl auf 1 cm³ auf dem Dampfbad eingeengt u. zur Herst. einer isoton. Lsg. für biol. Zwecke auf 5 cm³ verdünnt. Folgende Aktivitäten wurden festgestellt: 3,5 Tage-^{198,199}Au, 5,6 Tage-^{196}Au u. 180 Tage-^{195}Au. (J. chem. Physics **20**. 339. Febr. 1952.) F. Weigel. 104

Jeanne D. Gile, Warren M. Garrison und **Joseph G. Hamilton**, *Trägerfreie Radioisotope aus Cyclotrontargets*. 26. Mitt. *Darstellung und Isolierung von ^{181}W aus Tantal*. (25. vgl. vorst. Ref.) Es wird ein chem. Trennverf. für trägerfreies ^{181}W, welches nach ^{181}Ta(d,2n)^{181}W entsteht, beschrieben. Infolge (d,p)- u. (n,p)-Rk. kann daneben noch akt. Ta u. Hf gebildet werden. Eine auf ihrer Rückseite durch fließendes kaltes W. gekühlte Ta-Metallscheibe wird mit 19 MeV-Deuteronen im 60 in.-Cyclotron beschossen. Nach der Bestrahlung wird das inakt. Metall verworfen, das Ta durch eine geringe Menge 16 n HNO_3 mit 10 Vol.-% HF in einer Pt-Schale gelöst, das HF durch Kochen mit 36 n H_2SO_4 entfernt u. die abgekühlte Lsg. langsam unter ständigem Rühren in einen Überschuß 20%ig. NaOH eingetragen. Nach 30 Min. wird das abgeschiedene Ta-Hydroxyd durch Zentrifugieren unter wiederholter Volumenverminderung der bas. Lsg. abgetrennt. Dabei wird das ^{181}W in der überstehenden Fl. zurückgehalten. Zur vollständigen ^{181}W-Abtrennung vom Ta wird dieses Verf. dreimal wiederholt. Die einzelnen Lsgg. werden danach vereinigt, auf ein kleines Vol. eingedampft u. das gebildete Na_2SO_4 abzentrifugiert; das ^{181}W fällt wiederum in der überstehenden Fl. an. Die bas. Lsg. wird mit HCl angesäuert, mit 5 mg Fe^{3+} versetzt u. auf einen p_H von 4 gebracht. Bei diesem p_H reißt das $Fe(OH)_3$ das ^{181}W quantitativ mit. Zur vollständigen Entfernung des Ta wird die Fällung dreimal wiederholt. Das $Fe(OH)_3$ wird in 6 n HCl gelöst u. das Fe mit Ae. extrahiert. Die HCl u. das ^{181}W enthaltende wss. Phase wird mit 20 mg NaCl zur Trockne eingedampft. Die Aktivität löst sich quantitativ in dest. Wasser. Aus der Beobachtung der Zerfallskurve ergab sich ^{181}W mit $T_{1/2} = 140$ Tage. Massenabsorptionsmessungen an Al u. Pb bestätigen die Ergebnisse von Wilkinson (C. **1948**. I. 1274). Die Prüfung der Meth. an einer mit einer Spurenmenge von trägerfreiem ^{181}W versetzten, mg-Mengen von W, Ta u. Hf enthaltenden Lsg. ergab eine chem. Abtrennung der W-Fraktion mit 98% der Aktivität. (J. chem. Physics **20**. 523—24. März 1952.) H. Gedschold. 104

Maurizio Zifferero, *Untersuchungen über die bei Neutronenbestrahlung des Komplexes $Ni(CN)_2 \cdot NH_3 \cdot C_6H_6$ erhaltenen radioaktiven Produkte.* Unter den Prodd. der 5wöchigen Bestrahlung von $Ni(CN)_2 \cdot NH_3 \cdot C_6H_6$ mit Neutronen finden sich folgende radioakt. Substanzen: CO (2 Impulse/Min. = 0,2% der gesamten Radioaktivität), CO_2 (2,9 = 0,4%), HCN (2,2 = 2,5%), $H_2C_2O_4$ (14,8 = 6,7%), Bzl. (14 = 4%). Es wird angenommen, daß aus dem N von NH_3 oder CN^- durch (n,p)-Rk. ^{14}C entsteht u. in die genannten Prodd. übergeht. Die O-haltigen Prodd. müssen aus den in der Ampulle trotz Spülen mit O_2-freiem N_2 vorhandenen Spuren O_2 gebildet sein. (Ann. Chimica **44.** 563—68. Juli/Aug. 1954. Roma, Univ., Ist. di Chim. farmac.) R. K. MÜLLER. 108

J. W. Knowles, *Neue Methode zur Messung kurzer γ-Lebensdauern.* Vf. entwickelt eine Meth. zur Messung kürzerer γ-Lebensdauern als 10^{-12} Sek. unter besonderem Bezug auf den 0,239 MeV-γ-Strahl von ^{212}Bi, der dem β-Zerfall von ^{212}Pb folgt. Die Meth. besteht im Prinzip in der Messung der Rückstoßversetzungen akt. Atome nach der β-Emission. Die akt. Atome besetzen Regulärstellen in einem Kristallgitter vor der Emission. Die Rückstoßatome können im angeregten Zustand einen γ-Strahl innerhalb der Flugzeit oder der Oscillationszeit des Atoms emittieren. Ein Teil dieser γ-Strahlen wird konvertiert, wobei Röntgenstrahlen erzeugt werden, die vom Kristallgitter gebeugt werden. Eine vorläufige Messung der Halbwertszeit des 0,239 MeV-γ-Strahls von ^{212}Bi ergibt einen Wert zwischen den Grenzen von 10^{-12} bis 10^{-14} Sekunden. (Physic. Rev. [2] **94.** 795. Erratum: 744. 1/5. 1954. Chalk River Labors.) GERHARD SCHMIDT. 112

J. H. Gibbons, *Eine verbesserte Apparatur zur Messung von Neutronenwirkungsquerschnitten bei hoher Auflösung.* Vf. beschreibt Verbesserungen an einer App. zur Messung von Neutronenstreuquerschnitten, die in besserer Energieeichung u. besserem Auflösungsvermögen resultieren. Die Neutronen werden durch die Li(p,n)-Rk. erzeugt. Das Auflösungsvermögen sinkt mit wachsender Neutronenenergie u. beträgt 2 keV bei 30 keV. (Physic. Rev. [2] **94.** 773. 1/5. 1954. Duke Univ.) D. GEISSLER. 112

W. T. Joyner, *(p, γ)-Koinzidenzmessungen unter Verwendung der Protonenflugzeit.* (Sitzungsbericht.) Vf. beschreibt eine App., die schnelle Koinzidenzen mißt u. bei der Best. der Winkelkorrelation zwischen geladenen Teilchen u. γ-Strahlen verwendet wird, um Protonengruppen mittels ihrer Flugzeit auszuwählen. Als Protonendetektor dient ein Terphenylkristall, zum Nachw. der γ-Strahlen ein Stilbenkristall. Die Wirksamkeit der App. bei der Rk. Al(p,p'γ) wird angegeben. (Physic. Rev. [2] **94.** 774. 1/5. 1954. Duke Univ.) D. GEISSLER. 112

John V. Nehemias, L. E. Brownell, W. W. Meinke und **D. E. Harmer,** *Probleme bei der Routineverwendung einer 10 kCurie γ-Quelle.* Vff. berichten über-Erfahrungen bei der Benutzung einer 10 kCurie ^{60}Co-Quelle. Die Abschirmung des Bestrahlungsraums wird beschrieben. Die Hülle der Co-Stäbe ist aus einer Al–Mn-Legierung (1,2% Mn) u. zeigt nach einem Jahr keine Korrosion. Ein Zusatz von $CrO_4^{2-}/Cr_2O_7^{2-}$ als Korrosionsinhibitor wird empfohlen. Eine Auslaugung des Zementes des Wasserschachts führt zu p_H-Änderungen u. Trübungen des W., die durch einen PO_4^{3-}-Puffer u. Reinigung mit Ionenaustauschern verhindert wird. Kunststoffe werden in der Nähe der Quelle schnell brüchig u. sind als Material für Halterungen nicht brauchbar, sie werden durch Al-Legierungen ersetzt. Die tatsächliche Stärke der Quelle wird durch Dosismessungen zu 3 kCurie bestimmt, die Abweichung wird auf örtliche Verminderung der Neutronendichte bei der Herst. der Quelle zurückgeführt. (Amer. J. Physics **22.** 511—16. Nov. 1954. Ann Arbor, Mich., Univ. of Michigan, Fission Prod. Labor.) G. HERRMANN. 112

John W. Bittner, *Erzeugung von doppelt geladenen Heliumionen.* In einem elektrostat. Generator wird ein He^{2+}-Bündel erzeugt u. auf 7,6 MeV beschleunigt. Die He^{2+}-Quelle, die sich in der Hochspannungselektrode des Generators befindet, besteht aus einem zweiten kleinen elektrostat. 400 kV-Generator, der von der oberen Bandrolle der Hauptmaschine angetrieben wird. In der Kuppel des kleinen Generators befindet sich eine Niederspannungsquelle für He^+-Ionen, die beim Durchgang durch einen Bereich niedrigen Druckes ein weiteres Elektron abstreifen, bevor sie in die Hauptbeschleunigungsröhre des großen Generators gelangen. Die Ausbeute der zweiten Ionisation beträgt 20% bei einem maximalen Gasdruck von $1{,}5 \cdot 10^{-2}$ mm Hg in der Mitte der Röhre. (Rev. sci. Instruments **25.** 1058—60. Nov. 1954. Madison, Wis., Univ. of Wisconsin, Dep. of Phys.) H. LIEPACK. 112

F. L. Green und **J. A. Martin,** *Intensitätsstarkes Bündel von Protonen niedriger Energie im ORNL-86 inch-Cyclotron.* (Sitzungsbericht.) (Physic. Rev. [2] **95.** 304. 1/7. 1954. Oak Ridge Nat. Labor.) GERHARD SCHMIDT. 112

S. E. Barden, *Raumladungskräfte bei stark fokussierenden Synchrotrons.* Bei dem Prinzip starker Fokussierung, das bes. für Protonensynchrotrons im Energiebereich oberhalb 10 GeV aufgestellt worden ist, ist der Index n des Feldgradienten abwechselnd positiv u. negativ u. besitzt einen numer. Wert von einigen Tausend im Gegensatz zu den üblichen Synchrotrons u. Betatrons schwacher Fokussierung, bei denen $0 < n < 1$ ist. Vf. untersucht die Wrkg. von Raumladungskräften in stark fokussierenden Synchrotrons auf die Stabilität der radialen u. axialen Bewegung der zu beschleunigenden Teilchen. Wegen der Abnahme dieser Kräfte bei Annäherung der Teilchengeschwindigkeit an die des Lichts wird der mittlere Feldindex stetig durch den Beschleunigungscyclus geändert. Falls diese Modulation ausreichend groß ist, ist die radiale u. axiale Stabilität für den gesamten Cyclus nicht mehr gewährleistet. (Physic. Rev. [2] **93**. 1378—80. 15/3. 1954. Glasgow, Univ.) GERHARD SCHMIDT. 112

P. L. Hartman und **D. H. Tomboulian**, *Die kurzwellige Ultraviolettstrahlung des Cornell-Synchrotrons.* (Vgl. C. **1954**. 939.) Spektroskop. Unterss. ergeben für 310 MeV-Elektronen ein ausgeprägtes Kontinuum ohne merkliche Intensitätsunterschiede im Bereich weicher Röntgenstrahlen, das sich mindestens von 50—400 Å erstreckt. Für 220 MeV-Elektronen steigt die Intensität des Kontinuums oberhalb 60 Å u. erreicht ein Maximum bei ca. 170 Å. (Physic. Rev. [2] **91**. 1577—78. 15/9. 1953. Ithaca, N. Y., Cornell Univ.) H. PIEPLOW. 112

John S. Nodvick und **David S. Saxon**, *Unterdrückung der kohärenten Strahlung von Elektronen in einem Synchrotron.* Es werden Berechnungen von SCHWINGER (unveröffentlicht) für den Strahlungsverlust auf den Fall erweitert, daß die Bahn zwischen zwei endlichen, parallelen, ebenen Metallflächen (z. B. Polschuhe) verläuft. (Physic. Rev. [2] **96**. 180—84. 1/10. 1954. Los Angeles, Calif., Univ. of California.) H. LIEPACK. 112

C. M. Turner, *Elektronenladungen in Ionenbeschleunigungsröhren.* 1. Mitt. (Sitzungsbericht.) Unters. des in linearen Beschleunigungsanlagen für Ionen mit Hohlzylinder-Elektroden auftretenden Rückelektronenstromes, der zu Störungen im Betrieb der Beschleunigungsanlagen Anlaß gibt. (Physic. Rev. [2] **81**. 305. 15/1. 1951. Brookhaven Nat. Labor.) W. REUSSE. 112

E. Blomsjö und **G. F. von Dardel**, *Ein vielseitiger 150 kV-Neutronengenerator.* Vff. beschreiben einen Generator, welcher mit Hilfe einer D–D-Rk. Neutronen erzeugt. Als Hochspannungsgenerator wird ein 150 kV-Industriegenerator für Röntgenanlagen verwendet. (Appl. sci. Res. B **4**. 49—67. **1954**. Stockholm, AB Atomenergi, Dep. of Phys.) J. VOITLÄNDER. 112

Max Morand, André Raskin und **Léon Winand**, *Erprobte Verwirklichung eines elektrischen Generators für Kernuntersuchungen mit sehr hoher Spannung und Staubströmungen.* Entw. einer auf der Grundlage der Strömung geladenen Staubes (Kohle bzw. Glas) arbeitenden industriereifen App., die mehr als $1 \cdot 10^6$ V bei 1 mA liefert. (C. R. hebd. Séances Acad. Sci. **234**. 2450—52. 16/6. 1952.) GERHARD SCHMIDT. 112

Maria Goeppert Mayer and **J. Hans Jensen**, Elementary theory of nuclear shell structure. New York: Wiley. 1955. (283 S. m. Diagrs.) $ 7,75.

Robert S. Shankland, Atomic and nuclear physics. New York: Macmillan. 1955. (544 S. m. Abb. u. Diagrs.) $ 7,75.

A_2. Optisches Verhalten der Materie.

Freeman D. Miller, *Wolf-Rayet- und andere Spektren vom frühen Typ im 1 μ-Bereich.* Für mehrere frühe Spektraltypen wurden Objektivprisma- u. Spaltspektrogramme im Wellenlängenbereich von 9000—11000 Å erhalten. Die N- u. C-Folgen der WOLF-RAYET-Sterne sind in diesem Bereich scharf getrennt. Die Hauptmerkmale der Emissionen gehören zu He I, He II u. C III. $\lambda = 10830$ von He I ist bei den Sternen P Cygni, γ-Cassiopeiae u. β-Lyrae gefunden worden. Bei den angewandten Dispersionen ist nur die PASCHEN-Serie in Absorption bei den Sternen α-Lyrae u. α-Aquilae zu sehen. (Astrophysic. J. **120**. 265—70. Sept. 1954. Univ. of Michigan Observ.) H. PREUSS. 113

Jean Dufay und **Tcheng Mao-Lin**, *Über die Höhe der Emission der grünen Strahlung des Nachthimmels.* In einer früheren Arbeit der Vff. (vgl. Ann. Géophysique **2**. [1946.] 189) über spektroskop. Beobachtungen der Höhe der nächtlichen Emissionsschicht der O I-Linie $\lambda = 5577$ Å, entstand durch die Lichtstreuung des Absorptionsschirmes eine Ungenauigkeit. Mit den bzgl. dieses Effektes korr. Schirmdichten nimmt der Faktor $K = J(70^0)/J(20^0)$ durchschnittlich um 5 oder 7% ab. Somit wird die Höhe der Emissionsschicht fast 215 km, in vollständiger Übereinstimmung mit den photoelektr. Beobachtungen anderer Autoren. (Ann. Géophysique **10**. Nr. 1. 1—8. Jan./März 1954. Observ. de Haute-Provence.) H. PREUSS. 113

Erika Böhm-Vitense, *Das Spektrum von β-Lyrae.* Die B 5-Absorptionskomponente von β-Lyrae zeigt rasche Veränderungen in der Radialgeschwindigkeit zwischen zwei aufeinanderfolgenden Cyclen u. auch während eines Cyclus, wenn die Belichtungen um eine oder zwei Std. getrennt werden. Die Absorptionslinie 4351 von Fe II ergibt eine durchschnittliche Rotationsgeschwindigkeit von 40—50 km/sec. (Astrophysic. J. **120.** 271—73. Sept. 1954. Berkeley Astronomical Dep., u. Kiel, Univ.) H. Preuss. 113

Richard I. Mitchell, *Rotation der Primärkomponente von β-Lyrae.* Eine Unters. des Profils von Mg II 4481 im Spektr. von β-Lyrae zeigt nicht den Effekt der Elliptizität. Andere Unterss. haben gezeigt, daß die Hauptkomponente wahrscheinlich ein Ellipsoid ist. Eine Rotationsgeschwindigkeit von 40 km/sec wurde festgestellt. (Astrophysic. J. **120.** 274—77. Sept. 1954. Univ. of California, Berkeley Astronom. Dep.) H. Preuss. 113

Paul H. E. Meijer, *Berechnung der Wellenfunktionen in einem symmetrischen kristallinen Feld.* Vf. zeigt, daß es möglich ist, die Aufspaltung der Energieniveaus eines Ions, hervorgerufen durch ein krist. Feld einer bestimmten Symmetrie, in einer systematischeren Weise als bisher zu berechnen. Ein Spezialfall wird ausführlicher behandelt. Einige Tabellen zur Erleichterung der Rechnungen werden angeführt. (Physic. Rev. [2] **95.** 1443—49. 15/9. 1954. Cleveland, O., Case Inst. of Technol., Dep. of Phys.) C. Gottfried. 114

Kurt Suchy, *Gekoppelte Wellengleichungen für inhomogene anisotrope Medien.* (Vgl. C. **1955.** 5719 u. früher.) Zur Berechnung der Fortpflanzung von elektromagnet. Wellen in einem inhomogenen, anisotropen Medium wird eine Koordinate parallel zur Wellennormalen gewählt, die anderen beiden aus einer Beziehung zwischen den beiden Vektoren E u. $\tilde{D}$ definiert [$\tilde{D} = D + (i/\omega)j$]. Es wird gezeigt, daß bei gekoppelten Wellengleichungen unter gewissen Bedingungen die Kopplungsterme weggelassen werden können. (Z. Naturforsch. **9a.** 630—36. Juli/Aug. 1954. Freiburg/Br.) H. Lindberg. 114

Melvin Lax und **Joel L. Lebowitz,** *Analyse der Momentensingularität von Vibrationsspektren.* Die Frequenzverteilung in einem Kristall wird angenähert durch Kombinierung der Best. ihrer analyt. Natur nach van Hove u. der Meth. von Montroll über die Momente. Die Funktion $G(\omega^2)$ wird dargestellt durch einen Ausdruck mit korrektem Verh. an den Singularitätsstellen u. an den Extremstellen der Frequenzen. Das Verh. zwischen singulären Punkten wird etwas angeglichen, indem n Parameter unbestimmt bleiben. Diese Parameter werden dann festgelegt durch Benutzung der genauen n ersten Momente. Zur Probe wird diese Meth. angewendet auf das zweidimensionale quadrat. Gitter mit Wechselwirkungen zwischen nächsten u. zweitnächsten Nachbarn, exakt gelöst für einen Spezialfall von Montroll. Die angenäherte Verteilungsfunktion hat die richtige Form an den Endpunkten. Die Differenz zwischen den genauen u. angenäherten Verteilungsfunktionen beträgt nur einige %, wenn nur das nullte Moment benutzt wird (Normalisierung). Bei Benutzung höherer Momente wird die Genauigkeit fortschreitend besser. (Physic. Rev. [2] **96.** 594—98. 1/11. 1954. Syracuse, N. Y., Syracuse Univ., Dep. of Phys.) J. v. Harlem. 114

D. L. Dexter, *Gestalt von Absorptions- und Emissionslinien von Verunreinigungen in festen Stoffen.* Vorliegende Behandlungen der Bandformen in festen Stoffen für die einfachsten Verunreinigungszentren sagen eine Funktionsform nach Gauss voraus. Diese Behandlungen nehmen als Vereinfachung an, daß das elektron. Matrixelement unabhängig ist von den Wellenfunktionen des Kerns u. daß die Energiebreite des Bandes vernachlässigbar ist gegenüber der Energie des Mittelpunktes des Bandes. Vf. schätzt die zu erwartende Größe einer Korrektur dieser Annahme für typ. Fälle ab u. findet, daß das Emissions- oder Absorptionsband von der Gaussschen Form um 20 oder mehr % an den Enden abweichen kann. (Physic. Rev. [2] **96.** 615—16. 1/11. 1954. Rochester, N. Y., Univ. of Rochester, Inst. of Optics, u. Washington, D. C., Naval Res. Labor., Solid State Div.) J. v. Harlem. 114

Gérard Grandsire, *Experimentelle und theoretische Untersuchung über das kontinuierliche Spektrum des molekularen Wasserstoffs.* Experimentelle u. theoret. Unters. der Emission des kontinuierlichen Spektr. des H_2 zwischen 4000 u. 6000 Å, entstanden durch den Übergang $1s\sigma\, 2s\sigma^3\, \Sigma_g \rightarrow 1s\sigma\, 2p\sigma^3\, \Sigma_u$. (Ann. Astrophysique **17.** 287—95. Juli/Aug. 1954. Labor. de Recherches Phys. à la Sorbonne.) H. Preuss. 118

Günter Jürgens, *Messung der Oscillatorenstärke einiger O I-Linien im wasserstabilisierten Lichtbogen.* Es wird die Oscillatorenstärke von 18 O I-Linien zwischen 3900 u. 8300 Å durch Vgl. mit H_β u. H_γ absol. bestimmt (Tabelle). Die so erhaltenen Ergebnisse stimmen meistens innerhalb ±25% mit den aus theoret. Berechnungen von Bates u. Damgard erhaltenen Werten überein. Die theoret. Grundlage sowie das experimentelle Verf. sind angegeben. (Z. Physik **138.** 613—22. 1954. Kiel, Univ., Inst. für Experimentalphys.) D. Hahn. 118

Carl Kenty, *Einige Nachleuchtspektren in Glühlampen.* (Sitzungsbericht.) Beschreibung verschied. Nachleuchterscheinungen in durchgebrannten Glühlampen mit Ar–N_2- u. anderen Füllgasen. (Physic. Rev. [2] **89.** 336. 1/1. 1953. Gen. Electric Co.) H. Pieplow. 118

Hardén McConnell, *J_4: Ein Molekülkomplex mit Ladungsaustausch?* Die von KORTÜM u. FRIEDHEIM (C. **1947**. 1258) im Absorptionsspektr. von J_2-Dampf gefundene u. der Ggw. lose gebundener J_4-Moll. zugeschriebene Bande bei 2670 Å wird von Vf. als Hinweis auf das Vorliegen eines Ladungsaustausches zweier J_2-Moll. angesehen, wie er analog von McCONNELL, HAM u. PLATT (C. **1955**. 7168) an Donator–Acceptor-Komplexen von J_2 mit organ. Moll. als Donatoren beschrieben wurde, nur daß im J_4-Komplex die J_2-Moll. sowohl als Acceptoren wie auch als Donatoren fungieren können. Die Möglichkeit derartiger Wechselwirkungen auch im festen J_2 wird kurz diskutiert. (J. chem. Physics **22**. 760—61. April 1954. Emeryville, Calif., Shell Development Co.) R. STEIN. 118

Y. G. Naik und **R. M. Joshi,** *Brockenbögen.* Vff. reproduzieren die Erscheinung der Brockenringe oder Anticoranas mit Hilfe einer Nebelkammer mit einer Kapazität von ca. 20 Liter, welche durch einen starken Strahl weißen Lichtes beleuchtet wurde. Zwischen Lichtquelle u. Nebelkammer wurde ein kleiner Konvexspiegel mit seiner reflektierenden Oberfläche nach der Kammer hin angebracht, der außerdem unter 45° gegen den einfallenden Strahl geneigt war. Wurde nun durch plötzliche Expansion eine Wolke geeigneter Größe gebildet, dann wurde in dem Spiegel ein dunkler Schatten des Spiegels beobachtet, der von einer Reihe von gefärbten Ringen umgeben war; sehr oft konnten 2 oder 3 Ordnungen von Ringen derselben Wellenlänge beobachtet werden. Kennt man die Tropfengröße a in μ in der Kammer u. mißt man die winkelmäßige Apertur der Ringe ϑ aus u. nimmt $\alpha = 2\pi a/\lambda$, wo λ die Wellenlänge bedeutet, dann ergibt sich, daß $\alpha \sin \vartheta$ für alle Ringe eine Konstante ist. Es wurde Übereinstimmung zwischen beobachteten u. berechneten Werten von $\alpha \sin \vartheta$ erhalten. (Current Sci. **22**. 40—41. Febr. 1953. Ahmedabad, Gujarat Coll.) C. GOTTFRIED. 119

D. H. Rank, *Infrarotspektroskopie hoher Auflösung.* Im Gebiet von 1—2 μ wurde die Präzision der Wellenlängenbest. von Absorptionsbanden um mindestens das Zehnfache gesteigert, durch Verwendung eines Gitters 10 × 20 cm mit 6000 Strich/cm. Das Auflösungsvermögen in der 6. Ordnung ist für die grüne Hg-Linie ca. 600000. Es wurde ein zweimaliger Strahlendurchgang angewandt. Mit dieser Anordnung wurde der Druckeinfl. auf die Linienbreite des Q-Zweiges bei 1,65 μ des Methans untersucht. Ferner wurde beim P-, Q- u. R-Zweig eine Feinstruktur der Linien gefunden, was auf eine Störung durch die Corioliskraft zurückgeführt wird. Auch beim CH_3Br, CH_3J, CHF_3, $CHCl_3$ wurde eine Feinstruktur gefunden. Diese u. weitere Beispiele (vgl. C. **1955**. 3065; **1954**. 7145) zeigen, daß das mittlere Auflösungsvermögen bei 1—2 μ ca. 100000 ist u. daß die Wellenlänge in diesem Bereich auf mindestens 0,1 Å ablesbar ist. (J. Physique Radium **15**. 517—18. Juni 1954. Pennsylvania State Univ., Phys. Dep.) V. BRAUN. 120

Roger Coulon, Boris Oksengorn und **Boris Vodar,** *Störung der infraroten Fundamentalbande der Fluorwasserstoffsäure durch verschiedene bis zu 1200 Atmosphären komprimierte Gase.* Vff. untersuchten den Einfl. von N_2 (bei 20 u. 60°), O_2 (bei 20 u. 60°) u. *Ar* bei 60° auf das infrarote Absorptionsspektr. der HF bei steigendem Druck des Fremdgases, wobei der Druck der HF stets 130 mm Hg betrug. Die Rotationsstruktur verschwindet allmählich mit steigendem N_2-Druck unter Ausbldg. eines zentralen Maximums, wie es COULON, OKSENGORN, ROBIN u. VODAR (vgl. C. **1954**. 2332) bei HCl beobachtet hatten. Die beobachtete Störung war bei 60° weniger ausgeprägt als bei 20°. Bei Zusatz von O_2 verschwindet die Rotationsstruktur erst bei relativ hohen Drucken, bei Ar ist sie noch bei den höchsten benutzten Drucken deutlich sichtbar. Wie im Falle des HCl ist auch für HF das Auftreten des zentralen Maximums bei Zusatz von N_2 dem Einfl. des polaren Moments des störenden Mol. zuzuschreiben, denn die Intensität der zentralen Bande ist am stärksten für das AlF-Mol. mit dem größten polaren Moment. (C. R. hebd. Séances Acad. Sci. **239**. 964—66. 18/10. 1954.) C. GOTTFRIED. 120

R. T. Mara, G. B. B. M. Sutherland und **H. V. Tyrell,** *Infrarotspektrum von Bariumtitanat.* Vff. untersuchten die infrarote Absorption von $BaTiO_3$ zwischen 2 u. 33 μ. Das Spektr. besteht aus 2 breiten Banden, eine mit ihrem Zentrum nahe 550 cm^{-1}, während die andere nahe 450 cm^{-1} beginnt u. ein Maximum oberhalb 300 cm^{-1} erreicht. Das Spektr. von $SrTiO_3$ zwischen 2 u. 15 μ war ident. mit dem des $BaTiO_3$ in dem gleichen Wellenlängenbereich. Zwischen 2 u. 15 μ besteht in dem Spektr. des $BaTiO_3$ in seiner hexagonalen u. tetragonalen Form kein Unterschied. Auch in dem Spektr. eines auf 150° erhitzten $BaTiO_3$ trat keine Änderung ein. Eine von JAYNES (vgl. Ferroelectricity, Princeton, Univ. Press, Princeton 1953, S. 69) auf Grund einer Elektronentheorie vorhergesagte infrarote Absorption bei 1000 cm^{-1} konnte nicht beobachtet werden. Eine bei einigen Proben beobachtete schwache Absorption bei ca. 1000 cm^{-1} ist wahrscheinlich auf eine Verunreinigung durch BaO zurückzuführen. (Physic. Rev. [2] **96**. 801—02. 1/11. 1954. Ann Arbor, Mich., Univ., Randall Phys. Labor.) C. GOTTFRIED. 120

J. P. Lloyd und **G. E. Pake**, *Spinrelaxation in Hyperfeinstruktur zeigenden Lösungen von freien Radikalen.* Mit Feldern von der Größe nahe 30 Oe wurde die Spingitterrelaxation des $ON(SO_3)_2^{2-}$-Ions in wss. Lsgg. untersucht. Mit Hilfe der Sättigungsmeth. wurde der Übergang ($F = -3/2, m_F = 3/2$) → ($F = 3/2, m_F = -1/2$) bei 60 MHz gemessen u. die in einer allg. theoret. Behandlung der Meth. definierte Relaxationswahrscheinlichkeit unter 0,005mol. Konz. als von der Konz. unabhängig u. in der Größe von $2 \cdot 10^6$ sec^{-1} gefunden. Theorie u. Experiment weisen die Wechselwirkungen der Elektronenmoments mit den Kernmomenten der H_2O-Moll. als Ursache für die Relaxationswahrscheinlichkeit aus. Die durch die Theorie erklärte Kopplung des elektr. ^{14}N-Quadrupolmoments mit den Bewegungen des Lösungsm. kann wegen der Hyperfeinkopplung zwischen dem ^{14}N-Kernspin mit dem Elektronenspin eine Elektronenrelaxation bewirken. Die Möglichkeit einer Mitwrkg. der Spin-Schalen-Kopplung u. von sek. statist. Prozessen an der beobachteten Relaxation wird diskutiert. (Physic. Rev. [2] **94.** 579—91. 1/5. 1954. Saint Louis, Mo., Washington Univ., Dep. of Phys.) G. HEINSOHN. 121

O. S. Heavens, Optical properties of thin solid films. New York: Academic Press. 1955. (268 S. m. Abb.) $ 6,80.

A₃. Elektrizität. Magnetismus. Elektrochemie.

D. S. Burch, R. C. Irick und **R. Geballe**, *Weitere Untersuchungen über die Photonenerzeugung in unselbständigen Entladungen.* Die Erzeugung von Photonen in Abhängigkeit von E/p ist in reinem O_2 u. N_2 etwa gleich, wesentlich kleiner als in H_2 u. unabhängig von E/p zwischen 60 u. 90 V/cm/mm Hg. In Luft ist die erzeugte Photonenmenge um etwa eine Größenordnung größer als in reinen Gasen u. steigt mit E/p im Bereich von 40—120 V/cm/mm Hg langsam an. (Physic. Rev. [2] **93.** 650. 1/2. 1954. Univ. of Washington.) H. PIEPLOW. 131

Leonard B. Loeb, *Aktive Sekundärprozesse im elektrischen Gasdurchschlag.* Zusammenfassender Bericht über die Sekundärprozesse an Kathode, Anode u. im Plasma. Schwellenwertbetrachtungen u. Unters. der Frage, von welchen Parametern die Ausbildung einer bestimmten Entladungsform abhängt. (Brit. J. appl. Physics **3.** 341—49. Nov. 1952. Berkeley, Calif., Univ. of California, Dep. of Phys.) H. PIEPLOW. 131

Ernst Knoop, *Zündvorgang, Entladungsverlauf und Entionisierung in Gastrioden.* Quantitative Messungen an Gastrioden bestätigen die Tatsache, daß mit wachsendem Gitterwiderstand die Aufbauzeit der Hauptentladung fällt, die Entionisierungszeit aber ebenfalls wächst, während eine negativ wachsende Gittervorspannung natürlich einen umgekehrten Einfl. hat. (Z. angew. Physik **4.** 386—90. Okt. 1952. Kiel, Univ., Inst. für angew. Phys.) H. PIEPLOW. 131

Kurt Larché, *Die Bogenform der Edelgashochdruckentladung.* (Vgl. C. **1955.** 6215.) Bei Edelgashochdruckbögen tritt ein kathod. Gasstrahl auf, der einer „Plasmakugel" in unmittelbarer Kathodennähe entspringt u. die Richtung der Kathodenachse im wesentlichen beibehält. Aus der Beeinflussung des Gasstrahls durch Auftrieb u. Konvektion läßt sich das im allg. unstabile Verh. des Edelgashochdruckbogens gegenüber dem Hg-Bogen erklären. Es gelingt, vollkommen stabile Edelgasbögen zu erzeugen, wenn der Gasstrahl vertikal von unten nach oben verläuft u. mit der Bogenachse zusammenfällt. In der Plasmakugel sind die Leuchtdichten um den Faktor 11, die Leistungskonz. um den Faktor 40 u. die Gastemp. um den Faktor 1,25 größer als in der eigentlichen Säule. (Z. Physik **132.** 544—52. 1952. Berlin, Osram-Studienges.) H. PIEPLOW. 131

G. Busz und **W. Finkelnburg**, *Über einen Hochstrombogen sehr hoher Temperatur und extrem kleiner Brennspannung.* Es wird kurz mitgeteilt, daß bei in strömendem *Ar* u. N_2 brennenden Hochstrombögen von 0,5 mm Länge Brennspannungen gemessen wurden, die wesentlich unter den Ionisierungsspannungen der Trägergase liegen. Auf Grund der spektroskop. abgeschätzten Achsentempp. von über 30000° K wird vermutet, daß die Ionisierung im gesamten Bogen, bes. auch in den Fallgebieten, überwiegend therm. erfolgt. (Naturwissenschaften **40.** 550—51. Nov. 1953. Erlangen, Siemens-Schuckert-Werke, Forsch.-Labor.) H. PIEPLOW. 131

S. E. Williams und **V. Maslen**, *Spektrale Intensitäten und hochfrequentes Rauschen im Gleichstrom-Wasserstoff-Bogen.* Messungen der spektralen Intensitätsverteilung u. des hochfrequenten Rauschens in Abhängigkeit von der Größe eines dem Bogen parallel geschalteten Kondensators legen die Vermutung nahe, daß zwischen dem hochfrequenten Rauschen u. der Energieverteilung der Plasmaelektronen ein Zusammenhang besteht. (Nature [London] **173.** 361—62. 20/2. 1954. Univ. of Western Australia, Dep. of Phys.) H. PIEPLOW. 131

Gregory H. Wannier, *Die Bewegung von Gasionen in einem starken elektrischen Feld.* 2. Mitt. (1. vgl. C. **1952.** 6651.) Die Berechnung der Ionenbewegung für den Bereich der mittleren Driftgeschwindigkeit ergibt, daß diese Bewegung als Diffusion beschrieben werden kann, wobei die beiden Diffusionskoeffizienten explizit für den Fall angegeben werden können, in dem die mittlere Zeit zwischen zwei Zusammenstößen des Ions mit Moll. geschwindigkeitsunabhängig ist. Die numer. Berechnung des longitudinalen Diffusionskoeff. wird unter gewissen Voraussetzungen durchgeführt. (Physic. Rev.[2] **87.** 795—98. 1/9. 1952. Murray Hill, N. J., Bell Telephone Labors.) H. PIEPLOW. 131

I. Ss. Stekolnikow, *Messung der Fortpflanzungsgeschwindigkeit des Hauptkanals einer hochvoltigen Entladung.* Aus der gleichzeitigen oscillograph. u. photograph. Aufnahme des zeitlichen Ablaufs der Entladung ergab sich eine Maximalgeschwindigkeit der Entladung von $16 \cdot 10^8$ cm/sec, die sich bei 140 cm Entladungsstrecke auf $3 \cdot 10^8$ cm/sec verringerte. Für den Beginn der Entladung in der Zeit $0—3 \cdot 10^{-8}$ sec liegen keine exakten Werte für die Geschwindigkeit vor. Es werden keine höheren Werte als $2—5 \cdot 10^7$ cm/sec angenommen. (Доклады Академии Наук СССР [Ber. Akad. Wiss. UdSSR] [N. S.] **85.** 1013—16. 11/8. 1952.) A. KUNZE. 131

B. T. Barnes, *Geschwindigkeitsverteilung der Elektronen in der Hg–Ar-Entladung.* (Sitzungsbericht.) Sondenmessungen u. Messungen mit Rechteckimpulsen, die einem stationären Strom überlagert wurden, zeigten übereinstimmend für eine Entladung in Ar bei 3,5 mm Hg mit geringen Zusätzen von Hg, daß bei Strömen von ca. 1,5 A eine MAXWELLsche Verteilung zumindest zwischen 0 u. 8 eV besteht. Bei Strömen von ca. 0,2 A ist die MAXWELL-Verteilung überhöht, das heißt, es gibt weniger Elektronen diesseits u. jenseits des Maximums, das zwischen 3 u. 7 eV liegt. (Physic. Rev. [2] **89.** 335. 1/1. 1953. Cleveland, O., General Electric Co.) H. PIEPLOW. 131

A. Dalgarno, *Unelastische Stöße schwerer Teilchen bei Berücksichtigung der Kreuzung der Kurven potentieller Energie.* 2. Mitt. *Ladungsübertragung von H-Atomen auf Al^{3+}, B^{2+}, Li^{2+} und Al^{2+}.* (1. vgl. BATES u. MOSEIWITSCH, C. **1955.** 5722.) Vf. untersucht die Ladungsübertragungsprozesse $H + Al^{3+} \rightarrow H^+ + Al^{2+}$ (^2S u. ^2P), $H^+ + B^{2+} \rightarrow H^+ + B^+$ (^1P), $H + Li^{2+} \rightarrow H^+ + Li^+$ (^3S u. ^1S) u. $H + Al^{2+} \rightarrow H^+ + Al^+$ unter Verwendung der LANDAU-ZENER-Formel für die Übergangswahrscheinlichkeit, die sich aus der Pseudokreuzung der Potentialenergiekurven der Anfangs- u. Endsysteme ergibt. Diese Pseudokreuzungen treten bei Kerntrennungen von 3,34, 6,58, 11,1, 8,88, 20,9 bzw. 5,29 Atomeinheiten auf. Die entsprechenden Energietrennungen, die von der Wechselwrkg. zwischen den Anfangs- u. Endzuständen herrühren, sind 5,18, 1,25, $5,69 \cdot 10^{-3}$, $1,24 \cdot 10^{-1}$, $2,12 \cdot 10^{-6}$ u. 1,54 eV. Die mit den 6 Übertragungsprozessen verbundenen Querschnitte werden über einen weiten Bereich von Stoßenergien berechnet. (Proc. physic. Soc., Sect. A **67.** 1010—17. 1/11. 1954. Belfast, Queen's Univ., Dep. of Appl. Math.) GERHARD SCHMIDT. 131

N. Pilpel, *Vereinfachte Verfahren zur Berechnung von Dipolmomenten.* Vereinfachte Verff. zur Berechnung von Dipolmomenten in unpolaren Lösungsmitteln (GUGGENHEIM, Trans. Faraday Soc. **45.** [1949.] 714, u. SMITH, C. **1951.** II. 639) werden auf neues Meßmaterial in polaren Lösungsmitteln angewandt. Das vereinfachte Verf. bewährt sich in diesen nicht. (Res. Corresp., Suppl. zu: Research **6.** Nr. 3. 18S—19S. März 1953. London, King's Coll., Chem. Dep.) K. L. WOLF. 132

N. N. Winogradoff, *Dipolfelder und statische Elektrisierung.* Die Frage nach der Entstehung von Reibungselektrizität wird geprüft durch Verwendung von Stoffen, welche auf Grund eines Geh. an Dipolmoll. nach erfolgter Polarisation noch eine merkliche Zeit nach Abschalten des polarisierenden Feldes einen gewissen Grad von Dipolorientierung behalten. Verwandt wurden Wachswürfel, die einem Feld von 300 V/cm ausgesetzt waren. Sie ließen elektrometr. keine Aufladung erkennen, erhielten sie aber nach Gleiten über eine Metallplatte. Es wird daraus gefolgert, daß orientierte polare Gruppen eine entscheidende Rolle bei der Entstehung von Reibungselektrizität spielen. (Res. Corresp., Suppl. zu: Research **7.** Nr. 4. 21S. April 1954. Brantham, Manningtree, Essex, Bexford Ltd., Res. Dep.) K. L. WOLF. 132

J. E. Parrott, *Die Einflüsse des Wärmeflusses auf die thermoelektrische Kraft in Halbleitern.* Theoret. Betrachtungen zu der Arbeit von FREDERIKSE (C. **1954.** 7814). (Proc. physic. Soc., Sect. B **67.** 587—88. 1/7. 1954. Aldermaston, Assoc. Electr. Ind. Ltd., Res. Labor.) R. STEIN. 133

H. J. Dirksen und **O. W. Memelink,** *Photoleitfähigkeit in Cadmiumselenid.* Es wird eine Theorie entwickelt. Zur Berechnung der Elektronenkonz. im Leitungsband wird ein Bändermodell mit zwei Verunreinigungsniveaus angenommen. Zur Erklärung der Temperatur- u. Bestrahlungsabhängigkeit des Photostromes erscheint es erforderlich, die Rekombination zwischen Elektronen im Leitungsband u. leeren Acceptorzuständen als vernachlässigbar klein anzunehmen. (Appl. sci. Res. B **4.** 205—16. 1954. The Hague, Netherlands, Phys. Labor. of Nat. Defence Res. Council T. N. O.) H. LIEPACK. 134

E. Burstein und **J. J. Oberly,** *Die Natur und Eigenschaften von eingefangenen Löchern in den Alkalihalogeniden.* (Sitzungsbericht.) Vorläufige Mitt. zu der C. **1951.** I. 2999 referierten Arbeit. (Physic. Rev. [2] **79.** 217. 1/7. 1950. Naval Res. Labor.) O. FUCHS. 135

—, *Experimentelle Bestätigung der Beziehung zwischen Diffusionskonstante und Beweglichkeit von Elektronen und Löchern.* Direkte experimentelle Nachprüfung der EINSTEINschen Beziehung durch Beobachtung der Verflachung eines scharfen Impulses bei seiner Wanderung durch einen *Ge*-Stab. Für Elektronen u. Löcher ergeben sich innerhalb der Meßgenauigkeit dieselben Werte. (Physic. Rev. [2] **88.** 1368—69. 15/12. 1952. Murray Hill, N. J., Bell Telephone Labors.) H. PIEPLOW. 135

G. Adam, *Eine Methode zur gleichzeitigen Bestimmung der Lebensdauer und Beweglichkeit injizierter Ladungsträger mit Hilfe eines beweglichen Lichtflecks.* Inhaltlich ident. mit der C. **1955.** **4763** referierten Arbeit. (Physica [Utrecht] **20.** 1037—41. Nov. 1954. Stuttgart, TH, Inst. für theoret. u. angew. Phys.) R. STEIN. 135

G. G. E. Low, *Eigenschaften von Punktkontakten auf Kobaltit.* Kurze Mitt. über Unterss. an Einkristallen von natürlichem Kobaltit (CoAsS) mit W-Spitzenkontakten. Während bei Messungen mit Impulsen von 1 μsec die Leitfähigkeit der Kontakte dem OHMschen Gesetz gehorchte, ergaben sich bei Gleichstrommessungen gleichrichterähnliche, jedoch symm. Strom–Spannungs-Charakteristiken mit maximalen Sperrspannungen von 5—15 V in beiden Richtungen, die auf Erhitzung der Kontakte zurückgeführt werden. Eine Berechnung des Effektes ergibt befriedigende Übereinstimmung mit dem Experiment. (Proc. physic. Soc., Sect. B **67.** 589—90. 1/7. 1954. Reading, Univ., Dep. of Phys., Semiconductor Group.) R. STEIN. 135

W. Schultz, *Zur Theorie der Gleichrichtung am Kontakt Metall–Halbleiter.* Unter einer Reihe bestimmter Voraussetzungen, welche Halbleitern mit hoher Beweglichkeit u. großer Diffusionslänge der Stromträger u. guten Gleichrichtereigg. entsprechen, werden Gleichstrom- u. Wechselstromcharakteristik u. die Gleichrichterwrkg. des Kontakts Metall–Halbleiter untersucht. Die Gleichrichtung am Kontakt Metall–Überschußhalbleiter kann so beschrieben werden, daß für den Elektronenstrom die Diodentheorie, für den Löcherstrom die p—n-junction-Theorie von SHOCKLEY anzuwenden ist. Der Einfl. der Inversionsschicht wird bes. eingehend behandelt. Die Sperrschichtkapazität wird als Funktion der Stromträgerdichten, Diffusionsspannung, Temp. usw. berechnet, wobei das Vorhandensein einer Inversionsschicht die Temperaturabhängigkeit wesentlich beeinflussen sollte. (Z. Physik **138.** 598—612. 1954. Belecke, Möhne, AEG-Labor.) H. NIEHRS. 135

J. S. S. Kerr, J. S. Schaffner und **J. J. Suran,** *Der Einfluß eines transversalen elektrischen Feldes auf die Trägerdiffusion in dem Grundflächengebiet eines Transistors.* Mathemat. Untersuchung. (J. appl. Physics **25.** 1293—97. Okt. 1954. Syracuse, N. Y., General Electric Electronics Labor.) C. GOTTFRIED. 135

H. N. Leifer und **W. C. Dunlap jr.,** *Einige Eigenschaften von p-Typ-Galliumantimonid zwischen 15 und 925° K.* Ausführliche Darst. des C. **1955.** 5724 referierten Sitzungsberichtes. (Physic. Rev. [2] **95.** 51—56. 1/7. 1954. Schenectady, N. Y., General Electric Res. Labor.) J. RUDOLPH. 135

S. K. Chatterjee, P. Ramdas Shenoy und **C. Rama Bai,** *Eine Methode für die Messung der Leitfähigkeit von Metallen bei Mikrowellenfrequenzen.* Es wird die Theorie einer neuen Meth. zur Best. der Leitfähigkeit von Metallen bei Mikrowellenfrequenzen aus der Messung von Reflexionskoeffizienten mit Hilfe von Feldgleichungen entwickelt. Ein Ausdruck für den Reflexionskoeff. unter Verwendung des Spannungsverhältnisses der stehenden Welle, der Dämpfungskonstanten, des Streukoeff. der Diskontinuität jedes beliebigen Wellenleiters, der im Syst. vorhanden ist, u. der Phasenfaktoren wird abgeleitet. Die Werte für die Leitfähigkeit für verschied. Metalle (reines Ag, handelsübliches Cu, Duralumin, Messing), die nach dieser Meth. erhalten wurden, sind in guter Übereinstimmung mit Werten nach anderen, bisher gebräuchlichen Methoden. (J. Indian Inst. Sci. **36.** Sect. B. 107—22. Juli 1954. Dep. of Electrical Communicat. Engng.) J. v. HARLEM. 136

W. W. Tyler, A. C. Wilson jr. und **G. J. Wolga,** *Wärmeleitfähigkeit, elektrischer Widerstand und Thermokraft von Uran.* Darst. der ermittelten Werte, die sich von denen früherer Unterss. nicht wesentlich unterscheiden, in Kurvenform. (J. Metals **5.** Nr.9. Sect. 2. Trans. AIME **197.** 1238—39. Sept. 1953. Schenectady, N. Y., General Electric Co.; Ithaca, N. Y., Cornell Univ.) H. HOCHSTEIN. 136

P. G. Klemens, *Elektronische thermische Leitung in Supraleitern.* Vf. nimmt auf Unterss. von MENDELSSOHN u. OLSEN (vgl. C. **1950.** II. 860) über die Erklärung von Messungen der Wärmeleitfähigkeit von Supraleitern Bezug. Bei der theoret. Unters. der

Größenordnung des durch einen postulierten Kreisprozeß verursachten zusätzlichen Wärmeflusses kommt Vf. zu dem Schluß, daß der Kreisprozeß in allen Supraleitern auftreten sollte, daß jedoch der Beitrag zu der gesamten Wärmeleitung nicht merklich sein dürfte. (Proc. physic. Soc., Sect. A **66.** 576—77. 1/6. 1953. Sydney, Commonwealth Sci. and Ind. Res. Organ., Div. of Phys.) C. GOTTFRIED. 136

W. S. Corak, B. B. Goodman, C. B. Satterthwaite und **A. Wexler,** *Exponentielle Temperaturabhängigkeit der elektronischen spezifischen Wärme von supraleitendem Vanadium.* Vff. berichten über Messungen der spezif. Wärme von V im supraleitenden Zustand vom Übergangspunkt, 5,05° K, bis zu 1,2° K herab. Herst. der Probe u. Meßverff. werden kurz beschrieben. Die Meßergebnisse sind in recht guter Übereinstimmung mit den Messungen von WORLEY, ZEMANSKY u. BOORSE an einer V-Probe mit T_c = 4,68° K. Die Temperaturabhängigkeit der elektron. spezif. Wärme läßt sich am besten darstellen nach einer empir. Exponentialkurve der Form $a \cdot \exp(-b\,T_c/T)$, die in ähnlicher Weise auch von Nb u. Sn erfüllt wird. (Physic. Rev. [2] **96.** **1442—44.** 1/12. 1954. East Pittsburgh, Pa., Westinghouse Res. Labor.) J. v. HARLEM. 136

H. G. Beljers, L. van der Kint und **J. S. van Wieringen,** *Overhauser-Effekt in einem freien Radikal.* Aus theoret. Gründen hat OVERHAUSER (C. **1954.** 3866. 9458) eine Wechselwrkg. zwischen der paramagnet. u. Kernresonanz vorausgesagt. Zunächst wurde dieser Effekt nur bei Metallen vermutet u. auch bei Li gefunden (CARVER u. SLICHTER). Nach BLOCH kann der Effekt auch bei nichtmetall. Stoffen auftreten. Vff. geben einen kurzen Bericht über vorläufige Verss., nach denen der OVERHAUSER-Effekt auch in dem freien Radikal Diphenylpikrylhydrazyl auftritt. (Physic. Rev. [2] **95.** 1683. 15/9. 1954. Eindhoven, Niederlande, N. V. Philips' Gloeilampenfabrieken, Philips Res. Labor.) J. v. HARLEM. 137

Josef A. Ferber, *Über Bewegungen metallischer Probekörper der Größenordnung 10^{-4} bis 10^{-5} cm im homogenen magnetischen Feld eines Permanentmagneten unter zeitweiligem Lichtausschluß; der magnetische Burst.* Ausführliche Messungen zum Nachw. magnet. Ladungen. Die metall. Probekörper passieren bei senkrechtem Fall ein horizontales Magnetfeld; die Abweichungen vom senkrechten Fall werden photograph. festgehalten u. quantitativ ausgewertet. Gleichzeitig wird der Lichteinfl. bei senkrecht von unten nach oben gehendem Licht kontrolliert. Die fallenden Probekörper können zum Nord- oder zum Südpol des Magneten oder überhaupt nicht abgelenkt werden; Licht hat mitunter einen Einfl., mitunter nicht. Eine Systematik ist in den Beobachtungen zunächst nicht festzustellen. (Acta physica austriaca **4.** **133—43.** Juli 1950. Wien, Univ., I. Physikal. Inst.) H. PIEPLOW. 137

C. Zener, *Klassische Theorie der Temperaturabhängigkeit der magnetischen Anisotropieenergie.* Die Folgerungen aus folgenden zwei Annahmen werden analysiert: 1. Der Einfl. der Temp. auf die magnet. Anisotropie stammt allein von der Entstehung lokaler Abweichungen der Magnetisierungsrichtung, 2. die lokale Abweichung in einem Elementargebiet ist die Resultante einer sehr großen Anzahl von unabhängigen Abweichungen. Der Einfl. dieser lokalen Abweichungen auf die magnet. Anisotropie wird zumeist dadurch dargestellt, daß die magnet. Energie durch Reihen von Oberflächenharmonischen ausgedrückt wird. Der Koeff. der n-ten Harmonischen geht mit der Temp. gemäß $[J_s(T)/J_s(O)]^{n(n+1)/2}$. Die ersten beiden Exponenten für kub. Kristalle haben die Werte 10 bzw. 21. Der Exponent 10 gibt fast genau die beobachtete Temperaturabhängigkeit von K_1 in *Fe* wieder. Bei *Ni* nimmt die Anisotropie viel schneller ab, als es die Theorie wiedergibt. (Physic. Rev. [2] **96.** 1335—37. 1/12. 1954. East Pittsburgh, Pa., Westinghouse Res. Labor.) J. v. HARLEM. 137

R. H. Tredgold, *Über Antiferromagnetismus in Metallen.* Unter Annahme eines Modells ähnlich dem nach PRATT folgt ein antiferromagnet. Grundzustand für ein effektives Moment von 0,9030 BOHRschen Magnetonen. (Proc. physic. Soc., Sect. A **67.** 1018—20. 1/11. 1954. Nottingham, Univ., Phys. Dep.) J. v. HARLEM. 137

D. M. Grimes und **D. W. Martin,** *Reversible Susceptibilitäten von Ferromagnetika.* (Vgl. C. **1954.** 3865.) Es wird ein Ausdruck abgeleitet, der die Magnetisierungsabhängigkeit der reversiblen Susceptibilität n. zur Feldrichtung in Verbindung bringt mit der reversiblen Permeabilität parallel zur Feldrichtung. Die Modifikation dieser Susceptibilitätsabhängigkeiten, hervorgerufen durch „Einfangen" der Elementarbereichswände in metastabilen Lagen durch Potentiallöcher wird betrachtet. Die makroskop. Magnetisierung wird ausgedrückt in Termen einer Verteilung von Potentiallöchern mittels eines Begriffes analog zu dem der „mittleren freien Weglänge". Die gemessenen reversiblen Susceptibilitäten von drei ferrit. Proben (Typen E, G u. I der GENERAL CERAMICS & STEATITE CORP., nähere Zus. nicht angegeben) stimmen gut mit den Erwartungen der Theorie überein. (Physic. Rev. [2] **96.** 889—96. 15/11. 1954. Ann Arbor, Mich., Univ. of Michigan, Engng. Res. Inst. and Dep. of Electrical Engng.) J. v. HARLEM. 137

W. P. Osmond, *Eine Interpretierung der magnetischen Eigenschaften einiger Eisenoxydpulver.* 2. Mitt. (1. vgl. C. **1953.** **1293.**) Die früheren Ergebnisse werden unter Berücksichtigung der Porenräume, entstanden durch O_2-Verluste während der chem. Strukturumformungen, korrigiert. Alsdann ergibt sich eine gute Übereinstimmung zwischen den experimentellen Messungen der Koerzitivkraft u. den mit der Formanisotropie berechneten theoret. Werten. Die Formanisotropie scheint danach die Kristallanisotropie zu überwiegen. Auch bei den Werten für Remanenz u. innere Induktion sind jetzt bessere Übereinstimmungen zwischen Experiment u. Theorie vorhanden. (Proc. physic. Soc., Sect. B **66.** 265—72. 1/4. 1953. Slough, Bucks., Minnesota Mining & Mfg. Co., Magnetic Tapes Div.) H. FAHLENBRACH. 137

C. P. Stanford, T. E. Stephenson und **Seymour Bernstein,** *Neutronenspin aus magnetischen Resonanzversuchen.* Die Verss. zur Messung der gyromagnet. Verhältniszahl des Neutrons unter Benutzung der Meth. der magnet. Resonanz wurden so ausgebaut, daß sie einen Nachw. des Neutronenspins liefern. Der Spin 1/2 ergibt sich eindeutig aus der Messung der Übergangswahrscheinlichkeit in Abhängigkeit von der Amplitude des oscillierenden magnet. Feldes. (Physic. Rev. [2] **96.** 983—84. 15/11. 1954. Oak Ridge, Tenn., Oak Ridge Nat. Labor.) J. v. HARLEM. 137

Tadashi Sugawara, Yoshika Masuda, Teinosuke Kanda und **Eizo Kanda,** *Kernmagnetische Resonanz in festem Wasserstoff mit verschiedenen Konzentrationen an Orthowasserstoff.* Vff. untersuchten zunächst die Protonenresonanz in n. festem H_2 bei 8 MHz im Temperaturgebiet vom Tripelpunkt bis 1,2° K. Die Beobachtungen sind in Übereinstimmung mit denen von HATTON u. ROLLIN, bzw. REIF u. PURCELL. Es wurde dann festes H_2 mit verschied. Ortho-Konzz. untersucht (bis hinauf zu 70% Orthowasserstoff). Es ergab sich, daß die Temp., bei der die Feinstruktur erscheint, von der Orthokonz. abhängig ist. Diese Temp. verschiebt sich zu tieferen Tempp. mit fallender Orthokonzentration. Die Linienbreite der Zentralspitze ist ebenfalls abhängig von der Orthokonz., die beobachtete Linienbreite bei hoher Orthokonz. ist jedoch größer als nach der Formel von VAN VLECK. Weitere Verss. wurden mit festem n. D_2 durchgeführt, auch hier sind die Ergebnisse bei 4 MHz in Übereinstimmung mit denen der angeführten früheren Untersuchungen. (Physic. Rev. [2] **95.** 1355—56. 1/9. 1954. Sendai, Japan, Tohoku Univ., Res. Inst. for Iron, Steel and other Metals.) J. v. HARLEM. 137

D. J. E. Ingram und **J. G. Tapley,** *Paramagnetische Resonanz bei Hochfrequenz von bei niedrigen Temperaturen behandelten Kohlearten.* Die durchgeführten Messungen bestätigen die von BENNET aufgestellte Vermutung, daß zwei verschied. Mechanismen für die paramagnet. Absorption in Kohlen verantwortlich sind: 1. in Kohlen, die nicht über 650° erhitzt worden sind, ist eine Resonanz vorhanden, die von freien Radikalen, oder „gebrochenen Bindungen" in der Kohlestruktur herrührt; diese hat eine Breite von 8 Oe, unabhängig von der Absorptionsfrequenz; 2. in Graphiten, formiert oberhalb 1200°, existiert eine Resonanz der Leitungselektronen in der zweidimensionalen Ebene. Die Breite dieser Absorption ändert sich merklich mit der Frequenz. (Philos. Mag. [7] **45.** 1221—23. Nov. 1954. Southampton, Univ., Dep. of Electronics.) J. v. HARLEM. 137

Lyle R. Dawson, Richard A. Hagstrom und **Paul G. Sears,** *Konduktometrisches und viscometrisches Verhalten von Lithiumbromid in 50—50 Gewichtsprozent Methanol–Aceton bei Temperaturen von 20 bis —50°.* Bei Tempp. von 20 bis —50° wurden Leitfähigkeit, Viscosität u. D. von wasserfreien LiBr-Lsgg. in 50—50 Gew.-% Methanol-Aceton-Gemischen über einem großen Konzentrationsbereich bestimmt. Es wurde eine indirekte Meth. angewandt, die Grenzäquivalentleitfähigkeit bei Tempp. außer 20° zu erhalten. Der Logarithmus des Prod. Leitfähigkeit–Vicsocität soll eine lineare Funktion des reziproken Wertes der absol. Temp. für alle untersuchten Lsgg. sein: $\log (\Lambda \eta) = A + B \cdot (1/T)$. Außerdem wurde eine lineare Beziehung zwischen dem Logarithmus der Äquivalentleitfähigkeit u. dem Logarithmus der Viscosität der Lsgg. im angewandten Temperaturbereich gefunden: $\log \Lambda = \log k - n \log \eta$. (J. electrochem. Soc. **102.** 341—43. Juni 1955. Lexington, Ky., Univ., Dep. of Chem.) A.-F. BOGENSCHÜTZ. 138

T. E. Moore, E. A. Gootman und **P. C. Yates,** *Aktivitäten der Chloride der Übergangsmetalle in wässerigen Salzsäurelösungen.* 1. Mitt. *Nickel(II)-chlorid und Kobalt(II)-chlorid.* Durch Partialdruckmessungen von HCl u. H_2O u. anschließende Auswertung durch Integration der GIBBS-DUHEMschen Gleichung wurden die Aktivitäten aller Komponenten der Systeme H_2O–HCl–$NiCl_2$ u. H_2O–HCl–$CoCl_2$ bei 30° bestimmt. Auf die Meßmethodik wird ausführlich eingegangen. Die Messungen wurden mit Lsgg. konstanter HCl-Konzz. (4,69 u. 8,86 mol.) bei Salzkonzz. von 0,5 mol. bis zur Sättigung durchgeführt. Zur theoret. Diskussion der Meßergebnisse wurde die Gleichung von STOKES u. ROBINSON (C. **1949.** I. 662) für konz. bin. Elektrolytlsgg. auf tern. Mischungen erweitert. Die Theorie erwies sich als brauchbar für $NiCl_2$–HCl-Lsgg., während sie auf die $CoCl_2$-Lsgg. nicht angewendet werden konnte. Spektrophotometr. Unterss. ergaben eine Assoziation von Co- u. Cl-Ionen zu $CoCl_2$. (J. Amer. chem. Soc. **77**. 298—304. 20/1. 1955. Stillwater, Okla., Oklahoma A. and M. Coll., Dep. of Chem.) I. Karutz. 139

Kurt Nagel, *Die Überlagerung von zwei Elektrodenreaktionen mit Durchtritt der Metallionen durch die Grenze Metall/Lösung. (1;2fache Me$^+$-Elektrode.)* Vf. untersucht die Frage, ob u. unter welchen Bedingungen sich die stationäre Polarisarions–Strom-Kurve einer 1;2fachen Elektrode nach dem Überlagerungsprinzip auf die Polarisations–Strom-Kurven zweier entsprechender Elektroden zurückführen läßt. Als 1;2fache Elektroden bezeichnet Vf. Elektroden, bei denen nur die Me$^+$-Ionen durchtrittsfähig sind u. an 2 Rkk. teilnehmen können: $_{I}Me^+ \rightarrow _{II}Me^+$ (I) u. $_{I}Me^+ + |\nu_N|\ _{II}Me^+$-Nehmer $\rightarrow$ $|\nu_G|\ _{II}Me^+$-Geber(II). Neben der thermodynam. Kennzeichnung einer solchen Elektrode diskutiert Vf. mehrere Sonderfälle für den geschwindigkeitsbestimmenden Schritt (Durchtritts-Rk., Diffusion bei prakt. vollkommen gehemmter Neben-Rk. u. a.). In einigen Sonderfällen ist das Überlagerungsprinzip anwendbar. Findet nur (I.) statt, so bestimmt die Neutral-Rk. $_{II}Me^+ + |\nu_N|\ _{II}Me^+$-Nehmer $\rightarrow$ $|\nu_G|\ _{II}Me^+$-Geber die Polarisation der Elektrode, die dann als Reaktionspolarisation bezeichnet wird. (Z. physik. Chem. **202**. 221—44. Okt. 1953. Erlangen, Univ., Inst. für phys. Chem.) H.-U. Woelk. 140

Eugenio Bertorelle, *Elektrolytische Abscheidung von Zink: Haften der Niederschläge an der Kathode. Oscillographische Meßmethode.* 1. Mitt. (Vgl. C. **1955**. 1207.) Aus Lsgg., die 100 (g/Liter) Zn, 80 H_2SO_4, 0,5 Mn u. 0,03—1 F^- (als NaF) enthalten, wird Zn auf Al-Kathoden niedergeschlagen u. der Verlauf der Rk. oscillograph. verfolgt. Die Oscillogramme zeigen, daß F^- die Kathode anätzt u. für die Haftung des Zn aktiviert, u. zwar um so mehr, je höher die F^--Konz. der Lsg. ist. Auch bei Kathoden, die zuvor als Anoden (neben der Pb-Anode) anoxydiert wurden, ist diese Wrkg. des F^-, wenn auch in geringerem Ausmaß, erkennbar. Die von Wagramjan u. Zarewa (C. **1951**. II. 494) mitgeteilte Parallelität zwischen Haftfestigkeit der Ndd. u. anfänglicher Überspannung wird bestätigt. (Chim. e Ind. [Milano] **35**. 556—60. Aug. 1954. Milano, Univ., Ist. di Chim. ind.) R. K. Müller. 141

Takashi Mukaibo und **Mitsuru Oikawa,** *Einfluß organischer Moleküle auf die Adsorption von Wasserstoff an der Elektrodenoberfläche.* Aus von Vff. durchgeführten oscillograph. Messungen der Adsorption von organ. Moll. [*A.* u. *Acetaldehyd* (I)] an der Elektrode u. ihrer Beziehung zum Elektrodenpotential ergeben sich folgende 2 Fälle für eine katalyt. H_2-Entw.: Das organ. Mol., z. B. I, hat ein größeres Dipolmoment als W. u. wird an der Pt-Kathode stark adsorbiert. Durch ster. Hinderung wird das Kathodenpotential weniger edel mit steigendem I-Geh. der Lsg., die Tafel-Konstante u. auch das Potential behalten den gleichen Wert, als wenn kein Zusatz erfolgt, vorausgesetzt, daß die Stromdichte entsprechend dem Grad der Oberflächenbelegung durch I-Moll. korr. wird. Wenn das organ. Mol. ein kleineres Dipolmoment als W. hat, wird es nur wenig an der Elektrode adsorbiert u. der Einfl. auf das Elektrodenpotential scheint weniger der ster. Hinderung als der Wrkg. auf das Lösungsm. zuzuschreiben zu sein, wenn das Mol. klein ist. Die aus den Unterss. gezogenen Schlüsse stehen in guter Übereinstimmung mit Diskussionen anderer Autoren, bes. denen von Bockris u. Mitarbeitern (Trans. Faraday Soc. **44**. [1948.] 860 u. früher). (Bull. chem. Soc. Japan **26**. 524—28. Dez. 1953. Tokyo, Univ., Fac. of Engng., Labor. of Appl. Electrochem. and Photochem. [Orig.: engl.]) W. Niemitz. 143

A$_4$. Thermodynamik. Thermochemie.

Leonard D. Jaffe, *Phasenverteilung in Zwei-Phasen-Festkörpersystemen.* Vom Standpunkt der statist. Thermodynamik wurde das Quasigleichgewicht einer dispersen mit einer polykristallinen Phase berechnet. Die Konz. der dispersen Phase an den Korngrenzen der polykristallinen ist mit den Teilchengrößen, den Grenzflächenenergien, der Temp. u. der mittleren Konz. durch eine angegebene Formel verknüpft. (Physic. Rev. [2] **77**. 762. 1/3. 1950. Watertown Arsenal.) H. Niehrs. 146

William J. Taylor, *Thermodynamische Funktionen von Kristallen, berechnet aus den Momenten der Frequenzverteilung.* Entwickelt man anstatt der Frequenzverteilung g (ν) der Normalschwingungen eines Kristalls die Größe $\nu^{-2} \cdot g(\nu)$ in gerade Legendre-Polynome, so kann man bekannte Schwierigkeiten überspringen u. erhält für die thermodynam. Funktion eine konvergente Reihe von Temperaturfunktionen, deren Koeffizienten von den Momenten von g (ν) abhängen. Das erste Glied ist die gewöhnliche Debye-Funktion. (Physic. Rev. [2] **77**. 762. 1/3. 1950. Ohio State Univ.) H. Niehrs. 146

S. L. Quimby, *Temperaturabhängigkeit der mittleren Debye-Temperatur von Cu_3Au zwischen 20 und 450°.* Aus den elast. Konstanten von Cu_3Au wurden die mittleren DEBYE-Tempp. für die in () genannten Tempp. (in ° K) berechnet zu: 272,4 (293,3), 263,5 (473,3), 254,3 (623,3), 250,6 (653,3), 238,9 (663,3), 234,0 (723,3); Zwischenwerte vgl. Original. (Physic. Rev. [2] **95.** 916. 15/8. 1954. New York, N. Y., Columbia Univ.) O. FUCHS. 146

David Shoenberg, *Physik bei tiefen Temperaturen.* Vf. berichtet über die gebräuchlichsten Methoden zur Erreichung tiefer Tempp. bis 0,005° K u. Unterss. von spezif. Wärmen, Ausdehnungskoeffizienten, elektr. Widerstand u. Magnetismus bei diesen Tempp.; schließlich über die Eigg. von fl. He u. die Erscheinungen der Supraleitfähigkeit, die noch einer Erklärung bedürfen. (J. sci. ind. Res. [New Delhi] **13A.** 355—62. Aug. 1954. Cambridge, Royal Soc. Mond Labor.) H. PLUSKAL. 149

R. A. Erickson, L. D. Roberts und **J. W. T. Dabbs,** *Gemeinsame Induktanzbrücke und Kryostat für magnetische Tieftemperaturmessungen.* Das genau beschriebene Instrument dient zur Messung von Susceptibilitäten von 77° K bis zu Tempp. adiabat. Demagnetisierung. Mit dem App. können innerhalb eines Frequenzbereiches von 5 kHz paramagnet. Relaxation u. paramagnet. spezif. Wärmen untersucht werden. Außerdem eignet er sich zu Messungen der longitudinalen Susceptibilitäten in Feldern bis zu 3000 Oe u. transversaler Susceptibilitäten in Feldern bis zu 13000 Oe. (Rev. sci. Instruments **25.** 1178—82. Dez. 1954. Oak Ridge, Tenn., Univ., u. National Labor.) C. GOTTFRIED. 149

D. de Klerk und **R. P. Hudson,** *Einrichtung für Versuche über adiabatische Entmagnetisierung am National Bureau of Standards.* Vff. geben eine Übersicht über die Einrichtung des BUREAU OF STANDARDS für die Erzeugung u. Messung sehr tiefer Tempp. mittels der Meth. der adiabat. Entmagnetisierung. Die Konstruktion des Kryostaten u. der Gegeninduktionsmeßbrücke werden ausführlich beschrieben u. die Vor- u. Nachteile von Elektromagneten mit Eisenkernen u. von eisenfreien Solenoiden gegeneinander abgewogen. (J. Res. nat. Bur. Standards **53.** 173—84. Sept. 1954. Washington, D. C.) J. V. HARLEM. 149

W. H. Keesom, A. Bijl und **L. A. J. Monté,** *Das log T–S-Diagramm von Helium.* Ausführliche Beschreibung, nach welchen Unterlagen das von 1—500° K reichende Diagramm konstruiert wurde. Seine Genauigkeit ist besser als 1%. (Appl. sci. Res. A **4.** 25—33. 1953. Leiden, Kamerlingh Onnes Labor.) G. KIRSCHSTEIN. 149

L. C. Jackson und **D. G. Henshaw,** *Weitere Beobachtungen am He II-Film nach einer optischen Methode.* Der aus früheren Beobachtungen gezogene Schluß, daß He I bei 2,3° K keinen Film bildet (vgl. BURGE u. JACKSON, Proc. Roy. Soc. [London], Ser. A **205.** [1951.] 270), wird als unrichtig erwiesen; es bildet sich ein ca. 10 Atomlagen dicker Film. Die Dicke eines kriechenden He II-Films hängt nicht von der Geschwindigkeit ab. Fließt der Film von außen in einen Zylinder, der oben einen größeren Durchmesser hat als unten, so sammelt sich an der Stelle, wo sich der Durchmesser verringert, fl. He an. (Philos. Mag. [7] **44.** 14—18. Jan. 1953. Bristol, Univ., H. H. Wills Phys. Labor.) G. KIRSCHSTEIN. 149

A. Michels, T. Wassenaar und **W. Van Seventer,** *Isothermen von Luft zwischen 0 und 75° und bei Drucken bis zu 2200 Atmosphären.* Die PV-Werte werden tabellar. zusammengestellt, wobei die höchsten Drucke nur bei 0° erreicht werden konnten. Für die Gleichung $PV = \sum_{i=0}^{4} a_i d^i$ werden die a_i für 0, 25, 50 u. 75° angegeben; d ist die Dichte. (Appl. sci. Res. A **4.** 52—56. 1953. Amsterdam, Gemeente Univ., Van der Waals Labor.) G. KIRSCHSTEIN. 149

H. L. Frisch und **C. Willis,** *Die Kinetik von Phasenübergängen, bei denen Reaktionen von Dimeren vorkommen.* Vff. stellen eine kinet. Theorie auf für Phasenübergänge, in denen Keime (embryos) der neuen Phase durch Gewinn (Verlust) von Monomeren u. Dimeren wachsen (verschwinden). Es wird gezeigt, daß der durch Vernachlässigung des Dimeren begangene Fehler sehr klein ist, mit Ausnahme von Systemen, in denen im Gleichgewicht ein größerer Bruchteil der alten Phase in Form von Dimeren vorliegt (z. B. NO_2–N_2O_4). (J. chem. Physics **22.** 243—44. Febr. 1954. Syracuse, N. Y., Univ., Dep. of Physics.) G. WINKLER. 150

N. D. Litwinow und **L. Ja. Kondraschowa,** *Versuch zur Untersuchung des isothermen Gleichgewichtes Dampf–Flüssigkeit für Gemische mit drei flüchtigen Komponenten.* Vff. schlagen eine Meth. zur Unters. des isothermen Gleichgewichts Dampf–Fl. in tern. Gemischen, die aus 3 unbegrenzt mischbaren Fll. bestehen, ohne Analyse der Gasphase vor. Die Meth. wird experimentell an einem Syst. von *Methyljodid* + *Aceton* + CS_2 bei 35° durchgeführt. Die Richtigkeit der Meth. wurde durch Vgl. der Versuchsergebnisse des Gesamtdruckes des gesätt. Dampfes des Gemisches mit den errechneten Werten überprüft. Nur in 5 aus 34 Verss. war die Abweichung < 1,1%. Trotzdem wurden durch Vgl. von Partialdrucken sehr zufriedenstellende Resultate erzielt. Die errechneten Partialdrucke der Komponenten des tern. Gemisches stehen nicht im Einklang mit der MARGULES-Gleichung. Ausgehend von den Versuchswerten werden Wege der isothermen Dest. des Syst. angedeutet. (Журнал Физической Химии [J. physik. Chem.] **25.** 153—60. Febr. 1951.) O. POLLAK v. EMHOFEN. 150

Heinz Freiwald und **Hans Ude,** *Über die kugelförmige Ausbreitung der Detonation in Acetylen–Luft-Gemischen.* (Vgl. C. **1955.** 4046.) Vff. untersuchen die kugelförmige Ausbreitung der Detonation in C_2H_2 (I)-Luft-Gemischen mittels Aufnahmen mit schnell rotierender Trommelkamera u. Zeitlupe mit 6000 Bildern/Sekunde. Die Gasgemische befinden sich in dünnen Gummiballonen von 90—2500 Liter Inhalt, u. die Zündung der Detonation wird im Ballonmittelpunkt mittels einer Sprengkapsel (1,1 g Sprengstoff) hervorgerufen. Bei dieser Anordnung werden die Detonationsgrenzen zu 8—19% I gefunden. Nach beendeter Detonation wird das Auftreten u. die mehrfache Reflexion von Kugelwellen beobachtet. (Z. Elektrochem., Ber. Bunsenges. physik. Chem. **57.** 629—32. 1953. Weil/Rh.) H. FREIWALD. 157

Gerhard Schmid und **Albrecht Jetter,** *Herstellung von Impfkernen und Keimen für Fällungsreaktionen mit Ultraschall.* Mit Ultraschall können $BaSO_4$ oder auch fremde Substanzen in äußerst feiner Form so in die Fällungslsgg. hineindispergiert werden, daß sie bei einer nachfolgenden Fällung als Keime bzw. Impfkerne der Niederschlagsbldg. wirken. Die Keim- bzw. Kern-Fll. sind tagelang unverändert, resistent gegen Kochen u. je nach Art des dispergierten Stoffes sehr verschieden wirksam. Durch Dosierung ihres Zusatzes zu den Fällungsreagentien kann bei der Fällung jede beliebige Korngröße innerhalb gewisser Grenzen erzeugt werden. Die Verss. wurden mit Ultraschall von der Frequenz 175 kHz durchgeführt. Die Frage, inwieweit die Kavitation an der Keim- bzw. Kernerzeugung beteiligt ist, ist noch nicht geklärt. (Z. Elektrochem., Ber. Bunsenges. physik. Chem. **56.** 760—67. 1952. Stuttgart, TH, Labor. für Phys. Chem. u. Elektrochem.) H. FALKENHAGEN. 159

A5. Kolloidchemie. Grenzschichtforschung.

Franz Evva, *Beiträge zur Theorie der Optik weißer Sole.* 1. Mitt. *Einfluß der Polydispersität auf die Trübung weißer Sole mit kugelförmigen Teilchen.* Bei der Berechnung der absol. Trübung nach $\tau = Er^2N$ (N = Zahl der kugelförmigen Teilchen mit dem Radius r) wird Monodispersität der Sole vorausgesetzt. Die dimensionslose Größe E wird durch den relativen Brechungsindex, bezogen auf die disperse Phase, u. einen Quotienten $\alpha = 2\,r\,\pi/\lambda'$ bestimmt. Vf. diskutiert den Einfl. der Polydispersität auf die Trübung für die GAUSSsche, die log n u. die exponentielle Verteilung. Es ergibt sich, daß für abnehmende Polydispersität lim $\overline{E}/\overline{\alpha} = E/\alpha$ wird u. der Einfl. der Polydispersität auf die Trübung davon abhängig ist, auf welchen Teil der E/α — α-Kurve die mittlere Teilchengröße fällt. Kleine Verschiebungen der Polydispersität verändern die Trübung der Sole nicht wesentlich. Bei allen untersuchten Verteilungstypen ergibt sich eine Verminderung der Maximalwerte der Extinktionskurven u. eine Verschiebung nach kleineren Teilchenradien. (Z. physik. Chem. **202.** 208—20. Okt. 1953. Vác, Ungarn, Opt.-feinmechan. Forschungslabor.) H.-U. WOELK. 162

R. E. Kagarise, *Spektroskopische Untersuchungen der Seifen von Phenylstearinsäure.* 1. Mitt. *Infrarotabsorptionsspektren und die Hydrolyse von Seifenfilmen.* Vff. untersuchten die Infrarotspektren von fl. *Phenylstearinsäure* (I) u. ihren festen *Li-*, *Na-*, *K-* u. *Ca-Salzen* zwischen 2 u. 15 μ. In reinem I ist die OH-Gruppe nicht frei (breite Bande bei 3300—3000 cm^{-1}, Bande bei 2600 cm^{-1}), lediglich in verd. CCl_4-Lsg. tritt eine „freie" OH-Bande bei 3540 cm^{-1} auf, reines I liegt also als Dimeres vor (vgl. HADŽI u. SHEPPARD, Proc. Roy. Soc. [London], Ser. A **216.** [1953.] 247). Die der ionisierten Carboxylgruppe des Ca-Salzes zuzuschreibenden Frequenzen werden unter Betrachtung der Gruppe als nichtlineares Mol. des Typs XY_2 im Rahmen der Annahmen von DUVAL u. Mitarbeitern (Ann. Physique **17.** [1942.] 5) zugeordnet: Bei ca. 1439 cm^{-1} (Koinzidenz mit CH-Spreizschwingung) die symm. Valenzschwingung (ω_1), bei 1558 cm^{-1} (starke, breite Bande) die asymm. (ω_2) u. bei 942 cm^{-1} (schwache, breite Absorption) die Deformationsschwingung (ω_3), die entsprechenden Frequenzen betrugen bei den Li-, Na- bzw. Ca-Seifen ω_1 ca. 1437, 1441, 1412; ω_2 1587, 1574, 1567; ω_3 935, 924 bzw. 915 cm^{-1}. Für die ω_2-Frequenz besteht eine lineare Beziehung zu der PAULINGschen Elektronegativität der Metalle innerhalb der ein- u. der zweiwertigen Metalle (neben Ca sind graph. Werte auch für *Be-*, *Mg-*, *Sr-* u. *Ba-Seifen* angegeben), was im Gegensatz zu DUVAL u. Mitarbeitern (l. c.) steht, die keine Beziehungen zu anderen physikal. Eigg. fanden. Für die quantitative Best. freier I in Mischungen mit ihren Salzen kommen nur die Banden bei 5,84 ($\nu_{C=O}$ der dimeren I) u. 6,3—6,4 μ (ω_2) in Betracht. Dies wurde an Mischungen mit 0—50 Gew.-% I (als Filme aus Benzollsg. auf KBr-Platten) untersucht. Über einem Geh. von 10% I gilt das BEERsche Gesetz. Die Ursachen für Abweichungen unter Gehh. von 10% I sind Unschärfe der Bande bei 5,84 μ u. hydrolyt. Bldg. von I aus seinen Salzen durch Luftfeuchtigkeit. Die Absorption von Mischungen aus I u. Salzen in Chloroformlsg. gehorchen jedoch nicht dem BEERschen Gesetz, da durch die Wechselwrkg. zwischen Seife u. Säure die Intensität der Carbonylbande bei 5,84 μ verändert wird. Zur Best. der relativen Hydrolysegeschwindigkeiten wurden Filme der Li-, Na-, K- u. Ca-Seife feuchter Luft ausgesetzt u. die aufgenommene Menge W. aus der Veränderung der Absorption bei 3,0 μ, die der gebildeten Säure bei 5,84 μ ermittelt. Absorbiertes W. konnte nur bei der Li-Seife nicht entdeckt werden, die Wasseraufnahme stieg in der Folge Na- $<$ Ca- $<$ K-Seife, wobei die letzte bzgl. der aufgenommenen Wassermenge sehr empfindlich gegenüber Schwankungen der relativen Feuchtigkeit war. Die Menge an gebildeter freier Säure lief der aufgenommenen Wassermenge parallel, bei Einbringen in trockene Umgebung nahm die einmal gebildete Menge an Säure nicht ab. Ferner wurde nachgewiesen, daß Einw. von W. allein auf Ca-Seife nicht zur Bldg. von freier Säure führt, sondern die Ggw. von CO_2 notwendig ist; Na-Seife ergab nur in einer mit CO_2 angereicherten Atmosphäre freie Säure, die gleichzeitige Bldg. von $NaHCO_3$ konnte spektroskop. nachgewiesen werden. (J. physic. Chem. **59.** 271—77. März 1955. Washington, D. C., Naval Res. Labor.) B. GNAUCK. 162

W. G. Lewitsch, *Theorie der Koagulation von Kolloiden im turbulenten Flüssigkeitsstrom.* Vf. geht davon aus, daß der Koagulationsradius R der Teilchen klein ist im Vgl. zum inneren Maßstab der Turbulenz λ_0, daß ferner ein vollständiges Mitreißen der koll. Teilchen durch die für das Aufeinandertreffen der Teilchen verantwortlichen Pulsationen erfolgt. Diese Annahme ist bei koll. Teilchen im fl. Medium gegeben, wenn Teilchen u. Medium ähnliche Dichtewerte besitzen. Bei Aerosolen ist diese Annahme unzulässig. Hier muß der Einfl. der Inertionseffekte berücksichtigt werden. Aus den abgeleiteten Gleichungen geht hervor, daß die Durchmischung der Lsg. von starkem Einfl. auf die Koagulation der koll. Teilchen ist, daß die Koagulationsgeschwindigkeit mit zunehmender Strömungsgeschwindigkeit u. bes. mit zunehmender Teilchengröße rasch ansteigt. Dies führt zum Auftreten einer Latenzperiode. Die Turbulenzdurchmischung ist Hauptursache der Koagulation, wenn $R^3 > \sqrt{\nu/\varepsilon}\,D$, wo D = Koeff. der BROWNschen Diffusion, ε = Dissipation der Energie in 1 cm³ Fl. in 1 Sek., bezogen auf die Flüssigkeitsdichte = 1, ν = kinemat. Viscosität. Für Teilchen oberhalb 10^{-5} bis 10^{-6} ist bei den gewöhnlichen Bedingungen ($\varepsilon = 10^3$—10^4) der turbulente Mechanismus der Koagulation in der Fl. gegenüber der BROWNschen Diffusion vorherrschend. (Доклады Академии Наук СССР [Ber. Akad. Wiss. UdSSR] [N. S.] **99.** 809—12. 11/12. 1954.) O. LEBTAG. 163

Ju. M. Glasman und **I. M. Dykman,** *Über die Koagulation von lyophoben Solen bei der Einwirkung von Elektrolytgemischen.* Aus theoret. Betrachtungen über die Abhängigkeit der koagulierenden Konzz. bei der Einw. eines Gemisches aus 2 Elektrolyten auf ein lyophobes Sol folgt, daß bei Zusatz von Elektrolyten mit verschied. Valenz der koagulierenden Ionen unter der Voraussetzung, daß die Koagulation nicht durch zusätzliche Rkk. kompliziert wird (Adsorption, chem. Rk. usw.), ein deutlicher Synergismuseffekt beobachtet werden muß. Dies gilt mindestens für 1-1- u. 2-2wertige Elektrolyte. In Wirklichkeit beobachtet man häufig einen Antagonismus. Dieser hängt mit jener Adsorptions-Rk. zusammen, die beim Elektrolytzusatz zum Sol eintritt, u. kann nicht unter völliger Ignorierung der akt. Rolle der koll.-dispersen Phase mit Hilfe der elektrostat. Rkk. zwischen den Ionen der Elektrolytlsg. erklärt werden. Vff. sehen in ihrem Befund eine Widerlegung der in der Literatur vertretenen Ansicht, wonach die Adsorption nicht die Koagulation bestimmt, sondern sie nur begleitet. (Доклады Академии Наук СССР [Ber. Akad. Wiss. UdSSR] **100.** 299—302. 11/1. 1955. Kiew, Technol. Inst. für Leichtind.) O. LEBTAG. 163

M. Mortenson, *Bemerkungen zur Flotation.* 2. Mitt. *Die Bestimmung der Schaumbildung von Flotationsreagentien.* (1. vgl. Kgl. norske Vidensk. Selsk., Forh. **26.** [1953.] Nr. 4,) Beschreibung einer Flotationszelle, mit der im Labor. die Schaumbldg. von Reagentien durch Messung der Höhe des unter Standardbedingungen gewonnenen Schaumes untersucht wird. Die Schaumbldg. von *Ölsäure* in W. (10—40 mg/Liter) ist bei p_H 8 größer als bei p_H 6,5. Das Maximum der Schaumbldg. von *Terpentinöl* liegt bei 10—30 mg/Liter u. p_H 6—7. Zusatz von Graphitpulver zum W. erniedrigt die Schaumbldg. bei Terpentinöl, erhöht sie bei *HTP-Alkohol B-22* (DU PONT). (Kgl. norske Vidensk. Selsk., Forh. **26.** 13—16. 1953.) W. ECKARDT. 166

D. M. Minz, *Das Absitzen konzentrierter Suspensionen.* Beim Absitzen von konz. Suspensionen gilt das STOKESsche Gesetz nicht mehr. Für den Fallwiderstand ψ_b bei beengtem Raum gilt bei kleinen REYNOLDS-Zahlen Re die Beziehung $\psi_b = 4{,}5/\mathrm{Re}$, allg. bei allen Re-Werten dagegen für feinkörnige Schichten $\psi = (4{,}5/\mathrm{Re}) + \psi_3/\pi$, wobei ψ_3 der Widerstand bei freiem Fall ist. Das Verhältnis der Fallgeschwindigkeit bei beengtem Fall (v) u. bei freiem Fall (Θ) $\beta = \mathrm{v}/\Theta$ steht zum freien Volumenanteil (Porosität) der suspendierten Schicht (m) in der Beziehung $\beta = -[3\pi\cdot 4{,}5(1-\mathrm{m})/\mathrm{Re}_3\,\psi_3] + \sqrt{[3\pi\cdot 4{,}5(1-\mathrm{m})/\mathrm{Re}_3\,\psi_3^{-2} + \mathrm{m}^3]}$. Bei kugeligen Teilchen mit 0,1 mm Durchmesser gilt bei freiem Fall das STOKESsche Gesetz, u. es ist $\beta = -4{,}5(1-\mathrm{m}) + \sqrt{4{,}5^2(1-\mathrm{m})^2 + \mathrm{m}^3}$; daraus folgt, daß bei sehr feinen Teilchen β nicht nur vom Durchmesser der Teilchen (bei laminarer Strömung), sondern auch von deren Konz. (1 — m) abhängt. Schon bei einer Konz. von 10% ist $\beta \sim 50\%$, bei 0,5% prakt. 1. (Химическая Промышленность [Chem. Ind.] **1954**. Nr. 1. 33—36. Jan./Febr.)
R. K. MÜLLER. 174

J. W. Watson und **D. Parkinson,** *Die Adsorption von Jod und Brom an Ruß.* Vff. führen eine systemat. Unters. der Ad- u. Desorption von Jod u. Brom an verschied. Rußsorten (z. B. *Spheron C, Spheron 3, 4, 6* u. *9, Graphon, Philblack 0*) durch. Aus den Ergebnissen geht hervor, daß die Adsorption von dem verwendeten Lösungsm. (untersucht wurden W., CCl_4, Bzl. u. Cyclohexan), der Temp. u. der Konz. des freien Jods abhängig ist. Die Oberflächengröße der Ruße kann nicht in direkte Beziehung zu der Adsorption von Jod aus Lsgg. gesetzt werden. Eine mögliche Lösung dieses Problems wäre nach Ansicht der Vff. eine Entfernung der leichtflüchtigen Bestandteile des Rußes vor der Adsorption unter Bedingungen, die keine Veränderung der Rußoberfläche hervorrufen. Verss. in dieser Richtung sind vorgesehen. Die Desorption des Jods zeigt, daß keine Chemisorption stattfindet, sondern daß die Adsorptionshysterese auf aktivierte physikal. Adsorption zurückzuführen ist. Eine stärker betonte Hysterese tritt bei der Adsorption von Brom auf. Ein Teil dieser Hysterese scheint durch eine Substitutions-Rk., bei der Wasserstoff des Rußes durch Brom ersetzt wird, verursacht zu werden. Abschließend wurde der Einfl. der Bromierung von Ruß hinsichtlich der Verstärkerwrkg. in natürlichem Gummi untersucht. Dabei konnte festgestellt werden, daß die Bromierung nur einen sehr geringen verstärkenden Einfl. hat. Vff. folgern daraus (unter der Voraussetzung, daß bromierte Ruße gesätt. sind), daß der ungesätt. Charakter von Füllstoffen kein Faktor der Verstärkung von Gummi ist. (Ind. Engng. Chem. **47**. 1053—62. Mai 1955. Birmingham, England, Dunlop Rubber Co., Res. Centre.) G. WILLE. 176

W. A. Dsissko und **W. N. Krassnopolskaja,** *Einfluß der chemischen Natur des Adsorbenten auf die Adsorption von Methylalkohol.* Es wurden die Adsorptionsisothermen der Dämpfe von N_2 u. *Methylalkohol* (I) bei —183 bzw. 20° an *Silicagel* (II), Al_2O_3 (III), *MgO* (IV) u. *Ni* aufgenommen. Es wurde bei der Auswertung der Ergebnisse angenommen, daß die Adsorption von N_2 unspezif. ist, daß die vom N_2-Mol. in der Monoschicht eingenommene Fläche mit 17 Å² für alle Adsorbenten gleich ist. Die Packung der I-Moll. in der Monoschicht war abhängig vom Adsorbens: Geringste Packungsdichte an II. Die effektiven Flächen des I-Mol. betrugen an II (in Å²) 26,5, an III 17, an IV 16, an Ni 15. Bei der Best. der akt. Oberfläche des Adsorbens muß deshalb zunächst die effektive Fläche des I-Mol. für jeden Stoff ermittelt werden. (Журнал Физической Химии [J. physik. Chem.] **26**. 1841—43. Dez. 1952. Moskau, Physik.-Chem. Karpow-Inst.)
O. LEBTAG. 176

I. N. Plakssin und **G. N. Chashinskaja,** *Zur Frage der Wechselwirkung von Reagentien mit Zinkblende. Zinkblende* (I) u. *Sphalerit* lassen sich nur dann gut flotieren, wenn sie vorher mit akt. Stoffen gesätt. werden; daher wurden Verss. mit I u. Äthylxanthogenat (II) durchgeführt, wobei zur Beobachtung der Adsorption II mit Zusatz von ^{35}S dargestellt wurde. Die Verss. ergaben, daß I verschied. Herkunft das II verschieden stark adsorbiert: Helle I flotiert u. adsorbiert II besser als dunkle I (6,8% Fe gegenüber 0,34% beim hellen). Zusatz von CaO senkte diese Adsorption des dunklen I (von 62 auf 19%). Eine direkte eindeutige Abhängigkeit zwischen der mittleren D. der II-Schicht auf I u. dessen Flotierbarkeit war nicht nachzuweisen. Auch mit $CuSO_4$ nicht aktivierte, relativ grob zerkleinerte I sowie chem. reines ZnS adsorbieren II. Mit II aktiviertes helles I ließ sich zu 92%, das dunkle nur zu 40% flotieren. (Доклады Академии Наук СССР [Ber. Akad. Wiss. UdSSR] [N. S.] **97**. 1045—46. 21/8. 1954.) A. v. WILPERT. 176

N. Je. Wedenejewa und **M. A. Ratejew,** *Beidellit mit anomalem Verhalten von auf ihm adsorbiertem Methylenblau.* Im oberen Carbon von Jablonow-Owrag wurde im unlösl. Teil der kalkhaltigen Tone ein Mineral gefunden, dessen Fraktion <0,001 mm bei Zusatz einiger Tropfen KCl eine Veränderung der blauvioletten Färbung mit *Methylenblau* (I) nach der violetten Seite zeigt, statt, wie üblich, nach der grünen. Nach Zusatz von KCl wird im Absorptionsspektr. das Maximum 580 mμ nach 560 mμ verschoben, was bisher selbst bei Kaoliniten nicht beobachtet wurde. Die mit n. u. 3facher I-Menge angefärbten Suspensionstropfen werden beim Trocknen grün. Das Spektr. weist das für *Beidellit* (II) charakterist. Maximum bei ca. **670** mμ auf. Mit Benzidin wird eine blaue Färbung erhalten. Die Brechungszahlen ($N_g' = 1{,}549-1{,}555$; $N_p' = 1{,}525-1{,}528$) sprechen für den II-Typ des anomalen Minerals. Auf dem Thermogramm beobachtet man je einen endothermen Haltepunkt bei 105—110°, 565—600° u. 865—905°, einen exothermen Haltepunkt bei 930—950°. Der I-Charakter wird auch durch das Röntgenogramm bestätigt. Die Ursache der Anomalie ist darin zu sehen, daß im untersuchten Vork. II in Carbonatsedimenten in Ggw. von viel Ca^{2+} u. Mg^{2+} entstanden ist. (Доклады Академии Наук СССР [Ber. Akad. Wiss. UdSSR] **100**. 559—62. 21/1. 1955. Inst. für geol. Wiss., u. Inst. für Kristallographie der Akad. der Wiss. der UdSSR.) O. LEBTAG. 176

B. M. W. Trapnell, Chemisorption. New York: Academic Press. 1955. (273 S. m. Abb.) $ 6,80.

A_6. Strukturforschung.

A. E. Grün, E. Schopper und **B. Schumacher**, *Elektronenschattenaufnahmen und Nachleuchtbilder von Gasstrahlen bei niedrigem Druck.* Bei dem Elektronenschattenverf. trifft ein in einer Gaskammer durch Streuung u. Absorption stark verbreiterter Elektronenstrahl (3—30 kV) schließlich auf einen Leuchtschirm, von welchem er einen beträchtlichen Flächenanteil erhellt. Ein dicht vor dem Leuchtschirm parallel zu diesem u. senkrecht zum Elektronenstrahl verlaufender Gasstrahl verursacht entsprechend seinen Dichteunterschieden Helligskeitsunterschiede auf dem Schirm. Dadurch wird eine Unters. der Dichteverteilung in Gasstrahlen bei Drucken ermöglicht, welche so niedrig sind, daß die üblichen schlierenopt. Methoden versagen (**30** mm bis 10^{-3} mm Hg). Das Nachleuchtverf. besteht dagegen darin, daß der Gasstrahl von einem ihn senkrecht durchkreuzenden, weniger diffusen Elektronenstrahl höherer Energie (50—100 kV) durch Anregung zum Leuchten gebracht u. dann senkrecht zu beiden Strahlrichtungen direkt beobachtet wird. Nach beiden Verff. gewonnene Bilder von aus LAVAL-Düsen austretenden Gasstrahlen werden gezeigt. (J. appl. Physics **24**. 1527—28. Dez. 1953. Hechingen, Hochspannungslabor., u. Stuttgart, TH.) F. LENZ. 181

V. E. Cosslett, *Intensitätsgrenzen in einer punktförmigen Röntgenstrahlquelle.* Während für die üblichen Röntgenröhren, deren Brennfleck von der Größenordnung 1 mm² ist, die Intensitätsgrenze durch die Erwärmung der Anode gegeben ist, spielt für Röntgenstrahlenquellen von ca. 1 μ Durchmesser, wie sie für die Röntgenschattenmikroskopie verwandt werden, die Erwärmung eine so geringe Rolle, daß in diesen kleinen Brennflecken Leistungsdichten bis zu 10^7 W/cm² (beispielsweise bei 10 kV 100 A/cm²) zulässig sind. Damit ist die obere Grenze für die verwendbare Intensität in diesem Falle nicht mehr durch die Anodenerwärmung, sondern vielmehr durch den Richtstrahlwert des Elektronenstrahlerzeugers bestimmt. (Proc. physic. Soc., Sect. B **65**. 782—85. 1/10. 1952. Cambridge, Cavendish Labor.) F. LENZ. 181

A. R. Lang, *Eine vorgeschlagene Methode für elektronische Verstärkung von Einkristallröntgenbeugungsdiagrammen.* Vf. beschreibt verschied. Anordnungen für die Verwendung des PHILIPSschen Röntgenbildverstärkers, Type 18180 (vgl. hierzu TEVES u. TOL, C. **1954**. 7023) bei Röntgenunterss. von Einkristallen. (Rev. sci. Instruments **25**. 1032—33. Okt. 1954. Irvington-on-Hudson, N. Y., Philips Labor.) C. GOTTFRIED. 181

L. S. Birks, *Apparat für Röntgenbeugungsuntersuchung von Metallen unter kontrollierter Spannung bei erhöhten Temperaturen.* Vf. beschreibt ein neu konstruiertes GEIGER-Zähler-Röntgenspektrometer zur dynam. Unters. von Phasenänderungen u. anderen Erscheinungen in Metallen unter kontrollierten Spannungsbedingungen bei erhöhten Temperaturen. Die Temp. konnte von Zimmertemp. bis zum F. von Stahl kontrolliert werden, während die Spannung unabhängig davon bis zur Bruchspannung von nichtrostendem Stahl variiert werden konnte. Mit dem App. wurde in kurzer Zeit ein isothermes Umwandlungsdiagramm von Standard Navy STS-Panzerstahl im *Bainit*-Gebiet von 900—600° F erhalten. Ähnliche Diagramme erhält man für jede gewünschte Spannungsbedingung. Ebenso leicht lassen sich Phasenumwandlungen während kontinuierlicher Abkühlung von Stahl untersuchen. Unterss. der *Martensit*-Rk. zeigten, daß bei Anlegung von Spannung bei konstanter Temp. im Martensitgebiet mehr *Austenit* in Martensit umgewandelt wird als bei der gleichen Temp. ohne Anlegung von Spannung. Die Menge bleibt bei sinkender Temp. konstant, auch wenn die Temp. unterhalb der Temp. liegt, bei der gewöhnlich diese Menge Martensit gebildet wird. (Rev. sci. Instruments **25**. 963—66. Okt. 1954. Washington, D. C., U. S. Naval Res. Labor.) C. GOTTFRIED. 181

R. J. Glauber, *Streuung durch Gitter deformierbarer Atome.* (Sitzungsbericht.) Vf. untersuchte die Einflüsse atomarer Störung unter Zugrundelegung eines Modells, in dem die kontinuierliche Funktion, welche die Kernverschiebungen liefert, benutzt wird, um die Verschiebung der Elektronenwolke auch an Zwischenpunkten festzulegen. Die Streuungsberechnungen, welche die Einflüsse von willkürlich vielen Gitterquanten einschließen, wurden mit Hilfe der vom Vf. früher (vgl. C. **1954.** 5678) entwickelten feldtheoret. Meth. durchgeführt. Hierbei wurde die Inelastizität der Zusammenstöße durch Einführung einer zeitabhängigen Verallgemeinerung der Korrelationsfunktion für Verschiebungen an 2 Punkten behandelt. Die Ergebnisse für dieses Modell sind in der Form sehr ähnlich denen des starren Falls. Im besonderen bleibt der DEBYE-Faktor, welcher die Intensität der LAUE-BRAGG-Streuung moduliert, unverändert. Um die zentrale LAUE-Interferenz tritt keine diffuse Streuung auf. Die Intensität der diffusen Streuung in den unmittelbaren Nachbarschaften der anderen Interferenzen ist dieselbe wie in dem starren Fall, jedoch werden Intensitätsunterschiede in den Gebieten zwischen den Interferenzen eingeführt. (Physic. Rev. [2] **94.** 751. 1/5. 1954. Harvard Univ.) C. GOTTFRIED. 181

I. Amdur und **W. T. Lindsay jr.,** *Streuung schneller Stickstoffmoleküle an Stickstoffgas.* (Sitzungsbericht.) Es wurden die Streuquerschnitte für die elast. Streuung eines 500—1500 eV N_2-Molekülstrahls an N_2 gemessen. Die Ergebnisse werden in Termen der Funktion der potentiellen Energie der intermol. abstoßenden Kräfte $U(r) = 317/r^{5,5}$ eV (r in Å) interpretiert. (Physic. Rev. [2] **90.** 344—45. 15/4. 1953. Massachusetts Inst. of Technol.) H. LINDBERG. 182

James W. Drenan, *Eine allgemeine Gleichung für annähernde Hydroniumionberechnungen.* Aus gegebenen Konzz. u. Konstanten kann nach einer empir. aufgestellten Gleichung $[H_3O]^+$ unter Prüfen einiger Voraussetzungen ungefähr berechnet werden. Probe der Ergebnisse an der exakten Gleichung von DEFORD. (J. chem. Educat. **32.** 36. Jan. 1955. Lexington, Ky., Univ. of Kentucky.) K. BLUMRICH. 182

G. G. Hall, *Die elektronische Struktur von Diamant.* Es wird die Theorie äquivalenter Elektronenbahnen benutzt, um die elektron. Struktur von Diamant zu betrachten. Die Beschreibung in Termen äquivalenter Bahnen wird eng auf die chem. Betrachtung bezogen, da jede Bahn lokalisiert ist u. einer der C—C-Bindungen entspricht. Die BLOCHschen Bahnen können exakt als Transformationen dieser äquivalenten Bahnen ausgedrückt werden. Dieses führt zu einer neuen u. genaueren Meth. zur Best. der BLOCHschen Bahnen u. ihrer Energien. Für Diamant findet man, daß die Energien als explizite Funktion der Koordinaten im reziproken Raum ausgedrückt werden können. Die Ergebnisse werden unter Benutzung der Zellenmeth. bei guter Übereinstimmung mit denen von KIMBALL (J. chem. Physics **3.** [1935.] 560) verglichen. Diese Meth. hat den Vorteil, daß die Valenzbeschreibung von Diamant direkt mit der Zonenbeschreibung verbunden wird. (Philos. Mag. [7] **43.** 338—43. März 1952. Cambridge, Univ., Dep. of Theoret. Chem.) J. KLEFFNER. 182

William Primak, *Der metamikte Zustand.* Vf. hatte früher (vgl. C. **1954.** 9457) mit FUCHS u. DAY bei Bestrahlung von Diamant, SiC, Quarz u. glasiger SiO_2 mit energet. Neutronen eines Kernreaktors große Änderungen in den physikal. Eigg. dieser Stoffe beobachtet, die ähnlich denen bei der Metamiktisierung von Mineralien waren. Um diese Frage näher zu untersuchen, bestrahlte Vf. eine Reihe von Stoffen mit Neutronen eines Kernreaktors, wobei die Temp. nicht über 100° stieg, u. untersuchte die bestrahlten Stoffe röntgenographisch. Vf. stellte fest, daß *Beryll, GeO_2, Ge, Si, Korund* u. *Rutil* keine Veränderungen der Pulverdiagramme aufwiesen. *MgO, Spinell* u. *CaF_2* zeigten kleine Zunahmen in den Gitterkonstanten, *Diamant* u. *SiC* größere Zunahmen, wobei jedoch in beiden Fällen die Diagramme nicht diffus geworden waren. Bei derselben Bestrahlung waren noch *Quarz, Tridymit* u. *Cristobalit* zugegen. Ihre Diagramme waren nach der Bestrahlung so diffus, daß die Linien nicht mehr ausgemessen werden konnten. *Chrysoberyll* u. *Phenakit* zeigten nach der gleichen Behandlung, aber nur der halben Bestrahlungszeit, eine merkliche Zunahme der Gitterkonstanten, jedoch keine Verbreiterung der Interferenzen. Gleichzeitig bestrahlter Tridymit lieferte wieder ein diffuses Diagramm. Aus diesen Ergebnissen geht hervor, daß die mit der Metamiktisierung zusammenhängenden Effekte nicht mit einer besonderen Kristallstruktur oder dem Bindungstyp in Verbindung stehen können. Es scheint notwendig zu sein, daß die Substanz einen quasistabilen oder regellosen Zustand unter den Bedingungen der Bestrahlung besitzt. Die Empfänglichkeit gegenüber Metamiktisierung wird nicht durch den Anfangszustand bestimmt, sondern durch die Schwierigkeit der Rekristallisation der regellosen Gebiete, welche sich bei dem Durchgang der energet. Atomteilchen gebildet haben, u. durch die Schwierigkeit, mit der die verschobenen Atome ihre Bindungen wieder zurückgewinnen können. (Physic. Rev. [2] **95.** 837. 1/8. 1954. Lemont, Ill., Argonne Nat. Labor., Chem. Div.) C. GOTTFRIED. 190

G. E. Bacon und **R. S. Pease,** *Eine Neutronenbeugungsuntersuchung von Kaliumdihydrogenphosphat durch Fourier-Synthese.* Vff. untersuchten mittels Neutronenbeugung die Struktur von KH_2PO_4, wobei spezielles Gewicht auf die Lage der H-Atome gelegt wurde. Die endgültig erhaltenen Werte wurden mit denen von WEST (vgl. Z. Kristallogr., Mineralog. Petrogr., Abt. A **74.** [1930.] 306) u. von FRAZER u. PEPINSKY (vgl. C. **1954.** 262) verglichen. Die Projektionen der Verteilung der Atomkerne bei Zimmertemp. wurden aus den Einkristalldaten durch FOURIER-Synthesen erhalten. Untersucht wurden die Einflüsse des Reihenabbruchs; die dieserhalb erforderlichen Korrekturen wurden entweder durch eine spezif. Schätzung der Beugungsringe oder durch Differenzsynthesen durchgeführt. Die so erhaltenen Parameter wurden mit Hilfe der Meth. der kleinsten Quadrate bestätigt u. ergaben einen Zuverlässigkeitsindex von 7%. Auf den Projektionen erscheinen die H-Maxima in der Mitte zwischen 2 O-Atomen, kreisförmig in Richtung der O—H—O-Bindung u. ellipt. senkrecht zu ihr. Die endgültig festgelegten O-Parameter u. ein H-Parameter sind (in Klammern sind die entsprechenden Werte von WEST u. von FRAZER u. PEPINSKY angegeben) ϑ_1 (y-O) 29,8 ± 0,1° (29°; 30,6°); ϑ_2 (x-O): 53,5 ± 0,1° (52°; 54,3°); ϑ_3 (z-O): 45,4 ± 0,2° (50°; 47,5°); ϑ_4 (x-H): 53,1 ± 0,5°. Mit obigem Wert von ϑ_3 ist die O—H—O-Bindung nahezu parallel der x y-Ebene. Der Abstand P—O ist 1,538 ± 0,005 Å; O—O = 2,528 ± 0,007 Å; K—O = 2,888 ± 0,006; O—H—O = 2,487 ± 0,005 Å; O—O′ = 2,503 ± 0,008 Å u. K—O′ = 2,819 ± 0,004 Å. Der Unterschied zwischen den Werten von ϑ_2 u. ϑ_4 läßt vermuten, daß das H-Atom etwas aus der Linie herausfällt, die die beiden O-Atome verbindet. Die Verlängerung des H-Maximums entlang der Bindungslänge ist entweder durch asymm. Wärmeschwingungen oder aber durch eine Doppelpotentialschranke mit einem Abstand von 0,35 Å zwischen den beiden Minima bedingt. Der Abstand O—H—O mit 2,487 ± 0,005 Å ist kürzer als die bisher in irgendeinem anderen Fall beobachtete O—H—O-Bindungslänge. Für eine einwertige O—H-Bindung betrug eine O—H-Trennung nach PAULING ca. 1,04 Å, so daß dann, wenn man die beobachtete O—H—O-Bindung als aus gestörten einwertigen O—H-Bindungen bestehend ansieht, ein Abstand von 0,41 Å zwischen den 2 Minima verlangt wurde. Vff. gehen dann noch kurz auf die Ferroelektrizität in ihrer Beziehung zu der Struktur ein u. besprechen zum Schluß die Anwendung der FOURIER-Synth. auf Neutronenbeugungsdiagramme. (Proc. Roy. Soc. [London], Ser. A **220.** 397—421. 8/12. 1953. Harwell, Atomic Energy Res. Eastabl.) C. GOTTFRIED. 195

Je. A. Schugam, *Kristallstruktur des Kupfersalzes von Acetessigester.* (Vgl. C. **1952.** 6031.) Das Cu-Salz des Acetessigesters $(CH_3COCHCOOC_2H_5)_2Cu$ (I) gehört zu den Innerkomplexsalzen, es ist ein grünes Pulver, leichtlösl. in Bzl. u. anderen organ. Lösungsmitteln, krist. aus verd. benzol. Lsg. bei gewöhnlicher Temp. in kleinen Nadeln. Die Kristalle des **I** gehören dem monoklinen Syst. an mit a = 11,60, b = 4,62, c = 13,45 Å, β = 106°, Z = 2; Lage der Cu-Atome 0 0 0, ½ ½ ½; Raumgruppe C_{2h} — 2/m (nach LAUE) oder C_{2h}^5 — $P2_1/n$. In den untersuchten Kristallen hat **I** trans-Konfiguration. Durch Konstruktion der Elektronendichte auf der Fläche (0 1 0) wird die allg. Orientierung der Moll. im Raum der Elementarzelle festgestellt; die Struktur ist analog derjenigen des Cu-Acetylacetonats. (Журнал Физической Химии [J. physik. Chem.] **28.** 643—44. April 1954. Moskau, Allunions Inst. für chem. Reagentien.) R. K. MÜLLER. 195

Thor N. Rhodin jr., *Untersuchungen über die Zusammensetzung von Oxydschichten.* Nach quantitativer Ablösung mittels eingehend beschriebener Spezialverff. wurden passive Oberflächenschichten einiger nichtrostender Legierungen colorimetr. u. elektronenopt. Analyse unterworfen. Jede Legierung besitzt eine spezif. Zus. der passiven Oberflächenschicht, die sich im allg. nach der Zus. dieser Legierung richtet; sie hängt aber in beträchtlichem Maße von der der Passivierung vorausgehenden Oberflächenbehandlung ab. Eine Anreicherung von Cr konnte nicht bestätigt werden, hingegen war bemerkenswertes Anwachsen der Si-Konz. zu verzeichnen. Die passiven Eigg. von Legierungen werden dieser Anreicherung zugeschrieben. Der Wassergeh. des Oberflächenfilms beträgt 30—40 Gew.-%, es werden Geleigg. beobachtet, die durch Elektronenbeugungsaufnahmen bestätigt werden. Als Zus. der passiven Schicht einer bestimmten nichtrostenden Stahllegierung wird angegeben: $4\,Me_3O_4 \cdot SiO_2 \cdot n\,H_2O$, wobei 12 Me = 7 Fe + 2 Ni + 3 Cr u. n annähernd = 9 ist. (Ann. New York Acad. Sci. **58.** 855—72. 15/9. 1954. Wilmington, Del., E. I. du Pont des Nemours & Co., Engng. Res. Labor.) PETER WOLF. 196

M. W. Malzew, Ju. D. Tschisstjakow und **M. I. Zypin,** *Über die Struktur von Oxydfilmen auf flüssigem Aluminium und seinen Legierungen.* Von der Oberfläche des geschmolzenen Metalls wird die bei längerem Erhitzen auf 700° gebildete Oxydhaut mittels eines Ringes von Nichromdraht abgezogen u. elektronograph. untersucht. Das bei 690—700° noch amorphe Oxyd auf reinstem Al geht bei 700—710° in γ-Al_2O_3 (I) über, bei Al–Cu-, Al–Mn-, Al–Fe- u. Al–Zn-Legierungen u. den Legierungen mit der russ. Bezeichnung AMg, AL7 u. AL12 besteht es von vornherein aus I, dessen Gitterparameter in einigen Fällen durch Bldg. einer festen Lsg. MeO·Al_2O_3 etwas verändert sind. Bei bin. Al–Mg-Legierungen u. techn. Mg-haltigen Legierungen besteht die Oxydhaut aus MgO, das bei Überhitzung in Mg_3N_2 übergehen kann. Bei Mg-freien Al-Legierungen ist im I Ggw. von Al erkennbar, das in Form feiner Al-Dendrite mit bestimmter Orientierung mit I verwachsen ist, bei höherer Temp. aber verschwindet. (Доклады Академии Наук СССР [Ber. Akad. Wiss. UdSSR] [N. S.] **99.** 813—14. 1 Tafel. 11/12. 1954. Moskau, Kalinin-Inst. für Buntmetalle u. Gold.) R. K. MÜLLER. 196

M. Matsunaga und **S. Yamasaki,** *Wohlfeile Methode der Messung der Oberflächenbeschaffenheit.* Vff. beschreiben eine neue Meth. zur Messung des elektr. Widerstandes von bearbeiteten Metalloberflächen. Bearbeitete Metalloberflächen sind meistens mit Oxyd bedeckt, wodurch der Kontaktwiderstand an den Kontaktoberflächen stark beeinflußt wird. Wegen des mechan. Zusammenbruchs des Oxydfilms u. des Kohärereffekts erhält man relativ niedrige Werte des Filmwiderstandes. Da der Zusammenbruch des Oxydfilms in Gleitkontakten bei sehr niedrigen Belastungen eintritt, benutzten Vff. Graphit als Gleitkontakt u. maßen den Widerstand bei sehr niedriger Spannung. Es wurde der Kontaktwiderstand einer Reihe von Metallen u. Legierungen gemessen, deren Oberflächen nach verschied. Methoden bearbeitet worden waren. Hiernach lassen sich die Metalle u. Legierungen in 2 Gruppen einteilen, deren Kontaktwiderstand zwischen 1 u. 1000 Ω variiert, je nach der Bearbeitung (z. B. Fe, Stahl, rostfreie Stähle, Cr u. Mn), u. bei denen der Widerstand nahezu denselben Wert (1—3 Ω) hat u. unabhängig von den Bearbeitungsmethoden ist. Bei in Luft poliertem Stahl ist der Widerstand infolge Bldg. eines Films von γ-Fe_2O_3 hoch. Wird der Stahl im Gasbrenner erhitzt, dann ist der Widerstand infolge Bldg. von Fe_3O_4 niedrig. Wird Stahl unter Bzn. poliert u. gemessen, dann beträgt der Widerstand nur 5—7 Ω; wiederholt man die Messungen an der Luft, dann steigt der Widerstand schnell auf 500—1000 Ω an. Wird unter Öl poliert, dann ist der Widerstand zunächst niedrig; der Endwert ist eine Funktion der Rauheit der Oberfläche. Bei den Metallen der zweiten Gruppe ist der Oberflächenwiderstand stets niedrig; Faktoren, die diesen Widerstand bedingen, sind gute Leitfähigkeit der Oxyde u. Dünne oder Brüchigkeit der Oxyde. Für diese Metalle ist die beschriebene Meth. vorläufig nicht anwendbar. (Rev. sci. Instruments **25.** 1221. Dez. 1954. Kyoto, Yamasaki Inst.) C. GOTTFRIED. 196

E. A. Owen, *Die Gitterkonstanten von Beryllium.* Auf Grund einer Kritik der in der Literatur veröffentlichten Gitterkonstantenwerte u. Ausdehnungskoeffizienten werden für Be bei 20° in einer Reinheit von 99,8% die Gitterkonstanten a = $2{,}2858_5$ Å, c = $3{,}5847_0$ Å u. c/a = $1{,}5682_1$ angegeben. (Proc. physic. Soc., Sect. A **65.** 294—95. 1/4. 1952. Bangor, Univ. Coll. of North Wales.) K. SCHUBERT. 197

M. J. Sanderson und **N. C. Baenziger,** *Die Kristallstruktur von $BaCd_{11}$.* Die intermetall. Verbb. $BaCd_{11}$, *$SrCd_{11}$*, *$LaZn_{11}$*, *$CeZn_{11}$*, *$PrZn_{11}$* lassen sich durch Erhitzen der Komponenten im Mol-Verhältnis 1 : 13 auf 750—800° unter N_2- oder Ar-Atmosphäre darstellen. Es werden Pulverdiagramme sowie von $BaCd_{11}$ Einkristallaufnahmen hergestellt u. unter Annahme einer tetragonalen, raumzentrierten Elementarzelle (Z = 4) indiziert. $BaCd_{11}$: a = 12,02, c = 7,74 Å; D.(exp.) 8,2 u. D.(röntg.) 8,15; $SrCd_{11}$: a = 12,02, c = 7,69 Å; D.(röntg.) 7,91; $LaZn_{11}$: a = 10,68, c = 6,87 Å; D.(röntg.) 7,27; $CeZn_{11}$: a = 10,66, c = 6,86 Å; D.(röntg.) 7,32; $PrZn_{11}$: a = 10,65, c = 6,85 Å; D. (röntg.) 7,35. Mit den Intensitäten von WEISSENBERG-Aufnahmen um [0 0 1] u. [1 0 0] werden PATTERSON- u. FOURIER-Projektionen auf (0 0 1) u. (0 1 0) berechnet. In der Raumgruppe I 4/a m d besetzen die Atome folgende Punktlagen: 4 Ba in (a), 4 Cd in (b), 8 Cd in (d), 32 Cd in (i) mit x = 0,123, y = 0,205 u. z = 0,308. Die Struktur besteht aus Ba-Atomen, die jeweils von 22 Cd-Atomen umgeben sind. Die Anordnung der Cd- bzw. Zn-Atome erfolgt so, daß Ba, Sr bzw. die Seltenen Erdmetalle kugelförmig umschlossen werden. Die Größe des Hohlraums hängt nur von der Größe der Cd- bzw. Zn-Atome ab, u. es bildet sich je nach der Größe des A-Atoms entweder eine AB_{11}- oder AB_{13}-Struktur aus. (Acta crystallogr. [Copenhagen] **6.** 627—31. 10/7. 1953. Iowa City, Io., State Univ. of Iowa, Dep. of Chem. and Chem. Engng.) W. KRÖNERT. 197

C. M. Schwartz und **M. W. Mallett,** *Beobachtungen über das Verhalten von Wasserstoff in Zirkonium.* Einige in Zr beobachtete Versprödungserscheinungen werden auf die Ggw. von H_2 zurückgeführt. Diese Erscheinung wird ursprünglich mit dem Vorhandensein einer zweiten Phase im Feingefüge in Verbindung gebracht. Der Anteil dieser Phase wird durch eine Vakuumglühung verringert u. zeigt eine direkte Abhängigkeit von dem H_2-Geh. der Probe. Elektronenmkr. Unterss. identifizieren die Phase versuchsweise als ein tetragonales (pseudo-kub.) Hydrid, analog der im Gleichgewicht mit dem Metall gefundenen Phase im Zustandsschaubild Hf—H. ZrH_2 u. HÄGGs ZrH sowie auch die pseudo-kub. Phase wurden röntgenograph. in den Oberflächenfilmen des Hydrids auf dem Zr festgestellt. Es werden Beobachtungen über die Löslichkeiten, Diffusionsgeschwindigkeiten u. Gleichgewichtsdrucke von H_2 im Zr mitgeteilt, u. die Anwendung dieser Angaben zwecks Entfernung von H_2 aus dem Zr wird erörtert. — Schrifttumsangaben. Diskussion. (Trans. Amer. Soc. Metals **46**. 640—54. 1954. Columbus, O., Battelle Mem. Inst.) H. HOCHSTEIN. 197

A. Hellawell und **W. Hume-Rothery**, *Die Gitterparameter verdünnter fester Lösungen von Zirkonium, Niob, Molybdän, Rhodium und Palladium in Ruthenium.* Präzisionsmessungen der Gitterkonstanten von festen Lsgg. von Zr, Nb, Mo, Rh u. Pd in Ru ergaben zunächst, daß in allen Fällen bei der Bldg. einer festen Lsg. das hexagonale Achsenverhältnis gegenüber dem des Ru zunimmt; diese Zunahme nimmt kontinuierlich in der Reihenfolge Zr → Nb → Mo → Rh ab, während nach Pd zu wieder eine Zunahme eintritt. Ebenso nimmt in allen Fällen die Länge der c-Achse in den festen Lsgg. zu. Bei gleichatomaren %-Gehh. des gelösten Metalls verläuft diese Zunahme in der Reihenfolge Rh $<$ Pd $<$ Mo $<$ Nb $<$ Zr. Das Verh. des Parameters a ist ganz verschieden. Trotz des sehr viel größeren Atomdurchmessers von Zr erzeugt die Lsg. dieses Metalls eine Abnahme des a-Parameters. In den verd. Lsgg. erzeugen Nb u. Pd nahezu die gleiche Längenzunahme bei a von Ru, während Rh eine geringe Längenabnahme u. Pb eine beträchtliche Zunahme verursacht. Das mittlere Vol. pro Atom ist gleich 13,498 kX^3. Es wird durch Lsg. von Zr vermindert, während es durch Rh nicht verändert wird. Pd vergrößert das mittlere Vol. pro Atom, während Nb u. Mo eine stärkere u. roh gleiche Zunahme bewirken. Vff. besprechen hierauf noch die eigentümliche Tatsache, daß Zr den a-Parameter des Ru verringert. Beide Metalle besitzen dichtest gepackte hexagonale Strukturen mit nahezu gleichen Achsenverhältnissen, die jedoch wesentlich niedriger sind als die für dichtest gepackte Kugeln. Es ist möglich, daß dies im Falle des Ru einer Bedingung entspricht, welche hybrider trigonaler Prismenbindung ähnlich ist, u. daß ein Atom Zr die gleiche Charakteristik hat. In diesem Falle kann die Tatsache, daß in Zr nur 4 Valenzelektronen pro Atom vorhanden sind, besagen, daß, wenn ein Atom Zr in fester Lsg. in Ru mit 6 Valenzelektronen pro Atom ist, so viel der Elektronenwolke eines Zr-Atoms zur Bindung der nächsten Nachbarn benutzt wird, daß die Elektronenwolke so weit von der Basisebene abgelenkt wird, daß sie nicht länger einen Einfl. ausüben kann, der ihrer n. Größe entspricht. (Philos. Mag. [7] **45**. 797—806. Aug. 1954. Oxford, Univ., Inorgan. Chem. Labor.) C. GOTTFRIED. 197

B. W. Levinger, *Gitterparameter von β-Titan bei Raumtemperatur.* Die Änderungen des Gitterparameters der β-Phase von Ti mit der Zus. wurden bei einer Anzahl bin. u. tern. Ti-Legierungen untersucht. Durch Extrapolieren der gefundenen Werte auf 100%ig. Ti wurde der Gitterparameter von β-Ti bei Raumtemp. ermittelt. Er betrug $3{,}276 \pm 0{,}003$ kX, wobei der Umrechnungsfaktor für kX in Å $= 1{,}00202$ ist. Der interatomare Abstand in β-Ti wurde mit 2,837 kX angegeben. Durch Extrapolieren wurde der mittlere lineare Ausdehnungskoeff. von β-Ti für Tempp. bei 1000° bestimmt. Der Wert beträgt $10{,}1 \cdot 10^{-6}/1^0$, verglichen mit $11 \cdot 10^{-6}$ für α-Ti. Der Parameter bei 900° wurde berechnet mit 3,305 kX in guter Übereinstimmung mit den von anderer Seite berechneten Werten von 3,3065 kX. (J. Metals **5**. Nr. 2. Sect. 1, Trans. AIME **197**. 195. Febr. 1953. Chicago, Ill., Illinois Inst. of Technol.) F. VIER. 197

Paul A. Albert, *Die Habitusebene der β-Phase im α-Titan.* Die Habitusebene der isotherm. α-Phase im β-Ti wurde im Ti–Fe-Zustandsschaubild zu $\{3\,3\,4\}_\beta$ bestimmt. Da die $\{1\,4\,\bar{5}\,0\}_\alpha$-Habitusebene der β-Phase zu $\{3\,3\,4\}_\beta$ entsprechend den Ergebnissen von NEWKIRK umgewandelt werden kann, scheint es, daß entweder sich die α-Phase oder Martensit aus der β-Phase bildet oder daß die β-Phase sich aus der α-Phase bildet, da das gleiche Ebenenpaar eines jeden Gitters, d. h. $\{3\,3\,4\}_\beta$ u. $(1\,4\,\bar{5}\,0)_\alpha$ enthalten ist. (J. Metals **5**. Nr. 11. Sect. 1, Trans. AIME **197**. 1449—50. Nov. 1953. New York, N. Y., Univ.) H. HOCHSTEIN. 197

P. D. Frost, W. M. Parris, L. L. Hirsch, J. R. Doig und **C. M. Schwartz**, *Die isotherme Umwandlung von Titan–Chrom-Legierungen.* Die Zeit–Temp.–Umwandlungs-Beziehungen für Ti–Cr-Legierungen mit 7,54 bzw. 4,64 u. 2,35% Cr werden untersucht. Es wird eine neue, versuchsweise mit ω bezeichnete Phase entdeckt, deren Struktur noch nicht bestimmt werden konnte. Jedoch liegt die Annahme nahe, daß die ω-Phase wenigstens teilweise für die Härtung des β-Ti verantwortlich ist u. eine Versprödung verursachen kann, welche auftritt, wenn die α–β- oder β-Legierungen einer nur wenig erhöhten Temp. ausgesetzt werden. — 13 Schrifttumsangaben. Diskussion. (Trans. Amer. Soc. Metals **46**. 231—56. 1954. Columbus, O., Battelle Mem. Inst.) H. HOCHSTEIN. 197

B. W. Levinger, *Die Modifikation von $TiCr_2$ bei hohen Temperaturen.* Die Unters. des Syst. Ti—Mo—Cr ergab, daß die γ_2-Phase, die hexagonale Modifikation von $TiCr_2$, über 1300° beständig ist, während die γ_1-Phase mit kub. Struktur unterhalb 1000° stabil ist. Röntgenopt. Unters. ergaben, daß beide Phasen nebeneinander bestehen können. Es scheint, daß ein kleiner Löslichkeitsbereich für beide Phasen im tern. Syst. besteht. Die Gitterparameter der γ_2-Phase betragen für a = 4,922 kX, c = 7,945, a/c = 1,614. Die entsprechenden interatomaren Abstände sind für Ti—Ti = $3{,}00_3$kX, Cr—Cr = $2{,}43_2$kX, Ti—Cr = $2{,}88_3$kX. Die entsprechenden Werte für die γ_1-Phase betragen 3,00, 2,87 u. 2,87 kX. (J. Metals **5.** Nr. 2. Sect. 1, Trans. AIME **197.** 196. Febr. 1953. Chicago, Illinois Inst. of Technol.) F. VIER. 197

Harold Margolin, Elmars Ence und **John P. Nielsen,** *Das Zustandsdiagramm von Titan und Nickel.* Das Syst. Ti—Ni mit Gehh. bis 90 (%) Ni wurde untersucht u. ein Zustandsdiagramm aufgestellt mit folgenden Merkmalen: Bei 770° ± 5° findet eine Entmischung der β-Phase, enthaltend 6—7 Ni, in α (<0,2 Ni) u. Ti_2Ni mit 38 Ni statt. Zwischen β- + fl. Phase u. Ti_2N liegt bei 955° ± 5° ein Eutektikum mit 28—29 Ni. Bei 1015° bildet sich peritekt. Ti_2Ni aus der fl. Phase mit 37,5 Ni u. TiN mit 59 Ni. Zwischen TiNi u. $TiNi_3$ mit 78,6 Ni liegt bei annähernd 1110° ein Eutektikum mit 65 Ni. Ein 3. Eutektikum liegt zwischen $TiNi_3$ u. der γ-Phase bei 1287°. Die β-Phasenumwandlung kann durch Keimbildung u. Wachstumsprozeß oder durch eine martensit. Rk. vor sich gehen. Sie kann in Ggw. der α-Phase oder von Ti_2Ni angeregt oder durch Abschrecken in W. von Legierungen mit 8 oder mehr Ni unterdrückt werden. (J. Metals. **5.** Nr. 2 Sect. 2, AIME Trans. **197.** 243—47. Febr. 1953. New York, New York University.) F. VIER. 197

G. W. Kurdjumow und **N. T. Trawina,** *Röntgenographische Untersuchung der interatomaren Umsetzung in festen Lösungen auf Nickelbasis.* Die Lage des Temperaturbereichs der Verfestigung einer Legierung hängt von der Festigkeit der interatomaren Bindungen in den Kristallen der die Legierung bildenden Phasen ab. Zur Best. dieser Festigkeit in Ni-Legierungen wird der Wärmefaktor der Streuung der Röntgenstrahlen gemessen, indem die Linienintensitäten bei 2 verschied. Tempp. (23 u. —185°) verglichen werden. Aus dem Einfl. der Legierungselemente auf die dynam. u. stat. Gitterverzerrungen geht hervor, daß Zusätze von Cr, Ti u. Al zum Ni eine Herabsetzung der mittleren quadrat. Abweichungen der Atome von den Gleichgewichtslagen bei Wärmeschwingungen u. eine Erhöhung der charakterist. Temp. Θ bewirken, also eine Verstärkung der Kräfte der interatomaren Bindungen; am stärksten zeigt sich diese Wrkg. bei Ti, dann folgen Al u. Cr. Bei Legierungen, die gleichzeitig Cr, Ti u. Al enthalten, ist die Festigkeit gegenüber bin. Legierungen noch erhöht. Die größte Festigkeit der interatomaren Bindungen zeigt eine Phase, die sich beim Zerfall einer festen Lsg. mit höherem Ti- u. Al-Geh. als die Ausgangslsg. ausscheidet. (Доклады Академии Наук СССР [Ber. Akad. Wiss. UdSSR] [N. S.] **99.** 77—80. 1/11. 1954. Inst. für Metallkunde u. Metallphysik des Zentr. Forsch.-Inst. für Eisenmetalle.) R. K. MÜLLER. 197

O. J. C. Runnalls, *Intermetallische Neptunium–Aluminium-Verbindungen.* Entsprechend den intermetall. U-Al-Verbb. bestehen im bin. Syst. Np-Al drei analoge Verbb., $NpAl_2$, $NpAl_3$ u. $NpAl_4$, die dargestellt u. röntgenograph. untersucht wurden. $NpAl_2$ ist flächenzentriert kub. mit einem Gitterparameter a = 7,785 Å; es besitzt die $MgCu_2$-Struktur. $NpAl_3$ ist einfach kub. mit a = 4,262 Å u. hat die $AuCu_3$-Struktur. $NpAl_4$ ist körperzentriert orthorhomb. mit a = 4,42 Å, b = 6,26 Å u. c = 13,71 Å. Die für die Atomanordnung in UAl_4 veröffentlichten Angaben gelten auch für $NpAl_4$. (J. Metals **5.** Nr. 11. Sect. 1, Trans. AIME **197.** 1460—62. Nov. 1953. Chalk River, Ontario, Canada, Atomic Energy of Canada Ltd.) H. HOCHSTEIN. 197

Arthur B. Michael und **Michael B. Bever,** *Die Erstarrung der aluminiumreichen Aluminium–Kupfer-Legierungen.* Die Erstarrung der Al-reichen Al–Cu-Legierungen wird für verschied. Erstarrungsgeschwindigkeiten untersucht. Die gemessenen Anteile des nicht im Gleichgewicht befindlichen Eutektikums werden unter der Annahme, daß keine Diffusion in die feste Legierung stattfindet, mit den berchneten Beträgen verglichen. Die Morphologie des Eutektikums wurde untersucht, u. die dendrit. Abstände wurden gemessen. Die Zuss. der prim. festen Lsgg. des Kerns wurden durch quantitative Autoradiographie nach Aktivierung des Cu als Lösungskörper durch Neutronenbestrahlung gemessen. — 21 Schrifttumsstellen. (J. Metals **6.** Nr. 1. Sect. 1, Trans. AIME **200.** 47—56. Jan. 1954. Milwaukee, Wis., Allis-Chalmers Mfg. Co.; Cambridge, Mass., Massachusetts Inst. of Technology.) H. HOCHSTEIN. 197

G. V. Raynor und **P. Greenfield,** *Aufbau der kupferreichen Kupfer–Aluminium–Germanium-Legierungen.* Der Aufbau der Cu-reichen Legierungen des Syst. Cu–Al–Ge wurde metallograph. u. röntgenograph. untersucht bei 700, 600 u. 550°. Bei 700 u. bei 600° sind die Löslichkeiten von Al in der dicht gepackten hexagonalen Cu–Ge-ζ-Phase u. von

Ge in der raumzentrierten kub. Cu–Al–β-Phase beträchtlich. Die homogenen ζ- u. β-Gebiete in den isothermen Diagrammen sind durch verhältnismäßig enge 2-Phasenbezirke getrennt. Bei 550° ist die β-Phase nicht länger stabil, u. die Cu-reiche feste Lsg. (α) steht im Gleichgewicht mit der ζ- u. der Cu–Al–γ_2-Phase. Bei allen 3 Tempp. ist die α-fest-Löslichkeitsisotherme schwach konvex in bezug auf das Ansteigen der Konzentration der gelösten Phase. Die Ergebnisse werden mit den früher erzielten Ergebnissen bei Unterss. von Legierungen des Syst. Cu–Zn–Ge verglichen. (J. Inst. Metals **82**. 59—64. Okt. 1953. University of Birmingham.) F. Vier. 197

G. R. Speich und **David J. Mack**, *Das Silber–Cadmium-Eutektoid.* Die Umwandlung der β-Phase des Ag–Cd-Syst. wurde durch isotherm. Verff. untersucht. Bei allen Tempp. geht die β-Phase schnell in die feinkristalline β''-Phase über, die Ag-reiche Streifungen entwickelt. Bei höheren Tempp. verschwinden die Streifungen, die Endstruktur ist Widmannstättensches α-Gefüge in der β'-Phase. Bei niederer Temp. geht die streifige β'-Phase über in die perlit. Nadeln der $\alpha + \beta'$-Phase, die sich umbildet in Widmannstättensches α-Gefüge in der β'-Phase. Die Umwandlung ist anders als irgendeine früher berichtete Umwandlung. (J. Metals. **5**. 549—53. April 1953. **6**. 675—76. Mai 1954. Madison, Wis., University of Wisconsin.) F. Vier. 197

L. Muldawer, M. Amsterdam und **F. Rothwarf,** *Die Silber–Cadmium-β- und -ζ-Phase.* Schrifttumsangaben über das Auftreten der Ag–Cd-Verb. mit drei Gleichgewichtsphasen im Ag–Cd-Zustandsschaubild. (J. Metals **5**. Nr. 11. Sect. 1, Trans. AIME **197**. 1458—59. Nov. 1953. Philadelphia, Temple Univ.) H. Hochstein. 197

B. V. Paranjape, *Über die Theorie der inneren Reibung in Metallen.* Theoret. Untersuchung. (Proc. physic. Soc., Sect. A **66**. 572—75. 1/6. 1953. Liverpool, Univ., Dep. of Theoret. Phys.) C. Gottfried. 200

S. F. Pugh, *Beziehungen zwischen den elastischen Moduln und den plastischen Eigenschaften polykristalliner reiner Metalle.* Gestützt auf die einschlägige Literatur untersucht Vf. die Beziehungen zwischen den elast. Moduln u. den plast. Eigg. von polykristallinen reinen Metallen. Er kann zeigen, daß unter der Annahme, daß reine Metalle von irgendeinem gegebenen Gitter den gleichen Mechanismus der Bearbeitungshärtung haben, die Härte bei Zimmertemp., die Zerreißfestigkeit u. die wahre Bruchfestigkeit in Beziehung stehen zu den elast. Konstanten für Metalle mit FF. oberhalb 900°. In Metallen mit FF. unterhalb 900° treten während der Deformation bei Zimmertemp. therm. aktivierte Prozesse auf, die das plast. Verh. ändern. Diese Beziehungen stehen mit den aus der Versetzungstheorie gezogenen Schlußfolgerungen in Übereinstimmung, daß nämlich der größte Teil der Energie einer Versetzung außerhalb des Kerns aufgespeichert wird, u. zwar in dem Teil des Gitters, in dem die Spannungen vom Hookeschen Typ sind. (Philos. Mag. [7] **45**. 823—43. Aug. 1954. Harwell, Atomic Energy Res. Establ.) C. Gottfried. 200

C. S. Roberts, *Kriechverhalten von stranggegossenem Elektrolyt-Magnesium.* Aus dem Kriechverh. von stranggegossenem polykristallinem Mg in Abhängigkeit von der Zeit, Spannung u. Temp. konnte für den beobachteten Bereich von 200—600° F (94—310° C) geschlossen werden, daß das Kriechen auf momentan vor sich gehende u. stetig verlaufende Elemente zurückzuführen ist. Die momentan verlaufende Komponente besteht in den intragranularen Vorgängen des Basisflächengleitens u. der Unterkornbildung. Sie ist bes. wirksam bei niedrigeren Tempp. u./oder hohen Spannungen. Die stetig verlaufende Komponente besteht aus dem period. Vorgang von Gleiten u. Korngrenzenwanderung. Sie ist vorherrschend bei hohen Tempp. u./oder niedrigen Spannungen. Die Gleitlinien werden breiter u. ungleichmäßiger mit wachsenden Temperaturen. Die Größe der beim Kriechen gebildeten Unterkörner ist unabhängig von der Kriechgeschwindigkeit u. der Temperatur. — 30 Schrifttumsstellen. Diskussion. (J. Metals. **5**. Nr. 9. Sect. 1. Trans. AIME **197**. 1121—26. Sept. 1953. **6**. Nr. 5. Sect. 2, Trans. AIME **200**. 690—93. Mai 1954. Midland, Mich., Dow Chemical Co.) F. Vier. 200

H. Jones, *Eine Berechnung der Scherelastizitätskonstanten von β-Messing.* Es wird die Stabilität von β-Messing bei Scherung entlang der (1 1 0)-Ebene in Richtung $[1\,\bar{1}\,0]$ betrachtet. Sie ist hauptsächlich der Änderung der Fermi-Energie als Ergebnis der Scherung der Brillouin-Zone zuzuschreiben. Rechnungen zeigen, daß dieser Effekt angenähert 10^{11} dyn/cm² zu der Scherkonstante $C' = {}^1/_2\,(c_{11}-c_{12})$ u. einem etwas größeren Betrag zu c_{44} beiträgt. Es wird die Zus. der Scherelastizitätskonstante als Summe dreier Terme (Fermi-Energie, elektrostat. Term u. nicht-Coulombsche Wechselwrkg. zwischen den Ionenschalen) untersucht u. eine zufriedenstellende Übereinstimmung der beobachteten Werte erhalten. Die Schwierigkeit, die β-Phase durch Abschrecken im metastabilen

Zustand zu erhalten, wird kurz diskutiert. Der Grund hierfür liegt in der besonderen Natur des stabilisierenden Einfl. der FERMI-Energie. Diese wirkt nur bei homogener Scherbeanspruchung in Gebieten mit vielen Atomen. Sie unterscheidet sich daher von der stabilisierenden Wrkg. der Kräfte, welche zwischen den nächsten Nachbaratomen auftreten. Bei niedriger Temp. entstehen in der β-Phase leicht lokale Störungen, u. das macht die Existenz eines metastabilen Zustandes sehr unwahrscheinlich. (Vgl. hierzu C. **1953.** 5993.) (Philos. Mag. [7] **43.** 105—12. Jan. 1952. London, Imp. Coll., Dep. of Math.) J. KLEFFNER. 200

C. E. Dixon und **C. J. Meechan,** *Härteänderungen von mit 1,25 MeV-Elektronen bestrahltem Kupfer.* Die Bestrahlung von getempertem Kupfer mit $5 \cdot 10^{18}$ Elektronen/cm² bei —20° führt zu einer gut meßbaren Erhöhung der Härte gegenüber einer unbestrahlten Probe. Vff. führen dies auf die Bldg. von Gitterstör- u. Leerstellen zurück. Besteht die Bestrahlung aus 1 MeV-Elektronen, sind therm. Effekte zu vernachlässigen. (Physic. Rev. [2] **91.** 237—38. 1/7. 1953. North American Aviation, Inc.) H.-U. WOELK. 200

E. M. Wilks und **J. Wilks,** *Die Härteeigenschaften der Würfelflächen von Diamant.* Vff. untersuchten die Abschleifhärte von polierten Würfelflächen von Diamant in Richtungen parallel zu den kristallograph. Achsen. Die Verss. ergaben, daß die Härteeigg. der Würfelflächen volle kub. Symmetrie zeigen, daß diese Eigg. jedoch sehr empfindlich gegen jeden Orientierungsfehler der Flächen sind. So bedingt schon ein Orientierungsfehler von mehr als 30′ mit Bezug auf das Gitter eine Assymmetrie in den Härtewerten. (Philos. Mag. [7] **45.** 844—50. Aug. 1954. Oxford, Clarendon Labor.) C. GOTTFRIED. 200

S. I. Pekar, Untersuchungen über die Elektronentheorie der Kristalle. Berlin: Akademie-Verl. 1954. (VIII + 184 S. m. Abb.) DM 13,—.

A₇. Gleichgewichte. Kinetik.

L. Ss. Palatnik, *Verallgemeinerte „Schwerpunktsregel" für Vielkomponentensysteme.* Vf. behandelt theoret. die analyt. Meth. der Unters. sogenannter kongruenter u. inkongruenter Prozesse im mehrkomponentigen nonvarianten Syst. bei gegebener chem. Zus. der verschwindenden u. entstehenden Phasen. Die verallgemeinerte „Schwerpunktsregel" gilt sowohl für die direkten als auch für die umgekehrten Prozesse. (Доклады Академии Наук СССР [Ber. Akad. Wiss. UdSSR] [N. S.] **95.** 1227—30. 21/4. 1954. Charkow, Gorki-Univ.) O. LEBTAG. 221

Hemlata J. Kazi und **C. M. Desai,** *Veränderung der Salzkonzentrationen und Komplexbildung.* Je nach der Konz. der vorhandenen Salze ändert sich die Zahl der Komplexe im Syst. *$HgCl_2$–Alkalichlorid* u. *HgBr–Alkalibromid* zwischen 3 u. 7 u. in den Systemen *$CuCl_2$* (bzw. *$CoCl_2$*)-Alkalichlorid zwischen 2 u. 4. Auch die Art der Autokomplexbldg. ist abhängig von der Salzkonzentration. (Sci. and Cult. **19.** **259.** Nov. 1953. Surat, M. T. B. Coll., Chem. Dep.) H. PLUSKAL. 223

W. A. Kosheurow, *Die Erscheinung der begrenzten Löslichkeit in binären Silicatschmelzen.* (Vgl. C. **1952.** 2572.) Aus der früher entwickelten Gleichung für die freie Energie E der bas. Silicatschmelzen wird eine halbempir. Gleichung für E für saure Silicatschmelzen durch Einführung eines Zusatzgliedes abgeleitet, das die Erhöhung von E durch die in sauren Systemen durch Mangel an O-Ionen erfolgende Polymerisation der Si–O-Tetraeder berücksichtigt. Wenn der Ionenbruch des Si $x_2 = 1/3$ wird, wird das Korrekturglied Null, bei $x_2 < 1/3$ ist es nicht zu berücksichtigen. Mittels der Gleichung werden die Entmischungsgebiete in den Systemen FeO–SiO_2 (I), MnO–I, CaO–I, MgO–I berechnet, wobei als Wärmetönungen 2300, 2800 (oder 5200), 6300 u. 8300 cal eingeführt werden. (Журнал Физической Химии [J. physik. Chem.] **28.** 729—34. April 1954. Stalinsk, Sibir. metallurg. Inst.) R. K. MÜLLER. 224

M. A. Bredig, J. W. Johnson und **Wm. T. Smith jr.,** *Mischbarkeit flüssiger Metalle mit Salzen.* 1. Mitt. *Das Natrium–Natriumhalogenid-System.* Vff. entwickelten eine Meth. zur Unters. der Gleichgewichte zwischen geschmolzenem Na-Metall u. *NaF, NaCl, NaBr* u. *NaJ* bei Tempp. von ca. 650—1050°. Die untersuchten Systeme haben alle ein „Monotektikum" kurz unterhalb des F. der reinen Salze. Die gegenseitige Löslichkeit der fl. Phasen von Metall u. Salz wurde bis zu ca. 25 Mol-% gemessen, da sie stark mit der Temp. ansteigt, konnte aber auf die Tempp. der Mischbarkeit in jedem Verhältnis extrapoliert werden. Diese lagen für die vier Systeme bei 1000—1100°. Die Mischungslücke im fl. Zustand wird größer mit Änderung des Anions von F^- zu J^-. Die Lösungswärmen der festen Salze im fl. Metall wurden berechnet. Abschließend wird die Natur der fl. Metall–Salz-Lsgg. im Hinblick auf Ionenpackung u. gegenseitigen Austausch von Elektronen u. Anionen diskutiert. (J. Amer. chem. Soc. **77.** 307—12. 20/1. 1955. Oak Ridge, Tenn., Oak Ridge National Labor., u. Knoxville, Tenn., Univ. of Tennessee, Dep. of Chem.) I. KARUTZ. 224

M. Haissinsky, *Die physikalisch-chemischen Gesetze beim Vorliegen unendlich kleiner Größen.* Vf. untersuchte an Hand von Beispielen (Komplexbldg., Verteilung zwischen Lösungsmitteln, Radiokolloide, Synkristallisation, Adsorption, Elektrochemie), ob die Gesetze der Reaktionskinetik auch in dem Bereich sehr kleiner Größen Geltung haben. Er kommt zu dem Ergebnis, daß sie in homogener Phase gültig sind, bedingt jedoch nur in einem heterogenen Syst., welches eine feste Phase enthält. (Bull. Soc. roy. Sci. Liège **20.** 591—605. Aug./Okt. 1951. Paris, Inst. du Radium.) C. GOTTFRIED. 225

Clara Bolis-Cannella, *Über das Verhalten einiger Schwermetallcyanamide gegenüber Wärme.* Es wurde die therm. Zers. von Ag_2CN_2 (I), *$CuCN_2$* (II), *$PbCN_2$* (III) u. *$Cd\cdot CN_2$* (IV) in Luft, im N_2-Strom u. im Vakuum untersucht. In Luft zers. sich I bei ca. 200° unter Lichterscheinung, wobei als Rückstand metall. schwammiges Ag bleibt. Die Zers. von II ist sehr heftig zwischen 150—200°; der Rückstand besteht aus CuO, Resten von II u. Kügelchen von metall. Cu. Bei III verläuft die Zers. allmählich u. ist bei ca. 350° beendet; das zuerst entstehende Pb wird bei weiterem Erhitzen zuerst zu PbO, dann zu Pb_3O_4 oxydiert. IV verliert sehr stark an Gewicht zwischen 300 u. 400° unter Bldg. von Cd, das sich zuerst zu Cd_2O, dann zu CdO oxydiert. Die Zersetzungsgeschwindigkeit ist sehr stark von den jeweiligen Erhitzungsbedingungen abhängig. So tritt z. B. bei langsamer Erhitzungsgeschwindigkeit die Zers. von I erst bei 340° ein. Als gasförmige Zersetzungsprodd. entstehen $(CN)_2$, CO_2 u. bei nicht genügender Luftzufuhr auch CO; in einigen Fällen trat auch teilweise Polymerisation des $(CN)_2$ ein. Bei den Zersetzungsverss. in N_2 u. im Vakuum waren Zersetzungsprodd. $(CN)_2$, das zum Teil polymerisiert war u. das betreffende Metall. Eine Ausnahme bildet IV, das bis zu einer Temp. von 700° unverändert bleibt, sich dann unter Freisetzung von Cd zers., wobei das Cd bei noch höherer Temp. sich verflüchtigt. (Ann. Chimica **44.** 1050—64. Dez. 1954. Trieste Univ., Ist. di Chim. applicata.) C. GOTTFRIED. 225

Elmer Weber und **W. M. Baldwin,** *Das Zundern von Blei an Luft.* Die Oxydbldg. von Pb an Luft gehorcht dem Gesetz $w^2 = Kt$, wobei w die Gewichtszunahme, t die Zeit u. K eine Konstante bedeutet. Während beim Oxydieren von festem Pb eine Konstante den Vorgang beschreibt. treten bei fl. Pb 3 Konstanten nacheinander auf. Die 1. Konstante hat gegenüber den beiden anderen einen sehr niedrigen Wert. Mit wachsender Tempp. geht der Wechsel der Konstanten schneller vor sich. Die im Gebiet der 1. Konstante auftretende Oxydhaut ist so dünn, daß eine röntgenopt. Best. schwierig ist. Im Gebiet der 2. Konstante tritt *Mennige* u. rotes *PbO* oder gelbes u. rotes PbO auf, je nachdem, ob die Temp. unter oder über 486° liegt. Gilt die 3. Konstante, die nur wenig kleiner als die 2. ist, so bildet sich unter 486° rotes PbO u. über 486° gelbes u. rotes PbO, wobei das rote PbO möglicherweise erst beim Abkühlen auf Raumtemp. entsteht. (J. Metals **4.** 854—59. Aug. 1952. Cleveland, Case Inst. of Technol.) F. VIER. 225

Ugo Beretta und **Liliana Jannelli,** *Kinetik langsamer Reaktionen.* Die Geschwindigkeitskonstanten k der Rk. zwischen einem *Alkohol* (I) u. *Essigsäureanhydrid* (II) hängen nicht nur von der Anfangskonz. des I (C_I), sondern auch von der des II (C_{II}) ab. Bei Verss. mit $C_I = C_{II} = C$ ergeben sich in der Gleichung $1/k = a\ (1 + bC - cC^2)$ bei 68,2° a = 3,341; b = 0,1072; c = 0,8289; bei 60,1° 5,723; 0,4343; 0,4006; bei 50,8° 10,333; 0,6433; 0,6915. Auf C = O extrapolierte $k\cdot 10^4$: 68,2° 2,993; 60,1° 1,747; 50,8° 0,968. Daraus folgt nach der Gleichung von ARRHENIUS für die Aktivierungsenergie lim E = 14220, für den Faktor A: lim A = $3{,}48\cdot 10^5$. In CCl_4 nimmt k bei Zunahme von C_I langsamer ab, wenn C_{II} konstant bleibt, rascher, wenn C_{II} parallel C_I geht; in Bzl. ist das Verhältnis umgekehrt. In CCl_4 ist lim E = 13130, lim A = $1{,}79\cdot 10^5$ (zwischen 30,3 u. 60,1°). Es bestätigt sich, daß $1/k^{1/2}$ eine lineare Funktion von C/C_L (C_L = Konz. des Lösungsm.) ist. Bei gleicher Temp. ist k in CCl_4 ca. 3mal so groß wie in Benzol. (Gazz. chim. ital. **83.** 1009—26. Dez. 1953. Napoli, Univ., Ist. di Chim. gen. e di Chim. fis.) R. K. MÜLLER. 225

Alfons Krause und **Edmund Borzeszkowski,** *Kobalt(II)-hydroxyd als anorganische Oxydase.* Bei 20° wirkt das mit Röntgenstrahlen behandelte krist. $Co(OH)_2$ als Kontakt bei der Oxydation von Na_2SO_3 durch Luft-O_2. Die Co^{2+}-Ionen haben auf den Verlauf der Rk. keinen Einfluß. Ein saures Medium beeinflußt die Rk. in negativem Sinne, weil $Co(OH)_2$ leicht lösl. ist u. in den inakt. Ionenzustand übergeht. Noch 0,001 mg $Co(OH)_2$ vermag katalyt. in einer Verdünnung von 1:300 Millionen die Na_2SO_3-Oxydation zu bewirken. Der Verlauf der katalyt. Oxydation wird als Ketten-Rk. gedeutet. (Bull. Soc. Amis Sci. Lettres Poznań, Sér. B **12.** 37—42. 1953. Poznań, Univ., Inst. für anorg. Chem.) W. WESLY. 227

Bernard Fleureau und **André Sancelme,** *Über die katalytische Zersetzung von Kohlenoxyd an Elektrolyteisen bei niedriger Temperatur.* Vff. untersuchten den Verlauf der Rk. $2\ CO \rightarrow CO_2 + C$ in einer Umlaufapp. durch Messung des Druckabfalles mit der

Zeit bei konstanter Erhitzungsgeschwindigkeit u. Adsorption des CO_2 in KOH. Elektrolyt. abgeschiedenes Eisen ist ein ausgezeichneter Katalysator unterhalb ca. 600°. Oberhalb dieser Temp. findet Sinterung statt. (C. R. hebd. Séances Acad. Sci. **235**. 801—03. 13/10. 1952.) W. Forker. 227

B. Anorganische Chemie.

Z. Dokoupil, K. W. Taconis, D. H. N. Wansink und **J. J. M. Beenakker,** *Eine Methode zur Entfernung von Wasserstoff aus Edelgasen.* He u. Ne können von H_2-Verunreinigungen, die Konzz. von 3—20% erreichen, schnell gereinigt werden, wenn der H_2 in einem O_2-Überschuß verbrannt wird. Der übrigbleibende O_2 sowie der oft anwesende N_2 werden durch Kondensation bei ca. 65° K unter hohen Drucken entfernt. Pro Stunde können 2 m³ Gas gereinigt werden. Die App. wird beschrieben u. in einer Skizze dargestellt. (Appl. sci. Res. A **4**. 57—60. 1953. Leiden, Kamerlingh Onnes Labor.) G. Kirschstein. 230

Edward L. Brady, *Die chemische Natur des durch Dampf transportierten Siliciumdioxyds.* Vf. leitet durch Berücksichtigung von Flüchtigkeit u. Druck aus experimentellen Messungen von Morey u. Hesselgesser (C. **1955**. 4778) sowie von Kennedy (Econ. Geol. **45**. [1950.] 629; **46**. [1951.] 821) ab, daß die flüchtige, SiO_2-haltige Komponente aus der Rk. von Wasserdampf mit Quarz am wahrscheinlichsten aus $Si(OH)_4$ (I) u. aus $(HO)_3 \cdot SiOSi(OH)_3$ (II) besteht, wobei I bei höheren Drucken, II bei Drucken unterhalb 300 bis 400 at vorherrscht. Ähnliche Verhältnisse lassen sich für amorphes SiO_2 u. für Quarzglas berechnen. Um genaue Werte zu erhalten, müßten Gleichgewichtsmessungen in genügender Entfernung von den krit. Bedingungen des Wasserdampfs durchgeführt werden, bei Messungen mit Si-haltigen Lsgg. der p_H-Wert genau kontrolliert werden. (J. physic. Chem. **57**. 706—10. Okt. 1953. Schenectady, N. Y., General Electric Res. Labor.) U. Wannagat. 261

Antonio Indelli, *Kryoskopische Messungen an wässerigen Lösungen von Natriumtrimetaphosphat.* (Vgl. C. **1954**. 8633 u. 8749.) Das verwendete Salz wird aus NaH_2PO_4 durch Erhitzen auf 700°, plötzliches Abkühlen, 2std. Erhitzen des so gewonnenen Graham-Salzes auf 350°, Reinigen u. mehrmaliges Umfällen aus wss. Lsg. mit A. bei 4—5° hergestellt. Die Analyse entspricht $NaPO_3 \cdot 2\,H_2O$. Ein geringer Geh. an A. verschwindet bei 24std. Stehenlassen an der Luft. Es werden Leitfähigkeitsmessungen mit 0,001—0,3 mol. wss. Lsg. bei 0° mitgeteilt (Tabelle). Die kryoskop. Unters. im Konzentrationsbereich 0,002—0,27 mol. bestätigen das Vorliegen des Trimeren $Na_3P_3O_9$ (Extrapolation auf O mit 7,432). Das starke Abfallen der Kurve ΔT/M (Ordinate) — $\sqrt{M} \cdot 10^2$ (Abszisse) bei starker Verdünnung u. der hohe Wert des log A (A = Aktivitätskoeff. des Lösungsm.) schon bei mäßiger Konz. entspricht dem hohen Wert der interion. Arbeit u. der hohen Valenz des Anions. (Ann. Chimica **43**. 845—52. Dez. 1953. Ferrara, Univ., Ist. di Chim.) R. K. Müller. 264

H. Roux, E. Thilo, H. Grunze und **M. Viscontini,** *Über die Konstitution von zwei Polyphosphorylierungsmitteln: Hydratisiertes Phosphoroxychlorid und thermisch entwässerte Phosphorsäure.* Hydratisiertes *Phosphoroxychlorid* (I) u. entwässerte *Phosphorsäure* (II) wurden mit Hilfe der von Grunze u. Thilo (C. **1955**. 4659) angegebenen Meth. papierchromatograph. untersucht. Zur Herst. von I tropfte man im Verlaufe von 14 Tagen 1 Mol W. zu 1 Mol frisch dest. $POCl_3$, entfernte HCl u. unverbrauchtes $POCl_3$ durch Vakuumdest. u. schmolz das Endprod. unter Vakuum ein. II wurde durch Erhitzen von H_3PO_4 auf 350°, bis gerade die Glasgefäße angegriffen wurden, hergestellt. Zur Chromatographie löste man I bzw. II in Pyridin + W., Pyridin + W. + $NaHCO_3$ oder in $NaHCO_3$-Lösung. Bei II erhielt man unabhängig von der Art des Lösens ident. Chromatogramme. Danach ist II eine Mischung linear kondensierter Phosphorsäuren bis $n = 7$. Es enthält keine cycl. Metaphosphorsäuren. In I traten nach direkter Neutralisation mit $NaHCO_3$-Lsg. als Hauptprodd. Mono-, Di- u. Trimetaphosphorsäure neben Spuren von Polyphosphorsäuren bis $n = 7$ auf. Triphosphorsäure fand sich bei I in allen Fällen nur in Spuren. Das lineare Triphosphorsäurechlorid tritt also entweder nicht als Zwischenprod. auf oder cyclisiert sich sehr rasch zum Trimetaphosphorsäurechlorid $P_3O_6Cl_3$. In Ggw. von Pyridin fanden sich bei I auch Spuren Tetrametaphosphorsäure u. Polyphosphorsäuren in größeren Mengen, zum Teil mit höheren Kondensationsgraden (bis $n > 10$). Pyridin scheint also weitere Kondensations-Rkk. der chlorierten Polyphosphorsäureanionen zu bewirken. — I u. II unterscheiden sich also in ihrer Zusammensetzung. Es ist deshalb wahrscheinlich, daß den Polyphosphorylierungs-Rkk. mit den beiden Reagentien verschied. Mechanismen zugrunde liegen. (Helv. chim. Acta **38**. 15—21. 1/2. 1955. Marseille, Fac. de Méd., Labor. de Phys.; Berlin-Adlershof, Dtsch. Akad. der Wiss., Inst. für Anorg. Chem.; Zürich, Univ., Chem. Inst.) F. Umland. 264

Ss. I. Skljarenko und **I. W. Smirnow**, *Elektrische Leitfähigkeit, Viscosität und Dichte von Cadmiumjodid in Methylalkohol.* Die spezif. elektr. Leitfähigkeit ergibt ein Maximum für 6—6,5 Mol-% CdJ_2. Eine Konzentrationserhöhung äußert sich in einem stetigen Abfall, während umgekehrt die relative Viscosität stetig ansteigt. Der log der Leitfähigkeit hängt fast linear von der Zus. des Syst. ab. Ebenso der log der Viscosität, doch ist hier bei 11,5 Mol-% ein Knick. Die D. beträgt für 10 Mol-% CdJ_2 0,85, für 68,65 Mol-% CdJ_2 1,8507. Die Abhängigkeit von der Temp. (20—40°) folgt einer einfachen Exponentialgleichung. Bei 20° sind 16,07 Mol-% CdJ_2 in Methylalkohol löslich. (Журнал Физической Химии [J. physik. Chem.] **25**. 181—84. Febr. 1951.) O. POLLAK V. EMHOFEN. 289

Walter Ciusa und **Giuseppa Adamo**, *Untersuchungen über Quecksilber(II)-ammoniumverbindungen.* Durch Umsetzung einer 0,15 mol. Lsg. von Hg_2NNO_3 (I) mit Lsgg. der entsprechenden Na-Salze werden dargestellt: *Hg(II)-Ammoniumdithionat*, $Hg_4N_2 \cdot S_2O_6$, gelbes Pulver, am Licht veränderlich; *-Azid*, Hg_2N_4, gelbes Pulver, explosiv; *-Formiat*, Hg_2NOOCH, farblos, am Licht rasch veränderlich; *-Acetat*, $Hg_2NOOC_2H_3$, farblos, am Licht langsamer als vorst. veränderlich; *-Propionat*, $Hg_2NOOC_3H_5$, hellgelb, ziemlich lichtbeständig; *-Palmitat*, $Hg_2NOOC_{16}H_{31}$, hellgelb, lichtbeständig; *-Oxalat*, $Hg_4N_2C_2O_4$, farblos, am Licht rasch veränderlich; *-Succinat*, $Hg_4N_2O_4C_4H_4$, farblos, am Licht veränderlich. Mit *Pikrinsäure* (II) entstehen je nach Zusatzmenge 4 verschied. Verbb.: mit 0,02 Mol I (auf 0,01 Mol II) $Hg_2N_4C_6H_2O_7$, mit 0,01 Mol $Hg_4N_{12}C_{18}H_{10}O_{21}$, mit 0,005 Mol $Hg_4N_{20}C_{30}H_{22}O_{35}$ (alle vorst. amorph), mit 0,0025 u. 0,00125 Mol $Hg_2N_{16} \cdot C_{24}H_{20}O_{28}$, seidige Nadeln; die Verbb. enthalten 0, 0,5, 1,5 u. 3 Mol NH_4-Pikrat. (Ann. Chimica **43**. 827—31. Dez. 1953. Bari, Univ., Ist. di Merceologia.) R. K. MÜLLER. 290

F. Calarco und **A. H. Guerrero**, *Das Verhalten einiger Bleisalze in Alkaliacetatlösungen.* Aus mit Essigsäure angesäuerten wss. NH_4-Acetatlsgg. scheiden sich nach Schütteln mit PbX_2 (X = Cl, Br, J) u. Filtrieren beim Eindampfen krist. Prodd. aus: $2\,PbCl_2 \cdot NH_4Cl$ (nach Zusatz von NH_4OH zum Filtrat PbOHCl); $Pb(CH_3COO)_2 \cdot PbBr_2 \cdot NH_4Br$ (mit NH_4OH : PbOHBr); $Pb(CH_3COO)_2 \cdot NH_4J$ u. $Pb(CH_3COO)_2 \cdot 2\,NH_4J$ (mit NH_4OH: $PbJ_2 \cdot PbO$). Folgender Reaktionsmechanismus erscheint möglich: $PbX_2 + 2\,CH_3COO^- = 2\,X^- + Pb(CH_3COO)_2$; $Pb(CH_3COO)_2 + (n-2)\,CH_3COO^- = [Pb(CH_3 \cdot COO)_n]^m$ (m = 2—n). (An. Asoc. quím. argent. **41**. 5—10. März 1953. Buenos Aires, Univ., Fac. de Ci. exact. y natur.) R. K. MÜLLER. 328

B. Staliński, *Röntgenanalyse und magnetische Susceptibilitäten der Tantalhydride.* Die vom Vf. aus entgastem Ta u. H_2 dargestellten Ta-Hydride wurden röntgenograph. u. magnet. untersucht. Bei 300° war eine H-Aufnahme bis zur Zus. $TaH_{0,52}$, bei niedrigeren Tempp. H-Aufnahme bis $TaH_{0,75}$ festzustellen. Ta-Hydride bis $TaH_{0,37}$ zeigen das Röntgendiagramm des α-Ta, die Gitterkonstante änderte sich dabei von 3,306 auf 3,363 Å. Im Gebiet von $TaH_{0,37}$ bis $TaH_{0,47}$ liegt neben der α- auch die β-Phase vor, darüber nur die reine β-Phase. Die β-Phase stellt ein rhomb. verzerrtes Ta-Gitter dar, dessen Verzerrung mit Erhöhung des H-Geh. zunimmt. Die magnet. Susceptibilität der Ta-Hydride ändert sich von χ_g 290°K = $(0,844 \pm 0,005) \cdot 10^{-6}$ bei reinem Ta auf χ_g 290°K = $0,424 \cdot 10^{-6}$ bei $TaH_{0,75}$. (Bull. Acad. polon. Sci., Cl. III. **2**. 245—47. 1954. Wroclaw, Inst. of Technology, Dep. of Inorgan. Chem.) J. SIEWERT. 332

K. Hauffe, *Über den Mechanismus der Oxydation von Eisen und legierten Stählen bei höheren Temperaturen.* Für die Oxydation von Fe treten 2 Temperaturbereiche, entsprechend dem Zustandsdiagramm des Syst. Fe–O, auf. Unterhalb 750° besteht die Zunderschicht zum größten Teil aus Fe_3O_4, bedeckt von einer dünnen Schicht γ- u. α-Fe_2O_3. Die Oxydationsgeschwindigkeit wird durch die Wachstumsgeschwindigkeit von Fe_3O_4 bestimmt. Oberhalb 570° liegt in der Hauptsache FeO vor, bedeckt von einer dünnen Schicht Fe_3O_4 u. einer noch dünneren Schicht Fe_2O_3. Das Verhältnis der Schichtdicken beträgt 100 : 10 : 1. Unmittelbar unter 570° ist die Oxydationsgeschwindigkeit erheblich höher als unmittelbar darüber. Während bei der Bldg. von FeO u. Fe_3O_4 die Fe-Ionendiffusion bestimmend für die Oxydationsgeschwindigkeit ist, hängt die Oxydationsgeschwindigkeit bei Fe_2O_3 von der Diffusion von O über O-Ionenleerstellen ab. Die gute Zunderbeständigkeit hochlegierter *Cr-* u. *Cr–Ni*-Stähle ist auf die Bldg. einer dichten festhaftenden Spinellschicht zurückzuführen, die die Diffusion der Metallionen während der Oxydation behindert. Durch den Einbau von Fremdionen sind hier Verbesserungen kaum zu erwarten. Jedoch dürften Erfolge möglich sein bei Verwendung von Legierungszusätzen, die mit Fe-Ionen eine neue Spinellschicht oder für sich eine die Metallionendiffusion verzögernde Fremdmetalloxydschicht bilden, z. B. durch kompaktes Al_2O_3, BeO oder CeO_2, oder die für sich Spinellschichten zu bilden imstande sind, z. B. Al mit Be oder Co bzw. Ca. — 27 Schrifttumsstellen. (Metalloberfläche, Ausg. A **8**. 97—103. Juli 1954. Oslo, Sentralinst. for Ind. Forsk.) F. VIER. 354

A. D. Franklin, L. Muldawer und **P. Flanders,** *Die Natur des „γ-FeO"*. Vff. erhalten durch Zers. von Fe-Formiat bei 250° ein schwarzes, ferromagnet. Pulver der annähernden Zus. FeO. Die Substanz wurde röntgenograph., chem. u. magnet. untersucht. Im Gegensatz zu Unterss. von LIHL (C. **1951**. II. 2995), der die untersuchte Substanz für ein „γ-FeO" mit Spinellstruktur hält, finden Vff., daß mindestens zwei Phasen vorliegen. Wahrscheinlich handelt es sich jedoch um ein Gemisch von Fe_3O_4 mit Fe, Fe_3C oder beiden mit einem geringen Geh. an α-FeO. (J. physic. Chem. **59**. 340—43. April 1955. Philadelphia, Pa., Franklin Inst., Labor for Res. and Develop.)
J. SIEWERT. 354

Vittorio Cirilli und **Cesare Brisi,** *Das System CaO–Fe_2O_3*. (Vgl. C. **1954**. 3651.) Das Eutektikum (I; F. < 1250°) zwischen CaO·Fe_2O_3 (II) u. Fe_2O_3 (**III**) liegt nicht, wie von SOSMAN u. MERWIN (C. **1917**. I. 6) angegeben, bei 80, sondern bei 60 Mol-% **III**. Eine Schmelze dieser Zus. zeigt nach Erstarren das Aussehen einer Einphasenstruktur. Bei längerem Erhitzen unterhalb des F. (z. B. bei 1000°) scheiden sich daraus Kriställchen von **III** aus. Es wird die Möglichkeit erörtert, daß beim Schmelzen durch Dissoziation O_2 abgegeben wird u. I eine teilweise red. Phase enthält. In DEBYE-Aufnahmen von I sind die **III**-Linien abgeschwächt, die Analyse läßt Spuren Fe^{2+} erkennen. Trotzdem ist keine nennenswerte O_2-Abgabe anzunehmen, sondern eine Abscheidung des **III** in I in so kleinen Kristallen, daß sie mkr. nicht wahrnehmbar sind u. auch nicht die magnet. Eigg. des makrokrist. **III** aufweisen. Die Lage des I erklärt auch die erhöhte Dissoziierbarkeit des äquimol. Gemisches von II u. **III**. (Ann. Chimica **43**. 779—89. Dez. 1953. Torino, Politecn., Ist. di Chim. gen. e appl. e di Metallurgia.) R. K. MÜLLER. 354

M. H. Davies, M. T. Simnad und **C. E. Birchenall,** *Über den Mechanismus und die Kinetik des Zunderns von Eisen*. Die Oxydationsgeschwindigkeit von Eisen in reinem O_2 bei Tempp. zwischen ca. 400 u. 1200° wird untersucht. Der früher bereits vorgeschlagene O_2-Transportvorgang in *Wüstit* u. *Hämatit* wird durch eine Fortbewegung von inerten Zeichen während des Wachsens dieser Phasen bestätigt. Durch ähnliche Messungen wird der Vorgang für *Magnetit* bestimmt. Ebenso werden die Bildungsgeschwindigkeiten von Vielschichten, Zunder auf Eisen, Magnetit u. Hämatit auf Wüstit u. Hämatit auf Magnetit, gemessen. Es wird gefunden, daß alle Geschwindigkeiten auf dem Wege einer O-Diffusion durch die Schichten zu erklären sind. (J. Metals **3**. 889—96. Okt. 1951; **4**. 536 bis 540. Mai 1952. Pittsburgh, Pa., Carnegie Inst.) H. HOCHSTEIN. 354

W. I. Archarow, Je. B. Blankowa und **M. I. Ssimonowa,** *Über die Textur von Eisenzunder*. 6. Mitt. *Veränderungen in der Textur bei Ersatz der Luft durch eine Atmosphäre mit verringertem Sauerstoffdruck*. Es wurden zylindr. Proben von 6,5 mm Durchmesser aus *Armco-Fe* im zum Teil massiven, zum Teil auf 0,5 mm Wandstärke aufgebohrten Zustand untersucht. Nach 7 std. oxydierendem Glühen in Luft bei 1000° wurden die Proben erneut auf 900—1000° erhitzt, u. zwar in H_2O-Dampf (**A**), in einem Gemisch von H_2O-Dampf u. H_2 (**B**) u. in H_2 (**C**); die Haltezeiten auf Temp. betrugen: bei **A** 5 Min.—24 Std., bei **B** 3 Min.—1 Std., bei **C** 20 Min.—8 Stunden. Makroskop., röntgenograph. u. chem. Unterss. der hierbei auftretenden Veränderungen der nach der Oxydation an Luft wie üblich aus Fe_2O_3, Fe_3O_4 u. FeO bestehenden Zunderschicht führen zu den Feststellungen: Bei der Nachbehandlung gemäß **A** findet an der äußeren Fe_2O_3-Schicht keine direkte Red. statt. Falls unterhalb der Zunderschicht noch nicht oxydiertes Fe (massive Proben) vorhanden ist, so entsteht durch Diffusion von Fe-Ionen von innen oberhalb der Fe_2O_3-Schicht eine neue Schicht von mit dem H_2O-Dampf im Gleichgewicht stehendem Fe_3O_4. Das jetzt unterhalb dieser Schicht befindliche Fe_2O_3 wird durch neue Zuwanderung von Fe aus dem inneren allmählich ebenfalls in Fe_3O_4 umgebaut. Unter der Einw. des Gemisches H_2O-Dampf + H_2 (**B**) wird die äußere Fe_2O_3-Schicht direkt zu Fe_3O_4 red.; der Reduktionsprozeß wird unter der Mitwrkg. des von innen diffundierenden Fe weiter beschleunigt. Die Nachbehandlung in reinem H_2 (**C**) hat die direkte Red. des Fe_2O_3, ohne Diffusionseinfl. von innen, zu Fe_3O_4 u. in weiteren Etappen bis zu metall. Fe zur Folge. Die Makrostruktur der Zunderschicht ist wesentlich von der Art der Nachbehandlung abhängig; im Falle **A** behält sie ihren kompakten Charakter, in den Fällen **B** u. **C** wird sie weitgehend aufgelockert u. brüchig. (Журнал Технической Физики [J. techn. Physik] **24**. 677—85. April 1954.) V. EHMCKE. 354

Ronald T. Pflaum und **Warren W. Brandt,** *Metall-Amin-Koordinationsverbindungen*. 1. Mitt. *Kupfer(II)-Komplexe*. Die Komplexe, die Cu^{2+} mit NH_3 (**I**), *Äthylendiamin* (**II**), *Diäthylentriamin* (**III**), *Triäthylentetramin* (**IV**), *Pyridin* (**V**), *2.2'-Bipyridyl* (**VI**), *2.2'.2''-Terpyridyl* (**VII**), *1.10-Phenanthrolin* (**VIII**; phen), *5-Chlor-1.10-phenanthrolin* (**IX**), *5-Methyl-1.10-phenanthrolin* (**X**), *4.7-Dimethyl-1.10-phenanthrolin* (**XI**), *5.6-Dimethyl-1.10-phenanthrolin* (**XII**) bildet, wurden spektrophotometr. untersucht. Die mol. Absorptivitäten lassen keine Gesetzmäßigkeiten erkennen. Die Absorptionsmaxima in alkal. Lsg. liegen für **I, III, V, VI, VIII, IX, X, XI** u. **XII** bei 600—630 mμ, für die Chelatkomplexe in saurer Lsg. bei 680—700 mμ. Substituenten im 1.10-Phenanthrolin (**IX, X, XI, XII**) sind ohne erkennbaren Einfl., sie bewirken lediglich eine Farbvertiefung des Cu^{2+}. Das Absorptionsmaximum des Cu-phen-Komplexes wird mit steigendem p_H nach kürzeren Wellenlängen hin verschoben. In sauren Lsgg. mit Metallionenüberschuß bilden sich langsam ein blaues $Cu(phen)SO_4 \cdot 3\,H_2O$ sowie ein analoges grünes Nitrat. Bei p_H 4 ist Cu mit je 2 Mol **VI** u. **VIII** u. mit 1 Mol **VII**, bei p_H 12 jeweils nur mit 1 Mol koordiniert. Die Stabilitätskonstanten der Cu(II)-Amin-Komplexe betragen mit **II** 19,60, mit **III** 21,3, mit **IV** 20,6, mit **V** 10,2, mit **VI** 17,85, mit **VIII** 17,9. In Ggw. von CN^- oder SCN^- lassen sich die Komplexe aus Cu u. Pyridinhomologen mit Chlf. extrahieren, das Absorptionsmaximum der Lsgg. liegt mit Pyridin als Ligand bei 680 (CN^-) bzw. bei 410 mμ (SCN^-). Einführung einer Methylgruppe in α-Stellung bewirkt (auch bei den 2. Lutidinen) eine Verschiebung um 40 (CN^-) bzw. 10—20 mμ (SCN^-) nach kürzeren Wellenlängen hin, in β- oder γ-Stellung wird keine Änderung des Absorptionsmaximums beobachtet. — Die Cu(II)-Komplexe werden in bas. Lsg. durch $NH_2OH \cdot HCl$ bzw. $Na_2S_2O_4$ zu Cu(I)-Komplexen reduziert. Die Cu(I)-Komplexe mit **I—IV** sind ungefärbt, mit **V—XII** gelb bis gelbrot. (J. Amer. chem. Soc. **76.** 6215—19. 20/12. 1954. Lafayette, Ind., Purdue Univ., Dep. of Chem.) U. Wannagat. 358

R. P. Mitra, A. R. Gupta und **D. V. S. Jain,** *Polarographische und titrimetrische Untersuchung des sauren Silberbromidkomplexes.* Die potentiometr. Titrationskurve von mit AgBr gesätt. HBr-Lsg. weist 2 Stufen auf. Die 1. zeigt die Neutralisation der freien HBr an, die 2. die eines sauren Silberbromidkomplexes. Die Säuremenge im Komplex wurde aus der Titrationskurve berechnet, während die Ag-Menge polarograph. bestimmt wurde. In wss. Lsg. ist die Löslichkeit von AgBr so gering, daß das Ag polarograph. nicht nachzuweisen ist. Die Stufe, die in der HBr-Lsg. auftritt, ist einer Komplexverb. zuzuordnen. Das Halbstufenpotential liegt bei —0,13 V, also negativer als das freier Ag^+-Ionen, die bei —0,085 V abgeschieden werden. Aus dem Verhältnis Säure : Ag ergab sich die Formel $HAgBr_2$, die durch die Best. der Wertigkeit des Komplexions aus dem Anstieg der Kurve i/i_{d-i} gegen E (nach Kolthoff u. Lingane) bestätigt werden konnte. (J. Indian chem. Soc. **31.** 346—50. Mai 1954. Delhi, Univ., Dep. of Chem.) H. Marsen. 359

C. Mineralogische und geologische Chemie.

Dušan Němec, *Das orientierte Aufwachsen von K-Feldspat auf Plagioklas und von Plagioklas auf Orthoklas in Eruptivgesteinen.* 1. Mitt. *Das orientierte Aufwachsen von Orthoklas auf Plagioklas beim Granodiorit von Javornik und Litice.* Nach einer petrograph. Beschreibung der untersuchten Granodiorite werden einige bei diesen gefundene Fälle erörtert bei denen Plasgioklas mit u. ohne Zwillingsbldg. orientiert von Orthoklas überwachsen wird. Die physikal. u. chem. Bedingungen dieser Erscheinung werden im einzelnen untersucht. (Spisy vydávané přírodovédeckou Fak. Masarykovy Univ. [Publ. Fac. Sci. Univ. Masaryk] **1952.** 249—308.) R. K. Müller. 372

Je. I. Kondorski, *Zur Theorie der magnetischen Eigenschaften von Gesteinen und Pulvern.* Die vom Vf. entwickelte Formel (Известия Академии Наук СССР, Серия Геофизическая [Nachr. Akad. Wiss. UdSSR, geophysik. Ser.] **1950.** Nr. 4) für die Magnetisierbarkeit für den Fall, daß die magnet. Substanz sphär. Form besitzt, wird auf die Magnetisierbarkeit des Gemisches aus länglichen oder platten, chaot. angeordneten Teilchen ausgedehnt, ferner auf die Gemische aus nadelförmigen oder blattförmigen Teilchen. An Hand der Formeln wird der Einfl. der länglichen oder plattgedrückten Teilchen im Gestein auf dessen Magnetisierbarkeit ermittelt. In einigen Fällen wird die Magnetisierbarkeit von Gestein oder Pulver von der Ggw. dieser Teilchen entscheidend bestimmt. Es werden Formeln für die Beziehungen zwischen Entmagnetisierungsfaktor der Einzelkörner u. der Volumenkonz. der magnet. Komponente im Gestein oder Pulver aufgestellt u. die ideale Magnetisierbarkeit der Gemische berechnet. Hieraus ergibt sich die Möglichkeit der angenäherten Best. der maximalen Magnetisierbarkeit eines Gemisches im gegebenen magnet. Feld. (Известия Академии Наук СССР, Серия Геофизическая [Nachr. Akad. Wiss. UdSSR, geophysik. Ser.] **1952.** Nr. 5. 47—54. Sept./Okt. Geophysik. Inst. der Akad. der Wiss. der UdSSR.) O. Lebtag. 378

Hans Schneiderhöhn, *Erzlagerstättenbildung und Geotektonik.* (Vgl. C. **1953.** 987.) (Z. Erzbergbau Metallhüttenwes. **6.** 205—12. Juni 1953. Freiburg/Br.) F. Ensslin. 378

Sigmund Koritnig, *Die Vorgänge bei der Kontaktbildung im Buntsandstein durch die Basalte der Blauen Kuppe und des Alpstein, Nordhessen.* Die Kontaktbildungen im

Buntsandstein am Basalt der Blauen Kuppe wurden bereits vor 25 Jahren von Ramdohr untersucht. Vf. will die Ergebnisse u. den Bildungsmechanismus der Kontakterscheinungen mit neuen Methoden genauer erfassen. Dabei zeigt sich, daß das inkongruente Schmelzen des *Illits* von besonderer Bedeutung ist. Das entstehende Illitglas reagiert mit OH-freiem *Biotit*, u. dies dürfte die Ursache für die in den Tonlagen massenhaft auftretenden *Cordierite* sein. Das Hauptgewicht der Vorgänge liegt mehr in einem Reagieren u. Auflösen der Mineralkomponenten als in einem Aufschmelzen. (Heidelberger Beitr. Mineralog. Petrogr. **4**. 89—98. 1954. Göttingen, Univ., Sedimentpetrograph. Inst.)
J.-E. Hiller. 378

Ss. I. Benesslawski, *Einige Gründe für die unvollständige Auslaugung der Gibbsit-Bauxite.* Für die *Bauxite* (I) vom *Gibbsit* (II)-Typ aus den Lagerstätten der Sowjetunion ist die Paragenese von II u. *Böhmit* (III) charakteristisch. Sehr wahrscheinlich ist die Ggw. von *Diaspor* (bisher nur röntgenograph. als feste Lsg. festgestellt). In der Regel kommen auch syngenet. Korund u. amorphes Al_2O_3 vor. Die Ggw. von Monohydraten des Al_2O_3 in I ist nicht immer die Folge einer Metamorphose. Durch Alterung des Alumogels bei n. Temp. u. n. Druck ist eine direkte Bldg. von III (wahrscheinlich auch Diaspor) möglich. Auch Korund kann hierbei entstehen. Die unvollständige Auslaugung von I bei 105° ist auf die Ggw. verschied. Mengen Al_2O_3-Monohydrat (in der Hauptsache III) sowie von amorphem Al_2O_3 u. Korund zurückzuführen. Das Mengenverhältnis von Trihydrat, Monohydrat u. wasserfreiem Al_2O_3 in I vom II-Typ ist nicht konstant; es ist vom Kristallisationsgrad der prim. Substanz abhängig. (Доклады Академии Наук СССР [Ber. Akad. Wiss. UdSSR] [N. S.] **95**. 1077—80. 11/4. 1954.)
O. Lebtag. 378

Gustav Hießleitner, *Ostalpine Erzmineralisation in Begleitung von vor- und zwischen-mineralisatorisch eingedrungenem Eruptivganggestein.* Das Zusammentreffen von eruptivem Ganggestein u. Vererzung bleibt nur auf ganz wenige ostalpine Lagerstätten des alpid. Vererzungscyclus beschränkt. Im allg. sind es bas. Ganggesteine, welche vor oder während der Erzbldg. den Lagerstättenraum oder wenigstens die Tektonik desselben mit der Erzlagerstätte teilen. Die betroffenen Lagerstätten gehören verschied. Buntmetallen (Pb, Zn, Sb, Cu) an u. sind epithermaler bis tiefepithermaler Entstehung. Diese Eruptivganggesteine sind keine Erzbringer, sondern es erscheinen als Einzelfälle in der Genesis der alpid. Erzvorkk. der Ostalpen noch gleichzeitige oder zeitlich nahe Beziehungen zwischen Erzabsatz u. Schmelzflußvorgängen bewiesen. — 14 Schrifttumsangaben. (Z. Erzbergbau Metallhüttenwes. **7**. 321—30. Aug. 1954. Graz, Österreich.)
H. Hochstein. 378

V. Charrin, *Das Mangan. Allgemeines — die Mineralien — Lagerstätten im In- und Ausland.* Allg. Daten von Mn sowie seine Verwendungsmöglichkeiten u. Mineralien. Ausführliche Beschreibung der französ. Lagerstätten mit geolog. Schnitten u. der Hauptlagerstätten der Erde. (Chim. et Ind. **69**. 733—39. April 1953.) H.-G. Moslé. 380

N. P. Peterson, *Copper Cities Kupferlagerstätte, Globe-Miami Distrikt, Arizona.* Die Lagerstätte ist vom Typ der „disseminated copper-ores". In einem Quarzmonzonitkörper sind als Mineralien der hypogenen Mineralisation *Pyrit*, *Kupferkies* u. *Molybdänit* vorhanden. Dieses Muttererz ist in einer dünnen Zementationszone mit über 0,5% Cu angereichert. Hier herrscht *Kupferglanz* vor, *Covellin* ist selten. (Econ. Geol. **49**. 362—77. Juni/Juli 1954. Globe, Ariz., U. S. Geol. Surv.) W. Baur. 380

Yoichi Shiraki, *Eigenschaften des Chlorits von Wanibuchi.* Durch differentielle therm. Analyse u. die Basenaustauschfähigkeit wurde der in Wanibuchi (Pref. Shimane) gefundene *Chlorit* als *Penninit* von der Struktur mkr. feiner Blättchen erkannt. Bestimmt wurden außerdem Quellung, Basenaustausch, Plastizität u. Viscosität. (J. ceram. Assoc., Japan [Yogyo Kyokai Shi] **61**. 485—90. 28/10. 1953. Tokyo, TH. [Orig.: japan.])
L. Schuler. 380

L. N. Formosowa und **A. L. Janitzki**, *Über charakteristische Besonderheiten oolithischer Eisensteine der Flußfazies.* Die im unteren Teil des mittleren Oligozäns in den tert. Ablagerungen der Aral-Turgai-Niederung aufgefundenen oolith. *Eisensteine* (I) sind in der Oxydationszone fast reine *Hydrogoethite* (II). In den tiefen nicht verwitterten Teilen kommt daneben Fe-haltiger *Chlorit* (III) vom *Thuringit*- u. *Chamosit*-Typ vor. In den Schliffen beobachtet man konzentr. Ringe von II u. III sowie I mit III-Schalen. In den tiefen Teilen dient III als Zement. Der in den Meeres-I ständig vorkommende Kalksteinzement tritt bei den Fluß-I selten auf u. ist immer sek. epigenet. Art. (Доклады Академии Наук СССР [Ber. Akad. Wiss. UdSSR] [N. S.] **95**. 635—38. 21/3. 1954.)
O. Lebtag. 382

Jean Leroux und **Jean-Jacques Trillat**, *Vergleichsuntersuchung von atmosphärischen Mineralstäuben einiger Großstädte.* Röntgenograph. wurden Stäube aus der Luft der

Städte Paris, Marseille, Rom, Venedig, Mailand u. Madrid untersucht, u. in allen Proben *Quarz, Gips, Anhydrit, Calcit, Feldspat, Magnetit* u. *Hämatit* nachgewiesen. (J. Rech. Centre nat. Rech. sci. **1954**. 389—91. Juni. C. N. R. S, Labor. des Rayons X et d'Analyse électronique.) W. LUCHSINGER. 396

D. Organische Chemie.

D_1. Allgemeine und theoretische organische Chemie.

Arthur A. Frost, *Freie-Elektronen-Theorie, endliche Differenzen und LCAO-Molekülzustände.* Vf. erweitert die schon von SIMPSON (J. chem. Physics **17**. [1949.] 1218; C. **1955**. 9048) festgestellte Analogie zwischen der Freie-Elektronen-Meth. in der endlichen Differenzform u. der einfachen LCAO–MO-Meth. für Elektronenenergieberechnungen in bezug auf die Anwendung der endlichen Differenzform. Er behandelt zunächst den eindimensionalen Fall unverzweigter Ketten u. Ringe nach der Freie-Elektronen-Meth. mit einer einfachen Differenznäherung. Der Energieparameter ist dabei durch den gleichen Ausdruck gegeben wie in der LCAO-Theorie, wenn Überlappung vernachlässigt u. nur Wechselwrkg. zwischen nächsten Nachbarn berücksichtigt wird. Die verwendete Differenznäherung wird dabei um so genauer, je größer die Freie-Elektronen-Wellenlänge wird, je niedriger also die Energieschalen liegen. Bei der eindimensionalen Behandlung von verzweigten Ketten u. kondensierten Ringen ist die Analogie zwischen der Freie-Elektronen-Meth. u. der LCAO-Meth. nicht ganz so vollständig, weil die Verzweigungspunkte eine besondere Behandlung erfordern, wobei die korrespondierenden Diagonalelemente der Säkulardeterminante gegenüber den n. Punkten den Faktor 3/2 bekommen. Vf. wendet ferner die endliche Differenzmeth. innerhalb der Freie-Elektronen-Theorie auf ein zweidimensionales Netzwerk an. Das Netzwerk wird dabei in der Weise mit angenommenen Zuständen erweitert, daß jedem aktuellen Zustand drei Nachbarn zugeordnet werden. Die angenommenen Zustände werden dabei mit einer Grenze des Freie-Elektronen-Kastens in Übereinstimmung gebracht, die eine Bindungslänge vom letzten aktuellen π—O. in jeder Richtung beträgt. Hierbei wird ein Energieparameter erhalten, der von dem des eindimensionalen Falles verzweigter Ketten u. kondensierter Ringe abweicht. Ferner haben hierbei die Verzweigungspunkte die gleichen Koeffizienten wie die n. Punkte in der Säkularbeziehung. Diese zweidimensionale Meth. zeigt daher eine exakte Übereinstimmung mit der einfachen LCAO–MO-Berechnung sowohl in der Form der Wellenfunktion als auch in dem Sinne, daß die Koeffizienten der AO's bei der LCAO-Meth. das gleiche Verhältnis zeigen wie die Werte der Freie-Elektronen-Wellenfunktion bei den einzelnen Kern- oder Zustandszentren. Eine exakte Übereinstimmung findet sich ferner in den Energieschalen, wenn das Austauschintegral geeignet gewählt wird. Vf. wendet seine Berechnungsart auf *Bzl.* (I) u. H_2 an. Bei I stehen die berechneten Werte mit den experimentellen in befriedigender Übereinstimmung. Bei H_2 jedoch zeigt sich, daß das einfachste Modell die Elektronenenergie nicht als passende Funktion des Kernabstands gibt. Gerade bei Verwendung einer endlichen Potentialwelle wird es hier notwendig, ihre Tiefe im gleichen Maße zu vermindern, wie ihre Weite mit wachsendem Kernabstand wächst. Die Berechnungen der Anregungsenergie sind hier aber ebenso gut, wie sie für den n. Abstand von π-Zuständen in konjugierten KW-stoffen sind. (J. chem. Physics **23**. 310—14. Febr. 1955. Evanston, Ill., Northwestern Univ., Dep. of Chem.) H. GOETZ. D 10

Ferdinand Bohlmann, *Konstitution und Lichtabsorption.* 1. Mitt. *Carbonylderivate.* Vf. untersuchte die UV-Absorption einer größeren Zahl von N-haltigen Carbonylderivaten. Die allg. beobachtete Verschiebung der Lichtabsorption ins Langwellige gegenüber den Ausgangsverbb. wird dem freien Elektronenpaar der NH-Gruppe zugeschrieben. Vf. untersuchte folgende Verbb. (Methanol als Lösungsm., wenn nicht anders angegeben): *α-Methyl-α-[2.4-dinitrophenyl]-hydrazin,* F. 137° (A.), λ_{max} 370 [mμ] (ε = 14200), aus Methylhydrazin u. 2.4-Dinitrochlorbenzol. — *Aceton-*, F. 138° (Methanol), 375 ($19{,}1 \cdot 10^3$). — *Crotonaldehyd-* $C_{11}H_{12}O_4N_4$, F. 131° (A.), 260 (14,3) u. 397 (22,3). — *β-C_{14}-Aldehyd-*, $C_{21}H_{28}O_4N_4$, F. 148° (A.), 267 (17,8) u. 404 (24,6). — *Benzaldehyd-*, F. 206° (A./Eisessig), 290 (10,8) u. 401 (20,9). — *Acetophenon-*, $C_{15}H_{14}O_4N_4$, F. 157—158° (A.), 389 (18,4). — *β-Jonon-*, $C_{20}H_{26}O_4N_4$, F. 104—106° (A.), 298 (9,5) u. 390 (22,0). — *Hexadienal-*, $C_{13}H_{14}$·O_4N_4, F. 122—123° (A.), 290 (20,8) u. 410 (25,35). — *Octatrienal-α-methyl-α-[2.4-dinitrophenyl]-hydrazon,* $C_{15}H_{16}O_4N_4$, F. 150—152° (A.), 316 (28,5) u. 424 (28,9). — *Crotonaldehyd-*, F. 190° (A.), 376 (27,3), 282 (9,0) u. 244 (15,8); in 10%ig. Kalilauge 523 u. 273. — *β-C_{14}-Aldehyd-*, F. 164°, 385 (31,5), 290 (11,0) u. 252 (18,5). — *β-Jonon-*, F. 126—127°, 387 (27,5) u. 293 (11,0). — *β-C_{16}-Keton-*, F. 157°, 408 (34,0), 310 (15,7) u. 230 (19,0). — *β-C_{18}-Keton-*, $C_{24}H_{30}O_4N_4$, F. 177° (Butanol); 416 (43,0) u. 332 (22,0) u. *β-C_{18}-Aldehyd-2.4-dinitrophenylhydrazon,* F. 233°; 410 (46,5), 332 (22,8) u. 265 (18,5) in Chloroform. —

Aceton-, F. 148°, 392 (21,7) u. 250 (11,9). — *Benzaldehyd-*, F. 190°, 403 (31,2), 299 (7,2) u. 230 (14,6). — *β-C_{14}-Aldehyd-* (I), F. 169°, 406 (35,0) u. 283 (12,0). — *β-Jonon-*, F. 161 bis 162°, 408 (39,0) u. 294 (15,5). — *Crotonaldehyd-*, F. 184°, 400 (30,0) u. 285 (7,7); in 10%ig. Kalilauge 523 u. 273. — *Hexadienal-p-nitrophenylhydrazon*, $C_{12}H_{13}O_2N_3$, F. 170 bis 171° (A.), 414 (43,8), 330 (10,7), 291 (15,0) u. 235 (16,2). — *Benzaldehyd-*, F. 130°, 238 (22,1) u. 334 (33,1). — *Aceton-*, F. 112—113°; 268 (22,8). — *β-C_{14}-Aldehyd-m-nitrophenylhydrazon*, $C_{20}H_{27}O_2N_3$, F. 174—175°, 248 (13,8) u. 314 (37,1). — *Benzaldehyd-phenylhydrazon*, F. 152°, 342 (20,2), 30,3 (10,3) u. 235 (12,8). — *-p-bromphenylhydrazon*, F. 127°, 347 (27,4), 315 (17,3) u. 235 (12,4). — *-N-methyl-p-nitrophenylhydrazon*, F. 137°; 403 (31,2), 299 (9,2) u. 230 (16,1). — *-hydrazon*, 273 (13,8). — *-acetylhydrazon*, F. 134°, 283 (26,9). — *-benzoylhydrazon*, F. 206°, 297 (24,8). — *-semicarbazon*, F. 230°, 282 (21,0). — *-thiosemicarbazon*, F. 160°, 310. — *-N-methylthiosemicarbazon*, F. 170°, 312 (39,4). — *-N-methyl-S-methylthiosemicarbazonhydrojodid*, $C_{10}H_{14}N_3JS$, F. 196°, 300 (27,6). — *β-C_{14}-Aldehyd-N-methyl-p-nitrophenylhydrazon*, $C_{21}H_{29}O_2N_3$, F. 158°, 406 (31,1) u. 284 (13,5); aus K-Salz von I mit CH_3J in Xylol. — *β-C_{14}-Aldehyd-N-methyl-*, $C_{16}H_{27}ON_3$, F. 168° (A.), 268 (37,0). — *β-C_{14}-Aldehyd-N-methylthio-*, $C_{16}H_{27}N_3S$, F. 183° (A.), 302 (39,3). — *β-C_{14}-Aldehyd-*, F. 155°, 265 (33,2). — *β-C_{14}-Aldehydthio-*, F. 200°, 299 (37,8). — *Octatrienal-*, F. ~ 250°, 303, 319 u. 334. — *β-C_{18}-Aldehyd-*, F. 186°, 312, 324 u. 338. — *Benzaldehydazobenzol-*, $C_{20}H_{17}ON_5$, F. 213° (A.), 292 (20,0) u. 354 (32,0); aus Azobenzolsemicarbazid [F. 280° (A. [Zers.]), aus 4-Ureidoazobenzol u. Hydrazinhydrat in A., 40std. Kochen, 238 (14,3) u. 356 (29,0)]. — *β-C_{14}-Aldehydazobenzol-*, $C_{27}H_{33}ON_5$, F. 235° (A.), 273 (30,0) u. 354 (25.5). — *Cyclohexanonazobenzol-*, $C_{19}H_{21}ON_5$, F. 223° (A.), 242 (19,3) u. 355 (28,9). — *β-Jononazobenzolsemicarbazon*, $C_{26}H_{31}ON_5$, F. 224° (A.), 300 (17,3) u. 355 (32,5). (Chem. Ber. **84**. 490—504. 1951. Braunschweig, TH, organ. chem. Inst.)

M.-L. KLAAR. D 118

Ferdinand Bohlmann, *Konstitution und Lichtabsorption.* 2. Mitt. *Diacetylenverbindungen.* (1. vgl. vorst. Ref.) Vf. beschreibt die Herst. von einigen KW-stoffen, die in einer Kette konjugierter C=C-Bindungen die Diacetylengruppe eingebaut enthalten. Die Absorptionsspektren der Anfangsglieder sind anomal gegenüber denen der einfachen Polyene (die 4π-Elektronen der Diacetylengruppe stören sich bei Lichtanregung gegenseitig). Bei Verlängerung der Polyenkette werden die Spektren n., doch sind die Maxima gegenüber denen der entsprechenden Äthylenverbb. ins Kurzwellige verschoben u. die Extinktion ist erheblich erniedrigt. (Alle Rkk. wurden unter reinem N_2 ausgeführt, bei den Spektren wurde Methanol als Lösungsm. benutzt, wenn nicht anders angegeben.) Einzelergebnisse: *Bis-[1-oxycyclohexyl-(1)-acetylen]* (I), F. 173° (Bzl.); λ_{max} 231 mμ (ε = 325), 243 (372), 256 (238); Herst. a) aus Cyclohexanon (II) u. dem Na-Salz des Diacetylen (**V**); 90% (Ausbeute); b) aus **II** u. **V**-Dilithiumsalz, 90%; c) aus **II** u. der GRIGNARD-Verb. des **V**, 80%. — *Bis-[cyclohexen-(1)-yl-(1)-acetylen]* (III), F. 60° (PAe./A.); 237 (34200), 246 (29000), 260 (8200), 275 (15800), 291 (23300) u. 310 (18700) in A.; aus 2 g **I** in Toluol mit 50 mg Toluolsulfonsäure (**VII**), 30 Min. kochen. — *Bis-[(1-oxy-1-methyl-2-cyclohexen-(1')-yl-(1')-äthyl)-acetylen]* (IV), $C_{22}H_{30}O_2$, F. 135° (Bzl./PAe.); 243 (459) u. 257 (250); Herst. a) aus Cyclohexenylaceton (**VI**) u. der GRIGNARD-Verb. des **V** in Ae.; b) aus **VI** in Ae. u. dem **V**-Dilithiumsalz. — *Bis-[(1-methyl-2-cyclohexen-(1')-yl-(1')-äthenyl)-acetylen]* (**VIII**) 250 (13800), 264 (14000), 296 (16800), 313 (18700) u. 337 (15000); aus **IV** in sd. Toluol mit **VII**. — *Bis-[(1-oxy-4-cyclohexylidenbuten-(2)-yl-(1))-acetylen]* (**IX**), 247; aus der GRIGNARD-Verb. des **V** mit Cyclohexylidencrotonaldehyd (**X**) [Kp.$_{0,7}$ 95 bis 105°; 290; aus Äthoxybuten-(1)-in-(3), Lithiumphenyl u. **II** in Ae., 1 Std. Kochen → Rohcarbinol, Kp.$_1$ 120—125°, 241 (16400), daraus durch Hydrieren an Pt-Kohle in Methanol unter Zusatz von Chinolin Vinyläther, 249, der mit 20%ig. H_2SO_4 zu **X** umgesetzt wird], zähes Öl. — **X**-*Semicarbazon*, $C_{11}H_{17}ON_3$, F. 218—219° (Methanol), 306 (57500). **X**-*Dinitrophenylhydrazon*, F. 184—186° (A.); 240 (15500), 269 (16000), 307 (17900) u. 396 (39000). — *Bis-[(4-cyclohexen-(1')-yl-(1')-butadien-(1.3)-yl)-acetylen]* (**XI**), $C_{24}H_{26}$, F. 143° (Bzl./Methanol); 260 (17800), 355 (50700), 374 (60000) u. 405 (55000); aus **IX** u. **VII** in Toluol. — *1.12-[Dicyclohexen-(1')-yl-(1')]-dodecahexaen-(1.3.5.7.9.11)* (**XII**), $C_{24}H_{30}$, F. 202—203° (Bzl./A.); 240 (15000), 300 (7100), 360 (34800), 372 (70000), 393 (123400) u. 426 (132000) in Ae.; aus 440 mg **XI** in Bzl., mit 0,5 g Pt-Kohle 3 Std. stehenlassen, anschließend in Ggw. von Pd–$CaCO_3$ u. Chinolin hydriert (→ Prod. F. 176° (Bzl./A.), 255 (27100), 298 (9500), 355 (45700), 372 (86000), 393 (123000) u. 417 (98500) in Ae.), Hydrierungsprod. wurde mit Jod umgesetzt. — *Diphenyldiacetylen*, F. 87° (Eisessig); 246 (35100), 259 (36500), 289 (25100), 305 (50500) u. 326 (46400); aus Phenylacetylen-Cu mit Cu-Chlorid. — *Bis-[(1-oxy-1-methyl-2-phenyläthyl)-acetylen]* (**XIII**), $C_{22}H_{22}O_2$, F. 137—138° (Bzl.); 243 (676) u. 258 (640); aus der GRIGNARD-Verb. von **V** in Ae. u. Phenylaceton. — *Bis-[(1-methyl-2-phenyläthenyl)]-acetylen*, $C_{22}H_{18}$, F. 94—95° (PAe./A.); 230 (21500), 270 (18400), 279 (19000), 313 (18700), 327 (20800) u. 350 (17800) in A.; aus **XIII** mit **VII** in Toluol. — *α-Methyl-γ-phenylcrotonaldehyd* (**XIV**), aus Benzalaceton durch Glycidestersynthese. **XIV**-*Semicarbazon*, F. 178—179°; 265. — *Bis-[(2-methyl-4-phenylbutadien-(1.3)-yl-(1))-acetylen]*, $C_{26}H_{24}$, F. 207° (Hexan); 365 (51800), 388 (56200) u. 426 (45200) in Ae.; aus **VII** u. dem Prod. aus **XIV** u. der Grignard-Verb. von **V** in Toluol. (Chem. Ber. **84**. 545—56. 1951.) M.-L. Klaar. D 118

W. M. Schubert und **W. A. Sweeney**, *Der Einfluß der Ringspannung auf die Ultraviolettspektren von α.β-ungesättigten Carbonylverbindungen.* Vff. stellen Vergleiche der λ_{max}-Werte von α.β-ungesätt. Carbonylverbb. an, in welchen in einem Teil des Chromophoren Spannung besteht. Die Anregungsenergie ist in den Verbb. niedriger, in denen die Elektronenverschiebung bei der Anregung vom Ort der Spannung entfernt stattfindet. Die Anregungsenergie ist im allg. größer für solche Verbb., in denen die Elektronenverschiebung in Richtung des Ortes der Spannung vor sich geht. Vff. bestimmten die Maxima der Absorption in folgenden Verbb. in A.: *Indanon-(1)*, λ_{max} 244 mμ (ε = 12300); *Tetralon-(1)*, 248 (12200); *1.2-Benzocycloheptanon-(3)*, 247 (8600). Außerdem werden folgende Verbb. diskutiert: 1-Acetylcyclopenten-(1), -hexen-(1) u. -hepten-(1); Cyclopenten- u. Cyclohexenaldehyd; 4-[Cyclopenten-, 4-[Cyclohepten- u. 4-[Cyclohexen-(1)′-yl]-buten-(3)-on-(2); 1-Acetyl-2-methylcyclopenten-(1) u. -hexen-(1); 2-Cyclopentyliden-, 2-Isopropyliden-, 2-[3′-Methylcyclopentyliden]-4-methyl-, 5-Isopropyliden-3-methyl- u. 2-Benzalcyclopentanon-(1); 2-Benzal-, 2-Benzal-3-methyl-, 2-Cyclohexyliden- u. 2-[3′-Methylcyclohexyliden]-5-methylcyclohexanon-(1); α-Pulegon, Cyclopenten-(2)-on u. Cyclohexen-(2)-on. (J. Amer. chem. Soc. **77**. 2297—2300. 20/4. 1955. Seattle, Wash., Univ., Dep. of Chem.) M.-L. Klaar. D 118

W. Klyne und **W. M. Stokes**, *Die Molekularrotationen polycyclischer Verbindungen. 3. Mitt. Polycyclische Alkohole und ihre Derivate.* (2. vgl. C. **1955**. 775.) Zur Aufklärung von Strukturproblemen untersuchen Vff. die Beiträge der OH-Gruppe u. verwandter Gruppen zur mol. Rotation alicycl. Verbb., bes. von *Triterpenoid-* u. *Stereoidalkoholen.* Betrachtet wird nebenst. Gruppierung.

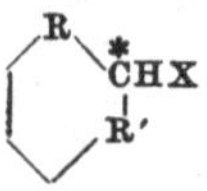

Falls R u. R′ CH_2-Gruppen sind, ist der Rotationsbeitrag von C* klein u. die Vorhersage seines Vorzeichens kaum möglich. Wenn R = CH_2—C u. R′=C—CH—C (mit C am CH) oder C—C(C)—C, ist der Beitrag von C* negativ u. abschätzbar. Die Ordnungszahl der Substituenten nach Marker (J. Amer. chem. Soc. **58**. [1936.] 976) (R < R′ < X) wächst hier entgegen dem Uhrzeigersinn. Wenn R = C—CH—C (mit C am CH) oder C—C(C)—C u. R′= —CH_2—C, ist der Rotationsbeitrag von C* positiv, die Ordnungszahlen nach Marker wachsen im Uhrzeigersinn (R′ < R < X). Die Regeln stützen sich bes. auf die Arbeiten von Stokes u. Bergmann (C. **1955**. 1281) u. Mills (Chem. and Ind. **1953**. 218). Die Molekularrotationsbeiträge der OH-Gruppe u. abgeleiteter Funktionen in Steroidseitenketten werden denen in einfachen, aliphat. Verbb. gegenübergestellt. Für die Berechnung der Rotationsbeiträge wurden ausschließlich Literaturdaten verwendet. (J. chem. Soc. [London] **1954**. 1979—88. Juni. London, Postgraduate Med. School, u. Providence, R. I., Providence Coll.) B. Gnauck. D 119

George C. Pimentel und **William A. Klemperer**, *Infrarotspektrum von festem 1.1.1.8.8.8-Hexadeutero-n-octan.* (Vgl. Person u. Pimentel, C. **1955**. 3104, u. Sheppard u. Simpson, Quart. Rev. (chem. Soc., London) **7**. [1953.] 19.) Bei der Temp. des fl. N_2 wurde zwischen 1500 u. 600 cm^{-1} das Infrarotspektr. von festem *1.1.1.8.8.8-Hexadeutero-n-octan* (I, 90,8%ig. rein) aufgenommen u. unter Angabe der Symmetrie dem von *n-Octan* (**II**) gegenübergestellt u. die CH_3- bzw. CH_2-Schwingungen zugeordnet. Aus den spektralen Verschiebungen beim Ersatz von H durch D in der CH_3-Gruppe ergibt sich, daß keine Methyl-Methylen-Wechselwrkg. statthat. Die Bande bei 1370 cm^{-1} in **II** wird nun einer CH_3-Schwingung (symm. Spreizschwingung, B_u) u. einer überlagerten CH_2-Schwingung (Nickschwingung, B_u) zugeschrieben. Die Banden bei 883 u. 867 cm^{-1} von **II** (bzw. 742 u. 712 cm^{-1} von **I**) werden gemischten CH_3- u. CH_2-Pendelschwingungen zugeordnet. (J. chem. Physics **23**. 376—78. Febr. 1955. Berkeley, Calif., Univ. of California, Dep. of Chem. and Chem. Engng.) B. Gnauck. D 120

R. C. Lord, B. Nolin und **H. D. Stidham**, *Quantitative Untersuchung der Bindung von Chloroform-d in verschiedenen Lösungsmitteln durch Infrarotspektrometrie.* Es wurde quantitativ der Einfl. folgender Lösungsmittel auf die Intensität der CD-Valenzschwingung von $CDCl_3$ (unter N_2) untersucht: Ae., Di-n-butyläther, p-Dioxan, Anisol, Aceton, Acetanhydrid, Äthylacetat, Pyridin. Unter der Annahme der Gültigkeit des Beer-

LAMBERTschen Gesetzes wurde aus der integralen Absorption der Bande bei 2250 cm^{-1} (Absorption von $CDCl_3$) u. des Ae.-$CDCl_3$-Komplexes zwischen 2293 u. 2203 cm^{-1} die Assoziationskonstante zwischen $CDCl_3$ u. Ae. ermittelt: 0,80 ± 0,15 Liter/Mol. Der Gang der Auswertung u. der Berechnungen wird ausführlich wiedergegeben. Vff. stellen fest, daß die Absorption des gebildeten $CDCl_3$–Ae.-Komplexes sowohl in $CDCl_3$- als auch in A.-Lsg. gleich ist. Aus dem MWG ergibt sich, daß 60% $CDCl_3$ in äquimol. Mischungen mit Ae. bei n. Temp. an dieses gebunden sind. Aus der Summe der Intensitäten aller Banden der symm. Klasse A_1 von $CHCl_3$ u. $CDCl_3$ ergibt sich, daß die ν_1-Bande beträchtlich mit ν_2 u. ν_3 der Klasse A_1 von Chlf. u./oder $CDCl_3$ in Wechselwrkg. tritt. — Darst. von $CDCl_3$ über Ca-Trichloracetat (aus Trichloracetylchlorid u. $CaCO_3$) u. Spaltung in D_2O bei Ggw. von Na_2CO_3 bei 110—160°, n_D^{25} 1,4428; 76% Ausbeute. (J. Amer. chem. Soc. **77**. 1365—68. 5/3. 1955. Cambridge, Mass., M. I. T., Spectroscop. Labor. u. Dep. of Chem.) B. GNAUCK. D 120

Homer R. Williams und **Harry S. Mosher**, *Infrarotspektren von Alkylhydroperoxyden.* Vff. nahmen die Infrarotspektren zwischen 2 u. 15 μ (angegeben zwischen 5 u. 15 μ) auf von folgenden analyt. reinen Hydroperoxyden (Hp.) als fl. Filme: *n-Butyl-*, *-Amyl-*, *-Hexyl-*, *-Heptyl-*, *-Octyl-*, *-Nonyl-*, *-Decyl-*, *Isoamyl-*, *Butyl-(2)-*, *Pentyl-(2)-*, *Pentyl-(3)-*, *Cyclopentyl-*, *Hexyl-(2)-*, *Hexyl-(3)-*, *Heptyl-(2)-* u. *Octyl-(2)-hydroperoxyd*; ferner sind Einzelbanden von *n-Propyl-* u. *tert.-Butylhydroperoxyd* u. allen entsprechenden Alkoholen angegeben. Zwischen 2 u. 5,6 μ sind die Spektren mit denen der entsprechenden Alkohole ident., wobei allerdings stets die OH-Valenzschwingung schwach kurzwellig (um ca. 0,01—0,09 μ) verschoben ist. Außer der mit den Alkoholen gemeinsamen Bande bei 6,80 μ zeigen die prim. Hp. zusätzlich schwache Banden bei 6,72 u. 6,98 μ, mit steigender Länge der Alkylgruppe werden diese immer unschärfer u. sind bei der n-Decylverb. nur noch Inflektionen der Hauptbande bei 6,80 μ. Es wird vermutet, daß diese beiden Banden durch Wechselwrkg. des H der α-CH_2-Gruppe mit der asymm. OOH-Gruppe verursacht wird. Sek. Hp. zeigen diese Banden nicht. Sämtliche Spektren (außer Cyclopentylalkohol bzw. -hydroperoxyd) weisen eine Bande bei 7,20 μ auf (CH_3-Pendel- oder Nickschwingung), nur sek. Hp. haben eine etwas schwächere Bande bei 7,40—7,50 μ. Die Bande bei 9,32—9,46 μ von n. prim. Alkoholen ist bei den entsprechenden Hp. im Durchschnitt um 0,10 μ nach längeren Wellen verschoben; im allg. wird die Bande mit Zunahme des Mol.-Gew. breiter. Die von ZEISS u. TSUTSUI (C. **1954**. 2990) bei unverzweigten sek. Alkoholen gefundene Bande bei 9,02—9,05 μ (C–O-Valenzschwingung) wurde nicht erhalten, sondern eine zwischen 8,88 u. 9,02 μ. Sämtliche Hp. zeigen eine Bande zwischen 11,4—11,8 μ; zwar absorbieren auch einige Alkohole in diesem Bereich, doch ist eine Unterscheidung zwischen beiden möglich. Die Hp. haben ferner Maxima zwischen 12,0 u. 12,5 μ, wobei die n-Alkyl-Hp. mit gerader C-Zahl 2 Maxima bei 12,1 u. 12,4 μ, die mit ungerader nur eines bei 12,3 μ besitzen. (Analytic. Chem. **27**. 517—21. April 1955. Stanford, Calif., Stanford Univ., Dep. of Chem.) B. GNAUCK. D 120

R. E. Kagarise, *Beziehung zwischen den Elektronegativitäten benachbarter Substituenten und der Valenzfrequenz der Carbonylgruppe.* Vf. benutzt Infrarotliteraturdaten zur Ermittlung von Beziehungen zwischen der Lage der Infrarotcarbonylfrequenz u. den Elektronegativitätswerten χ nach GORDY (C. **1948**. I. 967) für die Gruppen X u. Y in XCOY-Verbindungen. Für Verbb. mit X u. Y = F, Cl oder H ergibt sich eine lineare Beziehung zwischen $\nu_{C=O}$ u. $(\chi_X + \chi_Y)$. Für Verbb., in denen X u. Y CXYZ-Gruppen sind (X, Y u. Z = Halogen oder H) wurde zur Berechnung der χ-Werte für die gesamte Gruppe die empir. Gleichung: $\chi_{eff} = \chi_C/2 + 1/6\,(\chi_X + \chi_Y + \chi_Z)$ gefunden, wobei der Wert für C, $\chi_C = 2{,}55$ benutzt wurde. Für Säurehalogenide u. Aldehyde sowie für obige Verbb. zeigt sich gute Übereinstimmung zwischen der Lage der $\nu_{C=O}$ u. der Summe der χ-Werte, nur Acetylchlorid zeigt erhebliche Abweichung. Als Gleichung wurde gefunden: $\nu_{C=O}$ (in cm^{-1}) $= 1536{,}5 + 48{,}85\,(\chi_X + \chi_Y)$. Die Beziehungen wurden ferner geprüft an Estern des Typs XCOOR mit X = H, CH_3, CH_2Br, CH_2Cl, $CHCl_2$, CCl_3 u. Cl u. R von CH_3 bis C_5H_{11}. Die Größe von R hat dabei kaum Einfl. auf $\nu_{C=O}$, da R in β-Stellung zur Carbonylgruppe steht u. die χ-Werte für H u. CH_3 sehr ähnlich sind (2,13 bzw. 2,35). Veränderungen in α-Stellung zur C=O-Gruppe verursachen jedoch bedeutende Frequenzverschiebungen, die obige Beziehung war auch hier befriedigend erfüllt. (J. Amer. chem. Soc. **77**. 1377—79. 5/3. 1955. Washington, D. C., Naval Res. Labor.) B. GNAUCK. D 120

W. J. Orville Thomas, **J. T. Cox** und **Walter Gordy**, *Millimeterwellenspektren und zentrifugale Dehnungskonstanten der Methylhalogenide.* Im 1—3 mm-Gebiet wurde die Hyperfeinstruktur der J = 2 → 3-, 3 → 4- u. 5 → 6-Übergänge von $CH_3{}^{35}Cl$ (I), des J = 7 → 8-Rotationsüberganges von $CH_3{}^{79}Br$ (II), $CH_3{}^{81}Br$ (III) u. von $CH_3{}^{127}J$ (IV) untersucht. Außerdem wurde erneut der J = 0 → 1-Übergang von $CH_3{}^{19}F$ (V) durchgemessen. Die Ergebnisse sind tabellar. zusammengestellt. Aus den Messungen ergeben sich die folgenden Werte für die Konstanten B_0, D_{JJ}, D_{JK} u. eQq: **I**: 13292,86 ± 0,03 MHz; 18,1 ± 0,50 kHz; 198,0 ± 5,00 kHz; −74,9 ± 0,10 MHz; **II**: 9568,20 ± 0,01 MHz; 9,9 ± 0,20 kHz; 128,3 ± 0,50 kHz; 577,3 MHz; **III**: 9531,82 ± 0,01 MHz; 9,7 ± 0,20 kHz; 127,4 ± 0,50 kHz; 482,4 MHz; **IV**: 7501,30 ± 0,01 MHz; 6,28 ± 0,10 kHz; 98,5 ± 0,50 kHz −1934,0 MHz u. **V**: 25536,11 ± 0,01 MHz; 59,3 ± 0,20 kHz; 445,0 ± 5,00 kHz. Die für die Moll. **I**—**IV** gefundenen Werte für D_{JJ} stehen in guter Übereinstimmung mit den aus der Formel von KRATZER (vgl. Z. Physik **3.** [1920.] 289) berechneten Werten. (J. chem. Physics **22.** 1718—22. Okt. 1954. Durham, N. C., Duke Univ., Dep. of Phys.)

C. GOTTFRIED. D 121

Andrew Streitwieser jr., *Stereochemie des primären Kohlenstoffs.* 2. Mitt. *Ester des optisch-aktiven Butanols-1-d. Solvolyse von Butyl-1-d-brosylat.* (1. vgl. C. **1954.** 1911.) Vf. bewies die chem. Reinheit des opt.-akt. *Butanols-1-d* (**I**) durch die Konstanz des Drehwerts von **I**-*Hydrogenphthalat* (Prismen aus Bzl.–Hexan, durch Kochen von **I** u. Phthalsäureanhydrid in Pyridin; $[\alpha]_D^{25}$ +0,073° [c = 25 in Aceton]) während wiederholter Kristallisationen u. durch die Wiedergewinnung von **I** mit unverändertem Drehwert aus diesem Ester. Opt.-akt. **I**-*Acetat* (Kp. 123—124°; $[\alpha]_D$ +0,094°; $D._4^{25}$ 0,8833; n_D^{25} 1,3958; Infrarotspektr.) u. **I**-*Formiat* (Kp. 105—105,5°; $[\alpha]_D$ +0,121°; n_D^{25} 1,3859; Infrarotspektr.) wurden dargestellt. Die Solvolyse von **I**-*p-Brombenzolsulfonat* (aus **I** u. p-Brombenzolsulfochlorid in Pyridin; $[\alpha]_D^{25}$ +0,020 ± 0,005° [l = 1]; n_D^{21} 1,5322; 88% [Ausbeute]) in CH_3COOH u. in HCOOH erfolgte unter Umkehrung der Konfiguration; dabei trat, wenn überhaupt, kaum Racemisierung ein (erhalten: **I**-*Acetat* mit $[\alpha]_D^{25}$ −0,180° [l = 2]; **I**-*Formiat* mit $[\alpha]_D^{25}$ −0,196° [l = 2]). Für die Formolyse war k = 0,793 ± 0,031 sec^{-1} (bei 60°). Der Mechanismus dieser Rkk. wird diskutiert, im wesentlichen auf der Basis der Vorstellungen von DOERING u. ZEISS (C. **1954. 1444**). — **I**, Kp. 116—117°, aus n-Butyraldehyd u. der GRIGNARD-Verb. von Octanol-(2)-2-d ($[\alpha]_D^{20}$ +3,81° [l = 0,5]); $[\alpha]_D^{22}$ −0,117 ± 0,005° (l = 4); $D._4^{25}$ 0,8169; 43%. — *p-Brombenzolsulfonsäure-n-butylester*, $C_{10}H_{13}O_3BrS$, F. ∼0°, n_D^{21} 1,5333; 79,2%. (J. Amer. chem. Soc. **77.** 1117—22. 5/3. 1955. Berkeley, Calif., Univ., Dep. of Chem. and Chem. Engng.)

J. ROTHE. D 123

Ichiro Miyagawa, Yonezo Morino und **Randolph Riemschneider**, *Die Dipolmomente einiger Polyhalogencyclohexane und ihnen verwandter Verbindungen.* 1. Mitt. Es wurden die Dipolmomente, DKK. u. Dichten der Benzollsgg. von *Tetrabromdichlorcyclohexan*, $C_6H_6Cl_2Br_4$, F. 203° (**I**), *Dibromtetrachlorcyclohexan* (**II**), $C_6H_6Cl_4Br_2$, F. 178°, *Dibromtetrachlorcyclohexan* (**III**), $C_6H_6Cl_4Br_2$, F. 285°, *Dekachlorcyclohexen* (**IV**), C_6Cl_{10}, F. 95°, *Oktachlorcyclohexan* (**V**), $C_6H_4Cl_8$, F. 93°, *Verb.* $C_6H_6O_2Cl$ (**VI**), F. 123—124°, aus 2.2.6.6-Tetrachlorcyclohexanon, *2.2.6.6-Tetrachlorcyclohexanon* (**VII**), $C_6H_6OCl_4$, F. 84°, u. *1.4-Dichlorcyclohexadien-(1.4)* (**VIII**), $C_6H_6Cl_2$, F. 63°, gemessen. Die zugehörigen Dipolmomente sind: **I** 1,93 D, **II** 1,84 D, **III** 0,3 D, **IV** 0 D, **V** 1,69 D, **VI** 3,14 D, **VII** 4,40 D u. **VIII** 0,3 D. Hieraus ergibt sich für **I** u. **II** α- oder δ-, für **III** wahrscheinlich β-Konfiguration. Über die Struktur von **IV** kann keine Aussage gemacht werden, wie auch für **V** die geometr. Konfiguration nur annähernd angegeben werden kann. Das Dipolmoment von **VI** bestätigt das Vorliegen eines Tautomeriegleichgewichtes. Für **VIII** folgt ein gefalteter Cyclohexadien-(1.4)-Ring, jedoch kann der Faltungswinkel φ nicht genügend genau bestimmt werden. (Bull. chem. Soc. Japan **27.** 177—81. April 1954. Tokio, Univ., Fac. of Sci., Dep. of Chem. [Orig.: engl.])

H. NÖTH. D 132

P. J. Bray, *Bromquadrupolspektren und Hammetts σ-Werte.* (Vgl. C. **1955.** 7609.) Es wurden bei der Temp. von fl. N_2 u. in dem Bereich von 150—300 MHz die Frequenzen der reinen Quadrupolresonanzen von ^{79}Br u. ^{81}Br in einer Reihe von Benzolderivv. gemessen, u. zwar die von ^{79}Br u. ^{81}Br in *o-* u. *m-Bromphenol, p-Bromphenetol, p-Bromphenylphenyläther, p-Brom-N.N-diäthylanilin, 2-Brom-1.4-dimethylbenzol, 2-Brom-4-methylanilin, 1-Bromnaphthalin*, von ^{81}Br allein in *Benzoylbromid, Acetylbromid* u. von ^{79}Br allein in *Bromessigsäure.* Die erhaltenen Werte sowie einige σ-Werte nach HAMMETT sind tabellar. zusammengestellt, im allg. ergab sich paralleler Gang. (J. chem. Physics **22.** 1787—88. Okt. 1954. Troy, N. Y., Rensselaer Polytechnic. Inst., Dep. of Phys.)

C. GOTTFRIED. D 137

Albert Wassermann, *Protonenacceptoreigenschaften von Azulen.* Es wird die Wechselwrkg. zwischen *Azulen* (**I**, F. 100—102°) u. *Tri-* (**II**) bzw. *Dichloressigsäure* (**III**) spektrophotometr. u. konduktometr. untersucht. Die Lichtabsorption von **I** in Benzollsg. zeigte bei Zusatz von **II** u. **III** im Bereich 320—400 mμ eine Verschiebung von λ_{max} nach größeren Wellenlängen u. eine Zunahme von ε, im Bereich 400—700 mμ dagegen eine Abnahme von ε. Dies ist zurückzuführen auf die Umwandlung von **I** in die Chloressigsäure–**I**-Addukte, deren quantitative Bldg. durch den Grenzwert der opt. Dichte verfolgt werden kann. Die Gleichgewichtskonstanten innerhalb eines Temperaturbereichs von ungefähr 40° liegen für II höher als für die schwächere Base III. Der Zusatz von Protonenacceptoren bewirkt eine Abnahme der opt. Dichte, das heißt einen Rückgang der Adduktbildung. Hieraus u. aus den konduktometr. Messungen geht hervor, daß die betrachtete Rk. einen Protonenübergang einschließt. Die Entropieänderung, die den Übergang des Protons von der Säure zum Azulen begleitet, ist offenbar negativ, ebenso wie bei Prozessen, bei denen die elektrostat. Ladung beim Übergang vom Anfangs- in den Endzustand ansteigt. (J. chem. Soc. [London] **1955.** 585—88. März. London, Univ. Coll., William Ramsay u. Ralph Forster Labors.) J. KNAUL. D 139

Jean Ploquin, *Zur Beziehung zwischen der Stärke heterocyclischer Basen und der Ladung des Heteroatoms.* Im Anschluß an frühere Arbeiten (vgl. C. R. hebd. Séances Acad. Sci. **226.** [1948.] 2140 u. DAUDEL u. CHALVET, J. Chim. physique Physico-Chim. biol. **46.** [1949.] 352) diskutiert Vf. die Tatsache, daß die pK_β-Werte heterocycl. Basen gleichsinnig mit der Ladung des Heteroatoms Q_n ansteigen. Werte nach DAUDEL u. CHALVET (l. c.) sind angegeben für *2-, 3-* u. *4-Aminopyridin, 2-, 3-, 4-, 5-, 6-, 7-* u. *8-Aminochinolin, 1-, 2-, 3-, 4-* u. *5-Aminoacridin, 1.5-, 2.5-, 2.6-, 2.7-, 2.9-, 3.5-* u. *3.7-Diaminoacridin, 3'-* u. *4'-Amino-5.6-benzochinolin, 3-* u. *4-Amino-6.7-benzochinolin, 5-* u. *7-Amino-3.4-benzacridin, 5-, 7-* u. *8-Amino-1.2-benzacridin.* (J. Chim. physique Physico-Chim. biol. **47.** 198—200. März/April 1950. Poitiers, Fac. des Sci.) J. ROTHE. D 139

Claudio Calzolari und **Anita Donda,** *Polarographische Untersuchungen am α-Nitrosonaphthylhydroxylamin (Neocupferron).* Bei der polarograph. Red. von *Neocupferron* werden in einem weiten p_H-Gebiet 4 Stufen beobachtet. Die 1. Stufe liegt zwischen p_H 2,5 u. 6, das Halbstufenpotential, extrapoliert auf p_H 0, beträgt 0,515 V; die Stufe verschiebt sich um 60 mV pro p_H-Einheit. Die 2. Stufe tritt zwischen p_H 4 u. 8,5 auf; $\varepsilon_{1/2}$ bei p_H 0 ebenfalls 0,515 V, sie verschiebt sich um 125—180 mV pro p_H-Einheit. Die 3. Stufe erscheint zwischen p_H 4 u. 6 (schlecht definiert), während die 4. nur in $[(CH_3)_4N]OH$-Lsg. beobachtet wird. Letztere ist p_H-unabhängig, $\varepsilon_{1/2} = 1{,}775$ V. Die 1. u. 2. Stufe, insgesamt 4elektronig, führen zum $C_{10}H_7N\cdot(OH)NH_2$. Die Aufspaltung in 2 Wellen wird auf ein Gleichgewicht zweier tautomerer Formen (vgl. nebenst.) zurückgeführt.

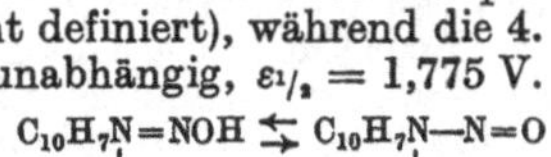

Die 3. Stufe, 2elektronig, wird der Weiterred. zum $C_{10}H_7NH\cdot NH_2$ zugeordnet; die 4. Stufe schließlich wird der Red. des Anions $C_{10}H_7N(O){=}NO^-$ zugeschrieben. (Ann. Chimica **43.** 753—65. Nov. 1953. Trieste, Univ., Sect. di Chim., Centro di Polarogr. del C. N. R.) H. MARSEN. D 142

Ned C. Krouskop, Geoffrey Pilcher und **Anton J. Streiff,** *Reinheit von n-Butan, Isobutan, Isobuten und n-Octan, erschlossen aus Schmelzpunkten.* Vff. führten Messungen der F.-Erniedrigung bei obenst. Verbb. durch Hinzufügen der bekannten Mengen möglicher Verunreinigungen durch; sie fanden, daß diese Systeme den Gesetzen für ideale Lsgg. gehorchen. (Analytic. Chem. **27.** 107—08. Jan. 1955. Pittsburgh, Pa., Carnegie Inst. of Technol.) M.-L. KLAAR. D 150

M. L. Corrin, *Die Adsorption von Heptan an Eisenoxyd bei niedrigem Druck.* Die Adsorptionsisothermen von *n-Heptan* an Fe_2O_3 bei 289,7, 296,2_5 u. 302,7_0° u. bei Gleichgewichtsdrucken von 0,05—70 μ werden aufgenommen. Da bereits einige sich zum Teil widersprechende Arbeiten verschied. Autoren hierüber vorliegen (JURA u. Mitarbeiter, C. **1948.** I. 980; SMITH, J. Amer. chem. Soc. **74.** [1952.] 3477; YOUNG, BREBE u. BIENER, C. **1954.** 7600), kommt es Vf. hauptsächlich darauf an, eine Experimentiertechnik zu entwickeln, die genaue u. reproduzierbare Werte liefert. Die benutzte App., Meßtechnik u. der Einfl. von Abänderungen der experimentellen Gegebenheiten auf die Meßergebnisse werden deshalb eingehend beschrieben u. diskutiert. Zur Auswertung der Meßwerte werden die Gleichungen von LANGMUIR u. von EMMET, TELLER u. BERNAUER benutzt, die bei Gleichgewichtsdrucken, die im Verhältnis zu den Sättigungsdrucken sehr klein sind, ident. werden. Für die Berechnung der thermodynam. Daten wird die GIBBSsche Adsorptionsgleichung herangezogen. Vf. gibt mehrere Diagramme für die Abhängigkeit der integralen u. differentialen Adsorptionsentropie u. -wärme von der Oberflächenbedeckung u. diskutiert dieselben. (J. physic. Chem. **59.** 313—17. April 1955. Schenectady, N. Y., Gen. Electr. Comp.) K. FRENKLER. D 176

Jack K. Carlton und **Walter C. Bradbury,** *Die Verwendung von gemischten Adsorptionsmitteln bei der chromatographischen Trennung von organischen Verbindungen. Methylamylketon, Dimethylanilin, Phenol, Benzaldehyd, n-Amylalkohol, Methyl-p-tolylketon, Butyraldehyd, Nitrobenzol* u. *n-Decylamin* wurden an bin. Gemischen gebräuchlicher Adsorbentien adsorbiert. Vff. fanden, daß entweder die Mischung als solche adsorbiert (Variation der R_f-Werte mit der prozentualen Zus.), oder die Adsorption ist charakterist. für e i n e Komponente, während die andere als Verdünnungsmittel dient.

Bei Mischungen von B_2O_3 u. Kieselsäure tritt eine ungewöhnliche Wechselwrkg. auf, die Adsorption ist bei der Mischung größer als bei einer der reinen Komponenten u. selektiv für Amine. Als Adsorptionsmittel dienten: Kieselsäure, Florisil, Calciumcarbonat, B_2O_3, MgO, $Ca(OH)_2$, Al_2O_3, Borsäure u. Zinkoxyd. (Analytic. Chem. **27**. 67—70. Jan. 1955. Jayetteville, Ark., Univ., Dep. of Chem.) M.-L. KLAAR. D 176

Kenji Nukasawa, *Über die Delokalisierungsenergie in Molekülen.* Die Delokalisierungsenergien von *1.3-Butadien* u. *Bzl.* wurden neu berechnet u. mit den von PARR u. MULLIKEN (vgl. C. **1952**. 4746 u. früher) erhaltenen Werten verglichen. (J. physic. Soc. Japan **9**. 133—34. Jan./Febr. 1954. Sapporo, Japan, Hokkaido Univ., Res. Inst. of Appl. Electr. [Orig.: engl.]) O. FUCHS. D 182

Mikio Katayama, *Die Resonanzenergie und die Hinderungspotentialschwelle der C-C-Achse von Glyoxal.* Theoret. Betrachtungen, aus denen hervorgeht, daß, entgegen den Ergebnissen von Elektronenbeugungsunterss., für *Glyoxal* die cis-Form die stabilere Form ist. Dieses Nichtübereinstimmen wird auf die näherungsweise Natur der Rechnungen zurückgeführt. Das Hinderungspotential ergab sich dabei zu $\sim$ 1,5—2,4 kcal. (Bull. chem. Soc. Japan **26**. 239—41. Juli 1953. Tokyo, Univ., Fac. of Sci., Dep. of Chem. [Orig.: engl.]) C. GOTTFRIED. D 182

O. Bastiansen und **Lise Smedvik,** *Elektronenbeugungsuntersuchungen von Fluorderivaten des Diphenyls.* In gasförmigem Zustand wurden mittels Elektronenbeugung *2-Fluordiphenyl* (I), *2.2'-* (II) u. *4.4'-Difluordiphenyl* (III) u. zu Vergleichszwecken noch *Fluorbenzol* (IV) untersucht. In den Diphenylderivv. wurden die folgenden Bindungsabstände gefunden: C—F = 1,34 Å; C—C (in den Ringen) = 1,40 Å u. C—C (in der Diphenylbrücke) = 1,52 Å. Die Winkel zwischen den Phenylringen sind in **I** 49 ± 5^0, in **II** 60 ± 5^0 u. in **III** 44 ± 5^0. Bei den Berechnungen wurde angenommen, daß die C-Ringe in den Diphenylderivv. streng hexagonale Symmetrie haben. Genauere Unterss. an **II** u. **IV** ergaben jedoch Anzeichen von einer kleinen Abweichung dieser Symmetrie, die jedoch zu klein sind, um die obigen Ergebnisse zu beeinflussen. (Acta chem. scand. **8**. 1593—98. 1954. Blindern-Oslo, Univ., Kjemiske Inst.) C. GOTTFRIED. D 182

Masao Kimura und **Masaji Kubo,** *Elektronenbeugungsuntersuchung an Tropolon.* An gasförmigem *Tropolon* (F. 50—51°) wurden Elektronenbeugungsaufnahmen gemacht. Durch Vgl. der experimentell gefundenen Intensitätskurve mit Kurven, die unter Zugrundelegung verschied. Modelle erhalten worden waren, wurde die Struktur festgelegt. Danach besitzt das Mol. ein ebenes reguläres Siebeneck mit den Abständen C—C = 1,30 Å; C—H = 1,10 Å; C—O = 1,34 Å u. C=O = 1,26 Å. (Bull. chem. Soc. Japan **26**. 250—52. Juli 1953. Nagoya, Univ., Fac. of Sci., Chem. Dep. [Orig.: engl.]) C. GOTTFRIED. D 182

Christian Wiegand, *Flüssige Kristalle und ebener Molekelbau.* 5. Mitt. *Dianisalnaphthylendiamine.* (4. vgl. C. **1954**. 505.) Vf. untersuchte die folgenden Verbb. auf ihre Fähigkeit zur Bldg. kristallin-fl. Kristalle (Kl. = Klärpunkt): *Dianisal-1.4-* (F. 182,5 bis 184°, Kl. 262—263°), *-1.5-* (F. 196°, Kl. 282,5°), *-2.6-* (F. 188,5—189,5°, Kl. 354 bis 356°), *-1.7-* (F. 142—143°), *-2.5-* (F. 133—134°) u. *-2.7-naphthylendiamin* (F. 204 bis 206°). Es wurde festgestellt, daß auch bei dem Naphthalinring analog den Benzolderivv. neben der langgestreckten Form der ebene Bau des Mol. bestimmend für die Ausbldg. anisotroper, fl. Phasen ist. Aus diesem Grund ergeben auch die 3 letztgenannten Verbb. wegen ihrer gewinkelten Konfiguration keine fl. Kristalle mehr. (Z. Naturforsch. **9b**. 516—18. Aug. 1954. Wuppertal-Elberfeld, Farbenfabriken Bayer.) C. GOTTFRIED. D 186

C. W. Bunn und **E. R. Howells,** *Strukturen von Molekülen und Kristallen der Fluorkohlenstoffe.* Röntgenograph. untersucht wurde zuerst *Polytetrafluoräthylen* (I), wahrscheinlich ein Kettenpolymeres $(-CF_2-)_p$ mit einem Mol.-Gew. von ca. 500000. Unter 20° ist I hochkristallin. Der „F.", die Umwandlung erster Ordnung von dem teilweise kristallinen in den vollkommen amorphen Zustand, liegt bei ca. 33°. Bei 20° zeigt I noch eine weitere Umwandlung erster Ordnung, u. zwar eine Dichteänderung von ca. 1%. Eine weitere kleine Dichteänderung wurde bei 30° beobachtet. Gedehnte Fasern von I ergaben unterhalb 20° ein typ. Faserdiagramm mit der Kettenrichtung angenähert parallel der Ziehrichtung. Der Kettennetzebenenabstand beträgt 16,8 Å. Aus den Äquatorinterferenzen ergab sich eine pseudohexagonale Basiszelle mit a = b = 5,54 Å u. γ = 119,5°. Dieser Abstand sowie die starke (1 0 0)-Interferenz deuten auf eine einfache Packung von stäbchenähnlichen Moll. hin. Die weitere ausführliche Strukturdiskussion führt zur Annahme einer ebenen Zick-Zack-Kette, die pro 16,8 Å (13 Kettenatome) um 180° schraubenmäßig verdreht ist. Intensitätsberechnungen ergaben für den Radius der F-Schraube einen Wert von $1,64 \pm 0,05$ Å u. für den der C-Schraube ca. 0,42 Å. Aufnahmen bei 25° ergaben, daß die mol. Konfiguration unverändert ist. Die seitlichen

Netzebenenabstände sind etwas vergrößert u. betragen $a = b = 5{,}61$ Å u. $\gamma = 120^0$. Aus dem Auftreten einiger diffuser Schichtlinien, die bei der tieferen Temp. scharf waren, wird geschlossen, daß eine eintretende Regellosigkeit um die Lagen der Moll., nicht aber ihre Konfiguration beeinflußt. Aus diesen beiden Diagrammen, zusammen mit einer Aufnahme bei 35°, kann geschlossen werden, daß die Hauptumwandlung bei 20° entweder durch eine Rotation um die Kettenachse oder eine longitudinale Verschiebung in gleichen Stufen gleich einer Zick-Zack-Entfernung zu deuten ist. Die bei 30° auftretende Umwandlung ist longitudinalen Verschiebungen zuzuschreiben, die jedoch nicht mehr in gleichen Stufen verläuft. — Weiter wurde die Struktur von *Perfluorcetan*, $C_{16}F_{34}$, untersucht. Drehkristallaufnahmen der in hexagonalen Blättchen vorkommenden Verb. um die Normale zu der Blättchenebene bei Zimmertemp. waren den Diagrammen von I oberhalb 30° sehr ähnlich. Offensichtlich haben die Moll. die gleiche schraubenförmige Konfiguration wie I, nur ist der Netzebenenabstand in der Kettenrichtung 23,1 Å. Ein scharfes Diagramm, welches einem gewöhnlichen, vollständig geordneten Kristall entspricht, erhält man erst bei —170°. Vff. diskutieren dann noch ausführlich, warum die Fluorkohlenstoffe im Gegensatz zu den entsprechenden KW-stoffen eine schraubenförmige Kette besitzen u. warum die Fluorkohlenstoffe so tief unter ihren FF. regellose Struktur zeigen. (Nature [London] **174.** 549—51. 18/9. 1954. Welwyn Garden City, Imp. Chem. Ind., Plastics Div.) C. GOTTFRIED. D 190

Tsutomu Oda und **Takeo Matsubara,** *Über die diffuse Streuung der Röntgenstrahlen durch Einkristalle von Tetranitromethan.* Nach Unterss. von anderer Seite (vgl. z. B. ODA u. NITHA, J. chem. Soc. Japan **65.** [1944.] 621) krist. *Tetranitromethan* kub. mit $a = 7{,}08$ Å; $Z = 2$ u. der Raumgruppe Td — J $\bar{4}$ 3 m. Die hohe Symmetrie des Kristalls wurde durch eine statist. Anordnung der Atomgruppen oder Moll. innerhalb des Kristalls erklärt. Danach liegen die beiden C-Atome in 0 0 0 u. ½ ½ ½ u. die 8 N-Atome auf den 4 Körperdiagonalen mit den C–N-Bindungsachsen parallel zu jeder der anderen Moleküle. Die Orientierung der O-Paare in den NO_2-Gruppen besitzt jedoch eine gewisse Regellosigkeit um die entsprechenden C–N-Achsen. Unter Annahme des einfachsten Modells, in dem die O-Paare frei um die C–N-Achsen rotieren, erhält man rechner. eine gute Übereinstimmung mit den beobachteten BRAGG-Interferenzen u. dem bei 32° für CuK_α-Strahlung auftretenden kreisförmigen Halo. Neben diesem Halo tritt aber noch eine punktähnliche diffuse Streuung auf. Vff. können nur durch eine ausführliche theoret. Analyse auch diese diffuse Streuung erklären, wenn die gegenseitige Beziehung zwischen den einzelnen Moll. mit in Betracht gezogen wird. (Bull. chem. Soc. Japan **27.** 273—76. Juli 1954. Osaka, Univ., Fac. of Sci.; u. Osaka, Liberal Arts Univ., Chem. Labor. [Orig.: engl.]) C. GOTTFRIED. D 195

Luigi Cavalca und **Tullo Vitali,** *Über die Kristallstruktur des β.β.β-Trichlor-α.α-bis-[4-methylmercaptophenyl]-äthans und seine Beziehungen zum DDT und einigen analogen Verbindungen.* Aus dem nach C. **1954.** 1947 dargestellten Präp. wurden durch Umkristallisieren aus Eisessig abgeplattete Nädelchen von maximal 15×1×0,1 mm erhalten, D. 1,45, D. (opt.) 1,474, doppelbrechend mit den Refraktionsindices α_D 1,633, β_D 1,658, γ_D 1,814, $2\,V_D = 46^0\,50 \pm 8'$; Raumgruppe D_{2h}^{15}; Elementarzellendimensionen $a = 43{,}0 \pm 0{,}1$ Å, $b = 10{,}22 \pm 0{,}03$ Å u. $c = 7{,}74 \pm 0{,}02$ Å; $Z = 8$. Es ergeben sich die Winkel ($\bar{1}$ 0 0) ∧ (2 1 0) zu $64^0\,35 \pm 7'$ u. (2 1 0) ∧ (2 $\bar{1}$ 0) zu $50^0\,50 \pm 14'$, übereinstimmend nach röntgenograph. Rechnung u. goniometr. Messung. Aus dem Vgl. der untersuchten Verb. mit anderen p.p'-disubstituierten Derivv. des *β.β.β*-Trichlor-*α.α*-diphenyläthans ergibt sich: Die bisher gefundene Regel, daß nur die Verbb. mit einatomigen Substituenten (H, Cl, Br) rhomb. kristallisieren, während die Symmetrie bei mehratomigen Substituenten abnimmt (mit CH_3 monoklin-prismat., mit OCH_3 triklinpinakoidal), gilt nicht allg., die vorliegende Verb. mit SCH_3 als Substituent krist. wieder rhomb.; dabei bleiben in der ganzen rhomb. Reihe die Konstanten b u. c fast unverändert, während a sich für SCH_3 gegenüber den anderen Substituenten mehr als verdoppelt. (Ann. Chimica **43.** 119—24. Febr. 1953. Parma, Univ., Ist. Mineral. u. Ist. Chim. farmac. e tossicol.) W. METZENER. D 195

Je. A. Schilow, *Zur Hypothese des quasikomplexen Zustandes und angrenzender Fragen der Theorie organischer Umwandlungen.* Der von NESSMEJANOW (Успехи Химии [Fortschr. Chem.] **14.** [1945.] 275) zur Erklärung des Verh. von bin. metallorgan. Verbb. eingeführte Begriff des „quasi-komplexen" Zustandes findet in der Struktur u. den Eigg. der Verbb., auf die er angewandt wird, keine genügende Begründung. Hauptvalenz- u. Komplexverbb. existieren für sich in Form von Isomeren u. Tautomeren u. lassen keinen Raum für Zwischenformen. Die Rkk. der „quasi-komplexen Verbb." lassen sich durch die allg. Theorie des Donor–Acceptor-Mechanismus erfassen, die auch die elektromere Übertragung von Elektronen einschließt. Es besteht kein Anlaß zu einer Unterteilung in n. u. anomale Rkk., da ihre Duplizität oder Multiplizität immer gesetzmäßig von der Natur der Agentien u. dem Reaktionsmechanismus abhängt. Der Elektronenzustand einer organ. Verb. ist nicht allein maßgebend für ihre chem. Umwandlungen, da auch die Natur jedes Reagens u. die Form u. Energetik des Übergangskomplexes zu berücksichtigen ist. (Журнал Общей Химии [J. allg. Chem.] **21** (83). 2084—93. Nov. 1951. Inst. für organ. Chem. der Akad. der Wiss. der UdSSR.) R. K. MÜLLER. D 223

A. N. Nessmejanow, *Erwiderung an Je. A. Schilow.* (Vgl. vorst. Ref.) In einer Stellungnahme zu den einzelnen Punkten der Kritik von SCHILOW wird die teilweise abweichende Ansicht des Vf. begründet u. bes. darauf verwiesen, daß mit dem Ausdruck „*quasi*-komplex" nur eine Analogie, nicht Identität mit dem Verh. von Komplexverbb. gemeint ist. An einigen Beispielen wird auch der Unterschied von n. u. anomaler Rk. erläutert. (Журнал Общей Химии [J. allg. Chem.] **21** (83). 2093—2100. Nov. 1951.) R. K. MÜLLER. D 223

Alexander R. Amell und **Thomas Teates,** *Das 3-Komponentensystem Benzaldehyd–Wasser–Essigsäure.* Vff. untersuchen die Verteilung von *Benzaldehyd* in einem Essigsäure–W.-System. Die nach Standardmethoden bestimmten Taulinien zeigen bei 15, 25 u. 40° im wesentlichen den gleichen Verlauf. (J. physic. Chem. **59**. 285. März 1955. Annville, Pa., Lebanon Valley Coll., Dep. of Chem.) B. WITT. D 224

H. Albers und **E. Albers,** *Modellversuche zur asymmetrischen Synthese.* 1. Mitt. *Kinetische Untersuchungen zur asymmetrischen Synthese von Mandelsäurenitril mit Hilfe optisch-aktiver Katalysatoren.* Die durch Alkaloidbasen katalyt. beschleunigte, asymm. Mandelsäurenitril (I)-Synth. aus Benzaldehyd (II) u. HCN ist eine reversible Rk. 1. Ordnung. Die Isolierungsmeth. OSTWALDs läßt aus den Anfangsgeschwindigkeiten von Verss., die mit verschied. Konzz. der Reaktionsteilnehmer gewonnen wurden, Aussagen über die Rolle der Reaktionskomponenten zu, nämlich: Die Anfangsgeschwindigkeit der Gesamtsynth. ist proportional der 2. Potenz der Katalysatorkonz. u. der 1. Potenz der II-Konz.; sie ist prakt. unabhängig von der HCN-Konz. sowie von einer Zugabe von fertigem I am Beginn der Reaktion. Die asymm. Synth. ist in ihrer Anfangsgeschwindigkeit etwa in derselben Weise von der Konz. des Katalysators, des II u. der HCN abhängig, doch wird sie durch von vornherein zugesetztes I gehemmt. Die nach der Gleichung einer rückläufigen Rk. 3. Ordnung berechneten Geschwindigkeitskonstanten der Gesamtsynth. sind unabhängig vom Ausmaß der anteiligen asymm. Synth. u. unabhängig von den Konzentrationsänderungen aller Reaktionsteilnehmer oder von denen des II oder von entsprechendem I bzw. von einem I-Zusatz am Beginn der Reaktion. Sie sind jedoch abhängig von Änderungen der HCN-Konz., u. zwar sind sie dem Quadrat des anfänglichen, relativen Verhältnisses von Base zu HCN proportional. Auf Grund dieser Abhängigkeit zeigen Vff., daß die Menge des anwesenden bas. Katalysators die Menge der reaktionsfähigen HCN bestimmt. Der bas. Katalysator beschleunigt sowohl die hinläufige Synth. als auch die rückläufige Spaltungs-Rk. gleichmäßig. Die Reproduzierbarkeit der Katalysenverss. ist in der Hauptsache von der Reinheit des verwendeten II abhängig (Reinigung durch Dest. unter Luftausschluß im CO_2-Strom über Na-Pyrophosphat). Als Katalysator wurde Hydrocinchonidin benutzt, [α] —94,5°. (Z. Naturforsch. **9b**. 122—33. Febr. 1954. Hamburg, Univ., Chem. Staatsinst., u. Mainz, Johannes-Gutenberg-Univ., Pharmazeut. Inst.) R. MATTNER. D 225

H. Albers und **E. Albers,** *Modellversuche zur asymmetrischen Synthese.* 2. Mitt. *Über den Reaktionsmechanismus der durch optisch-aktive Basen beschleunigten, asymmetrischen Oxynitrilsynthese.* (1. vgl. vorst. Ref.) Die reversible, unter dem Einfl. von Hydrocinchonidin (B) partiell asymm. verlaufende Synth. von *Mandelsäurenitril* (II, „Ox") aus Benzaldehyd (I) u. HCN konnte in ihren Zwischenverbb. u. ihrem Reaktionsmechanismus aufgeklärt werden. B bildet mit überschüssiger HCN in Chloroformlsg. ein dissoziierendes Salz BHCN. Die HCN liegt in dieser Lsg. im wesentlichen in Form von Doppelmoll. vor. Das undissoziierte Mol. BHCN vereinigt sich mit I prakt. ausschließlich zu (—)-II. Die „asymm. Ausbeute", das Verhältnis des in asymm. Synth. entstehenden II zu dem in symm. Synth. entstehenden rac. II, fällt im Laufe der Rk. in gesetzmäßiger Weise. Sie erreicht am Anfang der Rk. sehr hohe Werte, wahrscheinlich 100%. Das Abfallen der asymm. Ausbeute hat seine Ursache in dem Eintritt von II u. HCN in das Mol. der zunächst allein vorhandenen, asymm. dirigierenden Zwischenverb. BHCN. Die im Laufe der Rk. entstehende Zwischenverb. B—$(HCN)_2$—(—)-Ox vereinigt sich mit I nur noch zu rac. II. Von diesem Abfallen der asymm. Ausbeute ist die Racemisierung des II zu trennen. Sie stellt keinen einfachen Umlagerungsvorgang dar, sondern sie tritt durch Spaltung von (—)-II u. Resynth. zu rac. II als Rk. 0. Ordnung in Erscheinung. Katalysator ist die Zwischenverb. B—$(HCN)_2$—(—)-Ox. Die von KUHN für Racemisierungsvorgänge bei asymm. Synthesen aufgestellte Haltbarkeitstheorie wird am Beispiel des asymm. gebildeten II experimentell bewiesen. Die Mechanismen der Rkk.

zwischen Katalysatormol. u. Substrat sind von den bei der fermentativen Synth. von opt.-akt. II auftretenden Reaktionsmechanismen verschieden; sie werden im Sinne von Pseudoracematbildungen u. der Matrizentheorie von FRIEDRICH-FREKSA (Naturwissenschaften **28.** [1940.] 376) diskutiert. Auf die Bedeutung für natürliche asymm. Vorgänge wird hingewiesen. Eine Verbindungsbldg. zwischen II u. Chininhydrochlorid wird durch Verteilungsverss. nachgewiesen. Die Löslichkeitserhöhung von Ammoniumsalzen durch II auf Grund der Bldg. von Molekülverbb. geht weiter aus qualitativen Verss. hervor, bei denen die Löslichkeit der folgenden, sonst in Chlf. unlösl. Salze in einer II–Chlf.-Mischung festgestellt wurde: Chinin·2HCl, Cinchonin·2HCl, Chinidin·$2H_2SO_4$, Chinin·$2H_2SO_4$, Cinchonin·$2H_2SO_4$, Dimethylamin·HCl, Trimethylamin·HCl. — (+)-II, $[\alpha]_D$ +48,7° (Chlf.). (Z. Naturforsch. **9b.** 133—45. Febr. 1954.) R. MATTNER. D 225

Werner Perkow, Ernst Wilhelm Krockow und **Kurt Knoevenagel,** *Umsetzungen mit Alkylphosphiten.* 2. Mitt. *Umlagerungen bei der Reaktion mit α-halogenierten Aldehyden.* (1. vgl. C. **1955.** 5760.) Die l. c. aufgefundene Rk. von Trialkylphosphiten mit Chloral oder Bromal zu *Dialkyl-[β.β-dihalogenvinyl]-estern der Orthophosphorsäure* wird auf weitere α-halogenierte Aldehyde ausgedehnt. Mit Abnahme der Halogenatome am α-Kohlenstoff sinkt die Reaktionsfreudigkeit u. die Ausbeute. Ebenso stören Halogene am β-ständigen C-Atom. Die Doppelbindung der Vinylester addiert leicht Halogene; die Prodd. sind jedoch mit Ausnahme der *Dialkyl-[1.2.3-trichlorpropyl]-phosphate* wenig beständig u. neigen bei der Dest. zur HCl-Abspaltung u. Polymerisation. Der Reaktionsmechanismus wird diskutiert u. eine kryptoion. Zwischenstufe vom Typ I angenommen. Die Verbb. sind sehr wirksame Hemmstoffe für die Cholinesterase; ihre Toxizität macht sich sowohl nach Inhalation der Dämpfe als auch nach Resorption durch die Haut bemerkbar.

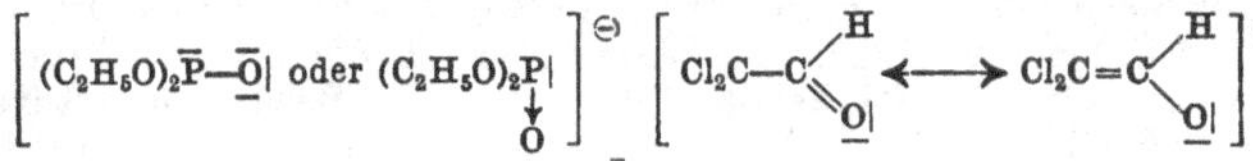

I

Versuche: *Diäthyl-[β-chlorvinyl]-phosphat*, $C_6H_{12}O_4ClP$, Kp.$_{0,2}$ 80°, durch Zugabe von Dichloracetaldehyd (II) in Bzl. zu Triäthylphosphit (III) in Bzl. unter Kühlung u. anschließendes Erhitzen; D.^{20} 1,159; 60% (Ausbeute). — *Diisopropyl-[β-chlorvinyl]-phosphat*, $C_8H_{16}O_4ClP$, Kp.$_{0,3}$ 89—91°, aus II u. Triisopropylphosphit (IV) analog vorst. Verb.; D.^{20} 1,111; 45%. — *Diäthyl-[β-chlormethylvinyl]-phosphat* (VI), $C_7H_{14}O_4ClP$, Kp.$_{0,8}$ 115—118°, aus α.β-Dichlorpropionaldehyd (V) u. III analog; Kp.$_{2,5}$ 120—125°; 41%. — *Diisopropyl-[β-chlormethylvinyl]-phosphat*, $C_9H_{18}O_4ClP$, Kp.$_{0,4}$ 124°, aus V u. IV; D.^{20} 1,118; 39%. — *Diisobutyl-[β-chlormethylvinyl]-phosphat* (VII), $C_{11}H_{22}O_4ClP$, Kp.$_{0,4}$ 136—137°, aus Triisobutylphosphit u. V; D.^{20} 1,081; 54%. — *Diäthyl-[2.3-dichlorbutylen-(1)-yl-(1)]-phosphat*, $C_8H_{15}O_4Cl_2P$, Kp.$_2$ 140—142°, aus III u. Butyrchloral; Kp.$_3$ 140—148°; D.^{20} 1,219; 45%. — *Diäthyl-[1.2.3-trichlorpropyl]-phosphat*, $C_7H_{14}O_4Cl_3P$, Kp.$_{0,6}$ 142—144° (Zers.), aus VI u. Cl_2 in CCl_4; 40%. — *Diisobutyl-[1.2.3-trichlorpropyl]-phosphat*, $C_{11}H_{22}O_4Cl_3P$, Kp.$_{0,3}$ 151—152° (Zers.), aus VII u. Cl_2 in CCl_4; D.^{20} 1,214; 28%. (Chem. Ber. **88.** 662—65. 1955. Hamburg, Norddeutsche Affinerie, Forschungslabor., u. Kleinkorbbach, Pfalz, C. F. Spiess u. Sohn.) D. KLAMANN. D 225

Peter A. S. Smith, *Die Schmidt-Reaktion an o-substituierten Arylketonen.* (Vgl. C. **1951.** II. 658.) Vf. unterwirft Benzophenone mit einer Methyl-, Chlor-, Brom-, Nitro- oder Carboxylgruppe in o-Stellung der SCHMIDT-Rk. u. bestimmt das Isomerenverhältnis der erhaltenen Produkte. Das Verhältnis von o-R—C_6H_4—NH—CO—R' zu o-R—C_6H_4—CO—NH—R' beträgt bei R = CH_3 u. R' = CH_3 99:1, bei R = *COOH* u. R' = CH_3 >91:9, bei R = CH_3 u. R' = C_6H_5 12:88, bei R = *COOH* u. R' = C_6H_5 >98:2, bei R = *Cl* u. R' = C_6H_5 30:70 bzw. 21:79, bei R = *Br* u. R' = C_6H_5 19:81 bzw. 17:83, bei R = CH_3O u. R' = C_6H_5 50:50, bei R = NO_2 u. R' = C_6H_5 70:30 bzw. 88:12, bei R = C_6H_5 u. R' = C_6H_5 >95:5 bzw. 70:30 u. bei R = *2.4.6-*$(CH_3)_3$ u. R' = C_6H_5 >95:5. Die Verhältnisse hängen nicht in einfacher Weise von den Eigg. der Substituenten ab. BECKMANN-Umlagerung von *o-Phenylbenzophenoxim* mit PCl_5 in Bzl. liefert o-Phenylbenzanilid u. o-Benzamidobiphenyl im Verhältnis von 70:30. Die Umlagerung mit Polyphosphorsäure bei 110—130° gibt Fluorenonanil u. 9-Phenanthridin im Verhältnis 80:20.

Versuche: *o-Methylacetophenon*, Kp.$_{750}$ 200°, aus o-Tolunitril u. Methyl-MgJ in Ae., durch 21 std. Stehen bei Raumtemp.; 53% (Ausbeute). — *o-Methoxybenzophenon*, F. 39—40°, aus o-Methoxybenzoylchlorid u. Phenylcadmium in Ae., 20 Min. kochen; 60%. — Wenn nicht anders bemerkt, wurde die SCHMIDT-Rk. wie folgt durchgeführt: 1 g NaN_3 wurde in 1—3 Std. portionsweise bei 55—60° zu einer Lsg. von 0,01 Mol des Ketons u. 0,03 Mol konz. H_2SO_4 in 25—30 g geschmolzener Trichloressigsäure gegeben, danach bis zur Beendigung der Gasentw. stehengelassen (1—5 Std.). *N-Acetylanthranil-*

säure, F. 167—170°, aus o-Acetylbenzoesäure; 65%. — *Acet-o-toluidid*, F. 107—108°; 72,5%; u. *o-Toluylsäure*, F. 103—104°, aus o-Methylacetophenon. — *p-Bromacet-o-toluidid*, F. 155—158°. — *o-Chlorbenzoesäure* u. *o-Chloracetanilid*; 74%, aus o-Chlorbenzophenon.— *o-Brombenzoesäure*, 87,5%, u. *o-Bromacetanilid*, 24,6%, aus o-Brombenzophenon. — *o-Nitrobenzoesäure*, F. 145—147°, *Benzoesäure* (I), F. 121—122°, *o-Nitranilin*, F. 71—73°, u. *Anilin* (II), aus o-Nitrobenzophenon. — Aus 2.4.6-Trimethylbenzophenon entstanden in schlechter Ausbeute nur I, F. 119—120°, u. ein *acetyliertes Amin*, F. 211—213° (*Acetamidomesitylen?*). — Aus o-Methoxybenzophenon wurde erhalten: *Benzanilid*, F. 163—166°, 48,7%; *Benz-o-anisidid*, F. 66—69°, 50,2%; I, 33,5%; *o-Methoxybenzoesäure* (*o-Methoxybenzanilid*, F. 76—80°), 45,8%; gelegentlich *N-Phenyl-N'-o-anisylharnstoff*, F. 144—145°. — Aus m-Methylbenzophenon wurden erhalten (nach Oxydation der hydrolysierten Amide): *Isophthalsäure* (34%); I, F. 120—122° (20%); *Benz-m-toluidid*, F. 90—108° (59%). — o-Phenylbenzophenon lieferte *9-Phenylphenanthridin* (III), F. 104—106°, 35%, u. *o-Phenylbenzanilid* (V), F. 110—111° (15%), neben unlösl. u. nichtkristallisierbaren Substanzen. Bei Verwendung von H_2SO_4 statt Trichloressigsäure entstehen keine unlösl. Substanzen, statt dessen *9-Phenylphenanthridin* (III), F. 107—108,5° (89,5%). — *o-Phenylbenzophenonoxim*, F. 94—113°. — *o-Phenylbenzanilid* (V), F. 107—110°, aus vorst. Verb. mit PCl_5 in Bzl., 7½ Std.; 41%; aus den Mutterlaugen durch 6 Tage Kochen in Eisessig-HCl *o-Phenylbenzoesäure*, F. 111—113° (17%), I, *o-Aminodiphenyl* (*o-Acetamidobiphenyl*, F. 121—122°), II. — III (16,5%) u. *Fluorenon* (IV), F. 82,5—84,5° (53%), aus dem rohen Oxim u. Polyphosphorsäure in 15 Min. bei 110—130°. — *Fluorenon* (IV), F. 82—84°, aus Fluorenonanil in Trichloressigsäure u. etwas H_2SO_4 bei 55—60° durch 1 std. Behandeln mit NaN_3 neben *Phenanthridon*, F. 286—288° (9%), IV: 76%. — IV, aus V durch 1 std. Stehen mit $POCl_3$ u. 1 Std. Kochen; 79%. (J. Amer. chem. Soc. **76**. 431—36. 20/1. 1954. Ann Arbor, Mich., Univ. of Michigan, Chem. Dep.) R. MATTNER. D 225

P. B. D. de la Mare, *Einige Beobachtungen zur Theorie der aromatischen Substitution.* Vf. diskutiert die von BROWN u. NELSON (C. **1954**. 4587) angegebene Beziehung für die Partialgeschwindigkeitsfaktoren für die m- u. p-Substitution am aromat. Kern, die auf der Beziehung zwischen Elektronendichte u. der Aktivierungsenergie der Substitutions-Rkk. an den verschied. Kernstellungen beruht. Diese läßt sich nach einigen Umformungen in eine Form bringen, die der von RI u. EYRING [1940] gegebenen ähnlich ist u. von ersteren Autoren als ungenügend abgelehnt worden ist. — Die mit Hilfe der BROWNschen Beziehung theoret. mögliche Best. der HAMMETTschen Substituentenkonstanten σ liefert bei der Halogenierung u. Nitrierung nicht immer brauchbare Werte, da σ mehr den E- als den I-Effekt wiedergibt, die Übereinstimmung hängt also von den Anteilen des E- u. I-Effekts an der Rk. ab. (J. chem. Soc. [London] **1954**. 4450—54. Dez. London, Univ. Coll., W. Ramsay u. R. Forster Labor.) K. BECKER. D 225

D. A. Brown und **R. F. Hudson**, *Der Mechanismus der Hydrolyse von Säurechloriden. 5. Mitt. Die Wirkung von Lösungsmitteln und Hydroxylionen auf die Geschwindigkeit der Solvolyse substituierter Benzoylchloride.* (4. vgl. C. **1953**. 5639.) Vff. untersuchen die Hydrolyse von *p-Methoxybenzoylchlorid* (I), *p-Nitrobenzoylchlorid* (II), *2.4.6-Trinitrobenzoylchlorid* (III), *2.4.6-Trimethylbenzoylchlorid* (IV) u. *2.4.6-Trimethylbenzylchlorid* (V) in verschied. wasserhaltigen Lösungsmittelgemischen zwischen 0 u. 35°. Es wurde teilweise in neutralen Lsgg., teilweise in alkal. Lsgg. gearbeitet. Der Reaktionsverlauf wird konduktometr. nach ARCHER u. HUDSON (J. chem. Soc. [London] **1950**. 3259), elektrometr. nach HUDSON u. WARDILL (C. **1951**. I. 2271) oder titrimetr. verfolgt. Die Aktivierungsenergie E, gegen % W. im Lösungsm. aufgetragen, ergibt Kurven, u. zwar ändert sich E bei I infolge einer größeren Tendenz zur S_N1-Rk. weniger stark als bei II. Bei II ist durch die elektronenanziehende Nitrogruppe mit steigender Polarität des Lösungsm. eine größere Energiedifferenz zum Übergangszustand zu überwinden. — k_1 (Geschwindigkeitskonstante für die Rk. in neutraler Lsg.) ist in erster Linie von der Aktivierungsentropie ΔS, die für die Solvatation gilt, abhängig, allerdings stimmen die Werte nur qualitativ mit den Beziehungen zwischen ΔS u. der DK. überein. Vff. führen das darauf zurück, daß zwei Solvatationshüllen existieren. In der inneren ist das W. koordinativ gebunden u. erst in der zweiten beweglich. ΔS gilt aber für die äußere Schale u. ist wesentlich kleiner als die Koordinationsenergie. Vff. weisen außerdem darauf hin, daß sich trotz der komplexen Verhältnisse bei Lösungsmittelgemischen relativ einfache Beziehungen ergeben, wenn sich die Lösungsmittel in ihrer Polarität stark unterscheiden. Im Fall von Aceton-W. u. Dioxan-W.-Gemischen findet nur Hydratation statt. Das zweite Lösungsm. ist ohne Einfluß. Daraus ergibt sich auch, daß eine geringe Wasserkonz. einen großen Einfl. hat. Außerdem ergibt sich für $\log k = f(\log[H_2O])$ eine lineare Funktion bei nicht zu niedriger u. nicht zu hoher [W.]. Aus dem Verhältnis von $k_1/k_2 \approx$

600 (k_2: Wert für alkal. Lsg.) für I u. II ergibt sich, daß es sich in beiden Fällen um eine Rk. zwischen S_N 1 u. S_N 2 handelt, da für S_N 2-Rkk. dieses Verhältnis 10^4 bis 10^5 betragen soll, während OH^--Ionen auf S_N 1-Rkk. keinen Einfl. haben. Allerdings ist diese Betrachtung mit Vorsicht zu behandeln, da substituierte Verbb., wie hier I u. II, verschied. empfindlich gegen OH^--Ionen reagieren. Das Verhältnis verschiebt sich also mit [OH^-] bzw. auch mit [W.]. — Alkal. Lsgg.: E-Werte u. log PZ-Werte für die S_N 1-Rk.: II: 5% (W.); E 6,67; log PZ 2,12. 40%; 13,7; 8,65. — III: 10%; 15,5; 6,81. — I: 5%; 14,7; 5,89. 10%; 16,8—17,7; 8,56. 15%; 18,9; 10,77. 20%; 18,9; 11,24. 25%; 18,0; 10,87. IV: 5%; 22,0; 14,78. 10%; 24,0; 17,67.

Versuche: *2.4.6-Trimethylbenzoylchlorid* (IV), Kp.$_{18}$ 118°, aus Mesitylen durch Bromierung, Grignardierung, Carbonisieren zur Säure u. deren Umsatz zu IV. — *2.4.6-Trimethylbenzylchlorid* (V), F. 37°, Kp.$_{22}$ 130°, aus Mesitylen mit Formaldehyd u. HCl. (J. chem. Soc. [London] **1953**. 3352—60. Nov. London, Queen Mary Coll.)

J. KLEINWÄCHTER. D 225

I. Ja. Posstowski und **I. A. Alexejewa**, *Hydrolytische Spaltung von Benzothiazolyl-(2)-aryl- und -alkylsulfonen.* 1. Mitt. *Über den Mechanismus der Spaltungsreaktion von 6-Nitrobenzothiazolyl-(2)-aryl- und-alkylsulfonen.* [6-Nitrobenzothiazolyl-(2)]-benzylsulfon (I), [6-Nitrobenzothiazolyl-(2)]-phenacylsulfon (II), [6-Nitrobenzothiazolyl-(2)]-p-nitrobenzylsulfon (III) u. [6-Nitrobenzothiazolyl-(2)]-p-nitrophenylsulfon (IV) werden bei der Einw. von verd. Säuren oder Laugen unter Bldg. von *6-Nitrobenzothiazolon-(2)* (V) hydrolyt. gespalten. Außer V werden noch erhalten: aus II *Acetophenon*, aus III *p-Nitrotoluol* u. aus IV *p-Nitrobenzolsulfinsäure*, die durch Rk. mit p-Benzochinon zum *2.5-Dioxy-4'-nitrodiphenylsulfon* identifiziert wird. Bei der Hydrolyse von I entsteht nur V. Ferner entstehen bei der Hydrolyse von I, II u. III die unbeständigen Sulfinsäuren RSO_2H mit R = $C_6H_5CH_2$-, $C_6H_5COCH_2$- u. p-$NO_2 \cdot C_6H_4 \cdot CH_2$-, die unter den Reaktionsbedingungen in SO_2 u. RH gespalten werden. In Vorverss. wurde festgestellt, daß die hydrolyt. Spaltung von [Chinolyl-(2)]-p-nitrophenylsulfon analog Vorst. unter Bldg. von *Chinolon-(2)* verläuft. I—IV werden aus den entsprechenden Sulfiden durch $KMnO_4$- oder H_2O_2-Oxydation dargestellt. Die Sulfide werden durch Rk. des Na-Salzes von 6-Nitro-2-mercaptobenzothiazol (VI) mit den entsprechenden Halogenderivv. gewonnen, *[6-Nitrobenzothiazolyl-(2)]-p-nitrophenylsulfid* wird durch Rk. von Na-p-Nitrothiophenolat mit 6-Nitro-2-chlorbenzothiazol erhalten.

Versuche: *[6-Nitrobenzothiazolyl-(2)]-benzylsulfid*, F. 114°, gelbe Nadeln. — *[6-Nitrobenzothiazolyl-(2)]-benzylsulfon* (I), F. 192°, gelbliche Nadeln. — *[6-Nitrobenzothiazolyl-(2)]-phenacylsulfid*, $C_{15}H_{10}O_3N_2S_2$, F. 129—130° (verd. A.), zu einer Lsg. von 0,1 Mol VI in 200 ml A. + 50 ml 2nNaOH werden 0,1 Mol KJ u. eine Lsg. von 0,1 Mol ω-Chloracetophenon in A. gegeben, das Gemisch wird 1 Std. zum Sieden erhitzt u. auf Eiswasser gegossen; 60% (Ausbeute). — *[6-Nitrobenzothiazolyl-(2)]-phenacylsulfon* (II), $C_{15}H_{10}O_5N_2S_2$, F. 173—174° (wss. Aceton), aus 21 g vorst. Sulfid in 1 Liter Eisessig durch Oxydation mit 7,5%ig. $KMnO_4$, Zugabe von $NaHSO_3$ u. Fällen mit W.; 25%. — *[6-Nitrobenzothiazolyl-(2)]-p-nitrobenzylsulfid*, $C_{14}H_9O_4N_3S_2$, F. 181° (Nitrobenzol), analog Vorst. aus VI u. p-Nitrobenzylchlorid, 2 Std. Kochen; gelbe Nadeln; 88%. — *[6-Nitrobenzothiazolyl-(2)]-p-nitrobenzylsulfon* (III), $C_{14}H_9O_6N_3S_2$, F. 227—228° (Aceton), aus vorst. Sulfid in Eisessig durch $KMnO_4$-Oxydation; seidige Nadeln; 85%. — *[6-Nitrobenzothiazolyl-(2)]-p-nitrophenylsulfid*, $C_{13}H_7O_4N_3S_2$, F. 174—175° (Eisessig), zu einer heißen Lsg. von 0,042 Mol 6-Nitro-2-chlorbenzothiazol in 500 ml A. wird eine Lsg. von 9 g p-Nitrothiophenol u. 3,2 g NaOH in A. hinzugefügt; gelbe Nadeln; 80%. — *[6-Nitrobenzothiazolyl-(2)]-p-nitrophenylsulfon* (IV), $C_{13}H_7O_6N_3S_2$, F. 274—275° (Aceton), aus vorst. Sulfid in Eisessig mit 7,5%ig. $KMnO_4$; 84%. — Hydrolytische Spaltung der Sulfone: Beim Erhitzen von 0,01 Mol I in 300 ml 2nNaOH u. Neutralisieren mit verd. HCl *6-Nitrobenzothiazolon-(2)* (V), F. 249—250°; 91%. Bei der Spaltung mit verd. HCl (1 : 1) 92%. — Beim Erhitzen von 0,1 g II mit 5 ml 2nNaOH (5 Min. auf 60°) u. Extraktion mit Ae. *Acetophenon* (60%; *Semicarbazon*, F. 199—200°) u. aus der wss. Phase V; 96%. — Bei 2std. Erhitzen von III mit NaOH u. Wasserdampfdest. *p-Nitrotoluol*, F. 55°; 52%. Aus der alkal. Lsg. nach Zugabe von Essigsäure V; 85%. — Aus IV durch ½std. Kochen mit NaOH, Lösen des ausgefallenen Na-Salzes von 6-Nitro-2-oxybenzothiazol in W. u. Ansäuern V. Aus dem Filtrat nach Zugabe von p-Benzochinon *2.5-Dioxy-4'-nitrodiphenylsulfon*, $C_{12}H_9O_6NS$, F. 208—209° (wss. A.), das auch durch Einw. von p-Benzochinon auf p-Nitrobenzolsulfinsäure (aus p-Nitrobenzolsulfochlorid durch Red. mit Na_2SO_3) erhalten wird. (Журнал Общей Химии [J. allg. Chem.] **23** (85). 1905—11. Nov. 1953. Uraler Polytechn. Kirow-Inst.)

A. AMBURGER. D 225

G.-M. Schwab und **H. Noller**, *Über die katalytische Spaltung von Äthylchlorid.* Es wurde die Spaltung von *Äthylchlorid* (I) in Äthylen u. HCl an einigen Alkali- u. Erdalkalichloriden, sowie -sulfaten u. an je 2 Oxyden u. Metallen bei 354—780° kinet. verfolgt. Im wesentlichen verlief die Rk. nach dem Zeitgesetz 1. Ordnung. Die berechneten Aktivierungsenergien, q, u. Häufigkeitsfaktoren, A, schwankten für q zwischen 47 u. 11,4 kcal/Mol u. für A zwischen $9,0 \cdot 10^6$ u. 10, wobei gemäß der Thetaregel von SCHWAB der logarithm. Zusammenhang zwischen A u. q bestätigt wurde. Diese Regel mußte auch bei diesen Beispielen durch die Heterogenität der Katalysatoroberfläche erklärt werden. Eine Deutung, daß q mit zunehmender Größe über mehrere Freiheitsgrade von I verteilt sein kann, konnte nicht befriedigen. Nach Betrachtung der Mesomerie von I sowie des adsorbierten aktivierten Komplexes von I ließen sich die verschieden hohen q-Werte der einzelnen Katalysatoren erklären. (Z. Elektrochem., Ber. Bunsenges. physik. Chem. **58.** 762—67. 1954. München, Univ., Inst. für Physikal. Chem.) L. FISCHER. D 225

Peter E. Yankwich und **Edward C. Stivers**, *Intramolekulare Kohlenstoffisotopeneffekte bei der Decarboxylierung von Malonsäure und Brommalonsäure.* Vff. untersuchen die intramol. ^{14}C- u. ^{13}C-Isotopeneffekte bei der therm. Decarboxylierung von ^{14}C-markierter u. n. *Malonsäure* (I) u. *Brommalonsäure* (II) bei 137° bzw. 117° im He-Strom. Die verwendete App. wird beschrieben. Der ^{13}C-Isotopeneffekt wird aus den massenspektrometr. ermittelten Isotopenverhältnissen von CO_2 a) aus der therm. Decarboxylierung, b) aus totaler Verbrennung für I mit $2,8 \pm 0,2$ u. für II mit $2,4 \pm 0,3$ berechnet. Der ^{14}C-Isotopeneffekt wird radiometr. aus der spezif. Aktivität von a) dem entweichenden CO_2 u. b) der Stammsubstanz für I mit $9,9 \pm 0,5$ u. für II mit $11,6 \pm 0,4$ ermittelt, die Berechnungsverff. sind angegeben. Die Ergebnisse werden krit. diskutiert u. mit früheren Ergebnissen (vgl. C. **1950.** I. 1958 u. **1954.** 8318) anderer Autoren verglichen. Das Verhältnis von ^{14}C- zu ^{13}C-Isotopeneffekt wird für I mit $3,6 \pm 0,5$ u. für II mit $4,8 \pm 0,9$ angegeben.

Versuche: ^{14}C-I, $C_3H_4O_4$, F. 134—135° (Aceton–Bzl.), in 70%ig. Ausbeute aus Chloressigsäure u. teilweise ^{14}C-markiertem NaCN in W., 1½ Std. im Wasserbad, Verseifung mit HCl. ^{14}C-II, $C_3H_3O_4Br$, F. 112—113° (Trifluoressigsäure), in 47%ig. Ausbeute aus ^{14}C-I u. Br_2 in Ae. unter Zugabe von Benzoylperoxyd. (J. chem. Physics **21.** 61—66. Jan. 1953. Urbana, Ill., Univ., Dep. of Chem.) G. PAULIG. D 225

Peter E. Yankwich, Albert L. Promislow und **Robert F. Nystrom**, *^{14}C- und ^{13}C-innermolekulare Isotopeneffekte bei der Decarboxylierung von flüssiger Malonsäure bei 140,5°.* (Vgl. C. **1954.** 8318 10448; **1955.** 3112.) (Vorl. Mitt.) Vff. ermittelten für das Verhältnis des $^{14}C/^{13}C$-Isotopeneffekts bei der Decarboxylierung von fl. *Malonsäure* bei 140,5° $1,91 \pm 0,17$, womit bewiesen wurde, daß keine Abweichung für den innermol. Isotopeneffekt von dem theoret. berechneten von ca. 2 vorliegt. (J. Amer. chem. Soc. **76.** 5893—94. 20/11. 1954. Urbana, Ill., Univ., Noyes Labor. of Chem.) L. FISCHER. D 225

M. Levy, M. Szwarc und **J. Throssell**, *Mechanismus der Bildung des chinoiden Kohlenwasserstoffs $CH_2{=}C_6H_4{=}CH_2$.* Vff. untersuchten die Kinetik der Niederdruckpyrolyse von *Benzylbromid* (I), *p-Xylylbromid* (II) u. *ω.ω'-Dibrom-p-xylol* (III) in Ggw. von Toluol oder p-Xylol (IV) als Trägergas bei Tempp. von 747—825° K u. Drucken von 0,03—0,5 mm. Die Ergebnisse für I stimmten gut mit früheren überein. Die Geschwindigkeitskonstante der Zers. von I war nahezu gleich der von II, u. die von III schien um den statist. Faktor 2 größer zu sein als die von II. Die bei der Pyrolyse von II gebildeten p-Xylylradikale disproportionieren zu dem chinoiden KW-stoff $CH_2{=}C_6H_4{=}CH_2$ u. zu IV. Wie eine halbquantitative Behandlung zeigte, ist die Aktivierungsenergie für die Dissoziation: $\cdot CH_2 \cdot C_6H_4 \cdot CH_3 \rightarrow CH_2{=}C_6H_4{=}CH_2 + H$ von der Größenordnung 70 kcal/Mol, demzufolge spielt diese Alternativ-Rk. im Vgl. zur Disproportionierung unter 1100° K keine Rolle. (J. chem. Physics **22.** 1904—11. Nov. 1954. Syracuse, N. Y., State Univ., Coll. of Forestry.) L. FISCHER. D 225

Ju. N. Scheinker und **I. W. Perssijanowa**, *Untersuchung des Decarboxylierungsprozesses von p-Aminosalicylsäure und ihrem Natriumsalz.* Die bei 60—100° untersuchte Zers. von *p-Aminosalicylsäure* (I) in *m-Aminophenol* (II) u. CO_2 ist ein autokatalyt. topochem. Prozeß u. verläuft über das Stadium der Induktionsperiode u. das der raschen Zersetzung. Bei höherer Temp. nimmt die Geschwindigkeit der beiden Stadien zu, bes. jedoch die Zers. im 1. Stadium. W. u. II katalysieren die Zers. von I. Die Induktionsperiode wird hierbei fast gleich Null. Die Geschwindigkeit der Zers. bleibt jedoch geringer als bei reinem I während der raschen Zersetzung. Bei einem Druck von 0—760 mm Hg ist die Geschwindigkeit der I-Zers. unabhängig vom CO_2-Druck. Das Na-Salz von I ist im untersuchten Temperaturbereich beständig. (Журнал Прикладной Химии [J. angew. Chem.] **26.** 860—67. Aug. 1953. Allunions Wiss. Chem.-Pharmaz. Ordshonikidse-Forschungsinst.) O. LESTAG. D 225

M. N. Das, F. Kern, T. D. Coyle und **W. D. Walters**, *Thermische Zersetzung von Cyclobutanon.* Untersucht wurde die therm. Zers. von *Cyclobutanon* im Temperaturintervall 333—373°. Sie verläuft unter Bldg. von Äthylen u. Keten als Primärprodd., für p_0 = 10—88 Torr bei 368° ist die Rk. 1. Ordnung. Für die Geschwindigkeitskonstante gilt $k = 3{,}6 \cdot 10^{14} \cdot e^{-52000/RT} \cdot sec^{-1}$, daraus $\Delta S^{\neq}$ für 368° +4,6 cal/Grad Mol. Die Zers. wird durch Zusatz von Propylen, Toluol oder Stickoxyd nicht inhibiert. Spuren Cyclopropan deuten auf intermediäre Bldg. von Biradikalen in Analogie zur photolyt. Rk. hin. (J. Amer. chem. Soc. **76**. 6271—74. 20/12. 1954. Rochester, N. Y., Univ. of Rochester, Dep. of Chem.) H. BERTSCH. D 225

Charles F. Boynton jr. und **H. Austin Taylor,** *Photolyse von Methylbromid in Gegenwart von Quecksilber.* Es wurde die Photolyse (Niederdruck-Hg-Bogenlampe) von *Methylbromid* (I) in Ggw. von fl. Hg bei 35—200° u. p_I von 25—100 mm untersucht. Das abgespaltene Br reagierte mit dem Hg zu Hg_2Br_2 u. konnte damit keiner Rück-Rk. unterliegen, daher wurde in größerem Maße C_2H_6 gebildet. Die Geschwindigkeit der CH_4-Bldg. sank, während die der C_2H_6-Bldg. bei zunehmender Versuchsdauer stieg. Die umgekehrten Verhältnisse zeigten sich, wenn p_I gesteigert wurde. Die Aktivierungsenergie der Bldg. von CH_4 war in Abwesenheit von Hg 2,1 kcal, in Anwesenheit ca. 0, während die von C_2H_6 weniger als 2 kcal betrug. Zur Deutung des Reaktionsmechanismus wurde die Bldg. von $HgCH_3$-Radikalen bzw. von $Hg(CH_3)$-Moll. angenommen. (J. chem. Physics **22**. 1929—33. Nov. 1954. New York., Univ., Chem. Dep.) L. FISCHER. D 226

W. Groth, *Photochemische Untersuchungen im Schumann-Ultraviolett. Der Mechanismus des durch die Xenonresonanzlinien bewirkten photochemischen Propanzerfalls. Die Kryptonlampe, eine neue Lichtquelle für das äußerste Ultraviolett (1235 und 1165 Å), und die durch Krypton sensibilisierte photochemische Ammoniakbildung.* Vf. untersuchte den photochem. Zerfall von *Propan* (I) durch Licht von λ = 1470 u. 1295 Å (Xenonresonanzlinien). Der dekad. Absorptionskoeff. von I betrug 13,7. Es entstanden (Ausbeute in Moll./absorbiertes Quant): H_2 0,53; C_3H_6 0,42; C_2H_4 0,09; C_2H_2 0,02; C_2H_6 0,09 u. höhere KW-stoffe 0,09. Folgender Mechanismus wurde vorgeschlagen: $I + h\nu = C_3H_7^* + H$, $C_3H_7^* + C_3H_7 = C_3H_6 + I$, $C_3H_7^* = CH_3 + C_2H_4$, $C_3H_7^* = C_3H_6 + H$, $H + I = C_3H_7 + H_2$, $H + C_3H_6 = C_3H_7$, $CH_3 + CH_3 = C_2H_6$, $2\,C_3H_7 = C_6H_{14}$, wobei $C_3H_7^*$ therm. hoch angeregte Propylradikale bedeuten. Ein analoger Mechanismus wurde für den von FALTINGS (Ber. dtsch. chem. Ges. **72**. [1939.] 1206) beschriebenen photochem. Zerfall des *Äthans* entwickelt. — Ferner wurde eine neue Experimentiertechnik zur Verwendung von Kr als strahlendem Gas entwickelt. Mit Hilfe der Kryptonresonanzlinien (λ = 1235 u. 1165 Å) gelang es, in Mischungen von N_2, H_2 u. Kr über Stöße 2. Art die Bldg. von NH_3 zu erzielen. Theoret. Betrachtungen führten zu der Annahme, daß das N_2-Mol. durch angeregte Kr-Atome zu einem Abstoßungsniveau ($^3\Sigma$) angeregt wird, aus dem es unmittelbar zerfällt. (Z. Elektrochem., Ber. Bunsenges. physik. Chem. **58**. 752—55. 1954. Bonn, Univ., Inst. für Physikal. Chem.) L. FISCHER. D. 226

A. I. Titow und **A. N. Baryschnikowa,** *Mechanismus der katalytischen Nitrierung aromatischer Verbindungen in Gegenwart von Quecksilbersalzen.* 3. Mitt. *Neue Reaktionsrichtungen bei der Nitrierung von Toluol.* (2. vgl. Журнал Общей Химии [J. allg. Chem.] **19** (**81**). [1949. 517.) Als prim. Prodd. bei der Nitrierung von Toluol (I) in Ggw. von $Hg(NO_3)_2$ werden o-, p- u. m-Tolylmercurinitrate angenommen, die dann bei weiterer Einw. von NO in die *Nitrosotoluole* (aus diesen mit NO_2 die *Nitrotoluole*) u. *Toluoldiazoniumnitrate* u. über diese in *Kresole* u. *Dinitrokresole* übergehen. Bei den Nitrotoluolen überwiegt meist das p-Isomere; ihre Ausbeute nimmt mit der NO_2-Konz. zu. Unter den Reaktionsprodd. wird auch *Benzyl-p-nitrobenzoat* u. *Benzylnitrat* gefunden. Die Benzylester der aromat. Säuren wirken bei der Rk. mit Diäthylamin als Alkylierungsmittel, eine Rk., die zu ihrem Nachw. im Nitrierungsprod. benutzt wurde.

Versuche: I wird bei 5—10° mit HNO_3 (D. 1,32), $Hg(NO_3)_2$ u. $NaNO_2$ behandelt, nach 10 Tagen HNO_3 (D. 1,5) u. nochmals $Hg(NO_3)_2$ zugesetzt; nach insgesamt 25 Tagen wird auf 0° abgekühlt u. der Nd. mit kaltem I gewaschen; aus dem Nd. wird *p-Nitrobenzoesäure* isoliert. Die saure Schicht enthält ein Gemisch der *isomeren Toluoldiazoniumnitrate,* der Sodaauszug der organ. Schicht *Trinitro-m-kresol* (*2.4.6-Trinitro-3-methyl-1-oxybenzol*; II) u. ein Gemisch von *Nitrokresolen.* Die I-Schicht liefert bei der Rk. mit Diäthylamin im wss. Auszug *p-Nitrobenzoesäure,* im sauren Auszug *Benzyldiäthylamin*; der Rückstand enthält ein Gemisch von *Nitrotoluolen* (62% p-Verb.). — Die oxydierende Nitrierung von I mit verd. $HNO_3 + Hg(NO_3)_2$ im NO-Strom bei 50 bis 60° führt zu II, ferner *Dinitro-o-kresol* (*4.6-Dinitro-2-methyl-1-oxybenzol*), *2.6-Dinitro-4-methyl-1-oxybenzol* u. *Nitrotoluolen.* — Bei 8std. Erhitzen von Benzyl-p-nitrobenzoat mit Diäthylamin u. Nitrobenzol auf dem Wasserbad wird neben *p-Nitrobenzoesäure Benzyldiäthylamin* erhalten. (Журнал Общей Химии [J. allg. Chem.] **24** (**86**). 2040 bis 2044. Nov. 1954.) R. K. MÜLLER. D 227

W. L. Waisser und **W. D. Rjabow,** *Über den Mechanismus der Alkylierung von Phenol mit Acetylen in Gegenwart von $H_3PO_4 \cdot BF_3$ und HgO.* In vorliegender Unters.

wurde Phenol durch C_2H_2 in wss. Lsg. in Ggw. von $H_3PO_4 \cdot BF_3$ + HgO alkyliert, wobei 40% *α.α-Bis-[p-oxyphenyl]-äthan* (I) erhalten wurden. In wss. Lsg. ist $H_3PO_4 \cdot BF_3$ zu H_3PO_4, H_3BO_3, HBF_4, HBF_3OH u. HF hydrolysiert. Von den ersten beiden ist bekannt, daß sie inakt. sind. Als akt. werden HBF_4 u. HF angesehen, die in Ggw. von HgO die entsprechenden Hg-Salze bilden. Der Vers. bestätigte die Vermutung, daß aus C_2H_2 zunächst CH_3CHO gebildet wird. Daß aus CH_3CHO u. Phenol in saurem Medium I erhalten wird, ist von LUNJAK (Журнал Русского Физико Химического Общества [J. russ. phys.-chem. Ges.] **36.** [1904.] 2) gezeigt worden. Bei der eingangs angegebenen Rk. entstehen auch Harze. Für möglich wird gehalten, daß aus Phenol u. C_2H_2 p-Oxystyrol gebildet wird, das unter den Reaktionsbedingungen verharzt; vergl. die von REPPE ausgesprochene Ansicht. Da auch bei der Kondensation von Phenol mit CH_3CHO Harze entstehen, könnte ein Gemisch von Harzen verschied. Ursprungs vorliegen. (Доклады Академии Наук СССР [Ber. Akad. Wiss. UdSSR] **100.** 271—74. 11/1. 1955.)

R. KNOBLOCH. D 227

D₂. Präparative organische Chemie. Naturstoffe.

Kurt Alder und **Marianne Schumacher,** *Anwendung der Diensynthese für die Erforschung von Naturstoffen.* Übersicht. — 347 Literaturangaben. (Fortschr. Chem. org. Naturstoffe [Wien] **10.** 1—118. 1953. Köln, Univ., Chem. Inst.) H.-J. NITZSCHKE. 460

Mohamed Zaki Barakat, Mohamed Fathy Abd El-Wahab und **Mohamed Mahmoud El-Sadr,** *Einige Reaktionen mit N-Bromsuccinimid.* Vff. untersuchten die Rk. von N-Bromsuccinimid (I) mit Ketoalkoholen, sek. u. tert. aromat. Alkoholen u. Hydrochinon. Mit Ausnahme von Triphenylcarbinol wurden die Oxyverbb. zu den entsprechenden Carbonylverbb. oxydiert. Diphenylmethan reagiert mit I in W. zu Dibenzhydryläther; Benzophenonhydrazon (II), Fluorenonhydrazon (III) u. Benzilmonohydrazon (IV) geben die *symm.-Diarylketazine.* Hydrazinhydrat gibt mit I N_2, *HBr* u. *Succinimid,* Phenylhydrazin (V) daneben noch *Hydrazobenzol.* Während Essigsäure bei Raumtemp. nicht mit I reagiert, gibt Ameisensäure CO_2, *HBr* u. *Succinimid.*

Versuche: *Benzil,* aus Benzoin u. I in CCl_4 (1½ Std. auf dem Wasserbad); 95% (Ausbeute). — *Anisil,* analog aus Anisoin (½ Std.); 82%. — *Benzophenon,* aus Benzhydrol (½ Std.); 55—60%. — *Fluorenon,* aus Fluorenylalkohol (½ Std.); 89%. — *Xanthon,* aus Xanthydrol (3 Std.); 92%. — *symm.-Diphenylketazin,* aus II (2½ Std.); 90%; auch in Ae. oder C_6H_6. — *symm.-Difluorenylketazin,* aus III (1½ Std.); 81%. — *symm.-Benzoylphenylketazin,* aus IV (2½ Std.); 85%. — *Hydrazobenzol,* aus V (3 Std.); 87%. — *p-Benzochinon,* F. 115—116° (PAe.%, aus 1,1 g Hydrochinon u. I in W. bei 80°; 0,6 g. — *Dibenzhydryläther,* F. 109—110° (A.), aus 1,68 g Diphenylmethan u. I in W. (½ Std. in der Wärme); 1,4 g. (J. Amer. chem. Soc. **77.** 1670—72. 20/3. 1955. Cairo, Ibrahim Pasha El-Kebir Univ., Fac. of Med. Abbassia, Dep. of Biochem.)

H. BERTSCH. 460

A. P. Terentjew und **G. M. Kadatski,** *Sulfurierung und Sulfonsäuren acidophober Verbindungen.* 21. Mitt. *Sulfurierung von 2.5-Dimethylthiophen. Vergleich der sulfurierenden Wirkung von Pyridinsulfotrioxyd, Pyridin-bis-sulfotrioxyd und Dioxansulfotrioxyd.* (20. vgl. C. **1955.** 8819.) Bei der Sulfurierung von 2.5-Dimethylthiophen (I) mit Pyridin-bis-sulfotrioxyd (II) oder Dioxansulfotrioxyd (III) bei Zimmertemp. wird in guter Ausbeute *2.5-Dimethylthiophen-3-sulfonsäure* (IV) erhalten. Dagegen reagiert I mit Pyridinsulfotrioxyd (V) erst bei 130° unter Bldg. von IV. Thiophen wird durch III zu *Thiophen-2-sulfonsäure* sulfuriert.

Versuche: *2.5-Dimethylthiophen-3-sulfonsäure, Ba-Salz,* $C_{12}H_{14}O_6S_4Ba$, a) durch 6std. Erhitzen von 4 g I u. 5,7 g V in 6 ml Dichloräthan auf 130° im Rohr u. Behandeln mit $BaCO_3$; glänzende Blättchen; 4,55 g (Ausbeute); b) aus I u. II oder III, Stehen über Nacht; 93,8 bzw. 95,1%. *S-[α-Naphthylmethyl]-thiuroniumsalz,* $C_{18}H_{20}O_3N_2S_3$, F. 195° (wss. A.). *Amid,* F. 141—142°; zu II (aus 4,8 g V u. 2,4 g SO_3) in 24 ml Dichloräthan gibt man 3,36 g I, fügt nach 3 Tagen 6,3 g PCl_5 hinzu, gießt nach 3 Std. auf Eis u. dampft die Dichloräthanschicht mehrmals mit konz. NH_3 ein; 2,2 g. — *Thiophen-2-sulfonsäure, Ba-Salz,* aus Thiophen u. III, 3 Tage Stehen u. Behandeln mit $BaCO_3$; 75%. (Журнал Общей Химии [J. allg. Chem.] **23** (**85**). 251—53. Febr. 1953. Moskau, Univ., Zelinsky-Labor. für organ. Chem.) O. POLLAK V. EMHOFEN. 460

A. P. Terentjew, A. N. Kosst, A. M. Jurkewitsch und **Je. Je. Chasskina,** *Sulfurierung und Sulfonsäuren acidophober Verbindungen.* 22. Mitt. *Über die Sulfurierung von Vinyläthern und Vinylestern.* (21. vgl. vorst. Ref.) Es wird die Einw. von Pyridinsulfotrioxyd (I) u. Dioxansulfotrioxyd (II) auf einige Vinyläther u. Vinylester untersucht. Vinylchlorid (III), das mit SO_3 in Dichloräthan bei Zimmertemp. nicht reagiert, während bei 50—60° Polymerisation einsetzt, läßt sich durch **I** sulfurieren. Nach Behandeln der Sulfurierungsprodd. mit $BaCO_3$ u. Hydrolyse wird *Sulfoacetaldehyd* (**IV**) als *Ba-Salz* erhalten. Vinylacetat reagiert mit **I** leichter als **III**, u. nach gleicher Aufarbeitung wie vorst. kann im Reaktionsprod. das *Ba-Salz des Essigsäure-β-sulfovinylesters* nachgewiesen werden, während Hydrolyse u. darauffolgendes Behandeln des Sulfurierungsprod. mit $BaCO_3$ das Ba-Salz von **IV** liefert. Analog wird aus Isocrotylbromid oder Isocrotylacetat u. **I**, Behandeln mit $BaCO_3$ u. Hydrolyse das *Ba-Salz* des *α-Sulfoisobutyraldehyds* (**V**) erhalten. In einer früheren Mitt. (TERENTJEW u. Mitarbeiter, C. **1949**. E. 848) wurde die Sulfurierung von Vinylbutyläther mit **I** in 30%ig. Ausbeute beschrieben. In vorliegender Arbeit durchgeführte Verss., die Ausbeute durch Änderung der Reaktionsbedingungen zu erhöhen, schlugen fehl. Auch die Sulfurierung von Vinylbromid mit **I** gelang nicht, es trat nur Polymerisation ein. Aus **II** u. Vinylacetat wird nach üblicher Aufarbeitung das Ba-Salz von **IV**, aus **II** u. Isopropenylacetat das *Ba-Salz der Acetonsulfonsäure* erhalten. **IV** läßt sich am besten als *S-[β-Naphthyl]-thiuroniumsalz* identifizieren. Bei einem Vers., **IV** zum weiteren Strukturbeweis durch Einw. von SO_3 auf Chlormercuriacetaldehyd zu gewinnen, wird unter Oxydation der Aldehydgruppe *Sulfoessigsäure* erhalten. Durch Einw. von Dioxandibromid auf Vinylacetat wird *α.β*-Dibromäthylacetat gewonnen, das beim Behandeln mit Na_2SO_3 **IV** liefert. Es wird ferner versucht, **IV** durch Cyanhydrinsynth. nach STRECKER (mit HCN + NH_3), LJUBAWIN (mit NH_4CN) oder ZELINSKY (mit KCN u. NH_4Cl) in *Cysteinsäure* (**VI**) überzuführen. Lediglich nach ZELINSKY entsteht **VI** mit 12,9% ig. Ausbeute u. wird durch Ninhydrin-Rk., nach VAN SLYKE u. KJELDAHL bestimmt. In den anderen Verss. entsteht **VI** trotz Variierung der Bedingungen (20—100°, verschied. Hydrolysierungsmittel) gar nicht oder nur in Spuren.

Versuche: Man erhitzt 5 g 25%ig. **III**-Lsg. in Dichloräthan mit 6 g **I** 1½ Std. im Rohr auf 170°, löst das Prod. in W., neutralisiert mit $BaCO_3$, treibt Pyridin mit Wasserdampf ab, engt die Lsg. ein, fällt das *Ba-Salz* von *Sulfoacetaldehyd* (**IV**) mit Methanol u. extrahiert es 3 Tage mit A. zur Entfernung von BaCl: **IV**-*Ba-Salz*, $C_2H_3O_4S \cdot Ba/2$; 5% (Ausbeute). **IV**-*S-[β-Naphthyl]-thiuroniumsalz*, F. 202—204° (Bzl.). Bei der analog Vorst. durchgeführten Rk. von **I** mit Vinylacetat (8 Std., 120°) wird das Sulfurierungsprod. mit verd. H_2SO_4 hydrolysiert, Essigsäure mit Wasserdampf abgetrieben, das Prod. mit $BaCO_3$ versetzt u. wie oben aufgearbeitet: **IV**-*Ba-Salz* 85%. Die Rk. von **I** mit Vinylbutyläther wird analog **III** durchgeführt (9 Std., 70—90° im Rohr oder 14 Std. Erhitzen auf dem Wasserbad unter Rückfluß): **IV**-*Ba-Salz* 30 bzw. 32,5%. — Aus **I** u. Isocrotylbromid (4 : 1 Mol; 6 Std., 110°) u. üblicher Aufarbeitung das *Ba-Salz* von *α-Sulfoisobutyraldehyd* (**V**) in unreiner Form; 85%. — *Isocrotylacetat*, $Kp._{756}$ 121—124°, aus 0,4 Mol Isobutyraldehyd u. 0,6 Mol Acetanhydrid in Ggw. von 0,06 Mol K-Benzoat, 10 Std. auf dem Ölbad u. Gießen auf Eis; n_D^{20} 1,4106; 36,5%. Aus vorst. Verb. u. **I** (1 : 2 Mol; 10 Std. bei 150°) u. üblicher Aufarbeitung das *Ba-Salz* von **V**; 35%. — Aus 2,5 g Vinylbutyläther u. einer **II**-Lsg. (4 g SO_3, 4,4 g Dioxan in 25 ml Dichloräthan) bei 0°, 6 Std. Stehenlassen, Zers. mit W., Eindampfen u. Behandeln mit $BaCO_3$: *Ba-Salz* von **IV**; 42%. Analog Vorst. aus **II** u. Isopropenylacetat das *Ba-Salz der Acetonsulfonsäure*; 67%. — *Sulfoessigsäure, Ba-Salz, Monohydrat*, $C_2H_2O_5SBa \cdot H_2O$, zu 0,005 Mol Chlormercuriacetaldehyd gibt man unter Kühlung eine Lsg. von 2,0 g SO_3 in 30 ml Dichloräthan, erhitzt 12 Std. auf dem sd. Wasserbad, gibt 10 ml W. hinzu, dampft Dichloräthan ab, leitet H_2S ein, filtriert, behandelt das Filtrat mit $BaCO_3$ u. krist. aus W. um; 0,6 g. — *α.β-Dibromäthylacetat*, $C_4H_6O_2Br$, $Kp._{23}$ 101—103°, aus Vinylacetat u. Dioxandibromid (1 : 1) unter Kühlung; $D.^{20}_4$ 1,9170; n_D^{20} 1,5057; 50%. Daraus beim Erwärmen mit Na_2SO_3 in wss. Lsg. u. Behandeln mit $BaCO_3$ das Ba-Salz von **IV**. — *Cysteinsäure* (**VI**), man versetzt ein Gemisch von 0,75 g Na-Salz von **IV**, 0,3 g NH_4Cl u. 0,4 g 92%ig. KCN-Lsg. mit wenig W., läßt 2 Tage stehen, gibt das gleiche Vol. konz. Säure hinzu, läßt 12 Tage stehen, verd. mit dem doppelten Vol. W., kocht 7 Std. u. dampft ein; 12,9%. (Журнал Общей Химии [J. allg. Chem.] **23** (**85**). 746—53. Mai 1953.)

O. POLLAK. V. EMHOFEN. 460

A. P. Terentjew und **L. A. Janowskaja,** *Sulfurierung und Sulfonsäuren acidophober Verbindungen.* 23. Mitt. *Sulfurierung von Aldehyden und Ketonen.* (22. vgl. vorst. Ref.; vgl. auch C. **1951**. II. 1720.) Es wird die Einw. von Pyridinsulfotrioxyd (**I**), Pyridin-bis-sulfotrioxyd (**II**), Dioxansulfotrioxyd (**III**) u. SO_3 auf eine Reihe von Ketonen u. Aldehyden untersucht. Propionaldehyd (**IV**) u. Diisopropylketon (**V**) werden durch SO_3 bei niedrigeren Tempp. zu *α-Sulfopropionaldehyd* (**VI**) bzw. *α-Sulfodiisopropylketon* (**VII**) sulfuriert. Bei Zimmertemp. erfolgt Verharzung. **I** reagiert mit Aldehyden u. Ketonen erst bei 100—140°, die Ausbeuten sind allg. niedrig, hauptsächlich tritt Verharzung ein. **II** reagiert mit **IV** oder **V** bereits bei Zimmertemp. zu **VI** bzw. **VII**, in letzterem Falle entsteht als Nebenprod. vermutlich *α.α'-Disulfodiisopropylketon.* Als bestes Sulfurierungsmittel erweist sich **III** in Dichloräthan. Je nach dem angewandten Mol-Verhältnis entstehen *Mono-* oder *Disulfonsäuren,* die als *Ba-Salze* identifiziert werden. Die Sulfogruppe tritt immer in α-Stellung zur Carbonylgruppe ein, was durch Oxydation von einigen dargestellten Sulfonsäuren bewiesen wird. Die Sulfoketone lassen sich als krist. Benzylthiuroniumsalze identifizieren, die Benzylthiuroniumsalze der Sulfoaldehyde sind flüssig. Oxime, Semicarbazone u. Phenylhydrazone lassen sich von den Sulfoketonen u. -aldehyden nach den üblichen Methoden nicht gewinnen.

V e r s u c h e: *Sulfoacetaldehyd, Ba-Salz, Hydrat,* $(C_2H_3O_4S)_2Ba \cdot H_2O$; zu 5,6 g Acetaldehyd in 10 ml Dichloräthan gibt man unter Kühlung III (6,6 g SO_3, 25 ml Dichloräthan, Überschuß Dioxan), hält 12 Std. bei 0°, behandelt bis zur neutralen Rk. mit $BaCO_3$ u. dampft ein; 6,5 g (Ausbeute, bezogen auf SO_3). — *Disulfoacetaldehyd, Ba-Salz, Hydrat,* $C_2H_2O_7S_2Ba \cdot H_2O$; aus I (35 g SO_3) u. 8,8 g Acetaldehyd, 12 Std. bei 0°; ~100%. — *α-Sulfopropionaldehyd* (VI), *Ba-Salz, Hydrat,* $(C_3H_5O_4S)_2Ba \cdot H_2O$ (wss. A.); a) aus 8,5 g IV in Dichloräthan mit 8 g SO_3 in Dichloräthan unter Kühlung; 7 g; b) aus IV u. III; 55%. — *α.α-Disulfopropionaldehyd, Ba-Salz,* $C_3H_4O_7S_2Ba$, aus 8,5 g IV u. II (aus 24 g I u. 12 g SO_3 in 40 ml Dichloräthan) unter Kühlung, 12 Std. Stehen; 12,5 g. — *α-Sulfobutyraldehyd, Ba-Salz, Hydrat,* $(C_4H_7O_4S)_2Ba \cdot H_2O$; aus Butyraldehyd u. III; 61%; *Na-Salz,* $C_4H_7O_4SNa$, aus der Lsg. des Ba-Salzes in W. mit Na_2SO_4. Oxydation des Ba-Salzes mit CrO_3/konz. H_2SO_4 liefert *Essigsäure* (*Ag-Salz,* $C_2H_3O_2Ag$). — *α-Sulfoisobutyraldehyd, Ba-Salz, Hydrat,* $(C_4H_7O_4S)_2Ba \cdot H_2O$; aus Isobutyraldehyd u. III; 75%. — *α-Sulfoisovaleraldehyd, Ba-Salz, Hydrat,* $(C_5H_9O_4S)_2Ba \cdot H_2O$; aus Isovaleraldehyd u. III; 78%. — *α-Sulfoheptylaldehyd, Ba-Salz, Hydrat,* $(C_7H_{13}O_4S)_2Ba \cdot H_2O$; aus Heptylaldehyd u. III; 65%. Durch CrO_3-Oxydation *Valeriansäure* (*Ag-Salz,* $C_5H_9O_2Ag$). — *α-Sulfooctylaldehyd, Ba-Salz,* $(C_8H_{15}O_4S)_2Ba$, aus Octylaldehyd u. III; 60%. — *α-Sulfodecylaldehyd, Ba-Salz,* $(C_{10}H_{19}O_4S)_2Ba$; aus Decylaldehyd u. III; 43%. Mit der 3fachen Menge III *α.α-Disulfodecylaldehyd, Ba-Salz, Hydrat,* $C_{10}H_{18}O_7S_2Ba \cdot H_2O$; 43%. — *α-Sulfophenylacetaldehyd, Ba-Salz, Hydrat,* $(C_8H_7O_4S)_2Ba \cdot H_2O$; aus Phenylacetaldehyd u. III; 57%. $KMnO_4$-Oxydation liefert *Benzoesäure.* — *Sulfoaceton, Ba-Salz,* $(C_3H_5O_4S)_2Ba$, aus Aceton u. III; 53%. Bei Verwendung der doppelten Menge III *α.α'-Disulfoaceton, Ba-Salz, Hydrat,* $C_3H_4O_7S_2Ba \cdot H_2O$. — Analog Vorst. *α-Sulfodipropylketon* (VIII), *Ba-Salz,* $(C_7H_{13}O_4S)_2Ba$; 95%, u. *α.α'-Disulfodipropylketon* (IX), *Ba-Salz, Hydrat,* $C_7H_{12}O_7S_2BaH_2O$. *Benzylthiuroniumsalz,* $C_{23}H_{34}O_7N_4S_4$, F. 248° (A.), aus der Lsg. des Ba-Salzes von IX u. Benzylthiuroniumchlorid. Oxydation mit CrO_3/H_2SO_4 liefert *Propionsäure* (*Ag-Salz,* $C_3H_5O_2Ag$). — *α-Sulfodiisopropylketon* (VII), *Ba-Salze,* $(C_7H_{13}O_4S)_2Ba$, a) aus V u. III; 90%; b) aus V u. II, 5 Std. Stehen; 80%; c) aus V u. I in Dichloräthan unter Kühlung, 1 Std. Stehen; 72%. *Benzylthiuroniumsalz,* $C_{15}H_{24}O_4N_2S_2$, F. 142° (A.). — *α-Sulfoacetophenon, Ba-Salz, Tetrahydrat,* $(C_8H_7O_4S)_2Ba \cdot 4\,H_2O$, aus Acetophenon u. III; 90%. *Benzylthiuroniumsalz,* F. 152°. Durch Oxydation *Benzoesäure.* — *Cyclohexanonsulfonsäure,* aus Cyclohexanon u. III; 85%. *Benzylthiuroniumsalz,* F. 159—160°. (Журнал Общей Химии [J. allg. Chem.] **23** (**85**). 618—23. April 1953.)

O. POLLAK V. EMHOFEN. 460

A. P. Terentjew, A. W. Dombrowski und **R. A. Gratschewa,** *Sulfurierung und Sulfonsäuren acidophober Verbindungen.* 24. Mitt. *Sulfurierung von Isobutylen und Trimethyläthylen.* (23. vgl. vorst. Ref.). Bei der Sulfurierung von Isobutylen (I) u. Trimethyläthylen [2-Methylbuten-(2), II] mit Pyridinsulfotrioxyd (III) werden Gemische von I- bzw. II-Mono- u. Disulfonsäuren erhalten, die durch fraktionierte Kristallisation der Na- bzw. Ba-Salze getrennt werden. Es wurden isoliert: *2-Methylpropen-(1)-sulfonsäure-(3)* (IV) u. *2-Methylpropen-(1)-disulfonsäure-(1.3)* (V) aus I u. *2-Methylbuten-(2)-sulfonsäure-(3)* u. *2-Methylbuten-(2)-disulfonsäure-(3.4)* aus II. Die Struktur der Sulfonsäuren wurde durch $KMnO_4$-Oxydation bewiesen. Die freien Säuren sind nur in 75 bis 80%ig. wss. Lsgg. beständig.

V e r s u c h e: *2-Methylpropen-(1)-sulfonsäure-(3)* (IV), *Ba-Salz,* $(C_4H_7O_3S)_2Ba$ u. *2-Methylpropen-(1)-disulfonsäure-(1.3)* (V), *Ba-Salz* $C_4H_6O_6S_2Ba$; 46 g III u. 8 g I in 12,6 ml Dichloräthan werden im Autoklaven 10 Std. auf 100—110° erhitzt, das Reaktionsprod. wird in W. gelöst, mit konz. NH_3 u. Bzl. behandelt (Entfernung von Pyridin) u. mit Baryt versetzt. Die Ba-Salze (insgesamt 18 g) werden in die Na-Salze übergeführt u. mit sd. absol. A. extrahiert: aus der alkoh. Lsg. IV-*Na-Salz,* $C_4H_7O_3SNa$; 3,1 g; im Rückstand V-*Na-Salz* $C_4H_6O_6S_2Na$; 6,5 g. $KMnO_4$-Oxydation der Na-Salze gibt *Acetonsulfonsäure* (*Ba-Salz,* $(C_3H_5O_4S)_2Ba$]. — *2-Methylbuten-(2)-sulfonsäure-(3), Ba-Salz,* $(C_5H_9O_3S)_2Ba$ u. *2-Methylbuten-(2)-disulfonsäure-(3.4)* *Ba-Salz* $C_5H_8O_6S_2Ba$, analog Vorst. aus 7 g II u. 32 g III; 21,5 g; Trennung durch Behandeln der gesätt. wss. Lsg. der Ba-Salze mit CH_3OH, wobei das Ba-Salz der Monosulfonsäure (4 g) ausfällt, während das Ba-Salz der Disäure (6 g) in Lsg. bleibt. (Журнал Общей Химии [J. allg. Chem.] **23** (**85**). 1132—35. Juli 1953.)

O. POLLAK V. EMHOFEN. 460

G. W. Issaguljanz, Je. A. Andrejew und **N. A. Kossolapowa,** *Gewinnung von Capronsäure mit ^{14}C markiertem Carbonyl.* Zur Darst. von Capronsäure mit ^{14}C markierter Carboxylgruppe wird in eine tiefgekühlte äther. Lsg. von Amyl-MgBr unter Rühren das bei der Zers. von radioakt. ^{14}C enthaltenden $BaCO_3$ mit H_2SO_4 sich entwickelndes CO_2 eingeleitet. Nach beendeter Carbonisierung wird 20%ig. H_2SO_4 in geringem Überschuß zugegeben, die äther. Lsg. von Capronsäure mit geringen Mengen 25%ig. Lauge behandelt, Capronsäure mit 20%ig. H_2SO_4 gefällt u. in Ae. aufgenommen. Nach Verdampfen des Ae. erhält man Capronsäure in 75—85%ig. Ausbeute, bezogen auf $BaCO_3$; die Ausbeute, bezogen auf die Radioaktivität des an der Rk. beteiligten $BaCO_3$, beträgt 91%. (Доклады Академии Наук СССР [Ber. Akad. Wiss. UdSSR] [N. S.] **91.** 1123—24. 11/8. 1953.)
A. TROFIMOW. 480

Ju. W. Markowa, A. M. Posharskaja, W. I. Maimind, T. F. Shukowa, N. A. Kossolapowa und **M. N. Schtschukina,** *Synthese physiologisch aktiver mit ^{35}S markierter Verbindungen.* Als Ausgangsprod. zur Mikrosynth. von mit ^{35}S markierten Verbb. dient $Ba^{35}SO_4$, das zu *$Ba^{35}S$* red. wird. Aus diesem markierten BaS werden folgende Schlüsselsubstanzen hergestellt: *H_2S, S, H_2SO_4, P_2S_5, KCNS, Thioformamid* u. *Thioharnstoff,* welche zur Einführung von ^{35}S in physiol. akt. Verbb. dienen: *Natriumthiopental, Tiphen (Hydrochlorid des Diäthylaminoäthylesters der Diphenylthioessigsäure), Sulfazol* (markiert im Heterocyclus), *Methionin, Vitamin B_1, Tibon (p-N-Acetylaminobenzaldehydthiosemicarbazon), Cutizon (p-Isopropylbenzaldehydthiosemicarbazon).* Die Einführung von ^{35}S in Sulfonamidpräpp., wie *Sulfazol,* Streptocid u. Sulfidin, erfolgt über H_2SO_4. Zur Darst. von markiertem *CS_2* wird CCl_4 mit P_2S_5 im zugeschmolzenen Rohr 7 Std. bei 300—315° erhitzt. Die Ausbeuten der erhaltenen Präpp., bezogen auf die Radioaktivität, entsprechen den chem. Ausbeuten. (Доклады Академии Наук СССР [Ber. Akad. Wiss. UdSSR] [N. S.] **91.** 1129—32. 11/8. 1953. Allunions wiss.-pharmazeut. Ordshonikidse-Inst.)
A. TROFIMOW. 480

D. N. Kurssanow und **S. N. Parness,** *Über die Reaktionen des Wasserstoffaustausches α.β-ungesättigter Ketone.* Zur Unters. des H—D-Austausches wurden verschied. Ketone mit mit Deuterium angereichertem W. in Dioxanlsg. u. in Ggw. geringer Mengen N.N'-Dimethyl-α-pyridonimin ($Kp._7$ 85—86°) erwärmt. Die gesätt. Ketone *Methyläthylketon* ($Kp._{729}$ 78,4—78,5°, n_D^{21} 1,3791), *Methylhexylketon* u. *Cyclohexanon* tauschen diejenigen H-Atome aus, die sich an den der Carbonylgruppe benachbarten C-Atomen befinden, während α.β-ungesätt. Ketone, wie *Dibenzalaceton* (F. 111,5—112,0°; Hydrierung lieferte *Dibenzylaceton,* Kp. 203—204°, n_D^{20} 1,5586), *Benzalpinakolin* ($Kp._8$ 140—141°, F. 40—41°; Hydrierung gab *Benzylpinakolin,* $Kp._{11}$ 130°; *Oxim,* F. 95,5—96,5°) u. *Benzalacetophenon* (F. 56—57°,) bei gleichen Bedingungen ihren Wasserstoff nicht austauschen. In den Moll. von α.β-ungesätt. Ketonen sind 2 Konjugationsrichtungen möglich: 1. Konjugation der π-Bindung der Carbonylgruppe u. der σ-Bindung der C—H-Gruppe (wobei eine Protonenbeweglichkeit des H-Atoms beim α-C auftreten muß) u. 2. Konjugation der π-Bindung der Carbonylgruppe u. der π-Bindung zwischen den α- u. β-Atomen des Kohlenstoffs. Die Abwesenheit eines H-Austausches bei α.β-ungesätt. Ketonen zeigt, daß bei der Konkurrenz der beiden Konjugationsrichtungen die π.π-Konjugation dominiert u. die σ.π-Konjugation zurückgedrängt wird. *Phoron* (E. 27,5°) u. *β.β-Dimethyldivinylketon* ($Kp._{13}$ 48,5 bis 49,0°) tauschen infolge der Protonenbeweglichkeit die H-Atome der Methylgruppen aus. Hier wird das Reaktionszentrum vom α- zum γ-C-Atom verlagert, wobei die π-Bindung zwischen den α- u. β-C-Atomen als Überträger der Wrkg. der Carbonylgruppe dient. Der Einfl. der Doppelbindung auf die Protonenbeweglichkeit der H-Atome wurde auch am *Acetylaceton* u. am *Kohlensäureäthylester der Enolform des Acetylacetons* ($Kp._{20}$ 118 bis 119°; $D.^{20}_4$ 1,0791; n_D^{20} 1,4485; MR. 42,7; aus Na-Acetylaceton u. Chlorkohlensäureäthylester) untersucht, wobei die erste Verb. 2 H-Atome u. die zweite keine H-Atome austauscht. (Доклады Академии Наук СССР [Ber. Akad. Wiss. UdSSR] [N. S.] **91.** 1125—28. 11/8. 1953. Inst. für organ. Chem. der Akad. der Wiss. der UdSSR.)
A. TROFIMOW. 480

Susumu Nakanishi, Terrell C. Myers und **Elwood V. Jensen,** *Synthese von Alkylfluoriden aus Alkoholen über Fluorameisensäureester.* Die Darst. von *Alkylfluoriden* aus prim. u. sek. Alkoholen gelingt in einem dreistufigen Verf., indem man den Alkohol mit Phosgen zum Chlorameisensäureester umsetzt, diesen mit wasserfreiem TlF zum Fluorameisensäureester fluoriert u. aus letzterem durch Erwärmen mit Pyridin CO_2 abspaltet. Diese Reaktionsfolge gelingt mit Äthyl-, Isopropyl-, sek.-Butyl- u. Cyclohexylalkohol. Mit Cyclopentylalkohol erhält man zwar den Fluorameisensäureester, aber die Zers. führt nicht zu Cyclopentylfluorid.

Versuche: Die *Chlorameisensäureester* wurden nach KENYON, PHILIPPS u. PITTMAN (J. chem. Soc. [London] **1935.** 1072) dargestellt. Neu ist *Chlorameisensäure-*

cyclopentylester, Kp.$_{25}$ 69—70,5°, n_D^{25} 1,4461; 89% (Ausbeute). — Die Darst. der *Fluorameisensäureester* erfolgte durch portionsweises Einrühren der äquimol. Menge TlF in die Chlorameisensäureester im Laufe mehrerer Std., Rühren über Nacht bei Zimmertemp., ½std. Erwärmen auf dem Dampfbad, Abdest. des Prod. von dem Tl-Salz unter vermindertem Druck u. Fraktionierung. *Fluorameisensäureäthylester*, Kp. 55,6—57°, n_D^{25} 1,3295; 58%. — *Fluorameisensäureisopropylester*, Kp. 81—82°, n_D^{25} 1,3619; 51%. — *Fluorameisensäure-sek.-butylester*, Kp. 92—93°, n_D^{28} 1,3669; 64%. — *Fluroameisensäurecyclopentylester*, Kp.$_{25}$ 50—51,5°, n_D^{25} 1,4119; 61%. — *Fluorameisensäurecyclohexylester*, Kp.$_{25}$ 64—65°, n_D^{25} 1,4350; 67%. — Da Handelspräpp. von TlF unterschiedliche Resultate ergaben, erfolgte die Darst. durch Fällen von Tl_2S aus einer ammoniakal. gemachten wss. Lsg. von Tl-Formiat, -Acetat oder -Nitrat mit H_2S, Lösen des Sulfids in überschüssiger 50%ig. HF, Eindampfen der filtrierten Lsg. zur Trockene, Lösen in 33%ig. HF, Filtrieren, Eindampfen u. 8std. Trocknen bei 110°; 97,5%. Der bei der Fluorierung anfallende Salzrückstand wird zur Wiedergewinnung des Tl einige Std. mit A. ausgekocht, abfiltriert, mit Aceton gewaschen, in sd. W. gelöst u. aus der filtrierten Lsg. das Tl als Sulfid gefällt. — Die Überführung der Fluorameisensäureester in die *Alkylfluoride* erfolgte durch mehrstd. Erhitzen mit der äquimol. Menge Pyridin unter wasserfreien Bedingungen in He- oder N_2-Atmosphäre auf 70—110°. *Äthylfluorid*; 63%. — *Isopropylfluorid*; 75%. — *sek.-Butylfluorid*; 61%. — *Cyclohexylfluorid*, Kp.$_{300}$ 73—75°, n_D^{25} 1,4142; 58%. (J. Amer. chem. Soc. **77.** 3099—3100. 5/6. 1955. Chicago, Ill., Univ. of Chicago, Ben May Labor. for Cancer Res. u. Dep. of Biochem.) E. FORCHE. 510

E. T. McBee, D. H. Campbell und **C. W. Roberts,** *Hochhalogenierte Alkane aus fluorhaltigen Alkoholen.* Durch Umsetzung der p-Toluolsulfonsäureester oder Benzolsulfonsäureester von 2.2.2-Trifluoräthanol, 2.2.3.3.3-Pentafluorpropanol u. 2.2.3.3.4.4.4-Heptafluorbutanol mit K-Halogeniden in sd. Äthylenglykol (vgl. TIERS, BROWN u. REID, C. **1954.** 3906) wurden die Verbb. $CF_3—CH_2Br$ (I), $C_2F_5—CH_2Cl$ (II), $C_2F_5—CH_2Br$, $C_2F_5—CH_2J$, $C_3F_7—CH_2Cl$ (III), $C_3F_7—CH_2Br$ (IV) u. $C_3F_7—CH_2J$ (V) in sehr guten Ausbeuten dargestellt. Aus I, II u. III wurden durch Chlorierung in der Dampfphase bei ca. 250° $CF_3—CCl_2Br$, $C_2F_5—CHCl_2$, $C_2F_5—CCl_3$, $C_3F_7—CHCl_2$ u. $C_3F_7—CCl_3$ (VI) gewonnen. Die Behandlung von IV u. V mit Zn-Staub liefert *2.3.3.4.4.4-Hexafluorbuten-(1)*, an welches Cl_2 unter Bldg. von *3.4-Dichlor-1.1.1.2.2.3-hexafluorbutan* angelagert wird. Durch Fluorierung von VI mit SbF_3 + $SbCl_5$ bei 210° entsteht *1.1-Dichloroktafluorbutan.*

Versuche: $CF_3—CH_2OSO_2—C_6H_5$, Kp.$_1$ 91°, D.$^{26,5}{}_4$ 1,403, n_D^{20} 1,4582. — $C_2F_5—CH_2OSO_2—C_6H_4—(p)$-$CH_3$, F. 52,5—53°. — $C_3F_7—CH_2OSO_2—C_6H_5$, Kp.$_1$ 108°, D.$^{26,5}{}_4$ 1,508, n_D^{20} 1,4240. — Durch 4std. Kochen der p-Toluolsulfonate oder Benzolsulfonate mit 50%ig. Überschuß an KCl, KBr oder KJ wurden die nachst. Verbb. dargestellt. *2-Brom-1.1.1-trifluoräthan* (I), $CF_3—CH_2Br$; 97,2% (Ausbeute). — *3-Chlor-1.1.1.2.2-pentafluorpropan* (II), $C_2F_5—CH_2Cl$, Kp. 27,2°, D.$^{25}{}_4$ 1,395, n_D^{20} 1,292; 75%. — *3-Brom-1.1.1.2.2-pentafluorpropan*, $C_2F_5—CH_2Br$, Kp. 46,5°, D.$^{25}{}_4$ 1,756, n_D^{20} 1,3204; 81%. — *3-Jod-1.1.1.2.2-pentafluorpropan*, $C_2F_5—CH_2J$, Kp. 70,5°, D.$^{25}{}_4$ 2,038, n_D^{20} 1,3728; 81%. — *4-Chlor-1.1.1.2.2.3.3-heptafluorbutan* (III), $C_3F_7—CH_2Cl$; 95,5%. — *4-Brom-1.1.1.2.2.3.3-heptafluorbutan* (IV), $C_3F_7—CH_2Br$; 91,2%. — *4-Jod-1.1.1.2.2.3.3-heptafluorbutan* (V), $C_3F_7—CH_2J$; 82,7%. — *1-Brom-1.1-dichlortrifluoräthan*, $CF_3—CCl_2Br$, Kp. 69,2°, D.$^{25}{}_4$ 1,950, n_D^{20} 1,3977; durch Dampfphasenchlorierung von I bei 220—240°; 18,8% neben 30,6% Nichtumgesetztem. — Ebenso entstehen aus II bei 250° 28,5% *3.3-Dichlor-1.1.1.2.2-pentafluorpropan*, $C_2F_5—CHCl_2$, Kp. 45,5°, D.$^{25}{}_4$ 1,543, n_D^{20} 1,3196, u. 43% *1.1.1-Trichlorpentafluorpropan*, $C_2F_5—CCl_3$, Kp. 70,5°, D.$^{25}{}_4$ 1,637, n_D^{20} 1,3527. — Die entsprechende Chlorierung von III bei 250° lieferte 24,9% *4.4-Dichlor-1.1.1.2.2.3.3-heptafluorbutan*, $C_3F_7—CHCl_2$, Kp. 76,5°, D.$^{25}{}_4$ 1,612, n_D^{20} 1,3212, u. 54,7% *1.1.1-Trichlorheptafluorbutan* (VI), $C_3F_7—CCl_3$, Kp. 96,5°. — *3.4-Dichlor-1.1.1.2.2.3-hexafluorbutan*, $C_2F_5—CFCl—CH_2Cl$, Kp. 72,0°, D.$^{25}{}_4$ 1,471, n_D^{20} 1,3386; durch Einrühren von 256 g V im Laufe von 2½ Std. in ein sd. Gemisch von 80 g Zn-Staub u. 500 cm³ Eisessig, 2std. Nachrühren u. 5tägiges Einschließen des entstandenen rohen (93,2%) *2.3.3.4.4.4-Hexafluorbutens-(1)*, $C_2F_5—CF{=}CH_2$, Kp. 3—7°, mit 32 g Cl_2 in 4 CARIUS-Rohre bei Raumtemp.; 73,3%. — *1.1-Dichloroktafluorbutan*, $C_3F_7—CFCl_2$, Kp. 62,8°, D.$^{25}{}_4$ 1,633, n_D^{20} 1,3067; durch 12std. Erhitzen von 249 g VI mit 155 g SbF_3 u. 130 g $SbCl_5$ im Stahlautoklaven auf 210°; 77%. (J. Amer. chem. Soc. **77.** 3149—51. 5/6. 1955. West Lafayette, Ind., Purdue Univ., Dep. of Chem.) E. FORCHE. 510

Paul Tarrant, Alan M. Lovelace und **Marvin R. Lilyquist,** *Radikalanlagerungen mit Fluorverbindungen.* 4. Mitt. *Die Anlagerung von Dibromdifluormethan an einige Fluorolefine.* (3. vgl. C. **1955.** 5282.) Ebenso wie an KW-stoffolefine (vgl. C. **1954.** 10215) lagert sich Dibromdifluormethan (CBr_2F_2) in Ggw. von Benzoylperoxyd auch an fluorhaltige Olefine an. Mit Olefinen, die nur wenige F-Atome enthalten, bildet sich bevorzugt eine

Additionsverb. aus 1 Mol Olefin u. 1 Mol CBr_2F_2; höher fluorierte Olefine geben Additionsverbb. im Verhältnis 2 Olefin: 1 CBr_2F_2 u. höher. 2-Trifluormethylpropen u. 2-H-Pentafluorpropen reagieren mit CBr_2F_2 nicht. Aus Fluoräthylen entsteht überwiegend *$CF_2Br-CH_2-CHFBr$* (I) u. etwas *$CF_2Br-(CH_2-CHF)_2Br$*, aus 1.1-Difluoräthylen *$CF_2Br-CH_2-CF_2Br$* (II) u. beträchtliche Mengen *$CF_2Br-(CH_2CF_2)_2-Br$*, aus Trifluoräthylen wenig *$CF_2Br-CHF-CF_2Br$* (V), größere Mengen *$CF_2Br-(CHF-CF_2)_2-Br$* u. noch mehr höhermol. Substanzen, aus 2-Fluorpropen *$CF_2Br-CH_2-CFBr-CH_3$* u. aus 2-Fluorbuten-(2) *$CF_2Br-CH(CH_3)-CFBr-CH_3$*. Die Anlagerung erfolgt also im allg. derart, daß die CF_2Br-Gruppe an dasjenige C-Atom der Doppelbindung tritt, welches die geringste Zahl F-Atome trägt. Andererseits entsteht aus 1-Fluorpropen *$CF_2Br-CHF-CHBr-CH_3$* an Stelle der verzweigten Verb. $CF_2Br-CH(CH_3)-CHFBr$. — Aus den Anlagerungsprodd. aus Fluoräthylenen u. CBr_2F_2 erhält man durch HBr-Abspaltung mittels wss. KOH 3-Brom-3.3-difluorpropylene ohne Bldg. von Äthern. Aus den 1.3-Dibrombutanen werden mit Tri-n-butylamin 2 Mol HBr abgespalten, u. es entstehen Diene-(1.3). In der CF_2Br-Gruppe der Anlagerungsverbb. läßt sich das Br-Atom mittels HF + $SbCl_5$ u. SbF_3 + Cl_2 gegen F austauschen. — Während 1-Chlor-3-brom-1.1-difluorbutan bei der Behandlung mit Zn u. Säure sein Br-Atom gegen H austauscht, entstehen bei derselben Behandlung von 1.3-Dibrom-1.1-difluorverbb. keine 1-Brom-1.1-difluorverbb., sondern Cyclopropanverbb., die man besser durch Br_2-Abspaltung mittels Zn u. Propanol erhält. So bilden sich aus 1.3-Dibrom-1.1-difluor-2-methylbutan (VI) u. 1.3-Dibrom-1.1-difluor-3-methylbutan (VII) [Darst. vgl. C. **1954**. 10215] *1.1-Difluor-2.3-* bzw. *-2.2-dimethylcyclopropan.*

Versuche: *1.3-Dibrom-1.1.3-trifluorpropan* (I), $CF_2Br-CH_2-CHFBr$, $Kp._{760}$ 115—116°, $D.^{25}{}_4$ 2,0875, n_D^{25} 1,4256; durch 4 std. Erhitzen von 118 g $CH_2{=}CHF$, 1383 g CBr_2F_2 u. 15 g Benzoylperoxyd im Stahlautoklaven unter Rühren auf 100°; 32% (Ausbeute) neben 10% *$CF_2Br-(CH_2-CHF)_2-Br$*, $Kp._{38}$ 71,5°, $D.^{25}{}_4$ 1,8259, n_D^{25} 1,4560. — *3-Brom-1.1.1.3-tetrafluorpropan*, $C_3H_3BrF_4$, Kp. 59,2—59,5°, $D.^{25}{}_4$ 1,7391, n_D^{24} 1,3441; durch 4 std. Erhitzen von 100 g **I**, 40 g HF u. 5 g Sb Cl_5 im Stahlautoklaven auf 125°; 11 g. — *1.1.1.3-Tetrafluorpropan*, Kp. 28,5—30,0°, $D.^{25}{}_4$ 1,2584, n_D^{25} 1,2765; durch Einrühren von 24 g der vorst. Verb. in ein Gemisch aus 32 g Zn u. 250 cm^3 1,5nHCl am Rückflußkühler u. 4 std. Erhitzen auf dem Dampfbad; 11,5 g. — *3-Brom-1.3.3-trifluorpropen*, $CF_2Br-CH{=}CHF$, Kp. 41—42°, $D.^{25}{}_4$ 1,667, n_D^{25} 1,3666; durch Kochen von 58 g I mit einer Lsg. von 112 g KOH in 100 cm^3 W.; 41%. — *1.3-Dibrom-1.1.3.3-tetrafluorpropan* (II), $CF_2Br-CH_2-CF_2Br$, $Kp._{85}$ 42,5°, $D.^{25}{}_4$ 2,0943, n_D^{25} 1,3974; aus $CH_2{=}CF_2$ u. CBr_2F_2; 28% neben 23% *$CF_2Br-(CH_2-CF_2)_2-Br$*, $Kp._{14}$ 54,2°, $D.^{25}{}_4$ 2,003, n_D^{25} 1,4032. — *3-Brom-1.1.3.3-tetrafluorpropen* (III), $CF_2Br-CH{=}CF_2$, Kp. 35°, $D.^{25}{}_4$ 1,747, n_D^{25} 1,3463; aus II u. wss. KOH; 72%. — *3-Brom-1.1.1.3.3-pentafluorpropan* (IV), $CF_3-CH_2-CF_2Br$, Kp. 47,0—47,3°, $D.^{20}{}_4$ 1,784, n_D^{20} 1,3228; durch 12 std. Erhitzen von 0,5 Mol II, 75 g SbF_3 u. 10 g Cl_2 im Schüttelautoklaven auf 50°; 31%. — *1.1.1.3.3.3-Hexafluorpropan*, Kp. 0,5—1,0°; aus 0,5 Mol **II**, 75 g SbF_3 u. 30 g Cl_2 in 4 Std. bei 100°; 85%. — *1.1.3.3.3-Pentafluorpropen*, $CF_3-CH{=}CF_2$, Kp. —16,5°; durch 5 std. Erhitzen von 72 g **III** u. 15 g HF im Schüttelautoklaven auf 150°; 74%, oder durch langsame Zugabe von 60 g **IV** zu einer warmen Lsg. von 60 g KOH in 40 cm^3 W.; 62%. — *1.3-Dibrom-1.1.2.3.3-pentafluorpropan* (V), $CF_2Br-CHF-CF_2Br$, $Kp._{78,5}$ 35°, $D.^{25}{}_4$ 2,1025, n_D^{25} 1,3816; aus $CHF{=}CF_2$ u. CBr_2F_2; 9% neben 18% *$CF_2Br-(CHF-CF_2)_2-Br$*, $Kp._{24,8}$ 60—63°, $D.^{25}{}_4$ 1,9254, n_D^{25} 1,4237. — *3-Brom-1.1.2.3.3-pentafluorpropen*, Kp. 28°, n_D^{25} 1,3324; aus 22 g V u. einer Lsg. von 56 g KOH in 100 cm^3 W.; 59%. — *1.3-Dibrom-1.1.2-trifluorbutan*, $CF_2Br-CHF-CHBr-CH_3$, $Kp._{43}$ 56°, $D.^{25}{}_4$ 1,9438, n_D^{25} 1,4403; aus $CHF{=}CH-CH_3$ u. CBr_2F_2; 55%. — *1.1.2-Trifluorbutadien-(1.3)*, $CF_2{=}CF-CH{=}CH_2$, Kp. 8,5°; durch Erhitzen von 194 g der vorst. Verb. mit 296 g Tri-n-butylamin auf 180°; 19,8%. — *1.3-Dibrom-1.1.3-trifluorbutan*, $CF_2Br-CH_2-CFBr-CH_3$, $Kp._{35}$ 52°, $D.^{25}{}_4$ 1,9352, n_D^{25} 1,4346; aus $CH_2{=}CF-CH_3$ u. CBr_2F_2; 58%. — *1.1.3-Trifluorbutadien-(1.3)*, $CF_2{=}CH-CF{=}CH_2$, Kp. 16,9°, $D.^4{}_4$ 1,113, n_D^4 1,3462; aus vorst. Verb. u. Tri-n-butylamin; 42,3%. — *1.3-Dibrom-1.1.3-trifluor-2-methylbutan*, $CF_2Br-CH(CH_3)-CFBr-CH_3$, $Kp._{29,5}$ 65°, $D.^{25}{}_4$ 1,8414, n_D^{25} 1,4469; aus $CH_3-CH{=}CF-CH_3$ u. CBr_2F_2; 75%. — *1.1.3-Trifluor-2-methylbutadien-(1.3)*, $CF_2{=}C(CH_3)-CF{=}CH_2$, Kp. 50°, $D.^{25}{}_4$ 1,095, n_D^{25} 1,3631; aus vorst. Verb. u. Tri-n-butylamin; 60%. — *1.1-Difluor-2.3-dimethylcyclopropan*, $\overline{CF_2-CH(CH_3)-CH}(CH_3)$, Kp. 55—56°, $D.^{25}{}_4$ 0,926, n_D^{25} 1,352; durch Zugabe von 710 g **VI** zu einem sd. Gemisch von 325 g Zn-Staub, 5 g $ZnCl_2$ u. 250 cm^3 Propanol-(1) unter Abdest. des Prod.; 39%. — *1.1-Difluor-2.2-dimethylcyclopropan*, $\overline{CF_2-C(CH_3)_2-CH_2}$, Kp. 41,5—42,1°, $D.^{25}{}_4$ 0,891, n_D^{25} 1,3455; ebenso aus **VII**; 27%. — *3-Brom-3.3-difluorpropen*, $CF_2Br-CH{=}CH_2$, Kp. 42°, $D.^{25}{}_4$ 1,543,

n_D^{25} 1,3773; aus 1.3-Dibrom-1.1-difluorpropan (VIII) u. wss. KOH; 63,6%. — *3-Brom-1.1.1-trifluorpropan* (IX), Kp. 62—64°, n_D^{22} 1,3606; aus VIII, HF u. $SbCl_5$ bei 150° in 18 Std.; 56,5%. — *1.1.1-Trifluorpropen-(2)*, $CF_3—CH{=}CH_2$, Kp. —18 bis —16°; durch Kochen von IX mit gesätt. alkoh. KOH; 74,5%. — *1.1.1-Trifluorpropan*, $CF_3—CH_2—CH_3$, Kp. —12°; durch 6 std. Kochen von 90 g IX mit 130 g Zn-Staub in 700 cm^3 1,5nHCl; 41%. — *3-Brom-1.1.1-trifluorbutan*, $CF_3—CH_2—CHBr—CH_3$, Kp. 84°, $D.^{24}_4$ 1,521, n_D^{24} 1,3740; aus 1.3-Dibrom-1.1-difluorbutan, HF u. $SbCl_5$ bei 135° in 18 Std.; 50%. — *1.1.1-Trifluorbuten-(2)*, Kp. 17,7°; aus vorst. Verb. u. alkoh. KOH; 80%. (J. Amer. chem. Soc. **77.** 2783—87. 20/5. 1955. Gainesville, Fla., Univ. of Florida, Dep. of Chem.) E. Forche. 510

Jean Décombe, *Über eine Darstellungsmethode von Nitromethan aus Dimethylsulfat.* Die (theoret.) nach $(CH_3)_2SO_4 + 2NaNO_2 \rightarrow 2CH_3NO_2 + Na_2SO_4$ verlaufende bekannte Darst. von *Nitromethan* (Kp. 101—102°) wurde durch Variation der Versuchsbedingungen auf eine Gesamtausbeute von 53%, entsprechend dem vollständigen Verbrauch des einen u. dem 6%ig. Verbrauch des zweiten Methylrestes, gebracht. 26% des zweiten Methylrestes werden zur Bldg. des isomeren *Methylnitrits*, der Rest wird in Neben-Rkk. verbraucht. (Bull. Soc. chim. France, Mém. [5] **20.** 1038—39. Okt. 1953.) G. Bankwitz. 510

Robert L. Adelman, *Vinyläther-Alkohol-Austausch.* Vinyläther u. gewisse aliphat. Verbb. mit einer prim. Hydroxylgruppe geben bei Tempp. zwischen —20 u. —80° in einer Austausch-Rk. in Ggw. von Quecksilbersulfat den Vinyläther der Oxyverb. u. den entsprechenden Alkohol. Die Rkk. von Vinylbutyläther (I) mit A., von Vinyläthyläther (II) mit Tetrahydrofurfurylalkohol (III), von II mit Äthylenglykol u. von II mit Methylglykolat wurden untersucht. Bei der Rk. von II mit III bei —78° (2 Std.) wird kein Acetal gebildet. Quecksilberacetat oder H_2SO_4 katalysieren nicht. Vinyläther gehen mit Diallyläther keinen Austausch ein.

V e r s u c h e: *Vinyläthyläther* (II), Kp. 35—36°, aus I u. A. in Ggw. von $HgSO_4$ in 2½ Std. bei —20°; 42% (Ausbeute); daneben 41% I u. Acetal. — *Vinyltetrahydrofurfuryläther*, $Kp._{45}$ 80—81°, aus II u. III in 2 Std. bei —78°; 17%, daneben 75% III u. <2% Acetale; oder bei —20° in 3½ Std.; 9%, daneben 66% III u. Acetale. (J. Amer. chem. Soc. **77.** 1669—70. 20/3. 1955. Niagara Falls, N. Y., E. I. du Pont de Nemours & Co., Inc., Electrochem. Dep.) H. Bertsch. 560

Michael Anbar und **David Ginsburg,** *Organische Hypohalite.* Übersicht: Darst. u. Reinigung; physikal. Eigg.; analyt. u. synthet. Verwendung; Reaktionsmechanismen bei Rkk. von *organ. Hypohaliten*; Oxydation mit Hypohaliten; Rkk. mit anorgan. Verbindungen. — 16 Tabellen; 205 Literaturangaben. (Chem. Reviews **54.** 925—58. Dez. 1954. Rehovoth, Israel, Weizmann Inst. of Sci., Dep. of Isotope Res. u. Daniel Sieff Res. Inst.) H.-J. Nitzschke. 590

M. S. Kharasch, S. Weinhouse und **E. V. Jensen,** *Die Darstellung und Eigenschaften von 2-Chlor-2'-fluordiäthylsulfid.* Durch Umsetzung von Thiodiglykol (I) mit Phosgen bei 0° gemäß $CH_2OH—CH_2—S—CH_2—CH_2OH + 2COCl_2 \rightarrow ClCOOCH_2—CH_2—S—CH_2—CH_2OOCCl + 2HCl$ zum *Thiodiglykol-bis-[chlorformiat]*, Austausch des einen Cl-Atoms mit HF zu *$ClOCOCH_2—CH_2—S—CH_2—CH_2OOCF$* u. dessen Decarboxylierung durch Erwärmen wurde *2-Chlor-2'-fluordiäthylsulfid* (II) dargestellt.

V e r s u c h e: *Thiodiglykol-bis-[chlorformiat]*; durch langsames Zutropfen von 55 g I im Laufe einer Std. zu 100 g fl. $COCl_2$ am Trockeneis–Aceton-Rückflußkühler, 4std. Stehenlassen bei Zimmertemp. u. Absaugen von HCl u. überschüssigem $COCl_2$ im Vakuum. — *2-Chlor-2'-fluordiäthylsulfid* (II), C_4H_8ClFS, $Kp._{30}$ 91,5—92,5°, F. —44°, $D.^{20}_{20}$ 1,228, n_D^{25} 1,4852; durch Zutropfen von 110 g der vorst. Verb. zu 90 g HF im Cu-Kolben bei —80°, Anwärmenlassen auf 0°, eintägiges Stehenlassen bei Raumtemp., langsames Erwärmen auf 75°, Abdest. des Prod. unter vermindertem Druck bis 170° Kolbentemp., Vakuumdest. u. Fraktionierung des unter 100° (20 mm) übergehenden Anteils (25 g) bei 30 mm; 16 g (22% Ausbeute) neben einer zwischen 62,5 u. 91,5° übergehenden Fraktion, vermutlich ein Gemisch aus *Difluordiäthylsulfid* u. II. (J. Amer. chem. Soc. **77.** 3145—46. 5/6. 1955. Chicago, Ill., Univ. of Chicago, Dep. of Chem.) E. Forche. 600

René Heilmann, Gabriel de Gaudemaris und **Paul Arnaud,** *Über eine neue Trennung von Stereoisomeren des 3-Äthylpenten-(3)-ons-(2).* Nach Locquin u. Heilmann (C. R. hebd. Séances Acad. Sci. **186.** [1928.] 705) u. Hickinbottom u. Mitarbeitern (C. **1955.** 5761) wurde aus 3-Äthylpentin-(1)-ol-(3) *3-Äthylpenten (3)-on-(2)* dargestellt u. durch Fraktionierung (Podbielniak-Kolonne mit 80—85 theoret. Böden) in 2 Isomere getrennt: a) *vom $Kp._{50}$ 73—73,5°*, n_D^{20} 1,4485, λ_{max} 229 u. 307 mμ, ε_{max} 14700 u. 47; *Semicarbazon,* F. 197° (Block); *Dinitrophenylhydrazon,* F. 157,5°; b) *vom*

Kp.$_{50}$ 77,5—78°, n_D^{20} 1,4515, λ_{max} 230 u. 306 mμ, ε_{max} 15000 u. 48; *Semicarbazon*, F. 160°; *Dinitrophenylhydrazon*, F. 171°. Von beiden Verbb. wurden zwischen 700 u. 3500 cm^{-1} die Infrarotspektren aufgenommen, die sich in der Lage der CH-Deformationsschwingung an der trisubstituierten C=C-Doppelbindung bes. unterscheiden (822 bzw. 788 cm^{-1}). Banden bei 903,982 u. 1295 cm^{-1} lassen bei beiden Isomeren auf die Ggw. eines nichtkonjugierten Isomeren schließen; der Wert von ε_{max} zeigt jedoch, daß nur geringe Mengen vorliegen können. (C. R. hebd. Séances Acad. Sci. **240.** 1433—35. 28/3. 1955.) B. GNAUCK. 710

René Heilmann, Gabriel de Gaudemaris und **Paul Arnaud,** *Über die Struktur der Kondensationsprodukte aus Acetaldehyd mit Pentanon-(2) und Butanon-(2).* (Vgl. vorst. Ref.) Vff. untersuchen das durch Dehydratation von 3-Äthylpentanol-(4)-on-(2) [dargestellt durch alkal. Kondensation von Acetaldehyd (I) u. Pentanon-(2)] erhaltene *3-Äthylpenten-(3)-on-(2)* u. erhielten bei Dest. wiederum 2 Verbb.: 1. vom Kp.$_{51}$ 73,9°, n_D^{20} 1,4498, λ_{max} 230 u. 311 mμ, ε_{max} 15200 u. 49; 60% (Ausbeute); 2. vom Kp.$_{51}$ 80,2°, n_D^{20} 1,4430, λ_{max} 222 u. 315 mμ, ε_{max} 14300 u. 41; *Dinitrophenylhydrazon*, F. 144°; *Semicarbazon*, F. 159°. Die letzte Verb. erwies sich nach dem Infrarotspektr. (angegeben zwischen 700 u. 3500 cm^{-1}) als *Hepten-(2)-on-(4)* u. ergab entsprechend beim Hydrieren mit Pt nach ADAMS in Essigsäure *Dipropylketon* (*Dinitrophenylhydrazon*, F. 72°). Weiter wurde die Rk. zwischen Butanon-(2) u. I untersucht. Hierbei entstanden 15% *Hexen-(4)-on-(3)* (Kp.$_{85}$ 76°, n_D^{20} 1,4408, λ_{max} 222 u. 312 mμ, ε_{max} 13500 u. 46; *Dinitrophenylhydrazon*, F. 170°, *Hexanon-(2)-dinitrophenylhydrazon*, F. 138°) u. *3-Methylpenten-(3)-on-(2)* (Kp.$_{85}$ 75,4°, n_D^{20} 1,4508, λ_{max} 230 u. 307 mμ, ε_{max} 13200 u. 44; *Dinitrophenylhydrazon*, F. 200°.) (C. R. hebd. Séances Acad. Sci. **240.** 1542—44. 4/4. 1955.) B. GNAUCK. 710

Jacques-Emile Dubois und **Robert Luft,** *Gemischte Kondensationen von Acetaldehyd mit 4-Methylpentanon-(2) und 4.4-Dimethylpentanon-(2).* (Vgl. C. **1953.** 2904.) 4-Methyl- u. 4.4-Dimethylpentanon-(2) (**I**) kondensieren sich mit Acetaldehyd (**IV**) in Ggw. von bas. Katalysatoren (alkoh. KOH; vgl. Bull. Soc. chim. France, Mém. [5] **1954.** 1148) nur mit der endständigen CH_3-Gruppe, wobei **I** nur *6.6-Dimethylheptanol-(2)-on-(4)* (**II**, Kp.$_{10}$ 88—90°, n_D^{25} 1,4322, D.$^{25}_4$ 0,905; 38% Ausbeute) ergibt, dessen Struktur durch die Reaktionsfolge: Dehydratisierung zu 6.6-Dimethylhepten-(2)-on-(4), Hydrierung zu 2.2-Dimethylheptanon-(4), Rk. mit CH_3MgJ zu 2.2.4-Trimethylheptanol-(4) bewiesen wurde, da das letzte auch aus 4.4-Dimethylpentanon-(2) mit Propyl-MgBr erhalten wurde. Auch Isopropyl-MgCl (**III**), hat die gleiche katalyt. Wrkg. wie alkoh. KOH, die besten Ausbeuten an gemischtem Ketol wurden durch Zutropfen von Keton + Aldehyd zur **III**-Lsg. unter Anwendung des Mol-Verhältnisses Keton:Aldehyd: **III** = 1:$^3/_2$:1 erhalten. Aus **I** u. **IV** wurde wieder **II** erhalten, **III** lenkt die Rk. also im gleichen Sinne wie ein bas. Katalysator. Als Nebenprodd. der mit **III** katalysierten Rkk. wurde stets etwas β-Diketon (*Isovalerylaceton* bzw. *Neohexoylaceton* [**V**]; *Cu-Salze*: F. 155—157 bzw. 117 bis 118°) erhalten, dessen Bldg. nicht auf Oxydation des gemischten Ketols zurückgeführt wird. Diese Rk. scheint allg. aufzutreten. — Die Cu-Verb. des **V** tritt ohne u. mit 2 Mol Kristallwasser auf. (C. R. hebd. Séances Acad. Sci. **240.** 1540—42. 4/4. 1955.) B. GNAUCK. 710

I. A. Djakonow und **N. B. Winogradowa,** *Reaktionen aliphatischer Diazoverbindungen mit ungesättigten Verbindungen.* 11. Mitt. *Reaktion von Diazoessigester mit Allylchlorid.* (10. vgl. C. **1952.** 6051; vgl. auch C. **1954.** 2817; C. **1955.** 569. 570.) Bei der Rk. von Diazoessigester (I) mit Allylchlorid (II) in Ggw. von Cu_2Cl_2 oder Cu-Bronze entstehen *Chloressigsäure-* (**III**), *α-Chlorallylessigsäure-* (**IV**), *2-[Chlormethyl]-cyclopropancarbonsäure-(1)-äthylester* (**V**) u. *Fumarsäurediäthylester.* **IV** wird durch K_2CO_3 zu *α-Oxyallylessigsäure* hydrolysiert u. **V** durch alkal. Hydrolyse in *trans-2-[Oxymethyl]-cyclopropancarbonsäure-(1)* übergeführt, die bei der Oxydation *trans-Cyclopropandicarbonsäure-(1.2)* gibt. Der Vers. der Isomerisierung von **V** zu **IV** in Ggw. von Cu_2Cl_2 gelingt nicht. Bei der früher (vgl. C. **1952.** 664) durchgeführten Kondensation von I mit Allylbromid entsteht in geringer Menge auch *α-Bromessigsäureäthylester.*

V e r s u c h e: Kondensation von I mit II: Ein Gemisch von 600 g **II** u. 2,4 g Cu_2Cl_2 wird zum Sieden erhitzt u. tropfenweise mit 188,8 g **I** in dem gleichen Vol. **II** versetzt; zwecks Zerstörung von Komplexverbb. aus II u. Cu_2Cl_2 wird filtriert u. das Filtrat mit HCl (1:1) u. Sodalsg. behandelt; das Reaktionsprod. wird im Vakuum fraktioniert; bei den nachst. angegebenen Ausbeuten an **III**—**V** sind nichtgetrennte Zwischenfraktionen nicht berücksichtigt. — *Chloressigsäureäthylester* (**III**), $C_4H_7O_2Cl$, Kp.$_{10}$ 40—41°; D.$^{20}_4$ 1,1406; n_D^{20} 1,4202; 16,7 g (Ausbeute). Hieraus *Chloracetamid*, F. 119—120°. — *α-Chlorallylessigsäureäthylester* (**IV**), $C_7H_{11}O_2Cl$, Kp.$_{10}$ 66—67°; D.$^{20}_4$ 1,0530; n_D^{20} 1,4400; 16 g. Hieraus durch Kochen mit 10%ig. K_2CO_3-Lsg. *α-Oxyallylessigsäure*; deren *Anilid*, $C_{11}H_{13}O_2N$, F. 77—78° (A.). — *2-[Chlormethyl -cyclopropancarbonsäure-(1)-äthylester* (**V**), $C_7H_{11}O_2Cl$, Kp.$_8$ 82—84°; Reinigung vom Fumarsäureester mit $KMnO_4$; D.$^{20}_4$ 1,1091;

n_D^{20} 1,4560; 11,9 g. Durch Hydrolyse mit KOH in CH_3OH *2-[Oxymethyl]-cyclopropan-carbonsäure-(1)*, $C_5H_8O_3$ (*Ag-Salz*, $C_5H_7O_3Ag$). Oxydation dieser Verb. mit einem Überschuß von $KMnO_4$ in W. führt zu *trans-Cyclopropandicarbonsäure-(1.2)*, $C_5H_6O_4$, F. 172° (W.). — *Fumarsäurediäthylester*, identifiziert als *Diphenacylester*. F. 197°. — *Bromessigsäureäthylester*, $C_4H_7O_2Br$, Kp.$_{760}$ 158—162°; aus I u. Allylbromid in Ggw. von Cu-Pulver; n_D^{16} 1,453; 2 g aus 79,05 g I neben 114 g *α-Bromallylessigsäureäthylester*, Kp.$_{12}$ 78—79°. (Журнал Общей Химии [J. allg. Chem.] **22** (**84**). 1349—55. Aug. 1952. Leningrad, Univ., Wiss. Forschungsinst. für Chem.) O. POLLAK v. EMHOFEN. 810

Hans Vogt und **Werner Rosenberg**, *Beiträge zur Darstellung und baktericiden Wirkung von Halbestern niederer Dicarbonsäuren mit Phenolen.* Vff. beschreiben die Darst. saurer Ester von alkylierten Phenolen mit Adipin-, Bernstein- u. Glutarsäure durch Rk. äquimol. Mengen Säureanhydrid u. substituiertem Phenol in Pyridin bzw. durch Erhitzen der beiden Komponenten ohne Lösungsmittel. Die bakteriocide Wrkg. der Alkalisalze der Estersäuren gegenüber Staphyl. aur. u. Bact. coli wird untersucht u. die Ergebnisse werden diskutiert.

V e r s u c h e : Nachst. *Adipinsäureester* wurden durch mehrstd. Kochen des polymeren Anhydrids mit dem entsprechenden Phenol (äquimol. Mengen) in Pyridin dargestellt: *Monophenylester*, $C_{12}H_{14}O_4$, F. 97—97,5° (A./W.); 41% (Ausbeute), daneben *Diphenylester*, $C_{18}H_{18}O_4$, F. 105—106° (verd. A.); 19%. *Mono-p-kresylester*, $C_{13}H_{16}O_4$, F. 93° (Xylol/PAe.); 41%, daneben *Di-p-kresylester*, $C_{20}H_{22}O_4$, F. 100° (A./W.); 25%. *Mono-p-äthylphenylester*, $C_{14}H_{18}O_4$, F. 69° (Bzl./PAe.); 55%, daneben *Diester*, $C_{22}H_{26}O_4$, F. 64—64,5° (verd. A.); 12%. *Mono-p-n-propylphenylester*, $C_{15}H_{20}O_4$, F. 71—72° (Bzl./Ligroin); 38%, daneben *Diester*, $C_{24}H_{30}O_4$, F. 79—80° (A.); 84%. *Mono-p-n-butylphenylester*, $C_{16}H_{22}O_4$, F. 76—77° ($CHCl_3$/Ligroin); 40%, daneben *Diester*, $C_{26}H_{34}O_4$, F. 71—72° (A.); 14%. *Mono-p-n-hexylphenylester*, $C_{18}H_{26}O_4$, F. 87° (Ligroin); 36%, daneben *Diester*, $C_{30}H_{42}O_4$, F. 80° (A.). *Mono-m-kresylester*, $C_{13}H_{16}O_4$, F. 69° (verd. A.); 34%. *Diester*, $C_{20}H_{22}O_4$, F. 85—87° (Bzn.); 26%. *Mono-p-nitrophenylester*, $C_{12}H_{13}O_6N$, F. 107—108° (verd. A.); 27%. *Diester*, $C_{18}H_{16}O_8N_2$, F. 123—124° (A.); 17%. *Mono-p-chlorphenylester*, $C_{12}H_{13}O_4Cl$, F. 82° (Xylol/PAe.); 47%. *Diester*, $C_{18}H_{16}O_4Cl_2$, F. 111° (A.); 18%. — Nachst. *Bernsteinsäuremonoester* wurden durch langsames Erhitzen äquimol. Mengen der beiden Komponenten auf 125° (2 Std.) dargestellt: *Phenylester*, $C_{10}H_{10}O_4$, F. 98° (Bzl./Ligroin); 70%. *p-Kresylester*, $C_{11}H_{12}O_4$, F. 108° (Bzl./Ligroin); 75%. *p-Äthylphenylester*, $C_{12}H_{14}O_4$, F. 78° ($CHCl_3$/Ligroin); 72%. *p-n-Propylphenylester*, $C_{13}H_{16}O_4$, F. 102° ($CHCl_3$/Ligroin); 43%. *p-n-Butylphenylester*, $C_{14}H_{18}O_4$, F. 65° (Ligroin); 44%. *p-n-Hexylphenylester*, $C_{16}H_{22}O_4$, F. 75° (Ligroin); 37%. — Nachst. *Glutarsäuremonoester* wie vorst. bei 130°: *Phenylester*, $C_{11}H_{12}O_4$, Kp.$_{0,17}$ 148°, F. 45°; 67%. *p-Kresylester*, $C_{12}H_{14}O_4$, Kp.$_{0,12}$ 152 bis 154°, F. 85° (Bzl./Ligroin); 52%. *p-Äthylphenylester*, $C_{13}H_{16}O_4$, Kp.$_{0,17}$ 158—160°, F. 49°; 66%. *p-n-Propylphenylester*, $C_{14}H_{18}O_4$, Kp.$_{0,2}$ 164—168°, F. 45°; 49%. *p-n-Butylphenylester*, Kp.$_{0,24}$ 180—183°, F. 47—48°; 62%. *p-n-Hexylphenylester*, $C_{17}H_{24}O_4$, Kp.$_{0,2}$ 190—193°, F. 57° (Ligroin); 37%. (Arch. Pharmaz. Ber. dtsch. pharmaz. Ges. **287/59**. 514—24. 1954. Kiel, Univ., Pharm. Inst.) G. WINKLER. 820

Leo A. Goldblatt, David A. Yeadon und **Mona Brown**, *Darstellung und Eigenschaften von β-Lactyl-α.γ-dipalmitin.* Da weder die direkte Veresterung von α.γ-Dipalmitin (II) mit Milchsäure (I) noch der Esteraustausch von Tripalmitin mit I-Äthylester zum gewünschten Ziel führte u. die Rk. von 3-Chlor-1.2-dipalmitin mit Na-I bei 160° nur II gab, wurde *β-Lactyl-α.γ-dipalmitin* zur Herst. intravenös verwendbarer Emulsionen aus II u. O-Benzylmilchsäurechlorid durch nachfolgende Abhydrierung der Benzylgruppe gewonnen. Seine Oberflächenspannung gegen W. ist etwas geringer als die langkettiger Triglyceride. Die UV- u. Infrarotspektren der Verbb. werden angegeben u. zur Kontrolle der Rkk. benutzt.

V e r s u c h e : *Methylpalmitat*, F. 30,1—30,3°. — *α.γ-Dipalmitin* (II), F. 72—72,5° (60%ig. Isopropylalkohol u. Skellysolve B), aus vorst. Verb. u. Glycerin. — *O-Benzylmilchsäure*, F. 41,5—42,5° (PAe.); 70—80% (Ausbeute). — *O-Benzylmilchsäurechlorid*, mit $SOCl_2$; n_D^{26} 1,5069. — *O-Benzyllactyldipalmitin*, $C_{45}H_{78}O_7$, F. 25—27° (Hexan), durch langsames Zugeben vorst. Verb. zu II in Chlf. bei —5 bis 0° unter Rühren in Ggw. von Pyridin, 3tägiges Stehen bei Raumtemp. im Dunkeln u. Verdünnen mit Ae.; 70%. — *β-Lactyl-α.γ-dipalmitin*, $C_{38}H_{72}O_7$, F. 49,7—50,5° (absol. A.), durch 20—30std. Hydrieren vorst. Verb. in Eisessig bei 40—50° in Ggw. von Pd-Kohle. Es wird durch 0,01n alkoh. Alkali bzw. 0,02n wss. Alkali rasch hydrolysiert, durch W. dagegen sehr langsam. (J. Amer. chem. Soc. **77**. 2477—78. 5/5. 1955. New Orleans, La., South. Reg. Res. Labor.) R. PASEDAG. 850

Virgil Milani, Sol Skolnik und **Robert Evans**, *2.2.2-Trifluoräthylnitroguanidin.* Die Umsetzung von N-Nitro-S-methylpseudothioharnstoff (I; vgl. FISHBEIN u. GALLAGHAN.

J. Amer. chem. Soc. **76.** [1954.] 1877) mit 2.2.2-Trifluoräthylamin (II) liefert *N^1-[2.2.2-Trifluoräthyl]-N^3-nitroguanidin* (III) in sehr guter Ausbeute. Aus III wurden das *Pikrat* u. das *Nitrat von 2.2.2-Trifluoräthylguanidin* dargestellt.

Versuche: *N^1-[2.2.2-Trifluoräthyl]-N^3-nitroguanidin* (III), $C_3H_5O_2N_4F_3$, F. 147 bis 148°; durch Zugabe von 15,0 g II, verd. mit 1,0 g W., zu 10,1 g I, 6std. Kochen am Rückflußkühler, Zugabe von 2,2 g II, weiteres 7std. Kochen, Abdampfen von W. u. überschüssigem II im Vakuum u. Umkristallisieren aus 90 cm³ heißem W., welches mit H_2SO_4 auf p_H 6 eingestellt ist; 94% (Ausbeute, bezogen auf I). — *2.2.2-Trifluoräthylguanidinpikrat*, $C_9H_9O_7N_6F_3$, F. 193° (Zers. beginnt bei 183°), durch Hydrierung von 2,5 g III, 0,125 g Pd-Schwarz u. 62 cm³ 15%ig. Essigsäure mit H_2 bei Raumtemp., Entfernung des Pd u. Behandlung des Filtrats mit einer Lsg. von 3,07 g Pikrinsäure in 25 cm³ warmem absol. A.; gelbe Nadeln. — *2.2.2-Trifluoräthylguanidinnitrat*, $C_3H_7O_3N_4F_3$, F. 134—136°; aus 2,0 g des vorst. Pikrats u. 10 cm³ 20%ig. HNO_3, Abfiltrieren der ausgefallenen Pikrinsäure, Eindampfen des Filtrats zur Trockene, Lösen des Rückstands in A. u. Fällen mit Äther. (J. Amer. chem. Soc. **77.** 2903. 20/5. 1955. Indian Head, Md., U. S. Naval Powder Factory, Res. and Developm. Dep.) E. FORCHE. 880

R. R. Gebhard und **P. Karrer,** *Methioninol.* Durch Red. von DL-Methioninisopropylester (I) u. D-Methioninisopropylester (II) mit $LiAlH_4$ wurden *DL-* (III) u. *D-Methioninol* dargestellt u. charakterisiert.

Versuche: *DL-Methioninol* (III), $C_5H_{13}ONS$, Kp.$_{0,05}$ 104—108° (Luftbadtemp.), aus 7 g I u. $LiAlH_4$ in Ae. (1 Std. kochen); 3,6 g (Ausbeute). *Hydrochlorid*, $C_5H_{14}ONClS$, mit alkoh. HCl. — *DL-O.N-Bis-[p-nitrobenzoyl]-methioninol*, $C_{19}H_{19}O_7N_3S$, F. 189—190° (A.), aus III u. p-Nitrobenzoylchlorid in Pyridin. — *DL-Methioninolsulfon, Benzoat*, $C_{12}H_{19}O_5NS$, F. 125° (A.), durch Oxydation von 1,35 g III mit Benzoepersäure in Chlf., 0,9 g. *Hydrochlorid*, $C_5H_{14}O_3NClS$, F. 157° (A.). — *D-Methioninol*, analog III aus II ($D.^{20}_4$ 1,0336, $[\alpha]_D^{20}$ +7,73°); $D.^{22}_4$ 1,0948, $[\alpha]_D^{20}$ +14,06°. *Hydrochlorid*, $[\alpha]_D^{20}$ +13,52° (W.). — *D-O.N-Bis-[p-nitrobenzoyl]-methioninol*, F. 173—174° (A.), $[\alpha]_D^{22}$ +11,3° (Tetrahydrofuran). — *D-Methioninolsulfonbenzoat*, F. 128°, $[\alpha]_D^{20}$ +5,27° (A.). (Helv. chim. Acta **38.** 915—17. 15/6. 1955. Zürich, Univ., Chem. Inst.) H. BERTSCH. 920

P. Karrer und **P. Dinkel,** *Konfigurationsbeweis für L(+)-Valin und Konfigurationsermittlung von optisch aktivem 2-Amino-4-methylpentan und 2-Amino-3-methylbutan.* Vff. leiten den ster. Bau der opt.-akt. Formen von *2-Amino-4-methylpentan* (I) u. *2-Amino-3-methylbutan* (II) von der Konfiguration des *L-(—)-Leucins* (III) u. *L-(+)-Valins* (IV) ab. III wird mit $LiAlH_4$ zum *L-(+)-Leucinol* (V) red., dieses mit p-Toluolsulfonsäurechlorid (VII) zum *L-(—)-O.N-Ditosylleucinol* (VI) umgesetzt u. VI mit $LiAlH_4$ zum *L-(+)-2-[p-Toluolsulfonylamino]-4-methylpentan* reduziert. Durch Darst. derselben Verb. aus der rechtsdrehenden Form von I (Ia) wird gezeigt, daß Ia in seiner Konfiguration mit III übereinstimmt, somit L-Konfiguration hat. In analoger Weise wird bewiesen, daß die rechtsdrehende Form von II (IIa) die Konfiguration von IV hat u. somit ebenfalls der L-Reihe angehört. — Das von BARROW u. FERGUSON (C. **1936.** I. 1852) aus L-(+)-Alanin hergestellte II zeigte erwartungsgemäß entgegengesetzte opt. Drehung wie das aus IV über *L-(+)-Valinol* gewonnene II. Damit ist ein objektiver Beweis geliefert, daß die beiden natürlichen Aminosäuren L-(+)-*Alanin* u. IV die gleiche Konfiguration besitzen.

Versuche: *L-(—)-O.N-Ditosylleucinol* (VI), $C_{20}H_{27}O_5NS_2$, F. 103—104° (Ae./PAe.), aus V u. VII in absol. Pyridin; $[\alpha]_D^{20}$ —55,4° (A.); 73% (Ausbeute). — *L-(+)-2-[p-Toluolsulfonylamino]-4-methylpentan*, $C_{13}H_{21}O_2NS$, F. 62—63° (Leichtbenzin), a) aus VI durch Red. mit $LiAlH_4$ in Ae.; $[\alpha]_D^{18}$ +1,4° (A.); 80%; b) aus Ia u. VII in absol. Pyridin; $[\alpha]_D^{17}$ +2,1° (A.). — *Methylisobutylketoxim*, Kp. 172—175°, aus Methylisobutylketon mit Hydroxylaminhydrochlorid in alkal. Lsg.; 82%. — *2-Amino-4-methylpentan* (I), Kp. 104 bis 106°, aus 20 g vorst. Verb. durch Red. mit $LiAlH_4$ in Ae.; 3,8 g. — Saures *Dibenzoyl-D-weinsaures Salz des L-(+)-2-Amino-4-methylpentans*, $C_{24}H_{29}O_8N$, F. 190°, aus I u. L-Dibenzoylweinsäure in absol. A.; $[\alpha]_D^{20}$ —90,3° (A.). — *L-(+)-2-Amino-4-methylpentan* (Ia), Kp. 105—107°, durch Spaltung des vorst. Salzes mit K_2CO_3 in W., das mit Ae. überschichtet ist; $[\alpha]_D^{19}$ +4,2° (Methanol). — *L-(+)-O.N-Ditosylvalinol*, $C_{19}H_{25}O_5NS_2$, F. 110 bis 111° (A.), aus D-(+)-Valinol u. VII in absol. Pyridin; $[\alpha]_D^{20}$ —57,2° (Chlf.); 52%. — *L-(+)-2-[p-Toluolsulfonylamino]-3-methylbutan*, $C_{12}H_{19}O_2NS$, F. 45—47° (Leichtbenzin), a) aus vorst. Verb. durch Red. mit $LiAlH_4$ in Tetrahydrofuran; $[\alpha]_D^{20}$ +22,6° (A.); b) aus IIa mit VII in absol. Pyridin; $[\alpha]_D^{20}$ +16,7° (A.). — *2-Amino-3-methylbutan* (II), Kp. 78—81°, aus 25 g Methylisopropylketoxim durch Hydrierung mit H_2 an RANEY-Ni (50 at; 70—80°; 6 Std.). — Saures *D-weinsaures Salz des L-(+)-2-Amino-3-methylbutans*, $C_9H_{19}O_6N$, F. 153° (Methanol/Aceton), aus vorst. Verb. mit D-Weinsäure in absol. A.; $[\alpha]_D^{18}$ +19,8° (W.). — *L-(+)-2-Amino-3-methylbutan* (IIa), durch Spaltung des vorst. Salzes mit K_2CO_3 in W.; $[\alpha]_D^{18}$ —0,84°. (Helv. chim. Acta **36.** 122—27. 2/2. 1953. Zürich, Univ., Chem. Inst.) G. MOHR. 950

Elmer E. Schallenberg und **M. Calvin,** *Trifluorthiolessigsäureäthylester als Acetylierungsmittel mit besonderem Hinblick auf die Peptidsynthese.* Durch Umsetzung von Aminosäuren in wss. Lsg. mit Trifluorthiolessigsäureäthylester (I; vgl. HAUPTSCHEIN, STOKES u. NODIFF, C. **1953.** 675) bei p_H 8—9 u. Ansäuern des Reaktionsgemisches erhält man die sehr beständigen *N-Trifluoracetylaminosäuren* in guten Ausbeuten. Sie werden von verd. NaOH oder konz. NH_4OH bei $p_H > 10$ gespalten, wobei die Drehung nicht geändert u. die Peptidbindung nicht gelöst wird. Die Hydrolyse des Anilids von N-Trifluoracetyl-L-phenylalanin(II) führt zu *L-Phenylalanylanilid.* Die endständige Stellung der Trifluoracetylgruppe in den Monotrifluoracetylderivv. von DL-Lysin u. DL-Ornithin folgt aus den sichtbaren Absorptionsspektren der Cu(II)-Chelate. — *N-Trifluoracetylglycyl-DL-phenylalanin* wurde einerseits durch Überführung des Säurechlorids von N-Trifluoracetylglycin (III) mit Thiophenol in *N-Trifluoracetylglycinthiophenylester* u. dessen Umsetzung mit DL-Phenylalanin, sowie andererseits durch Trifluoracetylierung von Glycyl-DL-phenylalanin (IV) mit I dargestellt.

Versuche: Die Darst. der N-Trifluoracetylderivv. erfolgte im allg. durch Auflösen der Aminosäure in der äquivalenten Menge nNaOH, Zugabe von 0,20 cm^3/mMol I (Mol-Verhältnis 1,6 : 1), 24 std. Schütteln unter Ableiten des Äthylmercaptans u. Ansäuern mit 1 cm^3 konz. HCl. *N-Trifluoracetyl-4-aminobenzoesäure,* $C_9H_6O_3NF_3$, Sublimationspunkt 274° (A.-W.); 92,3% (Ausbeute). — *N-Trifluoracetyl-ε-amino-n-capronsäure,* $C_8H_{12}O_3NF_3$, F. 88,6—90,6° (Bzl.-Hexan); 71,3%. — *N-Trifluoracetyl-L-(+)-arginindihydrat,* $C_8H_{13}O_3N_4F_3 \cdot 2\,H_2O$, F. 140—142° (W.); 62,9%. — *N-Trifluoracetyl-L-asparagin,* $C_6H_7O_4N_2F_3$, F. 163,8—165,2° (Methanol-W.); 64,5%. — *N-Trifluoracetyl-DL-methionin,* $C_7H_{10}O_3NF_3S$, F. 94,2—96,5° (Bzl.-PAe.); 70,2%. — *N^δ-Trifluoracetyl-DL-ornithin,* $C_7H_{11}O_3NF_3$, F. 228—232° (Zers.) (W.-A.); 53,5%. — *N-Trifluoracetyl-DL-phenylalanin,* $C_{11}H_{10}O_3NF_3$, F. 125,6—126,8° (Bzl.-Hexan); 80,4%. — *N-Trifluoracetyl-L-(—)-phenylalanin* (II), $C_{11}H_{10}O_3NF_3$, F. 119,4—120,6° (Bzl.-Hexan); 76,2%. *Säurechlorid,* $C_{11}H_9O_2NClF_3$, F. 109,5—111,5° (aus Bzl.-PAe. seidige Nadeln); aus der Säure in Bzl. u. $SOCl_2$; 60,3%. *Anilid,* $C_{17}H_{15}O_2N_2F_3$, F. 195,5—198,5° (aus 70%ig. A. seidige Nadeln); aus dem Säurechlorid u. Anilin in Bzl.; 80,8%. — *N-Trifluoracetyl-L-(—)-tryptophanhydrat,* $C_{13}H_{11}O_3N_2F_3 \cdot H_2O$, F. 162—164°, sintert bei 95° (W.); 48,4%. — *N-Trifluoracetyl-DL-valin,* $C_7H_{10}O_3NF_3$, F. 117,6—120,6° (Bzl.-PAe.); 64,6%. — *N-Trifluoracetylglycin* (III), $C_4H_4O_3NF_3$, F. 114—116,5° (Bzl.); durch Titration einer Lsg. von 378,2 mg Glycin in 5 cm^3 W. mit 3,02 cm^3 nNaOH auf p_H 10, Zugabe von 1,50 cm^3 (1,82 g) I, 18 std. Schütteln, Ansäuern mit 2 cm^3 nHCl, Ausäthern u. Eindampfen der Ätherlsg. im Vakuum; 54,8%. — *N^ε-Trifluoracetyl-DL-lysin,* $C_8H_{13}O_3N_2F_3$, F. 226—231° (Zers.); durch 6 std. Schütteln einer Lsg. von 1,83 g DL-Lysinmonohydrochlorid in 10,0 cm^3 nNaOH mit 2,0 cm^3 I, Lösen des beim Abkühlen ausgeschiedenen Rohprod. (75%) in 10 cm^3 heißem W. u. Zugabe von 15 cm^3 warmem A.; 69%. — *N-Trifluoracetyl-DL-tyrosinäthylester,* $C_{13}H_{14}O_4NF_3$, F. 172,6—174°; durch 24 std. Schütteln einer Suspension von 2,09 g DL-Tyrosinäthylester in 10 cm^3 Äthylacetat mit 2,0 cm^3 I, Eindampfen des Reaktionsgemisches im Vakuum, Umkristallisieren des Rückstands (99%) aus 20 cm^3 Äthylacetat durch Zugabe von 60 cm^3 PAe.; 69%. — *N-Trifluoracetyl-DL-norleucin,* $C_8H_{12}O_3NF_3$, F. 79,0—82,5°; durch Acetylierung in der üblichen Weise, Extraktion des Reaktionsgemisches mit Äthylacetat, Eindampfen im Vakuum u. Kristallisation aus warmem Bzl.; 53%. — *N-Trifluoracetylglycinthiophenylester,* $C_{10}H_8O_2NF_3S$, F. 80,2 bis 81,5°; durch 2½ std. Kochen von 4,28 g III mit 4,96 g $SOCl_2$ am Rückflußkühler, Eindampfen im Vakuum in N_2-Atmosphäre, Aufnehmen in 10 cm^3 Bzl., Eindampfen, Zugabe einer Lsg. von 3,77 g Thiophenol in 10 cm^3 Bzl., 4 std. Kochen, Stehenlassen über Nacht bei Raumtemp., Abdampfen des Bzl. u. überschüssigen Thiophenols im Vakuum, Lösen des Rückstands in 15 cm^3 Bzl. u. Verdünnen mit 15 cm^3 Hexan; 82,4%. — *N-Trifluoracetylglycyl-DL-phenylalanin,* $C_{13}H_{13}O_4N_2F_3$, F. 152,5—155° (W.); durch 48 std. Schütteln einer Lsg. von 166,5 mg DL-Phenylalanin in verd. NaOH mit einer Lsg. von 264,8 mg der vorst. Verb. in 4 cm^3 Tetrahydrofuran bei Zimmertemp., Eindampfen im Vakuum, Aufnehmen des Rückstands in 3 cm^3 warmer nHCl u. Abkühlen; 30%, oder durch 5 std. Schütteln einer Lsg. von 222,1 mg IV in 1,0 cm^3 nNaOH mit 0,25 cm^3 I u. Ansäuern mit 0,5 cm^3 6 nHCl; 98%. — *L-Phenylalanylanilid,* F. 72,6—74,2° (50%ig. A.), $[\alpha]_D^{25,5}$ +22,1; aus einer Lsg. von 91,1 mg des Anilids von II in 5,0 cm^3 95%ig. A. u. 1,0 cm^3 nNaOH in 48 Std. bei Zimmertemp. u. Ansäuern mit nHCl; 56,9%. (J. Amer. chem. Soc. **77.** 2779—83. 20/5. 1955. Berkeley, Calif., Univ. of California, Dep. of Chem. u. Radiation Labor.)

E. FORCHE. 950

Anthony L. Levy und **David Chung,** *Ein vereinfachtes Verfahren zur Synthese von 2.4-Dinitrophenyl (DNP)-aminosäuren.* Das zur Darst. von DNP-Aminosäuren angegebene Verf. von SANGER (Biochem. J. **39.** [1945.] 507) wird durch Arbeiten bei p_H 9 bei 40° unter Zusatz von nur 1 Mol DNFB abgeändert.

Versuche: *DNP-L-leucin*, $C_{12}H_{15}O_6N_3$, F. 101° (Essigsäure), durch Umsetzung von L-Leucin mit DNFB in Na_2CO_3-Lsg. bei 40° unter Rühren in 30 Min. u. Ansäuern mit konz. HCl; gelbe Nadeln; $[\alpha]_D^{23}$ +56,6° (1%ig. $NaHCO_3$); 97%. — *DNP-L-glutaminsäure*, $C_{11}H_{11}O_8N_3$, F. 134—136° (Essigester–Chlf.), analog aus L-Glutaminsäure; $[\alpha]_D^{23}$ —18,48° (1%ig. $NaHCO_3$); 81%. — *DNP-DL-methioninsulfoxyd*, $C_{11}H_{13}O_7N_3S$, F. 184,5° (Zers.; A.), aus DL-Methioninsulfoxyd; 96%. — *DNP-DL-methioninsulfon*, $C_{11}H_{13}O_8N_3S$, F. 184,5° (Zers.; A.), aus DL-Methioninsulfon; 89%. — *Bis-DNP-L-cystein*, $C_{15}H_{11}O_{10}N_5S$, F. 155—169° (Essigsäure), aus L-Cysteinhydrochlorid; $[\alpha]_D^{23}$ —265,8° (1%ig. $NaHCO_3$); 83%. — *DNP-DL-alanylglycylglycin*, $C_{13}H_{15}O_8N_5$, F. 205° (Zers.; 50%ig. wss. A.), aus DL-Alanylglycylglycin; 72%. (J. Amer. chem. Soc. **77**. 2899—2900. 20/5. 1955. Berkeley, Calif., Univ., Hormone Res. Labor.) W. GEHRMANN. 950

J. Franklin Hyde und **James W. Curry**, *Die Darstellung von Tetra-[tert.-butoxy]-silan und Tri-[tert.-butoxy]-fluorsilan.* Die Umsetzung von SiF_4 mit Na-tert.-Butylat (I) liefert *Tetra-[tert.-butoxy]-silan* (II), wenn man mit einem geringen SiF_4-Überschuß arbeitet u. das Reaktionsgemisch lange Zeit am Rückflußkühler kocht. Andernfalls ist *Tri-[tert.-butoxy]-fluorsilan* (III) das Hauptprodukt.

Versuche: *Tetra-[tert.-butoxy]-silan* (II), $C_{16}H_{36}O_4Si$, Kp.$_{15}$ 105—105,5°, F. 56,5 bis 57°; durch Einleiten von SiF_4 [aus $(NH_4)_2SiF_6$, Quarz u. H_2SO_4] in eine heiße I-Lsg. (erhalten durch 20std. Kochen von 57,5 g Na u. 1500 cm³ tert.-Butylalkohol), 112std. Kochen unter Rückfluß, Filtrieren, Abdest. des überschüssigen tert.-Butylalkohols bei n. Druck u. Fraktionieren im Vakuum; 51,6% (Ausbeute) neben 4,1% III. — *Tri-[tert.-butoxy]-fluorsilan* (III), $C_{12}H_{27}O_3FSi$, Kp.$_{15}$ 78,5—80,5°; $D.^{25}_4$ 0,9054; n_D^{25} 1,3831; aus 0,75 Mol SiF_4 u. 1 Mol I ohne Kochen nach dem Einleiten des SiF_4; 20,2% neben 13,4% II. — Das Ultrarotspektr. von II zeigt die Si–O-Absorption bei 9,37 μ. In dem Ultrarotspektr. von III liegt die Si—O-Bande bei 9,25 μ u. die Si—F-Bande bei 11,35 μ. (J. Amer. chem. Soc. **77**. 3140—41. 5/6. 1955. Midland, Mich., Dow Corning Corp.) E. FORCHE. 980

P. D. George, **L. H. Sommer** und **F. C. Whitmore**, *Über Organosiliciumverbindungen.* 46. Mitt. *Die Wiederverteilung von Tetraäthyl- und Tetrapropylsilan.* (45. vgl. J. Amer. chem. Soc. **77**. [1955.] 170; vgl. auch CALINGAERT u. Mitarbeiter, J. Amer. chem. Soc. **62**. [1940.] 1107.) Vff. untersuchten refraktometr. u. infrarotspektroskop. die Prodd. der $AlCl_3$-Einw. auf eine Mischung von Tetraäthyl- u. -n-propylsilan (5 Std. bei 175—180°). Als Reaktionsprodd. wurden außer unverändertem Material *Triäthyl-n-propyl-*, *Diäthyldi-n-propyl-* u. *Tri-n-propyläthylsilan* gefunden. Isomerisierung der n-Propylgruppe trat nicht auf ($<$3—5%, keine Infrarotbande bei 11,37 μ = Isopropylbande, nur Absorption bei 7,50 μ = n-Propylgruppenbande).

Versuche: *Di-n-propyldiäthylsilan*, $C_{10}H_{24}Si$, Kp.$_{30}$ 89,8°, Kp.$_{731}$ 187,4°, durch Zugabe von Di-n-propyldichlorsilan (Kp.$_{730}$ 170°, aus $SiCl_4$ u. n-Propyl-MgBr in Ae.; 35% [Ausbeute]) in Ae. zu C_2H_5MgBr, 16 Std. bei 100°, Hydrolyse; $D.^{20}$ 0,7764; n_D^{20} 1,4339; 68%. — *Tri-n-propyläthylsilan*, $C_{11}H_{26}Si$, Kp.$_{33}$ 104,8°, Kp.$_{732}$ 202,2°, analog vorst. Verb. aus Äthyltrichlorsilan u. n-Propyl-MgBr; $D.^{20}$ 0,7795; n_D^{20} 1,4362; 51% (roh). (J. Amer. chem. Soc. **77**. 1677—78. 20/3. 1955. State College, Pa., Univ., Coll. of Chem. and Phys.) B. GNAUCK. 980

Leo H. Sommer und **Gerald R. Ansul**, *Gemischte Paraffin–Siloxane mit der 1.6-Disilahexangruppe.* 47. Mitt. *über Organosiliciumchemie.* (46. vgl. vorst. Ref.) Einw. von H_2SO_4 auf 1.4-Bis-[trimethylsilyl]-butan (I) ergab 92% CH_4 (Spaltung der Si—CH_3-Bindung) u. Polymere der Formel $-[(CH_3)_2Si-(CH_2)_4-Si(CH_3)_2-O]-_n$ (**A**), die durch das Prod. der Spaltung zwischen Si u. CH_2 (ca. 8%) verunreinigt waren. Entsprechend ergab die Umsetzung von **A** mit BF_3-Ätherat 65—78% *2.7-Dimethyl-2.7-difluor-2.7-disilaoctan* (II), daneben *Trimethylfluorsilan* u. *n-Butyldimethylfluorsilan* aus den Nebenprodukten. II ergab mit wss. KOH 94% *2.7-Dimethyl-2.7-dioxy-2.7-disilaoctan* (III), das in verd. Benzollsg. am Rückfluß bei Ggw. von CF_3COOH unter Ringschluß u. Wasserabspaltung 85% *2.2.7.7-Tetramethyl-1-oxa-2.7-disilacycloheptan* (**IV**, Infrarotbande bei 9,86 μ: Siloxanbindung) ergab. Aus **III** wurden in konz. Benzollsg. mit CF_3·COOH **IV** u. fl. **A** (mit n = 1—4) gebildet. Die **A** besitzen niedrigere Kpp. als die entsprechenden Paraffine, die Kpp. steigen langsamer mit dem Mol.-Gew. als bei diesen; diese Unterschiede sind aber nicht so stark wie die zwischen Paraffinen u. linearen Methylpolysiloxanen. Diese Mittelstellung der **A** gilt auch für ihre n_D^{20}, D. u. Viscositäten (Aktivierungsenergie des viscosen Flusses zwischen 3,84 u. 5,41 kcal). Da die geringe Temperaturabhängigkeit der Viscosität bei linearen Methylpolysiloxanen mit spiraligem Bau in Zusammenhang gebracht wird (wobei durch Temperaturerhöhung die Spirale gedehnt wird), ist zu schließen, daß die Ggw. von C—C-Bindungen in den **A** die Dehnung des Mol. behindert.

Versuche: *1.4-Bis-[trimethylsilyl]-butan* (I), $C_{10}H_{26}Si_2$, Kp.$_{732}$ 193°, durch Zutropfen von 1.4-Dibrombutan in Tetrahydrofuran (V) zu Mg in **V** bei 30—35°, dann Zugabe von Trimethylchlorsilan, 9 Std. am Rückfluß, auf Eis–wss. HCl gießen; n_D^{20} 1,4260; D.^{20} 0,7651; 67% (Ausbeute). — *2.7-Dimethyl-2.7-difluor-2.7-disilaoctan* (II), $C_8H_{20}F_2Si_2$, Kp.$_{730}$ 176°, aus **I** u. konz. H_2SO_4, 65 Std. bei n. Temp. rühren, auf Eis gießen; das entstandene Polysiloxan (**A**) mit BF_3-Ätherat auf 100° erhitzen (3 Std.), dann bei 125° das letzte abdest.; 78%. — *2.7-Dioxy-2.7-dimethyl-2.7-disilaoctan* (III), $C_8H_{22}O_2Si_2$, F. 66,5—67° (Hexan), durch Zugabe von **II** zu wss. KOH, 5 Std. rühren unter Wasserkühlung; 95%; ergab mit $SOCl_2$ u. Pyridin *2.7-Dichlor-2.7-dimethyl-2.7-disilaoctan*, $C_8H_{20}Cl_2Si_2$, Kp.$_{15}$ 112°; 30%. — *2.2.7.7-Tetramethyl-1-oxa-2.7-disilacycloheptan* (IV), $C_8H_{20}OSi_2$, Kp.$_{730}$ 169°, durch Erhitzen von **III**, Bzl. u. CF_3COOH am Rückfluß; n_D^{20} 1,4340; D.^{20} 0,8794; 85%. — Aus **III** (1,3 Mol) in 700 cm³ Bzl. bei Ggw. von 0,5 g CF_3COOH, 5 Std. am Rückfluß, entstand eine Mischung cycl. u. linearer Organosiloxane, die mit Hexamethyldisiloxan (2 Mol) u. konz. H_2SO_4 (nach 18 Std. rühren bei n. Temp., braune, viscose Schicht entfernen, dann konz. H_2SO_4 + rauchende H_2SO_4 zugeben u. 9 Std. bei n. Temp. rühren) ergab: *Oktamethyl-3.10-dioxa-2.4.9.11-tetrasiladodecan*, $C_{14}H_{38}O_2Si_4$, F. ca. —35°, Kp.$_{16}$ 139°; n_D^{20} 1,4169; D.^{20} 0,8389; 32,4%; *Dodekamethyl-3.10.17-trioxa-2.4.9.11.16.18-hexasilanonadecan*, $C_{22}H_{58}O_3Si_6$, F. ca. —62°, Kp.$_6$ 196°; n_D^{20} 1,4292; D.^{20} 0,8622; 24,5%; *Hexadekamethyl-3.10.17.24-tetraoxa-2.4.9.11.16.18.23.25-oktasilahexakosan*, $C_{30}H_{78}O_4Si_8$, F. ca. —56°, Kp.$_6$ 250°; n_D^{20} 1,4349; D.^{20} 0,8738; 13,9%; *Eikosamethyl-3.10.17.24.31-pentaoxa-2.4.9.11.16.18.23.25.30.32-dekasilatritriakontan*, $C_{38}H_{98}O_5Si_{10}$, F. —66°, Kp.$_5$ 276°; n_D^{20} 1,4377; D.^{20} 0,8799; 4,6%. (J. Amer. chem. Soc. **77**. 2482—85. 5/5. 1955.) B. GNAUCK. 980

L. H. Sommer, W. D. English, G. R. Ansul und **D. N. Vivona**, *Aliphatische organofunktionelle Siloxane*. 3. Mitt. *Synthese und physikalische Eigenschaften von Organo-polysiloxandiestern*. 48. Mitt. *über Organosiliciumchemie*. (2. vgl. C. **1954**. 8554; 47. vgl. vorst. Ref.) Vff. stellten folgende 3 Reihen von Organosiloxandiestern aus den Disiloxanestern u. Oktamethylcyclotetrasiloxan (II) dar, $C_2H_5O_2CCH_2CH_2Si(CH_3)_2$—[OSi$(CH_3)_2$—]$_n$O—Si$(CH_3)_2CH_2CH_2CO_2C_2H_5$ (**A**), $CH_3CO_2(CH_2)_3Si(CH_3)_2$—[OSi$(CH_3)_2$—]$_n$·O—Si$(CH_3)_2(CH_2)_3O_2CCH_3$ u. $CH_3CO_2(CH_2)_4Si(CH_3)_2$—[OSi$(CH_3)_2$—]$_n$O—Si$(CH_3)_2(CH_2)_4$·$O_2CCH_3$, u. untersuchten ihre Kpp., n_D^{20}, D. (0—60°), Viscosität (0—60°), die Beziehungen zwischen Viscosität u. Dampfdruck u. die Größe der Fließzelle. Mit Zunahme der Zahl an $(CH_3)_2$SiO-Einheiten nehmen die Aktivierungsenergie des viscosen Flusses E_{vis} u. n_D^{20} ab; offenbar übertrifft die zunehmende Annäherung der Diester an die reine Organopolysiloxanstruktur vollständig die erwartete Steigerung mit dem Mol.-Gewicht. Das Verhältnis E_{vap} : E_{vis} (E_{vap}: Verdampfungswärme am n. Kp.) steigt in der Gruppe **A** von 3,38—4,83 (von n = 0 bis n = 6); da dieses für flache, nichtsphär. Moll. gewöhnlich 4 beträgt (vgl. EWELL u. EYRING, J. chem. Physics **5**. [1937.] 726 u. früher), ist anzunehmen, daß diese Moll. beim Fließen sich in Segmenten bewegen, die bei **A** (n = 2—5) etwa die Größe von **A** (n = 1) besitzen.

Versuche: *ω-Brom-n-butyltrimethylsilan*, $C_7H_{17}BrSi$, Kp.$_{26}$ 85°; n_D^{20} 1,4551; D.^{20} 1,0932; aus ω-Oxy-n-butyltrimethylsilan mit PBr_3; 94%. — *Bis-[ω-brom-n-butyl]-tetramethyldisiloxan* (I), $C_{12}H_{28}OBr_2Si_2$, Kp.$_{1,7}$ 143°, durch Zugabe vorst. Verb. zu konz. H_2SO_4 bei 18°, 16 Std. rühren bei 20—26°; 87%. Analog: *Bis-[γ-brompropyl]-tetramethyldisiloxan*, $C_{10}H_{24}OBr_2Si_2$, Kp.$_1$ 115°; n_D^{20} 1,4751; D.^{20} 1,281; 64%. — *Bis-[ω-acetoxy-n-butyl]-tetramethyldisiloxan* (III), $C_{16}H_{34}O_5Si_2$, Kp.$_{39}$ 221°, aus **I**, wasserfreiem K-Acetat, Eisessig u. Acetanhydrid, 62 Std. am Rückfluß, nach Abkühlen Zugabe von Pentan; n_D^{20} 1,4366; D.^{20} 0,9645; analog: *Bis-[γ-acetoxypropyl]-tetramethyldisiloxan* (IV), $C_{14}H_{30}O_5Si_2$, Kp.$_{39}$ 207°; n_D^{20} 1,4342; D.^{20} 0,9777; 84%. — *Bis-[β-carbo-2-äthylhexyloxyäthyl]-tetramethyldisiloxan*, $C_{26}H_{54}O_5Si_2$, Kp.$_{3,5}$ 242—244°, durch Zugabe von Na zu 2-Äthylhexanol-(1), nach Erhitzen abkühlen u. Zugabe von Bis-[β-carbäthoxyäthyl]-tetramethyldisiloxan, 2 Std. am Rückfluß, dabei A. abdest.; n_D^{20} 1,4456; 58%. — *1.11-Bis-[β-carbäthoxyäthyl]-dodekamethylhexasiloxan* (**A**, n = 4), $C_{22}H_{54}O_9Si_6$, Kp.$_{39}$ 265°, aus Bis-[β-carbäthoxyäthyl]-hexamethyltrisiloxan (Kp.$_{39}$ 217°; n_D^{20} 1,4288; D.^{20} 0,9808) u. Bis-[β-carbäthoxyäthyl]-oktamethyltetrasiloxan mit H_2SO_4 (Kp.$_{39}$ 238°; n_D^{20} 1,4256; D.^{20} 1,0020). — *1.13-Bis-[β-carbäthoxyäthyl]-tetradekamethylheptylsiloxan* (**A** n = 5), $C_{24}H_{60}O_{10}Si_7$, Kp.$_{39}$ 272°; n_D^{20} 1,4212; D.^{20} 0,9813. — *1.5-Bis-[ω-acetoxy-n-butyl]-hexamethyltrisiloxan*, $C_{18}H_{40}O_6Si_3$, Kp.$_{39}$ 237°, aus **II** u. **III** mit H_2SO_4; n_D^{20} 1,4320; D.^{20} 0,9675; 18%. Daneben *1.7-Bis-[ω-acetoxy-n-butyl]-oktamethyltetrasiloxan*, $C_{20}H_{46}O_7Si_4$, Kp.$_{39}$ 256°; n_D^{20} 1,4285; D.^{20} 0,9694; 9%. *1.9-Bis-[ω-acetyl-n-butyl]-dekamethylpentasiloxan*, $C_{22}H_{52}O_8Si_5$, Kp.$_{39}$ 269°; n_D^{20} 1,4260; D.^{20} 0,9708; 5%. *1.11-Bis-[ω-acetoxy-n-butyl]-dodekamethylhexasiloxan*, $C_{24}H_{58}O_9Si_6$, Kp.$_{39}$ 287°; n_D^{20} 1,4240; D.^{20} 0,9702; 1%. — *1.5-Bis-[γ-acetoxypropyl]-hexamethyltrisiloxan*, $C_{16}H_{36}O_6Si_3$, Kp.$_{39}$ 223°, aus **IV** u. **II** mit H_2SO_4; n_D^{20} 1,4290; D.^{20} 0,9795; 12,5%. Daneben: *1.7-Bis-[γ-acetoxypropyl]-*

oktamethyltetrasiloxan, $C_{18}H_{42}O_7Si_4$, Kp.$_{39}$ 242°; n_D^{20} 1,4235; D.^{20} 0,9802; 4%. *1.9-Bis-[γ-acetoxypropyl]-dekamethylpentasiloxan*, $C_{20}H_{48}O_8Si_5$, Kp.$_{39}$ 268°; n_D^{20} 1,4230; D.^{20} 0,9787; 1%. (J. Amer. chem. Soc. **77.** 2485—89. 5/5. 1955.) B. GNAUCK. 980

W. Lorenz, A. Henglein und **G. Schrader,** *Das neue Insekticid O.O-Dimethyl-2.2.2-trichlor-1-oxyäthylphosphonat.* Vff. beschreiben die Eigg. von *O.O-Dimethyl-2.2.2-trichlor-1-oxyäthylphosphonat* (I) u. teilen letale Dosen (LD_{50}-Werte) für Mäuse u. Ratten u. die Wrkg. auf die Stubenfliege nach DUBOIS u. COTTER (unveröffentlicht) mit. I erleidet in alkal. Medium eine Umlagerung zu *O.O-Dimethyl-O-(2.2-dichloräthenyl)-phosphat* (II) unter Abgabe von HCl. Die Konst. des II wurde infrarotspektroskop. bestimmt, II konnte auch nach PERKOW u. Mitarbeitern (C. **1955.** 5760) durch Kondensation von Chloral mit Trimethylphosphit erhalten werden. II wirkt stärker tox. als I (Werte sind wie für I angegeben). Die Infrarotspektren sind für I (in KBr) u. II zwischen 2 u. 15 μ angegeben. — II, $C_4H_7O_4Cl_2P$, Kp.$_3$ 86—87°, aus I in W. bei 30°, Zutropfen von wss. NaOH unter Rühren; n_D^{20} 1,4541; D.$^{20}_4$ 1,423; 58% Ausbeute. (J. Amer. chem. Soc. **77.** 2554—56. 5/5. 1955. Leverkusen, Farbenfabriken Bayer AG.) B. GNAUCK. 980

Ju. G. Mamedalijew und **Sch. W. Welijew,** *Alkylierung von Chlorbenzol mit Olefinen in Gegenwart von synthetischen Aluminiumsilicaten.* Bei der Alkylierung von Chlorbenzol (I; Kp. 131—132°; D.$^{20}_4$ 1,106; n_D^{20} 1,5245) mit Propylen bei 350°, 20 at, einem Durchsatz von 0,3 Vol. Fl. je 1 Vol. Katalysator je Std. u. einem mol. Verhältnis von I : Propylen = 4 : 1 beträgt die Ausbeute an *Isopropylchlorbenzol* 84%. Die Ausbeute ist druckabhängig u. beträgt bei 10 at 66,4%. Als optimale Reaktionstemp. erweisen sich 350°. Bei Abweichungen von ±50° verringert sich die Ausbeute um 1—3%. Bei der Alkylierung von I mit Butylen werden unter gleichen Bedingungen, jedoch bei einem Druck von 40 at, 83% *Butylchlorbenzol* erhalten. Der Aluminiumsilicatkatalysator wird hergestellt durch gleichzeitige Fällung von SiO_2 u. Al_2O_3 aus Lsgg. von Wasserglas u. K-Al-Alaun. Das Gewichtsverhältnis von $SiO_2 : Al_2O_3$ im Katalysator beträgt 9 : 1. (Доклады Академии Наук СССР [Ber. Akad. Wiss. UdSSR] [N. S.] **92.** 573—75. 21/9. 1953.) A. TROFIMOW. 1010

Norman Kharasch und **Ronald Swidler,** *Derivate der Sulfensäuren.* 15. Mitt. *Eine neue Synthese von Thiophenolen.* (14. vgl. C. **1954.** 8556.) Durch Rk. von 2.4-Dinitrobenzolsulfenylchlorid (I) mit Aromaten u. $AlCl_3$ kommen Vff. zu *Aryl-2.4-dinitrophenylsulfiden,* die sich mit methanol. Alkali zu *Thiophenolen* u. *2.4-Dinitroanisol* spalten lassen. Die Sulfide können zu *Sulfonen* oxydiert werden, die bei der alkal. Spaltung *sulfinsaure Salze* ergeben.

Versuche: *p-Xenyl-2.4-dinitrophenylsulfid,* F. 146—147°, durch Zufügen von $AlCl_3$ im Überschuß zu I u. Diphenyl in Äthylenchlorid bei —20°, 5 Min. Rühren bei —10°, Versetzen mit absol. A. <0°, Einengen der organ. Schicht u. Zugabe von PAe.; gelbe Platten aus A.; 91% (Ausbeute); mit mol. Mengen $AlCl_3$ 86%. — Analog: *p-Bromphenyl-2.4-dinitrophenylsulfid,* F. 140—141°; 80%. — *2.4-Dinitrophenylphenylsulfid* (III), F. 120—125°; 91%. — *p-Chlorphenyl-2.4-dinitrophenylsulfid,* F. 123—124°; 94%. — *2.4-Dinitrophenyl-p-tolylsulfid* (II), F. 99—100,5° (Bzl.-Methanol); 92%; war durch *o-Isomeres* verunreinigt, da nach Oxydation u. fraktionierter Kristallisation *2.4-Dinitrophenyl-o-tolylsulfon* (F. 152—154°; ~1%) isoliert wurde. — *2.4-Dinitrophenyl-p-tolylsulfon,* F. 185—187°. — *p-Diäthylaminophenyl-2.4-dinitrophenylsulfid,* $C_{16}H_{17}O_4N_3S$, F. 146—147°, durch Erhitzen von I mit Diäthylanilin in Eisessig auf 100° (5 Min.); rote Kristalle aus Chlf.-Methanol; 81%. — *2.4-Dimethylphenyl-2'.4'-dinitrophenylsulfid,* $C_{14}H_{12}O_4N_2S$, F. 141—142°. — *2.4.6-Trimethylphenyl-2'.4'-dinitrophenylsulfid,* $C_{15}H_{14}$·O_4N_2S, F. 171—172° — *p-Thiokresol,* F. 41—43°, durch ½ std. Kochen von II mit KOH in Methanol, Einengen, Zugabe von Eis, Abfiltrieren von *2.4-Dinitroanisol* (F. 93—95°, aus Methanol), Ansäuern mit konz. HCl u. Wasserdampfdest.; 80%. — Analog: *p-Xenylthiol,* F. 107—110°; 70%. — *p-Bromthiophenol,* F. 71—73°; 79%. — *Thiophenol,* als Pb-Salz isoliert; 80%. — *p-Chlorthiophenol*; 76%. — *Benzolsulfinsäure,* F. 82—84°, durch Oxydation von III mit H_2O_2 in Eisessig (2 Std./100°) zu *2.4-Dinitrophenylphenylsulfon* (F. 161°) u. alkal. Spaltung wie oben; 79% (roh) bzw. 41% (rein). (J. org. Chemistry **19.** 1704—07. Okt. 1954. Los Angeles, Calif., Univ. of Southern California, Dep. of Chem.) G. BROD. 1090

I. I. Lapkin, N. I. Latosch und **Je. Ss. Below,** *Sterische Hinderungen bei magnesiumorganischen Reaktionen.* 13. Mitt. *Herstellung von Ketonen durch Reaktion von Säurehalogeniden mit magnesiumorganischen Verbindungen.* (12. vgl. C. **1955.** 8835.) Es wird weiteres Versuchsmaterial über die Rkk. von Carbonsäurehalogeniden mit Arylmagnesiumhalogeniden gebracht, bei denen *Ketone* entstehen, ohne daß diese mit den GRIGNARD-Verbb. unter Bldg. der entsprechenden tert. Alkohole u. ihrer Dehydratationsprodd. weiterreagieren. Ketone sind einzige Reaktionsprodd., wenn das Aryl in o.o'-Stellung disubstituiert ist, da die ster. Hinderung groß ist. Sind beide o-Stellungen nichtsubstituiert, so werden sogar bei -15^0 neben den Ketonen die weiteren Umwandlungsprodd. gebildet. Auch das Halogen (Cl oder Br) hat Einfl. auf den Verlauf der Reaktion. Beschrieben werden *Bornyl-α-naphthylketon* u. *Bornyl-α-naphthylmethan*, die neu sind.

Versuche: Zur Lsg. des Säurehalogenids in dem 3fachen Vol. Ae. wird unter Kühlung mit Eiswasser (bei nicht substituiertem Aryl Eis + NaCl) die Lsg. der GRIGNARD-Verb. in Ae. hinzugefügt; bei disubstituiertem Aryl wird in umgekehrter Reihenfolge gemischt; in vorliegender Unters. wird, um vergleichbare Resultate zu erhalten, stets 6 Std. erwärmt, nach Zusatz der gleichen Menge W. zwecks Verseifung nicht verbrauchten Säurehalogenids weiter 1 Std. erwärmt u. das Reaktionsprod. im Vakuum fraktioniert. *Bornyl-α-naphthylketon*, $C_{21}H_{24}O$, F. 109—110° (PAe.), $Kp._7$ 218—219°; aus 24 g Camphancarbonsäurechlorid, 27 g α-Bromnaphthalin u. 4 g Mg; 24 g (Ausbeute). *Phenylhydrazon*, $C_{27}H_{30}N_2$, F. 128° (Toluol). Durch Red. *Bornyl-α-naphthylmethan*, $C_{21}H_{26}$, F. 104° (PAe.); $Kp._{14}$ 239°. — *Isobutylmesitylketon*, aus Mesityl-MgBr (III) u. Isovalerylchlorid (IV); 1 : 1 Mol: 20%; 2 : 1: 39%. — *Isobutyl-o-tolylketon*, aus o-Tolyl-MgBr (V) u. IV; 46%. — *Isobutyl-α-naphthylketon*, aus α-Naphthyl-MgBr (VI) u. IV; 52%. — *Isobutyl-p-tolylketon*, aus p-Tolyl-MgBr u. IV; 39% (neben dem *ungesätt. KW-stoff*; 13%). — *Isobutylphenylketon*, aus Phenyl-MgBr (VII) u. IV; 32% u. 28% *KW-stoff*. — *Propylmesitylketon*, aus III u. Butyrylchlorid (I); 1 : 1: 18%; 2 : 1: 37%. — *Propyl-o-tolylketon*, aus V u. I; 42%. — *Propyl-α-naphthylketon*, aus VI u. I; 51%. — *Propylphenylketon*, aus VII u. I; 27% u. 24% *KW-stoff*. — *Isopropylmesitylketon*, aus III u. Isobutyrylchlorid (II); 1 : 1: 45%; 2 : 1: 55%. — *Isopropyl-o-tolylketon*, aus V u. II; 53%. — *Isopropyl-α-naphthylketon*, aus VI u. II; 65%. — *Isopropylphenylketon*, aus VII u. II; 42% u. 20% *KW-stoff*. (Журнал Общей Химии [J. allg. Chem.] 22 (84). 1367—71. Aug. 1952. Molotow, Gorki-Univ., Labor. für organ. Chem.) O. POLLAK V. EMHOFEN. 1160

Cesare Cardani, *Über β.β-Dimethylvinylarylketone und Derivate davon*. 1. Mitt. *Spaltung mit $AlCl_3$*. Das bei der Entmethylierung von 2.5-Dimethoxy-[β.β-dimethylacryloyl]-benzol (I) mit $AlCl_3$ erhaltene Nebenprod. vom F. 201—203° (vgl. QUILICO u. Mitarbeiter, Gazz. chim. ital. **80**. [1950.] 327) wurde als *2.5-Dioxyacetophenon* (II) erkannt. Daß es sich hier um eine allg. Rk. von β.β-Dimethylvinylarylketonen handelt, wurde an folgenden Rkk. bewiesen: 2-Oxy-5-methyl-β.β-dimethylacryloylbenzol → *2-Oxy-5-methylacetophenon*, β.β-Dimethylacryloylbenzol → *2.4.6-Trimethylacetophenon* u. 2-Heptyl-5-[β.β-dimethylacryloyl]-hydrochinon → *2.5-Dioxy-4-heptylacetophenon*. Diese Rkk. verlaufen nur in Bzl. u. nicht in anderen Lösungsmitteln.

Versuche: Verh. des 2.5-Dimethoxy-β.β-dimethylacryloylbenzol (I)–$AlCl_3$-Komplexes gegenüber $AlCl_3$: a) Der nach QUILICO u. Mitarbeitern (l. c.) erhaltene Komplex wird nach Entfernen des CS_2 mit $AlCl_3$ 3 Std. in Bzl. erhitzt. Nach Extraktion des Reaktionsprod. mit Bzn. zur Entfernung des entstandenen *β.β-Dimethylacryloylhydrochinons* (III) bleibt wenig II (F. 203°) zurück. b) Bei 10 std. Erhitzen steigt die Menge an II. c) Beim Erhitzen mit einer größeren Menge $AlCl_3$ (3 Std.) wird II Hauptprod. der Reaktion. — *2.5-Dioxyacetophenon* (II), $C_8H_8O_3$, F. 204° (gelbe Nadeln aus W.), durch Erhitzen von 1 Mol III mit 3,5 Mol $AlCl_3$ in wasserfreiem Bzl. (2 Std.); 56% (Ausbeute). *Dibenzoylderiv.*, F. 114° (aus A.). *Phenylhydrazon des Dibenzoylderiv.*, F. 152° (Nadeln aus A.). *Oxim*, F. 152° (Blättchen aus Toluol). — *2-Oxy-5-methylacetophenon*, F. 50° (Nadeln aus W.), aus 2-Oxy-5-methyl-[β.β-dimethylacryloyl]-benzol durch Erhitzen mit 4 Mol $AlCl_3$ in Bzl. (7 Std.). *p-Nitrophenylhydrazon*, F. 246°. *Semicarbazon*, F. 220 bis 222°. Das nachst. IV konnte unter den Reaktionsprodd. nicht festgestellt werden. — *2.2.6-Trimethylchromanon* (IV), F. 80° (Nadeln aus PAe.), durch Stehenlassen von vorst. Verb. in 2%ig. NaOH (10 Min.). — Beim Erhitzen von *β.β-Dimethylacryloylbenzol* ($Kp._{11}$ 130—136°, dargestellt aus Bzl. u. β.β-Dimethylacrylsäurechlorid [V] in Bzl. mit $AlCl_3$) mit überschüssigem $AlCl_3$ in wasserfreiem Bzl. (6 Std.) entsteht *Acetophenon* (*2.4-Dinitrophenylhydrazon*, F. 201 u. 246°). — *2.4.6-Trimethyl-[β.β-dimethylacryloyl]-benzol* (VI), $C_{14}H_{18}O$, $Kp._{20}$ 150—155° (gelbes Öl), aus Mesitylen u. V in CS_2 in Ggw. von $AlCl_3$ zunächst unter Kühlung, dann bei 50° (3 Std.). *Semicarbazon*, F. 176—178° (aus A.). — *Isovalerylmesitylen*, $Kp._{30}$ 151—161°, aus VI mit Pd-Kohle/H_2 in A. bei 20°. — *2.4.6-Trimethylacetophenon*, $C_{11}H_{14}O$, $Kp._{750}$ 235—238°, aus VI durch Erhitzen mit $AlCl_3$ in Bzl. (4 Std.). — *2.5-Dioxy-4-n-heptylacetophenon*, $Kp._7$ 170—180°, aus 2-Heptyl-5-[β.β-dimethylacryloyl]-hydrochinon durch Erhitzen mit $AlCl_3$ in Bzl. (3 Std.) oder aus n-Heptylhydrochinondimethyläther u. CH_3COCl in Ggw. von $AlCl_3$ in CS_2. *Semicarbazon*, $C_{16}H_{25}O_3N_3$, F. 191° (Zers.; aus A.). — Beim Erhitzen von 0,5 g III mit 1,3 g $AlCl_3$ in verschied. Lösungsmitteln werden folgende Beobachtungen gemacht: In CS_2 (15 ml) entsteht *2.2-Dimethyl-6-oxychromanon* (VII) neben unverändertem III; in n-Heptan (15 ml) VII neben III; in CS_2 (10 ml) + Bzl. (0,37 ml) entsteht ein in Bzn. unlösl. Prod., aus dem aber kein II erhalten werden konnte, neben III; in CS_2 (6 ml) + Bzl. (6 ml) entsteht ebenfalls kein II; in CS_2 (2 ml) + Bzl. (6 ml) entstehen 64% II. (Gazz. chim. ital. **83.** 62—72. 1953. Mailand, Politecnico, Ist. di chim. gen. e analit.)

K. FABER. 1180

A. Je. Kretow und **Je. D. Radtschenko,** *Gewinnung von Benzylamin aus Benzylchlorid und Harnstoff.* Beim Erhitzen von 1 Mol Benzylchlorid, 2 Mol Harnstoff u. 0,83 Mol W. während 5 Std. unter Rückfluß entsteht mit 70% (Ausbeute) ein Gemisch aus *Benzyl-* (I) u. *symm.-Dibenzylharnstoff* (II), das beim Schmelzen mit NaOH bei 250—275° mit 84—85% *Benzylamin* (Kp. 183—185°; $D.^{20}_{20}$ 0,9802; n_D^{20} 1,5390) gibt. Die relativen Mengen von I u. II sind abhängig von der Menge des W. u. der Reaktionstemp.; bei erhöhter Temp. u. geringer Wassermenge steigt die Ausbeute an II an. Beim Überschuß von W. entstehen in großen Mengen störende Nebenprodukte. (Журнал Прикладной Химии [J. angew. Chem.] **26.** 743—48. Juli 1953. Dnepropetrowsk, Chem.-Technol. Inst., Lehrstuhl für Technol. organ. Synthesen.) A. TROFIMOW. 1310

B. Kurtew und **St. Robew,** *Eine neue Synthese von β-Anilinosäuren.* Bei der Einw. des Na-Salzes (I) der α-Chlormagnesiumphenylessigsäure auf Isobutyliden- u. Benzylidenanilin entstehen *β-Anilino-α-phenyl-γ-methylvaleriansäure* bzw. *β-Anilino-α-phenylhydrozimtsäure.*

Versuche: *β-Anilino-α-phenyl-γ-methylvaleriansäure,* $C_{18}H_{21}O_2N$, F. 152—153° (PAe. + Bzl.); 0,1 Mol I wird in 30 Min. mit 0,1 Mol Isobutylidenanilin versetzt, das Gemisch 6 Std. gekocht u. mit Eis u. HCl zerlegt. — *β-Anilino-α-phenylhydrozimtsäure,* $C_{21}H_{19}O_2N$, F. 157—158° (Bzl. + PAe.); aus I u. Benzylidenanilin; Trennung vom Harz durch Lösen in A. u. fraktioniertes Fällen mit heißem Wasser. (Доклады Болгарской Академии Наук [C. R. Acad. bulgare Sci.] **4.** Nr. 2/3. 37—40. April-Juni/Okt.-Dez. 1951.) O. POLLAK V. EMHOFEN. 1350

O. A. Reutow, *Diazoniumdoppelsalze von Antimonpentachlorid und aromatischen antimonorganischen Verbindungen des fünfwertigen Antimons.* Die in Aceton lösl. Doppelsalze von Diazoniumchloriden mit $FeCl_3$ eignen sich zur Darst. anderer Doppelsalze nach $ArN_2Cl \cdot FeCl_3 + MeCl_n \rightarrow ArN_2Cl \cdot MeCl_n + FeCl_3$. Dadurch wird auch die Umsetzung mit dem in W. hydrolysierenden $SbCl_5$ (I) möglich. Folgende Verbb. der allg. Formel $ArN_2Cl \cdot SbCl_5$ werden dargestellt: Ar = C_6H_5: 0,05 Mol Benzoldiazoniumchlorid·$FeCl_3$ werden in möglichst wenig Aceton in der Kälte gelöst u. unter Rühren u. Kühlen mit einer Lsg. von I in Chlf. versetzt: $C_6H_5N_2Cl_6Sb$, F. 66—67° (Zers.); 86% (Ausbeute). — Analog Ar = *p*-$CH_3C_6H_4$, $C_7H_7N_2Cl_6Sb$, F. 107—107,5° (Zers.); 85%. — Ar = *o*-$ClC_6H_4C_6H_4N_2Cl_7Sb$, F. 139° (Zers.); 85%. — Ar = *o*-$O_2NC_6H_4$, $C_6H_4O_2N_3Cl_6Sb$, F. 149—150° (Zers.); 34%. — Ar = *m*-$O_2NC_6H_4$, $C_6H_4O_2N_3Cl_6Sb$, F. 141—142° (Zers.); 77%. — Ar = *p*-$O_2NC_6H_4$, $C_6H_4O_2N_3Cl_6Sb$, F. 114—115° (Zers.); 75%. — Ar = α-$C_{10}H_7$, $C_{10}H_7N_2Cl_6Sb$, F. 77—78° (Zers.); 79%. — Ar = β-$C_{10}H_7$, F. 92° (Zers.); 65%. — Ar = 2.4-$(CH_3)_2C_6H_3$, $C_8H_9N_2Cl_6Sb$, F. 78—78,5° (Zers.); 49%. *p.p'*-$(Cl_5Sb \cdot ClN_2C_6H_4-)_2$, $C_{12}H_8N_4Cl_{12}Sb_2$, F. 125—126° (Zers.); 76%. Die erhaltenen Verbb. sind an der Luft ohne wesentliche Zers. 1—2 Wochen bis 1½—2 Monate haltbar. — Auch aromat. Derivv. von I, wie $ArSbCl_4$ oder Ar_2SbCl_3, lassen sich mit Aryldiazoniumchlorid·$FeCl_3$ umsetzen, man erhält die gemischten Diazoniumdoppelsalze $ArN_2Cl \cdot ArSbCl_4$ u. $ArN_2Cl \cdot Ar_2SbCl_3$. Phenylstibonsäure wird unter Erwärmen in alkoh. HCl gelöst, nach Abkühlung mit aceton. Benzoldiazoniumchlorid·$FeCl_3$, dann mit Ae. versetzt; $C_6H_5N_2Cl \cdot C_6H_5SbCl_4$, $C_{12}H_{10}N_2SbCl_5$, F. 89° (Zers.); wird mit Zn-Staub unter N_2-Entw. zersetzt. — Analog aus Diphenylstibinsäure $C_6H_5N_2Cl \cdot (C_6H_5)_2SbCl_3$, $C_{18}H_{15}N_2Cl_4Sb$, F. 132—136° (Zers.). — Aus $(C_6H_5)_2SbOOH$ u. 2.4-$(CH_3)_2C_6H_3N_2Cl \cdot FeCl_3$ 2.4-$(CH_3)_2C_6H_3N_2Cl \cdot (C_6H_5)_2SbCl_3$, $C_{20}H_{19}N_2Cl_4Sb$, F. 137—140° (Zers.). (Доклады Академии Наук СССР [Ber. Akad. Wiss. UdSSR] [N. S.] **87.** 73—76. 1/11. 1952.) R. K. MÜLLER. 1380

S. S. Guha Sircar und **Jyotirmoy Mitra,** *Darstellung antibakterieller Verbindungen aus Organoquecksilberverbindungen.* 3. Mitt. *Mercurierte Amine.* (2. vgl. J. Indian chem. Soc. **27.** [1950.] 357.) Einige mercurierte Amine wurden dargestellt. Bei Anwendung von $HgCl_2$ an Stelle von Hg-Acetat wurden in einigen Fällen die Hydrochloride der Chlormercuriverbb. erhalten. Während die meisten der Verbb. sich leicht in verd. HCl lösen u. diazotiert werden können, liefern einige mit HCl wenig lösl. Chlormercuriderivv., die schwer diazotierbar sind. Besser verlief die Diazotierung der entsprechenden Acetoxyverbb. in verd. CH_3COOH. Durch Lösen in verd. NaOH wurden einige Acetoxyverbb. in die Hydroxymercuriverbb. übergeführt. — Die bakterielle Wirksamkeit der Verbb. wurde im RIDEAL-WALKER-Tropftest gegen *E. coli* bei p_H 6,5—7,5 u. 28,5° untersucht. Einige besitzen eine hohe Aktivität.

Versuche: Die Darst. der nachst. Verbb. erfolgte nach bekannten Methoden: *p-Aminophenylmercuriacetat,* F. 166—167°. *-chlorid,* F. 188—189°. — *p-Dimethylamino-*

phenylmercuriacetat, F. 164°; *-chlorid*, F. 223°. — *p-Äthylaminophenylmercuriacetat*, F. 129—130°; *-chlorid*, F. 141—143°. — *5-Acetoxymercuri-o-toluidin*, F. 144°. — *5-Chlormercuri-o-toluidin*, F. 175—176°. — *Bis-[acetoxymercuri]-m-toluidin*, F. 191°. — *Acetoxymercuri-p-toluidin*, F. 182—184°. — *Chlormercuri-p-toluidin*, F. 170°. *Hydrochlorid*, F. 163°. — *p-Acetoxymercuri-o-nitranilin*, F. >260°. — *3(?)-Acetoxymercuribenzidin + 1 Mol Benzidin*, F. 138—140°. — *Acetoxymercuri-p-chloranilin*, F. 207—209°. — *Chlormercuri-p-chloranilinhydrochlorid*, F. 158°. — *Acetoxymercuri-o-anisidin + 1 Mol Hg(II)-Acetat*, F. 190—192°. — *Chlormercuri-o-anisidin*, F. 170—173°. *Hydrochlorid*, F. 174 bis 178°. — *Acetoxymercuri-p-anisidin + 1 Mol Hg(II)-Acetat*, F. 145°. — *Chlormercuri-p-anisidin*, F. 158—160°. *Hydrochlorid*, F. 148—152°. — *Bis-[chlormercuri]-pyridinhydrochlorid*, F. 198°. — *Bis-[chlormercuri]-chinolinhydrochlorid*, F. >198°. — *Acetoxymercurimethylanthranilat*, F. 178—180°. — *Chlormercurimethylanthranilat*, F. 186°. — *Acetoxymercuriäthylanthranilat*, F. 168—169°. — *Chlormercuriäthylanthranilat*, F. 184°. — *2.4-Diacetoxymercuri-α-naphthylamin*. (J. Indian chem. Soc. **28**. 80—82. Febr. 1951. Dacca, East Pakistan, Univ., Chem. Labor.) HILDEGARD BAGANZ. 1380

S. S. Guha Sircar und **Ismet Ali**, *Darstellung antibakterieller Verbindungen aus Organoquecksilberverbindungen*. 4. Mitt. *Einige mercurierte Sulfanilamide*. (3. vgl. vorst. Ref.) *Mercurierte Sulfanilamide* wurden dargestellt u. ihre antibakteriellen Wirkungen (gegenüber *E. coli* u. *Staphylococcus aureus*) mit denjenigen der unmercurierten Verbb., einiger Azoverbb., J-, Ag-, N[1]-Essig- u. N[1]-Propionsäurederivv. verglichen. Die mercurierten Verbb. waren nur wenig aktiver als die unmercurierten. Sie sind gegen Luft, Licht, kaltes u. heißes W. stabil u. fällen kein Eieralbumin.

Versuche: Die Darst. der Mono- u. Dijodderivv. erfolgte nach SCUDI (C. **1937**. II. 2672), die der Azoverbb. durch Diazotierung von Sulfanilamid (I) u. Kupplung mit Aminobenzoesäuren u. Chlorphenolen oder durch Diazotierung von Aminobenzoesäuren u. Kupplung mit I. Die Mercuriderivv. wurden durch 1—3 std. Erhitzen von 1 Mol I, 1 bzw. 2 Mol HgO u. einer organ. Säure auf dem Wasserbad in W. oder A. erhalten u. aus verd. CH_3COOH umkrist. (FF., wenn nicht anders angegeben, unter Zers.): Sulfanilamide: *Acetoxymercuri-*, F. 245°. — *Bis-[acetoxymercuri]-*, F. 285°. — *Benzoyloxymercuri-*, F. 255°. — *Bis-[benzoyloxymercuri]-*, F. 285—289°. — *Salicyloxy-*, F. 255°. — *Bis-[salicyloxymercuri]-*, F. 271°. — *Mandeloxymercuri-*, F. 278—283°. — *Bis-[mandeloxymercuri]-*, F. 294—296°. — *Lactoxymercuri-*, F. 230°. — *Bis-[lactoxymercuri]-*, F. 288°. — *Sulfanilamidoessigsäure*, F. 255° (ohne Zers.). — *Sulfanilamidopropionsäure*, F. 124° (ohne Zers.). — *Trichloräthylendisulfanilamid*, F. 98—100° (ohne Zers.). — *Sulfanilamido-Ag*, F. 215°. — *2-Oxy-5-chlorazobenzol-4'-sulfonamid*, F. 210°. — *4-Oxy-3-chlorazobenzol-4'-sulfonamid*, F. 230°. — *2-Amino-5-carboxyazobenzol-4'-sulfonamid*, F. 156—158°. — *4-Carboxyazobenzol-3'-sulfonamid*, F. 123—125°. — *4-Amino-3-carboxyazobenzol-3'-sulfonamid*, F. 158°. — *3-Carboxyazobenzol-3'-sulfonamid*, F. 154°. — *4-Amino-2-carboxyazobenzol-4'-sulfonamid*, F. 150°. — *2-Carboxyazobenzol-3'-sulfonamid*, F. 160°. — *1-Amino-2-jodbenzol-4-sulfonamid*, F. 179° (ohne Zers.). — *1-Amino-2.5-dijodbenzol-4-sulfonamid*, F. 215° (ohne Zers.). — *Acetoxymercurisulfaguanidin*, F. 210°. — *Acetoxymercuriprontosil*, F. 205—206°. — *Acetoxymercuribenzylsulfanilamid*, F. 170°. (J. Indian chem. Soc. **28**. 83—85. Febr. 1951.) HILDEGARD BAGANZ. 1380

A. I. Lebedewa und **T. A. Mischnina**, *Synthese von Methyl-p-tolylacetylenylcarbinol und seinen Derivaten*. Durch Rk. von Methyl-p-tolylketon (I) mit Acetylen in Ggw. von KOH wird hauptsächlich *2.5-Di-p-tolylhexin-(3)-diol-(2.5)* neben wenig *Methyl-p-tolylacetylenylcarbinol* (II) erhalten (vgl. C. **1951**. II. 212). Die Ausbeute an II kann bis auf 50% erhöht werden, wenn in sehr verd. Lsg. gearbeitet wird. Die Struktur von II wurde durch Hydrierung zum *Methyläthyl-p-tolylcarbinol* bewiesen, das sich mit einem aus p-Bromtoluol u. Methyläthylketon erhaltenen Präp. als ident. erwies. Durch Einw. von Cu_2Cl_2 + NH_4Cl auf II (SALKIND u. AISIKOWITSCH, C. **1937**. I. 4783) wird *2.7-Di-p-tolyloctadiin-(3.5)-diol-(2.7)* in Form von 2 Isomeren (**IIIa** u. **IIIb**) erhalten, die katalyt. zu den beiden entsprechenden Isomeren des *2.7-Di-p-tolyloctandiols-(2.7)* hydriert werden. Die von SALKIND u. IREMADSE (C. **1948**. E. 38) als II angesehene Verb. mit F. 120—121° ist vermutlich ein Gemisch der Isomeren von 2.5-Di-p-tolylhexin-(3)-diol-(2.5).

Versuche: *Methyl-p-tolylacetylencarbinol* (II), $C_{11}H_{12}O$, F. 34—35° (PAe.), $Kp._5$ 103,5°; zu einer Dispersion von 250 g Ätzkali in 300 ml absol. Ae. gibt man unter Eiskühlung u. ständigem Durchleiten von Acetylen innerhalb 10 Std. 40 g I in 600 ml absol. Ae., läßt über Nacht stehen, zers. mit Eiswasser, äthert aus u. fraktioniert; die Fraktion $Kp._3$ 97° wird mit essigsaurem Semicarbazid behandelt (Entfernung von I als *Semicarbazon*, F. 202—203°), das Filtrat ausgeäthert u. dest.; $D.^{20}_4$ 1,0088; n_D^{20} 1,5310; 69% (Ausbeute). Als Destillationsrückstand *2.5-Di-p-tolylhexin-(3)-diol-(2.5)* (als Isomerengemisch), $C_{20}H_{22}O_2$, F. 121—123° (Bzl.); 4,2 g. Aus II durch Red. (Pt, A.) *Methyl-*

äthyl-p-tolylcarbinol, $C_{11}H_{16}O$, Kp.$_5$ 99–100°; D.$^{20}{}_4$ 0,9691; n_D^{20} 1,5158, das auch durch GRIGNARD-Rk. aus p-Bromtoluol, Methyläthylketon u. Mg in Ae. dargestellt wird. — *2.7-Di-p-tolyloctadiin-(3.5)-diol-(2.7)*, $C_{22}H_{22}O_2$, zu einem Gemisch von 40 g Cu_2Cl_2 u. 100 g NH_4Cl in 400 ml W. + 1,5 ml HCl gibt man 10 g II in 100 ml A., rührt 10 Std. unter ständigem Durchleiten von O_2, äthert aus u. krist. mehrfach aus Bzl. u. Bzl.-PAe.: **IIIa**, F. 129–130°, Blättchen, u. **IIIb**, F. 136–137°, Nadeln; insgesamt 8,1 g. — *2.7-Di-p-tolyloctandiol-(2.7)* (2 Isomere), $C_{22}H_{30}O_2$, F. 77–78° (PAe. mit wenig Bzl.), durch katalyt. Hydrierung von **IIIa**, Sternchen, u. F. 114,5–115,5°, analog aus **IIIb**, feinkristallines Pulver. (Журнал Общей Химии [J. allg. Chem.] **22** (84). 1396–1401. Aug. 1952. Leningrad, Univ., Faworski-Labor.) O. POLLAK V. EMHOFEN. 1470

L. N. Owen und **Peter N. Smith**, *Alicyclische Glykole.* 6. Mitt. *Derivate des Cyclopentandiols-(1.2).* (5. vgl. C. **1954**. 7862.) Folgende Derivv. des *trans-Cyclopentandiols-(1.2)* (I) wurden durch Rk. von Cyclopentenoxyd (II) mit der entsprechenden Säure dargestellt: *trans-2-Chlor-* (VI), *-2-Brom-*, *-2-Jod-*, *-2-Acetoxy-*, *-2-Methansulfonyloxy-* (**VII**) u. *-2-Toluol-p-sulfonyloxycyclopentanol* (**V**). I wurde durch Rk. von Cyclopenten (**III**) mit Perameisensäure dargestellt, *cis-Cyclopentandiol-(1.2)* (**IV**) durch Rk. von **III** mit $KMnO_4$; die Darst. von **IV** aus **III** mit wasserfreiem H_2O_2 in tert.-Butanol oder wss. $NaClO_3$ in Ggw. von Osmiumsäure gelang nicht. **II** erhält man aus **III** u. HOCl über **VI** u. HCl-Abspaltung. Das cis-Chlorhydrin ließ sich aus 2-Chlorcyclopentanon weder durch Red. mit tert.-Butyl-MgCl noch mit Al-Isopropylat darstellen. Das Monoacetat von **IV** wurde durch Rk. des Acetats von **V** mit alkoh. K-Acetat erhalten. **V** gibt mit NaJ, LiBr, LiCl *trans-2-Halogencyclopentanol*. **VI** erhält man auch aus dem cis-Monotoluolsulfonsäureester (**VIII**) u. LiCl. Die ster. Ergebnisse dieser Rkk. sind analog denen der Cyclohexanreihe u. zeigen die Gültigkeit des „Effekts benachbarter Gruppen" nach WINSTEIN u. Mitarbeitern (C. **1945**. I. 139–43) auch für die Cyclopentanreihe. Die alkal. Hydrolyse von **V** gibt **II** u. verläuft sehr viel schneller als die des cis-Derivates. Beide Derivv. sind reaktiver als die Cyclohexananalogen.

V e r s u c h e: *Cyclopenten* (**III**), Kp. 44–45°, aus Cyclopentanon durch Hydrierung bei 70°/100 at in A. mit RANEY-Ni zu *Cyclopentanol* [75% (Ausbeute)] u. Dehydratation über H_3PO_4; 70%. — *trans-Cyclopentandiol-(1.2)* (**I**), F. 50°, aus **III**, Ameisensäure u. H_2O_2 bei 40° in 4 Std. u. 45 Min. Kochen in wss. KOH; Kp.$_2$ 93°; 60%. *Bis-[p-nitrobenzoat]*, F. 143° (A.). *Bis-[p-toluolsulfonat]*, $C_{19}H_{22}O_6S_2$, F. 109° [Methanol (Me.)], aus Tosylchlorid in Pyridin (Py.) u. I in Py. bei 0° in 20 Std.; 66%. *Bis-[methansulfonat]*, $C_7H_{14}O_6S_2$, F. 82° (Me.), analog; 84%. — *cis-Cyclopentandiol-(1.2)* (**IV**), Kp.$_2$ 88–92°, aus **III** in A. u. wss. $KMnO_4$-Lsg. u. $MgSO_4$ bei –40° (2 Std. Rühren); n_D^{21} 1,4770; 34%. *Bis-[p-nitrobenzoat]*, F. 117° (A.). *Bis-[p-toluolsulfonat]*, F. 92° (Me.); 69%. *Bis-methansulfonat]*, F. 82° (Me.). — *trans-2-Chlorcyclopentanol* (**VI**), Kp.$_{20}$ 88–90°, aus **III** u. HOCl bei 0°; n_D^{20} 1,4818; 61%. — *Cyclopentenoxyd* (**II**), Kp. 102°, aus **VI** u. wss. KOH beim Erhitzen auf 140° unter Abdestillieren; n_D^{16} 1,4370; 52%. — **VI**, Kp.$_{15}$ 78°, aus **II** u. HCl in Ae. (5 Std. bei 0°); n_D^{16} 1,4808; 70%; oder aus **V** u. LiCl in absol. A. bei 24 Std. Kochen; 66%; oder ebenso aus **VII**; 50%; oder aus **VIII**. *p-Nitrobenzoat*, $C_{12}H_{12}O_4NCl$, F. 76° (Me.). *α-Naphthylurethan*, $C_{16}H_{16}O_2NCl$, F. 105° (PAe.), *Acetat*, $C_7H_{11}O_2Cl$, Kp.$_{15}$ 83°, n_D^{18} 1,4563, mit Acetanhydrid in Py. (60 Std. bei Raumtemp.); 70%. — *trans-2-Bromcyclopentanol*, Kp.$_{15}$ 92°, aus **II** in Ae. beim Einleiten von HBr bei 0°; n_D^{20} 1,5162; 73%; oder aus **V** u. LiBr in A. (24 Std. Kochen); 45%; oder analog aus **VII**; 38%. *p-Nitrobenzoat*, $C_{12}H_{12}O_4NBr$, F. 98° (A.). — *trans-2-Jodcyclopentanol*, Kp.$_{1,5}$ 95–97°, Kp.$_{0,2}$ 55–58°, aus **II** in Ae. beim Einleiten von HJ in der Kälte; n_D^{20} 1,5670; 23%; oder aus **V** u. NaJ in Aceton bei 4 Std. Kochen; 46%; oder aus **VII** u. NaJ; 47%. *p-Nitrobenzoat*, $C_{12}H_{12}O_4NJ$, F. 108° (A.). — *trans-Cyclopentandiol-(1.2)-monoacetat*, $C_7H_{12}O_3$, Kp.$_{20}$ 93–97°, aus **II** beim 15std. Erhitzen mit Eisessig auf 100°; n_D^{20} 1,4553; 40%; oder aus **III** beim Eintropfen in gekühlte Peressigsäure u. 16std. Stehen; 17%. *p-Nitrobenzoat*, $C_{14}H_{15}O_6N$, F. 80–81° (A.). — *trans-Cyclopentandiol-(1.2)-mono-p-toluolsulfonat* (**V**), $C_{12}H_{16}O_4S$, n_D^{22} 1,5280, aus **II** u. p-Toluolsulfonsäure in Ae. bei 16std. Stehen. *Benzoat*, $C_{19}H_{20}O_5S$, F. 113–114° (Me.), mit Benzoylchlorid in Py.; 67%. — *trans-Cyclopentandiol-(1.2)-methansulfonat-p-toluolsulfonat*, $C_{13}H_{18}O_6S_2$, F. 75° (Me.), aus **V** u. Methansulfochlorid in Py. (2 Std. bei 0°); 73%. — *trans-Cyclopentandiol-(1.2)-monomethansulfonat* (**VII**), $C_6H_{12}O_4S$, n_D^{22} 1,4730, aus **II** u. Methansulfochlorid in Ae. (16 Std. bei 0°); 59%; gibt mit Tosylchlorid vorst. Verbindung. — *cis-Cyclopentandiol-(1.2)-monoacetat*, $C_7H_{12}O_3$, Kp.$_{20}$ 104–106°, aus **V** u. Acetanhydrid in Py. bei 24std. Stehen u. 24std. Kochen des Acetatsulfonats mit K-Acetat in A.; n_D^{17} 1,4576; 44%. *p-Nitrobenzoat*, $C_{14}H_{15}O_6N$, F. 93–94° (A.). — *cis-Cyclopentandiol-(1.2)-mono-p-toluolsulfonat* (**VIII**), $C_{12}H_{16}O_4S$, n_D^{22} 1,5290, aus **IV** in Py. u. Tosylchlorid in Chlf. bei –10° (3 Tage); 40%. *Benzoat*, $C_{19}H_{20}O_5S$, F. 92–93° (Me.). (J. chem. Soc. [London] **1952**. 4026–35. Okt. London, Imp. Coll. of Sci. and Technol.) H. BERTSCH. 1860

L. N. Owen und **Peter N. Smith**, *Alicylische Glykole.* 7. Mitt. *Cyclopentandiol-(1.3). Anionotrope Umlagerung bei einigen Reaktionen von 3.5-Dibromcyclopenten.* (6. vgl. vorst. Ref.) Vff. zeigen, daß alle bisherigen Methoden zur Synth. von *Cyclopentandiol-(1.3)* (I) Gemische von I u. *Cyclopentandiol-(1.2)* (II) ergeben, die meist reicher an II sind. Bei der Rk. von cis- (V) oder trans-3.5-Dibromcyclopenten (VI) mit K- oder Ag-Acetat in Essigsäure (III) erhält man neben *3.5-* auch *3.4-Diacetoxycyclopenten*, das durch anionotrope Umlagerung entsteht. Die Konfiguration des umgelagerten Prod. ist *cis*, wenn man die Rk. in Ggw. von W. durchführt, u. *trans*, wenn man mit wasserfreier III arbeitet, unabhängig davon, ob von V oder VI ausgegangen wurde. Es wird angenommen, daß die Umlagerung beim Ersatz des ersten Br-Atoms eintritt unter Bldg. von *trans-3-Acetoxy-4-bromcyclopenten*, das dann ein cycl. Zwischenprod. bildet. Bei der Rk. von V bzw. VI mit Tetraäthylammoniumacetat (VII) in Aceton tritt keine Umlagerung auf; durch Desacetylierung u. Hydrierung konnten *cis-* u. *trans*-I dargestellt werden. Allerdings wurde cis-I erst nach Reinigung über das Bis-[p-nitrobenzoat] stereochem. rein erhalten, wahrscheinlich infolge Verunreinigung von V durch VI. *trans-Cyclopentandiol-(1.3)-bis-[p-toluolsulfonat]* (VIII) reagiert leicht mit K-Acetat, K-p-Nitrobenzoat u. NaJ unter Bldg. der 1.3-Derivv. neben *Cyclopentadien* (IV); das Verhältnis Substitution zur Eleminierung ist größer als für andere alicycl. p-Toluolsulfonate. Das Bis-[methansulfonat] (IX) gibt mit wss. Alkali *Cyclopenten-(2)-ol.* Die Reaktivität von trans-I-Mono-p-toluolsulfonat ist viel geringer als die des 1.2-Derivates.

V e r s u c h e: *Cyclopentadien* (IV), Kp. 42°, aus Dicyclopentadien durch Erhitzen auf 180°. — *3.5-Dibromcyclopenten* (V), $Kp._{0,5}$ 60—63°, durch Zugabe von Br_2 in Chlf. zu IV in Chlf. bei —25° bis —30° u. folgende rasche Dest.; n_D^{18} 1,5855; 82% (Ausbeute). — *trans-3.5-Dibromcyclopenten* (VI), F. 45°, analog V u. Lagern (3 Monate), setzt sich beim Kühlen auf 0° ab. — *Tetraäthylammoniumacetat* (VII), als *Monohydrat* aus Aceton bei —80° nach STEIGMANN u. HAMMET (J. Amer. chem. Soc. **59.** [1937.] 2536). — *cis-3.5-Diacetoxycyclopenten*, $Kp._{0,5}$ 82—83°, $Kp._{1,5}$ 90—95°, aus V u. VII in Aceton <5° in 16 Std.; n_D^{25} 1,4575; 78%; daneben *Diacetonalkohol*, $Kp._{11}$ 63—64°, n_D^{19} 1,4300. — *cis-3.5-Diacetoxycyclopentan*, $C_9H_{14}O_4$, $Kp._{0,3}$ 65°, durch Hydrierung vorst. Verb. in Ggw. von RANEY-Ni bei 5 at in A.; n_D^{17} 1,4492. — *cis-Cyclopentandiol-(1.3)* (cis-I), $C_5H_{10}O_2$, F. 30—32°, aus vorst. Verb. durch Hydrolyse mit Na-Methylat in Methanol oder $Ba(OH)_2$ in A. (20—24 Std.); $Kp._1$ 90°, hygroskop.; 62% (roh). Reinigung über das *Bis-[p-nitrobenzoat]*, $C_{19}H_{16}O_8N_2$, F. 186° (Äthylacetat oder Chlf.). *Bis-[phenylurethan]*, $C_{19}H_{20}O_4N_2$, F. 173° (III, Toluol, A.). *Bis-[methansulfonat]*, $C_7H_{14}O_6S_2$, F. 92—94° (Methanol). *Bis-[p-toluolsulfonat]*, $C_{19}H_{22}O_6S_2$, F. 93° (Methanol). — *trans-3.5-Diacetoxycyclopenten*, $Kp._{0,5}$ 75—76°, aus VI u. VII in Aceton (16 Std. bei 0°); n_D^{19} 1,4635; 83%. — *trans-Cyclopentandiol-(1.3)* (trans-I), $C_5H_{10}O_2$, F. 40°, aus vorst. Verb. durch Hydrierung in Ggw. von RANEY-Ni u. A. u. Hydrolyse mit $Ba(OH)_2$ in A. (5 Std.); $Kp._{0,1}$ 80—85°; 55%. *Bis-[p-nitrobenzoat]*, $C_{19}H_{16}O_8N_2$, F. 153° (Äthylacetat). *Bis-[phenylurethan]*, $C_{19}H_{20}O_4N_2$, F. 162—163° (III-PAe.). *Bis-[methansulfonat]* (IX), $C_7H_{14}O_6S_2$, F. 89—90° (Methanol). *Bis-[p-toluolsulfonat* (VIII), $C_{19}H_{22}O_6S_2$, F. 114—115° (Methanol). *Diacetat*, $Kp._{0,5}$ 65—68° aus VIII u. K-Acetat in A. bei 12std. Kochen; n_D^{20} 1,4454; 43%. — *trans-1.3-Dijodcyclopentan*, $C_5H_8J_2$, $Kp._{0,0005}$ 55—60°, aus VIII u. NaJ in Aceton bei 2std. Kochen; n_D^{19} 1,6490; 62%; oder analog aus IX in 3 Std.; 35%. — *Cyclopenten-(2)-ol*, Kp. 138—140°, aus IX u. wss. KOH bei 1½std. Kochen; n_D^{20} 1,4735; 46%. *Phenylurethan*, F. 127°. — *trans-Cyclopentandiol-(1.3)-mono-p-toluolsulfonat*, $C_{12}H_{16}O_4S$, n_D^{14} 1,5338, aus trans-I in Pyridin mit der mol. Menge Tosylchlorid in Chlf. <0° in 4 Tagen; 43%. — *trans-Cyclopentandiol-(1.3)-p-nitrobenzoat-p-toluolsulfonat*, $C_{19}H_{19}O_7NS$, F. 82 bis 83° (Methanol). *trans-Cyclopenten-(2)-diol-(1.4)-bis-[p-toluolsulfonat]*, $C_{19}H_{20}O_6S_2$, F. 64 bis 65° (CCl_4), aus VI u. Ag-p-Toluolsulfonat in Bzl. (16 Std. bei Raumtemp.) u. Fällung mit PAe. bei 0°; 66%. (J. chem. Soc. [London] **1952.** 4035—47. Okt.)

H. BERTSCH. 1860

G. A. Haggis und **L. N. Owen**, *Alicyclische Glykole.* 8. Mitt. *1.2-Bis-[oxymethyl]-cyclohexan.* (7. vgl. vorst. Ref.) Die Red. von cis- oder trans-Hexahydrophthalaten mit $LiAlH_4$ verläuft ohne Epimerisation u. ergibt *cis-* (I) bzw. *trans-1.2-Bis-[oxymethyl]-cyclohexan* (II). II konnte über das Bis-(—)-menthylurethan in die Antipoden gespalten werden. I, II u. (+)-II wurden in die entsprechenden *Oktahydroisobenzofurane* (III) übergeführt. Die Aufspaltung des Tetrahydrofuranringes in cis- u. trans-III wurde mit HBr, Acetylchlorid, Acetylbromid, p-Nitrobenzoylbromid u. Tosylchlorid durchgeführt. Das Methylphenylcarbamat u. das Bis-(—)-menthylurethan von II werden durch $LiAlH_4$ in sd. Ae. leicht gespalten.

V e r s u c h e: *p-Nitrobenzoylbromid*, F. 64° (CCl_4, gelbe Nadeln), beim Durchleiten von HBr durch geschmolzenes p-Nitrobenzoylchlorid bei 100° (4 Std.). — (—)-*Menthyl-*

isocyanat, Kp.$_1$ 77—80°, beim Durchleiten von $COCl_2$ durch eine Suspension von (—)-Menthylaminhydrochlorid in sd. Xylol (3 Std.); n_D^{22} 1,4605, $[\alpha]_D^{22}$ —64,2° (c = 5 in Bzl.). — *Dimethylhexahydrophthalat* (**IV**), Kp.$_2$ 104—109°, aus Dimethylphthalat in Methanol (Me.) beim Hydrieren über RANEY-Ni bei 50—60°/100 at in 24 Std.; n_D^{20} 1,4590; aus dem cis-trans-Gemisch wurde mit methanol. $NaOCH_3$ *trans*-**IV** erhalten. — *trans-1.2-Bis-[oxymethyl]-cyclohexan* (**II**), F. 57° (Bzl.-PAe.), a) durch Red. von cis-trans-**IV** mit Na in sd. A.; 68%; daneben **III**; b) aus trans-**IV** durch Red. mit $LiAlH_4$ in Ae. (1 Std. in der Kälte); 94%. *Bis-[p-toluolsulfonat]* (**IIb**), $C_{22}H_{28}O_6S_2$, F. 108° (Me.); 48%. *Bis-[methansulfonat]* (**IIa**), $C_{10}H_{20}O_6S_2$, F. 92° (Me.); 84%. *Bis-[p-nitrobenzoat]*, $C_{22}H_{22}O_8N_2$, F. 168° (gelbes Pulver aus Aceton-A.); 95%. *Monophenylurethan*, $C_{15}H_{21}O_3N$, F. 145° (Bzl.-PAe.); 93%. — *Bis-[phenylurethan]*, $C_{22}H_{26}O_4N_2$, F. 139°; 85%. *Bis-[hydrogenphthalat]*, $C_{24}H_{24}O_8$, F. 173—175° (Aceton-PAe.). — *cis-1.2-Bis-[oxymethyl]-cyclohexan* (**I**), $C_8H_{16}O_2$, F. 42—43° (Bzl.-PAe.), a) durch Red. von cis-Diäthylhexahydrophthalat mit $LiAlH_4$ in Ae.; 94%; b) analog aus cis-Hexahydrophthalsäureanhydrid; 63%. *Bis-[p-toluolsulfonat]* (**Ib**), $C_{22}H_{28}O_6S_2$, F. 84—85° (Me.); 54%. *Bis-[methansulfonat]* (**Ia**), $C_{10}H_{20}O_6S_2$, F. 75—76° (Me.), analog; 57%. *Bis-[p-nitrobenzoat]*, $C_{22}H_{22}O_8N_2$, F. 142° (gelbes Pulver aus Aceton-A.); 90%. *Bis-[phenylurethan]*, $C_{22}H_{26}O_4N_2$, F. 102° (Bzl.-PAe.); 87%. — *(+)-trans-1.2-Bis-[oxymethyl]-cyclohexan* [(+)-**II**], $C_8H_{16}O_2$, F. 61—62° (Bzl.-PAe.), aus **II** u. (—)-Menthylisocyanat in Bzl. bei 12 Std. Erhitzen über das *Bis-(—)-menthylurethan* [$C_{30}H_{54}O_4N_2$, F. 150—151° (Me.), $[\alpha]_D^{20}$ —66,2° (c = 2 in Bzl.)], das durch 12std. Erhitzen mit KOH in A. hydrolysiert wurde; Kp.$_{0,2}$ 110—113°; $[\alpha]_D^{24}$ +21,4° (c = 4 in Bzl.). *Bis-[methansulfonat]* [(—)-**IIa**], $C_{10}H_{20}O_6S_2$, F. 80—90°, $[\alpha]_D^{24,5}$ —29,2° (c = 4 in Bzl.). *Bis-[p-toluolsulfonat]*, $C_{22}H_{28}O_6S_2$, F. 109—110°, $[\alpha]_D^{21,5}$ —24,8° (c = 5 in Bzl.). *Bis-[phenylurethan]*, $C_{22}H_{26}O_4N_2$, F. 132 bis 133°, $[\alpha]_D^{22}$ —20,4° (c = 3 in Chlf.). — *cis-1.2-Bis-[jodmethyl]-cyclohexan*, $C_8H_{14}J_2$, Kp.$_{0,002}$ 100° (Bad), aus **Ib** u. NaJ in Aceton bei 16std. Kochen; n_D^{17} 1,6151; 62%; oder analog aus **Ia**; 54%. — *trans-1.2-Bis-[jodmethyl]-cyclohexan*, $C_8H_{14}J_2$, F. 39—40° (Me.), analog vorst. Verb. in 2½ Std.; 70 bzw. 50%. — *trans-1.2-Bis-[methoxymethyl]-cyclohexan*, $C_{10}H_{20}O_2$, Kp.$_{12}$ 92—94°, aus 10 g **IIb** beim Erhitzen mit KOH in Me. (3 Std.); n_D^{18} 1,4495; 1,87 g. — *cis-Oktahydroisobenzofuran* (cis-**III**), $C_8H_{14}O$, Kp.$_{751}$ 174—175°, Kp.$_9$ 59°, a) aus 25 g **I** u. Methansulfochlorid in Pyridin bei 0° in 2 Std.; n_D^{21} 1,4712; 6,75 g neben 32,5% **Ia**; b) aus **Ia** bei 3std. Erhitzen mit wss. KOH; 56%. — *trans-Oktahydroisobenzofuran*, (trans-**III**), Kp.$_{751}$ 172,5—173°, Kp.$_{25}$ 75—76°, a) wie vorst. aus **IIa**; n_D^{17} 1,4695; 61%; b) aus **II** in Aceton mit H_2SO_4; c) aus **II** durch Dest. über Al_2O_3.— *(+)-trans-Oktahydroisobenzofuran* [(+)-trans-**III**], Kp.$_{26}$ 74°, aus (—)-**IIa** durch Erhitzen mit wss. KOH; n_D^{24} 1,4655, $[\alpha]_D^{22}$ +116° (c = 5 in Bzl.). — *Butandiol-(1.4)-bis-[methansulfonat]*, $C_6H_{14}O_6S_2$, F. 116° (Me.-Aceton), aus 10 g Butandiol-(1.4) u. Methansulfochlorid in Pyridin bei 0°; 22 g. — *Tetrahydrofuran*, Kp. 64,5—65,5°, aus vorst. Verb. durch 15 Min. Kochen mit wss. KOH; n_D^{23} 1,4085; 58%. — *trans-2-Chlormethylcyclohexylmethanol*, $C_8H_{15}OCl$, Kp.$_{0,3}$ 82—83°, aus 10 g **II** mit rauchender HCl (19 Std. bei 80—90°); 5,2 g; oder aus **V** mit HCl in Me., n_D^{20} 1,4883—1,4940. — *p-Nitrobenzoat*, $C_{15}H_{18}O_4NCl$, F. 61—62° (Nadeln aus Me. bei langsamer Kristallisation) bzw. F. 64—65° (Pulver aus Me.). — *trans-1.2-Bis-[brommethyl]-cyclohexan*, $C_8H_{14}Br_2$, Kp.$_{0,5}$ 102°, aus trans-**III** beim Einleiten von HBr bei 80—90° (3½ Std.); n_D^{20} 1,5490; 63%. — *trans-1.2-Bis-[acetoxymethyl]-cyclohexan*, $C_{12}H_{20}O_4$, Kp.$_{0,5}$ 104—107°, aus vorst. Verb. bei 12std. Kochen mit Essigsäure, K-Acetat u. Acetanhydrid u. 2 Std. mit Ag-Acetat u. Essigsäure; n_D^{23} 1,4580. — *trans-2-Chlormethylcyclohexylmethyl-p-toluolsulfonat*, $C_{15}H_{21}O_3ClS$, n_D^{24} 1,5228, aus 5 g trans-**III**, Tosylchlorid u. $ZnCl_2$ bei 3std. Erhitzen auf 100°; 7,1 g. — *trans-2-Chlormethylcyclohexylmethylacetat* (**V**), $C_{10}H_{17}O_2Cl$, Kp.$_{0,2}$ 87—89°, aus 10 g trans-**III** u. Acetylchlorid bei 3std. Erhitzen auf 100°; n_D^{23} 1,4731; 13,6 g. — *cis-2-Brommethylcyclohexylmethylacetat* (**VI**), $C_{10}H_{17}O_2Br$, Kp.$_{0,15}$ 84—85°, aus 5,4 g cis-**III** u. Acetylbromid unter Kühlung u. dann 30 Min. bei 100°; n_D^{18} 1,4967; 8,8 g. — *trans-2-Brommethylcyclohexylmethylacetat* (**VII**), Kp.$_{0,2}$ 80—83°, analog. — *cis-2-Brommethylcyclohexylmethyl-p-nitrobenzoat*, $C_{15}H_{18}O_4NBr$, F. 79° (A.), a) aus 0,27 g cis-**III**, p-Nitrobenzoylbromid u. $ZnCl_2$ (10 Min. bei 100°); 0,6 g; b) aus **VI** durch Desacetylierung mit HCl in Me. u. Rk. mit p-Nitrobenzoylchlorid in Pyridin. — *trans-2-Brommethylcyclohexylmethyl-p-nitrobenzoat*, F. 80—81° (Me.) aus 0,25 g trans-**III** analog vorst. Verb.; 0,35 g. — *trans-2-Jodmethylcyclohexylmethyl-p-nitrobenzoat*, $C_{15}H_{18}O_4NJ$, F. 55—56° (Me.), aus **VII** u. NaJ in Aceton (1 Std. Kochen), Desacetylierung mit HCl in Me. u. Rk. mit p-Nitrobenzoylhalogenid. — *N-Methylanilin*, Kp. 193—195°, durch Red. von Methylphenylcarbamat mit $LiAlH_4$ in Ae. (2 Std. Kochen). *Acetylderiv.*, F. 101°. *p-Toluolsulfonylderiv.*, F. 94—95°. — *N-(—)-Menthylmethylamin*, Kp.$_{13}$ 95—96°, durch Red. von 10 g **II**-*(—)-Menthylurethan* mit $LiAlH_4$ in Ae. (3 Std. Kochen); n_D^{21} 1,4569, $[\alpha]_D^{20}$ —68,9° (c = 2 in Chlf.); 4,75 g. *p-Toluolsulfonylderiv.*, F. 60—61°, $[\alpha]_D^{20}$ —36,8°

(c = 2 in Chlf.). — (—)-*Menthol*, F. 40—41° (Sublimation bei 100°/25 mm), aus dem (—)-Menthylurethan von (—)-Menthol durch Red. mit $LiAlH_4$ in Ae. (12 Std. Kochen); $\alpha]_D^{20}$ —50,1° (c = 3 in A.). (J. chem. Soc. [London] **1953**. 389—98. Febr.)

H. BERTSCH. 1860

G. A. Haggis und **L. N. Owen**, *Alicyclische Glykole*. 9. Mitt. *1.3-Bis-[oxymethyl]-cyclohexan*. (8. vgl. vorst. Ref.) *cis-* (I) u. *trans-1.3-Bis-[oxymethyl]-cyclohexan* (II) wurden durch Red. der stereoisomeren Hexahydroisophthalsäureester mit $LiAlH_4$ dargestellt. **II** wurde in die Antipoden gespalten. Die FF. aller Derivv. von **I** sind höher als die der entsprechenden Derivv. von **II**, was auf die den cis-1.2- u. cis-1.4-Derivv. analoge Konformation der trans-1.3-Derivv. zurückgeführt wird. *3-Oxabicyclo-[3.3.1]-nonan* (**III**) wurde durch Hydrolyse des Bis-[methansulfonats] (**Ia**) von **I** mit wss. Alkali u. durch Rk. des Mono-p-toluolsulfonats von **I** mit 2.6-Lutidin dargestellt. Der 6gliedrige Oxydring schließt sich wesentlich schwerer als der 5-Ring der 1.2-Isomeren. Die Öffnung des Tetrahydropyranringes in **III** wurde mit HBr, Acetylchlorid u. -bromid u. mit p-Nitrobenzoylbromid erreicht.

V e r s u c h e : *cis-Dimethylhexahydroisophthalat*, $Kp._{0,2}$ 94—96°, durch Hydrierung von 100 g Diäthylisophthalat in A. in Ggw. von frisch bereitetem RANEY-Ni bei 100 at/100°, Hydrolyse oder Esters ($Kp._1$ 120—125°, n_D^{20} 1,4568) mit sd. alkoh. Alkali, Isolierung der *cis-Säure* (F. 161—162°) als Ca-Salz u. Veresterung; n_D^{20} 1,4580; 100 g (Ausbeute). — *trans-Dimethylhexahydroisophthalat*, $Kp._{0,1}$ 83—85°, durch 16std. Erhitzen von 40 g cis-Säure mit HCl auf 180° u. Veresterung der isolierten *trans-Säure* (F. 147 bis 148°); n_D^{18} 1,4592; 7,8 g. — *cis-1.3-Bis-[oxymethyl]-cyclohexan* (**I**), $C_8H_{16}O_2$, F. 54—55° (Ae.), durch Red. des cis-Dimethylesters mit $LiAlH_4$ in Ae. (1 Std. unter Kühlung); 97%. *Bis-[p-toluolsulfonat]* (**Ib**), $C_{22}H_{28}O_6S_2$, F. 99—100° [Methanol (Me.)], aus **I** u. Tosylchlorid in Pyridin (20 Std. bei 0°); 64%. *Bis-[methansulfonat]* (**Ia**), $C_{10}H_{20}O_6S_2$, F. 74—75° (Me.), analog; 75%. *Bis-[p-nitrobenzoat]*, $C_{22}H_{22}O_8N_2$, F. 151—152° (Pulver aus Me.-Aceton), analog; 95%. *Bis-[phenylurethan]*, $C_{22}H_{26}O_4N_2$, F. 128—129° (Bzl.-PAe.), aus **I** u. Phenylisocyanat (1 Std. bei 100°); 76%. — *trans-1.3-Bis-[oxymethyl]-cyclohexan* (**II**), $Kp._{0,1}$ 112—114°, analog **I**; n_D^{24} 1,4941°; 91%. *Bis-[p-toluolsulfonat]*, F. 86—87° (Me.); 51%. *Bis-[methansulfonat]* (**IIa**), F. 64—65° (Me.); 48%. *Bis-[p-nitrobenzoat]*, F. 122—123° (Me.-Aceton); 67%. *Bis-[phenylurethan]*, F. 107—108° (Bzl.-PAe.); 70%. — (—)-*trans-1.3-Bis-[oxymethyl]-cyclohexan* [(—)-**II**], $Kp._{0,1}$ 113—115°, aus 5 g **II** mit (—)-Menthylisocyanat in Bzl. in 12 Std. auf dem Wasserbad über das *Bis-(—)-menthylurethan* [$C_{30}H_{54}O_4N_2$, F. 92—95°, $[\alpha]_D^{22}$ —57,9°; 2,05 g], von dem 1,7 g durch 48std. Kochen in alkoh. KOH hydrolysiert wurden; n_D^{20} 1,4911, $[\alpha]_D^{20}$ —9,6 (c = 5 in A.); 0,36 g. *Bis-[p-toluolsulfonat]*, F. 73—74°, $[\alpha]_D^{20}$ —13° (c = 0,7 in Bzl.). — *cis-1.3-Bis-[jodmethyl]-cyclohexan*, $C_8H_{14}J_2$, F. 28°, aus 1,5 g **Ib** durch 1½ std. Kochen mit NaJ in Aceton; $Kp._{3\cdot10^{-4}}$ 98—100°, n_D^{19} 1,6055; 0,8 g. Das *trans-Dijodid* konnte nur in unreiner Form erhalten werden. — *cis-3-Chlormethylcyclohexylmethyl-p-nitrobenzoat*, $C_{15}H_{18}O_4NCl$, F. 69° (PAe.), aus **I** u. rauchender HCl bei 4std. Erhitzen auf 80—90° im Rohr u. Umsetzung des Chloridgemisches mit p-Nitrobenzoylchlorid in Pyridin. — *3-Oxabicyclo-[3.3.1]-nonan* (**III**), $C_8H_{14}O$, F. 113—115° (Sublimation bei 110°/140 mm), aus 30 g **Ia** bei 3std. Kochen mit wss. KOH; 3,1 g; daneben 10,5 g **I**; oder aus **I** über dessen (unreines) Mono-p-toluolsulfonat, das 1 Std. mit 2.6-Lutidin gekocht wurde. — *3-Methylencyclohexylmethanol-3.5-dinitrobenzoat* (?), $C_{15}H_{16}O_6N_2$, F. 57° (Me.), aus **IIa** beim Erhitzen mit wss. KOH. — *cis-1.3-Bis-[brommethyl]-cyclohexan*, $C_8H_{14}Br_2$, $Kp._{0,4}$ 93—96°, aus 0,75 g **III** beim Erhitzen mit HBr in Essigsäure (4 Std./100°); n_D^{16} 1,5384; 1,33 g. — *cis-1.3-Bis-[acetoxymethyl]-cyclohexan*, $C_{12}H_{20}O_4$, $Kp._{0,5}$ 105—107°, durch 24std. Kochen von 1,2 g vorst. Verb. mit K-Acetat, Essigsäure u. Acetanhydrid; n_D^{25} 1,4598; 0,63 g. — *cis-3-Chlormethylcyclohexylmethylacetat*, $C_{10}H_{17}O_2Cl$, $Kp._{0,3}$ 68—70°, aus 0,3 g **III**, Acetylchlorid u. $ZnCl_2$ bei 30 Min. Kochen; n_D^{22} 1,4711; 0,4 g. — *cis-3-Brommethylcyclohexylmethylacetat*, $C_{10}H_{17}O_2Br$, $Kp._{0,4}$ 92—95°, analog vorst. Verb. aus 2 g **III**; n_D^{22} 1,4890; 3,2 g. — *cis-3-Brommethylcyclohexylmethyl-p-nitrobenzoat*, $C_{15}H_{18}O_4NBr$, F. 79° (PAe.), aus 0,15 g **III** u. p-Nitrobenzoylbromid in Ggw. von $ZnCl_2$ (15 Min./100°); 0,4 g; oder aus vorst. Verb. durch Deacetylierung mit HCl in Me. u. Nitrobenzoylierung. (J. chem. Soc. [London] **1953**. 399—403. Febr.)

H. BERTSCH. 1860

G. A. Haggis und **L. N. Owen**, *Alicyclische Glykole*. 10. Mitt. *1.4-Bis-[oxymethyl]-cyclohexan*. (9. vgl. vorst. Ref.) *cis-* (I) u. *trans-1.4-Bis-[oxymethyl]-cyclohexan* wurden durch Red. von Diäthylhexahydroterephthalat (**III**) mit Na u. A., Trennung der isomeren Dibenzoate u. Hydrolyse mit $NaOCH_3$ in Methanol (Me.) dargestellt. **I** wurde auch durch Red. von cis-Dimethylhexahydroterephthalat (**IV**) mit $LiAlH_4$ erhalten. Einige Rkk. der Methansulfonate u. p-Toluolsulfonate von **I** u. **II** werden beschrieben. Verss., ein intramol. Anhydrid darzustellen, schlugen fehl. Bei der alkal. Hydrolyse der Dimethansulfonate (**Ia** bzw. **IIa**) von I u. II erhielten Vff. neben I bzw. II *4-Methylencyclohexylmethanol.*

Versuche: *Diäthylhexahydroterephthalat* (III), Kp.$_{0,4}$ 105—115°, durch Hydrieren von 49 g Diäthylterephthalat in A. in Ggw. von RANEY-Ni bei 200°/100 at; n_D^{18} 1,4615; 47 g (Ausbeute). — *cis-Dimethylhexahydroterephthalat* (IV), Kp.$_1$ 110°, aus III durch Hydrolyse mit sd. wss.-alkoh. NaOH, Trennung der isomeren Säuren mit Chlf. u. Veresterung der *cis-Säure* (F. 160—161°) mit Me. u. H_2SO_4; n_D^{16} 1,4595. — *cis-1.4-Bis-[oxymethyl]-cyclohexan* (I), Öl, aus IV durch Red. mit $LiAlH_4$ in Ae. (1 Std. in der Kälte); 91%; oder aus III durch Red. mit Na in A., Benzoylierung in Pyridin, Trennung der Dibenzoate durch fraktionierte Kristallisation aus Me. u. Aceton (Ac.) u. Hydrolyse durch 4std. Kochen in Me. mit katalyt. Mengen Na. *Dibenzoat,* F. 84°. *Bis-[p-toluolsulfonat],* $C_{22}H_{28}O_6S_2$, F. 95° (Me.); 40%. *Bis-[methansulfonat]* (Ia), $C_{10}H_{20}O_6S_2$, F. 69° (Me.); 74%. *Bis-[phenylurethan],* $C_{22}H_{26}O_4N_2$, F. 147—148° (Bzl.-PAe.); 72%. — *trans-1.4-Bis-[oxymethyl]-cyclohexan* (II), F. 66° (Ae.), aus III analog I über das *Dibenzoat,* F. 125°. *Bis-[p-toluolsulfonat]* (**IIb**), F. 162—163° (Ac.); 77%. *Bis-[methansulfonat]* (IIa), F. 158° (Ac.); 71%. *Bis-[phenylurethan],* F. 197° (Ac.); 70%. *Diacetat,* $C_{12}H_{20}O_4$, F. 70° (wss. Me.), mit Essigsäureanhydrid u. Pyridin; 55%. — *cis-1.4-Bis-[jodmethyl]-cyclohexan,* $C_8H_{14}J_2$, Kp.$_{10^{-4}}$ 103—105°, aus **Ia** durch 16std. Kochen mit NaJ in Ac.; n_D^{29} 1,6082; 41%. — *trans-1.4-Bis-[jodmethyl]-cyclohexan,* F. 77—78° (Me.), analog; 94%. — *trans-1.4-Bis-[brommethyl]-cyclohexan,* F. 55° (Me.), aus 0,25 g **IIb** mit LiBr in A.; 0,1 g. — *4-Methylencyclohexylmethanol,* $C_8H_{14}O$, Kp.$_{5-7}$ 128—130°, durch 5std. Kochen von 11,5 g **Ia** bzw. 11,5 g **IIa** mit wss. KOH; n_D^{19} 1,4825; 20 mg bzw. 0,4 g; daneben 0,3 g I bzw. 4 g II; oder aus I-Mono-p-toluolsulfonat bei 2std. Kochen mit 2.6-Lutidin, *3.5-Dinitrobenzoat,* $C_{15}H_{16}O_6N_2$, F. 97—98° (Me.). Die Methylengruppe wurde durch Ozonolyse (*Formaldehyd-2.4-dinitrophenylhydrazon,* F. 155°) nachgewiesen. — I-*Mono-p-toluolsulfonat,* $C_{15}H_{22}O_4S$, aus 3 g I u. Tosylchlorid in Chlf.-Pyridin (4 Std. bei 0°); 3,1 g. *p-Nitrobenzoat,* $C_{22}H_{25}O_7NS$, F. 81° (Me.). — II-*Mono-p-toluolsulfonat,* analog vorst. Verb. aus 5 g II; 2,9 g. *Methansulfonat,* $C_{16}H_{24}O_6S_2$, F. 105° (Me.). — *trans-4-Chlormethylcyclohexylmethanol,* $C_8H_{15}OCl$, Kp.$_{0,04}$ 78—82°, aus 10 g II u. HCl bei 20std. Erhitzen im Rohr auf 100°; n_D^{23} 1,4897; 7,2 g. *p-Nitrobenzoat,* $C_{15}H_{18}O_4NCl$, F. 64—65° (Me.). (J. chem. Soc. [London] **1953.** 404—07. Febr.) H. BERTSCH. 1860

G. A. Haggis und **L. N. Owen,** *Alicyclische Glykole.* 11. Mitt. *Ein chemischer Beweis der Konfiguration der 1.2-, 1.3- und 1.4-Dimethylcyclohexane und der 2-, 3- und 4-Methylcyclohexylmethanole.* (10. vgl. vorst. Ref.) Die isomeren *1.2-, 1.3-* u. *1.4-Dimethylcyclohexane* wurden aus den Bis-[methansulfonaten] oder Bis-[p-toluolsulfonaten] der cis- u. trans-Formen der 1.2-, 1.3- u. 1.4-Bis-[oxymethyl]-cyclohexane dargestellt. Analog wurden die *2-, 3-* u. *4-Methylcyclohexylmethanole* aus den Monohaliden oder Mono-p-toluolsulfonaten gewonnen. Die AUWERS-SKITA-Regel gilt für die 1.2- u. 1.4-disubstituierten Cyclohexane, für die 1.3-substituierten gilt sie im umgekehrten Sinn.

Versuche: *cis-1.3-Bis-[acetylmercaptomethyl]-cyclohexan* (I), $C_{12}H_{20}O_2S_2$, Kp.$_{0,01}$ 120—124°, aus 5 g cis-1.3-Bis-[oxymethyl]-cyclohexan-bis-[p-toluolsulfonat] u. K-Thiolacetat (**VI**) u. wenig Thiolessigsäure (**V**) bei 2std. Kochen; n_D^{19} 1,5355; 2,05 g (Ausbeute). — *trans-1.3-Bis-[acetylmercaptomethyl]-cyclohexan* (II), Kp.$_{0,03}$ 130—135°, analog; n_D^{23} 1,5285; 1,05 g aus 2,8 g. — *cis-1.4-Bis-[acetylmercaptomethyl]-cyclohexan* (III), Kp.$_{0,01}$ 123—125°, analog; n_D^{19} 1,5348; 1,7 g aus 4 g. — *trans-1.4-Bis-[acetylmercaptomethyl]-cyclohexan* (IV), F. 51—52° (PAe.), analog; 4 g aus 9,9 g. — *cis-1.2-Dimethylcyclohexan,* Kp. 129—130°, durch Hydrierung von 10,5 g cis-1.2-Bis-[jodmethyl]-cyclohexan + K-Acetat in Methanol (Me.) in Ggw. von PtO_2; n_D^{19} 1,4360; 0,5 g. — *trans-1.2-Dimethylhexan,* Kp. 123°, analog vorst. Verb. aus 17 g Dijodid; n_D^{18} 1,4280; 2,1 g. — *cis-1.3-Dimethylcyclohexan,* Kp. 120—121°, aus 3 g I durch 2std. Kochen mit RANEY-Ni in Me.; n_D^{20} 1,4235; 0,3 g. — *trans-1.3-Dimethylcyclohexan,* Kp. 124°, analog vorst. Verb. aus 1,05 g II; n_D^{24} 1,4287; 0,05 g. — *cis-1.4-Dimethylcyclohexan,* Kp. 123—124°, analog aus 1,4 g III; n_D^{18} 1,4291; 0,1 g. — *trans-1.4-Dimethylcyclohexan,* Kp. 119—119,5°, analog aus 4 g IV; n_D^{22} 1,4210; 0,35 g. — *cis-2-[Acetylmercaptomethyl]-cyclohexylmethylacetat* (VII), $C_{12}H_{20}O_3S$, Kp.$_{0,1}$ 105—110°, aus 1,5 g cis-2-Brommethylcyclohexylmethylacetat durch 3std. Kochen mit **VI** u. **V** in A.; n_D^{20} 1,5016; 0,8 g. — *trans-2-[Acetylmercaptomethyl]-cyclohexylmethylacetat* (VIII), Kp.$_{0,1}$ 105—108°, analog vorst. Verb.; n_D^{20} 1,4992; 2,35 g aus 2,8 g. — *cis-3-[Acetylmercaptomethyl]-cyclohexylmethylacetat* (IX), Kp.$_{0,3}$ 115—117°, analog; n_D^{22} 1,4978; 1,8 g aus 3,1 g. — *trans-1.3-Bis-[oxymethyl]-cyclohexan-p-nitrobenzoat-p-toluolsulfonat,* $C_{22}H_{25}O_7NS$, F. 97—98° (PAe.), aus trans-1.3-Bis-[oxymethyl]-cyclohexan über das rohe *Monotoluolsulfonat.* — *trans-3-[Acetylmercaptomethyl]-cyclohexylmethylacetat,* Kp.$_{0,1}$ 110—130°, aus 1,9 g vorst. Monotoluolsulfonat durch Acetylierung mit Acetanhydrid in Pyridin u. 2std. Kochen mit **VI** i

A.; n_D^{22} 1,4951; 0,92 g. — *trans-4-[Acetylmercaptomethyl]-cyclohexylmethylacetat*, Kp.$_{0,5}$ 130—150°, durch Acetylierung von 1,7 g trans-1.4-Bis-[oxymethyl]-cyclohexanmono-p-toluolsulfonat mit Acetanhydrid in Pyridin u. 2std. Kochen mit VI in Me.; n_D^{22} 1,4921; 0,8 g. — *cis-2-Methylcyclohexylmethanol*, Kp.$_{30}$ 110—115°, aus 0,75 g VII durch 2std. Kochen mit Raney-Ni in A. u. 2std. Kochen mit NaOH; n_D^{20} 1,4689; 0,2 g. *3.5-Dinitrobenzoat*, F. 91,5—92,5°. — *trans-2-Methylcyclohexylmethanol*, Kp.$_{14}$ 95—98°, aus 2,2 g VIII analog vorst. Verb.; n_D^{16} 1,4652; 0,5 g. *p-Nitrobenzoat*, F. 58—59°. *3.5-Dinitrobenzoat*, F. 68—69°. — *cis-3-Methylcyclohexylmethanol*, $C_8H_{16}O$, Kp.$_{16}$ 92—94°, analog aus 1,6 g IX in Me.; n_D^{18} 1,4598; 0,63 g. *3,5-Dinitrobenzoat*, $C_{15}H_{18}O_6N_2$, F. 81—82° (Me.). *Phenylurethan*, $C_{15}H_{21}O_2N$, F. 71—72° (PAe.). — *trans-3-Methylcyclohexylmethanol*, Kp$_{35}$ 112—114°, analog; n_D^{22} 1,4628; 0,21 g aus 0,85 g. *3.5-Dinitrobenzoat*, F. 77 bis 78° (Me.). *α-Naphthylurethan*, $C_{19}H_{23}O_2N$, F. 84—85° (PAe.). — *trans-4-Methylcyclohexylmethanol*, Kp.$_{23}$ 99—101°, analog; n_D^{29} 1,4538; 0,2 g aus 0,7 g. *3.5-Dinitrobenzoat*, F. 111°. *α-Naphthylurethan*, F. 110°. (J. chem. Soc. [London] **1953**. 408—12. Febr.)
H. Bertsch. 1860

L. N. Owen und **G. S. Saharia**, *Alicyclische Glykole*. 12. Mitt. *Derivate des Cycloheptandiols-(1.2)*. (11. vgl. vorst. Ref.) Vff. stellen Monoester, einfache u. gemischte Diester des *cis-* u. *trans-Cycloheptandiols-(1.2)* dar. Durch Rk. von Halogenwasserstoff mit *Cycloheptenoxyd* (I) oder von LiCl, LiBr, NaJ mit dem trans-Diol-mono-p-toluolsulfonat (IV) wurden *trans-2-Chlor-*, *-2-Brom-* u. *-2-Jodcycloheptanol* erhalten. Bei der Rk. des cis-Diolmono-p-toluolsulfonats (V) mit LiCl entstand ebenfalls das trans-Halogenhydrin. trans-2-Acetoxycycloheptyl-p-toluolsulfonat gibt mit $CaCO_3$ in wss. Aceton *cis-2-Acetoxycycloheptanol*, in A. erhält man teilweise den *Äthyläther*. IV reagiert mit Alkali viel rascher als V, man erhält I bzw. *Cycloheptanon* (III). Die Reaktivität der cis- u. trans-Mono-p-toluolsulfonate der 1.2-Diole gegen Alkali fällt in der Reihenfolge Cyclopentan → Cycloheptan → Cyclohexan ab.

V e r s u c h e: *Cycloheptanol*, Kp.$_{35}$ 95°, aus III durch Hydrierung in A. über Raney-Ni bei 150°/120 at; n_D^{19} 1,4760; ~100% (Ausbeute). *3.5-Dinitrobenzoat*, $C_{14}H_{16}O_6N_2$, F. 79° (wss. A.). — *Cyclohepten* (II), Kp. 112—113°, aus vorst. Verb. durch Dehydratisierung über H_3PO_4 oder Naphthalin-β-sulfonsäure; n_D^{20} 1,4580; 70%. — *trans-Cycloheptandiol-(1.2)*, F. 64—65° (Toluol), aus II u. Ameisensäure + 30%ig. H_2O_2 (4 Std. bei 45°); Kp.$_{22}$ 155—156°; 53%. *Bis-3.5-[dinitrobenzoat]*, $C_{21}H_{18}O_{12}N_4$, F. 164—165° (Bzl.), *Bis-[p-toluolsulfonat]*, $C_{21}H_{26}O_6S_2$, F. 112° [Methanol (Me.)]. *Bis-[methansulfonat]*, $C_9H_{18}O_6S_2$, F. 104° (Me.). — *cis-Cycloheptandiol-(1.2)*, F. 46—47° (Ae.), durch Zutropfen von $KMnO_4$ u. $MgSO_4$ in W. zu II in A. (5 Std. bei —40°); 35%. *Bis-[3.5-dinitrobenzoat]*, F. 96° (gelbe Nadeln aus Chlf.-Ae.-Dioxan). *Bis-[p-toluolsulfonat]*, F. 104—105° (Bzl.-PAe.). *Bis-[methansulfonat]*, F. 50° (Ae.). — *Cycloheptenoxyd* (I), Kp.$_{25}$ 65—67°, aus 9,6 g II mit Benzoepersäure in Chlf. (48 Std. bei 0°); n_D^{22} 1,4620; 8,9 g. — *trans-2-Chlorcycloheptanol*, Kp.$_{0,5}$ 45°, aus 1,1 g I u. HCl in Ae. bei 0°; n_D^{21} 1,4960; 0,7 g; oder aus 2 g IV u. LiCl in A. bei 24 std. Kochen; 0,4 g; oder analog aus 0,8 g V; 0,2 g. *3.5-Dinitrobenzoat*, $C_{14}H_{15}O_6N_2Cl$, F. 113° (Chlf.-Me.). — *trans-2-Bromcycloheptanol*, $C_7H_{13}OBr$, Kp.$_1$ 70 bis 72°, Kp.$_{0,4}$ 55—56°, aus 1,1 g I u. HBr in Ae. bei 0°; n_D^{18} 1,5310; 1,3 g; oder aus 2,5 g IV u. LiBr bei 4 std. Kochen in Aceton; n_D^{20} 1,5175; 1,2 g; oder analog aus VI u. 16 std. Verseifung mit HCl in Me. *3.5-Dinitrobenzoat*, $C_{14}H_{15}O_6N_2Br$, F. 121° (Chlf.-A.). — *trans-2-Jodcycloheptanol*, n_D^{19} 1,5630, aus I u. HJ in Ae.; oder aus 2,1 g IV u. NaJ bei 20 Min. Kochen in Aceton; 1,2 g. *3.5-Dinitrobenzoat*, $C_{14}H_{15}O_6N_2J$, F. 134° (Me.). — *trans-Cycloheptandiol-(1.2)-monoacetat*, $C_9H_{16}O_3$, Kp.$_{0,5}$ 81—82°, aus 1,1 g I u. Essigsäure (15 Std. bei 100°); n_D^{17} 1,4670; 1 g. *3.5-Dinitrobenzoat*, $C_{16}H_{18}O_8N_2$, F. 96—97° (Bzl.). — *trans-Cycloheptandiol-(1.2)-mono-p-toluolsulfonat* (IV), $C_{14}H_{20}O_4S$, n_D^{18} 1,5300, aus 15 g I in Ae. u. p-Toluolsulfonsäure bei 0°; 23,6 g. *Methansulfonat*, $C_{15}H_{22}O_6S_2$, F. 120° (Me.). *Benzoat*, $C_{21}H_{24}O_5S$, F. 101° (Me.). — *trans-Cycloheptandiol-(1.2)-monomethansulfonat*, $C_8H_{16}O_4S$, n_D^{18} 1,4870, aus 2,2 g I u. Methansulfonsäure in Ae. wie vorst.; 2,4 g. *3.5-Dinitrobenzoat*, $C_{15}H_{18}O_9N_2S$, F. 106° (Me.). — *trans-Cycloheptandiol-(1.2)-acetat-p-toluolsulfonat*, $C_{16}H_{22}O_5S$, n_D^{18} 1,5130, aus 21 g IV u. Acetanhydrid in Pyridin bei 0°; 20 g. — *cis-Cycloheptandiol-(1.2)-monoacetat*, $C_9H_{16}O_3$, Kp.$_{0,5}$ 89—90°, aus 7,6 g vorst. Verb. bei 2tägigem Kochen mit $CaCO_3$ in wss. Aceton; n_D^{21} 1,4718; 1,8 g; oder beim Kochen mit $CaCO_3$ in A. neben dem *Äthyläther*. *3.5-Dinitrobenzoat*, $C_{16}H_{18}O_8N_2$, F. 53° (Me.). *p-Toluolsulfonat* (VI), $C_{16}H_{22}O_5S$, n_D^{22} 1,5110, mit Tosylchlorid in Pyridin. — *cis-Cycloheptandiol-(1.2)-mono-p-toluolsulfonat* (V), $C_{14}H_{20}O_4S$, n_D^{23} 1,5312, aus 2,35 g cis-Diol u. Tosylchlorid in Chlf. u. Pyridin (2 Tage bei 0°); 3,1 g. *Benzoat*, $C_{21}H_{24}O_5S$, F. 86° (Me.). — III-*2.4-Dinitrophenylhydrazon*, F. 145° (A.), aus V u. KOH in Me. (5 Tage bei Raumtemp. oder aus VI in A. u. wss. NaOH bei 1 std. Kochen u. Rk. mit 2.4-Dinitrophenylhydrazinsulfat; 80%. (J. chem. Soc. [London] **1953**. 2582—88. Sept.) H. Bertsch. 1860

Niilo Kajola und **N. J. Toivonen,** *Trismethon, ein Oxydationsprodukt des Methons.* Die Oxydation von Methon (II) mit H_2O_2 ergab *Trismethon* (I). I wurde auch durch elektrolyt. Oxydation von II neben kleinen Mengen *Methylen-bis-methon* erhalten. Als oxydierendes Mittel wird hierbei das an der Anode sich bildende H_2O_2 angesehen. Während I zunächst nur 1 Äquivalent Alkali beim Titrieren verbraucht, wird beim Stehen in alkal. Lsg. eine weitere Menge verbraucht, wahrscheinlich unter Ringspaltung. Entsprechend liefert die alkal. Lsg. mit H_2O_2 als Endprod. der Oxydation *β.β-Dimethylglutarsäure.* I wird durch Wasserentzug in sein *Anhydrid* (III) übergeführt.

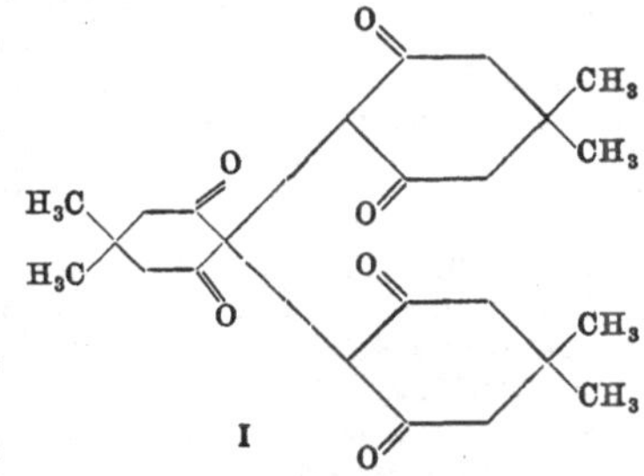

I

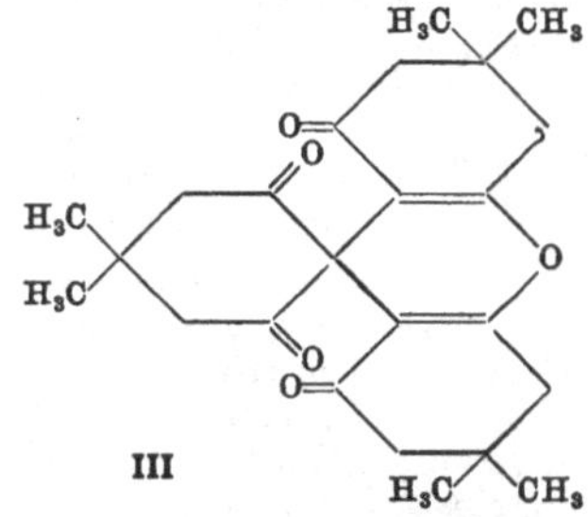

III

V e r s u c h e: *Trismethon* (I), $C_{24}H_{32}O_6$, F. 217—219° (A.), a) durch kurzes Kochen von II mit 15%ig. H_2O_2, Behandlung der sich ausscheidenden M. mit NH_3 u. Ae. u. Isolierung des unlösl. Rückstandes; b) durch 4tägige Elektrolyse von II u. K-Acetat in Eisessig mit einer Pt-Anode bei 0,16 A, Eindampfen im Vakuum u. Behandlung mit NH_3 u. Äther. — *β.β-Dimethylglutarsäure*, durch Erwärmen von alkal. I-Lsg. mit H_2O_2, Ansäuern u. Ausschütteln mit Äther. — I-*Anhydrid* (III), $C_{24}H_{30}O_5$, F. 286—290° (A.), durch 45 Min. langes Erhitzen von I, K-Acetat u. Essigsäureanhydrid u. Gießen in Wasser. (Suomen Kemistilehti B 27. 9—11. 1954. Helsinki, Univ., Chem. Inst.)

HILDEGARD BAGANZ. 1970

B. A. Arbusow und **A. R. Wiltschinskaja,** *Über die Konstitution der Anlagerungsprodukte von Maleinsäureanhydrid und α-Naphthochinon an Alloocimen.* In früheren Arbeiten (Журнал Общей Химии [J. allg. Chem.] **3** (**65**). [1933.] 28; **6** (**68**). [1936.] 206) konnte über die Konst. des Addukts (I) von Alloocimen u. Maleinsäureanhydrid u. des Addukts (II) von Alloocimen u. Naphthochinon-(1.4) keine Klarheit gewonnen werden. Alloocimen enthält eine Kette von 3 konjugierten Bindungen, so daß 2 Möglichkeiten der 1.4-Anlagerung vorhanden sind. Die Addukte werden näher untersucht. Bei der Ozonisierung von I u. II wird *Aceton* (neben Harzen) erhalten. Die 2. Anlagerungsmöglichkeit würde Acetaldehyd geben. Demnach kommen den Addukten nebenst. Formeln zu. Bei der Dehydrierung von II mittels Luft-O_2 + KOH wurde früher statt des entsprechenden Anthrachinonderiv. ein Dihydroanthrachinonderiv. (III) erhalten. Andere Dehydrierungsmittel (S bei 200°, Se, Pd-Kohle) geben nur Verharzungsprodukte. Dagegen führt die Oxydation von III mit HNO_3 zu der erwarteten *Anthrachinontricarbonsäure-(1.2.4)*, die als *Trimethylester* identifiziert wird. Bei der Acetylierung von II reagiert dieses in der Dienolform unter Bldg. eines *Diacetats.* Die Oxydation von I mit CH_3COOH gibt die entsprechende Bis-oxidoverb., *4.5-Oxido-3.4-dimethyl-6-*[*α.β-oxidoisobutyl*]*-cyclohexandicarbonsäure-(1.2)-anhydrid* (**IV**), u. die aus diesem durch Verseifung der Säureanhydridgruppe entstehende freie *Dicarbonsäure.* Die Hydratation von **IV** durch angesäuertes W. liefert ein *Dilacton* (**V**) u. wahrscheinlich ein *Monolacton* (**VI**) von *4.5-Dioxy-3.4-dimethyl-6-*[*α.β-dioxyisobutyl*]*-cyclohexandicarbonsäure-(1.2)* (**VII**). Durch Oxydation von I mit alkal. $KMnO_4$-Lsg. wird **VII** erhalten, außerdem eine gesätt. *Verb.* $C_{14}H_{22}O_6$, die 2 OH-Gruppen u. 1 freie CO_2H-Gruppe enthält u. vielleicht ein Lacton ist, das durch Rk. der 2. CO_2H-Gruppe mit einer der Doppelbindungen entsteht.

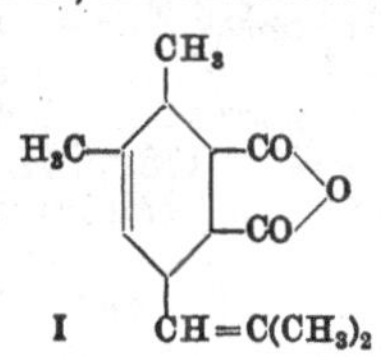

I

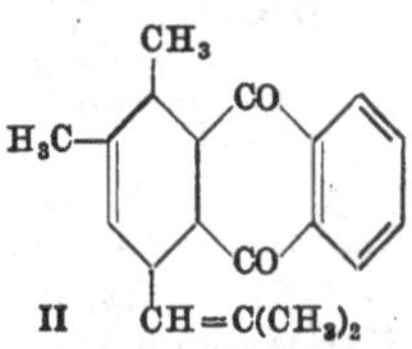

II

V e r s u c h e: Die O z o n i s i e r u n g des Addukts I wird in Chlf. oder CCl_4 durchgeführt, das Ozonid durch längeres Kochen mit W. zerlegt u. *Aceton* durch die üblichen Ketonreagentien nachgewiesen. Wird I durch langes Schütteln mit Na_2CO_3-Lsg. als Dinatriumsalz gelöst u. die Lsg. mit Ozon behandelt, so werden 62,3% *Aceton* gefunden. — *4.5-Dioxy-3.4-dimethyl-6-*[*α.β-dioxyisobutyl*]*-cyclohexandicarbonsäure-(1.2)* (**VII**), $C_{14}H_{24}O_8$, F. 145—146° (Zers.); durch Oxydation von in Alkalilauge gelöstem I mit $KMnO_4$-Lsg. unter Kühlung mit Eis neben der *Verb.* $C_{14}H_{22}O_6$, F. 223—224° (Zers.). *Dilacton* (**V**), $C_{14}H_{20}O_6$, F. 277° (Zers.) u. *Monolacton* (**VI**), $C_{14}H_{22}O_7$, F. 172° (Zers.); **IV** wird 7 Tage mit verd. HCl geschüttelt; Trennung beider durch fraktionierte Kristallisation aus W., A. u. Äther. — *4.5-Oxido-3.4-dimethyl-6-*[*α.β-oxidoisobutyl*]*-cyclohexandicarbonsäure-(1.2)*-

anhydrid (IV), $C_{14}H_{18}O_5$, F. 145°; durch Oxydation von I mit CH_3COOOH in Ae. bei 17—35°; aus Ae. Nadeln; Nebenprod. die freie *Dicarbonsäure*, $C_{14}H_{20}O_6$, F. 190—191° (A.). — *Addukt* II. *Monooxim*, $C_{20}H_{23}O_2N$, F. 175° (A. u. Bzn.); Nadeln u. Würfel. *Diacetat*, $C_{24}H_{26}O_4$, F. 143—144° (A.). Die Ozonisierung von II in Chlf. gibt 26,5% *Aceton*. — *Anthrachinontricarbonsäure-(1.2.4)-trimethylester*, F. 193°; III wird mit HNO_3 (D. 1,1) im Rohr bei 195—230° oxydiert, das Reaktionsprod. sublimiert (gelbe Nadeln; F. 270 bis 280°) u. dieses methyliert. (Журнал Общей Химии [J. allg. Chem.] **25** (87). 168—72. Jan. 1955. Kasan, Univ., u. Med. Inst.) R. KNOBLOCH. 2020

I. A. Djakonow und **O. W. Gussewa**, *Reaktionen aliphatischer Diazoverbindungen mit ungesättigten Verbindungen. 12. Mitt. Untersuchung der Kondensationsreaktionen von Diphenyldiazomethan und Diazoessigester mit Allylacetat.* (11. vgl. C. **1955**. 9069.) Bei der Kondensation von Diphenyldiazomethan (I) mit Allylacetat (II) entsteht als Hauptprod. *1-Acetoxymethyl-2.2-diphenylcyclopropan*, dessen Konst. durch alkal. Hydrolyse zu *1-Oxymethyl-2.2-diphenylcyclopropan* bewiesen wird. Daneben bilden sich *Benzophenon*, *Benzophenonazin* (III) u. eine *Verb.* (IV) der Bruttoformel $C_{26}H_{20}N_2$ (oder $C_{26}H_{22}N_2$) nicht ermittelter Konst., die beim Behandeln mit verd. H_2SO_4 in *Benzophenon*, *Hydrazinsulfat* u. *Tetraphenyläthan* zerfällt. Bei der Rk. von Diazoessigester mit II in Ggw. von $CuSO_4$ entsteht *2-Acetoxymethylcyclopropancarbonsäure-(1)-äthylester* als Gemisch von *cis-* u. *trans*-Verbindung. Alkal. Verseifung führt zu *2-Oxymethylcyclopropancarbonsäure-(1)* (V); in dieser liegen *cis-* u. *trans*-Verb. im Verhältnis 1 : 8 vor. Das trans-Isomere scheidet sich krist. ab; in dem nicht getrennten, öligen Rückstandsgemisch der Isomeren läßt sich das cis-Isomere durch Erhitzen in das Lacton überführen. Der Lactonring wird durch Oxydation mit $KMnO_4$ gespalten; hierbei entsteht *cis-Cyclopropandicarbonsäure-(1.2)*. Das trans-Isomere gibt bei der Oxydation *trans-Cyclopropandicarbonsäure-(1.2)*. Die RAMAN-Spektren bestätigen die Konst. der erhaltenen Verbindungen.

V e r s u c h e: *1-Acetoxymethyl-2.2-diphenylcyclopropan*, $C_{18}H_{18}O_2$, Kp.$_2$ 165—167°; 75 ml zum Sieden erhitztes II werden tropfenweise mit 33—38 g I, gelöst in dem gleichen Vol. II, zur Rk. gebracht; insgesamt werden 216,6 g I verarbeitet; II wird abdest. u. der Rückstand mit A. verd., wobei ca. 12,5 g III u. 1,4 g IV auskristallisieren; die Mutterlauge wird fraktioniert dest.; $D.^{20,5}{}_4$ 1,0914; n_D^{20} 1,5620; 163,7 g (Ausbeute); außerdem 7,35 g *Benzophenon*. Verseifung mit Ätzkali in CH_3OH, 1½ Std. zum Sieden, ergibt *1-Oxymethyl-2.2-diphenylcyclopropan*, Kp.$_{3,5}$ 165—167°; n_D^{51} 1,583; ca. 85%. *3.5-Dinitrobenzoat*, F. 140°. — *Benzophenonazin* (III), $C_{26}H_{20}N_2$, F. 157—158°. — *Verb.* IV, $C_{26}H_{20}N_2$ (oder $C_{26}H_{22}N_2$), F. 172—173° (A.). Hydrolyse von 1 g mit sd. 30%ig. H_2SO_4 gibt 0,42 g *Benzophenon*, 0,35 g *Tetraphenyläthan* u. 0,07 g *Hydrazinsulfat*. — *2-Acetoxymethylcyclopropancarbonsäure-(1)-äthylester* (Gemisch der *cis-* u. *trans*-Verb.), $C_9H_{14}O_4$, Kp.$_{22}$ 128 bis 129°; 380 ml II + 2 g wasserfreies $CuSO_4$ werden zum Sieden erhitzt u. tropfenweise mit 136,9 g Diazoessigester + 136 ml II versetzt; das Reaktionsprod. wird fraktioniert dest.; der rohe Ester wird zur Zerstörung von etwas beigemengtem *Fumarsäurediäthylester* in der Kälte mit 3%ig. $KMnO_4$-Lsg. behandelt; $D.^{18,8}{}_4$ 1,079; $n_D^{18,8}$ 1,4429; 162,9 g. — *2-Oxymethylcyclopropancarbonsäure-(1)* (V), $C_5H_8O_3$; *trans*-Verb., F. 64—65° (Ae. + PAe.); durch Verseifen vorst. Verb. mit 2nKOH; 64,6 g neben einem nicht getrennten Gemisch von *cis-* + *trans*-Verb.; Gesamtausbeute an cis- + trans-Verb. 80%. — *trans-Cyclopropandicarbonsäure-(1.2)*, $C_5H_6O_4$, F. 175° (W.); aus trans-V durch Oxydation mit 3%ig. $KMnO_4$-Lsg.; 84,6%. — *cis-2-Oxymethylcyclopropancarbonsäure-(1)-lacton*, $C_5H_6O_2$, Kp.$_2$ 66—70°; durch Dest. eines Gemisches von cis- u. trans-V bei 2 mm, wobei trans-V nicht verändert wird u. im Rückstand bleibt; $D.^{20}{}_4$ 1,180; n_D^{20} 1,4652. — *cis-Cyclopropandicarbonsäure-(1.2)*, $C_5H_6O_4$, F. 138—139° (W.); durch Oxydation vorst. Lactons mit 3%ig. alkal. $KMnO_4$-Lsg.; 60%. (Журнал Общей Химии [J. allg. Chem.] **22** (84). 1355—62. Aug. 1952. Leningrad, Univ., Wiss. Forschungsinst. für Chem.)

O. POLLAK V. EMHOFEN. 2270

Carlo Runti, *Die Nitrierung und Oxydation des p-Phenylacetophenons.* Früher (Ann. Chimica **41**. [1951.] 739) wurden schon verschied. Verff. untersucht, um durch Nitrierung von *4-Acetyldiphenyl* (I) das *4-Acetyl-4'-nitrodiphenyl* (II) zu gewinnen, wobei aber vielfach auch *2.4'-Dinitro-4-acetyldiphenyl* (III) oder infolge Oxydation *Diphenylcarbonsäure-(4)* (IV) entstanden. Die Bildungsweisen wurden näher untersucht u. ferner wurde gefunden, daß man bei der Nitrierung des I in konz. H_2SO_4 mit Äthylnitrat die beste Ausbeute (19%) an II erhält. Weiterhin wurde die Darst. von *4-Bromacetyl-4'-nitrodiphenyl* (V) auf 2 verschied. Wegen untersucht: durch Nitrierung von *4-Bromacetyldiphenyl* (VI) u. durch Bromierung von II.

V e r s u c h e: Nitrierung des *4-Acetyldiphenyls* (I) zu *4-Acetyl-4'-nitrodiphenyl* (II), F. 151° (aus Äthylacetat oder verd. A.), 1. mit HNO_3–H_2SO_4-Mischung unterhalb 5° (8,1% Ausbeute); 2. mit rauchender HNO_3 in Eisessig bei Raumtemp. (12,1%); 3. in

konz. H_2SO_4 gelöst, durch Zutropfen von Äthylnitrat bei $<12-14^0$, F. 152^0 (Äthylacetat, Reinigung mit Tierkohle, 19%). — *Diphenylcarbonsäure-(4)* (IV), F. 222^0, 1. durch Nitrierung von I mit rauchender HNO_3 in Eisessig bei 90^0, Extraktion des festen Prod. mit Sodalsg., Ansäuern mit HCl (40%); Methylester, F. $117-118^0$; Äthylester, F. 46 bis 47^0; 2. durch Oxydation von I mit NaOBr-Lsg. scheidet sich unter $CHBr_3$-Bldg. das in kaltem W. schwer lösl. Na-IV-Salz aus, aus dessen Lsg. in warmem W. fällt mit HCl IV aus (88,2%); 3. aus I in Eisessig mit $Na_2Cr_2O_7$ über das Na-Salz durch Ansäuern. — *2.4'-Dinitro-4-acetyldiphenyl* (III), F. 111^0, aus dem sodaunlösl. Rückstand der IV-Darst. nach 1) durch Kristallisation aus Äthylacetat als Nebenprodukt. — *4-Bromacetyl-4'-nitrodiphenyl*, $C_{14}H_{10}O_3NBr$ (V), F. 170^0 (A.), 1. aus VI in Eisessig mit rauchender HNO_3 bei $<20^0$ (23,3%); 2. aus II in Eisessig mit Br_2 im Sonnenlicht beim Erwärmen im Dampfbad (41,7%). (Ann. Chimica **44**. 489—94. Aug. 1954. Triest, Univ., Ist. Chim.)
W. METZENER. 2360

Tschawdar Iwanow, *Über die Kondensation aromatischer Aldehyde mit α.β-ungesättigten β-Methylketonen.* Bei der Kondensation von Phenyl-[β-methyl-β-phenyläthenyl]-keton (Dypnon; I) mit Benzaldehyd in methanol. KOH entsteht *Phenyl-[2.4-diphenylbutadienyl-(1)]-keton* (II). Bei der Oxydation von II mit $KMnO_4$ in Aceton konnten außer Benzaldehyd u. Benzoesäure keine weiteren Prodd. isoliert werden. Analog kondensieren sich andere aromat. Aldehyde (u. Furfurol) mit I zu den entsprechenden *Aryl-[2.4-diarylbutadienyl-(1)]-ketonen* [„*1.3.5-Triarylpentadien-(2.4)-onen-(1)*“]. Auch p.p'-Dimethyldypnon (III) reagiert in dieser Weise. II läßt sich aus I mittels der entsprechenden Aminomagnesiumverb. nach D. IWANOW u. T. IWANOW (vgl. C. **1944**. I. 755) erhalten.

V e r s u c h e: *Phenyl-[2.4-diphenylbutadienyl-(1)]-keton* (II), F. $125-126^0$ (A.); je 0,01 Mol I u. Benzaldehyd werden in 20 ml CH_3OH gelöst, 5 ml 20%ig. methanol. KOH hinzugefügt u. 5—10 Std. auf 90^0 erhitzt; citronengelbe Kristalle; 57,7% (Ausbeute). Analog nachst. *Aryl-[2.4-diarylbutadienyl-(1)]-ketone*, $Ar'CH{=}CHC(Ar''){=}CHCOAr'''$. $Ar' = C_6H_5$, $Ar''{=}Ar''' = p\text{-}CH_3C_6H_4$, F. $146-147^0$; aus III u. Benzaldehyd; citronengelb; 62,1%. — $Ar' = p\text{-}ClC_6H_4$, $Ar''{=}Ar''' = C_6H_5$, F. $162-163^0$; aus I u. p-Chlorbenzaldehyd; blaßgelb; 5,8%. — $Ar' = p\text{-}ClC_6H_4$, $Ar''{=}Ar''' = p\text{-}CH_3C_6H_4$, F. $84-85^0$; aus III u. p-Chlorbenzaldehyd; chromgelb; 46,2%. — $Ar'{=}Ar''{=}Ar''' = p\text{-}CH_3C_6H_4$, F. $112-113^0$; aus III u. p-Toluylaldehyd; gelbes Öl (an anderer Stelle F. $112-113^0$); 74,3%. — $Ar' = C_4H_3O$, $Ar''{=}Ar''' = C_6H_5$, F. $93-94^0$; aus I u. Furfurol; orangegelb; 71,8%. — $Ar' = C_4H_3O$, $Ar''{=}Ar''' = p\text{-}CH_3C_6H_4$, F. $147{,}5-148{,}5^0$; aus III u. Furfurol; orangegelb; 67,1%. (Доклады Болгарской Академии Наук [C. R. Acad. bulgare Sci.] **4**. Nr. 2/3. 33—36. April-Juni/Okt.-Dez. 1951. Sofia, Stalin-Polytechnicum, Lehrstuhl für organ. Chem.) O. POLLAK V. EMHOFEN. 2360

D. Iwanow und **N. Marekow,** *Synthesen mit Hilfe des Na-Salzes der α-Chlormagnesiumphenylessigsäure und Chloriden aliphatischer Dicarbonsäuren. Methode zur Darstellung von Benzyldiketonen.* Bei der Einw. von $C_6H_5\cdot CH(MgCl)\cdot COONa$ (I) auf die Dichloride der Malon-, Bernstein-, Adipin- u. Sebacinsäure entstehen Diketone, z. B. aus I u. $ClCOCH_2CH_2COCl$ *1.6-Diphenylhexandion-(2.5)*. Daneben bilden sich in geringer Menge außer Phenylessigsäure nicht identifizierte Oxy- u. Oxyketocarbonsäuren. Oxalsäuredichlorid u. I geben ein Öl, in dem ein α-Diketon colorimetr. nachgewiesen wird.

V e r s u c h e: Nachst. werden die Ausbeuten auf das Dichlorid bezogen. *1.5-Diphenylpentandion-(2.4)*, $C_{17}H_{16}O_2$, F. $66-67{,}5^0$ (wss. A.); aus 0,05 Mol I u. 0,025 Mol Malonylchlorid bei -10^0; Schuppen; 6,6% (Ausbeute). — *1.6-Diphenylhexandion-(2.5)*, $C_{18}H_{18}O_2$, F. $64-65^0$ (wss. A.); aus I u. Succinylchlorid; 13%. *Disemicarbazon*, $C_{20}H_{24}O_2N_6$, F. $179-180^0$ (A.). — *1.8-Diphenyloctandion-(2.7)*, F. 72^0; aus I u. Adipinsäuredichlorid; 29%. *Disemicarbazon*, F. 210^0. — *1.12-Diphenyldodecandion-(2.11)*, $C_{24}H_{30}O_2$. F. $73{,}5-75^0$ (PAe.); aus I u. Sebacinsäuredichlorid bei -8^0; längliche Lamellen; 55%. (Доклады Болгарской Академии Наук [C. R. Acad. bulgare Sci.] **4**. Nr. 2/3. 41—44. April-Juni/Okt.-Dez. 1951. Sofia, Univ., Lehrstuhl für organ. Chem.)
O. POLLAK V. EMHOFEN. 2370

H.-W. Bersch und **R. Meyer,** *Zur Bildung von Carbocyclen durch Hofmann-Abbau.* Vff. untersuchen, ob beim Fehlen eines H-Atoms am β-C-Atom auch ein am entfernteren C-Atom befindlicher Wasserstoff beim HOFMANNschen Abbau quartärer Amine reagieren kann, am Beispiel des *o-Benzylbenzyltrimethylammoniumhydroxyds* (I), dessen Darst. beschrieben wird. I spaltet schon bei Wasserbadtemp. Trimethylamin (II) ab unter Bldg. zweier KW-stoffe von gleicher Zus., die von Vff. als die beiden möglichen Isomeren des *3.7-Diphenyl-1.5-dibenzocyclooctadiens* angesprochen werden.

V e r s u c h e: *o-Dimethylaminomethylbenzaldehyd*, $C_{10}H_{13}ON$, Kp.$_{14}$ $122-123^0$, Kp.$_{27}$ $135-136{,}5^0$, aus o-Dimethylaminomethylstyrol in 10%ig. H_2SO_4 durch Durchleiten von O_3 unter Kühlung, Isolierung als *Bisulfitverb.*; 89% (Ausbeute). *Methojodid*, F. 160—162°. *Semicarbazon*, $C_{11}H_{16}ON_4$, F. 178°. — *o-Dimethylaminomethylbenzhydrol*, $C_{16}H_{19}ON$, F. 71°, aus vorst. Verb. u. Phenyl-MgBr. *Hydrochlorid*, F. 195°. — *o-Benzylbenzyldimethylamin*, Kp.$_{1,2}$ 135°, aus vorst. Verb. durch Red. mit Na in A.; *Methojodid*, $C_{17}H_{22}NJ$, F. 204°; gibt beim Digerieren mit Ag_2O in W. I, welches (ohne Isolierung) beim 2 std. Kochen mit KOH zu II u. den *beiden Isomeren von 3.7-Diphenyl-1.5-dibenzocyclooctadien*, $C_{28}H_{24}$, F. 174—176° u. F. 206—207° (Trennung durch fraktionierte Kristallisation aus Ae.), abgebaut wird. (Arch. Pharmaz. Ber. dtsch. pharmaz. Ges. **287/59.** 613—17. 1954. Braunschweig, TH, Pharmazeut.-chem. Inst.) G. WINKLER. 2510

Robert L. Dennis, William J. Plant, Charles G. Skinner, George L. Sutherland und **William Shive,** *Synthese von Cyclopenten-(2)-yl-(1)-glycin als hemmendes Aminosäureanalogon.* Durch Kondensation von aus Cyclopentadien (III) u. HCl gewonnenem *3-Chlorcyclopenten* (I) mit Formamidomalonsäurediäthylester (IV) wurde über α-*Formamido-α-[cyclopenten-(2)-yl-(1)]-malonsäurediäthylester* durch dessen Hydrolyse mit konz. HCl u. chromatograph. Trennung der beiden entstandenen Verbb. *Cyclopenten-(2)-yl-(1)-glycin* (II) erhalten. Bei der Synth. von II aus I u. Acetamidomalonsäurediäthylester (V) wurde der krist. isolierte α-*Acetamido-α-[cyclopenten-(2)-yl-(1)]-malonsäurediäthylester* mit verd. HCl hydrolysiert. Die Kondensation von Cyanessigsäureäthylester (VI) mit I lieferte α-*Cyancyclopenten-(2)-yl-(1)-essigsäureäthylester.* Das entsprechende *Hydrazid* gab über das *Azid* mit wss. $Ba(OH)_2$-Lsg. statt des erwarteten II — wahrscheinlich über das Hydantoin — *2-[Cyclopenten-(2)-yl]-hydantoinsäure*, die auch aus II u. KOCN in Eisessig gewonnen wurde. — II verhindert das Wachstum von Escherichia coli. Diese Wrkg. wird zwar von einem Gemisch von Valin u. Isoleucin aufgehoben, nicht jedoch von einem allein.

V e r s u c h e: *3-Chlorcyclopenten* (I), durch Behandeln von III mit trockenem HCl unter Kühlung. — *Cyclopenten-(2)-yl-(1)-glycin* (II), $C_7H_{11}O_2N$, F. 252—253° (Zers.; 60%ig. Isopropylalkohol), a) durch Zutropfen von I zu der Na-Verb. von IV in A. bei 5° unter Rühren, Filtration, Einengen, 4 std. Kochen des gelben Öls mit konz. HCl, Einengen, Lösen in W., Neutralisieren mit konz. NH_4OH, Einengen, Umkristallisation aus 60%ig. Isopropylalkohol u. Chromatographieren an RCBF-Polycel aus Butanol-(1)–W.; b) durch Zugeben von 46,4 g I zu der Na-Verb. von V in A. unter Kühlung u. Rühren in 30 Min., 3 std. Weiterrühren, Abfiltrieren, Einengen → α-*Acetamido-α-[cyclopenten-(2)-yl-(1)]-malonsäurediäthylester* ($C_{14}H_{21}O_5N$, F. 52—53° [W.]; 37,1 g [Ausbeute]), von dem 11,6 g 3 Std. mit 10%ig. HCl gekocht, eingeengt u. mit NH_4OH neutralisiert wurden; 2,05 g. — α-*Cyancyclopenten-(2)-yl-(1)-essigsäureäthylester*, $C_{10}H_{13}O_2N$, Kp.$_{0,5}$ 86—88°, durch Zugeben von I zu einem Gemisch von Na, A. u. VI in 1 Std. unter Kühlung, Filtration u. Einengen; $D.^{25}_4$ 1,0485; n_D^{25} 1,4637; 30%. — α-*Cyancyclopenten-(2)-yl-(1)-acethydrazid*, $C_8H_{11}ON_3$, F. 90—91°, durch 1 std. Kochen vorst. Esters mit 95%ig. N_2H_4; 64%. — *2-[Cyclopenten-(2)-yl]-hydantoinsäure*, $C_8H_{12}O_3N_2$, F. 197—200° (Zers.; W.), a) durch Zugeben von wss. $NaNO_2$-Lsg. zu 5 g vorst. Verb. in verd. HCl bei 0—5°, Zugeben von A., Abdest. des Ae., 2 std. Kochen, Einengen, 2 std. Erhitzen mit $Ba(OH)_2$-Lsg., Behandeln mit H_2SO_4 u. Einengen; lange Nadeln; 1,5 g; b) durch Zugeben von Eisessig zu 350 mg II u. KOCN in W. in 20 Min., 45 Min. Erhitzen auf dem Wasserbad u. Neutralisieren; 200 mg. Gibt beim Erhitzen mit Alkali unter Druck II. (J. Amer. chem. Soc. **77.** 2362—64. 5/5. 1955. Austin, Tex., Univ., Biochem. Inst. u. Dep. of Chem., u. Clayton Foundat. for Res.) R. PASEDAG. 2550

Douglas E. Applequist und **John D. Roberts,** *Austauschreaktionen an den Verknüpfungsstellen von Brückenbindungen enthaltenden polycarbocyclischen Systemen.* Übersicht. — 77 Literaturangaben. (Chem. Reviews **54.** 1065—89. Dez. 1954. Pasadena, Calif., California Inst. of Technol., Gates and Crellin Labors. of Chem.) H.-J. NITZSCHKE. 2600

D. Iwanow, Tsch. Iwanow und **B. St. Iwanowa,** *Indone.* 3. Mitt. *2.3-Diphenylindontrisulfonsäure.* (Vgl. C. **1948.** E. 901.) Bei der Rk. von 2.3-Diphenylindon mit einem Gemisch aus 5 Teilen Oleum (20% SO_3) u. 1 Teil konz. H_2SO_4, 1 Std. bei Zimmertemp., entsteht eine *2.3-Diphenylindontrisulfonsäure* (I) mit einer Ausbeute von 90,5%. Die Alkalisalze von I färben Wolle goldgelb. Da I über 2-[p-Sulfophenyl]-3-phenylindon als Zwischenprod. entsteht (l. c.), ist die Stellung einer SO_3H-Gruppe bekannt. Zur Ermittlung der Stellung der 2 anderen SO_3H-Gruppen werden die Oxydation mit $KMnO_4$, die Alkalischmelze des Oxydationsprod., das eine Disulfo-o-benzoylbenzoesäure enthält, u. die BECKMANNsche Umlagerung des Oxims letztgenannter Verb. herangezogen. Vff. kommen zu dem Schluß, daß I als *2.3-Bis-[p-sulfophenyl]-4-sulfoindon* zu formulieren ist. (Доклады Болгарской Академии Наук [C. R. Acad. bulgare Sci.] **4.** Nr. 2/3. 29—32. April-Juni/Okt.-Dez. 1951. Sofia, Univ., Lehrstuhl für organ. Chem.)

O. POLLAK V. EMHOFEN. 2650

W. N. Ufimzew und **M. M. Manatschkina**, *Beweglichkeit von Halogen in der Naphthalinreihe.* Die Beweglichkeit von Halogen im Naphthalinkern wird durch Einführung einer Nitro- oder einer anderen aktivierenden Gruppe in o- oder p-Stellung erhöht. Alle 14 untersuchten isomeren Nitrobromnaphthaline können nach ihrer Aktivität in eine kontinuierliche Reihe eingestuft werden. *2-* u. *4-Nitro-1-bromnaphthalin* (FF. 99,8 bis 100,4° bzw. 87,4—88,2°) u. *1-Nitro-2-bromnaphthalin* (F. 100,1—101,0°) reagieren mit Piperidin unterhalb 100° u. in Abwesenheit von Katalysator; 3-Nitro-2-bromnaphthalin (F. 83,2—83,7°) nimmt eine Zwischenstellung zwischen 8-Nitro-1-bromnaphthalin (F. 98,2—98,7°) u. 1-Nitro-2-bromnaphthalin ein; es reagiert nur schwach mit Piperidin bei 50°, erreicht aber bei weiterer, geringer Temperaturerhöhung eine beträchtliche Aktivität. Die restlichen isomeren Nitrobromnaphthaline [*3-Nitro-1-brom-* (F. 130,4—130,9°), *5-Nitro-1-brom-* (F. 121,6 bis 121,9°), *6-Nitro-1-brom-* (F. 128,9 bis 129,4°), *7-Nitro-1-brom-* (F. 137,5—137,9°), *4-Nitro-2-brom-* (F. 100,2—100,7°), *5-Nitro-2-brom-* (F. 96,7—97,2°), *6-Nitro-2-brom-* (F. 190,5—191,0°), *7-Nitro-2-brom-* (F. 145,0 bis 145,5°) u. *8-Nitro-2-brom-* (F. 110,4—110,9°)] sind weniger aktiv. Die Aktivität wird erhöht durch Zugabe von $CuSO_4 \cdot 5\ H_2O$ als Katalysator. Die Best. der Beweglichkeit des Halogens erfolgt durch Erwärmen von 0,1 g Nitrobromnaphthalin mit 1 ml Piperidin in zugeschmolzenem Rohr bei 25—200° während 1—5 Stunden. Nach beendeter Rk. wird mit Ae. ausgezogen u. Brom als AgBr ermittelt. (Доклады Академии Наук СССР [Ber. Akad. Wiss. UdSSR] [N. S.] **92.** 581—84. 21/9. 1953. Wiss. Woroschilow-Inst. für organ. Zwischenprodukte u. Farbstoffe.) A. TROFIMOW. 2700

Randolph Riemschneider, *Zur Chemie und Toxikologie von Polyhalocyclopentadienen und verwandten Verbindungen.* 3. (vorl.) Mitt. *Addukte aus Hexachlorcyclopentadien und Cyclopentadien.* (2. vgl. Physiol. chem. Inst. R12 Dez. 1947.) Hexachlorcyclopentadien (I) addiert Cyclopentadien zu einem *4.5.6.7.10.10-Hexachlor-4.7-methylen-4.7.8.9-tetrahydroinden* ($C_{10}H_6Cl_6$, F. 155°), das bei erhöhter Temp. ein weiteres Mol. I zu einem *1.2.3.4.5.6.7.8.14.14.15.15-Dodekachlor-1.4;5.8-bis-methylen-1.4.5.8.10.11.12.13-oktahydrofluoren* ($C_{15}H_6Cl_{12}$, F. 306°) anlagert. Die angegebenen Strukturen folgen aus der Ausschließung der nach der Diensynth. noch möglichen Isomeren. Das Monoaddukt ist kontaktinsekticid wirksam, das Diaddukt nicht. (Z. Naturforsch. **6b.** 395—97. Okt./Nov. 1951. Berlin-Charlottenburg.) H. LEHWALD. 2750

Saburo Akiyoshi und **Tsutomu Matsuda**, *Achtgliedrige Ringverbindungen.* 1. Mitt. *Reaktion von Cyclooctatetraen mit Diazoessigsäureäthylester.* Die Addition von Diazoessigsäureäthylester (I) an Cyclooctatetraen (II) liefert nach Verseifung *9-Carboxybicyclo-[6.1.0]-nonatrien-(2.4.6)*, dessen UV- u. Infrarotadsorptionsspektr. zum Konstitutionsbeweis angegeben werden. Die Hydrierung dieser Verb. gibt *9-Carboxybicyclo-[6.1.0]-nonan*, das auch durch Addition von I an Cycloocten (III) u. nachfolgende Verseifung entsteht.

V e r s u c h e: *9-Carboxybicyclo-[6.1.0]-nonatrien-(2.4.6)*, $C_{10}H_{10}O_2$, F. 162—163° (Zers.; Äthylacetat). Erhitzen von 30 g II ($Kp._{30}$ 40—43°) u. Cu-Pulver auf 80°, Zutropfen von 15 g I ($Kp._{10}$ 39—40°) u. 15 g II in ½ Std. unter Rühren bei 80—85°, 1std. Weiterrühren, Filtration u. fraktionierte Dest. bei 87—89°/1 mm → *Äthylester* ($C_{12}H_{14}O_2$; n_D^7 1,5160; 4,5 g), von dem 1,3 g 1 Std. mit 5%ig. wss. NaOH bei 80—90° verseift wurden; Ansäuern mit 10%ig. H_2SO_4 u. Ätherextraktion; Nadeln; 0,5 g. — *9-Carboxybicyclo-[6.1.0]-nonan*, $C_{10}H_{16}O_2$, F. 113,5—114,8° (PAe.), a) Analog aus 10 g III ($Kp._{100}$ 79—80°, $Kp._{?}$ 70—73°, n_D^{25} 1,4678) bei 100—105° u. fraktionierte Dest. bei 100—105°/3 mm → *Äthylester* (n_D^{25} 1,4798; 7,6 g), von dem 1,3 g 3 Std. mit wss. methanol. NaOH bei 70° verseift werden; 0,6 g; b) durch 1std. Hydrieren von 3,382 g vorst. Säure in Ggw. von RANEY-Ni unter Schütteln bei n. Druck u. Raumtemp.; 0,3 g. (J. Amer. chem. Soc. **77.** 2476. 5/5. 1955. Fukuoka, Japan, Kyushu Univ., Dep. of Appl. Chem.)
R. PASEDAG. 2950

Mildred C. Rebstock und **Charlotte D. Stratton**, *Mit Chloromycetin verwandte Verbindungen. 1-Biaryl-2-dichloracetamidopropandiole-(1.3).* (Vgl. C. **1955.** 3632.) Während sich 2-Phenyl- (II) bzw. 2-Methyl-5-phenylthiophen (I) u. p-Methoxybiphenyl mit Bromacetylbromid (III) nach FRIEDEL-CRAFTS kondensieren lassen, zers. sich die Reaktionsgemische von 2.2'-Bithienyl (IV) u. 2-Methyl-5-phenylfuran (VI) unter diesen Bedingungen. Sie werden daher mit Acetanhydrid (V) in Ggw. von H_3PO_4 bzw. $AlCl_3$ in die *Methylketonderivv.* übergeführt. Im *5-Acetyl-2.2'-bithienyl* erfolgt mit 1 Mol Br_2 nur Ringbromierung, dagegen entsteht bei Verwendung von 2 Mol *5-Brom-5'-[α-bromacetyl]-2.2'-bithienyl.* Aus den *Biaryl-α-brommethylketonen* werden über die *Hexamethylentetraminsalze* durch saure Hydrolyse die *α-Aminomethylketonhydrohalogenide* gewonnen, die in die *1-Biaryl-2-dichloracetamidomethylketone* übergeführt werden. Diese geben nach Oxymethylierung u. MEERWEIN-VERLEY-PONNDORF-Red. die *rac. 1-Biaryl-2-dichloracetamidopropandiole-(1.3)* (**A**). Die UV-Absorptionsspektren aller **A** u. ihrer Ketoausgangsverbb. werden angegeben. Während die Analogie der Spektren von **I** u. *1-[5-Phenylthienyl-(2)]-2-dichloracetamidopropandiol-(1.3)* die Konst. des letzteren bestätigt, zeigt die von *Acetyl-2-methyl-5-[p-tolyl]-thiophen*, das aus 2-Methyl-5-[p-tolyl]-thiophen u. Acetylchlorid erhalten wird, u. von *α-Dichloracetamido-β-oxypropionyl-2-methyl-5-phenylthiophen*, daß die Acylierung beider Verbb. wahrscheinlich in β-Stellung des Thiophenkerns erfolgt ist, da die p-Stellung des Phenylkerns in der ersteren besetzt ist u. eine m- oder o-Substitution theoret. unwahrscheinlich ist. — Die **A**, die vermutlich vornehmlich *threo*-Konfiguration besitzen, zeigen antibakterielle, antivirale u. fungicide Aktivität.

Versuche: Thiophene: *5-Phenyl-2-[α-bromacetyl]-*, $C_{12}H_9OBrS$, F. 115 bis 116° (A.), durch portionsweises Zugeben von $AlCl_3$ zu 86 g **II** u. **III** in CS_2 in 45 Min., 2½std. Kochen, Gießen auf Eis + konz. HCl u. Ausziehen mit Äthylacetat; 25 g (Ausbeute). — *Bis-[α-bromacetyl]-2-methyl-5-phenyl-*, F. 138—139°, aus 35 g **I** u. **III**; 12 g. — *α-Dichloracetamidoacetyl-2-methyl-5-phenyl-*, F. 146—148° (A.), durch Einengen vorst. Mutterlauge, Behandeln des gummiartigen Rückstandes (unreines *α-Bromacetyl-2-methyl-5-phenylthiophen*) mit Hexamethylentetramin in Chlf. u. saure Hydrolyse des krist. Prod. über das *Aminoketonhydrochlorid*; 10,7 g. — *2-Methyl-5-[p-tolyl]-*, $C_{12}H_{12}S$, F. 44,5 bis 45° (absol. A.), aus Lävulinyltoluol u. P_2S_5. — *Acetyl-2-methyl-5-[p-tolyl]-*, $C_{14}H_{14}OS$, F. 103,5—104,5° (Isopropylalkohol). — *5-[Thienyl-(2)]-2-acetyl-*, F. 108—111° (absol. A.), durch 3std. Erhitzen von 73 g **IV** mit **V** in Ggw. von 85%ig. H_3PO_4 auf dem Wasserbad, Verdünnen mit W., Ausziehen mit Äthylacetat, Einengen, Stehen in Bzl. u. Abfiltrieren der *Diacetylverbb.* (F. 228—230°; 21,9 g); 39 g. — *5-[5-Bromthienyl-(2)]-2-acetyl-*, $C_{10}H_7OBrS_2$, F. 170—172° (Äthylendichlorid), durch Zutropfen von 30 g Br_2 u. 37 g vorst. Monoacetylverb. in 10 Min. bei 12° u. 1½std. Weiterrühren; 30,5 g. — *5-[5-Bromthienyl-(2)]-2-[α-bromacetyl]-*, $C_{10}H_6OBr_2S_2$, F. 128—129° (absol. A., Äthylacetat u. Bzl.-PAe.), durch Zutropfen von 1 Mol Br_2 zu vorst. Verb. in Chlf. bei 22° unter Rühren in 30 Min.; 33 g. — *Acetyl-2-methyl-5-phenylfuran*, $Kp._{0,5}$ 115—118°, aus 51 g **VI** u. **V** in CS_2 in Ggw. von $AlCl_3$; 32,7 g. — *Bromacetyl-2-methyl-5-phenylfuran*, durch Bromierung vorst. Verb. bei 36—40°; dunkelbraunes, instabiles Öl, das sofort in den *Hexamethylentetraminkomplex* (28,7 g) übergeführt wurde. — Durch Überführen vorst. α-Brommethylketone in die *Hexamethylentetraminkomplexe* in Chlf., Hydrolysieren mit äthanol. konz. HCl, Behandeln der *Aminoketonhydrochloride* in Dimethylformamid mit Dichloracetylchlorid, Verdünnen mit W. u. Ausziehen mit Äthylacetat folgende α-Dichloracetamidomethylketone: *5-Phenylthienyl-(2)-* (**VII**), $C_{14}H_{11}O_2NCl_2S$, F. 179—180°, über *2-[α-Aminoacetyl]-5-phenylthiophenhydrochlorid* ($C_{12}H_{12}ONClS$). — *2-Methyl-5-phenylthienyl-(3 oder 4)-*, $C_{15}H_{13}O_2NCl_2S$, F. 147—148°. — *2-Methyl-5-phenylfuryl-(3 oder 4)-*, $C_{15}H_{13}O_3NCl_2$, F. 135,5—136°. — *2-[5-Bromthienyl-(2)]-thienyl-(5)-*, $C_{12}H_8O_2NCl_2BrS_2$, F. 188—190°. — *4'-Methoxybiphenylyl-(4)-*, $C_{17}H_{15}O_3NCl_2$, F. 181—182°. — 2-[α-Dichloracetamido]-propanon-(1)ole-(3): *1-[5-Phenylthienyl-(2)]-*, $C_{15}H_{13}O_3NCl_2S$, F. 165—166°, durch Behandeln von **VII** mit 36—38%ig. wss. CH_2O in 95%ig. A. in Ggw. von $NaHCO_3$ neben der *Bis-[oxymethyl]-verb.* ($C_{16}H_{15}O_4NCl_2S$, F. 209—210° [A.]). — *1-[2-Methyl-5-phenylthienyl-(3 oder 4)]-*, $C_{16}H_{15}O_3NCl_2S$, F. 133,5—134,5°. — *1-[2-Methyl-5-phenylfuryl-(3 oder 4)]-*, $C_{16}H_{15}O_4NCl_2$, F. 187—188°. — *1-[2-(5-Bromthienyl-(2))-thienyl-(5)]-*, $C_{13}H_{10}O_3NCl_2BrS_2$, F. 168—169°. *Acetat*, $C_{15}H_{12}O_4NCl_2BrS_2$, F. 168 bis 169° (Äthylendichlorid, Äthylacetat u. A.). — *1-[4'-Methoxybiphenylyl-(4)]-*, $C_{18}H_{17}O_4NCl_2$, F. 178,5—179,5°. — 2-Dichloracetamidopropandiole-(1.3) (**A**): *1-[5-Phenylthienyl-(2)]-*, $C_{15}H_{15}O_3NCl_2S$, F. 138—139°. — *1-[2-Methyl-5-phenylthienyl-(3 oder 4)]-*, $C_{16}H_{17}O_3NCl_2S$, F. 108—109°. *Diacetat*, $C_{20}H_{21}O_5NCl_2S$, F. 119—120° (Äthylendichlorid–PAe. u. A.). — *1-[2-Methyl-5-phenylfuryl-(3 oder 4)]-*, *Hydrat*, $C_{16}H_{17}O_4NCl_2 \cdot H_2O$, F. 69—70°. — *1-[2-(5-Bromthienyl-(2))-thienyl-(5)]-*, $C_{13}H_{12}O_3NCl_2BrS_2$, F. 113—114°. — *1-[4'-Methoxybiphenylyl-(4)]-*, $C_{18}H_{19}O_4NCl_2$, F. 143,5—144°. (J. Amer. chem. Soc. **77**. 3082—86. 5/6. 1955. Detroit, Mich., Parke, Davis & Co., Res. Labors.)

R. PASEDAG. 3071

Howard J. Glenn, Morris Freifelder, George Stone, Elisabeth Hertz und **James S. Strong**, *Die Darstellung und analgetische Aktivität gewisser Cyanlactame.* 1. Mitt. Lävulinsäure (**III**)-n-Butylester liefert mit HCN u. NH_3 *γ-Cyan-γ-valerolactam* (**II**). Von den durch Oxo-Rk. aus Croton-, Methacryl- bzw. Acrylsäure (**VII**)-Äthylester erhältlichen *β-Methyl-γ-oxo-* (**V**), *α-Methyl-γ-oxo-* bzw. *γ-Oxobuttersäureäthylester*, der als *Acetal* isoliert wurde, gab nur der erstere in analoger Rk. ein sauberes Lactam. Mitunter wurden die intermediären *Cyanhydrine*, von denen einige mit Hilfe bas. Ionenaustauscherharze synthetisiert wurden, isoliert. γ-Cyan-γ-oxyvaleriansäureäthylester (**I**) wurde mit Aminen zu N-substituierten Derivv. umgesetzt. Während **III**-Methylester mit Äthylendiamin (**VIII**) u. HCN *N.N-Äthylenbis-[γ-cyan-γ-valerolactam]* u. die Cyanäthylierung von **II** *N-[β-Cyanäthyl]-γ-cyan-γ-valerolactam* lieferte, wurden aus γ-Acetobuttersäure (**VI**) bzw. -valeriansäuremethylester *δ-Cyan-* bzw. *γ-Methyl-δ-cyancaprolactam* hergestellt. Zu Vergleichszwecken wurden *γ-Valerolactam* (**IV**), *γ-Cyan-γ-valerolacton*, *γ-Methyl-γ-valerolactam*, *γ-Aminovaleriansäure*, *2-Acetylaminoisobutyronitril* u. *γ-Cyan-γ-dimethylaminovaleriansäureäthylester* untersucht. — Alle Lactame zeigen an Mäusen geringe akute Toxizität, wogegen eine Heraufsetzung der Schmerzschwelle bei Hunden nur bei **II**, seinem N-Methyl- u. N-[β-Cyanäthyl]-deriv. u. **IV** zu verzeichnen war.

Versuche (FF. korr.): *Lävulinsäure* (**III**)-*n-butylester*; 96,7% (Ausbeute). — *γ-Cyan-γ-valerolactam* (**II**), F. 141—142°, durch Zugeben von fl. HCN zu einem Gemisch von **III**-n-Butylester, n-Butylalkohol u. Triäthyläthanolamin bei 20—30°, 2std. Rühren, Zugeben von fl. NH_3 in $2^1/_2$ Std. bei 50°, Stehen über Nacht u. $4^1/_2$std. Erhitzen auf 80°; 87,8%. — *γ-Cyan-γ-butyrolactam*, $C_5H_6ON_2$, F. 92—93° (Bzl. u. n-Butylalkohol), durch 4std. Rühren eines Gemisches von γ.γ-Dimethoxybuttersäureäthylester, Amberlite XE-77 A G, Amberlite IRA 400, W. u. fl. HCN bei Raumtemp., Filtrieren, Einengen in Ggw. von H_3PO_4, Lösen des Rückstandes in Ae., Einengen, $^1/_4$std. Rühren des *Cyanhydrins* mit alkoh. NH_3 unter Kühlung u. $24^1/_2$std. Kochen; 22%. — *β-Methyl-γ-cyan-γ-butyrolactam*, $C_6H_8ON_2$, F. 110—111,5° (n-Butylalkohol), durch Zugeben von 24,6%ig. methanol. NH_3 u. methanol. HCN zu **V** u. Amberlite XE-77 AG unter Kühlung u. 46std. Stehen bei Raumtemp. im verschlossenen Gefäß; 18,5%. *α-Methyl-γ-cyan-γ-butyrolactam*, wurde nur unrein erhalten. — *δ-Cyan-δ-caprolactam*, $C_7H_{10}ON_2$, F. 170—171° (absol. A.), durch 22std. Kochen von **VI** mit Amberlite XE-77 AG in CH_3OH, Filtrieren u. 23std. Erhitzen mit HCN u. fl. NH_3 auf dem Wasserbad im Autoklaven; 49,7%. — *γ-Methyl-δ-cyan-δ-caprolactam*, $C_8H_{12}ON_2$, F. 139—140,5°. Zutropfen einer 51,2%ig. methanol. Cholinlsg. zu einer sd. Lsg. von Methyläthylketon u. **VII**-Methylester in 30 Min., $2^1/_4$std. Kochen, Neutralisieren mit HCl (1:1), Dest. bei 72—76°/2 mm → *γ-Acetylvaleriansäuremethylester* ($C_8H_{14}O_3$; 17%), der in Ggw. von Piperidin in A. mit fl. HCN versetzt, $^3/_4$ Std. bei 5°, 1 Std. bei Raumtemp. gerührt, mit alkoh. NH_3 unter Kühlung versetzt, 1 Std. bei 5—15°, 1 Std. bei Raumtemp. gerührt u. $26^1/_2$ Std. gekocht wurde; 71,2%. — *N.N-Äthylen-bis-[γ-cyan-γ-valerolactam]*, $C_{14}H_{18}O_2N_4$, F. 133—143° (Butanol), durch 6tägiges Stehen von **III**-Methylester, Amberlite XE-77 AG, CH_3OH, HCN u. 89%ig. wss. **VIII** im verschlossenen Gefäß bei Raumtemp., Filtrieren, Zugeben von n-Butylalkohol u. Erhitzen bis zur Dest. von Butanol; 60,2%. — *γ-Cyan-γ-oxyvaleriansäureäthylester* (**I**), durch Zugeben von wss. NaCN zu wss. $NaHSO_3$-Lsg. u. 72,5 g **III**-Äthylester $< 15°$, 1 std. Rühren bei 0°, 2std. Rühren bei Raumtemp., Zugeben von W. bis zur klaren Lsg. u. Aufarbeiten der öligen Phase u. der Ätherextrakte aus der wss. Phase; 270 g. — γ-Cyan-γ-valerolactame: *N-Methyl-*, $C_7H_{10}ON_2$, Kp.$_{2,8}$ 107—109°, Kp.$_{1,7}$ 102—103°, durch 8std. Erhitzen von **I** mit CH_3NH_2 in A. auf 125° im Autoklaven; n_D^{25} 1,4785; 85%. — *N-Äthyl-*, Kp.$_{2,8}$ 90—91°, analog mit $C_2H_5NH_2$ in 5 Std.; n_D^{25} 1,4689; 55,6%. *N-Allyl-*, Kp.$_{2,25}$ 78—79°, n_D^{25} 1,4852; 37%. — *N-Benzyl-*, F. 74—77°; 34,6%. — *N-[n-Butyl]-*, $C_{10}H_{16}ON_2$, Kp.$_{0,5}$ 97—98,5°, durch 16std. Stehen von **I** u. n-Butylamin bei Raumtemp., 15std. Kochen der organ. Phase in A., Stehen über Nacht, Einengen u. Lösen in Ae.; n_D^{25} 1,4642; 31,6%. — *N-[β-Cyanäthyl]-*, $C_9H_{11}ON_3$, F. 75—77° (A.), durch Erwärmen von **II** mit Acrylonitril in Ggw. von NaOH unter Schütteln bis zur Verflüssigung u. 30 Min. Weitererhitzen; Prismen; 43,9%. — *γ-Cyan-γ-dimethylaminovaleriansäureäthylester*, $C_{10}H_{18}O_2N_2$, Kp.$_{15}$ 130—132°, durch 2std. Rühren von $NaHSO_3$ u. **III**-Äthylester in W. bei Raumtemp., Zugeben von 25%ig. Dimethylamin, 2std. Rühren bei Raumtemp., Zugeben von NaCN, 2std. Rühren bei Raumtemp., Zugeben von NaCN, 2std. Rühren, Zugeben von W. u. Aufarbeiten der organ. Phase; n_D^{29} 1,4462; 37,8%. (J. Amer. chem. Soc. **77**. 3080—82. 5/6. 1955. North Chicago, Ill., Abbott Labors., u. Philadelphia, Pa., Rohm & Haas Co.) R. PASEDAG. 3081

E. M. Petri und **A. J. Staverman**, *Polypeptide*. 1. Mitt. *N-Carbonsäureanhydride einiger Aminosäuren* [*4-substituierte Oxazolidindione-(2.5)*]. Die gemischten Anhydride von *N-Carboxyglykokoll*, *-valin*, *-leucin*, *-norleucin*, *-phenylamin-*, *-prolin* u. *-cystin* wurden über die *N-Carboxmethoxyverbb.* nach LEUCHS (Ber. dtsch. chem. Ges. **41**. [1908.] 1721; **39**. [1906.] 857) u. durch Kondensation der Aminosäuren mit $COCl_2$ nach FUCHS (Ber. dtsch. chem. Ges. **55**. [1922.] 2943) dargestellt. Letztere Meth. ergab höhere Ausbeuten u. reinere Produkte.

Versuche (unter Mitarbeit von **S. Th. M. de Meulemeester**): *N-Carbomethoxy-(Cmo)-glycinmethylester*, durch Schütteln von Glycinmethylester·HCl, $ClCOOCH_3$ u. wasserfreiem Na_2CO_3 u. 3tägige Extraktion des Reaktionsgemisches mit Ae. im Soxhlet; Kp.$_{12}$ 127°; 70% (Ausbeute). — *Cmo-glycin*, F. 96°, durch Verseifung vorst. Verb. mit n-NaOH (1 Std. bei Raumtemp.). — *N-Carboxyglycinanhydrid* [*Oxazolidindion-(2.5)*], C_3H_3·O_3N, 1. durch 1std. Erwärmen vorst. Verb. mit $SOCl_2$ auf 40°, Eindampfen bei 40° im Vakuum u. 1std. Erwärmen auf 70°; 2. aus Glykokoll u. $COCl_2$; kein F., CO_2-Entw. bei 117°; 80% (Ausbeute). — *Cmo-leucin*, $C_8H_{15}O_4N$, nach LEUCHS, F. 63°; 70%. *4-Isobutyloxazolidindion-(2.5)*, F. 58°, 1. aus vorst. Verb. u. $SOCl_2$; F. 56° (Essigester + PAe.);

75—80%; 2. aus $COCl_2$ + Leucin in Ae.; 65%. — *Cmo-phenylalanin*, Öl, aus Phenylalanin nach LEUCHS. *4-Benzyloxazolidindion-(2.5)*, F. 127°, 1. aus vorst. Verb. u. $SOCl_2$, F. 127° (aus Essigester); 58%; 2. durch 5std. Erhitzen von Phenylalanin mit 10% $COCl_2$ enthaltendem Toluol; 65%. — *Cmo-valin*, $C_7H_{13}O_4N$, F. 101° (aus CCl_4 oder Bzl.); 52%. *4-Isopropyloxazolidindion-(2.5)*, $C_6H_9O_3N$, F. 67° (aus CS_2) u. F. 81° (aus CCl_4); 10% (nach LEUCHS), 35% (Phosgenmeth.). — *Norleucinmethylesterhydrochlorid*, $C_7H_{15}O_2N \cdot HCl$, F. 115° (aus Butanon). Das feuchte Rohprod. verseift zu *Norleucinhydrochlorid*, $C_6H_{13}O_2N \cdot HCl$, F. 165° (aus Butanon). *Cmo-norleucinmethylester*, $C_9H_{17}O_4N$, Kp.$_{4-5}$ 118—119°; 60%. Die Verseifung mit n-NaOH (1 Std. bei Raumtemp.) ergibt *3.6-Di-n-butyl-2.5-diketopiperazin*, $C_{12}N_{22}O_2N_2$. *4-n-Butyloxazolidindion-(2.5)*, $C_7H_{11}O_3N$, F. 79—80° (aus CCl_4); 50% (LEUCHS); 60% (Phosgenmeth.). — *3.6-Di-n-butyl-2.5-diketopiperazin*, $C_{12}H_{22}O_2N_2$, F. 260° (aus Butanon), durch Dest. von Norleucinmethylester bei 78° /11 mm. — *Cmo-prolin*, $C_7H_{11}O_4N$, F. 93° (aus Bzl. oder Chlf.); 80%. *N-Carboxyprolinanhydrid* (*1-Aza-3-oxabicyclo-[033]-octandion-(2.4)*; nach beiden Methoden konnte kein reines Prod. erhalten werden. — *Di-Cmo-cystin*, $C_{10}H_{16}O_8N_2S_2$, F. 70°; 50%. *N.N'-Dicarboxycystindianhydrid*, aus vorst. Verb. nach LEUCHS, Zers. bei 110° (aus Dioxan). (Recueil Trav. chim. Pays-Bas **71**. 385—95. März 1952. Delft, Plastics Res. Inst. T. N. O.)

K. F. MÜLLER. 3132

Le Bris und **Henri Wahl**, *Über die von 1.2-Dimethylbenzothiazoliumsalzen abgeleiteten Disazofarbstoffe*. In der bereits in einer vorl. Mitt. (C. **1952**. 5733; vgl. auch C. **1953**. 7537) beschriebenen Weise wurde 1.2-Dimethylbenzothiazoliummethylsulfat (I; Zählung vgl.l. c.) mit Diazoniumsalzen zu *Disazofarbstoffen* umgesetzt, die, sofern sie nicht durch Nitrogruppen substituiert sind, mit Säuren wahrscheinlich von der tautomeren Formazylform abgeleitete Salze bilden, aus welchen Metallkomplexverbb. der Zus. $Be_2Me(II)A_2$, $BMe(III)A_4$ bzw. $BMe(II)A_2$ (B = Base, A = Anion) erhältlich sind.

Versuche: *2-[Bis-(phenylazo)-methylen]-1-methylbenzothiazolin* (II), $C_{21}H_{17}N_5S$, F. 183° (orangerote Nadeln aus A.), durch Zufügen von mit Na-Acetat gepufferter Benzoldiazoniumchloridlsg. zu I in wss. Pyridin unter Eis–Kochsalz-Kühlung, 3std. Stehen, Zugabe von HCl u. Alkalisieren der wss. Lsg. des Hydrochlorids mit NH_4OH; 80% (Ausbeute). *Ni-Komplexverb.*, $(C_{21}H_{17}N_5S_2)_2 \cdot NiCl_2$, aus A. dunkelgrüne Platten, a) aus II u. $NiCl_2$ in A. in der Wärme; 69%; b) aus II·HCl u. Ni-Acetat in der Wärme. *Cu-Komplexverb.*, $(C_{21}H_{17}N_5S)_2 \cdot CuCl_2$, F. 215° (aus A. dunkelgrüne Platten), analog. *Fe-Komplexverb.*, $C_{21}H_{17}N_5Cl_4SFe$, F. 177,5—178° (aus Nitromethan rote Nadeln mit grünem Reflex). — *2-[Bis-(4-methylphenylazo)-methylen]-1-methylbenzothiazolin*, $C_{23}H_{21}N_5S$, F. 244,5° (rote Nadeln aus Nitromethan), analog II aus I u. diazotiertem p-Toluidin. *Ni-Komplexverb.*, $(C_{23}H_{21}N_5S)_2 \cdot NiCl_2$, aus A. dunkelgrüne Platten. *Cu-Komplexverb.*, $C_{23}H_{21}N_5S \cdot Cu(NO_3)_2$, F. >370° (aus A. dunkelgrüne Platten). *Fe-Komplexverb.*, $C_{23}H_{21}N_5Cl_4SFe$, F. 180° (aus Nitromethan dunkelrote Nadeln). — *2-[Bis-(4-methoxyphenylazo)-methylen]-1-methylbenzothiazolin*, $C_{23}H_{21}O_2N_5S$, F. 207,5° (aus wss. Pyridin dunkelrote Nadeln), aus I u. diazotiertem p-Anisidin. *Ni-Komplexverb.*, $(C_{23}H_{21}O_2N_5S)_2 \cdot NiCl_2$, aus A. dunkelgrüne Platten. *Fe-Komplexverb.*, $C_{23}H_{21}O_2N_5Cl_4SFe$, F. 186,5—187° (aus Nitromethan schwarzrote Nadeln). — *2-[Bis-(4-chlorphenylazo)-methylen]-1-methylbenzothiazolin*, $C_{21}H_{15}N_5Cl_2S$, F. 257° (aus wss. Pyridin rote Nadeln), aus I u. diazotiertem p-Chloranilin. — *2-[Bis-(2.5-dichlorphenylazo)-methylen]-1-methylbenzothiazolin*, $C_{21}H_{13}N_5Cl_4S$, F. 233° (aus Pyridin granatrote Nadeln), aus I u. diazotiertem 2.5-Dichloranilin. — *2-[Bis-(2-nitrophenylazo)-methylen]-1-methylbenzothiazolin*, $C_{21}H_{15}O_4N_7S$, F. 251° (dunkelrote Nadeln aus Nitromethan), aus I u. diazotiertem o-Nitranilin. — *2-[Bis-(4-nitrophenylazo)-methylen]-1-methylbenzothiazolin*, F. 287° (grüne Nadeln aus Pyridin), aus I u. diazotiertem p-Nitranilin. — *2-[Bis-(phenylazo)-methylen]-1-methylbenzothiazolin-4'.4''-disulfonsäure*, F. 281° (aus wss. HCl rote Nadeln), aus I u. diazotierter Sulfanilsäure. — Die Absorptionsmaxima aller dargestellten Disazofarbstoffe sind angegeben. (Bull. Soc. chim. France, Mém. [5] **21**. 248—50. Febr. 1954. Nancy, Fac. des Sci.) I. SPAETH. 3142

Henri Wahl, *Über die von gewissen heterocyclischen Methylenbasen abgeleiteten Disazofarbstoffe*. Wie 1.2-Dimethylbenzothiazoliumsalz (vgl. vorst. Ref.) geben auch 1.2.5-Trimethyl-, 1.2-Dimethyl-5-methoxy- u. 1-Äthyl-2-methyl-5.6-dimethoxybenzothiazoliumsalz, 1.2-Dimethyl-β-naphthothiazoliumsalz, 1.2.3-Trimethylbenzimidazoliumsalz u. 1.2-Dimethylbenzoselenazoliumsalz mit diazotierten Aminen Disazofarbstoffe, während aus den quaternären Salzen von 2-Methylbenzoxazol, 2.3.3-Trimethylindolenin u. Lepidin bisher nur Monoazofarbstoffe erhalten werden konnten.

Versuche: Aus den Methylsulfaten in W. u. den Diazoniumsalzen von Anilin, p-Chloranilin bzw. p-Nitranilin bei p_H >6 wurden dargestellt: *2-[Bis-(phenylazo)-methylen]-1-methyl-β-naphthothiazolin*, $C_{25}H_{19}N_5S$, F. 203° (orangefarbene Nadeln aus A.). — *2-[Bis-(p-chlorphenylazo)-methylen]-1-methyl-β-naphthothiazolin*, $C_{25}H_{17}N_5Cl_2S$, F. 220 bis 221° (ziegelrote Nadeln aus Pyridin). — *2-[Bis-(p-nitrophenylazo)-methylen]-1-methyl-*

β-naphthothiazolin, $C_{25}H_{17}O_4N_7S$, F. 302—303° (aus Pyridin grüne Nadeln). — *2-[Bis-(phenylazo)-methylen]-1.3-dimethylbenzimidazolin*, $C_{23}H_{20}N_6$, F. 240,5° (aus Dioxan oder Pyridin–A. orangefarbene Stäbchen mit stahlblauem Reflex). — *2-[Bis-(p-chlorphenylazo)-methylen]-1.3-dimethylbenzimidazolin*, $C_{22}H_{18}N_6Cl_2$, F. 324—325° (aus Pyridin orangerote Stäbchen). — *2-[Bis-(phenylazo)-methylen]-1-methylbenzoselenazolin*, $C_{21}H_{17}N_5Se$, F. 198° (aus A. orangerote Plättchen). — *2-[Bis-(p-chlorphenylazo)-methylen]-1-methylbenzoselenazolin*, $C_{21}H_{15}N_5Cl_2Se$, F. 261—262° (aus Pyridin ziegelrote Nadeln). — *2-[Bis-(p-nitrophenylazo)-methylen]-1-methylbenzoselenazolin*, $C_{21}H_{15}O_4N_7Se$, F. 293,5—294° (aus Pyridin Nadeln mit grüngelbem Reflex). — *2-[Bis-(p-nitrophenylazo)-methylen]-1.5-dimethylbenzothiazolin*, $C_{22}H_{17}O_4N_7S$, F. 238—239° (aus Pyridin Mikronadeln mit grünem Reflex). — *2-[Bis-(p-nitrophenylazo)-methylen]-1-methyl-5-methoxybenzothiazolin*, $C_{22}H_{17}O_5N_7S$, F. 294° (aus Pyridin Nadeln mit dunkelgrünem Reflex). — *2-[Bis-(p-nitrophenylazo)-äthylen]-1-äthyl-5.6-dimethoxybenzothiazolin*, $C_{24}H_{21}O_6N_7S$, F. 278—279° (aus Pyridin sehr feine Nadeln mit grünem Reflex). — Die Absorptionsmaxima aller dargestellten Disazofarbstoffe sind angegeben. (Bull. Soc. chim. France, Mém. [5] **21**. 251 bis 253. Febr. 1954.) I. SPAETH. 3142

Heinz Gehlen und **Hanna Elchlepp**, *Zur Kenntnis der Nβ-Cyansäurehydrazide.* 2. Mitt. *Über die Umsetzung von Nβ-Cyansäurehydraziden mit Hydrazin unter Bildung von 4.5-Diamino-1.2.4-triazolen.* (1. vgl. C. **1950**. I. 182.) Beim 4—6 std. Verkochen von überschüssigem *Hydrazinhydrat* (I) mit *Nβ-Cyansäurehydraziden* oder mit *Acylsemicarbaziden* am Rückflußkühler entstehen am $C_{(3)}$ substituierte *4.5-Diamino-1.2.4-triazole* (II), wahrscheinlich über hydrierte Tetrazine. Dargestellt wurden die Methyl-, Äthyl-, Propyl-, Isobutyl-, Phenyl-, Benzyl- u. Phenyläthylderivv. von II (alle FF. auf dem KOFLERschen Heiztisch) als in Ae. unlösl., in kaltem A. wenig, in sd. A. leichtlösl. Verbb., die sich vielfach schon in kaltem W. reichlich mit neutraler Rk. lösen. Nur die Benzylverb. liefert mit Essigsäureanhydrid ein Monoacetylderiv., die übrigen Derivv. geben beim Acetylieren keine einheitlichen Reaktionsprodukte.

Versuche: *3-Methyl-4.5-diamino-1.2.4-triazol* (III), $C_3H_7N_5$, F. 213°, stark doppelbrechende Nadeln, aus Nβ-Cyanacethydrazid u. I, bzw. Semicarbazidhydrochlorid u. Acethydrazid. *Hydrobromid*, $C_3H_7N_5 \cdot HBr$, als Monohydrat, F. 202°, lange, sehr leicht in W. lösl. Nadeln. Bei 110° wasserfrei. Durch Diazotierung u. Kupplung von III mit β-Naphthol orangefarbene Azoverb., F. 215—216°. — *3-Äthyl-4.5-diamino-1.2.4-triazol*, $C_4H_9N_5$, F. 195°, Kristalle, aus Nβ-Cyanpropionsäurehydrazid u. I. *Hydrobromid*, $C_4H_9N_5 \cdot HBr$, u. 1 Mol locker gebundenes W., F. 188°, Zersetzung. — *3-Propyl-4.5-diamino-1.2.4-triazol*, $C_5H_{11}N_5$, F. 173°, aus Nβ-Cyanbuttersäurehydrazid u. I; Kristalle. *Hydrobromid*, $C_5H_{11}N_5 \cdot HBr$, F. 188°. — *3-Isobutyl-4.5-diamino-1.2.4-triazol*, $C_6H_{13}N_5$, F. 147°, perlmutterartig glänzende Kristalle. *Hydrobromid*, $C_6H_{13}N_5 \cdot HBr$, F. 156°. — *3-Phenyl-4.5-diamino-1.2.4-triazol*, $C_8H_9N_5$, F. 228°, bei 214° Gelbfärbung u. geringe Sublimation, Nadeln, aus Nβ-Cyan-p-nitrobenzoesäurehydrazid u. I oder aus p-Nitrobenzoesäuresemicarbazid u. I, aber nicht aus Nβ-Cyanbenzoesäurehydrazid; *Hydrobromid*, $C_8H_9N_5 \cdot 2\,HBr$, F. 218°. — *3-Benzyl-4.5-diamino-1.2.4-triazol*, $C_9H_{11}N_5$, F. 187°, aus sd. W. sehr gut umkristallisierbare Kristalle, aus Nβ-Cyanphenylacetylhydrazid u. I. Mit ammoniakal. $CuSO_4$-Lsg. graugrüner voluminöser Nd., *$C_9H_9N_5Cu$*. *Acetylverb.*, $C_{11}H_{13}ON_5$, F. 142°, Nadeln. *Hydrobromid*, $C_9H_{11}N_5 \cdot HBr$, F. 221°. — *3-Phenyläthyl-4.5-diamino-1.2.4-triazol*, $C_{10}H_{13}N_5$, F. 214°, mit ammoniakal. $CuSO_4$-Lsg. unter starker Gasentw. u. Entfärbung der Lsg. voluminöser graugrüner Nd., *$(C_{10}H_{12}N_5)_2Cu$*. *Hydrobromid*, $C_{10}H_{13}N_5 \cdot HBr$, F. 200°. (Liebigs Ann. Chem. **594**. Nr. 1. 14—20. 1955. Potsdam-Sanssouci, Pädagog. Hochsch., Chem. Inst.) M. GEHLEN-KELLER. 3153

D. M. Fitzgerald, **J. F. O'Sullivan**, **E. M. Philbin** und **T. S. Wheeler**, *Ringerweiterung von 2-Benzylidencumaranonen-(3). — Eine Synthese von Flavonen.* Durch Umsetzung geeigneter Chalkon-α.β-dibromide mit einer geringen Menge alkoh. KCN werden keine Flavone, sondern die entsprechenden *2-Benzylidencumaranone-(3)* erhalten, die mit überschüssigem KCN in A. in die *Flavone* übergeführt werden können u. daher als Zwischenprodd. bei der Flavonsynth. nach HUTCHINS u. WHEELER (J. chem. Soc. [London] **1939**. 91) angesehen werden. Ein Mechanismus für diese Ringerweiterung wird angegeben. 2-Benzyliden-2.3-dihydro-5-methylthionaphthenon-(3) u. ω-Methoxy-ω-salicylidenacetophenon werden von alkoh. KCN nicht angegriffen.

Versuche (Kristallisation aus A.): Nachst. Cumaranone-(3) wurden durch Kondensation des entsprechenden Cumaranons-(3) mit einem Aldehyd nach Meth. A in Ggw. von Säure, nach Meth. B in Ggw. von Alkali dargestellt: *2-[p-Methoxybenzyliden]-5-methyl-* (I), $C_{17}H_{14}O_3$, F. 152° (CH_3OH), (A), gelbe Nadeln. — *2-[3'.4'-Dimethoxybenzyliden]-5-methyl-* (II), $C_{18}H_{16}O_4$, F. 174—176°, (A), gelbe Platten. — *5-Methyl-2-[3'.4'-methylendioxybenzyliden]-* (III), $C_{17}H_{12}O_4$, F. 208—210° (Chlf.-Ligroin), (A), gelbe Nadeln. —

4.6-Dioxy-2-[o-methoxybenzyliden]-, $C_{16}H_{12}O_5$, F. 255—260° (Zers.), (B), gelbe Platten. — *2-[3'.4'-Dimethoxybenzyliden]-4.6-dioxy-*, $C_{17}H_{14}O_6 \cdot H_2O$, F. 255—260° (Zers.), (B), gelbe Nadeln. — *2-[p-Methoxybenzyliden]-4.5-benzo-* (**IV**), $C_{20}H_{14}O_3$, F. 168°, (A), gelbe Nadeln — *4'-Methoxyflavon*, F. 157—158°, durch Cyclisierung von p-Anisoylsalicyloylmethan mit konz. CH_3COOH u. wenig Mineralsäure. — *2-[p-Anisoyloxy]-5-methylacetophenon*, $C_{17}H_{16}O_4$, F. 116° (CH_3OH), nach der Pyridin–Säurechloridmeth.; Platten. — *4'-Methoxy-6-methylflavon*, $C_{17}H_{14}O_3$, F. 170°, durch Überführung vorst. Esters in das Diketon mit KOH in Pyridin u. Cyclisierung. — Analog wurden nachst. F l a v o n e dargestellt: *3'.4'-Dimethoxy-6-methyl-*, $C_{18}H_{16}O_4$, F. 190° (Ligroin–Chlf.), aus *5-Methyl-2-veratroyloxyacetophenon* ($C_{18}H_{18}O_5$, F. 119°, Platten aus CH_3OH); Nadeln. — *6-Methyl-3'.4'-methylendioxy-*, $C_{17}H_{12}O_4$, F. 218—220°, durch Überführung von *5-Methyl-2-piperonyloyloxyacetophenon* ($C_{17}H_{14}O_5$, F. 118—120°, Platten) mit KOH u. Pyridin in *5-Methylsalicyloylpiperonyloylmethan* (F. 103°, Platten) u. Cyclisierung; Nadeln. — *7.4'-Dimethoxy-*, $C_{17}H_{14}O_4$, F. 144—146°, aus *2-[p-Anisoyloxy]-4-methoxyacetophenon* ($C_{17}H_{16}O_5$, F. 84°, Nadeln aus CH_3OH) über *p-Anisoyl-4-methoxysalicyloylmethan* (F. 108—110°, gelbe Nadeln); Nadeln aus CH_3OH. — *4'-Methoxy-5.6-benzo-*, $C_{20}H_{14}O_3$, F. 165° u. dann 171—173°, nach MENON u. VENKATARAMAN (J. chem Soc. [London] **1931**. 2594). — Durch 2—6 std. Kochen von 1 Teil KCN u. 1 Teil des entsprechenden Benzylidencumaranons in A., Verdünnen mit W. u. Ansäuern wurden aus 2-[p-Methoxybenzyliden]-, 6-Methoxy-2-[p-methoxybenzyliden]- u. 2-[3'.4'-methylendioxybenzyliden]-4.5-benzocumaranon-(3) sowie aus I, II, III u. IV die Flavone erhalten. (J. chem. Soc. [London] **1955**. 860—62. März. Dublin, Univ., Coll.) HILDEGARD BAGANZ. 3211

L. P. Salukajew und **Ju. A. Bankowski**, *Chinaldinsynthese in säurefreiem Medium.* Durch Rk. von Anilin (I) mit Acetaldehyd (II) in alkoh. Lsg. wird in guter Ausbeute *trans-2-Methyl-4-anilino-1.2.3.4-tetrahydrochinolin* erhalten, das bei der Dest. unter Bldg. von *Anilin*, *Chinaldin* (**III**) u. *1.2.3.4-Tetrahydrochinaldin* (**IV**) zers. wird. Vff. empfehlen diese Meth. zur präp. Darst. von III.

V e r s u c h e: Zu 1 Mol I in 200 ml A. gibt man 1 Mol II, läßt einige Std. stehen u. fraktioniert; aus der Fraktion Kp. 170—360° wird Anilin abdestilliert (bis 189°), der Rückstand in 400 ml 10%ig. HCl gelöst, diazotiert u. *Nitrosotetrahydrochinaldin* mit Ae. extrahiert; die saure Lsg. wird alkal. gemacht u. ausgeäthert: III, Kp. 238—255°; 44,8% (Ausbeute, bezogen auf in Rk. getretenes Anilin). Zur Gewinnung größerer Mengen III ist die Entfernung von IV nicht nötig, es genügt eine Fraktionierung des Reaktionsgemisches. (Доклады Академии Наук СССР [Ber. Akad. Wiss. UdSSR] [N. S.] **100**. 705—06. 1/2. 1955. Inst. für Chem. der Akad. der Wiss. der LettSSR.) G. FROELICH. 3231

Horst Böhme, Kurt Dietz und **Rudolf Frank**, *Über Alkylmercaptomethyl- und Alkylsulfonylmethylammoniumsalze.* Vff. beschreiben die Umsetzung von α-halogenierten Thioäthern mit Pyridin oder Trimethylamin (I) zu den entsprechenden Alkyl (Aryl)-mercaptomethylpyridinium- bzw. -trimethylammoniumsalzen, die bei der Oxydation mit Peressigsäure die entsprechenden Sulfonylverbb. liefern. Beim Erhitzen in alkal. Medium liefern *Trimethyläthyl-* u. *Trimethylbenzylsulfonylmethylammoniumchlorid* I u. äthan- bzw. benzylsulfinsaures Na. Der Reaktionsmechanismus der Spaltung wird diskutiert.

V e r s u c h e: *Äthylmercaptomethylpyridiniumchlorid*, $C_8H_{12}NClS$, sehr hygroskop., aus Chlormethyläthylsulfid (II) u. Pyridin in Ae. unter Eiskühlung u. 8 Tage Stehenlassen; 70% (Ausbeute) [*Reineckat*, $C_{12}H_{18}N_7S_5Cr$, F. 140—142° (Zers.; aus Aceton). *$HgCl_2$-Addukt*, $C_8H_{12}NCl_3SHg$, F. 78—80°]; gibt bei der Oxydation mit Peressigsäure in Eisessig *Äthylsulfonylmethylpyridiniumchlorid*; *Reineckat*, $C_{12}H_{18}O_2N_7S_5Cr$, F. 145—147° (Zers.); *$HgCl_2$-Addukt*, $C_8H_{12}O_2NCl_3SHg$, F. 111—113°. — *Phenylmercaptomethylpyridiniumchlorid*, aus Chlormethylphenylsulfid wie vorst.; 67% [*Reineckat*, $C_{16}H_{18}N_7S_5Cr$, F. 150—153° (Zers.)]; gibt bei der Oxydation *Phenylsulfonylmethylpyridiniumchlorid*; *Reineckat*, $C_{16}H_{18}O_2N_7S_5Cr$, F. 162—164° (Zers.). — *Benzylmercaptomethylpyridiniumchlorid*, $C_{13}H_{14}NClS$, aus Chlormethylbenzylsulfid (**III**); 58% [*Reineckat*, $C_{17}H_{20}N_7S_5Cr$, F. 155—157° (Zers.)]; gibt bei der Oxydation *Benzylsulfonylmethylpyridiniumchlorid*; *Reineckat*, $C_{17}H_{20}O_2N_7S_5Cr$, F. 165—168° (Zers.). — *Trimethylmethylmercaptomethylammoniumchlorid*, aus Chlormethylmethylsulfid u. I in Ae. bei —15° u. mehrtägigem Stehenlassen; 64% [*Reineckat*, $C_9H_{20}N_7S_5Cr$, F. 156—158° (Zers.)]; gibt bei der Oxydation *Trimethylmethylsulfonylmethylammoniumchlorid*; *Reineckat*, $C_9H_{20}O_2N_7S_5Cr$, F. 155—158° (Zers.). — *Trimethyläthylmercaptomethylammoniumchlorid*, aus II wie vorst.; 65% [*Reineckat*, $C_{10}H_{22}N_7S_5Cr$, F. 158—160° (Zers.)]; gibt bei der Oxydation *Trimethyläthylsulfonylmethylammoniumchlorid* [*Reineckat*, $C_{10}H_{22}O_2N_7S_5Cr$, F. 162—164° (Zers. aus A.)]; gibt beim Erhitzen mit 12,5%ig. NaOH im N_2-Strom auf 100° *Trimethylamin*; [I; *Reineckat*, $C_7H_{16}N_7S_4Cr$, F. 190—193° (Zers.). *Pikrat*, F. 218°] u. *äthansulfinsaures Na* (identifiziert als *Äthylbenzylsulfon*, F. 83—84°). — *Trimethylbenzylmercaptomethylammo-*

niumchlorid, aus III wie vorst.; 51% [*Reineckat*, $C_{15}H_{24}N_7S_5Cr$, F. 180—183° (Zers.)]. Gibt bei der Oxydation *Trimethylbenzylsulfonylmethylammoniumchlorid* [*Reineckat*, $C_{15}H_{24}O_2N_7S_5Cr$, F. 170—173° (Zers.)]. Gibt mit NaOH wie vorst. I u. *benzylsulfinsaures Na* [identifiziert als *Dibenzylsulfon*, F. 151° (Methanol]. (Arch. Pharmaz. Ber. dtsch. pharmaz. Ges. **287/59**. 524—29. 1954. Marburg/Lahn, Univ., Pharm. chem. Inst.)
G. WINKLER. 3231

B. S. Thyagarajan, *Die Chemie der Chinolizine*. Übersicht. — 157 Literaturangaben. (Chem. Reviews **54**. 1019—64. Dez. 1954. Madras, Indien, Presidency Coll., Dep. of Chem.) H.-J. NITZSCHKE. 3231

Warren W. Brandt, Francis P. Dwyer und **Eleanora C. Gyarfas**, *Chelatkomplexe von 1.10-Phenanthrolin und verwandten Verbindungen*. Übersicht. — 303 Literaturangaben. (Chem. Reviews **54**. 959—1017. Dez. 1954. Lafayette, Ind., Purdue Univ., Dep. of Chem., u. Sydney, Australien, Univ., Dep. of Chem.) H.-J. NITZSCHKE. 3231

L. W. Hartzel und **F. R. Benson**, *vic.-Triazolo-[d]-pyrimidine*. 2. Mitt. *Weitere Untersuchungen in der 2-Arylreihe*. (1. vgl. C. **1951**. I. 1003.) Es werden *5-Amino-7-oxy-*, *5.7-Diamino-* u. *7-Amino-5-methylmercapto-vic.-triazolo-[d]-pyrimidine* der allg. Formel I durch Oxydation der entsprechenden 4-Amino-5-arylazopyrimidine dargestellt; sie sind hochschmelzend u. sind in W. u. den meisten organ. Lösungsmitteln unlöslich. — Die UV-Spektren von II u. III sind angegeben. — Gegenüber Streptococcus salivarius u. Serratia marcescens sind die Verbb. schwach wirksam, gegenüber Micrococcus pyogenes aureus, E. coli u. Klebsiella pneumoniae unwirksam.

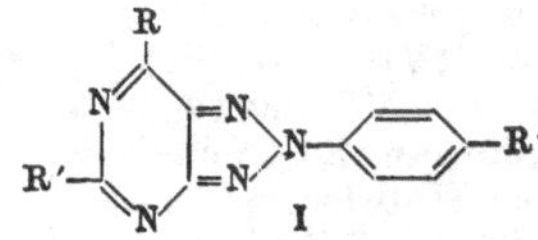

I

V e r s u c h e (FF. > 300°, wenn nicht anders angegeben): P y r i m i d i n e: *2.4-Diamino-5-[p-carbobutoxyphenylazo]-6-oxy-*, $C_{15}H_{18}O_3N_6 \cdot 1^1/_2\ H_2O$. — *2.4-Diamino-5-[p-carbamylphenylazo]-6-oxy-*, $C_{11}H_{11}O_2N_7$. — *2.4-Diamino-5-[p-oxyphenylazo]-6-oxy-* (IV), $C_{10}H_{10}O_2N_6 \cdot 2\ H_2O$, Zers. bei 243°. — *2.4-Diamino-5-[p-sulfophenylazo]-6-oxy-*, $C_{10}H_{10}O_4N_6S \cdot H_2O$. — *2.4.6-Triamino-5-phenylazo-*, $C_{10}H_{11}N_7$, beginnt sich bei 235° zu zersetzen. — *2.4.6-Triamino-5-[p-carboxyphenylazo]-*(VI), $C_{11}H_{11}O_2N_7 \cdot H_2O$. — *2.4.6-Triamino-5-[p-(N-{1.3-dicarboxypropyl}-carbamyl)-phenylazo]-*, $C_{16}H_{18}O_5N_8 \cdot H_2O$, aus p-Aminobenzoyl-*l*-(+)-glutaminsäure; Zers. bei 270°. — *2-Methylmercapto-4-amino-5-phenylazo-6-oxy-*(V), $C_{11}H_{11}ON_5S$, Zers. bei 260°. — *2-Methylmercapto-4-amino-5-[p-carboxyphenylazo]-6-oxy-*, $C_{12}H_{11}O_3N_5S$. — v i c. - T r i a z o l o - [d] - p y r i m i d i n e: *5-Amino-7-oxy-2-[p-oxyphenyl]-*, $C_{10}H_8O_2N_6$, durch Zugabe von IV zu der heißen Mischung aus $CuSO_4 \cdot 5\ H_2O$, Pyridin u. W., 3 std. Kochen, Gießen in W., Lösen des Nd. in wenig 2 n NaOH, Fällen mit Essigsäure, erneutes Umfällen u. Kristallisation aus Äthylenglykol; 28% (Ausbeute). — *7-Oxy-5-methylmercapto-2-phenyl-*, $C_{11}H_9ON_5S$, durch Zugabe von V in Pyridin zu der heißen Lsg. von $CuSO_4 \cdot 5\ H_2O$ u. Pyridin in W., 3 std. Kochen, Eingießen in W., Ansäuern mit HCl u. Umfällen wie vorst.; 23%. — *2-[p-Carboxyphenyl]-5.7-diamino-* (III), $C_{11}H_9O_2N_7$, ähnlich aus VI (ohne Umfällen); 95%. — *2-[p-Carbobutoxyphenyl]-5-amino-7-oxy-*, $C_{15}H_{16}O_3N_6$. — *2-[p-Carbamylphenyl]-5-amino-7-oxy-*, $C_{11}H_9O_2N_7$. — *2-[p-Sulfophenyl]-5-amino-7-oxy-*, $C_{10}H_8O_4N_6S$. — *2-Phenyl-5.7-diamino-* (II), $C_{10}H_9N_7$. — *2-[p-(N-{1.3-dicarboxypropyl}-carbamyl)-phenyl]-5.7-diamino-*, $C_{16}H_{16}O_5N_8$, die Zers. beginnt bei 235°. — *2-[p-Carboxyphenyl]-5-methylmercapto-7-oxy-*, $C_{12}H_9O_3N_5S$. (J. Amer. chem. Soc. **76**. 2263—65. 20/4. 1954. South Norwalk, Conn., Remington Rand, Inc., Labor. of Advanced Res.) H.-J. NITZSCHKE. 3272

Štefan Bauer, *Neue Derivate der symm.-Triazinreihe*. Durch Einw. von NH_4CN auf Phenylacetylcarbinol (I) entsteht, im Gegensatz zur Wrkg. von HCN, direkt *2.4.6-Tris-[α-methyl-α-amino-β-oxy-β-phenyläthyl]-1.3.5-triazin* (II). Mit HNO_2 spaltet sich II in *Benzaldehyd* u. *2.4.6-Tris-[α-oxyäthyl]-1.3.5-triazin*.

V e r s u c h e: *α-Methyl-α.β-dioxy-β-phenylpropionitril* (III), ölige Fl., durch Rühren von 80 g I mit $NaHSO_3$ in W., 1 std. Rühren mit 50%ig. KCN-Lsg. u. Ätherextraktion; 75 g (Ausbeute); zers. sich bei 60°/2 mm unter Entweichen von HCN. — *2.4.6-Tris-[α-methyl-α-amino-β-oxy-β-phenyläthyl]-1.3.5-triazin* (II), $(C_{10}H_{12}ON_2)_3$, F. 135—136° (Zers.; Chlf.), a) durch 2tägiges Stehen von III mit alkoh. NH_3; b) durch 3tägiges Stehen von 50 g I, 21,65 g KCN u. 17,5 g NH_4Cl in PAe. + W.; 13,5 g. — *2.4.6-Tris-[α-methyl-α-amino-β-chlor-β-phenyläthyl]-1.3.5-triazin*, durch Kochen von II in Chlf. mit $POCl_3$. — *2.4.6-Tris-[α-oxyäthyl]-1.3.5-triazin*, $C_9H_{15}O_3N_3$, F. 189°, durch Zugabe von $NaNO_2$ in W. zu 5,26 g II in verd. HCl unter N_2-Entw. u. Isolierung aus der wss. Schicht; 0,5 g; aus der öligen Schicht *Benzaldehyd* (*Phenylhydrazon*, F. 154°). (Chem. Zvesti **7**. 189—96. März/April 1953. Bratislava, Slowak. Akad. der Wiss., Inst. für chem. Technol. organ. Stoffe.)
H. FREYTAG. 3313

Felix Zymalkowski, *Die Umwandlung von Arylcarbinolen in Desoxyverbindungen durch katalytische Reduktion ihrer Ester.* Vf. beschreibt die katalyt. Hydrierung von Acylderivv. des 4-Oxymethyl- u. 2-Oxymethylchinolins zu *Lepidin* (I) bzw. *Chinaldin* (II). Genauso glatt verläuft die Red. von 3-Benzoxymethylpyridin zu *β-Picolin* (V), woraus hervorgeht, daß die Entfernung der jeweiligen Estergruppe vom N-Atom des Chinolin- bzw. Pyridinringes keinen merklichen Einfl. auf die Rk. hat. Wie vorst. werden die Acetylderivv. von Dihydrochinin, -cinchonin u. -alkylcuprein katalyt. hydriert u. liefern in guten Ausbeuten die entsprechenden Desoxybasen. Vf. weist darauf hin, daß die Meth. der katalyt. Ester-Red. gerade auf dem Gebiete der Chinaalkaloide infolge ihrer präparativen Einfachheit u. im Hinblick auf Ausbeute u. Reinheit der Reaktionsprodd. (Erhaltung der opt. Konfiguration) den bisher üblichen Methoden bei weitem überlegen ist.

V e r s u c h e: *4-Acetoxymethylchinolin,* $Kp._{0,4}$ 124—125°, F. 64° (Bzl./Ligroin), aus Chinolyl-(4)-carbinol (III) durch Acylierung mit Acetanhydrid in Pyridin; 66% (Ausbeute). (*Hydrochlorid,* $C_{12}H_{11}O_2N \cdot HCl$.) Gibt bei katalyt. Hydrierung in A. über Pd/BaSO_4 bei Zimmertemp. u. 1 at 91% I. — *4-Benzoxymethylchinolin,* F. 94° (A.), aus III durch Benzoylierung wie vorst.; 81% (*Hydrochlorid,* $C_{17}H_{13}O_2N \cdot HCl$). Gibt bei Hydrierung wie vorst. 100% I. — *2-Acetoxymethylchinolin,* $Kp._{0,15}$ 125°, aus Chinolyl-(2)-carbinol (IV); 90%; gibt bei Hydrierung 75% II. — *2-Benzoxymethylchinolin,* $Kp._{0,12}$ 163°, F. 45—50°, aus IV; 85%; gibt bei Hydrierung 97% II. — *3-Benzoxymethylpyridin,* $Kp._{0,3}$ 130°, aus 3-Oxymethylpyridin; 90% (*Hydrochlorid,* $C_{13}H_{11}O_2N \cdot HCl$, F. 129—132°); gibt bei Hydrierung 100% V. — *2-Phenyllepidin,* aus 2-Phenyl-4-benzoxymethylchinolin; 70%. — *Dihydrodesoxychinintrihydrat,* F. 42—44° (aus feuchtem Ae.), aus Acetyldihydrochinin in 10%ig. äthanol. Äthylamin über Pd/BaSO_4; $[\alpha]_D^{19}$ —77,7° (c = 7,70 in absol. A., l = 1). — *Dihydrodesoxycinchonin,* aus Dihydroacetylcinchonin in A. wie vorst. bei 40°; 55—60%. — *O-Acetyläthyldihydrocuprein* („*Acetyloptochin*"), $C_{23}H_{30}O_3N_2$, gelbes Öl, durch Acetylierung der freien Base oder des Hydrochlorids mit Acetanhydrid, 4 Std. bei 80°; 90—95%; gibt bei Hydrierung in 10%ig. Lsg. von Diäthylamin in A. bei Zimmertemp. *Desoxyäthyldihydrocuprein, Dihydrochlorid,* $C_{21}H_{28}ON_2 \cdot 2\,HCl$; 80%. *Di-Reineckat,* $C_{21}H_{28}ON_2 \cdot 2[(NH_3)_2Cr(SCN)_4]H$. — *O-Acetylisoamyldihydrocuprein* („*Acetyleucupin*"), $C_{26}H_{36}O_3N_2$; gibt wie vorst. *Desoxyisoamyldihydrocuprein, Dihydrochlorid,* $C_{24}H_{34}ON_2 \cdot 2\,HCl$, F. 173—175° (A./Ae.); 75%. — *O-Acetylisooctyldihydrocuprein* („*Acetylvuzin*"), $C_{29}H_{42}O_3N_2$; gibt wie vorst. *Desoxyisooctyldihydrocuprein, Dihydrochlorid,* $C_{27}H_{40}ON_2 \cdot 2\,HCl$; Erweichung oberhalb 150°; 53%. (Arch. Pharmaz. Ber. dtsch. pharmaz. Ges. **287**/**59**. 505—14. 1954. Kiel, Univ., Pharm. Inst.) G. WINKLER. 3500

A. Le Hir, R. Goutarel, M.-M. Janot und **A. Hofmann,** *Über die Konstitution des Isorauhimbins.* Das dem Yohimbin (I) isomere *Isorauhimbin* (II) aus den Wurzeln von Rauwolfia serpentina Benth. wird zur Aufklärung der Konst. seines Ringgerüstes sowie zur Fixierung der Stellung der OH- u. —$COOCH_3$-Gruppe der Dehydrierung mit Se u. der Oxydation nach OPPENAUER unterworfen. Die Dehydrierung liefert analog I *Yobyrin, Tetrabyrin* u. statt des aus I erhaltenen Ketoyobyrins (III) *Dehydroketoyobyrin* (IV), das zur Identifizierung außerdem nach WOODWARD u. WITKOP, (C. **1949**. I. 601) durch Dehydrierung von III hergestellt wird. Wie bei Aufnahme der UV-Spektren festgestellt wurde, erleidet IV bei längerem Stehen in A. eine Umwandlung; das nach 24 Std. aufgenommene UV-Spektr. hat Ähnlichkeit mit dem des Yobyrons — vielleicht entstanden durch Ringöffnung u. anschließende Oxydation der Methylengruppe an $C_{(14)}$ bzw. Kondensation mit im A. vorhandenem Acetaldehyd. Für II wird nebenst. Formel angegeben; die Methoxycarbonylgruppe befindet sich wie in I an $C_{(16)}$, lediglich die Stellung der OH-Gruppe, deren sek. Charakter durch Acetylierung zum *Diacetylisorauhimbin* nachgewiesen wurde, steht noch nicht fest, da bei der Oxydation bisher kein krist. Abbauprod. erhalten werden konnte.

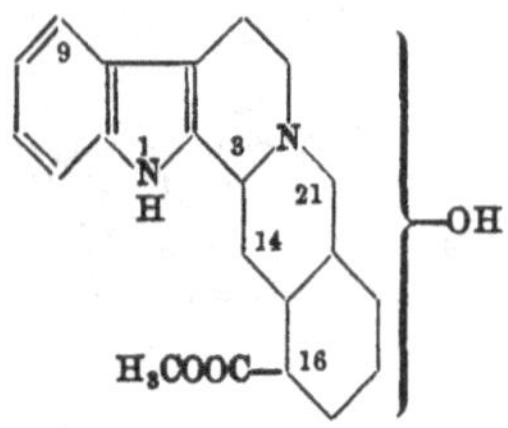

V e r s u c h e: *Diacetylisorauhimbin,* $C_{25}H_{30}O_5N_2$, F. 202° (korr.), durch 4std. Kochen von 100 mg bei 100° getrocknetem II [$C_{21}H_{26}O_3N_2$, F. 225—228° (korr.), $[\alpha]_D^{20}$ —104° ±2° (Pyridin)] in $(CH_3CO)_2O$, versetzt mit wasserfreiem Na-Acetat, Verdünnen mit dest. W., Alkalisieren mit NH_4OH, Extrahieren mit Ae., Waschen mit dest. W. u. Einengen; aus Methanol Nadeln; Sublimation bei 175°/0,01 mm; 20 mg (Ausbeute). — Bei der Dehydrierung von 200 mg II durch 5 Min. Erhitzen mit gepulvertem Se auf 300°, Extraktion mit Ae., Abdampfen des Ae., Aufnehmen in wenig sd. Bzl. u. Sublimation der nach Abkühlen erhaltenen Kristalle bei 180°/0,01 mm entsteht *Yobyrin,* $C_{19}H_{16}N_2$, F. 217 (korr.), aus Methanol feine Nadeln; 34 mg. Nach Sublimation bei 270°/0,01 mm werden 6 mg *Dehydroketoyobyrin* (IV), F. > 355° (MAQUENNE-Block) aus Methanol in feinen Nadeln erhalten; ebenfalls durch Dehydrierung von III bei 280° in Ggw. von Pd-Kohle.

Durch Eindampfen der benzol. Mutterlauge u. Sublimation bei 180° werden 80 mg *Tetrabyrin*, $C_{19}H_{20}N_2$, F. 169—170° (korr.; Methanol) isoliert. Außerdem nach Sublimation bei 270° 1—2 mg **IV**. (Helv. chim. Acta **37**. 2161—65. 1/12. 1954. Paris, Fac. de Pharmac., Labor. de Pharmac. Galén., u. Basel, Sandoz Akt.-Ges., Pharmaz.-chem. Labor.)

I. BUCHTA. 3500

A. Stoll und **W. Schlientz,** *Über Belichtungsprodukte von Mutterkornalkaloiden.* 39. Mitt. *über Mutterkornalkaloide.* (38. vgl. C. **1955**. 8869.) Die Einw. von Licht, bes. UV-Licht, auf *Mutterkornalkaloide* in saurer wss. Lsg. unter O_2-Ausschluß $<30°$ bewirkt Wasseranlagerung an die Doppelbindung $\Delta^{9,10}$ im Ring D des Lyserg- bzw. Isolysergsäurerestes, wobei Prodd. entstehen, die als „*Lumi-*“*Verbb.* bezeichnet werden. Die auf diese Weise erhaltenen Lumi-Alkaloide *trans-* (I) u. *cis-Lumiergotamin, trans-* u. *cis-Lumiergotaminin, Lumiergobasin* sowie *trans-* u. *cis-Lumilysergsäurediäthylamid* stimmen in ihren Eigg. (Fehlen der Fluorescenz im UV-Licht) u. ihren UV-Absorptionsspektren mit den entsprechenden *Dihydroverbb.* überein, bei denen durch Anlagerung von H_2 die Doppelbindung $\Delta^{9,10}$ abgesätt. ist. Da bei der Anlagerung sowohl von W. als auch von H_2 an $C_{(10)}$ ein neues Asymmetriezentrum entsteht, da die OH-Gruppe bzw. das H-Atom in trans- oder cis-Stellung zum H-Atom an $C_{(5)}$ eintreten kann, werden je 2 stereoisomere Belichtungsprodd. erhalten. Vom Ergobasin konnte bisher nur ein Belichtungsprod. in krist. Form gefaßt werden; *trans-Lumilysergsäure* wird durch alkal. Hydrolyse von I erhalten. — Die Lumiverbb. werden auf Grund ihrer Drehwerte u. ihrer bevorzugten Bldg. den ster. definierten Dihydrolysergsäuren u. den Dihydroalkaloiden zugeordnet. Während durch Belichtung von Ergotamin beide isomeren Lumiverbb. entstehen, kann jedoch bei seiner Hydrierung nur ein *Dihydroergotamin* isoliert werden. — Die Annahme, daß die OH-Gruppe sich an $C_{(10)}$ befindet, wird durch die reduktive Spaltung von I mit Na in Butanol, die *trans-Dihydrolysergol* u. *trans-Dihydroisolysergol* liefert, gestützt. Bis jetzt wird die bei Lichteinw. stattfindende Rk. auf die besonderen Spannungsverhältnisse im Ring D der Lyserg- u. Isolysergsäure zurückgeführt, in der Annahme, daß die sehr reaktionsfähige Doppelbindung $\Delta^{9,10}$ durch die Lichtschwingungen in einen bes. angeregten Zustand versetzt wird. — Durch den Eintritt der OH-Gruppe an Stelle des H-Atoms an $C_{(10)}$ wird das Kristallgitter so verändert, daß die Lumiverbb. völlig andere Kristallformen besitzen als die entsprechenden Dihydroverbb. bzw. Alkaloide. Als Charakteristikum für die Lumiverbb. wird außerdem ihre Farb-Rk. mit konz. H_2SO_4 erwähnt — es tritt momentan eine tief violettblaue Färbung auf, die nach sehr kurzer Zeit wieder ausbleibt; bei der KELLERschen Farb-Rk. ist die gleiche Färbung wie bei den Ausgangsalkaloiden zu beobachten.

Versuche (FF. korr.): *trans-Lumiergotamin* (I), $C_{33}H_{37}O_6N_5$, F. 247°, durch 30 std. Belichten von 4 g Ergotamin in Eisessig u. mit CO_2 gesätt. dest. W. in einer dünnwandigen Glasflasche mit Sonnenlicht $<30°$, Alkalisieren mit konz. NH_4OH, Extrahieren mit Chlf., Lösen des eingedampften Auszuges in Chlf. + 1% A., Chromatographie an Al_2O_3, Entw. mit Chlf. u. Isolieren aus den oberen zwei Dritteln der Säule; $[\alpha]_D^{20}$ +14° (c = 0,4; Pyridin); aus Methanol keilförmige, stark lichtbrechende Prismen; roh 2,6 g (Ausbeute). — *cis-Lumiergotamin*, $C_{33}H_{37}O_6N_5$, F. 192°, aus dem unteren Drittel der Säule u. aus dem zuerst abgelaufenen Filtrat der Säule; $[\alpha]_D^{20}$ +2° (c = 0,6; Pyridin); aus Aceton Polyeder; roh 205 mg. — *trans-Lumiergotaminin*, $C_{33}H_{37}O_6N_5 \cdot {}^1/_2 CHCl_3$, F. 217°, durch 31 std. Belichten von 2,4 g Ergotaminin in Eisessig u. mit CO_2 gesätt. W. mit einer Quarzlampe bei 26°, Fällen der Alkaloide mit konz. NH_4OH, Extrahieren mit Chlf., Lösen des eingedampften Auszuges in Chlf. + 1% A., Entw. nach Chromatographie mit Chlf. u. Isolieren aus dem unteren Drittel der Säule; $[\alpha]_D^{20}$ +68° (c = 0,4; Pyridin); aus Chlf.-Methanol (1 : 2) Polyeder; roh 390 mg. Aus der untersten Zone durch Eluieren, Eindampfen u. Aufnehmen in Methanol 90 mg *Ergotaminin* in dreieckigen Blättchen; $[\alpha]_D^{20}$ +370° (Pyridin). — *cis-Lumiergotaminin*, $C_{33}H_{37}O_6N_5$, F. 228°, aus einer im UV-Licht graublau fluorescierenden Zone des obersten Drittels der Säule; $[\alpha]_D^{20}$ −12° (c = 0,6; Pyridin); aus wenig Methanol + W. sechseckige Plättchen; roh 540 mg. — *Lumiergobasin*, $C_{19}H_{25}O_3N_3$, F. 156—161°, durch 30 std. Belichten von 1,4 g Ergobasin in Eisessig u. mit CO_2 gesätt. W. mit der Quarzlampe bei 25°, Alkalisieren mit Sodalsg., Sättigen mit NaCl, Extrahieren mit Chlf. u. Eindampfen der Chloroformauszüge; $[\alpha]_D^{20}$ −28° (c = 0,5; Pyridin), $[\alpha]_D^{20}$ −18° (c = 0,5; Methanol); aus Methanol + W. Prismen; roh 810 mg. — *trans-Lumilysergsäurediäthylamid*, $C_{20}H_{27}O_2N_3$, F. 223°, durch 6 std. Belichten von 2 g Lysergsäurediäthylamid in Eisessig u. W. mit der Quarzlampe, Alkalisieren mit NH_4OH, Extrahieren mit Chlf., u. Chromatographie des in wenig Chlf. aufgenommenen, beim Eindampfen des Auszuges erhaltenen Rückstandes; $[\alpha]_D^{20}$ −29° (c = 0,3; Pyridin); aus sd. Bzl. lange Prismen; 1,15 g. — *cis-Lumilysergsäurediäthylamid*, $C_{20}H_{27}O_2N_3$, F. 256°, aus einer nichtfluorescierenden Zone des oberen Teiles des Chromatogramms; $[\alpha]_D^{20}$ −75° (c = 0,2; Pyridin); aus Chlf.-Methanol (2 : 1) Prismen;

roh 110 mg. — *trans-Lumilysergsäure*, $C_{16}H_{18}O_3N_2 \cdot {}^1/_2 H_2O$, F. 268°, durch 2 std. Kochen von I mit KOH in 50%ig. wss. Methanol unter N_2, Sättigen der erkalteten Lsg. mit CO_2, Extrahieren des nach Eindampfen im Vakuum erhaltenen Rückstandes mit 95%ig. A., Lösen des Rückstandes der eingedampften A.-Auszüge in 50%ig. CH_3COOH u. Einengen unter mehrmaligem Wasserzusatz im Vakuum; $[\alpha]_D^{20}$ $-13°$ (c = 0,5; Pyridin); aus sd. W. kurze Prismen; roh 65%. — Bei der reduktiven Spaltung von 0,5 g I durch Lösen in sd. absol. Butanol, portionsweise Zugabe von 6 g Na unter kräftigem Schütteln, Versetzen mit Eiswasser, Sättigen mit CO_2, Extrahieren des nach Eindampfen im Vakuum erhaltenen Rückstandes mit A., Eindampfen u. Behandeln mit Chlf. u. W. entstehen 30 mg *trans-Dihydrolysergol*, F. 280° (Methanol); $[\alpha]_D^{20}$ $-90°$ (c = 0,3; Pyridin). Nach Aufnehmen des eingedampften Rückstandes der Mutterlauge in alkoholfreiem Chlf. u. Chromatographie werden aus dem Eluat des untersten Drittels der Säule 35 mg *trans-Dihydroisolysergol*, F. 193°, $[\alpha]_D^{20}$ $-73°$ (c = 0,2; Pyridin), isoliert. Aus der oberen Hälfte des Chromatogramms werden noch 50 mg *trans-Dihydrolysergol* gewonnen; $[\alpha]_D^{20}$ $-94°$ (c = 0,15; Pyridin). (Helv. chim. Acta **38**. 585—94. 2/5. 1955.)

I. BUCHTA. 3500

L. G. Humber und **W. I. Taylor**, *Erythrophleumalkaloide. Cassainsäure. 2-Isobutyl-1.8-dimethylphenanthren* wird durch Acylierung von 9.10-Dihydro-1.8-dimethylphenanthren, Red. u. Dehydrierung des entstandenen *2-Isobutyryl-9.10-dihydro-1.8-dimethylphenanthrens* synthetisiert u. stimmt in seinem F. u. dem UV-Spektr. mit der von RUZICKA u. Mitarbeitern (C. **1945**. II. 1739) durch Behandlung von Cassansäuremethylester mit CH_3MgJ, Dehydratierung u. Dehydrierung erhaltenen Verb. $C_{20}H_{22}$ überein. Danach wird für die *Cassainsäure*, die nach DALMA (C. **1940**. I. 710) durch Hydrolyse von Cassain unter gleichzeitiger Bldg. von Allocassainsäure erhalten wird, die Konst. I angenommen; diese Annahme wird unterstützt durch die von ENGEL mitgeteilte Beobachtung, daß bei der Ozonolyse von Dioxocassainsäure neben Oxalsäure eine Trioxoverb. entsteht, deren UV-Spektr. auf isolierte Ketongruppen schließen läßt.

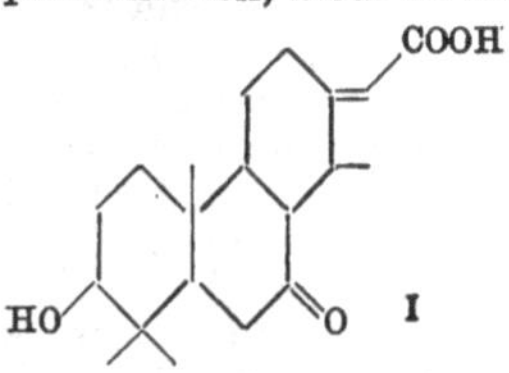
I

Versuche: *9.10-Dihydro-1.8-dimethylphenanthren*, $C_{16}H_{16}$, F. 144—146° (A.), durch langsame Zugabe von Na zu 2,3 g 1.8-Dimethylphenanthren in sd. Amylalkohol, Schütteln mit W., Einengen des bis zur Neutralität gewaschenen organ. Anteils, Chromatographie an Al_2O_3 u. Eluieren mit Leichtbenzin; 2,25 g roh (Ausbeute). — *2-Isobutyryl-9.10-dihydro-1.8-dimethylphenanthren*, $C_{20}H_{22}O$, F. 93—94° (Leichtbenzin), durch Zugabe von 140 mg Isobutyrylchlorid u. $AlCl_3$ in Nitrobenzol zu 240 mg vorst. Verb., 4 std. Stehen bei 0°, 3 Std. bei Raumtemp., Gießen auf Eis, Einengen der Nitrobenzollsg., Chromatographie an Al_2O_3 u. Eluieren mit Leichtbenzin; 330 mg roh. — *2-Isobutyl-1.8-dimethylphenanthren*, $C_{20}H_{22}$, F. 131° (Methanol), durch 76 std. Kochen von 145 mg vorst. Verb. in verd. HCl u. A. mit amalgamiertem Zn unter period. Zugabe von konz. HCl, erschöpfendes Extrahieren mit Ae., ${}^1/_4$ std. Erhitzen des erhaltenen rohen *Trialkyldihydrophenanthrens* (140 mg) mit Se auf 350°, Extraktion des festen Prod. mit Bzl., Chromatographie an Al_2O_3 u. Eluieren mit Leichtbenzin; 120 mg. *Trinitrobenzolderiv.*, $C_{20}H_{22} \cdot C_6H_3O_6N_3$, F. 131—132° (A.); gelb. (J. chem. Soc. [London] **1955**. 1044—46. März. New Brunswick, Univ.) I. BUCHTA. 3500

H. S. Forrest und **H. K. Mitchell**, *Pteridine aus Drosophila*. 1. Mitt. *Isolierung eines gelben Pigments*. Es wird ausführlich eine chromatograph. Meth. beschrieben zur Isolierung eines *gelben Pigments* (I) in reiner krist. Form, das in den Augen von *Drosophila melanogaster* u. in größerer Menge in der Mutante *sepia* vorkommt. Das UV-Absorptionsspektr. in 0,1 nNaOH u. 0,1 nHCl sowie die R_F-Werte von I in verschied. Lösungsmittelgemischen werden angegeben. I ist in W. u. wss. Gemischen verschied. organ. Lösungsmittel lösl., in den meisten organ. Lösungsmitteln selbst aber unlöslich. (J. Amer. chem. Soc. **76**. 5656—58. 20/11. 1954. Pasadena, Calif., Inst. of Technol., Kerckhoff Labors. of Biol.) W. PFLEIDERER. 3550

H. S. Forrest und **H. K. Mitchell**, *Pteridine aus Drosophila*. 2. Mitt. *Struktur des gelben Pigments*. (1. vgl. vorst. Ref.) Für das l. c. beschriebene gelbe Pigment (I) wird auf Grund der Analyse u. einer Reihe von Abbau-Rkk. die Struktur *2-Amino-4-oxy-7.8-dihydro-8-lactylpteridin-6-carbonsäure* angenommen. I gibt bei der Photolyse sehr schnell in verd. alkal., langsamer in neutraler oder saurer Lsg. *Milchsäure* (papierchromatograph. u. durch Farb-Rkk. identifiziert) u. *2-Amino-4-oxypteridin-6-carbonsäure* (II), die durch Vgl. mit synthet. II (Spektr., R_F-Werte u. Decarboxylierung) identifiziert wurde. Bei der Perjodatoxydation von I werden 2,4 Mol Perjodat pro Mol I (bei einem Mol.-Gew. von ~280) verbraucht, wobei weder Formaldehyd noch Ameisensäure gebildet werden; je Mol I entsteht 1 Mol Acetaldehyd u. als fluorescierendes Prod. II. II bildet sich auch bei der Permanganatoxydation u. bei der Säurehydrolyse von I neben drei anderen Verbb. (Chromatographie). I verbraucht 2 Mol Br_2 unter Bldg. von II u. einer weiteren Verb. mit ähnlichem Spektr., aber verschied. R_F-Wert. Bei der Hydrierung von I in Ggw. von ADAMS-Katalysator werden 4 Mol H_2 unter Bldg. eines komplexen Gemisches aufgenommen, mit PdO 2 Mol H_2, u. es konnten papierchromatograph. fluorescierende Verbb. nachgewiesen werden. I bildet ein *Oxim*, $C_{10}H_{12}O_5N_6$, ein *2.4-Dinitrophenylhydrazon*, $C_{16}H_{15}O_8N_9$, sowie ein *Acetylderiv.*, $C_{12}H_{13}O_6N_5$. Die angegebene Struktur für I wird gestützt durch die Ähnlichkeit von I mit Riboflavin. (J. Amer. chem. Soc. **76**. 5658—62. 20/11. 1954.) W. PFLEIDERER. 3550

Herman Pines, Alfred Rudin, G. M. Bô und V. N. Ipatieff, *Studien in der Terpenreihe.* 19. Mitt. *Hydroisomerisierung und Hydrogenolyse von Cyclohexen, Methylcyclohexen und p-Menthen in Gegenwart von Hydrierungskatalysatoren.* (18. vgl. C. **1955**. 8392.) Vff. untersuchen den Einfl. von Druck u. Temp. bei der Hydrierung von *Cyclohexen* (I; $Kp._{750}$ 82,2°, n_D^{24} 1,4462, durch Dehydratisierung von Cyclohexanol bei 420° über Al_2O_3), *4-Methylcyclohexen* (II; durch Dehydratisierung von 4-Methylcyclohexanol) u. *p-Menthen* (III; *1-Methyl-4-isopropylcyclohexen*, Kp. 167—169°, n_D^{21} 1,4518, $[\alpha]_D^{25,5}$ 57°, durch Dehydratisierung von Menthol-(1) in n-Hexan bei 425° an Al_2O_3) im strömenden Syst. bei ca. 4,5facher H_2-Menge über Ni/Kieselgur. Bei niedrigen Drucken u. höheren Tempp. unterliegen I u. II einer mit Skelettisomerisierung verbundenen Hydrierung u. Hydrogenolyse, die bei gleichbleibenden Drucken mit steigender Temp. zunimmt, bei gleicher Temp. jedoch mit zunehmendem Druck stark abnimmt. So entstehen z. B. aus I bei 1,5 at u. 293° 73,1 (Mol-%) *Cyclohexan* (IV), 18,4 *Bzl.*, 1,2 *Cyclopentan*, 2,2 *Methylcyclopentan*, 0,5 *n-Hexan*, 1,7 *2-* u. 1,5 *3-Methylpentan* u. 1,0 *2.3-Dimethylbutan*. Ni/Al_2O_3 hat ähnliche Wrkg., Cu/Al_2O_3 bewirkt dagegen weniger starke Isomerisierung. Auch IV erleidet unter den genannten Bedingungen eine ähnliche Hydroisomerisierung. II gibt bei 265° u. 5,5 at 4 (Mol-%) *Toluol*, 88 *Methylcyclohexan* u. 8,0 andere gesätt. C_7-KW-stoffe bestehend aus 0—5 (%) *trans-1.2-*, 25—30 *cis-* u. *trans-1.3-Dimethylcyclopentan*, 0—5 *Äthylcyclopentan*, 15—20 *n-Heptan*, 15—20 *3-* u. 0—6 *2-Methylhexan* u. 0—4 *2.3-Dimethylpentan*. Aus III entstehen bei 262° u. 5,5 at 5,5 (Gew.-%) Aromaten (davon über 90% *p-Cymol*), 88 *p-Menthan* u. 8 Alkylcyclopentane u. Paraffine. Der Mechanismus der Rkk. wird eingehend diskutiert. (J. Amer. chem. Soc. **76**. 2740—42. 20/5. 1954. Evanston, Ill., Northwest. Univ., Dep. of Chem., Ipatieff High Pressure and Catalyt. Labor.) K.-H. KLASSKE. 3600

J. Asselineau, *Bestandteile des Tuberkelbacillus.* 14. Mitt. *Untersuchung der α-Mycolsäure aus einem Humanstamm des Tuberkelbacillus; Darstellung von Dioxymycolansäure, Oxymycolensäure und Mycoldiensäure.* (13. vgl. C. **1952**. 2525.) α-Mycolsäure (III; 3-Oxy-x-methoxy-α-mycolansäure) wird durch Kochen mit Acetanhydrid (VI) unter Zugabe von etwas $KHSO_4$ zu *x-Methoxymycolen-(2)-säure* dehydratisiert, die ihrerseits unter den Versuchsbedingungen zu *x-Oxymycolen-(2)-säure* (I) entmethyliert wird. Die weitere Wasserabspaltung aus I liefert *Mycoldien-(2.x)-säure* (VII). Durch Bromieren von *x-Acetoxymycolen-(2)-säure* (V), die ebenfalls aus dem Reaktionsgemisch isoliert werden konnte, mit N-Bromsuccinimid u. Verseifung gelangt man zu *x-Oxy-y-brommycolen-(2)-säure*. Die α.β-Stellung der Doppelbindung in I u. ihren Derivv. ergibt sich aus dem UV-Spektr.; das Spektr. von VII zeigt keine Konjugation der Doppelbindungen an, die CH_3O-Gruppe von III muß sich daher jenseits der γ-Stellung befinden. Unter bestimmten Bedingungen wird III durch VI/$KHSO_4$ nicht dehydratisiert, sondern zu *3.x-Dioxymycolansäure* (IX) entmethyliert.

Versuche: *x-Oxymycolen-(2)-säuremethylester* (II), $C_{88}H_{174}O_3$, F. 37—38°, durch 2 std. Kochen von 8 g III mit 250 cm³ VI u. 15 g $KHSO_4$, Zugabe von CH_3OH, Abdest. vom Methylacetat, Verteilen zwischen W. u. Ae., 4 std. Kochen des Ae.-Rückstands mit 5%ig. alkoh. KOH, Chromatographie des Ae.-lösl. Prod. an Al_2O_3, Elution mit CCl_4, PAe.–Bzl. (1 : 1), Bzl., Ae. u. Ae.–CH_3COOH, Veresterung des Ae.-Eluats mit CH_2N_2, erneute Chromatographie an Al_2O_3 u. Elution mit PAe.–Bzl.; 810 mg (Ausbeute). *Freie Säure* (I), $C_{87}H_{172}O_3$, F. 41—43°, durch 10 std. Kochen von 500 mg II mit 5%ig. alkoh. KOH in Bzl.; 480 mg. — *x-Oxymycolen-(2)-ol-(1)* (IV), $C_{87}H_{174}O_2$, in 2 isomeren Formen, F. 46—48° u. F. 51—52°, durch Red. von I mit $LiAlH_4$ in Ae. u. chromatograph. Trennung. *Monoacetat*, $C_{89}H_{176}O_3$, F. 32—33°, aus rohem IV. — *x-Acetoxymycolen-(2)-säure* (V), $C_{89}H_{174}O_4$, F. 137—138°, durch 1 std. Kochen von 520 mg III mit 20 cm³ VI + 500 mg $KHSO_4$, Chromatographie an Al_2O_3 u. Elution mit Ae.; 135 mg. Verseifung von V → I. — *x-Oxy-y-brommycolen-(2)-säuremethylester*, $C_{88}H_{173}O_3Br$, F. 36—40°, durch 6 std. Kochen von V mit N-Bromsuccinimid in CCl_4 im Licht, Verseifung mit 5%ig. methanol. KOH u. Veresterung mit CH_2N_2. — *Mycoldien-(2.x)-säure* (VII), $C_{87}H_{170}O_2$, F. 36—38°, durch Verseifung des neben II bei der 2. Chromatographie isolierten *Methylesters* ($C_{88}H_{172}O_2$,

F. 35—37°) oder neben I aus III ohne Veresterung. — *Mycoldien-(2.x)-ol-(1)* (VIII), $C_{87}H_{172}O$, F. 37—40°, durch Red. von VII mit $LiAlH_4$. *Monoacetat*, $C_{89}H_{174}O_2$, F. 29—32°. Bei der Red. des rohen Gemisches von VII u. I entsteht ein chromatograph. trennbares Gemisch von VIII u. IV. — *3.x-Dioxymycolansäure* (IX), $C_{87}H_{174}O_4$, F. 57—59°, neben I u. VII bei der 1. Chromatographie. *Methylester*, $C_{88}H_{176}O_4$, F. 45—46°, mit CH_2N_2. *3-Monoacetat*, $C_{89}H_{178}O_5$, F. 43—46°. — *3-Acetoxymycolen-(x)-säure*, $C_{89}H_{174}O_4$, F. 42 bis 44°, durch Zutropfen von CH_3COCl zu IX in Bzl. + Pyridin u. 3 std. Stehen unter gelegentlicher Erwärmung auf dem Wasserbad. — *3-Oxymycolen-(x)-säure*, $C_{87}H_{172}O_3$, F. 57—60°; gibt beim Erhitzen auf 250—300°/0,3 mm *Hexakosansäure*, F. 85—87°. — *Normycoldien-(2.x)* ($C_{86}H_{170}$, F. 61—65°) u. *x-Oxynormycolen-(2)* ($C_{86}H_{172}O$, F. 58—72°) wurden als neutrale, unverseifbare Prodd. der Einw. von VI u. $KHSO_4$ auf III isoliert. — *Pentatriakonten-(17)*, $C_{35}H_{70}$, F. 60—63°, wie vorst. aus 2-n-Hexadecyl-3-oxyeikosansäure. (Bull. Soc. chim. France, Mém. [5] **19.** 557—62. Mai/Juni 1952. Paris, Inst. de Biol. physico-chim.) R. RUTKOWSKI. 3950

Brian E. Cross, *Gibberellsäure*. 1. Mitt. Vf. erhielt bei vergeblichen Verss. zur Isolierung des pflanzenwachstumfördernden *Gibberellin* (I)-*A* (vgl. YABUTA, J. Agric. chem. Soc. [Japan] **25.** [1951.] 159 u. früher) aus Gibberella fujikuroi ein anderes Stoffwechselprod., *Gibberellsäure* (II), $C_{19}H_{22}O_6$, die ein starker Wuchsstoff für Weizen u. Erbse ist (vgl. CURTISS u. CROSS, Chem. and Ind. **1954.** 1066). I u. II sind sich in ihrer biol. Wrkg. sehr ähnlich, haben 2 Hydrolyseprodd. gemeinsam, unterscheiden sich in der opt. Drehung, geringfügig im Zersetzungspunkt, in der CO_2-Entw. von II bei der sauren Hydrolyse, im F. der *Methyl-* u. *p-Bromphenacylester* u. im Infrarotspektr. im 10—12 μ-Gebiet sowie im Röntgenstrahl-Pulverphotogramm. II gibt in kalter konz. H_2SO_4 intensive weinrote Farbe mit blauer Fluorescenz, keine Farb-Rk. mit $FeCl_3$, red. nicht FEHLINGsche Lsg. oder ammoniakal. $AgNO_3$-Lsg., ist gegen Alkali u. Mineralsäuren instabil, wird schnell durch alkal. $KMnO_4$ oxydiert, gibt einen schwachen Nitro-Chromsäuretest auf prim. oder sek. Alkoholgruppen, der durch das Infrarotspektr. bestätigt wird, gibt ein *Monoacetylderiv.*, einen *p-Bromphenacyl-* u. einen neutralen *Monomethylester*. Obgleich das Infrarotspektr. von II keinen Anhaltspunkt für Carboxyl-OH liefert, wird die Bande bei 1736 cm^{-1} (in Dioxan) einer aliphat. Carboxylgruppe zugeordnet, da die Methylesterbldg. ohne Wasseraufnahme stattfindet u. nach dem Absorptionsspektr. andere saure Gruppierungen nicht vorliegen können. II u. seine Derivv. zeigen im CO-Gebiet eine Bande, die eine gesätt. Lactongruppe andeutet, was auch aus dem Verbrauch eines zweiten Äquivalents Alkali beim Erwärmen mit einem kleinen Überschuß 0,1 nNaOH ersichtlich ist. Das restliche O-Atom in II muß einer inakt., z. B. tert. OH-Gruppe angehören, da das Infrarotspektr. des *Acetylgibberellsäuremethylesters* (III) eine OH-Bande bei 3510 cm^{-1} zeigt. III hat im Gegensatz zu verschied. Hydrolyseprodd. von II im UV-Spektr. kein Maximum zwischen 220 u. 320 mμ u. enthält demnach keinen aromat. Ring; er nimmt 1,75—2,18 Mol H_2 auf. Bei Annahme von 2 äthylen. Doppelbindungen müssen 4 alicycl. Ringe u. ein Lactonring vorhanden sein, woraus sich $C_{17}H_{19}(OH)_2(CO\cdot O\cdot)\cdot CO_2H$ für die Struktur von II ergibt. — II wird wie I-A durch Mineralsäuren leicht angegriffen u. bildet dabei wie I-A u. a. *Gibbersäure* (IV) u. *Allogibbersäure* (V), wobei II aber CO_2 abspaltet. Mit verd. HCl soll I-A bei 55—65° I-*B* geben (vgl. YABUTA, l. c.), F. 194—196°, $[\alpha]_D$ — 82,3°; II liefert unter gleichen Bedingungen CO_2 u. V. Obgleich sowohl I-B als auch V bei der katalyt. Hydrierung 0,5—1,0 Mol H_2 absorbieren u. Prodd. vom F. 199—201° bzw. 197—199,5° liefern, die keine F.-Depression mit den Ausgangsprodd. geben, muß entgegen der Ansicht von YABUTA (l. c.) die Hydrierung erfolgreich gewesen sein, da sich V u. *Dihydroallogibbersäure* im Infrarotspektr. u. in der Elementaranalyse unterscheiden. V ist gegen verd., sd. Alkali beständig, lagert sich aber durch sd. Mineralsäuren in IV um. I-B u. V sind nach dem Infrarotspektr. ident.; die für „I-B" angegebene Summenformel $C_{19}H_{22}O_3$ ist in $C_{18}H_{20}O_3$ zu ändern. — Neben 1 Mol CO_2 u. IV als Hauptprodd. werden bei der Hydrolyse von II in sd. Mineralsäuren noch *Epigibbersäure* (VI) u. eine *Säure* vom F. 266—269° (Zers.) in geringer Ausbeute isoliert; VI ist dimorph. Unter ähnlichen Bedingungen gibt I-A IV, *Isogibbersäure* (VII) u. I-*C* (F. 251—252° [Zers.]). VII u. IV sind vermutlich ident., da IV, aus II dargestellt, zwei FF. je nach Kristallgröße u. Erhitzungsgeschwindigkeit hat. Sie hat die Zus. $C_{18}H_{20}O_3$ (vgl. dagegen YABUTA [l. c.]: $C_{19}H_{22}O_3$), entsteht also aus II durch Abspaltung von CO_2 u. H_2O. Die UV-Absorptionsspektren der Hydrolyseprodd. u. ihrer Derivv. (Tabelle) zeigen, daß alle außer der Säure vom F. 266—269° einen Benzolring enthalten u. in der Grundstruktur eng miteinander verwandt sein müssen. — IV, welche einen neutralen *Methylester*, ein *Oxim* u. ein *Esteroxim* bildet, hat wahrscheinlich keine äthylen. Doppelbindung; eine Hydrierung blieb erfolglos. Die Bldg. von IV aus V wird als Isomerisierung eines ungesätt. Alkohols zum Keton aufgefaßt. Das Infrarotspektr. (Tabelle) von IV zeigt das Vorliegen einer aliphat. COOH-Gruppe u. eines fünfgliedrigen Ringketons an. IV wird daher als tetracycl. Ketosäure mit einem aromat. Ring angesehen. VI ähnelt IV sehr im UV- u. im Infrarotspektr., in der Monomethylester- u. Oximbldg. u. in der Abwesenheit einer äthylen. Doppelbindung. Vermutlich sind es epimere Säuren. Die Säure vom F. 266—269°, $C_{19}H_{24}O_7$, ist kein Hydrat von II, da sie mit konz. H_2SO_4 nur eine blaßgrüngelbe Färbung gibt; auch ist der Lactonring nicht geöffnet, da die C=O-Bande vorhanden ist. — Bei der Oxydation von IV mit SeO_2 entsteht *Gibberdionsäure* (VIII) der Zus. $C_{18}H_{18}O_4$ (vgl. dagegen YATAZAWA u. SUMIKI, J. agric. chem. Soc. [Japan] 25. [1952.] 503: $C_{19}H_{20}O_4$); VIII muß ein cycl. α-Diketon sein. Oxydation von VIII mit alkal. H_2O_2 unter den Bedingungen von YATAZAWA gibt bei geringer CO_2-Entw. eine Säure der Zus. $C_{18}H_{20}O_6 \cdot {}^1/_2 H_2O$, die eine *Tricarbonsäure* ist, was ebenso wie das Infrarotspektr. die Struktur von VIII als α-Diketon stützt. Entsprechend der Nichtenolisierbarkeit von VIII, die sich in der Gleichheit der UV-Spektren in A. u. in 0,1 nNaOH zeigt, enthält das Infrarotspektr. weder OH- noch C=C-Banden, was entweder auf das Fehlen eines enolisierbaren H-Atoms oder eine strukturelle Hinderung hinweist. — Dehydrierung der vorst. *Tricarbonsäure* mit Se oder Pd-Kohle gibt in guter Ausbeute einen KW-stoff *Gibberen* (IX), $C_{15}H_{14}$, der auch als Hauptprod. bei der Dehydrierung von IV mit Se entsteht.

Versuche (FF. korr.; Drehungen in 1 cm^3 alkoh. Lsg. im dm-Mikrorohr): *Gibberellsäure* (II), $C_{19}H_{22}O_6$, F. 233—235° (Schäumen), aus 5 g nach CURTIS u. CROSS (l. c.) dargestelltem Rohprod. durch Behandlung mit Kohle in sd. Essigester u. Verdünnung des sd. Filtrats mit Leichtbenzin; gezackte Latten; aus Essigester, CH_3OH–Leichtbenzin u. Leichtbenzin–Essigester Bipyramiden; $[\alpha]_D^{19}$ +86° (c = 2,12); 4,0 bis 4,5 g roh (Ausbeute); die Infrarotbanden sind angegeben; II löst sich leicht in $NaHCO_3$- u. CH_3COONa-Lsg., gibt kein Oxim u. Semicarbazon, verbraucht beim 1std. Erhitzen mit 0,1 nNaOH 2,05 Äquivalente Alkali, nimmt bei der Pd-Hydrierung in CH_3COOH 1,75—1,88 Mol H_2 auf, bei der Pt-Hydrierung 2,18 Mol. *p-Bromphenacylester*, $C_{27}H_{27}O_7Br \cdot H_2O$, F. 218—219°, aus A. Prismen. *Methylester*, $C_{20}H_{24}O_6$, F. 209—210°, aus 207 mg II u. CH_2N_2 in CH_3OH; aus Bzl.-CH_3OH Nadeln; $[\alpha]_D$ + 75° (c = 0,5); 159 mg; auch aus II, CH_3J u. entwässertem K_2CO_3 in Aceton durch 8std. Kochen. *Acetylverb.*, $C_{21}H_{24}O_7$, F. 233—234° (Zers.), aus 113 mg II u. Acetanhydrid durch 45std. Stehen bei n. Temp.; aus Essigester–Leichtbenzin Rhomben; $[\alpha]_D^{17}$ +152° (c = 0,5); 120 mg roh. — *Acetylgibberellsäuremethylester* (III), $C_{22}H_{26}O_7$, F. 180—181°, aus 79 mg II-Methylester wie vorst.; aus Bzl.–Leichtbenzin Prismen; $[\alpha]_D^{18}$ +150° (c = 0,4); 80 mg; auch aus der II-Acetylverb. u. CH_2N_2 in CH_3OH bei 0° (20 Std.). — *Allogibbersäure* (V), $C_{18}H_{20}O_3$, F. 200,5 bis 203°, durch $2^1/_4$std. Erhitzen von 702 mg II in verd. HCl (1 : 10) auf 55—65° unter CO_2-Entw., Extraktion des getrockneten Festprod. mit sd. Bzl. u. Versetzen der Lsg. mit etwas A.; aus Bzl.–A., dann wss. CH_3OH Latten; $[\alpha]_D^{20}$ —80° (c = 0,7); 245 mg; gibt keine Färbung mit kalter konz. H_2SO_4 u. ist gegen sd. 5%ig. KOH beständig. IV, F. 151—153°, entsteht durch 1std. Kochen von 27,2 mg V mit verd. HCl (1 : 5); aus Essigester–Leichtbenzin Nadeln; 22 mg. — *Dihydroallogibbersäure*, $C_{18}H_{22}O_3$, F. 197 bis 199,5°, aus 58 mg V durch Hydrierung mit Pd-Kohle in CH_3OH (3 Std.); aus Bzl.–A. Platten; 44 mg. — *Gibbersäure* (IV), $C_{18}H_{20}O_3$, F. 153—154° oder 174—175°, aus 4 g II durch 1std. Kochen in HCl (1 : 5) u. fraktionierte Kristallisation aus Essigester–Leichtbenzin; es gab folgende Fraktionen: 1. F. 152,5—154°, Nadeln; 2,19 g; 2. F. 147 bis 151°, Nadeln; 377 mg; 3. F. 210—220°, Prismen; 139 mg. Extraktion des wss. Filtrats mit Ae. gab 72 mg eines zähen Gummis, der aus CH_3OH–W. umkrist. (F. 215 bis 220°) u. mit 3. vereinigt wird. (Bei einem Verf. mit sd. verd. H_2SO_4 im N_2-Strom wurde 1 Mol CO_2 entwickelt.) 1. u. 2. werden vereinigt; aus Essigester-Leichtbenzin Nadeln; $[\alpha]_D^{7,51}$ —7° (c = 2,0); $[\alpha]_{5461}^{19,5}$ —9° (c = 2,0); gibt keine Färbung mit konz. H_2SO_4 u. ist gegen sd. 5%ig. KOH beständig. *Methylester*, $C_{19}H_{22}O_3$, F. 113—115°, mit CH_2N_2; aus Leichtbenzin hexagonale Platten. *Oxim*, $C_{18}H_{21}O_3N$, F. 250—258° (Zers.), aus wss. CH_3OH dicke Stäbe. *Methylesteroxim*, $C_{19}H_{23}O_3N$, F. 157—160°, aus Leichtbenzin u. wss. CH_3OH Nadeln. — *Epigibbersäure* (VI), F. 227—230° oder 252—255°, aus Fraktion 3.; aus CH_3OH Latten; $[\alpha]_D^{15}$ +131° (c = 0,8). *Methylester*, F. 95—96°, aus wss. CH_3OH Nadeln, aus Leichtbenzin Prismen. *Oxim*, F. 214—215,5° (Zers.), aus wss. CH_3OH hexagonale Prismen oder Platten. — *Säure mit F. 266—269° (Zers.)*, $C_{19}H_{24}O_7$, durch Kochen von 548 mg II in HCl bei 150° Badtemp. (45 Min.), Abgießen der noch heißen Lsg. von einem Öl, das anschließend krist. (F. 80—110°), Auskristallisieren zunächst von 28 mg Mikrokristallen, F. 140—148°, u. später von 5 mg Prismen, F. 250—258° (Zers.), aus der wss. Lösung. Mikrokristalle u. das verfestigte Öl liefern IV, während die Prismen die Säure vom F. 266—269° (Zers.) geben; aus Essigester–Leichtbenzin Prismen; gibt mit konz. H_2SO_4 eine grünlichgelbe Färbung; die Infrarotbanden sind angegeben. — *Gibberdionsäure* (VIII), $C_{18}H_{18}O_4$, F. 189,5—191°, durch $4^1/_2$std. Erhitzen von 352 mg IV mit SeO_2 in A. im Rohr in sd. Xylol als Bad u. Antrüben der filtrierten Lsg. mit W.; aus Bzl.–Leichtbenzin oder Essigester–Leichtbenzin gelbe Prismen, aus CH_3OH dagegen weiße, federartige Kristalle der Zus. $C_{18}H_{18}O_4 \cdot 2\ CH_3OH$, F. 93–96° (Schäumen u. Gelbfärbung); 333 mg roh. *Methylester*, $C_{19}H_{20}O_4$, F. 193–195°, durch Oxydation von 70 mg **IV**-Methylester mit SeO_2 in Methanol; aus Bzl.–Leichtbenzin blaßorangefarbene Platten; 70 mg. — *Tricarbonsäure*, $C_{18}H_{20}O_6 \cdot {}^1/_2\ H_2O$, F. 152–156° (Zers.), aus 623 mg **VIII** u. H_2O_2 (30% ig.) in methanol. NaOH (8% ig.) durch Kochen (30 Min.), Ansäuern u. Extraktion mit Ae.; aus Ae.–Leichtbenzin, dann Ae. Prismen oder Nadeln; 594 mg. *Trimethylester*, $C_{21}H_{26}O_6$, $Kp._{10^{-4}}$ 90–100° (Badtemp.), gummiartige Substanz. — *Gibberen* (**IX**), $C_{15}H_{14}$, F. 105,5–107°, aus 202 mg vorst. Säure u. Se durch Erhitzen im N_2-Strom auf 265°, Erhöhung der Temp. auf 335° in 25 Min. u. 2std. Erhitzen auf 335–345°, Extraktion mit Ae., Lsg. des gelben Abdampfrückstandes in Leichtbenzin u. Säulenchromatographie durch mit Säure gewaschenes, bei 120° aktiviertes Al_2O_3; Elution der blaßblau fluorescierenden Zone (UV-Licht) mit PAe. (40–60°); aus CH_3OH Nadeln; 69 mg; Oxydation von 25 mg in Aceton mit $KMnO_4$ nach MULHOLLAND u. WARD (vgl. nachst. Ref.) gibt 16 mg *Gibberenon*, F. 75,5–76,5°. **IX** entsteht auch aus 103 mg vorst. Säure u. 30% ig. Pd-Kohle durch Erhitzen im N_2-Strom in 50 Min. von 170 auf 230° u. $1^1/_2$std. Belassen bei 233–237°; 29,5 mg. (J. chem. Soc. [London] **1954**. 4670–76. Dez. Frythe, Welwyn, Herts., Imp. Chem. Ind. Ltd., Butterwick Res. Labors.)

W. KINDSCHER. 3950

T. P. C. Mulholland und **G. Ward**, *Gibberellsäure*. 2. Mitt. *Struktur und Synthese von Gibberen*. (1. vgl. vorst. Ref.) *Gibberen* (**I**), dessen Bldg. bei der Dehydrierung von *Gibbersäure* (**VII**) mit Se (vgl. YABUTA u. Mitarbeiter, J. agric. chem. Soc. [Japan] **16**. [1940.] 975) bestätigt wird, wird auch aus den gummiartigen Prodd. aus den Kristallisationsmutterlaugen der Gibberellsäure durch Dehydrierung erhalten. **I** u. *Gibberenon* (**II**) erweisen sich durch Abbau u. Synth. als *1.7-Dimethylfluoren* bzw. *1.7-Dimethylfluorenon*. Oxydation von **I** mit $KMnO_4$ in Aceton gibt **II**, mit $Na_2Cr_2O_7$ in CH_3COOH **II** u. *1-Methylfluorenon-7-carbonsäure* (**III**), deren Oxydation zu *Fluorenon-1.7-dicarbonsäure* (**IV**) führt; **IV** ist ident. mit dem aus Reten (**V**) von BAMBERGER u. HOOKER [1885] erhaltenen Produkt. **III** wird zu *1-Methylfluorenon* (**VI**) decarboxyliert. **VI** entsteht auch durch Red. von Fluoren-1-carbonsäure zu *Fluoren-1-aldehyd*, katalyt. Red. zu *1-Methylfluoren* u. Oxydation. — **II**, welches gegen $KMnO_4$ in NaOH ziemlich beständig ist, gibt schwieriger als **I** mit $Na_2Cr_2O_7$ **III** u. wird mit $KMnO_4$ in Pyridin zu **III**, **IV** u. Spuren einer roten Säure, vermutlich *7-Methylfluorenon-1-carbonsäure*, oxydiert. Durch Weiteroxydation des Gemisches wird **IV** erhalten. — Folgende Synthesen von **I** u. **II** wurden durchgeführt: 2-Amino-5-methylbenzoesäure wird durch Acetanhydrid in *2.6-Dimethyl-4-oxobenz-3.1-oxazin* verwandelt das mit o-Tolylmagnesiumbromid *2-Acetamido-5.2'-dimethylbenzophenon* (**VIII**) u. wenig *2-Acetamido-5-methylbenzoesäure* liefert, jedoch keinen der erwarteten Ditolylalkohole. Die Hydrolyse von **VIII** mit H_2SO_4 führt zum entsprechenden *Amin*, aus dem durch Diazotierung u. Ringschluß **II** entsteht. WOLFF-KISHNER-Red. von **II** führt zu **I** u. Oxydation zu **IV**.

V e r s u c h e: *1.7-Dimethylfluoren* (*Gibberen*; **I**), $C_{15}H_{14}$, F. 107–107,5°, aus 1 g **VII** u. Se-Pulver durch 20 Min. Erhitzen im N_2-Strom auf 320° (CO_2-Entw.) u. $2^1/_4$ Std. auf 360°, Dest. bei 15 mm Hg u. Chromatographie des von sauren Verbb. befreiten Destillats aus 4 Ansätzen in PAe.–Ae. (10 : 1) über Al_2O_3 u. Elution eines violett fluorescierenden Bandes (UV-Licht) mit Leichtbenzin u. dann mit PAe.–Ae. (70 : 1)(weitere Elution liefert **II** u. noch zu untersuchende Verbb.); aus CH_3OH Nadeln u. Platten; 1,29 g roh (Ausbeute); fluoresciert nach Umkristallisation nicht mehr, gibt mit konz. H_2SO_4 Blaufärbung. *Pikrat*, F. 85–86°, orangerote Nadeln. *1.3.5-Trinitrobenzol-Addukt*, F. 98°, aus A. gelbe Nadeln. **I** wird auch durch Dehydrierung des Gummis (6 g) aus der Kristallisationsmutterlauge der Gibberellsäure erhalten; 560 mg. — *1.7-Dimethylfluorenon* (*Gibberenon*; **II**), $C_{15}H_{12}O$, F. 76,5–77°, durch Oxydation von 80 mg **I** in Aceton mit $KMnO_4$ bei n. Temp. in 2 Std., Chromatographie des Filtratabdampfungsprod. in PAe. u. Elution eines im UV-Licht fluorescierenden Bandes (Ausgangsmaterial 20 mg) u. eines gelben Bandes mit PAe.–Ae. (20 : 1); aus CH_3OH gelbe Platten u. flache Nadeln; 62 mg; mit konz. H_2SO_4 Purpurfärbung. *2.4-Dinitrophenylhydrazon*, $C_{21}H_{16}O_4N_4$, F. 269–270°, aus Nitrobenzol–Leichtbenzin orangerote Nadeln, aus Bzl. Platten. *Oxim*, $C_{15}H_{13}ON$, F. 188,5–189,5°, aus Leichtbenzin blaßgelbe Nadeln. — *1-Methylfluorenon-7-carbonsäure* (**III**), $C_{15}H_{10}O_3$, F. 330 bis 331° (Zers.; teilweise Sublimation ab ca. 250°), durch Zufügen von $Na_2Cr_2O_7 \cdot 2\ H_2O$ in 90% ig. CH_3COOH innerhalb 1 Std. zu einer sd. Lsg. von 104 mg **I** in CH_3COOH u. 5std. Kochen; aus CH_3COOH lichtgelbe Nadeln; die Absorptionsmaxima sind angegeben; 38 mg. *Methylester*, $C_{16}H_{12}O_3$, F. 173–175°, mit CH_2N_2; aus CH_3OH gelbe Nadeln; die Absorptionsmaxima sind angegeben. — *1-Methylfluorenon* (**VI**), $C_{14}H_{10}O$, F. 97–98°, durch 1std. Erhitzen von 30 mg **III** mit Cu-Chromit in Chinolin auf 250–260° unter N_2, Ansäuern, Ausäthern, Chromatographie in PAe.–Ae. (5 : 1), Elution eines im UV-Licht violett fluorescierenden Bandes mit Leichtbenzin u. eines gelben Bandes mit Leichtbenzin–Ae. (10 : 1); aus CH_3OH gelbe Nadeln; 18 mg. *Oxim*, roh, F. 189°. — Bei der Oxydation von 124 mg **II** in sd. CH_3COOH mit $Na_2Cr_2O_7$ (1$^1/_4$ Std.), 70std. Halten bei n. Temp. u. 4std. Kochen werden 14 mg **III** u. nach $^1/_2$std. Kochen des Filtrats mit neuer Oxydationslsg. weitere 4 mg **III** erhalten. — Bei der Oxydation von 208 mg **II** in Pyridin–W. (2 : 1) bei 100° mit $KMnO_4$ in 15 Min., Verdünnen mit Pyridin u. W., Filtrieren u. Waschen des Nd. mit W. u. Aceton, Ansäuern der vom Aceton befreiten Lsgg. mit HCl u. Extraktion des Nd. mit 0,7nNaOH werden 13 mg **II** zurückerhalten; heiße Extraktion des aus der alkal. Lsg. durch Ansäuern erhaltenen, bei 100° getrockneten orangegelben Pulvers mit Toluol liefert aus der Extraktionslsg. 5 mg **III** u. aus der Mutterlauge tiefrote Nadeln vom F. 206—208°, vermutlich *7-Methylfluorenon-1-carbonsäure*, nicht aber Fluorenon-1-carbonsäure. Oxydation des Rückstandes von der Toluolextraktion nach Umkristallisation aus CH_3COOH (Benutzung der ersten 2 Fraktionen) in Sodalsg. durch langsamen Zusatz von 5%ig. $KMnO_4$ bei 100° in 1 Std., Filtration, Ansäuern des Filtrats mit HCl, Trocknen des Nd. bei 100° u. fraktionierte Kristallisation aus CH_3COOH liefert folgende Fraktionen: 1. 10 mg, F. 348—352° (Zers.); 2. 80 mg, F. 335—340° (Zers.); 3. 7 mg, F. 305—335°, von denen 1. u. 2. hauptsächlich aus *Fluorenon-1.7-dicarbonsäure* (**IV**), $C_{15}H_8O_5$, bestehen, jedoch nach dem Infrarotspektr. etwas **III** enthalten dürften. **IV**-*Dimethylester*, $C_{17}H_{12}O_5$, F. 188—190°, aus den Fraktionen 1. u. 2. mit methanol. HCl; aus CH_3OH gelbe Platten u. Nadeln. **IV**-*Diäthylester*, $C_{19}H_{16}O_5$, F. 117—118°, aus A. gelbe Nadeln u. Platten. Oxydation von **II** mit $KMnO_4$ in wss. NaOH bei 100° liefert 60% **II** zurück, mit verd. HNO_3 wird dagegen ein N-haltiges, neutrales Prod. erhalten. — Nachst. Synthesen der zum Teil vorst. durch Abbau erhaltenen Verbb. wurden ausgeführt: **VI**, F. 97,5—98,5°, nach LOTHROP u. GOODWIN (C. **1945**. I. 1483). *Oxim*, $C_{14}H_{11}ON$, F. 195—196°, aus A. blaßgelbe Nadeln. — *Fluoren-1-carbonsäurebenzoldulfonhydrazid*, $C_{20}H_{16}O_3N_2S$, F. 222—223°, durch langsames Zufügen von Benzolsulfonylchlorid zu einer gekühlten Lsg. von 6,5 g Fluoren-1-carbonsäurehydrazid in Pyridin, 3std. Stehen bei n. Temp. u. Gießen in Eis-HCl; aus verd. A. Nadeln; 7,95 g. — *Fluoren-1-aldehyd*, $C_{14}H_{10}O$, F. 90°, durch Zufügen von Soda zu 500 mg vorst. Verb. in Äthylenglykol bei 160°; aus A. Nadeln; 140 mg. *2.4-Dinitrophenylhydrazon*, $C_{20}H_{14}O_4N_4$, F. 284—286°, aus Nitrobenzol orangefarbene Kristalle. *Oxim*. $C_{14}H_{11}ON$, F. 138,5—139° (Leichtbenzin). — *1-Methylfluoren*, F. 84—86°, durch Hydrierung von 200 mg vorst. Aldehyds in CH_3COOH mit Pd-Kohle in 18 Std. bei n. Druck u. Temp., Chromatographieren in Bzl. u. Elution eines im UV-Licht blaßblau fluorescierenden Bandes mit Bzl.-Ae. (0,5%); aus CH_3OH Nadeln; 160 mg. *1.3.5-Trinitrobenzoladdukt*, $C_{14}H_{12} \cdot C_6H_3O_6N_3$, aus A. gelbe Nadeln. — Oxydation von 40 mg vorst. KW-stoffs mit $KMnO_4$ in Aceton gibt 12 mg **VI**. — **IV**, F. 350—354° (Zers.; teilweise Sublimation bei 300°), aus **V** nach BAMBERGER u. HOOKER [1885]; aus CH_3COOH gelbe Kristalle. *Dimethylester*, F. 190—192°, aus **IV** u. methanol. HCl. **IV**-*Diäthylester*, $C_{19}H_{16}O_5$, F. 118 bis 118,5°. — *2-Amino-5-methylbenzoesäure*, F. 176—178° (Zers.), aus 5-Methyl-2-nitrobenzoesäure (F. 135—138° [Bzl.]) durch Hydrierung mit RANEY-Ni; aus A. Nadeln; 92%. — *2.6-Dimethyl-4-oxobenz-3.1-oxazin*, $C_{10}H_9O_2N$, F. 125—126°, aus 24,9 g vorst. Verb. durch allmähliches Zufügen zu Acetanhydrid in 10 Min. bei 140° u. teilweises Abdampfen; aus Acetanhydrid Nadeln; 21,95 g. — *2-Acetamido-2'.5-dimethylbenzophenon* (**VIII**), $C_{17}H_{17}O_2N$, F. 88—89°, durch Zutropfen von o-Tolylmagnesiumbromid in Ae. zu 10,75 g vorst. Verb. in Bzl. in der Kälte, 1std. Erwärmen auf 30°, Zers. mit verd. H_2SO_4, Dampfdest. des vom organ. Lösungsm. befreiten Teiles, Extraktion eines nicht flüchtigen Festprod. mit PAe.-CH_3OH (1%), Chromatographie u. Elution eines dunklen, von einem blauen Bande gefolgten Bandes (im UV-Licht) mit demselben Lösungsm.; aus Leichtbenzin blaßgelbe Nadeln; 8,6 g. — *2-Acetamido-5-methylbenzoesäure*, $C_{10}H_{11}O_3N$, F. 191—193°, aus dem vorst. in PAe.-CH_3OH unlösl. Rückstand (2,3 g); aus Aceton–PAe. u. Methyläthylketon Nadeln; Hydrolyse durch Kochen mit 70%ig. H_2SO_4 in 30 Min. gibt die *Säure vom F. 170—173°*. — *2-Amino-2'.5-dimethylbenzophenon*, durch Hydrolyse von 8,6 g **VIII** mit 70%ig. H_2SO_4 auf dem Dampfbad in 3 Std.; 6,1 g; Acetylierung mit Acetanhydrid–CH_3COOH (1 : 1) gibt **VIII** zurück. — **II** durch Diazotieren von 6,1 g vorst. Verb. in verd. H_2SO_4, $^1/_2$std. Erhitzen auf 80° u. $^1/_2$std. auf 100°; die Absorptionsmaxima sind angegeben; 3,23 g. — **IV**, durch Oxydation von **II** mit $KMnO_4$ in Pyridin, gefolgt durch Oxydation des Rohprod. in Sodalsg. mit $KMnO_4$ wie vorst. beschrieben. — **I**, F. 108—108,5°, durch Red. von 1,004 g **II** mit Hydrazinhydrat analog dem 3.6-Isomeren (vgl. CHARDONNES u. WÜRMLI, C. **1946**. I. 939), Chromatographie des Rohprod. in PAe. u. Elution mit demselben Lösungsm. unter Zurücklassung im UV-Licht blau fluorescierender Verunreinigungen; die Absorptionsmaxima sind angegeben; 877 mg. *1.3.5-Trinitrobenzol-Addukt*, $C_{15}H_{14} \cdot C_6H_3O_6N_3$, F. 98—98,5°. (J. chem. Soc. [London] **1954**. 4676—81. Dez.) W. KINDSCHER. 3950

D_3. Makromolekulare Chemie.

A. Katchalsky, *Probleme der physikalischen Chemie der Polyelektrolyte.* Zusammenfassender Überblick über den derzeitigen Stand der Forschungen an Polyelektrolytlsgg. unter besonderer Berücksichtigung der synthet. Polyelektrolyte (über 100 Zitate). Im einzelnen werden behandelt: Theoret. Betrachtungen über die elektrostat. freie Energie, Best. des elektrostat. Potentials (aus potentiometr. Daten, aus der Elektrophorese u. aus kinet. Messungen), osmot. Verh., Aktivität von kleinen Ionen in Polyelektrolytlsgg., Einfl. der Mol.-Gestalt (Viscosität, Strömungsdoppelbrechung, hydrodynam. Widerstand, Lichtzerstreuung), mechanochem. Systeme, Wechselwrkg. zwischen Polyelektrolytmolekülen. (J. Polymer Sci. **12.** 159—84. Jan. 1954. Rehovoth, Weizmann Inst. of Sci.) O. Fuchs. 4000

L. F. Wereschtschagin, A. D. Snegowa und **Je. F. Litwin,** *Einfluß hoher Drucke auf die Verteilungsfunktion der Molekulargewichte des Polystyrols.* Styrol wurde bei 500, 1500, 3000 at u. 90° 90, 30 u. 8 Std. in einem Stahlreaktor von 20 mm Durchmesser polymerisiert. Die Prodd. der Rk. wurden nach der Meth. der Fällung in Methyläthylketon fraktioniert. Es wurde die spezif. Viscosität der Fraktionen in Bzl. bestimmt u. die charakterist. Viscosität nach der Formel von Schulz-Sing $[\eta] = \eta_{sp}/c(1 + 0{,}28\,\eta_{sp})$ (vgl. J. prakt. Chem. **161.** [1942.] 161) berechnet. Der Polymerisationsgrad wurde berechnet nach $[\eta] = 6{,}6 \cdot 10^{-5} \cdot P$. Vff. stellen für jeden Vers. eine integrale Verteilungsfunktion der Mol.-Geww. des Polystyrols auf u. finden bei Drucksteigerung ein Anwachsen des Prozentsatzes an Hochmolekularem. Analoge Verss. bei verringertem Reaktordurchmesser (10 u. 5 mm) u. konstantem Druck (1500 at) führen zu einer Verschiebung der Funktion nach der Seite größerer Molekulargewichte. Vff. erklären diesen Effekt mit einer katalyt. Beschleunigung der Rk. an der Reaktorwand u. der Vergrößerung des Verhältnisses von Wandoberfläche zu Stoffmenge. Sie folgern daraus, daß es nur bei Benutzung eines Reaktors mit einem Durchmesser < 5 mm möglich wird, eine exakte Verteilungsfunktion der Mol.-Geww. in Abhängigkeit vom Druck aufzustellen. (Доклады Академии Наук СССР [Ber. Akad. Wiss. UdSSR] [N. S.] **95.** 563—65. 21/3. 1954. Moskau, Lomonossow-Univ., Organ.-Chem. Zelinsky-Inst. der Akad. der Wiss. der UdSSR.) K. Hörig. 4010

W. W. Korschak und **N. G. Matwejewa,** *Aus dem Gebiet hochmolekularer Verbindungen.* 46. Mitt. *Polymerisation von 2.6-Dimethyl-4-tert.-butylstyrol.* (45. vgl. C. **1955.** 5561.) *2.6-Dimethyl-4-tert.-butylstyrol* (I) wird weder durch direktes Sonnenlicht noch durch Erwärmen mit Benzoylperoxyd polymerisiert; erst bei 250std. Erhitzen auf 200° entsteht ein niedrigmol. Polymeres. Dagegen wird bei der Einw. von BF_3 oder $AlCl_3$ ein hochmol. Polymeres erhalten. Offenbar stellen die CH_3-Gruppen ein ster. Hindernis dar, das bei der Polymerisation nach dem Ionenmechanismus leicht, nach dem Radikalmechanismus kaum überwunden werden kann.

Versuche: *2.6-Dimethyl-4-tert.-butylstyrol* (I), $C_{14}H_{20}$, $Kp._3$ 74—76°; man red. 130 g 2.6-Dimethyl-4-tert.-butylacetophenon mit Al-Isopropylat (25 g amalgamiertes Al + 300 ml iso-C_3H_7OH + 0,5 g $HgCl_2$ + 2 ml CCl_4) durch 2½ std. Erhitzen auf dem Wasserbad zu (nicht isoliertem) *2.6-Dimethyl-4-tert.-butylphenylmethylcarbinol* u. dest. iso-C_3H_7OH u. CH_3COCH_3 (zuletzt auf dem Drahtnetz) ab, wobei gleichzeitig Dehydratation zu I erfolgt; der Rückstand wird mit verd. HCl zerlegt; $D.^{20}{}_4$ 0,8959; n_D^{20} 1,5220; 36,3% (Ausbeute). Zur Polymerisation werden 2 g I in 10 g CCl_4 einige Std. bei —15° mit 0,2 ml einer 10%ig. Lsg. von $AlCl_3$ in Nitrobenzol oder mit 1% BF_3 behandelt; das *Polymere* ist glasartig, schm. bei 180—190° u. hat das Mol.-Gew. (viscosimetr.; Bzl.) 13500 ($AlCl_3$) bzw. 29900 (BF_3). (Журнал Общей Химии [J. allg. Chem.] **22 (84).** 1173—76. 1952. Moskau, Chem.-Technol. Mendelejew-Inst.) R. Knobloch. 4010

W. W. Korschak und **Ss. W. Winogradowa,** *Aus dem Gebiet hochmolekularer Verbindungen.* 47. Mitt. *Über den Mechanismus des Kettenwachstums und die Ursachen seines Aufhörens bei der Polyveresterung.* (46. vgl. vorst. Ref.) In den Anfangsstadien der Polyveresterung von *Hexamethylenglykol* (I) mit *Sebacinsäure* (II) bei 200° werden die Monomeren schnell umgesetzt; die entstehenden niedrigmol. Polyester reagieren dann miteinander weiter unter Bldg. hochmol. Polyester. Die Monomeren wirken als Aktivatoren der Veresterung; in dem Maße, wie diese verbraucht werden, verlangsamt sich die Rk. bis zum völligen Stillstand (nach ca. 10 Std.); auf Zusatz geringer Mengen der Monomeren setzt die Rk. unter Ansteigen des Mol.-Gew. wieder ein; bes. wirksam ist auch ein Zusatz von Camphersulfonsäure, wodurch das Mol.-Gew. fast auf das Doppelte ansteigt. Beträchtliches Ansteigen des Mol.-Gew. erfolgt beim Erhitzen auf 260° im Vakuum von 1,5—2 mm. Die Polyveresterung ist eine Rk. 2. Ordnung; k = 0,16 (Min.; g). Außer den früher angegebenen Ursachen ist also auch der Verbrauch der Monomeren für das Aufhören des Kettenwachstums von Bedeutung.

Versuche: Äquimol. Mengen von I u. II werden im N_2-Strom auf 200° erhitzt. Zur Unters. des Reaktionsprod. wird eine Trennung der Polyester nach ihrer Molekulargröße mittels Ae. durchgeführt: die höhermol. Polyester vom Mol.-Gew. 800—7000 bleiben unlösl. zurück. Nach 2½ (10) Std. werden insgesamt 95,6 (100) % Polyester, darunter 82,3 (96,1) % von höherem Mol.-Gew., gebildet. (Журнал Общей Химии [J. allg. Chem.] **22** (84). 1176—83. 1952. Inst. für organ. Chem. der Akad. der Wiss. der UdSSR, Labor. für hochmol. Verbindungen.) R. Knobloch. 4010

G. N. Tschelnokowa und **W. W. Korschak,** *Aus dem Gebiet hochmolekularer Verbindungen.* 48. Mitt. *Kinetik der Polykondensation von Äthanolamin mit Sebacinsäure.* (47. vgl. vorst. Ref.) Bei der Rk. von *Äthanolamin* (I) mit *Sebacinsäure* (II) wird gefunden, daß die NH_2-Gruppe schneller als die OH-Gruppe mit den CO_2H-Gruppen reagiert, so daß das entstehende Prod. z. B. bei 160° Reaktionstemp. schon nach 1 Std. fast keine freien NH_2-Gruppen mehr enthält. Darauf folgt im wesentlichen nur noch eine Veresterungs-Rk. zwischen CO_2H- u. OH-Gruppen. Das Endprod. ist ein Polyamidester. Die OH-Gruppen werden nach einer Rk. 2. Ordnung, die CO_2H-Gruppen nach 3. Ordnung verbraucht. Die Geschwindigkeitskonstante für den Verbrauch der NH_2-Gruppen ist veränderlich, sie fällt (steigt), wenn der Berechnung die Formel für eine Rk. 1. (bzw. 2.) Ordnung zugrunde gelegt wird.

Versuche: Äquimol. Mengen I u. II werden ohne Lösungsm. auf 120, 130, 140, 150 u. 160° erhitzt. Durch Titration mit Kresolsulfonsäure wird der Geh. an NH_2-Gruppen, durch Titration mit alkal. NaOH der Geh. an CO_2H-Gruppen im Reaktionsprod. bestimmt; der Unterschied zwischen beiden ergibt den Geh. an OH-Gruppen. (Сборник Статей по Общей Химии [Samml. Aufsätze allg. Chem.] **2.** 1070—74. 1953.) R. Knobloch. 4010

G. N. Tschelnokowa, W. W. Korschak und **Ss. R. Rafikow,** *Aus dem Gebiet hochmolekularer Verbindungen.* 49. Mitt. *Über Besonderheiten der Reaktion von Monoäthanolamin mit Adipin- und Sebacinsäure.* (48. vgl. vorst. Ref.) Die verschied. Möglichkeiten der Rk. von Äthanolamin (I) mit Adipinsäure (II) im Verhältnis 2 : 1 Mol werden besprochen. Von diesen werden bei 150—180° nur 2 realisiert. Die Haupt-Rk. besteht in der Bldg. von *Adipinsäure-bis-[β-oxyäthylamid]*; nur untergeordnet entsteht *Adipinsäure-bis-[β-aminoäthylester]*. Nach der quantitativen Best. reagieren 5% der OH-Gruppen, 98% der CO_2H-Gruppen u. 91,2% der Aminogruppen. Bei der Reaktionstemp. von 119° beteiligen sich die OH-Gruppen stärker am Umsatz: bei 19 std. Erhitzen reagieren die NH_2-Gruppen zu ca. 50%, die OH-Gruppen zu ca. 18%. Dieses Verh. hängt mit der größeren Bildungstendenz von Amiden zusammen; z. B. gibt ε-Aminocapronsäureäthylester beim Erhitzen auf 170—180° A. u. das entsprechende Polyamid (Mol.-Gew. 3500).

Versuche: *Adipinsäure-bis-[β-oxyäthylamid]*, $C_{10}H_{20}O_4N_2$; 12,2 g I werden mit 14,6 g II im N_2-Strom 1 Std. auf 150°, 2 Std. auf 160° u. 7 Std. auf 180° erhitzt; hornartige M.; lösl. in Methanol, A. u. W., unlösl. in Bzl., Chlf. u. Äther. Bleibt bei mehrstd. Erhitzen auf 200° im N_2-Strom oder im Vakuum fast unverändert. *Dibenzoylderiv.*, $C_{24}H_{28}O_6N_2$, F. 141—42°; aus Bzl. Kristalle. — Verss. mit Sebacinsäure werden nicht beschrieben. (Сборник Статей по Общей Химии [Samml. Aufsätze allg. Chem.] **2.** 1075—80. 1953.) R. Knobloch. 4010

W. W. Korschak, G. N. Tschelnokowa und **G. I. Disstler,** *Aus dem Gebiet hochmolekularer Verbindungen.* 50. Mitt. *Über den Mechanismus der Polykondensation von Monoäthanolamin mit Dicarbonsäuren.* (49. vgl. vorst. Ref.) Die Kondensation äquimol. Mengen von *Äthanolamin* (I) mit *Adipinsäure* oder *Sebacinsäure* (II) liefert Polyamidester, die fast keine NH_2-Gruppen, sondern nur CO_2H- u. OH-Gruppen an den Kettenenden haben. Werden äquimol. Mengen *Sebacinsäure-bis-[β-oxyäthylamid]* (III) der Polykondensation mit II unterworfen, so werden Prodd. gebildet, die mit den aus I + II erhaltenen ident. sind. Die elektronograph. Unters. ergibt, daß beide die gleiche Identitätsperiode $-[OCH_2CH_2NHCO(CH_2)_8CO]-$ aufweisen, deren Länge 16,9 Å (theoret. 17,2) beträgt. Da die Kondensation III + II zu Prodd. mit der Identitätsperiode $-[OCH_2CH_2NHCO\cdot(CH_2)_8CONHCH_2CH_2OCO(CH_2)_8CO]-$ (theoret. 34,4 Å) führen sollte, müssen in beiden Fällen Austausch-Rkk. mit stark nach der einen Seite verschobenem Gleichgewicht angenommen werden, deren Ablauf die Bldg. ident. Prodd. zur Folge hat. (Сборник Статей по Общей Химии [Samml. Aufsätze allg. Chem.] **2.** 1278—83. 1953.) R. Knobloch. 4010

D. N. Kurssanow, W. W. Korschak und **Ss. W. Winogradowa,** *Aus dem Gebiet hochmolekularer Verbindungen.* 51. Mitt. *Untersuchung von Austauschreaktionen bei Polyestern unter Anwendung des schweren Wasserstoffisotopen.* (50. vgl. vorst. Ref.). Beim Erhitzen von *Polyhexamethylensebacinat* (I) mit *2.3-Dideuterobernsteinsäurediäthyl-*

ester (II) erfolgt Umesterung nach dem Schema $-O[CH_2]_6OOC[CH_2]_8CO+O[CH_2]_6\cdot OOC[CH_2]_8CO- + C_2H_5O+OCCHDCHDCOOC_2H_5 \rightarrow -O[CH_2]_6OOC[CH_2]_8COOC_2H_5 + C_2H_5OOCCHDCHDCOO[CH_2]_6OOC[CH_2]_8CO-$. Die Best. des D-Geh. im Reaktionsprod. weist darauf hin, daß die Umesterung in beträchtlichem Ausmaß erfolgt.

Versuche: *2.3-Dideuterobernsteinsäurediäthylester* (II), Kp.$_6$ 94—95°; durch Hydrieren von Maleinsäurediäthylester mit D_2-haltigem H_2 (Pd; Essigester; 5 Std.); 94,6% (Ausbeute); in den neu gebildeten C—H-Bindungen beträgt der D-Geh. je 21%. — *Polyhexamethylensebacinat* (I); 10 g Hexandiol-(1.6) u. 20,54 g Sebacinsäure (20% ig. Überschuß) werden im N_2-Strom 7 Std. auf 180°, dann 35 Std. auf 256°, zuletzt bei 2—3 mm, erhitzt; Reinigung durch Fällen mit PAe. aus der Lsg. in Bzl.; Mol.-Gew. 3400, als Endgruppen treten nur CO_2H-Gruppen auf. — 4,02 g **I** u. 2,46 g **II** (1 Mol auf das Kettenglied $-O[CH_2]_6OOC[CH_2]_8CO-$) werden 10 Std. im mit N_2 gefüllten Rohr auf 250° erhitzt; das Reaktionsprod. wird durch 5malige Fällung mit PAe. aus der Lsg. in Bzl. von **II** befreit; nach der Best. des D-Geh. ist die Umesterung zu 30% erfolgt. (Известия Академии Наук СССР, Отделение Химических Наук [Nachr. Akad. Wiss. UdSSR, Abt. chem. Wiss.] **1953**. 140—44. Jan./Febr. Inst. für organ. Chem. der Akad. der Wiss. der UdSSR.) R. Knobloch. 4010

W. W. Korschak und **Ss. W. Winogradowa,** *Aus dem Gebiet hochmolekularer Verbindungen*. 52. Mitt. *Reaktion der Makromoleküle eines Polyesters miteinander*. (51. vgl. vorst. Ref.) *Sebacinsäure* (I) u. *Hexamethylenglykol* (II) wurden im Mol-Verhältnis 1 : 1 bzw. mit 30% II-Überschuß unter N_2 je 4 Std. auf 180 u. 190—195°, 3 Std. auf 225° u. dann 30 Std. im Vakuum langsam auf 250° erhitzt; hierbei entstanden die *Polyester* **A**, Mol.-Gew. 6608, u. **B**, Mol.-Gew. 1533. Das mittlere Mol.-Gew. von Gemischen aus **A** u. **B** verringerte sich bei 150° in 35 Stunden. Hieraus u. aus dem ermittelten Dispersitätsgrad wird geschlossen, daß in der Hitze zwischen den Makromoll. Austausch-Rkk. stattfinden, bei denen aus höhermol. u. niedrigermol. Polyestern ein verhältnismäßig einheitlicher Polyester erzeugt wird, dessen Mol.-Gew. niedriger ist, als nach dem Mischungsverhältnis zu erwarten ist. (Известия Академии Наук СССР, Отделенние Химических Наук [Nachr. Akad. Wiss. UdSSR, Abt. chem. Wiss.] **1952**. 1109—15. Nov./Dez.) H. Schmeiss. 4010

B. I. Gengrinowitsch, *Calorische und thermische Eigenschaften des Naturkautschuks in geordnetem und ungeordnetem Zustand*. Beim Übergang von *Naturkautschuk* (I) vom ungeordneten (I_u) in den geordneten (I_o) Zustand ändert sich die spezif. Wärme (c_p), der Koeff. α der therm. Ausdehnung u. der Koeff. $\varkappa$ der isothermen Kompressibilität. Es werden folgende Werte (bei 20°) bestimmt: c_p I_o 0,479 cal/g·Grad (I_u 0,419); α 76 $Grad^{-1}\cdot 10^5$ (67); $\varkappa$ 17,3 $at^{-1}\cdot 10^5$ (5,5); spezif. Vol. v 1,0682 cm^3/g (1,0893); c_v 0,469 cal/g·Grad (0,352). Die höheren absol. Werte bei I_o werden als Erscheinungen der Entordnung aufgefaßt: bei rascher Temperaturerhöhung oder Druckverminderung, wie sie bei Best. dieser Eigg. erfolgt, findet ein teilweiser Übergang von Kristalliten in den amorphen Zustand statt. Bei Temperaturerhöhung nimmt c_p bei I_o zuerst langsam, von $\sim 30°$ an rasch bis zu einem scharfen Maximum bei $\sim 39°$ zu, dann etwa ebenso ab, ähnlich zeigten c_v u. α ein scharfes Maximum, $\varkappa$ einen stetigen Anstieg bis zu einem Maximum, alle bei $\sim 39°$. Für die Schmelzwärme Q ergibt sich 7,95 cal/g, für Δv 0,020 cm^3/g. Der Geh. an krist. Phase in I_o errechnet sich aus der D. zu 24%; bei Umrechnung auf völlig krist. **I** ergibt sich $Q = 34$, $\Delta v = 0{,}089$. (Доклады Академии Наук СССР [Ber. Akad. Wiss. UdSSR] [N. S.] **95**. 571—74. 21/3. 1954. Wiss. Forschungsinst. für Bandeisenind.) R. K. Müller. 4030

C. M. Fletcher, A. G. Lowther und **W. S. Reith,** *Untersuchungen über die Folge von Aminosäuren in Peptiden und Proteinen*. 2. Mitt. *Die Trennung der Methylester der N-2.4-Dinitrophenylderivate von Aminosäuren durch chromatographische Adsorption und die freien Aminogruppen des Insulins*. (1. vgl. C. **1954**. 988.) Die *Methylester* der gelbgefärbten *N-2.4-Dinitrophenyl (DNP)-derivv*. einer Anzahl *Aminosäuren* werden dargestellt u. ihre Trennung durch Chromatographie an aktiviertem Al_2O_3 beschrieben. Zur Best. der N-endständigen Aminosäuren in *Insulin* wird dieses nach Sanger (Biochem. J. **39**. [1945.] 507) mit 1-Fluor-2.4-dinitrobenzol umgesetzt, das *DNP-insulin* hydrolysiert u. die *DNP-aminosäuren* als *Methylester* chromatographiert. Pro Insulinsubmol. (Mol.-Gew. 12000) finden Vff. 2 endständige *Phenylalanin*- (I) u. 2 oder 3 (2,48) *Glycin* (II)-Moll. sowie eine nicht identifizierte Substanz in der gleichen Größenordnung, die von Sanger (l. c.) jedoch nicht gefunden worden war. 2 freie Aminogruppen werden als *ε-Aminogruppen* des *Lysins* bestimmt. Da die DNP-aminosäuren bei der Hydrolyse verschied. stark zers. werden, bestimmen Vff. für ihre Stabilität unter den Bedingungen der Hydrolyse mit 6nHCl Korrekturfaktoren, deren Gültigkeit aber nicht absol. sicher ist.

Versuche (FF. korr.): Folgende DNP-aminosäuremethylester wurden aus den nach SANGER (l. c.) hergestellten DNP-aminosäuren mit CH_2N_2 in Dioxan oder mit CH_3OH/HCl erhalten (Ausbeuten nach der 2. Meth.): *DNP-glycin-* (**III**), $C_9H_9O_6N_3$, F. 124—125°, gelbe Kristalle aus A./Leichtbenzin; λ_{max} 260 mμ (ε = 10300), 342 mμ (17200); 78% aus DNP-glycin [**IX**; F. 205°; λ_{max} 265 mμ (ε = 8800, jeweils in 1%ig. $NaHCO_3$-Lsg.), 361 mμ (17100)]. — *DNP-DL-alanin-* (**IV**), $C_{10}H_{11}O_6N_3$, F. 121 bis 122°, aus A. gelbe Kristalle, aus DNP-*DL*-alanin [F. 176°; λ_{max} 265 mμ (8800), 361 mμ (17100)]; 82%. — *DNP-L-alanin-*, $C_{10}H_{11}O_6N_3$, F. 80—81° (A./Leichtbenzin); $[\alpha]_D^{18}$ —26° (c = 1 in Toluol; l = 10 cm); 65%. — *DNP-DL-asparaginsäuredimethylester*, $C_{12}H_{13}O_8N_3$, F. 110—111° (A./Leichtbenzin); 77%. — *DNP-DL-methioninmethylester*, $C_{12}H_{15}O_6N_3S$, F. 81—82° (A./Leichtbenzin); 40%. — *DNP-S-methyl-L-cystein-* (**V**), $C_{11}H_{13}O_6N_3S$, F. 57—58°, gelbe Kristalle (A.); $[\alpha]_D^{18}$ —99° (c = 1 in Toluol, l = 1 dm); 80%. — *DNP-L-phenylalanin-* (**VI**), $C_{16}H_{15}O_6N_3$, F. 109—111° (A.); λ_{max} 260 mμ (9700), 342 mμ (17200); aus DNP-L-phenylalanin [**X**; F. 185—187°; λ_{max} 265 mμ (8600), 361 mμ (17200)]; 56%. — *α.ε-Di-DNP-L-lysin-*, $C_{19}H_{20}O_{10}N_6$, aus 0,501 g α.ε-Di-DNP-L-lysin [λ_{max} 263 (15850), 355 mμ (30850)] u. CH_3OH/HCl; 0,498 g halbfestes, nicht krist. Rohprod., nach Chromatographie an Al_2O_3 mit Bzl. u. Elution mit Aceton erstarrtes Öl, F. 80—100°. — *ε-DNP-L-lysin-, Hydrochlorid* (**VII**), $C_{13}H_{19}O_6N_4Cl$, F. 144—147°, aus 76 mg in 5 cm³ CH_3OH/HCl supendiertem ε-DNP-L-lysin·HCl·H_2O [**VIII**; λ_{max} 265 mμ (8500), 361 mμ (17700)] durch 50 Min. Einleiten von HCl bei 20°; nach 2 Std. bei 0° 68 mg eines feinen gelben Nd., weitere 7,83 mg chromatograph. aus der Lsg. (thermolabil); λ_{max} 260 mμ (8300), 348 mμ (16650). — Verschied. DNP-aminosäuremethylester wurden gemischt u. an Al_2O_3 chromatograph. getrennt [vgl. C. **1954**. 988; mit Bzl./Leichtbenzin (1 : 3) entwickelt, mit Aceton/Methanol (1 : 1) eluiert]: aus **V** + **IV** 100% **V** u. 98% **IV**. Aus **IX** u. **X** durch 10malige Veresterung mit CH_2N_2 u. anschließende chromatograph. Reinigung: 1. Eluat 99,6% **VI**, 2. Eluat 98,4% **III**. — Stabilität der DNP-aminosäuren bei der Hydrolyse: 0,02%ig. Lsgg. der DNP-aminosäuren wurden in 6nHCl 8 Std. gekocht (vgl. PORTER u. SANGER, C. **1948**. II. 399), im Vakuum eingeengt u. (a) in wss. Ae. gelöst, durch eine Silicagel–Ae.-Säule filtriert, um das HCl zu entfernen, an einer Silicagel–Chlf.-Säule gereinigt u. spektrophotometr. bestimmt, (b) mit CH_2N_2 in Dioxan verestert, im Vakuum eingeengt, in Chlf. gelöst, an Al_2O_3 chromatographiert u. mit Aceton eluiert; hierbei wurden wiedergewonnen: nach (a) 27,3 bzw. 25,1% **IX**; nach (b) 42,1% **III**; nach (a) (bei 100° im Vakuum mit 6nHCl 8 Std. erhitzt) 50,4% **IX**, nach (a) 27,5% DNP-glycylglycin [λ_{max} 265 mμ (9020), 353 mμ (16000)]; nach (a) 72,1% **X**, nach (b) 77,0% **VI**; nach (a) 77,8% **VIII**. — Freie Aminogruppen des Insulins: 162,1 mg DNP-insulin wurden mit 25 ml 6nHCl 8 Std. erhitzt (Badtemp. 123°), die Hydrolyseprodd. 6mal mit je 15 ml Ae., die vereinigten Ae.-Lsgg. 3mal mit je 6 ml W. extrahiert (Ae.-lösl. u. wasserlösl. Fraktion) u. beide Fraktionen im Vakuum eingedampft; die Ae.-lösl. wurde in Dioxan gelöst, mit der 10fachen theoret. Menge CH_2N_2 verestert u. chromatographiert (vgl. oben). 1. Eluat: 5,54 mg **VI** (unter Berücksichtigung der Korrekturfaktoren 2,03 **I**-Gruppen pro Insulinsubmol.), 2. Eluat: 1,91 mg **III** (2,48 **II**-Gruppen), 3. Eluat: nicht identifizierbare Verbindung. Die wasserlösl. Fraktion wurde nochmals 8 Std. hydrolysiert, im Vakuum eingeengt u. wie **VIII** verestert, das Estergemisch in 5% methanolhaltigem Chlf. gelöst, chromatographiert u. mit 2% methanolhaltigem Bzl. entwickelt: **VII** (2,10 freie NH_2-Gruppen des Lysins).| (Biochem. J. **56**. 106—11. Jan. 1954. Leeds, Univ., Org. Chem. Dep.) K. PRCHAL. 4070

G. G. Evans und **W. S. Reith**, *Untersuchungen über die Folge von Aminosäuren in Peptiden und Proteinen.* 3. Mitt. *Die Synthese von 3-[4'-Dimethylamino-3'.5'-dinitrophenyl]-hydantoinderivaten verschiedener Aminosäuren und ihre Anwendung zur Bestimmung N-endständiger Aminosäuren.* (2. vgl. vorst. Ref.) Vff. synthetisieren das rot gefärbte *4-Dimethylamino-3.5-dinitrophenylisocyanat* (**I**). Unter milden Bedingungen u. guten Ausbeuten lassen sich aus **I** u. verschied. Aminosäuren die entsprechenden *N-[4-Dimethylamino-3.5-dinitrophenyl (DDNP)-carbamyl]-aminosäuren* (*DDNP-ureidofettsäuren*) oder *DDNP-carbamylpeptide* darstellen. Die Abspaltung der endständigen *DDNP-carbamylaminosäuren* u. die Überführung in die *Hydantoine* mit Säure gelingt in quantitativer Ausbeute. Diese Hydantoine sind tief gefärbte u. gut krist. Verbb. von scharfem F., die sich gut zur Chromatographie an Al_2O_3 eignen. Sie können colorimetr. in Bzl.–A. (99,75 : 0,25) bestimmt werden. Als Beispiel wird der schrittweise Abbau von *DL-Alanylglycylglycin* durchgeführt. Zur Best. der endständigen Aminosäuren eignet sich die Meth. gut, jedoch nicht zum schrittweisen Abbau der Peptide, da eine leichte Hydrolyse der Peptidbindungen eintritt.

Versuche: *4-Dimethylamino-3.5-dinitrobenzoesäure*, F. 244—246° (Zers.), aus 4-Chlor-3.5-dinitrobenzoesäure in W. + K_2CO_3 u. 33%ig. wss. Dimethylaminlsg., 15 Min. auf dem Dampfbad erhitzt u. mit HCl gefällt; gelbe Kristalle aus A.; 75% (Ausbeute). —

4-Dimethylamino-3.5-dinitrobenzoylchlorid, $C_9H_8O_5N_3Cl$, F. 120—121°, aus 17,3 g vorst. Verb. u. $SOCl_2$ in Bzl., 2 Std. unter Rückfluß; aus Leichtbenzin 17,0 g. — *4-Dimethylamino-3.5-dinitrobenzoylazid* (II), $C_9H_8O_5N_6$, F. 132—133° (Zers.), aus vorst. Verb. in Aceton u. NaN_3 in W. bei 0° in 10 Min.; 97% (verpufft heftig beim Erhitzen). — *4-Dimethylamino-3.5-dinitrophenylisocyanat* (I), $C_9H_8O_5N_4$, F. 101—102°, durch Erwärmen von II in Toluol auf 80—95° unter CO_2 bis zur Beendigung der N_2-Entw. u. Stehen über Nacht bei 20°; aus Leichtbenzin orangerote Tafeln; 95%. — *N-[4-Dimethylamino-3.5-dinitrophenyl]-N'-phenylharnstoff*, $C_{15}H_{15}O_5N_5$, F. 190—191° (Bzl.), a) aus I u. Anilin in Bzl. unter sofortiger Bldg. eines Nd.; b) durch 5std. Erhitzen von II mit Anilin in trockenem Benzol. — *N.N'-Bis-[4-dimethylamino-3.5-dinitrophenyl]-harnstoff*, $C_{17}H_{18}O_9N_8$, F. 247° (Zers.), neben nachst. Verb. III aus 500 mg I in Aceton u. 2,5%ig. Na_2CO_3-Lsg. in 1 Std. bei 0°; tiefrote Kristalle aus Bzl.; 320 mg. — *4-Dimethylamino-3.5-dinitrophenylamin* (III), $C_8H_{10}O_4N_4$, F. 156—157° aus dem Filtrat von vorst. Verb.; aus heißem W. u. aus CCl_4 leuchtendrote Kristalle; 100 mg. — N-[4-Dimethylamino-3.5-dinitrophenylcarbamyl]-aminosäuren: *-glycin*, F. 176°, aus Glycin in Dioxan–W. (1 : 1), Einstellen mit 0,1nNaOH auf p_H 9,6 u. tropfenweise Zugabe von I in Dioxan bei 0° in 30 Min.; p_H auf 9,6 gehalten, die Lsg. bei p_H 6 im Vakuum eingedampft, den Rückstand in W. aufgenommen, III bei p_H 9,5 mit Ae. extrahiert, die wss. Lsg. + Dioxan (1 : 1) erneut mit I behandelt, mit HCl angesäuert u. über Nacht bei 0° stehengelassen; aus heißem W. rote Kristalle; 99% (titriert mit 0,1nNaOH). *Äthylester*, $C_{13}H_{17}O_7N_5$, F. 177—178°, durch Schütteln von Glycinäthylester mit I in Chlf. bei 0° u. Fällen mit Leichtbenzin; aus A. u. dann aus A.–W. (1 : 1) rote Kristalle; 85%. Gibt durch Verseifung unter Suspendieren in 0,1nNaOH, 30 Min. Schütteln bei 20° u. Fällen mit HCl bei 0° die freie Säure zurück; 92%. — *-glycylglycin*, F. 130—136° (Zers.), analog aus Glycylglycinhydrochloridmonohydrat bei p_H 10,0, Fällen bei p_H 4,5, Abfiltrieren des Nd. [F. 225—230° (Zers.)], Ansäuern des Filtrats mit HCl u. Stehen bei 0° über Nacht; aus W.–A. amorphes Prod.; 98%. *Äthylester*, $C_{15}H_{20}O_8N_6$, F. 184—185°; 75%. — *-DL-alanylglycylglycin* (IV), F. 140—145° (Zers.), aus DL-Alanylglycylglycin; nach Aufarbeitung in Aceton gelöst, im Vakuum eingedampft u. mit Ae. angerieben; 98%. *Äthylester*, $C_{18}H_{25}O_9N_7$, F. 195° (Zers.), durch Veresterung von DL-Alanylglycylglycin in A. mit HCl, den Ester aus A. mit Leichtbenzin umgefällt, den Nd. in W. gelöst, bei —15° mit K_2CO_3 behandelt, mit Chlf. extrahiert u. den Extrakt bei —15° mit I in Chlf. umgesetzt (2 Std. bei 0°); aus A.–W. (1 : 1) orangefarbene Kristalle; 45%. — *-L-tryptophan*, $C_{20}H_{20}O_7N_6$, F. 155° (Zers.; schm. ab 135° unscharf), aus L-Tryptophan; aus Methanol–W. (1 : 1) mkr. Kristalle; 98% (roh). — *-DL-valin*, aus DL-Valin; durch Anreiben mit Leichtbenzin erhältliches gelbes Pulver. — 5-R-substituierte N^3-[4'-Dimethylamino-3'.5'-dinitrophenyl]-hydantoine: (a) Die DDNP-carbamylaminosäuren in wenig A. wurden mit dem 10fachen Vol. nHCl 3 Std. unter Rückfluß erhitzt; (b) in 98—100%ig. Ausbeute durch Kochen mit 2nHCl in 1—2 Std. u. Isolierung durch Chromatographie an Al_2O_3 mit Bzl.–A. (99,75 : 0,25); (c) 1std. Erhitzen mit 6nHCl ergibt bei den DDNP-carbamylaminosäuren Verluste, bei den DDNP-carbamylpeptiden oder -carbamylaminosäureestern dagegen gute Ausbeuten; (d) eine 4—6tägige Behandlung mit HCl-gesätt. Nitromethan bei 40° gibt nur bei DDNP-carbamylpeptiden gute Ausbeuten. — Nach (a) wurden dargestellt (FF. korr.): *R = Isopropyl, Hydantoin des DDNP-carbamyl-DL-valins* (V), F. 163—164°, orangefarbene Kristalle aus A.–W. (1 : 1). — *R = H, Hydantoin des DDNP-carbamylglycins* (VI), F. 213—214°. — *R = Methyl, Hydantoin des DDNP-carbamyl-DL-alanins* (VII), F. 174 bis 175°. — *R = Benzyl, Hydantoin des DDNP-carbamyl-DL-phenylalanins* (VIII), F. 173—174°. — *R = p-Oxybenzyl, Hydantoin des DDNP-carbamyl-L-tyrosins* (IX), F. 200°. — *R = Oxymethyl, Hydantoin des DDNP-carbamyl-DL-serins* (X), F. 177°. — Schrittweiser Abbau von DL-Alanylglycylglycin: **IV** wird 5 Tage nach Meth. (d) behandelt, im Vakuum (< 30°) eingedampft u. der Rückstand mit Aceton extrahiert (zurück bleibt *Glycylglycinhydrochlorid*), der Extrakt mit Bzl.–A. (99,75 : 0,25) an Al_2O_3 chromatographiert: 99,4% **VII**; identifiziert als *DL-Alanin* durch Hydrolyse von **VII** mit $Ba(OH)_2$ (3 Std. am Rückfluß), Entfernung des **III** an Al_2O_3 u. papierchromatograph. Nachw. in Butanol–Eisessig–Wasser. Glycylglycinhydrochlorid wurde in W.–Dioxan (1 : 1) gelöst, bei p_H 9,6 mit I umgesetzt, 6 Tage nach (d) behandelt u. weiter wie oben: 108% **VI**. Rückstand 79% *Glycinhydrochlorid*. — Chromatograph. Trennung eines Hydantoingemisches: Ein Gemisch von 2,62 (mMol) **V**, 2,14 **VI**, 3,02 **VII**, 0,90 **VIII**, 1,39 **IX** u. 1,93 **X** wurde in Bzl./A. (95 : 5) gelöst, mit Leichtbenzin 5fach verd. u. an Al_2O_3 (nach FLOWERS u. REITH, C. **1954**. 988) chromatographiert. Durch Eluierung mit Leichtbenzin/A. (LA; 99,75 : 0,25) wurden der Reihe nach 2,59 (mMol) **V**, 0,90 **VIII** u. 3,04 **VII**, mit LA (99 : 1) 2,09 **VI**, weiter mit LA (zuerst 99 : 1, dann 95 : 5) 1,38 **IX** u. schließlich mit Methanol 1,97 **X** zurückgewonnen. (Biochem. J. **56**. 111—16. Jan. 1954.) K. PRCHAL. 4070

W. S. Reith und **N. M. Waldron**, *Untersuchungen über die Folge von Aminosäuren in Peptiden und Proteinen. 4. Mitt. Die Synthese von 3-[4'-Dimethylamino-3'.5'-dinitrophenyl]-2-thiohydantoinderivaten verschiedener Aminosäuren und ihre Anwendung zur Bestimmung der Aminsäurefolge.* (3. vgl. vorst. Ref.) Vff. synthetisieren das tieforangegefärbte *4-Dimethylamino-3.5-dinitrophenylisothiocyanat* (I). Dieses bildet unter milden Bedingungen in sehr guten Ausbeuten mit Aminosäuren oder Peptiden *4-Dimethylamino-3.5-dinitrophenyl (DDNP)-thionocarbamylaminosäuren (DDNP-thioureidofettsäuren)* bzw. *DDNP-thionocarbamylpeptide.* Beim schrittweisen Peptidabbau bilden die N-endständigen *DDNP-thionocarbamylaminosäuren* die entsprechenden *DDNP-2-thiohydantoine* unter noch milderen Bedingungen (W.–Essigsäure) als die DDNP-carbamylaminosäuren die DDNP-hydantoine. Andere Peptidbindungen werden hierbei nicht gespalten. Die Ausbeuten an *DDNP-2-thiohydantoinen* betragen je nach den experimentellen Bedingungen 80—90%. Die Ausbeute an Restpeptid ist in der gleichen Größenordnung. Die DDNP-2-thiohydantoine lassen sich chromatograph. an Al_2O_3 isolieren, papierchromatograph. nach Hydrolyse als Aminosäuren identifizieren u. spektrophotometr. bestimmen (in A. bei Konzz. zwischen 0,1 u. $1,6 \cdot 10^{-3}$mol. bei 410 mμ, zwischen 0,1 u. $1,6 \cdot 10^{-4}$mol. beim anderen Maximum; bei 208 mμ sind leichte Abweichungen vom Beerschen Gesetz zu beobachten; kein „NO_2-Maximum" wird bei 360 mμ gefunden!). Als Beispiel wird der schrittweise Abbau von *DL-Alanylglycylglycin* (II) durchgeführt.

Versuche: *N-Acetyl-4-dimethylamino-3.5-dinitroanilin*, $C_{10}H_{12}O_5N_4$, F. 200 bis 201° (Zers.), aus 4-Dimethylamino-3.5-dinitrobenzoylazid (vgl. vorst. Ref.) u. einer Mischung von Acetanhydrid–konz. H_2SO_4 (10 : 1), unter CO_2 in 25 Min. auf 85° (Badtemp.), in weiteren 40 Min. auf 90° erhitzt; orangefarbene Kristalle aus Toluol; 70%. — *4-Dimethylamino-3.5-dinitroanilin*, $C_8H_{10}O_4N_4$, F. 155—156°; vorst. Verb. auf dem Wasserbad mit einem Gemisch von W.–konz. H_2SO_4–Essigsäure (2 : 1 : 2) 1 Std. erhitzt u. mit wss. NH_4OH gefällt; aus CCl_4 kastanienbraune oder rote Nadeln (braune Modifikation bei höheren Tempp. stabiler); 83%. — *4-Dimethylamino-3.5-dinitrophenylisothiocyanat* (I), $C_9H_8O_4N_4S$, F. 103—104°, durch Zugabe von vorst. Verb. in Chlf. zu Thiophosgen in W. + Chlf., 1½ Std. bei 0° u. 1 Std. bei 20°; aus Leichtbenzin orangerote flache Nadeln; 97,5%. — *N-[4-Dimethylamino-3.5-dinitrophenyl]-N'-phenylthioharnstoff*, $C_{15}H_{15}O_4N_5S$, F. 180—181°, aus 89 mg I u. Anilin in Ae.; rote Kristalle aus A.; 117 mg. — DDNP-thionocarbamylaminosäuren u. -peptide (FF. korr.): 0,5 mMol Aminosäure (Peptid) in einer Lsg. von 136 mg Na-Acetat in 6 ml W. u. 12 ml Aceton wurden mit 0,55 mMol I in 6 ml Aceton versetzt u. unter Rühren mit 0,5nNaOH 40 Min. auf p_H 8, weitere 30 Min. auf p_H 9,0 gehalten. Als Nebenprod. *N.N'-Bis-[4-dimethylamino-3.5-dinitrophenyl]-thioharnstoff*, $C_{17}H_{18}O_8N_8S$, F. 194—195° (unkorr.). — *4-Dimethylamino-3.5-dinitrophenylthionocarbamylglycin*, F. 158—159° (Zers.), aus Aceton mit Leichtbenzin orangefarbene Kristalle; 99%. — *-DL-alanin*, F. 148—149°; 100%. — *-L-phenylalanin*, F. 90—110°; 94%. — *-glycylglycin* (III), F. 185—186°; 99%. — *-DL-alanylglycylglycin* (IV), F. 132—135°; 96%. — *α.ε-Bis-[4-dimethylamino-3.5-dinitrophenylthionocarbamyl]-L-lysin*, F. 95—115°, tiefrotes Kolloid, mit Äthylacetat extrahiert u. im Vakuum (< 20°) eingedampft; 99%. — DDNP-thiohydantoine: Aus den DDNP-thionocarbamylaminosäuren durch Behandeln mit Eisessig oder mit Essigsäure–W. (1 : 4) bei ca. 40° in 5 Tagen, im Vakuum eingedampft, in Aceton–Bzl. (1 : 7) gelöst u. an Al_2O_3 chromatographiert [entwickelt mit Bzl.–Methanol (99,75 : 0,25) u. eluiert mit Aceton]; orangefarbene Kristalle aus Aceton. Racemisierung tritt ein. Folgende Derivv. wurden mit Eisessig dargestellt (FF. korr.): *3-[4'-Dimethylamino-3'.5'-dinitrophenyl]-2-thiohydantoin* (V; *2-Thiohydantoin des DDNP-thionocarbamylglycins*), F. 253 bis 254° (Zers.); (mol. Extinktionskoeffizienten) $\varepsilon_{208(m\mu)}$ 22100, $\varepsilon_{262,5}$ 25300, ε_{410} 2260; 91%. — *2-Thiohydantoin des DDNP-thionocarbamyl-DL-alanins* (VI), F. 222—223°; ε_{208} 22400, ε_{264} 26300, ε_{410} 2240; 87%. — *2-Thiohydantoin des DDNP-thionocarbamyl-L-phenylalanins*, F. 219—220°; ε_{208} 25200, $\varepsilon_{265,5}$ 25700, ε_{410} 2320; 98%. — *2-Thiohydantoin des DDNP-thionocarbamyl-L-lysins*, F. 219—220°; 77%. — Regenerierung der Aminosäuren aus ihren Thiohydantoinen nach Hanes, Hird u. Isherwood (Biochem. J. **51**. [1952.] 25) durch 1tägiges Erhitzen auf 120° mit einer Mischung von 90%ig. HCOOH–Acetanhydrid–60%ig. $HClO_4$ (10 : 5,5 : 1,5). — Chromatograph. Trennung der Thiohydantoine an Al_2O_3 vgl. vorst. Ref.; Substanz in Aceton–Bzl. (1 : 5) gelöst, mit Bzl.–Methanol (99,9 : 0,1) entwickelt u. mit Aceton eluiert; bei der Trennung von **V** u. **VI** wurden 99,6 bzw. 99,5% wiedergewonnen. — Abspaltung der endständigen Aminosäuren aus Peptiden als *DDNP-2-thiohydantoine*: 50 mg **III** bei 42,5° mit 3 ml Essigsäure–W. (1 : 4) verschieden lang geschüttelt, den Eindampfrückstand 1 Std. mit Aceton geschüttelt u. mit 10 ml Bzl. u. 10 ml W. versetzt, in der wss. Lsg. das *Glycin* titriert [Ausbeute nach 2¾ (Tagen): 67%; nach 5: 97%], dann die benzol. Lsg. chromatographiert. Ausbeute an **V**: nach 2 (Tagen): 49%; 2¾: 64,5%; 3: 73%; 4: 87%; 5: 92,5%. — Ausbeuten beim Abbau von **IV**: Nach 1 (Tag): 85% **VI**; 2: 85%; 4: 86%. *Glycylglycin* im Mittel 85%. — Schrittweiser Abbau: **II** mit **I** umgesetzt, die wss. Lsg. mit 0,5nHCl angesäuert, mit Äthylacetat extrahiert, die Extrakte im Vakuum eingedampft, den Rückstand 1 Tag bei 42,5° mit W.-Essigsäure geschüttelt (auf 100 mm Hg evakuiert), den Eindampfrückstand zwischen Bzl. u. W. verteilt u. die benzol. Lsg. wie oben chromatographiert; 82% **VI**; das zurückbleibende *Glycylglycin* analog über **III** in **V** übergeführt: 71,5% **V**, ebenso das restliche *Glycin*: 60,5% **V**. (Biochem. J. **56**. 116—20. Jan. 1954.) K. PRCHAL. 4070

Martin B. Williamson und **John M. Passmann**, *Die endständigen freien Carboxylgruppen von Pepsin.* Vff. untersuchen die C-endständigen Gruppen von *Pepsin* (**I**) einmal durch Einw. von Carboxypeptidase u. zum anderen durch Red. von **I** mit $LiAlH_4$ u. anschließende Hydrolyse. Aus dem Hydrolysat wurden sowohl die Aminoalkohole als auch nach Einw. von 2.4-Dinitrofluorbenzol die DNP-Aminoalkohole papierchromatograph. bzw. durch Säulenchromatographie in inverser Phase identifiziert. Alle 3 Methoden ergaben, daß **I** zwei zum Alanin gehörende freie endständige Carboxylgruppen enthält. (Biochim. biophysica Acta [Amsterdam] **15**. 246—50. Okt. 1954. Chicago, Loyola Univ., School of Med. and Graduate School, Dep. of Biochem.) K. NEHRING. 4070

Wolfgang Langenbeck, Lehrbuch der organischen Chemie. 15. verb. u. erg. Aufl. Dresden und Leipzig: Steinkopff. 1955. (XVI + 553 S. m. 5 Abb.) DM 16,—.

Ian Leslie, Aids to organic chemistry. 4th ed. Baltimore: Williams & Wilkins. 1955. (144 S.) $ 2,—.

R. Madroñero Peláez, La Química Orgánica en problemas. Madrid: Edit. Alhambra. 1955. (XIV + 288 S.) ptas 130,—.

E. Biologische Chemie. Physiologie. Medizin.

E_1. Allgemeine Biologie und Biochemie.

A. Eddy, *Gene, Enzyme und Vererbung.* Eine Übersicht über chem. Verbb., die in der lebenden Zelle wichtig sind, wobei die Bedeutung der Struktur für eine biol. Wirksamkeit bes. hervorgehoben wird. (Brewers' Guild J. **40**. 502—18. Okt. 1954. Brewing, Ind. Res. Found.) U. BAUMANN. 4130

W. D. Gude und **T. T. Odell jr.**, *Vinisil als Verdünnungsmittel für Knochenmarkausstriche. Vinisil* (3,5% *Polyvinylpyrrolidon* in physiol. NaCl-Lsg.) hat sich an Stelle von Serum oder Plasma zum Verdünnen von Mark für mkr. Unterss. bewährt. (Stain Technol. **30**. 27—28. Jan. 1955. Oak Ridge, Tenn., Nat. Labor., Biol. Div.) K. BLUMRICH. 4150

K. Keck und **O. Hoffmann-Ostenhof**, *Pflanzliche Stoffwechselprodukte als Mitosegifte.* 1. Mitt. *Mitosehemmende und -störende Substanzen in wässerigen Auszügen aus Allium cepa (Speisezwiebel).* (Kurze Mitt.) Bei Behandlung von Zwiebelwurzelspitzen mit *Zwiebelextrakten* zeigten sich spindelgehemmte Mitosen, später Absterben der Wurzeln. Es wurden sogenannte c-Tumoren beim Weiterwachsen der mit höheren Konzz. behandelten Wurzeln beobachtet. Es handelt sich bei diesen Extrakten um neutrale, thermostabile, ätherlösl. u. wasserdampfflüchtige Stoffe. (Mh. Chem. **82**. 559—62. 1951. Wien, Univ., I. Chem. Labor.) D. ITZEROTT. 4150

O. Hoffmann-Ostenhof und **K. Keck**, *Pflanzliche Stoffwechselprodukte als Mitosegifte.* 2. Mitt. *Diallyldisulfid, ein Bestandteil der Lauchöle, als mitosestörende Substanz.* (Kurze Mitt.) (1. vgl. vorst. Ref.) Das Wurzelmeristem von Allium cepa zeigte nach 4 std. Behandlung mit *Diallyldisulfid* (**I**) (10^{-3}mol.) Hemmungen des Spindelmechanismus in den Mitosen (als C-Mitose). Bei 10^{-4}mol. **I**-Lsg. ergaben sich 2—5% Chromosomenbrüche in den Mitosen, während bei 10^{-5}mol. bis zu 18% Chromosomenbrüche in den Anaphasen hervorgerufen wurden. Mit *Diallylmonosulfid* wurden diese Erscheinungen nur selten beobachtet. (Mh. Chem. **82**. 562—64. 1951. Wien, Univ., I. Chem. Labor.) D. ITZEROTT. 4150

C. D. Darlington und **John McLeish**, *Die Wirkung von Maleinsäurehydrazid auf die Zelle.* Wurzeln von Vicia faba wurden mit 0,0005mol. *Maleinsäurehydrazid* (**I**)-Lsg. 24 Std. bei 12—16° behandelt u. zeigten 2 Tage lang keine Mitosen. Geringere Konzz. hemmten die Mitose nicht; es traten aber Chromosomenbrüche auf. 24 Std. mit 0,0001 mol. **I** behandelte Wurzeln wiesen eine erhebliche Frequenz von Brüchen auf, die sich auf das Heterochromatin erstreckten. Bei anderen Species (Rhoeo discolor, Muscari plumosa u. Scilla sibirica), die sichtbares Heterochromatin zeigen, hat **I** keine Wirkung. (Nature [London] **167**. 407—08. 10/3. 1951. Bayfordbury, Hertford, Herts., John Innes Horticult. Inst.) D. ITZEROTT. 4150

E. Je. Umanski und **L. K. Ryshkowa**, *Durch Einführung von Methylcholanthrenkristallen verursachte maligne Neubildungen beim Axolotl.* Kleine Celluloidstückchen, unter die Haut der Extremitäten des Axolotl eingeführt, rufen Entzündungsherde mit Bldg.

bindegewebiger Kapseln um den Fremdkörper hervor. Formalin verursacht Bldg. bindegewebiger Cysten. Die Einführung von *Methylcholanthren* (I)-Kristallen unter die Haut der Extremitäten des Schwanzes u. des Kopfes rufen in 80—90 Tagen bei 80 von 100 Versuchstieren bösartige Wucherungen des Epithels hervor. Einzelne Gruppen solcher Zellen verlieren die Verbindung mit dem Muttergewebe u. dringen zerstörend im Muskel- u. Nervengewebe vor. Eine mit *Thyreoidin* hervorgerufene Metamorphose der Tiere blieb ohne Einw. auf das Wachstum der Geschwulst. Amputierte man 3 Monate nach dem Beginn des Vers. die kranken Extremitäten, so trat n. Regeneration auch dann ein, wenn der Stumpf das Geschwulstgewebe enthielt. Einführung von I in die Schädelhöhle hat die Bldg. von epithelialen Cysten zur Folge, die das Gehirn umfassen, ohne in dasselbe einzudringen. Die mit I hervorgerufenen Geschwülste konnten auf gesunde Tiere übergeimpft werden u. behielten dabei ihre Malignität. Implantierte man dem gesunden Tier das Geschwulstgewebe u. gleichzeitig ein Stückchen Celluloid, so bildeten sich zwei Arten von Wucherungen, die voneinander wohl unterscheidbar waren. Die Schwelle der blastomogenen Wrkg. des I liegt bei Amphibien viel höher als bei Säugetieren, bei denen bereits verd. I-Lsgg. ausreichen, um schnell fortschreitende maligne Zerstörungen durch Neubildungen zu verursachen. Bei Amphibien kann I auch Organogenese verursachen, indem z. B. ein zweiter Schwanz zur Entw. kommt. (Доклады Академии Наук СССР [Ber. Akad. Wiss. UdSSR] [N. S.] **99.** 861—64. 11/12. 1954.) F. DU MANS. 4160

Federico Pizzetti, *Über die hyperplastische Wirkung einiger aus Kaffee extrahierter Substanzen.* Verschied. Extrakte von Kaffee (coffeinhaltig u. -frei) zeigten bei mehrmonatiger Pinselung auf die Rückenhaut von Mäusen eine hyperplast. Wrkg. auf die Epidermis. Die stärkste Wrkg. wiesen die öl- u. wachshaltigen Extrakte auf. (Tumori **40.** 709—16. Nov./Dez. 1954. Milano, Ist. dei Tumori.) P. G. SCHEURLEN. 4160

William N. Valentine, John S. Lawrence, Morton Lee Pearce und **William S. Beck,** *Die Verwandtschaft der Basophilen zum Bluthistamin beim Menschen.* Auf Grund von 22 Bestimmungen des *Histamin* (I)-Geh. u. der Zahl an Basophilen (Bp.) u. anderer myeloider Granuloctyen im Blut von Patienten mit chron. granulocyt. Leukämie erkannten Vff. eine positive Beziehung zwischen I u. Bp., keine Beziehung aber zwischen I u. den anderen myeloiden Elementen. Bes. auffallend war diese Tatsache in solchem Blut, das einen hohen Prozentsatz an Bp. aufwies. Vff. schließen hieraus, daß bei chron. granulocyt. Leukämie Bp. vornehmlich, vielleicht sogar ausschließlich verantwortlich sind für die markante Erhöhung des I-Geh. im Blut. Es ist möglich, daß dieser Zellentyp den prinzipiellen Träger von I in nichtleukäm. Blut darstellt. (Blood **10.** 154—59. Febr. 1955. Los Angeles, Calif., Univ., Med. Center, Dep. of Med. and Atomic Energy Project.) G. BRATFISCH. 4160

O. M. Nossalewitsch, *Histochemische Untersuchung über die Aktivität der alkalischen und sauren Phosphatase bei Präcancerose und bei Mammacarcinom.* Bei Mammacarcinom (Mc.) können bereits im präcancerösen Stadium histol. erkennbare Verschiebungen in der Enzymverteilung erkannt werden, bevor morphol. Veränderungen sichtbar werden. Hohe Aktivität der *alkal. Glycerophosphatase* (I) wurde im n. Mammagewebe u. bei Fibroadenomen erhalten. Sie ist bei Mc. im epithelialen Gewebe nur gering, stärker in den Gefäßwänden u. im Bindegewebe, bes. in den Randbezirken des Tumors. Hoher I-Geh. findet sich bei Mastapathien, sehr geringer im eosinen Epithel der Cysten. *Saure Phosphatase* (II) fehlt im n. Gewebe, sie konnte bei Fibroadenom nur in einem Falle nachgewiesen werden. Sie ist stets bei Mc. zu finden (herdweise in der Tumorperipherie, bei Mastopathie nur im eosinophilen Epithel). Nur bei Mc. findet man also analoges Verh. von I u. II in ein u. derselben Zellstruktur, das eine der ersten Phasen beim Übergang von n. in Krebsgewebe kennzeichnet. (Архив Патологии [Arch. Pathol.] **16.** Nr. 3. 75—76. Juli/Sept. 1954. Ukrain. Röntgen-Radiolog. u. Onkolog. Inst., Pathol.-Anatom. Abt.) F. DU MANS. 4160

H. Schmidt, H. Loosen und **W. Heinen,** *Sanamycin* (*Actinomycin C*) *in der Behandlung bösartiger Geschwülste und der Lymphogranulomatose.* Vff. berichten über die Behandlung bösartiger Tumoren u. der Lymphogranulomatose (*L*) mit dem cytostat. wirkenden *Sanamycin* (I). Von 30 behandelten Patienten werden 20 verwertbare Beobachtungen mitgeteilt. Bei der *L* zeigen fast alle Patienten nach der I-Behandlung subjektive Besserung, in der Hälfte der Fälle war ein günstiger Erfolg zu verzeichnen. Bei verschied. Tumoren konnte in 2 Fällen eine Rückbldg. von Metastasen beobachtet werden. Bes. hervorgehoben wird die Rückbldg. von Metastasen in der Lunge u. klin. Heilung bei einem Hypernephrom. Nennenswerte Nebenwirkungen fehlen. Die Behandlungsdauer u. die Gesamtdosis von I ist für den Erfolg von Bedeutung. (Dtsch. med. Wschr. **80.** 140—43. 28/1. 1955. Köln, Univ., Med. Klin.) K. BÖHM. 4160

Elmer G. Butler, ed., Biological specifity and growth. Princeton, N. J.: Princeton. 1955. (240 S. m. Abb. u. Diagr.) $ 5,—.

Felix Haurowitz, Biochemistry; an introductory textbook. New York: Wiley. 1955. (501 S. m. Abb. u. Diagr.) $ 6,75.

A. Pullman et B. Pullman, Cancérisation par les substances chimiques et structure moléculaire. Paris: Masson et Cie. (306 S. m. 59 Abb.) fr. 2800,—.

E_2. Enzymologie. Gärung.

Yahisa Kotake, Masao Ogasawara und **Yoshie Saitō**, *Untersuchungen über die chemische Veränderung von Medien bei der Penicillinfermentierung*. 8. Mitt. *Aktivität und Veränderung von Katalase von vegetativem Mycel der pigmentlosen Mutante Q-176.* Die *Katalase*-Aktivität (I) von vegetativem Mycel von *Penicillium* wurde nach der Meth. von EULER-JOSEPHSON bei der pigmentlosen Mutante Q-176 ARIMA u. OGASAWARI bestimmt u. ihre Änderung untersucht. I steigt sehr rasch während der ganzen Fermentationsphase an, erreicht in der Mittelphase ein Maximum u. fällt dann schwach ab. I des Mediums sinkt, wenn Belüftung u. Schütteln nach 42 std. Fermentierung unterbrochen wird, ebenso hört die *Penicillin* (II)-Bldg. auf. Katalase scheint eine Rolle bei der II-Bldg. zu spielen. (J. Antibiotics [Tokyo], Ser. B **6**. 19—23. Jan. [Orig.: japan., Auszug: engl., Ser. A **6**. 43.] Febr. 1953. Kawasaki Plant, Meiji Seika Kaisha Ltd.) H. GOEBEL. 4210

P. George, *Redoxreaktionen von Katalasezwischenverbindungen und eine neue „peroxydatische" Funktion der Katalase.* Zugabe von 16 μMol CH_3O_2H zu 1 μMol *Katalase* (I) gab ein Gemisch der *Katalaseverbb. I* u. *II* (erkennbar am Spektr. zwischen 380 u. 450 mμ), wobei Verb. *I* langsam in Verb. *II* übergeht. Bei Einw. von $K_4[Fe(CN)_6]$ entstand rasch Verb. *II*, die im Gegensatz zu Meerrettich-*Peroxydase-Verb. II* nicht zum freien Enzym reduziert wurde. *Verb. II* von I wird jedoch durch $Na_2S_2O_4$, NH_2OH, N_2H_4 oder Ascorbinsäure zum freien Enzym reduziert. Zusatz von NaN_3 gab *Azid-Ferri*-I. Viele Phenole, z. B. Phenol, Hydrochinon, Resorcin, Gujacol, o- u. p-Kresol red. I-*Verb. II* zu freier I u. beschleunigen die Umwandlung von *Verb. I* zu *II*. Nitrit red. *Verb. II* von I sehr rasch zu freier I. (Biochem. J. **52**. XIX. Dez. 1952. Cambridge, Univ., Dep. of Colloid Sci.) K. MAIER. 4210

W. H. McShan, Sol Kramer und **Vera Schlegel**, *Oxydative Enzyme im Brustmuskel der Schabe Leucophaea maderae.* Es wurde die Aktivität von *Succinoxydase, Cytochromoxydase* u. *Fettsäureoxydase* des Brustmuskels von Leucophaea maderae gemessen u. mit den Ergebnissen bei Rattenleber verglichen. Die Wrkg. von Co-Faktoren (*Phosphat*, $AlCl_3$, $CaCl_2$, *Cytochrom c*), Inhibitoren (*Diäthylstilböstrol, Cyanid, Azid* u. *Malonat*) u. dem Brilliantkresylblau-Syst. zeigt, daß hier der Mechanismus der Succinoxydase ähnlich dem tier. Gewebe ist. Maximale Aktivität zeigte Succinoxydase in 0,2 mol. Succinat, 0,05 mol. Phosphatpuffer vom p_H 7,3, $1{,}6 \cdot 10^{-3}$ mol. $CaCl_2$ u. $AlCl_3$ u. $2 \cdot 10^{-5}$ mol. Cytochrom c. (Biol. Bull. **106**. 341—52. Juni 1954. Madison, Wis., Univ., Dep. of Zool.) H.-R. SCHÜTTE. 4210

P. Leonardi und **B. d'Agnolo**, *Wirkung des Dichlorens auf einige Phosphatasen des Menschen. Dichloren* (I) in einer Dosierung von 0,01—0,2 mg/ml Serum senkt in vitro die Aktivität der *alkal. Phosphatase* bei n. u. leberkranken Personen. Die *Erythrocytenphosphatase* nimmt nicht in gleichem Maße ab, während die *saure Phosphatase* unbeeinflußt bleibt. In vivo wurde nach lang dauernder Verabreichung von I an Kranke keine sichere Abweichung der Enzymaktivität festgestellt, auch nach einer einmaligen Injektion von I (5 mg) wurde nur in einzelnen Fällen eine passagere Minderung der Aktivität der alkal. Serumphosphatase festgestellt. (Atti Soc. med.-chirurg. Padova Fac. Med. Chirurg Univ. Padova **31**. 85—98. 1953, ausgeg. 1954. Padova, Univ., Ist. di Patologia Med.) P. G. SCHEURLEN. 4210

Burckhard Helferich und **Gerhard v. Bruck**, *Zur Kenntnis der Kartoffelphosphatase* 4. Mitt. (3. vgl. C. **1954**. 3956.) Es wurden Präpp. von *Kartoffelphosphatase* (I) mit einer Wirksamkeit von 8000 Phosphataseeinheiten (P.E.)/mg hergestellt. Die Darst. erfolgte in bisher üblicher Weise, nur daß nach der Ammoniumsulfatfällung die weitere fraktionierte Fällung aus W. unter n-Octanolzusatz in Ggw. geringer Ammoniumsulfatmengen vorgenommen wurde. Zur Aktivitätsbest. diente Monophenylphosphat. Trockenrückstandsbestimmungen wurden gravimetr. u. spektralphotometr. durchgeführt. Die früher gemachte Annahme, daß Bor ein die Aktivität steigernder Bestandteil von I wäre, konnte nicht bestätigt werden. Der Borgeh. wurde nach OTTING bestimmt. Ebenso wurde der Kohlenhydrat (II)-Geh. von verschied. I-Präpp. ermittelt. II-Geh. von I nimmt mit zunehmender Reinigung des Ferments ab. Ob 15% II des reinsten I-Präp. noch den Verunreinigungen angehören oder I-Bestandteil sind, kann noch nicht entschieden werden. (Hoppe Seyler's Z. physiol. Chem. **295**. 114—18. 26/11. 1953. Bonn, Univ., Chem. Inst.) G. FAUST. 4210

Stanley Peat, *Stärke: ihre Konstitution, enzymatische Synthese und Abbau.* Ausführliche Übersicht. Kapitel über die Unterss. der Grundstruktur der Stärke, über die Trennung von Amylose u. Amylopektin, den Vgl. ihrer Eigg., über ihre Struktur, ihre Enzymsysteme u. ihre enzymat. Synthese. — 189 Literaturangaben. (Fortschr. Chem. org. Naturstoffe [Wien] **11.** 1—42. 1954. Bangor U. K.) H. ROSSOW. 4210

W. I. Ljubimow und **S. Ss. Kagan,** *Urease und Arginase bei einigen Arten von Azotobacter.* Vff. untersuchten die Stämme Azotobacter agile u. A. chroococcum auf den Geh. an akt. *Urease* (I) u. *Arginase* (II), um das Auftreten von NH_3 in diesen Kulturen zu erklären. Die I-Aktivität wird in gepufferten Nährlsgg. mit Harnstoff (III)-Zusatz bestimmt, ausgedrückt in mg NH_3, der aus III gebildet wurde, bezogen auf 1 Milliarde Zellen oder 1 mg Gesamt-N der Zellen. Im Phosphatpuffer (p_H 6,4) wird III, im Gegensatz zu krist. I, von Azotobacter-I schneller gespalten als im Maleinpuffer. Mit zunehmendem Alter der Kulturen erhöht sich die I-Aktivität. Azotobacter bildet mehr I als Micrococcus ureae. Die Ggw. von II wird papierchromatograph. durch Umwandlung von Arginin in Ornithin u. III nachgewiesen. Der entstandene III induziert die Bldg. der I u. wird zum NH_3 abgebaut. Vff. lehnen die verbreitete Enteilung der Fermente in „adaptierte" u. „konstitutionelle" ab. Vff. haben erstmalig die Ggw. von I bei solchen Arten u. Stämmen von Azobacter nachgewiesen, die längere Zeit ohne Berührung mit Fremd-III kultiviert wurden. (Доклады Академии Наук СССР [Ber. Akad. Wiss. UdSSR] [N. S.] **99.** 845—48. 11/12. 1954.) H.-W. GRAMM. 4210

Theodore B. Schwartz und **J. D. Myers,** *Beobachtungen über die Abnahme der Plasmapeptidaseaktivität in den Eingeweideorganen.* Beobachtungen an doppelseitig nephrektomierten Ratten deuten darauf hin, daß die Niere keine merklichen Mengen *Peptidase* (I)-Aktivität aus dem Plasma entfernt. Die Abnahme der I-Aktivität des Plasmas findet bei Patienten mit erhöhtem Plasma-I-Spiegel während der Passage des Visceralbereiches statt. Auf Grund der in diesen Fällen signifikanten positiven Korrelation zwischen Plasma-I-Konz. u. der Aufnahme von I-Aktivität im Visceralgebiet kann hierbei eine Beteiligung der Leber angenommen werden. Bei n. I-Aktivität des Plasmas ist im Eingeweidekreislauf prakt. keine Änderung derselben feststellbar. (J. clin. Invest. **33.** 337—41. März 1954. Durham, N. C., Duke Univ., School of Med., Dep. of Med.) K. MAIER. 4210

P. H. Mars, R. J. Peanasky und **M. Laskowski,** *Über den Wirkungsmechanismus der Enterokinase.* Durch Verss. mit hochgereinigten Systemen konnten Vff. die Hypothese von GYÖRGY (Amer. J. Physiol. **166.** [1951.] 441), daß *Enterokinase* (I) die Hemmung von Trypsin (II) durch Trypsininhibitor (III) ausschalten kann, widerlegen. II wird von I weder gebunden noch verdaut. Vff. versuchen, die Fähigkeit von I, in dem von BOSSHARDT u. Mitarbeitern (C. **1952.** 4628) aus Pankreas gewonnenen, II u. überschüssiges III enthaltenden lipotropen Extrakt, proteolyt. Aktivität freizusetzen, durch Anwesenheit von Trypsinogen, das durch I auch in Ggw. von III aktiviert wird, zu erklären. (Proc. Soc. exp. Biol. Med. **82.** 384—87. März 1953. Milwaukee, Wis., Univ., Dep. of Biochem.) W. ZILLIG. 4210

Richard M. Klein, *Das Verhältnis von Gasaustausch und Tyrosinaseaktivität zur Höhe der Pflanzenernährung mit Bor.* Tomatenpflanzen wurden in sterilen Sandkulturen bei Zusatz von 0,001, 0,1, 0,5 u. 3,0 p.p.m. *B* gezogen. Es zeigte sich keine deutliche Beziehung zwischen B-Geh. u. Gasaustausch in Blattgeweben u. -homogenaten. Zusatz von 0,01 mol. Borsäure (I) zu den Präpp. beeinflußte die O_2-Aufnahme nicht. Zwischen der Höhe der B-Ernährung u. der *Tyrosinase* (II)-Aktivität besteht ein umgekehrtes Verhältnis. Zusatz von I zu den Präpp. hat keine Wrkg. auf die Oxydation von Dioxyphenylalanin oder die *Brenzcatechinase*-Aktivität. Es wird hieraus gefolgert, daß B die II-Aktivität nicht beeinflußt. (Arch. Biochemistry **30.** 207—14. Jan. 1951. Chicago, Ill., Univ. of Chicago, Dep. of Bot.) F. RANG. 4210

René Rougieux und **Georges Césaire,** *Über die Stabilisation von Runkelrübensaft auf Grund der polarimetrischen Untersuchung.* Vff. stellen fest, daß sich die bei der polarimetr. *Glucose* (I)-Best. im Runkelrübensaft nach dessen Klärung (durch Zusatz von Pb^{2+}) auftretende Schwärzung mit 2 Tropfen einer 10%ig. *KCN*-Lsg. beseitigen läßt. Der Analysengang wird auch bei Hinzufügung höherer KCN-Mengen (1—10 cm^3 KCN-Lsg.) nicht gestört, da KCN mit Pb einen lösl. Komplex bildet. Diese Beobachtung läßt auf die Ggw. eines enzymat. Syst. im Runkelrübensaft schließen, das gegen die tox. Wrkg. von KCN empfindlich ist. Es wird angenommen, daß Cu-haltige *Phenoloxydasen* die Bldg. der gefärbten Prodd. verursachen. (C. R. hebd. Séances Acad. Agric. France **40.** 762—63. 1954.) P. FAHRNLAENDER. 4210

Walter Volland, *Aktuelle Melaninprobleme.* Übersicht. Bldg. von *Melanin* (I) durch Blutplasma, Vorstufen auch durch Zellkern u. Kennzeichnung durch UV-Absorptionsmeth. möglich. Unterscheidung von I gelingt mkr. u. elektronenmikroskopisch. I ist kein wertloses Stoffwechselprodukt. Bei der Melanogenese ist *Dioxyphenylalaninoxydase* (II) beteiligt. Red. Wrkg. von *Ascorbinsäure* hemmt II. Ursache vielartiger Melanosen ist gestörter Cu-Stoffwechsel. I-haltige Zellen u. Gewebe reichern *Cu* an. Krankheitsbilder der Melanosen werden beschrieben. (Med. Mschr. **8.** 652—60. Okt. 1954. Köln, Univ., Patholog. Inst.) J. MILLER. 4210

Jay S. Roth, *Ribonuclease.* 2. Mitt. *Aktivatoren und Inhibitoren für Ribonuclease.* (1. vgl. C. **1953.** 1827.) Krist. pankreat. *Ribonuclease* (I) u. *Desoxyribonuclease* (II) werden durch *Heparin* (III) bzw. *Treburon* (sulfonierte Polygalakturonsäure; HOFFMANN-LA ROCHE, INC, Nutley, N. J.) in ihrer Wirksamkeit gehemmt. Gegen beide Inhibitoren war I empfindlicher als II. *Hyaluronsäure* zeigte auf beide Enzyme keine Wirkung. Das den Purinen strukturell verwandte *Benzimidazol* steigerte die Aktivität von I. Im gleichen Sinne war *5.6-Dimethylbenzimidazol* wirksam, während sich *2-Aminobenzimidazol* als Inhibitor erwies. Es wird auf einen möglichen Zusammenhang dieser Ergebnisse mit der Hemmung der Zellteilung durch III hingewiesen. (Arch. Biochem. Biophysics **44.** 265—70. Juni 1953. Philadelphia, Pa., Hahnemann Med. Coll., Div. of Biol. Chem., William Goldman Isotope Labor. u. Hospital.) P. LOCH. 4210

Jay S. Roth, *Ribonuclease.* 3. Mitt. *Die Ribonucleaseaktivität der Rattenleber und -niere.* (2. vgl. vorst. Ref.) Unter *Ribonuclease* (I) wird ein Enzym verstanden, das *Ribonucleinsäure* unter Spaltung von Diesterphosphatbindungen in ein Gemisch säure- oder säurealkohollösl. Mono- u. Oligonucleotide überführt. Anorgan. Phosphat entsteht hierbei nicht. Es wurde der Einfl. der Aufbewahrungsbedingungen, von p_H-Änderungen, Temp., Ca^{2+}- u. Mg^{2+}-Ionen u. NaCl-Konz. auf die I-Aktivität von Leber- u. Nierenhomogenaten untersucht. Die I-Aktivität von Leberhomogenaten wurde nach Trennung in eine Kern-, Mitochondrien- u. überstehende Flüssigkeitsfraktion im p_H-Bereich von 4,5—8,6 bestimmt. Die Gesamtaktivität des Homogenats war bei p_H 6,8—7,8 beträchtlich verringert. Die I-Aktivität der Mitochondrienfraktion (Leber) zeigte bei ca. 5,8 u. 7,8 2 Maxima, die der Kernfraktion ein p_H-Optimum von 7,8. Im Kern war nur ein kleiner, aber merklicher Anteil I-Aktivität lokalisiert. Der Anteil jeder Fraktion an der Gesamtaktivität des Homogenats schwankt stark in Abhängigkeit vom p_H. (J. biol. Chemistry **208.** 181—94. Mai 1954. Philadelphia, Pa., Hahnemann Med. Coll., Div. of Biol. Chem., William Goldman Isotope Labor.) K. MAIER. 4210

Armando R. Taborda, Laura C. Taborda, J. N. Williams jr. und **C. A. Elvehjem,** *Eine Untersuchung der Desoxyribonucleaseaktivität von Schlangengiften.* (Vgl. C. **1952.** 7834.) Die Unters. der *Desoxyribonuclease* (I)-Aktivität mehrerer Schlangengifte (*Bothrops jararaca, B. alternata, B. atrox* [**A**], *B. jararacussu, B. neuridii, Crotalus terrificus terrificus* [**B**]) ergab, daß das Gift mit der größten neurotox. Aktivität [**B**] die größte I-Wirksamkeit, dasjenige mit der höchsten Blutgerinnungs- u. proteolyt. Aktivität (**A**) die niedrigste I-Wrkg. zeigte. Das näher untersuchte *B. jararaca*-Gift (II) wurde bei 80° vollständig inaktiviert. Anti-Bothrops-Serum neutralisierte 87% der I-Aktivität von II u. 60% des **B**-Giftes. CH_2O, Fluorid, Ninhydrin, Cyanid, Cu^{2+} u. Cystein hemmten I deutlich, während Mn, Mg, Ag u. Hg weniger wirksam waren. Ca^{2+} u. Phosphat aktivierten etwas. ACTH u. Cortison zeigten in vitro keinerlei Beeinflussung der I-Aktivität. Die Hydrolysewrkg. von I auf wichtige Zellkernbestandteile ergänzt anscheinend die hydrolyt. Aktivität der in Schlangengiften vorhandenen Proteasen, Peptidasen, Lipasen u. Phosphatasen. (J. biol. Chemistry **195.** 207—13. März 1952. Madison, Wis., Univ. of Wisconsin, Coll. of Agric., Dep. of Biochem.) K. MAIER. 4210

H. S. Mason, *Cypridina-Luciferin.* Mit mg-Mengen *Luciferin* (I), einer Komponente des blaues Licht in Ggw. von O_2 emittierenden Enzym–Substrat-Systems der marinen Crustacee *Cypridina hilgendorfii,* wurden verschied. früher mit γ-Mengen vorgenommene Verss. wiederholt. Das Absorptionsspektr. wurde bestätigt, *N* direkt bestimmt. I zeigt keine Ninhydrin-Rk., reagiert rasch mit verd. HNO_2 (nicht mit NO_2^--Ion), Benzaldehyd u. Phenylisothiocyanat unter Verlust der Wirksamkeit. Mit NH_2OH erfolgte bei p_H 1—12 keine Fällung, u. die Aktivität blieb unverändert. Ähnliche Ergebnisse wurden mit Phenylhydrazin u. 2.4-Dinitrophenylhydrazin erhalten. *Ascorbat*-Ion beeinflußte weder Dauer noch Intensität der Lichtemission des I–*Luciferase*-Systems. Demnach scheint I weder eine *Ketophenol-* noch eine *chinoide* Struktur zu besitzen. Dagegen ist für die I-Aktivität anscheinend eine NH_2-Gruppe erforderlich u. an dem Oxydations–Red.-Syst. von I eine *N*-haltige Gruppe beteiligt. (Arch. Biochem. Biophysics **35.** 472. Febr. 1952. Princeton, N. J., Univ., Dep. of Biol.) K. MAIER. 4210

E. Newton Harvey und **Yata Haneda,** *Adenosintriphosphat und die Biolumineszenz verschiedener Organismen.* An wss. Extrakten der Leuchtzonen einer Anzahl von Leuchtorganismen wurde geprüft, wieweit *Adenosintriphosphat* (I) die Luminescenz nach Verschwinden wieder hervorrufen kann. Nach den Ergebnissen scheinen die bei der Luminescenz der Crustacee *Cypridina* beteiligten Faktoren von den bei der Feuerfliege vorhandenen völlig verschieden zu sein. I-Zusatz bewirkte bei einem *Cypridina*-Extrakt vor völligem Verschwinden der Luminescenz, das heißt vor der vollständigen *Luciferin*-Oxydation, keine Steigerung der Lichtintensität, während die Luminescenz eines Extrakts aus der japan. Feuerfliege (*Luciola*) durch I wiederhergestellt wird. (Arch. Biochem. Biophysics **35.** 470—71. Febr. 1952. Princeton, N. J., Univ., Biol. Labors., u. Tokyo, Japan, Jikeikai Med. Coll.) K. MAIER. 4210

E. J. Conway, H. Ryan und **Enid Carton,** *Aktive Ausscheidung von Natriumionen durch die Hefezelle.* „Na-Hefe"-Zellen tauschen in einer 0,1 mol. KCl-Lsg. Na gegen K aus. In W. wird pro Zeit ein geringerer Teil Na abgegeben. In 0,1 mol. NaCl bleibt der Na-Geh. der Zellen unverändert. In K-freier Lsg. wird Na^+ nicht durch H^+ ausgetauscht, sondern zusammen mit einer äquivalenten Menge HCO_3^- oder organ. Säure. Isotopenverss. zeigen, daß auch gegen eine Na^+-Lsg. ein gegenseitiger Na^+-Austausch stattfindet, dessen Bilanz jedoch Null ist. Die Na^+-Abgabe wird durch 0,02 mol CN^- oder Anoxie gehemmt, wird jedoch durch 0,002 mol. Azid oder 2.4-Dinitrophenol nicht beeinflußt. Die K^+-Aufnahme wird durch Anoxie, Cyanid, Azid oder 2.4-Dinitrophenol gehemmt. Vff. schließen daher auf die Existenz zweier spezif. „carriers". Auch Metallionen, deren äußerste Schale nicht mit mehr als 2 u. deren darauffolgende Schale mit 18 Elektronen besetzt ist, erwiesen sich als Inhibitoren der akt. Na^+-Ausscheidung. (Biochem. J. **58.** 158—67. Sept. 1954. Dublin, Univ., Coll., Dep. Biochem.) G. KISTNER. 4270

E₃. Mikrobiologie. Bakteriologie. Immunologie.

O. Erik Virtanen, *Der Einfluß von Kombinationen von Camphersäure, Citronensäure, Asparaginsäure und Asparagin auf das Wachstum von Pilzkulturen und die Bildung von Penicillin auf synthetischen Nährböden. Camphersäure* (I) u. *Citronensäure* (II) stimulieren das Wachstum von Pilzkulturen auf einem synthet. Nährboden, der Glucose, $NaNO_3$ u. *Asparagin* oder *Asparaginsäure* enthält. Außerdem ermöglichen I u. II die Bldg. von Penicillin auf gleichem Nährboden. (Suomen Kemistilehti B **26.** 73—75. 1953. Turku, Lääkeoy, Pharmaz. Manuf.) H. ULRICH. 4310

S. Dagley, *Dissimilation von Citrat durch Escherichia coli.* Sowohl ganze als auch aufgeschlossene Zellen von Escherichia coli sind in einem Nährmedium aus Mineralsalzen, Tri-Na-Citrat (5 g/Liter), Pepton u. Glucose (1 g/Liter) in der Lage, aus Citrat ohne Belüftung schnell Pyruvat zu bilden, jedoch nur solange, als Glucose im Nährmedium vorhanden ist. Bei Glucosemangel kommt es selbst bei 4° zu einem bemerkenswerten Verlust der Aktivität, der jedoch bei erneuter Bebrütung bei 37° in dem obengenannten Medium wieder ausgeglichen werden kann (Aktivierung des Enzymsyst.). (Biochem. J. **57.** XX. Juli 1954. Leeds, Univ., Dep. of Biochem.) H. ZELLER. 4320

M. L. Nepomnjaschtschaja und **M. B. Tewilewitsch,** *Über die jahreszeitlichen Störungen der Milchsäuregärung bei Str. lactis in der Milch.* 1. Mitt. *Der Bedarf von Str. lactis an Vitaminen des B-Komplexes.* Bei ihren Unterss. gehen Vff. davon aus, daß die gegen Ende des Winters u. im Frühjahr zu beobachtende Störung der Milchsäuregärung durch *Str. lactis* auf eine jahreszeitliche Veränderung der Zus. der Milch zurückzuführen ist. Unter Anwendung von Milch, die nach ORLA-JENSEN durch Adsorption an Norritkohle von Vitaminen befreit wurde, wird der Vitaminbedarf von 8 Str. lactis-Rassen untersucht. Danach bedarf Str. lactis zur n. Entw. der Ggw. von *Riboflavin* (I), *Pantothensäure* (II), *Nicotinsäure* u. *Biotin. Vitamin* B_1 ist ohne wesentlichen Einfl. auf die Säurebldg. durch Str. lactis. Damit ist der Befund von ORLA-JENSEN widerlegt, wonach Str. lactis schon in Ggw. von I u. II sich n. entwickeln kann. (Мікробіологічний Журнал (Киев) [Mikrobiol. J. (Kiew)] **17.** Nr. 1. 28—34. 1955. Mikrobiol. Inst. der Akad. der Wiss. der UkrSSR.) O. LEBTAG. 4320

M. L. Nepomnjaschtschaja und **M. B. Tewilewitsch,** *Über die jahreszeitlichen Störungen der Milchsäuregärung bei Str. lactis in der Milch.* 2. Mitt. *Die Lebenstätigkeit von Str. lactis in der Milch zu verschiedenen Jahreszeiten.* (1. vgl. vorst. Ref.) In den Säureweckern für die Butterherst. wurden 2 verschied. Typen von Str. lactis festgestellt, die eine verschied. Säurebldg. in der Milch gegen Ende des Winters u. im Frühjahr zeigen. 8 von 10 untersuchten Rassen erfordern in dieser Zeit für eine n. Gärung einen Vitaminzusatz. Nur 2 Rassen zeigen zu jeder Jahreszeit eine n. Milchvergärung. Der günstige Einfl. eines Vitaminzusatzes bei den ersteren beruht vor allem auf der Intensivierung der Mikrobenvermehrung. Am wirksamsten wird die Milchgerinnung in Ggw. der Rassen, deren Wrkg. von der jahreszeitlichen Zus. der Milch abhängig ist, durch Zusatz von *Riboflavin, Pantothensäure, Nicotinsäure* u. *Biotin* beschleunigt. (Мікробіологічний Журнал (Киев) [Mikrobiol. J. (Kiew)] **17.** Nr. 1. 35—40. 1955.) O. LEBTAG. 4320

A. G. Winter und **Lisel Willeke**, *Untersuchungen über Antibiotica aus höheren Pflanzen und ihre Bedeutung für die Bodenmikrobiologie und Pflanzensoziologie.* Blätter u. Wurzeln von Tulipa Gesneriana (I), Aucuba japonica (II) u. Myrtus communis (III) enthalten stark wirkende Hemmstoffe. Die Grenzverdünnung des Preßsaftes von I bzw. II für vollkommene Hemmung von Staph. aureus u. E. coli liegt bei 1:500 bzw. 1:50. Die stärkste Hemmwrkg. üben die 3 Pflanzen (sowie 6 weitere Species) gegen Staph. aureus, die schwächste I u. II gegen B. subtilis aus. III ist gegen E. coli unwirksam. — Die Hemmstoffe aus II sind weitgehend thermostabil. Auch aus abgeschnittenen Wurzeln von II u. III treten Hemmstoffe aus (Anreicherung des Bodens im Wurzelbereich u. bes. der Wurzeloberfläche). Zur Prüfung der Frage, ob im Boden vorhandene Hemmstoffe von anderen Pflanzen aufgenommen werden können, wurden Kressensämlinge auf Penicillin (IV)-haltigen Lsgg. (Konz. 500, 1000, 2000 u. 4000 I.E./cm^3) gezogen: Bei 500 I.E. nach 10tägiger Kultur gleicher IV-Geh. in Preßsaft u. Nährlsg., bei 1000 I.E. etwas höherer IV-Geh., bei 2000 bzw. 4000 I.E. um 200 bzw. 400% höherer IV-Geh. im Preßsaft als in der Lösung. (Naturwissenschaften **38**. 262—64. 1. Juni-H. 1951. Bonn, Univ.) F. RANG. 4340

A. G. Winter und **Lisel Willeke**, *Untersuchungen über Antibiotica aus höheren Pflanzen.* 2. Mitt. (1. vgl. vorst. Ref.) Durch Zugabe von Aucuba japonica (I)-Preßsaft in Konz. 1:40 bis 1:5000 zu Erdsuspensionen mit den relativen Keimgehh. 1,0 u. 0,20 werden die Keimzahlen (Kz) gegenüber Kontrollen ohne Zusatz je cm^2 Peptonnährboden bis zur Verdünnung 1:5000 merkbar erniedrigt u. bei Zugabe weiterer Verdünnungen bis zu 1:60000 bzw. 1:80000 erhöht. Bei der Suspension 0,10 erhöhen I-Zusätze bis 1:1280 die Kz um 400—600%. Konzz. von 1:2560 bis 1:10240 haben geringen Einfl., während weitere Verdünnungen bis 1:81920 die Kz bis zu 300% erhöhen. Das Phänomen dürfte auf der Ausschaltung in noch unbekannter Weise wirksamer Mikroben beruhen, die zur Entw. sonst ruhender Keime führt. (Naturwissenschaften **38**. 354. 1. Aug.-H. 1951. Bonn. Inst. für Pflanzenkrankheiten.) F. RANG. 4340

A. G. Winter und **Lisel Willeke**, *Untersuchungen über Antibiotica aus höheren Pflanzen.* 3. Mitt. *Leicht flüchtige Hemmstoffe der Ranunculaceen.* (2. vgl. vorst. Ref.) Nach den Unterss. der Vff. entstehen die beim Diffusionstest des Macerats von Clematis vitalba auftretenden Hemmhöfe nicht durch Diffusion, sondern durch Verdampfung des wirksamen Prinzips u. nachfolgende Lsg. in Agar. Bei einem Geh. an *Anemonin* von 0,05% im Preßsaft beträgt die Konz. der bakteriostat. Grenzverdünnung bei gasförmiger Wrkg. auf Staph, aureus, E. coli u. B. subtilis 1:160000 bis 1:240000. (Naturwissenschaften **38**. 457. 1. Okt.-H. 1951. Bonn, Univ.) F. RANG. 4340

A. G. Winter und **Lisel Willeke**, *Untersuchungen über Antibiotica aus höheren Pflanzen.* 4. Mitt. *Hemmstoffe im herbstlichen Laub.* (3. vgl. vorst. Ref.) Es wurde vergleichsweise die Hemmwrkg. (Hw.) mehrerer 100 Pflanzenarten im grünen Laub u. in der Blattstreu gegen *E. coli, Staph. aureus* u. *B. subtilis* mittels des Diffusionstestes untersucht. Die Ergebnisse wurden folgendermaßen zusammengefaßt: 1. Schwinden der Hw. mit Absterben der Blätter (6 Species). 2. Starke Abnahme der Hw. (10 Species). 3. Unveränderte Fortdauer oder nur sehr geringe Abnahme der Hw. (7 Species). 4. Gleichzeitig mit dem Schwund Neubldg. von Hemmstoffen mit anderen Wirkungsspektren (3 Species). 5. Verstärkung einer schon im grünen Blatt vorhandenen Hw. beim Vergilben (7 Species). (Naturwissenschaften **39**. 45—46. 2. Jan.-H. 1952.) F. RANG. 4340

A. G. Winter und **Lisel Willeke**, *Untersuchungen über Antibiotica aus höheren Pflanzen.* 5. Mitt. *Hemmstoffe in Blättern und Blattstreu der Gramineen.* (4. vgl. vorst. Ref.). Macerate von 51 Gramineenarten wurden gegen Escherichia coli (I), Staphylococcus aureus (II) u. Bacillus subtilis (III) getestet u. die Ergebnisse auszugsweise tabellar. zusammengefaßt. Die Gräser unterscheiden sich von allen bisher von Vff. untersuchten Pflanzenfamilien durch allen Arten u. Gattungen weitgehend gemeinsame Wirkungsweise gegen die 3 Testorganismen. Sie zeigt sich in bakteriostat. Wrkg. grüner (a) u. brauner Blätter (b) gegen III, bei geringer Bakteriostase gegen II u. in ständigem Auftreten bes. gegenüber I stark wirksamer Hemmstoffe in der Blattstreu (c). Ferner stimmt bei einigen Gattungen das Wirkungsspektr. der Arten auffallend überein. So fehlt bei Koeleria alpicola u. K. pyramidata sowie bei Poa Chaixi, P. nemoralis, P. palustris u. P. pratensis in a jede oder fast jede bakteriostat. Wirkung. Agropyrum repens u. A. canicum enthalten in a einen gegen II akt., gegen I nicht u. III kaum wirksamen Hemmstoff oder -komplex. a u. b von Festuca gigantea, F. glauca u. F. ovina zeigen gegenüber III deutliche u. gleichmäßige, gegenüber I u. II keine Bakteriostase. Bei Phleum nodosum, Ph. phleoides u. Ph. pratensis fehlt a u. c (ausgenommen Ph. pratensis) jede Hemmwrkg. gegen II. Bei den Avena-, Holcus- u. Bromusarten treten einige eindeutige bakteriostat. Unregelmäßigkeiten auf. (Naturwissenschaften **39**. 190—91. 2. April-H. 1952.) F. RANG. 4340

A. G. Winter und **Lisel Willeke,** *Untersuchungen über Antibiotica aus höheren Pflanzen. 6. Mitt. Gasförmige Hemmstoffe aus Tropaeolum maius und ihr Verhalten im menschlichen Körper bei Aufnahme von Tropaeolum-Salat per os.* (5. vgl. vorst. Ref.) In Blattmaceraten von Tropaeolum maius (Tr.; Kapuzinerkresse) wurden weitere flüchtige Hemmstoffe festgestellt. (Naturwissenschaften **39.** 236—37. 2. Mai-H. 1952.) F. RANG. 4340

A. G. Winter und **Lisel Willeke,** *Untersuchungen über Antibiotica aus höheren Pflanzen.* 7. Mitt. *Gasförmige Hemmstoffe aus Lepidium sativum und ihr Verhalten im menschlichen Körper bei Aufnahme von Lepidium-Salat per os.* (6. vgl. vorst. Ref.) Da das Öl der Gartenkresse (Lepidium sativum; I) in seiner Zus. weitgehend mit dem der Kapuzinerkresse (II) übereinstimmt, wurde auch die I auf ihren Geh. an flüchtigen Antibioticis bzw. deren Körperpassage untersucht. — Das Wachstum von Bac. subtilis u. Staph. aureus in gasdicht verschlossenen Petrischalen wird bei Ggw. der Dämpfe von 0,1 g Blattbrei völlig unterdrückt. Die Hemmung hält 24 Std. fast unvermindert an u. ist nach 46 Std. abgeklungen. E. coli wird viel geringer gehemmt. Die Wrkg. der I hängt stark vom Alter u. nicht näher untersuchten Umweltbedingungen ab. Blattbrei ist 5mal so wirksam wie Stengelbrei. — Der 1—5 Std. nach Verzehr von 50 g I erhaltene Urin erwies sich bei Testung auf flüchtige Hemmstoffe hochaktiv. Nach 8—9 Std. abgegebene Urinfraktionen waren fast wirkungslos. — Eine Identität der Hemmstoffe von I u. II war nicht nachzuweisen. (Naturwissenschaften **40.** 167—68. 1. März-H. 1953. Köln-Merheim, Dr. Madaus & Co., Bot. Abt.) F. RANG. 4340

G. Middlebrook, M. L. Cohn und **W. B. Schaefer,** *Untersuchungen über Isoniazid und Tuberkelbacillen.* 3. Mitt. *Isolierung, Arzneimittelempfindlichkeit und Katalasetest von Tuberkelbacillen bei isoniazidbehandelten Patienten.* (2. vgl. C. **1955.** 6775.) Vff. beschreiben eine neue Meth. zur Isolierung von Tuberkelbacillen von Patienten, die mit Isozianid (I) behandelt waren. Sie beruht auf der bisher noch nicht veröffentlichten Beobachtung, daß 2 Stämme durch Asparagin gehemmt wurden, diese Hemmung aber bei Ersatz des Asparagins durch Glutamat fortfiel. Caseinaminosäuren wirken ebenso tox. auf gewisse Stämme. — Alle Bacillen von nicht mit I Behandelten waren katalasepositiv. Von den mit unter 8 mg/Tag Behandelten waren ebenfalls einige katalasepositiv. Daraus wird auf I-resistente, bes. virulente Stämme geschlossen u. eine Dosierung von über 8 mg/Tag gefordert. (Amer. Rev. Tubercul. **70.** 852—72. Nov. 1954. Denver, Col., Nat. Jew. Hosp., and Colorado Univ., School of Med.) G. WELTZIEN. 4340

G. R. Rio und **S. Canazza,** *Sensibilität des Corynebacterium Diphteriae gegenüber Erythromycin. Erythromycin* erwies sich in vitro gegenüber Stämmen von Corynebacterium diphtheriae wirksam. (Atti Soc. med.-chirurg. Padova Fac. Med. Chirurg. Univ. Padova **31.** 360—65. 1953, ausgeg. 1954. Padova, Univ., Ist. d'Igiene.) P. G. SCHEURLEN. 4340

G. R. Rio und **S. Canazza,** *Kombinierte Wirkung der Antibiotica in vitro. Summierung und Potenzierung der Wirkung von Chloramphenicol, Aureomycin und Terramycin auf Pseudomonas aeruginosa.* (Vgl. C. **1954.** 1043.) Eine Kombination von *Aureomycin, Terramycin* u. *Chloramphenicol* zeigte sich gegenüber verschied. Stämmen von Pseudomonas Aeruginosa wesentlich wirksamer als hohe Dosen der einzelnen Antibiotica. (Atti Soc. med.-chirurg. Padova Fac. Med. Chirurg. Univ. Padova **31.** 352—59. 1953, herausgeg. 1954. Padova, Univ., Ist. d'Igiene.) P. G. SCHEURLEN. 4340

Takeshi Takahashi und **Humiko Sekine,** *Über die Hemmwirkung von Eisen auf die Streptomycinbildung.* 6. Mitt. *Hemmung der Chloramphenicolbildung.* (Vgl. ASAI u. Mitarbeiter, C. **1952.** 5300.) Vff. untersuchten die Hemmwrkg. von Fe auf die *Chloramphenicol* (I)-Bldg. in submersen Kulturen; in Glycerin-Pepton-Medium nach CZAPEK sind die Hemmungskurven zwischen $FeSO_4 \cdot 7H_2O$ u. Test verschieden voneinander (im Gegensatz zur Streptomycin [II]-bldg.). Der Verbrauch von anorgan. Phosphat durch II-bildende Organismen ist beträchtlich größer als der von I bildenden. Die Tatsache, daß bei der prakt. I-Produktion keine Hemmung durch Fe-Verunreinigungen auftritt, dürfte auf eine Fe-korrosionsverhindernde Wrkg. des anorgan. Phosphats im Nährmedium zurückzuführen sein. (J. Antibiotics [Tokyo], **Ser.** B **6.** 33—35. Jan. 1953. [Orig.: japan., engl. Auszug in Ser. A **6.** 44. Febr. 1953.] Tokyo, Univ., Labor. of Fermentation Ind., Fac. of Agric., Dep of Agric. Chem.) H. GOEBEL 4340

Yasuo Kawakami, *Die Wechselwirkung zwischen Antibiocitis und anderen chemischen Verbindungen.* 6. Mitt. Vf. berichtet über die Wrkg. von Thiolverbb. u. Schwermetallsalzen auf die Aktivität von Antibioticis. Die Aktivität von *Streptomycin* (I) u. *Dihydrostreptomycin* wird erheblich vermindert, ebenso wird HCHO inaktiviert, u. es wird angenommen, daß die Wrkg. auf eine Blockierung der Aldehydgruppe zurückzuführen ist. Die *Penicillin* (II)-Wrkg. gegenüber Staphylococcus aureus, aber nicht gegenüber Escherichia coli, wird ebenfalls durch Thiole vermindert. Co^{2+} u. Sn^{4+} wirken aktivitätssteigernd bei **II**, Ag^+, Hg^{2+}, Cu^{2+}, Zn^{2+} u. Pb^{2+} hemmend. Die unterschiedliche Wrkg. von Thiolen gegen St. aureus u. E. coli u. die Tatsache, daß die Wrkg. von Co^{2+}, Pb^{2+}, Cu^{2+} u. Ag^+ gegen **II** nicht auftritt, wenn E. coli als Testorganismus benutzt wird, lassen Schlüsse über die **II**-Wrkg. u. den SH-Stoffwechsel der Bakterien zu. Ag^+ hat im Gegensatz zu anderen Schwermetallionen beachtliche, Hg^{2+} schwach steigernde Wrkg. auf **I**. Die Aktivität anderer Antibiotica wird im allg. durch Schwermetallionen etwas gesteigert. (J. Antibiotics [Tokyo], Ser. A **6.** 39—41. Febr. 1953. Tokyo, Univ., Med. Dep. [Orig.: engl.]) H. GOEBEL. 4340

Toju Hata, Natsuo Ohki, Akihiro Matsumae und **Fumiwaka Koga,** *Vergleichende Untersuchungen an Streptomyces.* 3. Mitt. *Beziehung zwischen Klassifizierung nach der Verwertung von Kohlenstoffverbindungen und nach den antibakteriellen und antistreptomytischen Spektren.* Streptomycesstämme, die auf Grund ihres Abbaus von C-Verbb. in 5 Gruppen mit 12 Typen eingeteilt worden waren, wurden auf ihre antistreptomyt. u. antibakteriellen Spektren hin untersucht; beide Einteilungen stimmen im großen ganzen miteinander überein. Das antistreptomyt. Spektr. ist brauchbares ergänzendes Mittel zur Differenzierung von *Streptomyces*-Stämmen, während das antibakterielle Spektr. nur verwendbar ist, wenn gegen spezif. Testorganismen antibakterielle Aktivität besteht. (J. Antibiotics [Tokyo], Ser. B **6.** 9—14. Jan. 1953. [Orig. japan., Auszug: engl. Ser. A **6.** 42—43.] Febr. 1953. Kitasato Inst. for Infectious Diseases.) H. GOEBEL. 4350

S. Čmelik, *Über Bakterienlipoide.* 3. Mitt. *Untersuchung verschiedener Lipoidfraktionen von Salmonella paratyphi C.* (2. vgl. C. **1954.** 6030.) Glatte Kolonien eines stark virulenten Stammes von Paratyphuserregern hatten einen Lipoid (**I**)-Geh. von 3,9% der Trockensubstanz. 21,6% der Gesamt-**I** waren Phosphatide (**II**), die in kaltem Methanol gelöst wurden. Beide dadurch erhaltenen Fraktionen sind P-reich, aber verschieden im N-Geh., der nicht identifiziert werden konnte. Sie enthalten kleine Mengen von Glutaminsäure, Lysin, Arginin u. Spuren von Serin u. Glykokoll. **II** enthalten weder Cholin noch Äthanolamin, noch Inosit, noch Kohlenhydrate. In beiden **II**-Fraktionen sind hauptsächlich ungesätt. Fettsäuren (**III**) enthalten. Die Neutral-**I** enthalten als flüchtige Säure nach Neutralisationszahl u. Äquivalentgewicht Caprinsäure. Sie enthielten 7% Unverseifbares, von dem ein Drittel aus einem ungesätt. KW-stoff mit der JZ. 112 bestand. Die **III** enthielten 39,2% gesätt. u. 58,3% ungesätt. Säuren. Erste waren reine Palmitinsäure, letzte hauptsächlich Ölsäure. Die **III** der Neutral-**I** liegen meist in Form von Glyceriden vor. (Hoppe-Seyler's Z. physiol. Chem. **296.** 67—73. 1954. Zagreb, Kroatien, Centr. Hygien. Inst.) H. BENISCHKE. 4350

Elmer L. Gaden jr., Demetre N. Petsiavas und **Joseph Winoker,** *Ausnutzung von Citrusabfallprodukten. Mikrobiologische Gewinnung von Riboflavin und Citronensäure aus Citrusmelasse.* Unterss. im Laboratoriumsmaßstab zeigten, daß durch Vergärung von Abläufen der Citrusverarbeitung mit Aspergillus niger *Citronensäure* (**I**) erhalten werden kann. Infolge der hohen Empfindlichkeit von A. niger gegenüber Metallspuren ist jedoch sorgfältige Reinigung der Abläufe über Ionenaustauscher u. außerdem Zusatz von N, P u. Mg erforderlich. Bei Einstellung der Abläufe auf einen Zuckergeh. von 9,2% werden 35% des Zuckers in 3—4 Tagen in **I** übergeführt. — Mit Kulturen von Eremothecium ashbyii kann aus den Citrusabläufen eine beachtliche Menge an *Riboflavin* (**II**) erhalten werden. Die Abläufe werden auf 6% Zucker u. p_H-Werte von 6,5—8,0 eingestellt, von den Trübstoffen durch Absetzen u. Dekantieren befreit, mit 0,07% eines Hefepräp. versetzt u. mit E. ashbyii fermentiert, wobei nach 7—9 Tagen bis zu 0,72 mg **II**/ml erhalten werden, Die nach diesem Verf. mit **II** angereicherten Citrusabläufe eignen sich gut als Zusatz zu Futtermitteln. (J. agric. Food Chem. **2.** 632—38. 9/6. 1954. New York, N. Y., Columbia Univ., Dep. of Chem. Engng.) F. KRUSEN. 4360

Alfred Polson und **Anne M. Linder,** *Die Bestimmung der Sedimentationskonstante von Proteinen und Viren mit der präparativen Spinco-Ultrazentrifuge.* Vff. fanden, daß sich mit der elektr. angetriebenen SPINCO-Winkelzentrifuge genaue SVEDBERG-Sedimentationswerte unter sorgfältiger Kontrolle der Temp. u. der Zentrifugierungsdauer erhalten lassen. Die Verss. wurden mit Krickhornhämocyanin u. „lumpy-skin"-Virus durchgeführt. Da das gleiche Instrument auch zur Virusreinigung benutzt werden kann, ist es für den mit dem Elektronenmikroskop Arbeitenden von besonderem Wert. Auch hat die Meth. bestimmte Vorteile gegenüber der ELFORDschen Capillarmeth. (Brit. J. exp. Pathol. **18.** [1937.] 155). (Biochim. biophysica Acta [Amsterdam] **11.** 199—208. Juni 1953. Kapstadt, Südafrika, Univ., Dep. of Pathol. and Virus Res. Unit, S. A. Council for Scient. and Ind. Res.) M. SCHÖNBERG. 4374

Alfred Polson, *Gewichtsmäßige Verwandtschaftsbeziehungen unter den tierischen Viren.* Die Ergebnisse bzgl. der Teilchengröße kleinerer tier. Viren (sphär.) auf Grund der bekannten physikal. Methoden (vgl. vorst. Ref.) wurden gesammelt u. verglichen. Dabei zeigte sich, daß die betreffenden Viren sich in 3 Gruppen einteilen lassen, deren Voll. sich wie 1:4:16 verhalten. Es liegt nahe, anzunehmen, daß die Viren einer Gruppe aus derselben Zahl von Untereinheiten aufgebaut sind, die sich in der Zus. unterscheiden können. Entsprechend den von HOYLE, REED u. ASTBURY (Nature [London] **171.** [1953.] 276) festgestellten, nichtinfektiösen Untereinheiten von Influenzavirus mit dem Diameter 12 mμ müßten die kleinsten tier. Viren, wie das Maul- u. Klauenseuchevirus, 4 Untereinheiten besitzen. (Nature [London] **172.** 1154—55. 19/12. 1953.) M. SCHÖNBERG. 4374

Carsten Rindom Schiøtt, *Die Wirkungen großer Aminosäurendosen bei experimenteller Poliomyelitis.* Bericht über den Verlauf der Poliomyelitis von Mäusen nach Infektion mit dem Virus MEF-1 bei nachfolgender Verabreichung von hohen Aminosäuredosen. *Alanin, Valin, Leucin, Isoleucin, Methionin, Tryptophan* u. *Phenylalanin* (I) bedingen, mit Ausnahme von I, gesteigerte Häufigkeit im Auftreten von Paralysen u. leichte Red. der Incubation u. Überlebenszeit. *Methoxinin* hat keine Wrkg. auf die Infektion; *p-Aminophenylalanin* scheint das Virus in der Wachstumsphase zu hemmen. (Dan. med. Bull. **1.** 185—87. Nov. 1954. Beilage zu: Ugeskr. Laeger, Copenhagen, Univ., Inst. of General Pathol.) H. DOSSMANN. 4374

Ingeborg Am Ende, *Zur Ernährungsphysiologie des Pilzes der Xanthoria parietina.* Eine Kulturbeschreibung des Pilzes der Flechte Xanthoria parietina bei verschied. C- u. N-Ernährungsbedingungen. Die Art der C-Quelle hatte auf die Wuchsform einen starken Einfl.; so wirkten *Erythrit, Pektin, Glycerin* (I) wachstumsfördernd, *Glykol* (II) u. *Inosit* wachstumshemmend. Von den N-Quellen wurden $(NH_4)_2SO_4$, $(NH_4)_2CO_3$, NH_4NO_3 u. *Harnstoff* gut verwertet; *Diphenylamin* wirkt anfänglich tox., kann aber nach Anpassung als N-Quelle gut verwendet werden. Auf die Wuchsform haben die N-Quellen keinen Einfluß. Die hemmende Wrkg. von II konnte durch *Ammoniumoxalat, Asparagin* u. *Ammoniumtartrat* zum Teil aufgehoben werden. Bei gleichzeitiger Gabe von I waren die organ. N-Quellen den anorgan. überlegen. (Arch. Mikrobiol. **15.** 185—202. 1951. Dresden, TH, Botan. Inst.) G. LENHARD. 4380

Frank Macfarlane Burnet, Principles of animal virology. New York: Academic Press. 1955. (496 S. m. Abb.) $ 10,—.

E_4. Pflanzenchemie. Pflanzenphysiologie. Pflanzenpathologie.

R. A. Moss und **W. E. Loomis,** *Absorptionsspektren von Blättern.* 1. Mitt. *Das sichtbare Spektrum.* Es wurden die Absorptions- u. Reflektionsspektren im Gebiet von 400—700 mμ von unbehandelten, in kochendes W. getauchten u. mit Ae. behandelten Blättern, Blattextrakten u. Chloroplastensuspensionen von Feige, Artischocke, Bohnen, Spinat, Kohl u. Tabak untersucht. (Plant Physiol. **27.** 370—91. April 1952. Ames, Io., Iowa State Coll., Dep. of Botany.) D. ITZEROTT. 4400

E. C. Wassink und **S. D. Richardson,** *Beobachtungen über die Beziehung zwischen Wurzelwachstum und Belichtung der Schößlinge an einjährigen Pflanzen von Acer pseudoplatanus L. und Quercus borealis maxima.* Überprüfung des Wurzelwachstums in Pflanzkästen mit Glasscheiben. Bei 16std. Beleuchtung mit 250—9500 Lux (Fluorescenzlampe) zeigte sich kein Unterschied zwischen „Tag"- u. „Nacht"-Wachstum. Während Acer pseudoplatanus rasch auf Änderungen der Lichtintensität reagierte, blieb bei Quercus borealis das Wurzelwachstum unverändert. Vermehrte Assimilation führt hier zur Speicherung von Reservestoffen (Stärke), ohne das Wurzelwachstum zu beeinflussen. (Proc., Kon. nederl. Akad. Wetensch., Ser. C **54.** 503—10. Nov./Dez. 1951. Wageningen, Agric. Univ.) K. ZOPFF. 4404

Gabriel Bertrand und **Didier Bertrand,** *Über den Gehalt der Samen an Rubidium.* (Vgl. auch C. **1954.** 1513; **1955.** 8418.) Es wurde bewiesen, daß im Pflanzenreich *Rb* bei allen Species u. in allen Organen vorkommt. Bei den Phanerogamen sind Labiaten u. Gramineen unter dem mittleren Geh., Papilionaceen u. vor allem Cruciferen sind reich an Rb. Alle Samen enthalten Rb in der Größenordnung von 1—46,7 mg/kg Trockensubstanz. Der allg. Durchschnitt der untersuchten 46 Samenarten liegt bei 9,0 mg, der mittlere Geh. der Pflanzen, von denen die untersuchten Samen stammen, liegt bei 18,0 mg. (C. R. hebd. Séances Acad. Sci. **232.** 2065—66. 4/6. 1951.) I. WEINMANN. 4410

C. G. C. Chesters und **N. G. Rolinson,** *Die Bedeutung von Zink im Pflanzenstoffwechsel.* Literaturübersicht über die Bedeutung von *Zink* für den Stoffwechsel höherer Pflanzen, Pilze u. Tiere. — 81 Literaturangaben. (Biol. Rev. Cambridge philos. Soc. **26.** 239—52. Aug. 1951. Univ. of Nottingham, Dep. of Bot.) L. BARTH. 4410

J. L. Auclair und **J. B. Maltais,** *γ-Aminobuttersäure in Extrakten von Pisum sativum (L.) und im Honigtau von Myzus circumflexus (Buck).* Im Aminosäurenpapierchromatogramm wurde der zunächst als *Methioninsulfoxyd* (I) angesprochene Fleck aufgeteilt in wenig I u. eine in der Erbsenpflanze bisher nicht aufgefundene Aminosäure (R_F 0,50; n-Butanol/Eisessig/W. 30:6:14 in der zweiten, nach Phenol/W. in der ersten Dimension), die als *γ-Aminobuttersäure* (II) identifiziert wurde. II-Geh. der Erbsenpflanze 11 mg/g Trockengewicht. Die gleiche Verb. wurde zu 0,6 mg/g Trockengewicht im Honigtau von M. circumflexus aufgefunden (II-Geh. der Kartoffelknollenfrischsubstanz 540 μg/g). Ein zweiter, noch nicht eindeutig identifizierter Fleck rührt möglicherweise von *β-Aminoisobuttersäure* her. (Nature [London] **170.** 1114—15. 27/12. 1952. St. Jean, Quebec, Can., Dep. of Agric., Sci. Serv. Labor., Div. of Entomol.) H. SCHLOTTMANN. 4420

W. E. F. Naismith, *Untersuchungen an Sojabohneneiweiß mittels Ultrazentrifuge.* Das bisher als einheitlich angesehene durch Extraktion von Sojabohnenmehl mit 10% ig. wss. NaCl-Lsg. u. nachfolgender Dialyse gegen W. gewonnene *Glycinin* erwies sich in der Ultrazentrifuge (200000 γ, $\mu = 0,5$, p_H 8) als aus 4 verschied. Komponenten bestehend (S_{15}, S_{11}, S_7, S_2). Ammoniumsulfatfraktionierungen ergaben noch weitere Auftrennungen; zwei dieser Komponenten konnten relativ rein erhalten werden. Sie zeigten bei fallender Ionenstärke deutliche (reversible) Aggregationstendenz, während p_H-Verschiebungen im Bereich von 6,9—9,5 einen nur geringen derartigen Effekt ergaben. Die Ergebnisse werden mit den an *Arachin* u. *Conarachin* gewonnenen verglichen. (Biochim. biophysica Acta [Amsterdam] **16.** 203—10. Febr. 1955. Dumfries, Schottland, Imp. Chem. Industries Ltd., Nobel Div.) D. MOHRING. 4420

René Grangaud und **Isabelle Garcia,** *Papierchromatographische Untersuchung der Blütenfarbstoffe von Tecoma radicans L.* Meth.: Verreiben der Blüten mit Na_2SO_4, Acetonextrakt mit W. u. PAe. versetzen, PAe.-Schicht waschen, trocknen über Na_2SO_4, im Vakuum (55°) einengen. Bei der Papierverteilungschromatographie (aufsteigend; PAe. als Lösungsm.) wurden 4 Zonen (gelb, rosa, rosa, gelb) erhalten. Die stärkere rosa Zone wurde mit CS_2 extrahiert; Absorptionsmaxima 504—505 (Hauptmaximum) u. 541 bis 542 mμ sowie $SbCl_3$-Rk. deuten auf *Capsanthin.* (C. R. Séances Soc. Biol. Filiales **146.** 1577—79. Okt. 1952. Algier, Fac. de Méd. et de Pharm., Labor. de Chim.) H. SCHLOTTMANN. 4420

H. J. Teas, Anna N. Teas und **J. W. Cameron,** *Die Beziehungen der Nicotinsäuregehalte im Maisendosperm brüchiger und ähnlicher Genotypen während verschiedener Entwicklungsstadien.* Nach dem Blühen wurden der *Nicotinsäure* (I)-Geh. der Endospermen n. Maispflanzen u. zweier Mutanten mit brüchigen Samen bestimmt u. gefunden, daß er bei diesen während der Endospermentw. bedeutend höher lag. Die Unters. reifer Endospermen, die homozygot für die Brüchigkeit u. den Zuckergeh. bestimmender Gene waren, ergab, daß ihr I-Geh. doppelt so hoch war wie bei denen, die nur das den Zuckergeh. bestimmende Gen enthielten. (Cereal Chem. **31.** 250—56. Mai 1954. California Inst. of Technol., u. Univ. of California, Citrus Exp. Stat.) H. KATHEN. 4425

Luciano Tombesi, *Tagesveränderungen im Gehalt an Ascorbinsäure, reduziertem Glutathion und an Oxydase- und Katalaseaktivität im Blattgewebe.* In der vegetativen Periode der Pflanzen nimmt in den Blättern der *Glutathion* (I)-Geh. ab, während der *Ascorbinsäure* (II)-Geh. leicht ansteigt. In den gelbgefärbten Geweben nimmt bes. nachmittags die Enzymaktivität stark ab. Fast immer verhält sich II invers zur *Katalase* (III)-Aktivität. Vf. bestimmte außerdem zu verschied. Tageszeiten den Geh. an I, II u. die Aktivität von *Oxydase* u. III. Die Mengenänderungen dieser Substanzen hängen vom jeweils ablaufenden physiol. Vorgang ab. (Ann. Staz. chim.-agrar. sperim. Roma [3] **1951.** Pubbl. Nr. 49. 1—20; Ann. Sperimentaz. agrar. [N. S.] **5.** 1021—40. 1951. Roma, Staz. chim.-agrar. sperim.) H. SCHEURLEN. 4450

Albert W. Frenkel und **Cecilia Rieger,** *Photoreduktion in Algen.* In Fortführung der Unters. zur Frage, ob andere als Grünalgen befähigt sind, CO_2 bei geringen Lichtintensitäten durch H_2 zu reduzieren, wurden zwei Rotalgen, Porphyridium cruentum, Porphyra umbilicalis sowie eine Braunalge (Ascophyllum nodosum) untersucht u. ihre Fähigkeit zur Photored. nachgewiesen. Die bei Grünalgen häufig beobachtete Notwendigkeit einer vorausgehenden Periode der Dunkelanpassung ist nicht allgemeingültig, bei den bisher untersuchten marinen Grünalgen jedoch stets erforderlich. — Chlamydomonas moewusii entwickelt bei sehr geringen Lichtintensitäten CO_2 u. H_2 aus einem unbekannten endogenen Substrat in derselben Größenordnung wie dies von den Purpurbakterien Rhodospirillum rubrum berichtet wird. (Nature [London] **167.** 1030. 23/6. 1951. Minneapolis, Minn., Univ., Dep. of Bot.) I. WEINMANN. 4460

Walter Stiles, *Die grüne Pflanze.* Eine Übersicht über die Entstehung von *Chlorophyll* in der grünen Pflanze u. seine Aufgaben im Leben der Pflanze. (Advancement of Sci. **8.** 5—12. Juni 1951. Birmingham.) C. GRIMME. 4460

Paul Reckendorfer, *Theorie und Praxis der durch Pflanzenschutzmittel verursachten Pflanzenschäden. Mikrochemie der Verbrennungserscheinungen.* Vf. entwickelt theoret., daß das zentrale Mg-Atom im Chlorophyll eine ähnliche Rolle für die Photosynth. spielt wie in den bekannten GRIGNARD-Reaktionen. Die zur Schädlingsbekämpfung zur Anwendung kommenden Stoffe, hauptsächlich solche, die Metalle bzw. Schwermetalle enthalten, können auch beim Blatt als Zellgifte in Frage kommen, weil es unter ihrem Einfl. zur Eliminierung, Substitution oder Blockierung des Mg u. weiterhin zur Nekrose kommt. Vf. versucht, diese Theorie durch mikroanalyt. Zn-Bestimmungen bei Blättern, die mit dem fungicid wirkenden dimethyldithiocarbaminsauren Zn behandelt wurden, zu stützen. (Pflanzenschutzberichte [Wien] **13.** 129—53. 1954. Wien, Bundesanstalt für Pflanzenschutz.) W. BEINERT. 4495

E_5. Tierchemie. Tierphysiologie. Tierpathologie.

Manfred Liefländer und **Hagen Tronnier,** *Beitrag zur Biochemie des Schwefels in der menschlichen Haut.* Kurze Kennzeichnung der Bedeutung der S-haltigen Verbb. für den Organismus. Für die vorliegenden Unterss. wurde eine Modifikation der von KUHN u. Mitarbeitern (Ber. dtsch. chem. Ges. **72.** [1939.] 402) angegebenen Meth. ausgearbeitet, die ausführlich beschrieben wird, u. mit der der Geh. an S u. S-haltigen Aminosäuren in der Haut u. ihren Anhangsgebilden besser u. genauer bestimmt werden kann als bisher. In n. menschlicher Haut wurden im Mittel gefunden: 15,38 (%) Gesamt-N, 0,59 Gesamt-S, 1,10 Methionin, 0,73 Cystein, 0,11 H_2S-Schwefel. In den funktionell verschied. Teilen der n. Haut u. bes. in patholog. Untersuchungsmaterial zeigten vor allem die Cystinwerte erhebliche Unterschiede, während die Methioninwerte keine sicheren Schwankungen aufwiesen. Mit Zunahme der freien Oberfläche u. damit der Beanspruchungen nehmen Gesamt-S u. Cystin zu (Bldg. stabiler S-Proteine zum Schutz gegen äußere Einwirkungen). (Dermatologica [Basel] **109.** 295—306. Nov. 1954. Göttingen, Univ., Hautklin.) J. SCHWAIBOLD. 4520

L. R. MacDonnell, E. D. Ducay, T. F. Sugihara und **R. E. Feeney,** *Protein des Hühner-, Enten- und Truthahneiklars.* Auf Trockengewicht berechnet enthält das Eiklar vom Huhn 3,4% Lysozym (I), 12% Conalbumin (II), 11% Ovomucoid (III) u. 0,46% natives (IV) sowie 0,62% denaturiertes Cystein (V), vom Truthahn 18,4% I, 11% II, 11% III, 0,42% IV, 0,47% V, von der Pekingente 0,94% I, 2,8% II, 15% III, 0,32 IV, 0,37% V; von der Mallard-Ente (0,86% I, 2,9% II, 15% III, 0,28% IV, 0,29% V. I wird auf Grund seiner bakteriolyt. Aktivität, II durch sein Fe-Bindungsvermögen, III auf Grund seiner Trypsininhibierung u. IV bzw. V durch Mercuribenzoattitration der Sulfhydrylgruppen festgestellt (vgl. FEENEY u. Mitarbeiter, Poultry Sci. **31.** [1952.] 639, u. MACDONNELL u. Mitarbeiter, C. **1955.** 1291). Die große Differenz an Sulfhydrylgruppen beim Hühnereiweiß vor u. nach der Denaturierung deutet an, daß bei den anderen untersuchten Eiweißen verschied. Molekularstruktur vorliegen muß. Truthahn-III enthält 3 —SH-Gruppen pro Mol, wenn man das Mol.-Gew. wie bei Hühner-III zu 46000 $\pm$10% annimmt. (Biochim. biophysica Acta [Amsterdam] **13.** 140—41. Jan. 1954. Albany, Calif., Western Regional Res. Labor.) H. GEHM. 4520

Barrie P. Marmion, Hilda J. Gardner, Eric G. Saint und **John L. Stubbe,** *Magenmucoprotein und „intrinsic factor". Ansprechen der perniciösen Anämie auf orale Gaben von Vitamin B_{12} mit normalem Magensaft, der mit receptorzerstörendem Enzym behandelt wurde.* Einer Patientin, die rückfällig an perniciöser Anämie litt, wurde oral mit Vitamin B_{12} u. menschlichem Magensaft, der mit receptorzerstörendem Enzym behandelt worden war, verabreicht u. n. Heilerfolg erzielt. Aus den Verss. geht hervor, daß der „intrinsic factor" im Magensaft, der ein Mucoprotein ist, nicht durch receptorzerstörendes Enzym zerstört wird u. sich in seinen Eigg. vom Gonadotropin u. den Mucoproteinen aus den Zellen des Respirationstraktes unterscheidet. (Lancet **264.** 273—74. 7/2. 1953. Melbourne, Australien, Royal Melbourne Hosp., Walter and Eliza Hall Inst. of Med. Res.) F. GÜNTHER. 4555

O. Bratlie, *Untersuchungen des Sekrets während der Trächtigkeit.* Der *Katalase-* u. *Reduktase*-Geh. im Kuhsekret ist 1—2 Tage nach dem letzten Milchen erhöht; es können jedoch noch 4 Tage lang n. Werte auftreten. Der Zellgeh. des Sekrets steigt während der Trächtigkeit u. erreicht nach 40 Tagen ein bis zur Kalbung andauerndes Maximum. Die makroskop. Veränderung des Sekrets stimmt mit dessen Analyse überein, indem sich Fett, Milchzucker u. Casein im Lauf der Trächtigkeit erniedrigen, während sich Eiweiß, CaO u. Cl erhöhen. Die Befunde sollen die Best. des Kalbungstermins erleichtern. (Tidsskr. norske Landbruk **61.** 292—98. Okt. 1954.) K. GENEST. 4555

A. Bolliger, *Durch Östrogen induzierte Organumwandlungen bei einem ausgewachsenen Opossum (Trichosurus vulpecula).* Einem 5 Monate alten, ausgewachsenen, kastrierten männlichen Opossum werden in 8 Monaten insgesamt 4,4 mg *Östradiol-*

propionat injiziert (alle 14 Tage 0,1—0,4 mg). Eine eingehende Unters. fand statt, als das Tier 2 Jahre alt war: Scrotum u. Penis hatten die Struktur der entsprechenden weiblichen Organe angenommen, auch das Aussehen des behandelten Tieres ähnelte dem eines weiblichen Tieres. (Austral. J. Sci. **16.** 147. Febr. 1954. Sidney, Univ., Dep. of Surg., Gordon Craig Res. Labor.) H. P. FIEDLER. 4559

Paolo Gustavo Rossi, *Der biologische Follikulinspiegel im Urin bei Amenorrhoe und seine Bedeutung im Verlauf der Hormontherapie.* Bei Männern, Kindern, Frauen in der Menopasuse u. vor der Menarche fanden sich keine meßbaren Mengen *Follikelhormon* (I) im Urin (Extraktion nach der Meth. von BACHMAN u. PETIT). Bei amenorrhoischen Patientinnen verhält sich der I-Spiegel sehr wechselnd, so daß eine Korrelation nicht angenommen werden kann. Im allg. nimmt die Ausscheidung von I zu, wenn es unter Hormonbehandlung zu einer Normalisierung der Periodenblutungen kommt. (Atti Soc. med.-chirurg. Padova Fac. Med. Chirurg. Univ. Padova **31.** 32—49. 1953, ausgeg. 1954. Venetia, Scuola Ostetrica.) P. G. SCHEURLEN. 4559

A. T. Cowie und **D. S. Flux,** *Die Resorptionsgeschwindigkeit von Steroiden und synthetischen Östrogenen aus subcutan implantierten Tabletten.* Die Resorptionsgeschwindigkeit von *17-Oxy-11-desoxycorticosteronacetat, 21-Acetoxypregnenolon, Δ^5-Pregnenolonacetat, Progesteron, 17α-Oxy-21-acetoxy-Δ^1-allopregnen-3.20-dion, 17-Vinyltestosteron, 11-Desoxycorticosteronacetat* u. *Cortison* aus subcutan implantierten Tabletten bei Mäusen, Ratten u. Kühen wird mitgeteilt u. mit der von anderen Autoren gefundenen verglichen. Vff. fordern für einen Vgl. Übereinstimmung der Tierart u. Größe der Tabletten. (J. Endocrinology **11.** 255—60. Okt. 1954. Reading, Univ., Nat. Inst. for Res.) F. LEUSCHNER. 4559

J. D. Biggers und **P. J. Claringbold,** *Kriterien des vaginalen Verhaltens gegenüber Östrogenen.* Für die Beurteilung der Wrkg. östrogener Substanzen auf das Scheidenepithel wird durch eine statist. Unters. der Ergebnisse mit *17β-Östradiol* an ovariektomierten Mäusen gezeigt, daß keine über ein alternatives Urteil hinausgehende Klassifizierung real ist. Ein gutes Kriterium für die Beurteilung ist die Ggw. oder Abwesenheit von Leukocyten. (J. Endocrinology **11.** 277—84. Okt. 1954. Sydney, N. S. W., Australia, Univ., Dep. of Veter. Physiol.) F. LEUSCHNER. 4559

W. Rust, *Vergleichende Beobachtungen der Wirkung weiblicher und männlicher Keimdrüsenhormone sowie kombinierter Hormonpräparate bei ovariellen Störungen.* (Münchener med. Wschr. **94.** 978—83. 9/5. 1952. Berlin, „Sanatorium am Müggelsee".) F. GÜNTHER. 4559

M. A. Hady Gediz, *Erfahrungen mit Progesteron als Schwangerschaftsdiagnosticum.* Bei 49 Fällen von sek. Amenorrhoe erfolgte nach intramuskulärer Injektion von *Progesteron* eine Entzugsblutung, während bei 42 ebenso behandelten Schwangeren keine Blutung auftrat. (Arch. Gynäkol. **180.** 275—78. 1951. Istanbul.) H. SCHEURLEN. 4559

Antti Telkkä und **Matti Tuovinen,** *Untersuchungen über die Wirkung von Schilddrüsenextrakten, Insulin, Testosteron und Kastrierung auf die Samenblase der Ratte.* Vff. untersuchen die Wrkg. von *Thyroxin* u. *Insulin* auf die Samenblase der Ratte durch Messung des Gewichts, des Breite-Höhe-Verhältnisses der Epithelzellen u. der histochem. demonstrierbaren Bernsteinsäuredehydrogenaseaktivität der Samenblase nach 10tägiger, subcutaner Verabreichung von täglich 0,2 cm^3 Schilddrüsenextrakt (*Thyranon; Organon*) u. 0,5 E. *Insulin* (MEDICA). Zum Vgl. werden neben gesunden Tieren 30 Tage zuvor kastrierte u. mit täglich 1 mg *Testosteronpropionat* intramuskulär über 30 Tage behandelte Ratten herangezogen. Unter den gegebenen Versuchsbedingungen üben Insulin u. Schilddrüsenextrakt, wie an der Vergrößerung der Epithelzellhöhe u. enzymat. Aktivität erkennbar ist, eine Reizwrkg. auf die Samenblase aus. (Ann. Med. exp. Biol. fenn., Suppl. **32.** Nr. 12. 1—8. 1954. Helsinki.) A. SCHMIDT. 4559

Michael Schwartz, *Untersuchungen über die passive Übertragung hautsensibilisierender Antikörper (atopische Reagine). Die Wirkung lokal applizierter Steroide auf die Haut bei alten Leuten.* Wochenlang durchgeführte Vorbehandlung von Hautbezirken mit *Testosteronpropionat* bei alten Männern u. mit *Östradiolbenzoat* bei alten Frauen beeinflußte nicht die lokale Reaktiossfähigkeit der Haut auf Timothee-Extrakt nach passiv übertragener lokaler Sensibilisierung mit reaginhaltigem Serum. (Acta allergol. **7.** 403—08. 1954. St. Louis, Mo., Washington Univ., School of Med., Div. of Gerontology.) E. FISCHOEDER. 4559

Inaco Siliotti, *Über die histochemische Darstellung der gonadotropen Hormone in der Hypophyse von Frauen in der Menopause.* Nach der Meth. von MCMANUS-HOTCHKISS gefärbte Schnitte von Hypophysen, die von Frauen in der Menopause stammen, zeigen eine Vermehrung von Perjodsäure-positiven Zellen, wie sie bei jüngeren Frauen nicht gefunden werden. Es wird angenommen, daß hier die an *gonadotropes Hormon* gekoppelten *Mucoproteide* gefärbt werden. (Atti Soc. med.-chirurg. Padova Fac. Med. Chirurg. Univ. Padova **31**. 121—28. 1953, ausgeg. 1954. Padova, Univ., Ist. di Istologia Gen.) P. G. SCHEURLEN. 4560

B. A. Cross, *Der Hypothalamus und der Mechanismus der sympathico-adrenalen Hemmung der Milchabsonderung.* Elektr. Reizung der dorsalen, lateralen u. posterioren, nicht jedoch der ventralen Abschnitte des Hypothalamus vermag die auf *Oxytocin* folgende Milchabsonderung beim Kaninchen zu unterdrücken. Ebenso wirken 1—5 μg *Adrenalin* u. die Reizung der zu den Brustdrüsen u. den Nebennieren führenden sympath. Nerven. Mit der Entfernung der Nebennieren wird die endogene Adrenalinhemmung unterbunden. Als gemeinsamer Wirkungsmechanismus wird der verminderte Zutritt des Oxytocins zu den wirksamen Geweben durch die Vasoconstriction des Adrenalins u. Arterenols angenommen. (J. Endocrinology **11**. IV—V. Okt. 1954. Cambridge, Univ., Dep. of Veter. Clin. Stud.) F. LEUSCHNER. 4560

M. van der Straeten und **I. Leusen,** *Die Wirkung von Pituitrin auf die pulmonare Blutzirkulation.* Die Wrkg. von *Pituitrin* (I; PARKE DAVIS) wurde bei Hunden mit folgender Versuchsanordnung geprüft. Das Versuchstier wurde tracheotomiert, in die Vena jugularis eine Sonde eingeführt u. unter Registrierung von Blutdruck, Herz- u. Atemfrequenz 4 E. I intravenös in 10 Min. verabreicht. 20 Min. nach der Injektion wurde eine Abnahme des systol. u. diastol. Druckes u. der Herzfrequenz u. der O_2-Konz. des Venenblutes beobachtet. Die O_2-Konz. im Arterienblut u. die Atmungsfrequenz blieb unverändert. (Arch. int. Pharmacodyn. Thérap. **96**. 487—89. 1/1. 1954. Univ. de Gand, Labor. de Patholog. et de Thérap. Général u. Clin. Med.) B. v. KEREKJARTO. 4560

R. D. T. Cape, E. P. Carruthers, H. S. Robinson, R. A. Palmer und **H. W. McIntosh,** *Ansprechen der Eosinopenie auf ACTH, das in verschiedenen Abständen intravenös verabreicht wurde.* (Lancet **263**. 111—12. 19/7. 1952. Vancouver, Gen. Hosp.; Shanghnessy Hosp., u. Brit. Columbia, Univ.) F. GÜNTHER. 4560

H. Weil-Malherbe und **A. D. Bone,** *Die Wirkung von Glucose- und Fructoseverabreichung auf den Adrenalin- und Noradrenalinspiegel im menschlichen Plasma.* Die Verabreichung von 50 g *Glucose* an fastende Versuchspersonen führte zu einem *Adrenalin* (I)-Anstieg im venösen Plasma (im Mittel 55% nach 10 Min.). Die Wrkg. war bereits bei einem Blutzuckeranstieg von 3% ausgeprägt. Nach 10—60 Min. war der I-Spiegel wieder normal. Die *Noradrenalin* (II)-Konz. wurde nicht signifikant verändert. Analoge Verabreichung von 50 g *Fructose* führte zu keiner Veränderung des I- u. II-Spiegels. Vff. vermuten, daß der I-Anstieg in einer verminderten Verwertbarkeit des I in der Leber begründet ist. (J. Endocrinology **11**. 298—303. Okt. 1954. Wickford, Essex, Runwell Hosp., Res. Dep.) F. LEUSCHNER. 4561

Samuel P. Martin, S. N. Chaudhuri, R. Green und **Gordon R. McKinney,** *Die Wirkung von Nebennierensteroiden auf die aerobe Milchsäurebildung in menschlichen Leukocyten. Cortison* u. *Hydrocortison* üben in vitro auf menschliche Leukocyten einen direkten Einfl. aus, indem sie die Bldg. von *Milchsäure* (I) vermindern, während sich der O_2-Verbrauch nicht ändert. *Cholesterin* ließ keine Wrkg. erkennen. Die REICHSTEINsche *Verb. S* rief eine Zunahme der I-Bldg. hervor. Diese Beeinflussung des Stoffwechsels durch Nebennierensteroide spielt möglicherweise bei deren antiphlogist. Wrkg. eine Rolle. (J. clin. Invest. **33**. 358—60. März 1954. Durham, N. C., Duke Univ., School of Med., Deps. of Med., Bacteriol. and Pharmacol.) K. MAIER. 4561

D. F. Cole, *Wirkungen von Desoxycorticosteronacetat und Cortison auf die Ausscheidung von hypotonischer NaCl-Lösung durch adrenalektomierte Ratten.* (Vgl. auch C. **1954**. 2425.) Die Rk. auf hypoton. NaCl-Lsg. wurde an n. u. adrenalektomierten Ratten, die mit *Desoxycorticosteronacetat* (I), *Cortison* (II) oder beiden Steroiden behandelt wurden, untersucht. Innerhalb 5 Std. nach Verabreichung der NaCl-Lsg. schieden n. Ratten wegen verminderter Rückresorption in den Nierentubuli mehr W. aus. Die Na-Ausscheidung wurde unverändert gefunden. Adrenalektomierte Ratten mit oder ohne I zeigten dagegen keine diuret. Rk., jedoch war die Na-Rückresorption vermindert. II verhinderte bei adrenalektomierten Ratten die Diurese nicht, führte allerdings zu einem größeren Na-Verlust als unter I. I u. II gemeinsam normalisierten wohl die Wasserausscheidung, jedoch bei verminderter Na-Rückresorption. Keine mit II behandelte Versuchsgruppe zeigte einen Verlust an Zell-Na. Vf. vermutet aus den Befunden mit II für die Aufrechterhaltung der n. Wasserdiurese neben dem antidiuret. Prinzip des Hypophysenhinterlappens einen weiteren Faktor. (J. Endocrinology **11**. 261—68. Okt. 1954. Newcastle-upon-Tyne, Univ. of Durham, King's Coll., Dep. of Med.) F. LEUSCHNER. 4561

S. A. Simpson, J. F. Tait und **I. E. Bush,** *Ausscheidung eines Salz zurückhaltenden Hormons durch die Säugetiernebennierenrinde.* (Lancet **263**. 226—28. 2/8. 1952. London, Middlesex Hosp.) F. GÜNTHER. 4561

Barbara E. Clayton, I. H. Mills und **F. T G. Prunty,** *Weitere Untersuchungen über die Nebennierenrindenfunktion bei Ascorbinsäuremangel.* Die Entw. des akuten Skorbuts beim Meerschweinchen ist von einer niedrigen Ausscheidung der *17-Ketosteroide* (I) u. *17-ketogenen Steroide* begleitet. Während der Ascorbinsäureverarmung steigt der Hydrocortisonspiegel im Blut von 10 auf annähernd 90 μg/100 ml. In der Endphase des Skorbuts erhöht sich die I-Ausscheidung wieder. Ähnliche Befunde wurden bei 3 Patienten während der Entw. des Skorbuts erhoben. *ACTH* übte weder bei Meerschweinchen noch bei 2 Patienten eine Wrkg. auf den Skorbut aus. (J. Endocrinology **11.** VI—VII. Okt. 1954. London, St. Thomas's Hosp. Med. School, Dep. of Chem. Pathol.) F. LEUSCHNER. 4561

M. A. Chapin und **R. A. Frost,** *Temporalarteriitis: Behandlung mit Cortison.* Bericht über 2 Fälle von Temporalarteriitis, von denen der eine nicht erkannt, der andere erfolgreich mit *Cortison* behandelt wurde. Wegen drohender Erblindungsgefahr ist frühzeitige Erkennung notwendig. (Clinical Med. **61.** 477—78. Juni 1954. Auburn, Me.) K. BÖHM. 4561

Dennison Young und **Manuel Rodstein,** *Ergebnisse einer Cortison–Corticotropin-Therapie bei chronisch aktivem rheumatischem Fieber.* (A. M. A. Arch. intern. Med. **90.** 64—78. Juli 1952. New York, N. Y.) F. GÜNTHER. 4561

Morris Ziff, Edward Scull, Denys Ford, Currier McEwen und **Joseph J. Bunim,** *Die Wirkung intraarteriell injizierten Hydrocortisons und Cortisons bei rheumatoider Arthritis.* (A. M. A. Arch. intern. Med. **90.** 774—84. Dez. 1952. New York, N. Y.) F. GÜNTHER. 4561

J. A. Page, *Zwei Fälle fulminanter Pneumonie bei Patienten unter Hormontherapie.* Vf. berichtet über 2 Fälle fulminanter Pneumonie bei Patienten, die wegen Exacerbation einer rheumat. Arthritis *ACTH* bzw. *Cortison* bekommen hatten, wobei der maskierende Effekt dieser Mittel über die schwere bakterielle Infektion getäuscht hatte. (Brit. med. J. **1954 II.** 1334—35. 4/12. Bath, Rheumatism Res. Unit, Roy. Nation. Hosp. for Rheumat. Diseases.) K. BÖHM. 4561

W. Spiegelhoff, D. Weber, K. H. Wiedehage und **O. Ortiz,** *Über die Ausschaltung farbgebender Störfaktoren bei der Bestimmung von 17-Ketosteroiden nach chromatographischer Trennung.* Die rechner. Eliminierung von Störfaktoren durch die Korrekturformel von FRASER (J. clin. Endocrinol. **1.** [1941.] 234) bei der chromatograph. Trennung der *17-Ketosteroide* (I) nach DINGEMANSE u. Mitarbeiter (C. **1946.** I. 1031; J. clin. Endocrinol. **6.** [1946.] 535) weist einige Fehler auf, die sich in einer Erhöhung der Werte innerhalb der Fraktion III (3-β-I; Nebennierenanteil des Gesamtkomplexes), in den übrigen Fraktionen aber in einer Erniedrigung der Werte unter den tatsächlichen Hormongehh. zeigen. A u s f ü h r u n g: 1. Best. der Gesamt-I: Der Urin wird 4 Std. am Rückfluß zur Extraktion der freien I mit Bzl. gekocht. Nach Abheben des Bzl. wird der teilextrahierte Urin dem kombinierten Hydrolyse- u. Extraktionsverf. von HAMBURGER (Acta endocrinol. **1.** [1948.] 375) unterworfen. Der Trockenrückstand der vereinigten Benzolextrakte wird in absol. A. gelöst. 2 ml des alkoh. Harnextraktes werden mit 2 ml 2%ig. alkoh. m-Dinitrobenzollsg. u. 2 ml 3nKOH versetzt u. 60 Min. bei 25° im Dunkeln stehengelassen. Das Farbstoffgemisch wird mit 8 ml Chlf. versetzt u. über Na_2SO_4 filtriert. Das klare Filtrat wird im Bereich von 500 mμ gemessen. Der gesuchte I-Wert wird aus einer mit Dehydroisoandrosteron als Testsubstanz aufgestellten Eichkurve entnommen. 2. Best. von I nach chromatograph. Trennung: Der Trockenrückstand des Harnextraktes wird in 50 ml Bzl. gelöst u. nach DINGEMANSE chromatographiert. 10 ml eines jeden, je 50 ml betragenden Eluates werden zur Trockene gedampft. Der Rückstand wird in 0,2 ml absol. A. gelöst u. mit 0,2 ml 2%ig. alkoh. m-Dinitrobenzollsg. u. 0,2 ml 3nKOH versetzt. Nach 60 Min. Stehen bei 25° im Dunkeln wird mit 6 ml Chlf.–A. (3 : 1) aufgenommen u. über Na_2SO_4 filtriert. Messung u. Auswertung wie oben. (Acta endocrinol. [Copenhagen] **18.** 47—59. Jan. 1955. Köln, Univ., Med. Klinik.) K. F. MÜLLER. 4561

N. F. Maclagan, W. E. Sprott und **J. H. Wilkinson,** *Der Einfluß des 3.5.3'-l-Trijodthyronins und einiger Antithyroxinsubstanzen auf den Sauerstoffverbrauch der Maus.* (Lancet **263.** 915—16. 8/11. 1952. London, Univ.) F. GÜNTHER. 4562

Hans Kleinsorg und **Hans-Ludwig Krüskemper,** *Über den Einfluß von Thyroxin und antithyreoidalen Substanzen auf das Serumeiweißbild.* Bei Ratten ruft die Applikation hoher Dosen *Thyroxin* (I) eine Hyperthyreose, gleichzeitig aber auch eine Verminderung des Gesamteiweißes des Blutserums durch Abnahme der Albumine (um 21,5%) u. der Globuline (um 15%) hervor, wobei α-, β- u. γ-Globuline in gleicher Weise beteiligt sind. Dabei kann noch nicht entschieden werden, ob die Abnahme auf eine verminderte Eiweißsynth. oder aber auf Eiweißabbau zurückzuführen ist, wenngleich eine verminderte Synth. durch eine durch I bedingte Leberfunktionsstörung vermutet werden kann. Die Wrkg. des I kann durch Zugabe von *Kaliumperchlorat* (II) nicht aufgehoben werden. *Methylthiouracil* (III) u. II verändern das Bluteiweißbild ebenfalls. III steigert den β-Globulingeh. um 79%, II (250 mg/kg/Tag) um 68% u. I (100 mg/kg/Tag) um 94%. Die Albuminwerte zeigen nur nach II, nicht nach III eine leichte, statist. noch nicht gesicherte Zunahme. Die Entstehung der Zunahme der β-Globuline kann noch nicht gedeutet werden. (Naturwissenschaften **41.** 362—63. 1. Aug.-H. 1954. Göttingen, Univ., Med. Klinik.) H. P. FIEDLER. 4562

F. M. Labban, *Die Wirkung von oral verabreichtem L-Thyroxin auf das Fellwachstum von Schafen.* Verabreichung von täglich 3,5—5 mg *L-Thyroxin* in Gelatinekapseln über 11 Monate an 19 Mutterschafe ergab eine Zunahme des Wollgewichtes von 2,88 auf 3,87 kg u. eine Steigerung des Keratingeh. von 0,877 auf 1,153 g/cm² Fell. Die Zunahme des Wollgewichtes führen Vff. auf ein gesteigertes Längenwachstum der Haare zurück. Durchmesser der Haare, Körpergewicht u. rectale Temp. der Schafe blieben unverändert. (J. Endocrinology **11.** V—VI. Okt. 1954. Cambridge, Univ., School of Agricult.) F. LEUSCHNER. 4562

G. Ansell und **H. Miller,** *Der Einfluß von Jod auf die Freisetzung von Schilddrüsenhormon bei Thyreotoxikose.* (Lancet **263.** 5—10. 5/7. 1952. Sheffield, Univ., Dep. of Pharmacol. and Therapeutics; Nat. Centre for Radiotherapy.) F. GÜNTHER. 4562

Åke Hanngren, *Die Bestimmung der antithyreoiden Wirkung der p-Aminosalicylsäure unter Benutzung radioaktiven Jods.* (Lancet **263.** 117. 19/7. 1952. Uttran, Schweden, Söderby Hosp.) F. GÜNTHER. 4562

Inaco Siliotti und **Guglielmo Marchetto,** *Das morphologische Bild der Schilddrüse nach Behandlung mit p-Oxypropiophenon.* (*Tierexperimentelle Untersuchungen.*) Vff. implantierten Meerschweinchen Hypophysen von thyreoidektomierten u. mit *p-Oxypropiophenon* (I) behandelten Tieren; an den Schilddrüsen dieser Tiere konnten keine Veränderungen festgestellt werden. Wurden dagegen Hypophysen unbehandelter Tiere implantiert, so fanden sich an den Schilddrüsen die Zeichen einer gesteigerten Aktivität. Vff. schließen aus diesen Befunden, daß I die Aktivität des *thyreotropen Hormons* hemmt. (Atti Soc. med.-chirurg. Padova Fac. Med. Chirurg. Univ. Padova **31.** 268—77. 1953, ausgeg. 1954. Padova, Univ., Ist. di Istol. Gen.) P. G. SCHEURLEN. 4562

D. Ja. Schurygin, *Das Knochenmarks- und Blutbild bei Thyreotoxikosekranken während der Behandlung mit Methyluracil.* (Vgl. C. **1955.** 3661.) Beobachtungen an 59 Thyreotoxikosekranken ergaben, daß sich die Erythropoese während der *Methylthiouracil* (I)-Behandlung bessert, was sich in einer Zunahme der Erythrocyten im Blut äußert. Die Zahl der Leukocyten sinkt auf Kosten der Neutrophilen ab, die Anzahl der Lymphocyten, Monocyten u. Eosinophilen nimmt relativ, seltener auch absol., zu. Das Auftreten einer ausgesprochenen Leukopenie, die bei Herabsetzung der I-Dosis nicht verschwindet, ist als Kontraindikation für eine Weiterbehandlung mit I anzusehen. Die Neigung zu Thrombopenie verschwindet unter I nicht; der Reifungsprozeß der Riesenzellen im Knochenmark bleibt gehemmt. (Терапевтический Архив [Therap. Arch.] **26.** Nr. 5. 61—69. Sept./Okt. 1954. Militärmed. Kirow-Akad.) E. RENTZ. 4562

H. Kutschera-Aichbergen, *Die Bedeutung des Jods für die Gesundheit in unseren Alpenländern.* Zusammenfassende Darst. des Vork., Kreislaufs u. der Funktion des Jods sowie des Jodbedarfs beim Menschen, ferner des Jodmangels u. dessen Folgen, der Verhütung der Jodmangelschäden u. der Bekämpfung der Jodmangelkrankheiten in Österreich. Beschreibung von 5 Fällen mit Kropf u. Hyperthyreose, die durch Behandlung mit physiol. Jodidgaben mit oder ohne zusätzliche Gaben von Thyreostaticis gebessert oder geheilt wurden (Hemmung der Hypophyse u. Verminderung des thyreotropen Hormons). Beschreibung eines Falles mit Jodbasedow, verursacht durch übermäßige Jodgaben (in 26 Tagen 104 mg). Zusammenfassende Darlegung der Unschädlichkeit des Vollsalzes u. der Notwendigkeit seiner allg. Einführung. (Wiener med. Wschr. **104.** 777—81. 25/9. 1954. Graz.) J. SCHWAIBOLD. 4562

H. Weil-Malherbe und **A. D. Bone,** *Die Wirkung von Insulin auf den Adrenalin- und Noradrenalinspiegel im menschlichen Blut.* Die Wrkg. von *Insulin* (I) auf die Konz. von *Adrenalin* (II) u. *Noradrenalin* (III) im menschlichen Plasma wurde mittels einer Fluorescenzmeth. untersucht. Die intramuskuläre Injektion von I in Dosen, die zum hypoglykäm. Schock führen, senkte die II-Konz. im Plasma. In den Erythrocyten ließ sich ebenfalls eine fallende Tendenz beobachten. Mit Beendigung des comatösen Zustandes normalisierte sich der II-Spiegel. Die III-Konz. war im Plasma u. in den Erythrocyten unverändert. Auf die intravenöse I-Injektion (0,1 E./kg) folgte eine II-Senkung mit einem Maximum nach 5 Minuten. Der III-Spiegel war nach 90 Min. leicht gesenkt. Die Konzentrationsänderungen von II waren lediglich in ihrer Dauer von der I-Dosierung abhängig. Vff. schließen aus ihren Befunden, daß die II-Senkung keine Folge der Hypoglykämie, sondern eine prim. Rk. ist. (J. Endocrinology **11.** 285—97. Okt. 1954. Wickford, Essex, Runwell Hosp., Res. Dep.) F. LEUSCHNER. 4564

Harry Shay und **David C. H. Sun**, *Stress und Magensaftsekretion beim Menschen.* 1. Mitt. *Eine Untersuchung über die Mechanismen bei der Insulinhypoglykämie.* Vff. untersuchten an 5 Patienten mit chron. Duodenalulcera den Einfl. von intravenös gegebenen *Insulin*-Gaben (15—25 E.) u. die Wrkg. der Insulinhypoglykämie (IHG) u. gleichzeitiger Gabe von *Regitin* auf die Magensäuresekretion. Die Verss. ergaben, daß der Stresseffekt der IHG einen Anstieg der Magensäuresekretion verursacht, u. daß hierfür intakte Nebennieren erforderlich sind. Wahrscheinlich wird *Adrenalin* im Zuge des Stresseffektes der IHG freigesetzt u. spielt eine wichtige Rolle bei der Stimulation der Magensaftsekretion. Vff. glauben, daß man eine durch die Nebennieren verursachte Phase der Magensaftsekretion beim pept. Ulcusproblem feststellen kann, u. daß diese Phase ein signifikanter Teil der schädlichen somat. Mechanismen ist, die durch Stress-Rkk. aktiviert werden. (Amer. J. med. Sci. **228.** 630—42. Dez. 1954. Philadelphia, Pa., Univ., School of Med. and Hosp., u. Samuel S. Fels Res. Inst.) K. BÖHM. 4564

G. de Bastiani und **L. Granata**, *Der Einfluß von Hypophysenextrakten auf die diabetogene Wirkung des Alloxans.* Hunde, die mit Hypophysenextrakt zusammen mit *Alloxan* (I) behandelt wurden, zeigten katabiot. Veränderungen am Pankreas, wie sie nach I allein auftreten können. Wurde dagegen I mit Wachstumshormon kombiniert, so blieben diese Veränderungen aus. Es wird daraus auf eine unterschiedliche Wrkg. von *diabetogenem* u. *pankreatotropem Hypophysenhormon* bei Kombination mit I geschlossen. (Atti Soc. med.-chirurg. Padova Fac. Med. Chirurg. Univ. Padova **31.** 433—36. 1953, ausgeg. 1954.) P. G. SCHEURLEN. 4564

G. de Bastiani und **L. Sperti**, *Alloxan und Insulinsekretion.* Verss. an Hunden zeigten, daß nichtdiabetogene Dosen von *Alloxan* (I) sowohl bei intravenöser Injektion als auch bei Injektion in den Pankreaskreislauf beim n. Tier die *Insulin*-Sekretion nicht beeinflussen. Eine Hemmung wird lediglich beobachtet, wenn I mit oder kurz nach Glucoseinjektionen verabfolgt wird. (Atti Soc. med.-chirurg. Padova Fac. Med. Chirurg. Univ. Padova **31.** 313—24. 1953, ausgeg. 1954. Padova, Univ., Ist. di Fisiol.) P. G. SCHEURLEN. 4564

Judith H. Balmain, C. P. Cox, S. J. Folley und **Mary L. McNaught**, *Die biologische Bestimmung von Insulin in vitro durch ein manometrisches Verfahren an Schnitten von Brustdrüsen.* Es wird eine manometr. Meth. zur Best. von *Insulin* (I) beschrieben. I steigert die Atmung von Brustdrüsenschnitten lactierender Ratten. Die Meth. wird mit den bekannten biol. Verff. verglichen. (J. Endocrinology **11.** 269—76. Okt. 1954. Reading, Univ., Nat. Inst. for Res.) F. LEUSCHNER. 4564

N. D. Michailowa, *Über Herkunft und klinische Bedeutung des ätherlöslichen Bilirubins im Blutserum.* Bei 27 von 28 Ikteruskranken mit Tumoren des Pankreaskopfes u. der VATERschen Ampulle fanden sich im Blutserum mehr als 2 mg% ätherlösl. *Bilirubin* (I). Von 162 Patienten mit Ikterus anderer Ätiologie wurde I nur bei 11 Kranken gefunden. Als wahrscheinliche Ursache des Auftretens von I im Blutserum der Patienten wird die gleichzeitige Störung des Abflusses von Pankreassekret u. Galle angesehen. Ein Geh. an ätherlösl. I über 2 mg% zeigt mit Sicherheit eine Obturation im Pankreas an; bei 1—2 mg% I ist sie wahrscheinlich, bei weniger als 1 mg% I nicht vorhanden. (Клиническая Медицина [Klin. Med.] **33** (**36**). Nr. 3. 71—75. März 1955. Moskau, 1. Med. Inst., Propädeut.-Therapeut. Klinik.) E. RENTZ. 4564

Vittorio Erspamer, *Betrachtungen der angeblich serotonin- (enteramin-) ähnlichen Eigenschaften der cerebral-pressorischen Substanz von Taylor, Page und Corcoran.* (A. M. A. Arch. intern. Med. **90.** 505—12. Okt. 1952. Bari, Italien.) F. GÜNTHER. 4569

Ruth Allcroft, *Hypomagnesämie beim Rind.* Kurze Kennzeichnung der vorliegenden Beobachtungen über die Pathogenese, Ätiologie u. Behandlung dieser Störung. Es wird über eigene Verss. bei 2 Tierherden berichtet, bei denen schwere Fälle von hypomagnesäm. Tetanie aufgetreten waren. Die Tiere der Versuchsgruppen erhielten täglich 2 oz. MgO. Bei diesen wurde ein Absinken der Serum-Mg-Werte auf abnorm niedrige Werte nicht in allen Fällen verhindert, auch das Auftreten der tetan. Erscheinungen nicht vollständig. Das Weidefutter enthielt ca. 0,16—0,22% MgO i. T., was etwa einer täglichen Aufnahme von 15 g Mg entspricht, die als n. angesehen werden kann. Die krit. Zeit für das Auftreten der Störungen war bei den beiden Herden zwischen Jan. u. März bzw. April u. Juni. Hypocalcämie war bei diesen Tierbeständen nicht vorhanden. (Veterin. Rec. **66.** 517—22. 11/9. 1954. Weybridge, Min. of Agricult., Vet. Labor.) J. SCHWAIBOLD. 4572

F. Valić und **D. Durić**, *Der Kohlenmonoxydgehalt im Blut von Nichtrauchern und Rauchern.* Der Geh. des Blutes an chem. gebundenem CO wurde nach der Meth. von HORVATH u. ROUGHTON (J. biol. Chemistry **144.** [1942.] 747) bei 75 Nichtrauchern im Mittel zu $0,180 \pm 0,0855$ cm^3/100 cm^3, bei 75 Rauchern zu $0,759 \pm 0,398$ cm^3/100 cm^3

ermittelt. Als höchster n. Grenzwert ist bei Nichtrauchern 0,31, bei mäßigen Rauchern 1,39 cm^3 CO/100 cm^3 Blut anzunehmen; höhere Werte deuten auf eine Erhöhung des CO-Geh. der Atmungsluft hin. Im CO-Geh. des Blutes von Männern u. Frauen u. von Stadt- u. Landbewohnern wurden keine erheblichen Unterschiede gefunden. (Arhiv Higijenu Rada **5.** 49—56. 1954. Zagreb, Inst. za higijenu rada.) S. BECKMANN. 4572

M. Pozzan, E. Scoffone und **P. Sattin,** *Untersuchungen über die Porphyrine im Urin eines Falles von congenitaler Porphyrie.* Im 24 Std.-Urin eines zweijährigen Kindes mit congenitaler Porphyrie konnten Vff. 10,23 mg *Uroporphyrin I* (= 65,5%) u. 5,58 mg *Koproporphyrin I* (= 34,5%) isolieren u. kristallisieren. (Atti Soc. med.-chirurg. Padova Fac. Med. Chirurg. Univ. Padova **31.** 528—36. 1953, ausgeg. 1954. Padova, Univ., Clin. Pediatr.) P. G. SCHEURLEN. 4572

Nathan Rosenthal und **Robert L. Rosenthal,** *Behandlung echter Erythrocytose mit Triäthylenmelamin. Zusammenfassung von dreißig Fällen.* (A. M. A. Arch. intern. Med. **90.** 379—88. Sept. 1952. New York, N. Y.) F. GÜNTHER. 4573

Z. Stary, S. Akkurt und **H. Bodur,** *Untersuchungen über den Polysaccharidgehalt von Blutserum und Pleuraexsudaten bei der Lungentuberkulose.* Elektrophoret. Unterss. ergaben bei Lungentuberkulose eine sich in der Vergrößerung der α-Globulinfraktion ausdrückende Vermehrung der Serumpolysaccharide, die von einer Erhöhung der Erythrocytensenkungsgeschwindigkeit begleitet ist. Zwischen dem Polysaccharidgeh. des Serums u. der Pleuraexsudate bestehen Zusammenhänge. (Med. Mschr. **8.** 772—74. Nov. 1954. Istanbul, Univ., Biochem. Inst.; Heybeliada-Tuberkulosesanatorium.) F. KRUSEN. 4574

Rudolf Binder und **Hertha Binder,** *Experimentelle Untersuchungen über den Einfluß von Antikoagulantien auf die Heilung von Hornhautschnittwunden.* Bei Hornhautschnittwunden hindern *Heparin* u. *Tromexan* die Fibrinbldg. u. begünstigen so die Entstehung von Fistelgängen u. einer Hypotonia bulbi. (Graefes Arch. Ophthalmol. verein. Arch. Augenheilkunde **155.** 337—44. 1954. Wien, Univ., I. Augenklinik.) D. ZEMKE. 4574

D. M. Hegsted, Martha F. Trulson und **Frederick J. Stare,** *Die Bedeutung des Weizens und der Weizenprodukte in der menschlichen Ernährung.* Übersicht unter besonderer Berücksichtigung des Phytinsäureproblems. — 193 Literaturangaben. (Physiol. Rev. **34.** 221—58. April 1954. Boston, Mass., Harvard School of Publ. Health, Dep. of Biochem.) H. SCHLOTTMANN. 4585

Paul György, *Ernährungsfaktoren und hepatische Störungen.* Überblick. Zwischen der Ernährung u. den endokrinen u. genet. Faktoren besteht bei der Pathogenese der hepat. Schäden vermutlich ein Zusammenhang. — 23 Literaturangaben. (Alimentat. et la Vie **42.** 152—64. 1954. Philadelphia, Pa., Univ. of Pennsylvania, School of Med.) H. PATZSCH. 4585

Roger Cheroux, *Kaliumdefizit in der Humanmedizin.* Überblick. Ätiologie, klin. Symptome des K-Defizites u. seine Therapie werden beschrieben. — 41 Literaturangaben. (Alimentat. et la Vie **42.** 139—49. 1954. Paris, Centre de Rech. Clin. et Biol. sur la Nutr. de l'Homme.) H. PATZSCH. 4585

I. J. Cunningham, *Kupfermangel beim Rind und Schaf.* Zusammenfassende Darst. des Vork. des *Cu*-Mangels, der in Frage kommenden Bodenarten, der Symptome beim Rind (Cu-Mangel bzw. Cu-Mangel mit Mo-Überschuß) u. Schaf, des Cu u. Mo in Weidefutter, Blut u. Leber, der Behandlung u. Vorbeugung dieser Krankheiten. (New Zealand J. Agric. **88.** 369—74. 15/4. 1954. Wallaceville, Dep. of Agricult. Animal Res. Stat.) J. SCHWAIBOLD. 4585

Philip J. Schaible, *Wachstumsstimulantien in der Geflügelfütterung.* Antibiotica [*Penicillin* (2 g/t Futter), *Aureomycin, Terramycin, Bacitracin* oder *Streptomycin* je 5—10 g/t], As-Verbb. [*p-Aminophenylarsonsäure* oder ihr Na-Salz (90 g/t), *3-Nitro-4-oxyphenylarsonsäure* (45 g/t), Verfütterung nur bis 5 Tage vor dem Schlachten gestattet] u. oberflächenakt. Stoffe stimulieren das Wachstum, verbessern die Futterausnutzung u. reduzieren die Mortalität. Trotz Anwendung von Antibioticis u. Arsenverbb. darf die Pflege u. die Sauberkeit der Tierhaltung nicht vernachlässigt werden. (Michigan State Coll. Agric. appl. Sci., agric. Exp. Stat., quart. Bull. **36.** 257—60. Febr. 1954. Dep. of Poultry Husbandry.) H. PATZSCH. 4585

M. Robey und **H. Simonnet,** *Betrachtungen über die Rolle der Vitamine während der Schwangerschaft.* Übersicht. Ein Vorschlag für die Art u. Menge der in der 2. Hälfte der Gestation zu verbrauchenden Nahrungsmittel (g/Woche), die die hauptsächlichsten Vitamine in genügender Menge enthalten, wird gemacht. (Alimentat. et la Vie **42.** 165 bis 175. 1954.) H. PATZSCH. 4587

J. E. Rousseau jr., H. D. Eaton, C. F. Helmboldt, E. L. Jungherr, S. A. Robrish, Geoffrey Beall und **L. A. Moore,** *Relativer Wert von in minimalen Dosen an Holstein-*

kälber verfütterten Carotin aus Alfalfa und Vitamin A in einem trockenen Träger. 9 Wochen alte Kälber erhielten eine *Vitamin-A* (I)-Mangelkost bis zur Erreichung eines Plasma-I-Spiegels von 10 γ% oder weniger. Zur Aufrechterhaltung dieser Konz. war dann eine tägliche Zufuhr von 3,8 γ I/lb. Körpergewicht oder 31 γ *Carotin* (II) erforderlich. Zur Erhaltung eines I-Geh. in der Leber von 0,6 γ/g waren 3,0 γ I oder 30 γ II notwendig. Zur Verhinderung verschied. I-Mangelerscheinungen waren 4—8 γ I bzw. 24—36 γ II zuzuführen. Es wurden lineare Verhältnisse zwischen den Logarithmen der I- u. II-Aufnahme u. I- u. Carotinoidkonzz. in Leber u. Plasma festgestellt. — 30 Literaturangaben. (J. Dairy Sci. **37.** 889—99. Juli 1954. Storrs, Conn., Agric. Exp. Stat., Animal Ind. and Animal Diseases Dep.; Univ. of Connecticut, Statistics Dep.; Washington, D. C., USDA, Dairy Husbandry Res. Branch.) F. KRUSEN. 4587

R. Yasuoka, *Experimentelle Untersuchungen über Dermatitis und Riboflavin.* 1. Mitt. *Lackdermatitis und Riboflavin.* Vf. bestreicht Hautstellen des Rückens von weißen Ratten mit *Japanlack* (I) u. bestimmt (nach Tötung der Tiere) 24 Std., 3, 5 u. 7 Tage nach I-Einw. den gesamten Geh. an *Riboflavin* (II) in der entzündeten u. gesunden Haut, dem Muskelgewebe, Blut u. den inneren Organen. Es wird festgestellt, daß die II-Menge in der erkrankten Haut zunächst absinkt (24 Std. nach I-Applikation), dann auf die in der n. Haut vorhandenen (nach 3 Tagen) u. nach 5 Tagen auf noch höhere Werte ansteigt, um nach 7 Tagen wieder auf die in der gesunden Haut vorhandene II-Konz. abzusinken. Die stärksten entzündlichen Erscheinungen treten 3—5 Tage nach Berührung mit I auf. In den anderen Geweben u. Organen werden keine wesentlichen Veränderungen des II-Geh. beobachtet. (Acta dermatol. [Kyoto] **50.** 169—75. 1954. Kyoto, Univ., Fac. of Med., Dep. of Dermatol. [Orig.: japan.; Auszug: engl. 14.]) P. FAHRNLAENDER. 4587

H. Fujita, *Über die Beziehung zwischen Riboflavin- und Porphyrinstoffwechsel im Bereich der Dermatologie.* Vf. gibt Ratten im Laufe von 6 Tagen *Sulfonal* (I) u. beobachtet an ihnen eine starke Empfindlichkeit gegen Licht. Aus den Gehh. an *Riboflavin* (II) u. *Porphyrin* (III) im Urin, Blut u. den verschied. Organen läßt sich eine erhebliche Verringerung des II- u. III-Stoffwechsels erkennen. Wird zusätzlich täglich I zusammen mit II appliziert, so tritt die Lichtempfindlichkeit der Tiere weniger stark hervor als bei I-Zufuhr allein. Aus den Ergebnissen wird geschlossen, daß eine Störung des II-Stoffwechsels die Lichtempfindlichkeit der mit I behandelten Tiere verursacht. (Acta dermatol. [Kyoto] **50.** 183—98. 1954. Kyoto, Univ., Fac. of Med., Dep. of Dermatol. [Orig.: japan.; Auszug: engl. 15—16.]) P. FAHRNLAENDER. 4587

H. Kleinsorge, E. Morigerowski und **K. Rösner,** *Bleianämie und Vitamin B_{12}.* Unter Verwendung einer neuen Technik der Knochenmarkgewinnung beim Kaninchen, die beschrieben wird, wurden Knochenmark- u. Blutunterss. bei Tieren durchgeführt, die mit Bleiacetat in nicht tödlicher Gabe anämisiert worden waren. Es wurde gefunden, daß die gleichzeitige oder anschließende Gabe von *Vitamin B_{12}* eine wesentlich schnellere Besserung der Anämie bewirkt (17 gegenüber 27 Tagen bei den Vergleichstieren). Die Ursache dafür wurde in einer Stimulation der regenerator. Knochenmarktätigkeit festgestellt. Durch die Vitaminbehandlung wurde auch eine Verschlechterung des Allgemeinzustandes verhindert. Durch gleichzeitige Vitaminbehandlung wird die Entstehung einer basophilen Tüpfelung der Erythrocyten verhindert. (Z. ges. inn. Med. Grenzgebiete **9.** 903—06. 15/9. 1954. Jena, Univ., Med. Poliklinik für innere u. Nervenkrankheiten.) J. SCHWAIBOLD. 4587

L. Schwarzburger, *Vitamin-D_3-Intoxikation.* Bei einem 4monatigen Säugling kam es nach Verabreichung von insgesamt 46,5 mg *Vitamin D_3* in 6 Wochen zu einem Intoxikationszustand mit 18,3 mg% Serum-Ca u. 94,6 mg% Rest-N. (Med. Mschr. **8.** 767—69. Nov. 1954. Essen, Städt. Krankenanstalt.) F. KRUSEN. 4587

William J. Grace, Ronald K. Doig und **Harold G. Wolff** (unter Mitarbeit von **Diana Wasserman Steinhouse**), *Die Resorption von Eisen aus dem Magendarmkanal.* Bei 7 n. Personen u. einem Patienten mit Magenfistel wurden Serum-Fe-Unterss. nach Fe-Gaben von 2 mg/kg Körpergewicht als Ferro- oder Ferriammoniumsulfat ohne oder mit Zugabe von 5 g $NaHCO_3$ durchgeführt. Die mittleren Serum-Fe-Werte 2 Std. nach der Ferri- oder Ferrosalzgabe waren 166 bzw. 192 μg%, unabhängig von der $NaHCO_3$-Zugabe. Die Fe-Resorption ist nach den Ergebnissen unabhängig von der Magenacidität, jedoch wahrscheinlich abhängig von der Resorptionskapazität des oberen Verdauungstraktes. (J. clin. Nutrit. **2.** 162—67. Mai/Juni 1954. New York, N. Y., New York Hosp.; Cornell Med. Center, Deps. of Med. and Psychiatry.) J. SCHWAIBOLD. 4594

A. W. Strelina, *Untersuchung des Kohlenhydratumsatzes bei Tonus und Kontrakturen.* Zwischen Tonus, Kontrakturen u. Tetanus besteht zumindest im Anfangsstadium ihrer Entw. kein prinzipieller Unterschied hinsichtlich des Kohlenhydratstoffwechsels. Ton. Verkürzungen u. Kontrakturen werden ebenso wie Tetanus von einem glykolyt. Zerfall begleitet. Bei weiterem Fortschreiten verstärkt sich bei Tetanus die Glykolyse, während sie bei Tonus u. Kontrakturen abnimmt. Hieraus kann man schließen, daß ein längeres Anhalten von Tonus u. Kontrakturen durch den Einfl. anderer biochem. Prozesse bedingt ist. (Биохимия [Biochemie] **19.** 391—99. Juli/Aug. 1954. Leningrad, Med.-Stomatolog. Inst., Lehrstuhl für allg. Biol.) H. v. PEZOLD. 4596

L. Laszt, *Über die Natur des Leberglykogens normaler und diabetischer Tiere unter verschiedenen Bedingungen.* Vf. untersucht die Absorption des Jod-*Glykogen* (**I**)-Komplexes in halbgesätt. $(NH_4)_2SO_4$- u. Na_2SO_4- sowie in wss. Lsg., die Aufspaltungskurve von **I** bei Hydrolyse in n HCl u. die Zahl der Endgruppen nach der Meth. von POTTER u. HASSID (C. **1948.** E. 417). **I** wird mit 30%ig. Trichloressigsäure aus der Leber von n. (a) u. alloxandiabet. Ratten (b) [15—20 mg *Alloxan* (**III**)/100 g Körpergewicht subcutan; Glucose (**II**)-Ausscheidung täglich 6,0—8,5 g bei konstanter Nahrungsaufnahme], nach Fütterung mit gemischter Kost, bei Hungertieren [(a): 24 Std.; (b): 36 Std.] nach Zufuhr von **II**, *Fructose* (**IV**) u. *Sorbose*, extrahiert. Außerdem wird **I** von (a)- u. (b)-Tieren (80 mg **III**/kg; Blutzuckergeh. 550 mg%) nach **II**-Applikation untersucht. Es wird festfestellt, daß die J-**I**-Absorptionskurve im Gegensatz zu (a)- bei (b)-Tieren eine Verschiebung des Maximums zum kürzeren Wellenbereich (von 496 mμ bei (a) auf 480 mμ) hin aufweist. Daher ist die Färbung des J-**I**-Komplexes bei (a) rot u. bei (b) braungelb. Nach **IV**-Fütterung besteht zwischen (a) u. (b) nur ein geringer Unterschied, weil **IV** von (b) zum Teil unverändert ausgeschieden wird. Aus dem Ergebnis der Hydrolyse von **I** ist ersichtlich, daß **I** von (b) eine andere Struktur als **I** von (a) besitzen muß, wobei die Polysaccharide, die in der Leber von (b) gebildet werden, labiler sind als die von (a). Dagegen zeigen die Endgruppenbestimmungen für **I** von (a) u. (b)-Tieren den gleichen Wert. (Experientia [Basel] **10.** 302—04. 15/7. 1954. Freiburg/Br., Univ., Physiol. Inst.) P. FAHRNLAENDER. 4596

Harry Rudney, *Die Synthese von dl-Propandiol-1-phosphat und ^{14}C-markiertem Propandiol und ihre Isolierung aus Lebergewebe. Propandiol-(1.2)-$^{32}P_{(1)}$-phosphat* (**I**) wird als Ba-Salz durch Modifikation der Meth. von ATHERTHON u. Mitarbeitern (C. **1946.** I. 1207) u. LAMPSON u. LARDY (J. biol. Chemistry **181.** [1949.] 697) aus $K_2H^{32}PO_4$ u. Propylenoxyd über das Pb-Salz dargestellt. Die $^{14}C_{(2)}$-*Propandiol* (**II**)-Darst. ergibt sich aus: $^{14}CO_2 + C_2H_5MgBr \rightarrow CH_3\cdot CH_2{}^{14}COOH \xrightarrow{\text{Benzoylchlorid}} CH_3CH_2{}^{14}COCl \xrightarrow{PBr_3-Br_2} CH_3CHBr^{14}COBr \xrightarrow{K_2CO_3} CH_3CHOH^{14}COOH \xrightarrow{LiALH_4}$ **II**. Mit **I** als Trägersubstanz wird die Isolierung von Propandiolphosphat (**Ia**) aus dem Trichloressigsäurefiltrat von Rattenleber vollzogen. **Ia** fand sich in der alkoholunlösl. Ba-acetatlösl. Fraktion. Rohes **Ia** wurde papierchromatograph. nach HOUGH (C. **1951.** I. 907) u. mittels Cellitsäulen nach NEISH (C. **1951.** I. 3131) gereinigt, wobei eine gute Trennung von Glycerin, Äthylenglykol u. Propandiol, sowie von Acetoin, Diacetyl u. Butylenglykol möglich war. Die **Ia**-Best. erfolgte durch Perjodatoxydation u. durch Bebrüten mit alkal. Darmphosphatase nach SCHMIDT u. THANNHAUSER (J. biol. Chemistry **149.** [1943.] 369) als anorgan. P nach GOMORI (J. Lab. clin. Med. **27.** [1941.] 955). 1—2% des gesamtsäurelösl. P lagen in der Leber als **Ia** vor. (J. biol. Chemistry **210.** 353—60. Sept. 1954. Cleveland, O., Western Reserve Univ., School of Med., Dep. of Biochem.) K. GENEST. 4596

Harry Rudney, *Propandiol, ein mögliches Zwischenprodukt im Stoffwechsel des Acetons.* (Vgl. vorst. Ref.) Ratten wurde subcutan je 1 ml *Aceton*-$^{14}C_{(2)}$ ($4 \cdot 10^6$ c.p.m./mMol)/100 g Körpergewicht injiziert, die Tiere nach 12 Std. getötet u. aus der Leber *Propandiol-(1.2)-phosphat-(1)* (**Ia**) u. Glucose isoliert. Dabei fand sich die Aktivität ausschließlich an $C_{(2)}$ von **Ia**, während sie sich in der Glucose gleichmäßig verteilte. Bei in vitro-Verss. wurden Leberschnitte in KREBS-RINGER-Lsg. suspendiert, mit $^{14}C_{(1)}$-*Aceton* oder mit $^{14}C_{(1)}$-*Propandiol* versetzt u. die Verteilung des ^{14}C im Atmungs-CO_2, Formiat, Lactat, *Propandiol* (**I**) u. **Ia** bestimmt. Dabei fand sich in Milchsäure hauptsächlich am $C_{(2)}$ u. $C_{(3)}$ die meiste Aktivität, die in **I** u. **Ia** nur an $C_{(1)}$ u. $C_{(3)}$ auftrat. Dagegen war das Glykogen isotopenfrei. Nach Bebrüten der Lebersuspension mit $^{14}C_{(1)}$-**I** stellte sich heraus, daß dieses eine C_1-Einheit abspaltet, aus welcher sich Formiat u. auch Lactat bildet, während Cholesterin isotopenfrei bleibt. Vf. diskutiert die mögliche Rolle von **I** u. **Ia** als Zwischenstoffwechselprodd. des Acetons in seinem Abbau zu Acetat u. Formiat u. die Umwandlung von Aceton zu einer C_3-Einheit des glykolyt. Cyclus. (J. biol. Chemistry **210.** 361—71. Sept. 1954. Cleveland, O., Western Reserve Univ., School of Med., Dep. of Biochem.) K. GENEST. 4596

K. R. Crispell, William Parson und **Gardner Harden** (unter Mitarbeit von **Sarah Brent**), *Die Beziehung zwischen Nahrungseiweißverbrauch und ^{15}N-Ausscheidung bei normalen Personen und bei Cushing-Syndrom nach oraler oder intravenöser ^{15}N-Glykokollzufuhr.* Bei n. Personen, die eine Diät mit verschied. *Eiweiß* (**I**)-Geh., bei angenähert bestehendem *N*-Gleichgewicht, erhielten, wurde nach oraler oder intravenöser Zufuhr von ^{15}N-*Glykokoll* (II) der prozentuale Anteil des im 24 Std.-Urin ausgeschiedenen ^{15}N bestimmt. Erhöhte I-Aufnahme bewirkte im Urin eine vermehrte, eine verringerte I-Zufuhr eine verminderte ^{15}N-Ausscheidung. Die ^{15}N-Ausscheidung verlief nach oraler wie intravenöser ^{15}N-Zuführung gleichartig, war aber im 2. Fall niedriger. Gleichzeitig mit ^{15}N-II oder 4 Std. später aufgenommene Nahrung beeinflußte die ^{15}N-Ausscheidung nicht. Ein Patient mit CUSHING-Syndrom zeigte bei einer Diät mit hohem I-Geh. im Vgl. keine Erhöhung gegenüber der bei n. I-Aufnahme beobachteten ^{15}N-Ausscheidung im Urin. (J. clin. Invest. **33.** 342—46. März 1954. Charlottesville, Va., Univ. of Virginia, School of Med., Dep. of Internal Med.) K. MAIER. 4596

H. Bénard, A. Gajdos und **M. Gajdos-Török,** *Die Wirkung gleichzeitiger Zuführung von Methionin und Adenosintriphosphorsäure bei der Ratte.* 3 Gruppen weißer, männlicher Ratten erhielten eine lipidreiche u. eiweißarme Grunddiät (I), I + *dl-Methionin* (II; intramuskulär) bzw. I + II + *Adenosintriphosphorsäure* (III). Nach 3 Wochen wurden Körpergewicht sowie der Geh. der Leber an *Lipiden* (IV) u. *Proteiden* (V) verglichen. III-Zusatz veränderte die II-Wrkg. auf das Körpergewicht nicht in statist. signifikanter Weise, verstärkt dagegen die Wrkg. von II auf den IV- u. V-Geh. der Leber im Sinne einer Zunahme von V u. Abnahme von IV. Die Wrkg. von II in der Eig. als Eiweißbaustein wird durch III nicht beeinflußt, dagegen seine Funktion als Donator labiler Methylgruppen, die eine vorhergehende Phosphorylierung auf Kosten von III erfordert. (C. R. Séances Soc. Biol. Filiales **146.** 551—52. April 1952. Hôtel-Dieu, Labor. de Clin. méd.) K. MAIER. 4596

D. W. Peterson, E. A. Shneour und **N. F. Peek,** *Die Wirkung von Nahrungssterinen und deren Estern auf den Cholesteringehalt in Plasma und Leber bei Küken.* Es wurden die Beziehungen zwischen Nahrungssterinen bzw. deren Estern zum Geh. an *Cholesterin* (I) im Plasma u. Leber untersucht. Bei Verfütterung von mit Fettsäuren veresterten I war der I-Geh. im Plasma u. Leber bei männlichen Küken niedriger als bei Verfütterung von freiem I. Die Wrkg. nahm zu in der Reihe Acetat, Caprat, Myristat, Palmitat u. Stearat. Der I-Geh. war bei den 2 letzten Estern etwa gleich hoch wie bei Verabreichung von niedrigen I-Gaben. Die Ggw. des Palmitats verminderte jedoch nicht den Geh. von I in den Geweben, wenn es zusammen mit I verfüttert wurde. Das gleiche gilt für die Palmitate von Ergosterin u. Dihydrocholesterin. (J. of Nutrit. **53.** 451—59. 10/7. 1954. Berkeley, Calif., Univ. of California, Coll. of Agric., Dep. of Poultry Husbandry.) K. NEHRING. 4596

Maxwell L. Eidinoff, Robert S. Rosenfeld, Joseph E. Knoll, Benjamin J. Marano und **Leon Hellman,** *Die Biosynthese des Squalens aus Acetat beim Menschen.* Die Biosynth. von *Squalen* (I), das möglicherweise eine Zwischenstufe der *Cholesterin*-Synth. darstellt, wurde beim Menschen nachgewiesen. Nach Zufuhr von $^{14}C_{(2)}$-Acetat war das Hauttalg-I radioaktiv. Die spezif. Aktivität des Sebum-I wurde während eines Zeitraums von 24 Tagen mit der von Plasma-I verglichen. (J. clin. Invest. **33.** 333—36. März 1954. New York, N. Y., Sloan-Kettering Inst. for Cancer Res., Div. of Physics and Biophysics and Steroid Biochem.) K. MAIER. 4596

H. Kühns, *Die Herztätigkeit bei Störungen des Kaliumstoffwechsels durch Kochsalz- und Na–PAS-Infusionen.* Bei einem Patienten mit Morbus ADDISON war durch eine intensive *Desoxycorticosteronacetat-* (I) u. *NaCl*-Therapie eine exzessive Hypokaliämie (6,4 mg%) mit typ. HEGGLIN-Syndrom (HS) aufgetreten, die im wesentlichen durch die starke Na-Zufuhr zustande kam, wie Na-Phosphatverss. an Hunden mit u. ohne I-Vorbehandlung belegt haben. Dabei sank die intracelluläre *Kalium* (II)-Konz. im Myocard ab, während das Diffusionsgefällte von II vom intra- zum extracellulären Raum anstieg. Ähnliche cardiale Effekte traten auch bei *Na–PAS*-Therapie ein. Neben dem HS wurden Tachycardie, partieller av-Block, Extrasystolie u. Potentialentwicklungsstörungen im EKG. festgestellt. (Verh. dtsch. Ges. Kreislaufforsch. **1954.** 389—93. Göttingen, Univ., Med. Klinik.) H. JORDAN. 4596

Richard A. Neubauer (unter techn. Mitarbeit von **Elizabeth Garrigues**), *Gewisse Beobachtungen über die Aufnahme von Basen bei Urämie und Acidose bei fortgeschrittener Nierenerkrankung.* (Amer. J. med. Sci. **228.** 656—67. Dez. 1954. Wilmington, Del., Memorial Hosp., Med. Res. Dep.) K. BÖHM. 4596

Robert Beckmann, *Muskelstoffwechsel und Muskelkrankheiten* (*Vitamin E, Cholin, Inosit*). (Münchener med. Wschr. **94.** 1176—81. 6/6. 1952. Münster, Univ., Kinderklinik.) F. GÜNTHER. 4597

Guido Fischer, Biologie der Pulpa des menschlichen Zahnes. Neue Forschungsergebnisse als Beitrag zur Therapie der Karies u. Paradentitis. Leipzig: J. A. Barth. 1955. (141 S. m. 3 farb. u. 140 schwarzen Abb.) DM 22,40.

William D. Zoethout and **W. W. Tuttle,** Textbook of physiology. 12th ed. St. Louis: C. V. Mosby. 1955. (703 S. m. Abb.) $ 5,25.

E_6. Pharmakologie. Therapie. Toxikologie. Hygiene.

John H. Rust, Bernard F. Trum, James L. Wilding, Charles S. Simons und **C. L. Comar,** *Untersuchungen zur Letaldosis bei Kobalt-60-Ganzkörperbestrahlung von Mauleseln und Schweinen.* (Vgl. C. **1954.** 3738.) Verschied. Gruppen von ♂ u. ♀ Maulеseln wurden mit 605, 690, 750, 790 bzw. 945 r, Schweine mit 670, 725, 825 bzw. 890 r einer 37-CURIE-^{60}Co-Quelle bestrahlt. Die Dosisleistung betrug ca. 50 r/Minute. Die innerhalb 30 Tagen zu 50% Letalität führende Dosis wurde für die Maulesel zu 753—847 (95%-Bereich), im Mittel 784 r bestimmt, für die Schweine zu 525—682 (95%-Bereich), im Mittel 618 r. Die $DL_{50/30}$ für die Maulesel liegt danach bei dem Kobaltstrahler höher als bei ^{182}Ta (651 r). (Radiology **62.** 569—74. April 1954. Oak Ridge, Tenn., Univ. of Tennessee, AEC Agricult. Res. Program.) W. REUSSE. 4601

L. E. Houghton, J. B. Walter und **D. E. A. Jones,** *Die Hemmung akuter Röntgenschädigung durch Cortison.* An Meerschweinchen untersuchten Vff. die Schutzwrkg. von parenteral gegebenem *Cortison* (I) gegenüber 6000 r auf ein umschriebenes Hautgebiet. Während bei den Kontrollen schwere Ulcerationen u. Narbenbildungen auftraten, war nach I das Früherythem geringer, die Epilation verzögert u. keine Schrumpfung der Haut festzustellen. (Brit. med. J. **1954.** II. 1313—15. 4/12. Middlesex, Harefield Hosp., Inst. for Clin. Res., Mount Vernon Hosp.) K. BÖHM. 4601

Josef Schmid, *Zum Wirkungsmechanismus der Huminsäurebäder.* (Med. Klin. **48.** 849—53. 12/6. 1953. Wien, Univ., II. Med. Klinik.) F. GÜNTHER. 4603

S. Ishii, *Untersuchung über die Wirkung von Fluor auf den Organismus.* Die übliche auf Agar gezüchtete repräsentative Darmflora ist gegen *NaF* weitgehend unempfindlich: Wachstumshemmung bei der Verdünnung von $45 \cdot 10^{-4}$, bei Milchsäurebakterien aus der Darmflora weißer Mäuse $9 \cdot 10^{-4}$. Der Grad der im Röhrchentest erworbenen F-Resistenz dieser Keimarten ist nicht genau bekannt u. nicht von einer Formänderung der Zellen begleitet. Bes. *B. thioaminolyticus orig.* läßt sich auf NaF-haltigen Nährböden züchten. Trotz der offensichtlichen biol. Änderungen zeigt seine Fähigkeit zur Abgabe von *Aneurinase* gegenüber dem Ausgangsstamm keine Änderung. — Bei erwachsenen weißen Mäusen tritt bei Ggw. von 0,08 mg% F (pro Tag 0,04 g NaF) in der Nahrung subakute F-Vergiftung auf, mit unbeeinflußtem Appetit, Anämie u. Tod durch Kräfteverfall. Dabei werden krankhafte Veränderungen an Schilddrüse, Leber u. Niere beobachtet. Die dabei aus der Darmflora isolierten Stämme sind wenig NaF-empfindlich (Kokken $18 \cdot 10^{-4}$, Stäbchen $18—180 \cdot 10^{-4}$, also etwa zwischen Ausgangsstämmen u. resistenten Stämmen). Bei einem F-Verhältnis von $1{,}6 \cdot 10^{-6}/1$ in der Nahrung (pro Tag 0,04 mg NaF) tritt schleichende F-Vergiftung ein mit einer gegenüber der subakuten relativ starken Anämie u. zeitweiliger Schwarzfleckigkeit der Zähne (stärker bei Weibchen) ohne sonstige Krankheitszeichen. Dabei ist *Vitamin* B_{12}, nicht aber B_2, gegen die Anämie wirksam, B_2 fördert nur das Wachstum. Umgekehrt wie bei der subakuten F-Vergiftung wird hier die Darmflora der weißen Mäuse durch B_2 oder B_{12} zugunsten der grampositiven verschoben. Bei oraler NaF-Zufuhr wird das Wachstum der Darmflora auf Agarkulturen gehemmt, durch B_2 wieder gesteigert, nicht aber durch B_{12}. Milchsäurebakterien zeigen aber gegenüber der auf Agar gezüchteten Kulturflora eine Steigerung der Resistenz durch B_{12}. Weitere Beobachtungen über Beeinflussung des Verh. durch NaF u. B_2 sowie B_{12} (u. Bios). 23 Tabellen. — 30 Literaturangaben. (Tokyo Jikeikai med. J. **68.** 260—79. 1/10. 1953. [Orig.: japan.]) L. SCHULER. 4606

H. D. Cremer, *Experimentelle Caries und Fluor.* Hinweis auf die Möglichkeit, durch Verabreichung von cariogenem Futter bei Versuchstieren ein der menschlichen Caries weitgehend entsprechendes Krankheitsbild zu erzeugen, u. den Mechanismus der F-Wrkg. unter reproduzierbaren Bedingungen zu untersuchen. (Dtsch. zahnärztl. Z. **10.** 302—06. 1/3. 1955. Mainz.) G. KLESSE. 4606

A. Probst, *Über die Ablagerung intravenös zugeführten Eisens. Tierexperimentelle Untersuchung.* (Vgl. C. **1955.** 3663.) Die Versuchstiere (Kaninchen) erhielten in 12 Monaten Einzelgaben von 100 mg, insgesamt 8 g Fe (*Ferrocid Aeska*) intravenös. Die patholog.-anatom. sowie histochem. Unters. der Organe ergab, daß das Fe in 2 Formen abgelagert wird, u. zwar als intracelluläres Pigment in den Zellen des reticulohistiocytären Syst. u. in vielen Parenchymzellen (analog der menschlichen Hämosiderose) sowie als intravasculäre Fällungen, die häufig von Siderophagen des strömenden Blutes umgeben waren. Fällungen u. Siderophagen wurden nur in Organen beobachtet, bei denen bereits eine sehr hochgradige intracelluläre Fe-Speicherung bestand. Abb. von histolog. Präpp. mit den Reaktionen. (Schweiz. Z. allg. Pathol. Bakteriol. **17.** 147—60. 1954. Graz, Univ., Pathol.-Anatom. Inst.) J. SCHWAIBOLD. 4606

Frederick Crescitelli (unter Mitwirkung von **Robert J. Dellenback** und **Samuel Wirtschafter**), *Veränderung der Reaktion mit Pharmaca behandelter Nervenfasern* *gegenüber Natrium.* Zwischen gewissen, die Nerven blockierenden Mitteln (I) u. der Na^+-Konz. der umgebenden Lsg. besteht, wie Verss. am isolierten Ischiadicusnerv des Ochsenfroschs zeigten, ein einger Zusammenhang. Leitungsblockade der *A*-Gruppe von Fasern erfolgte bedeutend schneller, wenn eine NaCl-freie Lsg. + I an Stelle einer NaCl-freien Lsg. allein verwendet wurde, wobei die I-Konzz. derart bemessen waren, daß sie in 0,11 mol. NaCl den Leitungsvorgang nicht beeinflußten. Die durch eine NaCl-freie Lsg. blockierten *A*-Fasern erholten sich rasch nach Zugabe einer 0,011 mol. NaCl oder 0,011 mol. LiCl enthaltenden Lösung. Bei Blockierung der gleichen Fasern durch eine NaCl-freie Lsg. + I trat mit 0,011 mol. NaCl oder LiCl keine oder beträchtlich langsamere Erholung ein. Vollständige Wiederherst. erfolgte mit RINGER-Lösung. Als I werden *Cocain* (II), *Amylcarbamat* (III), *Benadryl, Eserin* u. *Diisopropylfluorphosphat* verwendet. Eine 0,022 mol. NaCl-Lsg. erhielt in allen *A*-Fasern den Leitungsvorgang aufrecht. Es wurde eine I-Konz. ermittelt, die in Ggw. von 0,11 mol. NaCl keine Leitungsblockade, mit 0,022 mol. NaCl jedoch eine schnelle u. leicht rückgängig zu machende Blockierung hervorrief. Der Vers. wurde mit II, III, *d*- u. *l-Amidon* durchgeführt. Die Aktivität durch 0,022 mol. NaCl + III blockierter *A*-Fasern bildete in einer Lsg. von III der gleichen Konz. in Ggw. von 0,11 mol. NaCl wieder zurück, woraus der Antagonismus zwischen Na^+-Ionen u. I deutlich hervorgeht. Die unterschiedliche Wrkg. von I, wie II u. III, auf die verschied. Fasertypen wird durch Annahme einer Störung eines Na^+-Mechanismus innerhalb der Nervenfasern, die für den Leitungsprozeß verschied. Na^+-Konzz. benötigen, verständlich. Außerdem besteht bei dem geschilderten Antagonismus auch noch die Möglichkeit einer Beteiligung von K^+-Ionen. (Amer. J. Physiol. **169.** 638—48. 1/6. 1952. Los Angeles, Calif., Univ. of California, Dep. of Zool.)

K. MAIER. 4607

Anne Marie Du Bois, *Wirkungen der Alloxanintoxikation auf die Leber des Meerschweinchens.* Die histolog.-anatom. Unters. nach intraperitonealer bzw. intracardialer Injektion von 200—400 mg *Alloxan* ergibt 24 Std. danach das Bild einer wss. Degeneration der perilobulären Leberzellen bei gleichzeitigen Blutinfiltrationen infolge Ruptur der periportalen Gefäßcapillaren u. pyknot. Zellauflösung. 48 Std. später sind die Schädigungen durch Regeneration größtenteils wieder beseitigt. Bei glykogenreicher Leber ist die Ausdehnung der nekrot. Zonen geringer. Eine fettige Degeneration wurde nicht beobachtet. — 22 Literaturangaben. (Z. Zellforsch. mikroskop. Anatom. **40.** 585—604. 13/9. 1954. Genève, Suisse, Univ., Inst. d'histol. et d'embryol.)

H. LAMP. 4607

R. Hazard, M. Beauvallet und **R. Giudicelli,** *Der Einfluß der Veränderungen der Lungenventilation auf die Umkehrung der blutdrucksenkenden Wirkung gewisser Aminoalkohole.* Bei Hunden, die auf intravenöse Injektion von *Adrenalin, Isoprenalin* (I) u. *Dioxyephedrin* (II) n. reagierten, wurde nach Umkehrung der Wirkungen von I u. II auf den Blutdruck durch Injektion von *Ergotamin* (III) oder *Naphthazolin* (IV) das Luftvol. durch künstliche Atmung variiert. Bei einer Vergrößerung desselben büßte z. B. I einen beträchtlichen Teil seiner blutdrucksteigernden Wrkg. ein. Bei Rückkehr zum n. Atemvol. trat der umgekehrte Effekt ein. Tiere, die nach Umkehrung der I-Wrkg. durch III- oder IV-Injektion weniger Luft erhielten, zeigten eine Verstärkung des Umkehreffektes. Das Auftreten einer arteriellen Hypertension während der Asphyxie u. die Tatsache, daß die 3 Substanzen III, IV u. Hypophysenhinterlappenextrakt, die die I- u. II-Wrkg. umkehren, wirksame Bronchoconstrictoren sind, läßt daran denken, daß die nach ihrer Zuführung beim Hund auftretende Lungenhypoventilation wenigstens teilweise eine Rolle bei den Umkehreffekten spielt, den diese Stoffe auf die Blutdruckwrkg. verschied. hypotensor. Aminoalkohole ausüben. (C. R. Séances Soc. Biol. Filiales **146.** 1023—24. Juli 1952.) K. MAIER. 4607

Enrico Mihich, Donald A. Clarke und **Frederick S. Philips,** *Die Wirkung von Analogen des Adenosins auf isolierte Eingeweide- und Uterusmuskulatur.* An isolierten Präpp. der Eingeweidemuskulatur von Kaninchen bewirken *Adenosin* (I), sowie *Adenosin-5-monophosphat* (II), *Adenosintriphosphat*(III), das *2-Chlor-* (IV), *2-Oxy-* u. *2-Aminoderiv.* vorübergehende Senkungen der spontanen Motilität u. des Tonus. Das *2-Acetaminoderiv.* u. *Inosin* als Endprod. der Desaminierung von I sind wirkungslos. I, II, III u. IV lösen an Meerschweinchenmuskelpräpp. Histaminkrämpfe, nicht aber Acetylcholinspasmen. Am Meerschweinchenuterus ist IV gleich akt. kontraktil wirksam wie I. (J. Pharmacol. exp. Therapeut. **111.** 335—42. Juli 1954. New York City, N. Y., Columbia Univ., Dep. of Physiol., Coll. of Physicians and Surgeons.) H. WUNDERLICH. 4607

C. T. Lewis, *Untersuchungen über die Aufnahme von Kontaktinsekticiden.* 1. Mitt. *Die Anatomie der Tarsi verschiedener Diptera von medizinischer Bedeutung.* (Bull. entomol. Res. **45.** 711—22. Dez. 1954. Sunninghill, Berks., Imperial Coll. Field Stat.)

F. KRUSEN. 4607

W. A. L. David und **B. O. C. Gardiner,** *Die Wirkung des systemischen Insekticides Systox auf Aphiden.* Unterss. mit *Systox 50*-Emulsion u. *E 1059*, die als akt. Bestandteil ein etwa gleichteiliges Gemisch von *O.O-Diäthyl-O-äthylmercaptoäthylthiophosphat* u. *O.O-Diäthyl-S-äthylmercaptoäthylthiophosphat*, allg. als *Systox* (I) bezeichnet, ergaben, daß I gegenüber Aphis fabae Scop. ein Kontaktinsekticid von gleicher Wirksamkeit wie *Paraoxon* (II) u. größerer als *Schradan* (III) u. *Dimefox* (IV) ist. I wird leicht von Wurzeln von Bohnen- u. Kohlpflanzen aus Erdreich, Sand u. wss. Lsgg. aufgenommen, in Blätter u. Stengel transportiert u. wirkt hier bei einer Konz. von 1 mg in 1 kg frischem Pflanzengewebe insekticid gegen Aphiden. Hierbei ist I von größerer Toxizität als II–IV. Phytotox. Rkk. wurden dabei nicht beobachtet. I scheint auch von älteren in jüngere Blätter transportiert zu werden. (Bull. entomol. Res. **45.** 683—92. Dez. 1954. Cymbridge, Unit of Insect Physiol., Agric. Res. Counc.) F. KRUSEN. 4607

W. A. L. David und **B. O. C. Gardiner,** *Die Wirkung des systemischen Insekticides Systox auf Pieris brassicae (L.) und Phaedon cochleariae (F.).* *Systox* (I; vgl. vorst. Ref.) zeigt eine direkte Kontakttoxizität gegenüber allen Entwicklungsstufen von Pieris br. u. Phaedon cochl., die jedoch geringer ist als diejenige von *Paraoxon* (*Diäthyl-p-nitrophenylphosphat*). Von pflanzlichen Wurzeln aufgenommen, ist I ebenfalls wirksam gegen die verschied. Entwicklungsstadien der Insekten, ausgenommen die Eier von Phaedon, jedoch erst in wesentlich höheren Konzz. als gegen Aphiden. (Bull. entomol. Res. **45.** 693—702. Dez. 1954. Cambridge, Unit of Insect Physiol., Agric. Res. Counc.) F. KRUSEN. 4607

H. Mathies, *Über die Chemie, Pharmakologie und Klinik der Roßkastanie.* 1. Mitt. Übersicht. (Planta med. [Stuttgart] **2.** 129—38. 1/8. 148—52. 1/9. 1954. Bühl/Baden.) G. WELTZIEN. 4608

John W. Draper, Robert Zufall, Leon T. Rosenberg und **Vernon Knight,** *Wirkung von Nitrofurantoin auf den Bakteriengehalt im Harn bei Harnweginfektionen nach Prostataoperationen.* (J. Urology **72.** 1211—17. Dez. 1954. New York, N. Y., Bellevue Hosp.; Cornell Univ., Med. Coll., Dep. of Surg. and Med.) F. KRUSEN. 4610

F. Canova, *Die Atebrinbehandlung der Leishmaniose der Haut.* Kurzer Bericht über die Heilung einer Leishmaniose der Haut durch lokale Anwendung einer 5%ig. Lsg. von *Atebrin* (2 Fälle). (Atti Soc. med.-chirurg. Padova Fac. Med. Chirurg. Univ. Padova **31.** 331—33. 1953, ausgeg. 1954. Padova, Univ., Ist. d'Igiene.) P. G. SCHEURLEN. 4610

John Lowe, *Isoniazid bei Lepra.* (Lancet **263.** 1012—13. 22/11. 1952. Uzuakoli, Nigeria, Nig. Lepr. Serv.) F. GÜNTHER. 4610

Frederick Lemere, *Isoniazidbehandlung bei psychiatrischen Patienten.* Vf. berichtet über Behandlungsverss. mit *Isoniazid* (I) bei 65 psychiatr. Patienten. Nur in 8 Fällen zeigten sich Besserungen. Die Wrkg. ist verschieden u. nicht vorhersagbar, im allg. scheint I in kleinen Dosen ein Stimulans, in größeren Dosen ein Neurotoxin zu sein. Es hat für psychiatr. Fälle nur einen begrenzten Wert u. scheint gelegentlich zu helfen bei Ermüdungen, geistiger Trägheit oder Depression. (A. M. A. Arch. Neurol. Psychiatry **71.** 624—25. Mai 1954. Seattle, Wash., Univ. of Washington, School of Med., Dep. of Psych.) K. BÖHM. 4610

Rolf Humbert, *Elektrophoretische Serumuntersuchungen bei der Behandlung der kindlichen Tuberkulose mit hohen Isoniaziddosen.* Bericht über elektrophoret. Unterss. des Serumeiweißbildes bei 40 tuberkulösen Kindern unter *INH* (I)-Behandlung. Aus dem unterschiedlichen Anfangsbild u. den Änderungen der Werte für Albumin, α_1-, α_2-, β- u. γ-Globulin im Verlauf der *INH*-Therapie wird versucht, eine Differenzierung der Vorgänge im tuberkulosekranken Organismus herzuleiten. Die Bedeutung der Bluteiweißkontrolle für die Leberfunktion u. ihre Beeinflussung durch INH wird hervorgehoben. Verabreichung von 20 mg/kg, die nur unter klin. Kontrolle zulässig ist, wurde von den Kindern ohne Änderung des Serumeiweißbildes im Sinne eines Leberschadens ertragen. (Mschr. Kinderheilkunde **102.** 431—34. Okt. 1954. Marburg, Univ., Kinderklinik.) H. DOSSMANN. 4610

Walter Pauly, *Diabetische Stoffwechselstörungen unter Thiosemicarbazon- und Isoniazidbehandlung.* (Münchener med. Wschr. **95.** 1180—81. 30/10. 1953. Honnef/Rh., Westdeutsch. Tuberkuloseforschungsinst., u. Heilstätte Rheinland der LVA Rheinprovinz.) F. GÜNTHER. 4610

M. Hell, *Das Kombinationspräparat INHA-PAS in der Behandlung der Lungentuberkulose.* (Med. Mschr. **8.** 762—65. Nov. 1954. Davos, Schweiz, Sanatorium Valbella.) F. KRUSEN. 4610

Thomas Marmion, *Klinische Bewertung von Cyanessigsäurehydrazid bei chronischer Lungentuberkulose.* Bericht über Erfahrungen mit *Cyanessigsäurehydrazid* = *Reazide* (I; LABORATOIRES OM, Genf) bzw. *Cyanazide, Hidacian, Armazal, CAH* bei

31 chron. Lungentuberkulosen. Besprechung der chem. Verwandtschaft von I mit *Isonicotinsäurederivaten.* 29 Patienten hatten vor I-Therapie bereits *PAS*, *INH* (II), *Streptomycin* allein oder kombiniert erhalten; meist alleinige I-Verabreichung 8 mg/kg/Tag über ca. 3 Monate. Als günstigstes Ergebnis der I-Therapie wird die schnelle Normalisierung der Blutsenkungsgeschwindigkeit hervorgehoben, klin. Besserung nicht ausgeprägt, röntgenolog. Besserung in 15 Fällen. Nebenwirkungen, meist Parästhesie oder Erregbarkeit, waren häufig; in 4 Fällen Absetzen von I wegen Unverträglichkeit. (Brit. J. Tubercul. Diseases Chest **49.** 9—19. Jan. 1955. Sanatoria in Switzerland Treating British Ministry of Health Patients.) H. DOSSMANN. 4610

C. Ellinghaus, *Dairin (Azorhodanid H) in der Tuberkulosebehandlung. Erste klinische Erfahrungen und Hinweise.* Vf. weist darauf hin, daß *Dairin* (HUBOLD & BARTSCH, Hamburg) nach vorläufigen Erfahrungen auf Grund seiner antibakteriellen u. gewebequellenden Eigg. eine gewisse Bedeutung in der Tuberkulosetherapie erlangen kann. Ein besonderer Vorteil ist das Fehlen von Nebenerscheinungen bei Dosierungen von 5—10 mg/kg/Tag. (Med. Mschr. **8.** 756—58. Nov. 1954. Wilhelmsheim, Heilstätte der LVA Württemberg.) F. KRUSEN. 4610

M. K. Gabr, M. A. Gohar und **A. S. Elyan,** *Dosierung von Streptomycin bei Säuglingen und Kindern.* An 47 Kindern in 3 Altersgruppen bis zu 12 Jahren wurde bei Dosierungen von 10, 15 u. 20 mg/kg der *Streptomycin* (I)-Serumspiegel ermittelt. Der therapeut. erforderliche I-Spiegel von 8 μg/ml war bei Kindern bis zu 2 Jahren mit 15 mg/kg 6stündlich u. mit 10 mg/kg bei den älteren Kindern aufrechtzuerhalten. (J. Egypt. med. Assoc. **37.** 343—47. 1954. Cairo, Kasr El-Aini Fac. of Med., Dep. of Bacter.) H. DOSSMANN. 4611

T. G. Moissejewa, *Zur Frage der Durchlässigkeit der Placenta für Streptomycin und dessen Einfluß auf die Entwicklung der Frucht.* 46 trächtige weiße Ratten u. 18 Kaninchen erhielten subcutan hohe Dosen (10000—100000 E./kg Körpergewicht) *Streptomycin* (I). Kurz danach wurden die Feten durch Kaiserschnitt entfernt u. zerkleinert, der Gewebssaft auf seinen I-Geh. geprüft. Die Placenta erwies sich bei beiden Tierarten als für I durchlässig. Der I-Spiegel im Körper der Frucht betrug zunächst $^1/_2$—$^1/_3$ im Vgl. zur Mutter u. glich sich diesem erst innerhalb von 5—7 Std. an, also zu einer Zeit, wenn er bei der Mutter im Sinken war. Bei 8 Frauen in der 16.—26. Woche, u.bei denen die Schwangerschaft unterbrochen werden mußte, u. bei 3 tuberkulosekranken Frauen während der n. Geburt wurden 200000—500000 E. I intramuskulär 30 Min. bis 6 Std. vor der Entbindung eingeführt. Auch hier fand man I im Blut der Frucht, u. zwar 2 bis 8mal weniger als im Blute der Mutter bei den 30 Min. bis 2½ Std. nach der Injektion entfernten Feten bzw. Neugeborenen u. gleiche I-Mengen bei den 6 Std. nach der Injektion Geborenen. Ratten u. Kaninchen, die während der Schwangerschaft täglich hohe Dosen I erhielten, trugen n. aus; ihre Nachkommenschaft war völlig n., obwohl die Mütter unter Einfl. von I an Appetitlosigkeit litten, im Gewicht schlecht zunahmen u. schlecht im Fell waren. (Акушерство и Гинекология [Geburtshilfe u. Gynäkol.] **1954.** Nr. 6. 28—31. Nov./Dez. Moskau, 1. Med. Inst., Lehrstuhl für Geburtsh. u. Gynäkol.) F. DU MANS. 4611

W. W. Iwanowa, *Die Anwendung von Penicillin bei reichlichem Fruchtwasser.* Bei 18 Frauen, die an viel Fruchtwasser litten, wurde das Placentargewebe makroskop. u. histolog. untersucht. Bei vielen Kranken konnten Kokken u. Diplokokken festgestellt werden. Daraufhin wurden 10 Gravide mit Zeichen von viel Fruchtwasser mit *Penicillin* behandelt (50000—100000 E. intramuskulär alle 3 Std. bis zu 2 Wochen). Bei einigen Kranken trat bereits innerhalb von 5—6 Tagen eine Besserung unter Vermehrung der Diurese ein. Die Frucht nahm an Größe schnell zu, das Fruchtwasser ging zurück. Bei großen Dosen war der Erfolg größer. Es ist möglich, daß die angewandten Dosen zu gering waren. (Акушерство и Гинекология [Geburtshilfe u. Gynäkol.] **1954.** Nr. 6. 56—59. Nov./Dez. Inst. für Geburtsh. u. Gynäkol. der Akad. der Med. Wiss. der UdSSR.) F. DU MANS. 4611

E. Lüscher und **G. Gentinetta,** *Die Wirksamkeit des Penicillins in der Verhütung und Behandlung schwerer akuter Mittelohrentzündungen, der Mastoiditis und der intracraniellen Komplikationen.* (Schweiz. med. Wschr. **84.** 1331—35. 27/11. **1954.** Basel, Univ., Klinik für Ohren-, Nasen- u. Halskrankh.) F. KRUSEN. 4611

N. M. Alexandrow, *Penicillintherapie bei Gesichtsphlegmonen.* Vf. hat 22 Phlegmonekranke mit *Penicillin* (I) intramuskulär u. lokal behandelt. Intramuskulär wurden alle 3 Std. 50000 E. I in 1 cm³ 0,25%ig. *Novocain* (II)-Lsg. eingespritzt. Außerdem wurden 100000 E. I in 0,5%ig. II-Lsg. in den Herd injiziert. Die lokale Behandlung wurde 2—3, höchstens 4mal wiederholt. Die Gesamtmenge des verwendeten I schwankte zwischen

1,5 u. 2,5 Millionen E. 21 der so behandelten Kranken wurden ohne operativen Eingriff gesund. (Вестник Хирургии имени И. И Грекова [Grekow Nachr. Chirurgie] **74.** Nr. 8. 35—37. Dez. 1954. Militärmed. Akad., Klinik für Kieferchir. u. Stomatol.) F. DU MANS. 4611

F. N. Doronin, *Behandlung eitrig-septischer Erkrankungen des Gesichtes und der Kopfhaut durch Einführung einer Penicillin–Novocain-Lösung in die Carotis.* Zur Prophylaxe u. Behandlung der eitrig-sept. Erkrankungen im Gesicht u. auf der Kopfhaut werden 200000—300000 E. *Penicillin* in 10 cm^3 0,5%ig. *Novocain*-Lsg. in die Carotis injiziert. Sämtliche 31 so behandelten Patienten zeigen ein schweres Krankheitsbild mit hoher Temp., Meningismus, soporösem Zustand u. hohe Leukocytose. Es genügen 1—4 Infusionen. Sämtliche Kranken werden ohne chirurg. Eingriff gesund. 14 schliefen während der Injektion ein; der Schlaf dauerte 5—20 Min. u. war sonst ohne Nebenwirkungen. Eine Patientin reagierte mit ca. 2 Min. langer psychomotor. Erregung. (Вестник Хирургии имени И. И. Грекова [Grekow Nachr. Chirurgie] **74.** Nr. 8. 38—40. Dez. 1954. Saratow, Med. Inst., Lehrstuhl für hospit. Chir.) F. DU MANS. 4611

M M. Halpern und **Bernard Ross,** *Anaphylaktoide Reaktion auf Penicillin.* (Southern med. J. **47.** 1085—88. Nov. 1954. Miami, Fla., Jackson Memorial and Mercy Hosp.) F. KRUSEN. 4611

T. Imakita, R. Kageyama, S. Imoto und **S. Hashimoto,** *Die Bicillintherapie bei Syphilis.* Vff. beobachten, daß bei 7 an sek. Syphilis erkrankten Personen, die *Bicillin* (I) injiziert erhalten hatten, die Rkk. von WASSERMANN u. MURATA bei 5 bzw. 6 dieser Patienten negativ ausfiel. Die Serum-Rk. zeigte bei 2 Fällen von angeborener latenter Syphilis vor u. nach I-Injektion keine Unterschiede. Die Sera von zwei unter 4 Personen mit sogenannter serumresistenter Syphilis verhielten sich nach I-Applikation negativ. (Acta dermatol. [Kyoto] **50.** 206—07. 1954. Osaka, Univ., Fac. of Med., Dep. of Dermatol. and Urol. [Orig.: japan.; Auszug: engl. 17.]) P. FAHRNLAENDER. 4611

Ss. D. Judinzew, *Der Einfluß des medikamentösen Schlafes auf die Zirkulation der Antibiotica im tierischen Organismus.* (Vgl. OWTSCHINNIKOW u. SELIKOWA, C. **1952.** 1865.) Verss. an 18 Kaninchen ergaben, daß während des medikamentösen Schlafes (Urethan–Veronal oder Chloralhydrat) die Konz. des subcutan zugeführten *Albomycins* (I; 100000 E./kg) im Blut 2—7 mal niedriger ist als bei den Kontrolltieren. Die Ausscheidung von I erfolgt bei den schlafenden Tieren während der ersten 3 Std. langsamer als bei den Kontrollen (17,7 bzw. 23,05%). Während der folgenden Std. hingegen scheiden die schlafenden Tiere mehr I aus als die wachen. Aus den Verss. wird geschlossen, daß eine Kombination der Antibiotica mit dem medikamentösen Schlaf nicht zu empfehlen ist. (Доклады Академии Наук СССР [Ber. Akad. Wiss. UdSSR] [N. S.] **99.** 1115—17. 21/12. 1954. Inst. zur Erforschung neuer Antibiotica der Akad. der Med. Wiss. der UdSSR.) E. RENTZ. 4611

Je. M. Wichljajewa, *Der Einfluß einiger pharmakologischer Stoffe auf die Reflexe seitens der Interoreceptoren des Uterus.* Wurden in Verss. an urethannarkotisierten Katzen- u. Kaninchenweibchen die Interoreceptoren des Uterus chem. durch Perfusion des Uterus mit *Acetylcholin* (1:1000—100000) u. *Nicotin* (1:1000) oder mechan. durch Einblasen von Luft in den Uterus gereizt, so ließen sich die reflektor. Veränderungen des Blutdrucks u. der Atmung in steigendem Maße durch N_2O (I; Inhalation zusammen mit O_2 4:1), *Chloralhydrat* (II), *Paraldehyd* (III) u. *Barbamyl* (IV) dämpfen (II u. III in 25%ig. Lsg., IV in 5%ig. Lsg. intramuskulär). Dabei ließ sich die Atmung leichter beeinflussen als der Blutdruck. Der hemmenden Wrkg. von I u. II auf den Blutdruck geht eine kurze Phase der Verstärkung der Reflexe voraus. I hat die mildeste Wrkg. nicht nur auf die beschriebenen Veränderungen, sondern auch direkt auf Atmung u Blutdruck der Versuchstiere. (Фармакология и Токсикология [Pharmakol. u. Toxikol.] **17.** Nr. 6. 21—25. Nov./Dez. 1954. Moskau, Allunions Wiss. Chem.-Pharm. Ordshonikidse-Forschungsinst., Pharmakol. Abt.; 1. Med. Inst., Lehrstuhl für Geburtshilfe u. Gynäkol.) E. RENTZ. 4620

V. G. Longo, G. P. von Berger und **D. Bovet,** *Die Wirkung von Nicotin und ganglioplegisch-zentralwirkenden Substanzen auf die elektrische Aktivität des Hirns.* Unter dem Begriff „zentralwirkende Ganglioplegica" verstehen Vff. Verbb., die sowohl ganglienblockierende als auch zentral dämpfende Eigg. besitzen u. die in der Behandlung des Parkinsonismus u. verschied. Dyskinesien Verwendung finden. In elektroencephalograph. Unterss. am isolierten Encephalon von Kaninchen sowie an curarisierten Kaninchen werden *N-[1-(2'-Diäthylamino)-propyl]-phenothiazin-HCl* (I; *Parsidol*; RHÔNE-POULENC), *3-Piperidino-1-phenyl-1-cyclohexylpropanol-HCl* (II; *Artane*; LEDERLE), *1-Phenylcyclopentan-1-carbonsäure-β-diäthylaminoäthylesterhydrochlorid* (III; *Parpanit*; GEIGY) u. *3-Chlor-10-[dimethylaminopropyl]-phenothiazin-HCl* (IV; *Largactil, Chlorpromazine*; RHÔNE-POULENC) bzgl. ihrer zentralen Wirkungen untersucht. Nach Nico-

tin zeigt das Elektroencephalogramm grand mal-ähnliche Änderungen, die nach Behandlung mit **I—IV** nicht erhalten werden. Normale corticale Rkk. auf externale Reize werden durch **I—IV** blockiert. Vff. diskutieren über einen cholinerg. Wirkungsmechanismus als Ursache der zentralen Nebenwirkungen. (J. Pharmacol. exp. Therapeut. **111.** 349—59. Juli 1954. Rom, Ist. Super. di Sanità, Labor. di Chim. Therapeutica.)
H. WUNDERLICH. 4620

Versa V. Cole und **Aili H. Oikemus**, *Einige stimulierende Wirkungen der Natriumsalze der Glutaminsäure, Oxalessigsäure, Brenztraubensäure und Äpfelsäure.* An mit *Pentobarbital* narkotisierten Mäusen zeigten die genannten Verbb. eine stimulierende Wirkung. Dieser Effekt ist unabhängig von der Narkosedauer. (Current Res. Anesthesia Analgesia **33.** 282—84. Juli/Aug. 1954. Maryland, Army Chem. Center.)
LOTHAR BARTH. 4622

N. G. Georgiade, C. R. Stephen, W. McFarland, W. K. Nowill und **K. L. Pickrell**, *Trichloräthylenanalgesie in der Zahnheilkunde.* (Current Res. Anesthesia Analgesia **33.** 243—51. Juli/Aug. 1954. Durham, N. C., Nat. Cancer Trainee.)
LOTHAR BARTH. 4627

Carl E. Wasmuth und **Donald E. Hale**, *Thiopentalnatriumanästhesie bei Säuglingen und Kindern. Thiopental-Na* erwies sich bei Kindern unter 5 Jahren bei endotrachealer, sonst bei intravenöser Zufuhr als zuverlässiges Anästheticum. (J. Amer. med. Assoc. **156.** 1321—23. 4/12. 1954. Cleveland, O., Clin. Found.; F. E. Bunts Educat. Inst.)
F. KRUSEN. 4627

Ettore Bua, Aldo Cestari und **Antonino Fava**, *Die Verteilung im Organismus und Ausscheidung von einer Thiobarbitursäure mit* ^{35}S. Kaninchen intravenös eingespritzte $^{35}S_{(2)}$*-5-Äthyl-5-butylmercaptomethylen-2-thiobarbitursäure* (I) mit ^{35}S wird schon nach 15 Min. zum großen Teil wieder ausgeschieden. Im Urin wurde ^{35}S meist in organ. Bindung angetroffen. Die Synth. von I nimmt folgenden Verlauf: $S \rightarrow BaSO_4 \rightarrow BaS \rightarrow H_2S \rightarrow SC(NH_2)_2 \rightarrow (C_2H_5OCO)_2C(C_2H_5)CH_2SC_4H_9 \rightarrow$ **I.** (Ricerca sci. **22.** 1932—36. Okt. 1952. Padova, Univ., Ist. di chim. organ., u. Ist. di chim. generale, u. Modena, Univ., Ist. di farmacol.)
K. FABER. 4627

André Jacques und **Fernando Hudon**, *Ein weiterer Bericht über die klinische Anwendung von Hexylcain (Cyclaine).* Hexylcain [= Hydrochlorid des *Benzoesäure-1-cyclohexylaminopropyl-(2)-esters*] hat sich bei allen Arten der Applikation in 1730 Fällen als ausgezeichnetes Lokalanästheticum bewährt. 2 Intoxikationen wurden beobachtet. (Current Res. Anesthesia Analgesia **33.** 270—76. Juli/Aug. 1954. Quebec City, Can., Hôtel-Dieu Hosp.)
LOTHAR BARTH. 4627

William B. Bass, L. A. Schroeder und **M. J. Vander Brook**, *Bis-[β-(o-methoxyphenyl)-isopropyl]-amin, pharmakologische Untersuchungen über ein neues Lokalanästheticum.* Bei der pharmakol. Prüfung von *Bis-[β-(o-methoxyphenyl)-isopropyl]-amin* (I) hinsichtlich seiner bronchodilatator. Aktivität fanden Vff. unerwarteterweise auch eine außerordentlich starke lokalanästhet. Wirkung. **I** wurde als freie Base u. als Lactat als Oberflächenanästheticum (Cornea), im Gewebe (Quaddelprobe, Infiltration) u. an den Spinalnerven geprüft. An Oberflächen erwies sich **I** 200 mal wirksamer als Cocain u. als Infiltrationsanästheticum 40—50 mal stärker als Novocain. An den Spinalnerven hatte **I** eine 2—4 mal stärkere Wrkg. als Tetracain. Demgegenüber ist seine Toxizität nur ca. 7 mal größer als die von Novocain. Die therapeut. Breite von **I** ist 6—12 mal größer als bei allen anderen Lokalanästheticis. Bei der angewandten Dosierung wurden keine lokalen Schädigungen beobachtet. Zusammen mit physiol. Salzlsgg. kann das Lactat höchstens als 0,05 % ig. Lsg. verwandt werden, da bei höheren Konzz. das salzsaure Salz ausfällt. Die freie Base scheint etwas wirksamer zu sein als das Lactat. (Current Res. Anesthesia Analgesia **33.** 234—42. Juli/Aug. 1954. Kalamazoo, Mich., Upjohn Co., Dep. of Pharmacol.)
LOTHAR BARTH. 4627

Joh. Krüger, *Erfahrungen bei der Kombinationsnarkose mit Magnesiumthiosulfat und Eunarcon.* (Zbl. Chirurg. **79.** 1975—77. 1954. Zwickau, Heinrich-Braun-Krankenhaus.)
F. KRUSEN. 4627

R. van den Driessche, H. Draps, R. Schoysman und **G. Riva**, *Das Chlorpromazin in der analgetischen Geburtshilfe; experimentelle und klinische Untersuchungen. Chlorpromazin*, intravenös verabreicht, zeigt eine konstante hypnot. Wrkg. u. vermindert zum Teil das Schmerzempfinden während der Uteruskontraktionen. Es vermindert auch Dauer, Intensität u. Frequenz der Kontraktionen, verlängert die Expulsionsperiode u. erfordert eine ständige Überwachung. Eine Schädigung des Fetus oder Neugeborenen wurde bei den angewandten Indikationen nicht beobachtet. Auch wurde prakt. keine Wrkg. auf Herz u. Atmung gesehen. (Bull. Fédérat. Soc. Gynécol. Obstétr., Langue franç. **6.** 453—54. 1954. Suppl. zu: Gynécol. et Obstétr.)
H. ENDRASS. 4627

Robert Semisch, *Erfahrungen nach über 1000 endotrachealen Narkosen unter Verwendung von Muskelrelaxantien.* (Zbl. Chirurg. **79**. 2081—92. 1954. Jena, Univ., Chirurg. Klinik, Anästhesieabt.) F. KRUSEN. 4628

Deirdre M. Gillies, William G. Cullen und **Harold R. Griffith**, *Succinylcholin als Relaxans in der Bauchchirurgie.* (Current Res. Anesthesia Analgesia **33**. 251—57. Juli/Aug. 1954. Montreal, Can., McGill Univ.) LOTHAR BARTH. 4628

D. R. Dick, R. W. Herrmann, Charles Ferguson und **C. L. Hebert**, *Die Anwendung eines kurzwirkenden Muskelrelaxans (Succinylcholinchlorid) in der urographischen Diagnose.* (Vorl. Bericht.) (J. Urology **72**. 1260—62. Dez. 1954. Staten Island, N. Y., U. S. Publ. Health Serv. Hosp., Anesthesiol. and Urol. Dep.) F. KRUSEN. 4628

W. L. Nastuk und **J. T. Alexander**, *Die Wirkung von 3-Oxyphenyldimethyläthylammonium (Tensilon) auf die neuromuskuläre Reizleitung des Frosches.* Am Sartoriuspräp. des Frosches wurde durch Studium der Wrkg. von *d-Tubocurarin* (I) u. der Anticurarewirkungen von *3-Oxyphenyldimethyläthylammoniumsalz* (II, *Tensilon*), *3-Oxyphenyltrimethylammonium* (III, *Ro 2-2561*) u. *Neostigmin* gefunden, daß ein neuromuskulärer Block durch 1 mg/Liter I durch 1,5 mg/Liter II aufgehoben werden kann. Bei steigenden Konzz. von I ist die Anticurarewrkg. von II begrenzt. II u. III wirken ähnlich muskelerregend. Die depolarisierende Wrkg. von II ist wesentlich geringer als die von III. Die Anticurarewrkg. von II beruht auf dessen Cholinesteraseinhibitoreigenschaften. (J. Pharmacol. exp. Therapeut. **111**. 302—28. Juli 1954. New York City, N. Y., Columbia Univ., Dep. of Physiol., Coll. of Physic. and Surg.) H. WUNDERLICH. 4628

E. Rossi, A. Bodmer, M. Bettex, A. Bühlmann, P. Luchsinger und **K. Graf**, *Curare, „Hibernation" und künstliche Beatmung während mehrerer Wochen zur Behandlung eines schweren Tetanus.* (Schweiz. med. Wschr. **84**. 1329—31. 27/11. 1954. Zürich, Univ., Med. Poliklinik, Kinderklinik u. Ohrenklinik.) F. KRUSEN. 4628

Ellen Eva King und **Klaus R. Unna**, *Die Wirkung von Mephenesin und anderen interneural dämpfenden Stoffen auf den Hirnstamm.* Der polysynapt. linguomandibulare Reflex bei elektr. Reizung der Zunge von Katzen erwies sich als sehr empfindlich gegenüber *Mephenesin* (I) u. *6-Methyl-2-aminobenzothiazol* (II; SMITH, KLINE AND FRENCH LABORATORIES). II besitzt bzgl. seiner selektiv blockierenden Eigg. die doppelte Wirkungsstärke wie I. *Atrolactamid* (*Themison*; MALLINCKRODT CHEMICAL WORKS) hat eine 5fach schwächere Wrkg. wie I. Die Selektivität der I-II-Wrkg. wurde dadurch bewiesen, daß der monosynapt. Patellarreflex durch I u. II nicht beeinflußt werden konnte. (J. Pharmacol. exp. Therapeut. **111**. 293—301. Juli 1954. Chicago, Ill., Univ. of Illinois, Coll. of Med., Dep. of Pharmacol.) H. WUNDERLICH. 4628

Thomas A. Couston, *Mysoline in der Behandlung von idiopathischer Epilepsie bei geistesgestörten Kranken.* 6 Kinder mit schwerer idiopath. Epilepsie wurden bis zu 11 Wochen lang mit 2 g *Mysoline* in der 1., 4,75 g in der 2. u. 5,25 g in den weiteren Wochen behandelt. In allen Fällen wurde kurzfristige Besserung des schlechten Zustandes erzielt, bei 3 Fällen nach 2—5 Monaten völlige Anfallsfreiheit, ohne daß Nebenerscheinungen auftraten. (Arch. Disease Childhood **29**. 323—25. Aug. 1954. Dundee, Baldoran Inst.) F. KRUSEN. 4628

A. Marchand-Alphand und **M. Delecour**, *Untersuchung über die Wirkung bestimmter gefäßerweiternder Substanzen auf den Uterus.* Intramuskuläre Injektionen von *2-Benzyl-4.5-imidazolinhydrochlorid* (*Priscol*; I) bei Meerschweinchen u. Kaninchen zeigten bei nichtgraviden Tieren nur gefäßerweiternde Wrkg., bei graviden stellten sich hämorrhag. Erscheinungen ein. Wurde I durch *Acetylcholin* oder *nicotinsaures Na* ersetzt, blieben diese aus. Zur Erklärung dieser Eig. von I wird die Möglichkeit der Entstehung von *Histamin* angeführt. (Bull. Fédérat. Soc. Gynécol. Obstétr. Langue franç. **6**. 485 bis 486. 1954. Suppl. zu: Gynécol. et Obstétr.) H. ENDRASS. 4628

R. Mahon und **Delplace**, *Über die intravenöse Anwendung des Sparteins als Substanz mit Oxytocinwirkung.* Unterss. an 25 Fällen zeigen, daß *Spartein*, angewandt als Sulfat oder Jodmethylat, gegenüber hypophysären Extrakten feiner abgestufte Wirkungen zeigt. Frequenz u. Intensität der Kontraktionen sind gesteigert, jedoch sehr regelmäßig, ohne Hypertonie u. ohne Gefahr für den Fötus. Das phenyläthylbarbitursaure Salz scheint keine Oxytocinwrkg. zu besitzen. (Bull. Fédérat. Soc. Gynécol. Obstétr., Suppl. zu: Gynécol. et Obstétr. **6**. 481—82. 1954.) R. ENDRASS. 4628

J. Chosson und **A. Inglesakis**, *Neuer Kurzbericht über die Wirkung des Methylergobasins (Methergin) auf den Uterus abortivus.* Vff. berichten über 27 Fälle, in denen *Methylergobasin* (I) intravenös bei der Behandlung des Uterus nach Fehlgeburten angewandt wurde. I zeigt hinsichtlich einer „Festigung" des Uterus recht inkonstante Wirkungen. Seine hämostat. Eig. dürfte dagegen größeres Interesse verdienen. (Bull. Fédérat. Soc. Gynécol. Obstétr., Langue franç. **6**. 516—17. 1954. Suppl. zu: Gynécol. et Obstétr.) H. ENDRASS. 4628

H. Sauter und **J. Jenny,** *Die Wirkung von Chinin auf den menschlichen Uterus.* Zahlreiche Unterss. mit dem Hysterotonographen nach FREY am wehenlosen Uterus zum Geburtstermin, während der Geburt u. in der Postplacentarperiode ergaben, daß *Chinin,* in Dosen von 0,1 u. 0,25 g rectal verabreicht, günstige Eigg. als Wehenmittel entfaltet, wobei neben der oxytoc. noch sympathicolyt. u. vasodilator. Wirkungen mitspielen. (Schweiz. med. Wschr. **84.** 1341—42. 27/11. 1954. Zürich, Univ., Frauenklinik.) F. KRUSEN. 4628

F. Horace Smirk, *Hypotonische Wirkung des Hexamethoniumbromids und einiger Homologer. Deren Verwendung bei hohem Blutdruck.* (Lancet **263.** 1002—05. 22/11. 1952. Dunedin, New Zealand, Univ. of Otago.) F. GÜNTHER. 4630

Lawrence L. Siems und **H. S. Rottenstein,** *Der Ort der peripheren gefäßerweiternden Wirkung von Äthylalkohol, Tetraäthylammonium und Priscolin.* (Amer. J. med. Sci. **220.** 649—54. Dez. 1950. Philadelphia, Pa.) F. GÜNTHER. 4630

O. Eichler und **J. Heinzel,** *Die Behandlung peripherer Durchblutungsstörungen mit Hydergin.* (Vgl. auch C. **1955.** 4155.) Klin. Bericht über die Therapieerfolge mit *Hydergin* (I), der sich auf 172 Behandlungen von Endangiitiden, Arteriosklerosen, Morb. RAYNAUD, arterielle Embolien, SUDECKsche Syndrome, Rundstiellappenplastiken u. Ulcera cruris gründet. Eine ausführliche Darst. der pharmakol. Effekte von I ist dem kasuist. Teil vorangestellt. Die Dosierungsfrage wird subtil behandelt. Vertieft wird die Problematik durch die eingehende Verwertung von 428 Literaturzitaten. (Arzneimittel-Forsch., Beih. **1954.** Nr. 4. 1—108. Heidelberg, Univ., Chirurg. Klinik.) H. JORDAN. 4630

Jeannot Olivet und **Günter Grund,** *Zur Herztherapie mit Adenylsäuren.* (Münchener med. Wschr. **95.** 1205—06. 6/11. 1953. Northeim/Hann., Krankenhaus.) F. GÜNTHER. 4630

Lamont E. Danzig und **Alphonse C. Gomez,** *Langfristige intravenöse Anwendung von Arfonad bei der Behandlung des Lungenödems.* Vff. gaben bei einem Patienten mit chron. Glomerulonephritis bei gleichzeitiger Hypertension, Urämie u. Lungenödem 11 Tage lang *Arfonad* (I) in intravenösen Infusionen. Es trat Blutdrucksenkung u. objektive u. subjektive Besserung des Lungenödems auf, solange I gegeben wurde. Nebenwirkungen waren gering u. Toleranz gegen I entwickelte sich nicht. (Amer. J. med. Sci. **228.** 626—29. Dez. 1954. Fort Sam Houston, Tex., Surg. Res. Unit and Med. Serv. Brooke Army Med. Center.) K. BÖHM. 4630

Louis B. Kramer, Robert Van Horne, Samuel Bellet und **George B. Koelle,** *Die Wirkungen intravenöser Infusionen der optischen Isomeren des Dibozans (McN-181, 1.4-Bis-[1'.4'-benzodioxanyl-(2')-methyl]-piperazin), eines adrenergische Wirkungen blokkierenden Mittels auf hypertensive Individuen.* Vff. untersuchten die Wirkungen intravenöser Infusionen des *D-* (I), *L-* (II) u. *meso-* (III)-*Dibozans* (*McN-181, 1.4-Bis-[1'.4'-benzodioxanyl-(2')-methyl]-piperazin*) bei Hypertonikern auf den Blutdruck u. Nebenerscheinungen. I (80—100 mg innerhalb 22—45 Min.) rief keine Blutdrucksenkungen oder Nebenerscheinungen hervor. II (42—100 mg innerhalb 17—56 Min.) verursachte bei 5 von 10 Patienten Blutdruckabfall, Nebenwirkungen: Herzrhythmusstörungen, Trockenheit, Nausea, Ruhelosigkeit, Harn- u. Stuhldrang u. Erbrechen. III (65—100 mg innerhalb 17—54 Min.) bewirkte bei 3 von 10 Patienten Blutdruckabfall. Nebenwirkungen: Verwirrungszustände, Desorientierung, Ruhelosigkeit, schleppende Sprache, Trockenheit, Nausea, Erbrechen. Die Nebenwirkungen von II u. III schränken ihre therapeut. Brauchbarkeit ein. Mögliche Applikationen bei Hypertonie u. unter anderen Bedingungen werden diskutiert. (Amer. J. med. Sci. **228.** 614—21. Dez. **1954.** Philadelphia, Pa., Univ., Grad. School of Med., Div. of Cardiol.; Philadelphia General Hosp., Dep. of Internal Med. and Physiol. and Pharmacol.) K. BÖHM. 4630

Robert W. Shelby, *Die Anwendbarkeit einer neuen medikamentösen Kombination (Pentoxylon) bei Angina pectoris und anginösen Zuständen. Pentoxylon* ist eine Kombination von 10 mg *Pentaerythrittetranitrat* u. 1 mg *Rauwiloid* (*Rauw. Serp. B*). Bei 10 Patienten mit Angina pectoris-Syndrom konnte damit in 60% ein günstiger u. in 30% ein ausgezeichneter Erfolg erzielt werden. Ernstere Nebenwirkungen traten nicht auf. (J. Amer. osteopath. Assoc. **54.** 290—94. Jan. 1955. St. Louis, Mo.) H. JORDAN. 4630

Fritz Lasch und **Karl Theinl,** *Klinische Erfahrungen mit Acetyldigitoxinbehandlung (Acylanid). Acylanid* (*Acetyldigitoxin,* SANDOZ) erwies sich in der Therapie schwerster u. schwerer Herzinsuffizienzen effektvoll, gut steuerbar u. gut verträglich. Die Intoxikationszeichen traten seltener auf als nach anderen Digitalispräparaten. Blutchem. u. kreislaufanalyt. Belege werden mitgeteilt. (Wiener klin. Wschr. **67** ([N. F.] **10**). 258—62. 15/4. 1955. Villach, Landeskrankenhaus, Med. Abt.) H. JORDAN. 4630

A. M. Woronowa und **A. I. Galibina,** *Behandlung von Patienten mit Herzgefäßinsuffizienz durch Injektion von Erysimin.* Das aus Hederich gewonnene Glykosid *Erys-*

imin (I), F. 168—172°, besitzt eine hohe biol. Aktivität: 1 g enthält 57680 FE. u. 10638 KE. I zeigt eine strophanthinähnliche Wirkung. Bei der Behandlung von 25 Patienten mit schwerer Herzgefäßinsuffizienz durch intravenöse Zufuhr von je 0,5—1 ml I in 10—20 ml 40%ig. Glucoselsg. (2mal täglich, insgesamt 10—30 Injektionen) traten keine Nebenerscheinungen auf; die Kumulation war gering u. selten. Zweckmäßig ist die Kombination von I mit einem harntreibenden Mittel, wie Merkusal u. Diuretin. Bei 12 Patienten trat eine starke, bei 11 Patienten eine schwache Besserung ein. In 7 Fällen war I ohne positive Wirkung. I ist kontraindiziert bei ausgesprochener Bradycardie, nicht jedoch bei extrasystol. Arrhythmie. Beim Auftreten von multipler Extrasystolie u. Bigeminie ist die I-Behandlung einzustellen. (Советская Медицина [Sowjet-Med.] **19.** Nr. 1. 45—50. Jan. 1955. Tomsk, Med. Molotow-Inst., Therapeut. Fakultätsklinik.) O. LEBTAG. 4630

Hans Pichler, *Zur Klinik der Hg-Diurese.* (Münchener med. Wschr. **95.** 1181—83. 30/10. 1953. Klagenfurt, Landeskrankenhaus, II. Med. Abt.) F. GÜNTHER. 4634

Kurt Weithaler, *Erfahrungen mit einem neuen oralen Ichthyolpräparat (Ichth-Entral) bei der Behandlung von Ulcus duodeni et ventriculi.* (Med. Klin. **47.** 1151—54. 29/8. 1952. Innsbruck, Univ., Med. Klinik.) F. GÜNTHER. 4645

J. M. Venhofen, *Über Erfahrungen bei der Ulcusbehandlung mit Robadin.* (Med. Klin. **47.** 1224—27. 12/9. 1952. München, Nymphenburger Krankenhaus.) F. GÜNTHER. 4645

Solomon N. Albert und **Charles S. Coakley,** *Die Anwendung von Chlorpromazin zur Verhütung postnarkotischen Erbrechens.* Das postnarkot. Erbrechen, welches nach Angaben der Vff. bei 25% aller narkotisierten Patienten auftritt, konnte durch präoperative perorale Gaben von 50 mg *Chlorpromazin* um 50% red. werden. (Current Res. Anesthesia Analgesia **33.** 285—88. Juli/Aug. 1954. Washington, D. C., George Washington Univ., Med. School.) LOTHAR BARTH. 4646

G. Schoop, *Über zwei neue Mittel gegen Kükencoccidiose aus der Sulfonamidreihe.* Bei Kükencoccidiose wird 20% ig. *Solusupronal*-Lsg., 5 cm³ auf 1 Liter, dem Trinkwasser zugesetzt. Auch *Ganda* in derselben Konz. kann die Mortalität von 5,6 auf 1,4% senken. (Tierärztl. Umschau **9.** 94—96. März 1954. Veterinäruntersuchungsamt Frankfurt/M.) G. GERBER. 4649

F. Canova, *Das Atebrin in der Behandlung von Taenien.* Kurzer Bericht über die Anwendung von *Atebrin* in der Behandlung von Taenia saginata. (Atti Soc. med.-chirurg. Padova Fac. Med. Chirurg. Univ. Padova **31.** 462—63. 1953, ausgeg. 1954. Padova, Univ., Ist. d'Igiene.) P. G. SCHEURLEN. 4649

R. P. Link und **Jean C. Smith,** *Behandlung von Hundebandwürmern mit Atabrine.* (J. Amer. veterin. med. Assoc. **125.** 461—62. Dez. 1954. Urbana, Ill., Univ. of Illinois, Coll. of Veterin. Med., Dep. of Veterin. Physiol. and Pharmacol.) F. KRUSEN. 4649

L. G. Goodwin und **O. D. Standen,** *Behandlung der Rundwurminfektion mit Piperazincitrat (Antepar).* Vff. berichten über die Verwendung von *Piperazincitrat* (I, Antepar), das gegen Rundwurminfektion vom Darm her in einer Einzelgabe wirksam ist. Normaldosis 3,0 g, bei Kindern unter 20 kg Gewicht weniger. Es wurden keine Nebenwirkungen beobachtet. Die Würmer werden durch I narkotisiert u. nicht getötet. Gegen Strongyloiden wurde keine Wrkg. festgestellt. (Brit. med. J. **1954.** II. 1332—33. 4/12. London, Wellcome Labor. of Trop. Med.) K. BÖHM. 4649

R. P. Lee, *Die Wirksamkeit des Piperazinadipats gegenüber Neoascaris vitulorum (Goeze, 1782). Eine vorläufige Mitteilung. Piperazinadipat* (I, wss. Lsg.) ist bei oraler Anwendung in einer Dosis von 0,1—0,3 g/lb für Zebukälber nicht toxisch. Bei Gaben von 0,1—0,2 g/lb war der Kot innerhalb von 3 Tagen frei von Wurmeiern. I ist in diesen Konzz. 100% wirksam gegenüber unreifen u. reifen Tieren, beeinflußt die n. Entw. der aus ausgeschiedenen Würmern gewonnenen Eier aber nicht. (Veterin. Rec. **67.** 146—49. 19/2. 1955. Vom, Federat. of Nigeria, Vet. Res. Labor.) HANS THIELE. 4649

M. M. El-Mehairy und **P. Ghalioungui,** *Fumagillin bei Amöbenerkrankung. Fumagillin* (I) besitzt amöbicide Wirkung. Die optimale Dosis für eine Kur sind 160 mg täglich für 5 Tage. Sorgfältig angewandt, zeigt I nur geringe tox. Symptome u. Nebenwirkungen. (J. Egypt. med. Assoc. **37.** 1—6. 1954. Abbasia, Fac. of Med.) H. AMAN. 4649

F. Canova, *Aureomycin bei Amoebiasis intestinalis.* Bericht über die gute Wrkg. *des Aureomycins* (I) bei Darmamöbiasis. Es wird angenommen, daß I indirekt über eine Beeinflussung der Darmflora wirkt. (Atti Soc. med.-chirurg. Padova Fac. Med. Chirurg. Univ. Padova **31.** 464—69. 1953, ausgeg. 1954. Padova, Univ., Ist. d'Igiene.) P. G. SCHEURLEN. 4649

T. Minesita, K. Hirose, K. Takeda und **I. Ban,** *Untersuchung über den Mechanismus der anthelminthischen Wirkung von Santonin.* 2. Mitt. (1. vgl. Jap. J. Pharmacolog. **46.** [1950.] Nr. 104.) Es wurde das Verh. von Rhabdias gegen *Santoninsäure* (**II**), *d-β-Desmotroposantonin* [**I**; F. 260; $[\alpha]_D^{22}$ 107° (A.)] u. *d-α-desmotroposantonige Säure* (**III**; F. 179°) geprüft. Chemotropismus wurde bei folgenden Konzz. beobachtet: **I**, 1:50000; **II**, 1:10000; **III**, 1:5000. Diese Werte scheinen gleichzeitig ein Maß für die anthelminth. Wrkg. zu sein. **I** zeigt fast die gleiche Wirksamkeit wie Santonin, ohne dessen Nebenwirkungen zu besitzen. (Annu. Rep. Shionogi Res. Lab. [Osaka] **1953.** Nr. 3. 215–21. [Orig.: jap.; Auszug: engl.]) L. SCHULER. 4649

J. Zinzius, *Neue Möglichkeiten der antimykotischen Behandlung mit Antisporon. Antisporon* (Dr. JOSEF ELLENDORF u. Co., Wuppertal-Barmen) enthält Ester mittlerer Kettenlänge hautaffiner Fettsäuren mit Fettalkoholen u. ein Antihistaminicum. Es werden günstige Erfahrungen mitgeteilt. (Therap. d. Gegenwart **93.** 197–99. Mai 1954. Bonn.) P. LOCH. 4661

Harald Jahn, *Klinische Erfahrungen mit dem neuen Antirheumaticum Gentochin.* 60 Patienten mit rheumat. Erkrankungen wurden mit *Gentochin* (*gentisinsaures Salz des Chinins*) behandelt. Ein guter antipyret., analget. u. antiphlogist. Effekt ohne Nebenwirkungen konnte nachgewiesen werden. (Med. Klin. **49.** 1182–83. 23/7. 1954. Selb/Ofr., Stadtkrankenhaus, Innere Abt.) K. PFEIFER. 4670

Bernhard Seyfert, *Abortivbehandlung grippaler Infekte mit Pleon.* Eine 1–2 Tage dauernde Therapie mit *Pleon* (G. HENNING, Berlin-Tempelhof u. Hamburg; 40 mg Salicylamid, 30 mg Chinin u. Coffein u. 50 mg Phenacetin u. Dimethylaminophenazon) mit 3–4 Dragées täglich führte zum Verschwinden der Symptome bei 2300 Patienten. (Münchener med. Wschr. **95.** 1157–58. 23/10. 1953. Berlin.) F. GÜNTHER. 4670

J. Champeix und **P. Fourrier,** *Vier Fälle von Osteopathien durch chronische Fluorintoxikation.* Röntgenolog. Unterss. bei 4 Fällen chron. *F*-Vergiftung durch langjährige Einw. von *HF* u. *CaF_2* ergaben als charakterist. Bilder eine Erhöhung der Knochendichte u. häufiges Auftreten von anomalen Kalkablagerungen, Osteophyten u. Syndesmophyten. (Ann. Méd. légale Criminol. **34.** 253–59. Dez. 1954.) F. KRUSEN. 4675

H. Ollivier, P. Grillo-Abadie, G. Helvadjian und **J. Quicke,** *Über einen Fall von tödlicher Natriumnitritvergiftung.* Aufnahme einer nicht genannten Menge *$NaNO_2$* mit Todesfolge. Nachw. von Methämoglobin im Blut u. von durchschnittlich 3 mg/kg $NaNO_2$ in den Eingeweiden. (Ann. Méd. légale Criminol. **34.** 280–83. Dez. 1954.) F. KRUSEN. 4675

Charlotte D. Curtiss und **Alexander A. Kosinski,** *Tödlicher Fall von Eisenvergiftung bei einem Kind.* Ein fast 2jähriges Kind kam nach Aufnahme einer größeren Menge von je 162 mg *$FeSO_4$* enthaltenden Pillen ad exitum. Diskussion des möglichen Giftmechanismus von Fe. (J. Amer. med. Assoc. **156.** 1326–28. 4/12. 1954. Johnson City, N. Y., C. S. Wilson Memorial Hospital.) F. KRUSEN. 4675

W. Sturm, *Toxische Wirkungen organischer Phosphorverbindungen.* Bei einer 25jährigen Chemikerin kam es während wissenschaftlicher Arbeiten mit $POCl_3$, Dichlorphosphorsäuredimethylamid, Monochlorphosphorsäure-bis-[dimethylamid], Bis-[dimethylamino]-phosphorsäureäthylester u. *Oktamethyltetrapyrophosphorsäureamid* (**I**) zu Vergiftungserscheinungen in Form von Leibkrämpfen, Kreislaufstörungen, Parästhesien der Gliedmaßen u. anderen auch klin. Symptomen. Für die Vergiftung wird bes. **I** verantwortlich gemacht, jedoch auf die Komplexität des Falles durch die Mehrzahl der zur Einw. gekommenen organ. P-Verbb. hingewiesen. — 100 Literaturangaben. (Z. ges. inn. Med. Grenzgebiete **9.** 1190–95. 1/12. 1954. Karl-Marx-Stadt, Krankenhaus Küchwald.) F. KRUSEN. 4675

H. Ollivier, P. Grillo-Abadie, G. Helvadjian und **J. Quicke,** *Über einen Fall von tödlicher Dichloräthanvergiftung.* Beschreibung eines Todesfalles nach Inhalation von *Dichloräthan* (**I**)-Dämpfen. Autopt. wurden Schäden an Gefäßen, Lungen, Leber, Milz u. Nieren festgestellt. Im Blut wurden Spuren, in anderen Organen 70–140 mg **I** nachgewiesen. (Ann. Méd. légale Criminol. **34.** 261–64. Dez. 1954.) F. KRUSEN. 4675

M. Stojadinović, *Die ersten Fälle von Asbestose und einfacher, durch Kohlenstaub verursachter Pneumokoniose in Jugoslawien.* Bei der Röntgenunters. von 80 Arbeitern einer Asbestgrube u. einer Asbestfabrik wurden bei 28,9% Asbestose, bei 38,2% Anthraco-silico-asbestose u. bei 2,6% Anthracosilicose festgestellt. Ferner wurde ein häufiges Auftreten von Conjunctivitis, Kropf, Bronchitis, Verminderung der Vitalkapazität, Hämaturie, sowie Herz- u. Thoraxveränderungen beobachtet. (Arhiv Higijenu Rada **5.** 57–76. 1954. Beograd, Inst. za fiziol. rada SAN u. Vrnjačka Banja, Antituberkul. disp.) S. BECKMANN. 4681

T. K. Owen, *Carcinom und Asbestose der Lunge: Bericht eines Falles.* Bericht eines Falles von Asbestose bei einem 39jährigem Mann mit tödlichem Ausgang $^1/_2$ Jahr nach Auftreten der ersten Schmerzen. Patient hatte 20 Jahre vorher 1 Jahr lang in einer Asbestfabrik gearbeitet. Bei der Sektion fanden sich große, knötchenartige Ablagerungen in den Drüsen, dem oberen Mediastinum, an den Hauptgefäßen, zwischen Aorta u. Oesophagus u. an der Lunge. Die Lunge enthielt viele Asbestosekörper, Metastasen fanden sich nicht. (Brit. J. Cancer **5.** 382—83. Dez. 1951. Bournemouth, Royal Victoria Hosp.) R. Reiss. 4681

F. M. Engelbrecht, *Die Pathogenese der experimentellen Silicose.* Erzeugung einer experimentellen Silicose bei Ratten durch intratracheale Injektion u. Injektion in Hoden- u. Muskelgewebe unter Verwendung von Tridymit-, Quarz- u. amorphen Siliciumsuspensionen. Eingehende Beschreibung der Histologie der Silicoseknötchen. Vergleichende Beurteilung der histolog. Veränderungen bei Silicosetieren, die ohne u. mit Schutzsubstanzen wie Al u. Kohle behandelt waren. Das Phänomen der Adsorption als wesentlicher Faktor bei der Pathogenese der Silicose wird hervorgehoben. (Ann. Universiteit Stellenbosch, Sect. A **30.** 129—50. 1954. Stellenbosch, Univ., Dep. of Phys.) H. Zeller. 4681

Fritz Eichholtz, Lehrbuch der Pharmakologie. Im Rahmen e. allgemeinen Krankheitslehre. Für prakt. Ärzte u. Studierende. 8. verb. Aufl. Berlin, Göttingen, Heidelberg: Springer. 1955. (IX + 596 S. m. 135 Abb.) DM 39,60.

F. Pharmazie. Desinfektion.

Büchi, *Zur Inkraftsetzung des Supplementum secundum der Pharmacopoea Helvetica, Editio quinta.* Übersicht über neue Artikel, Änderungen u. Ergänzungen. (Schweiz. Apotheker-Ztg. **93.** 173—78. 5/3. 1955.) M. Negwer. 4750

Erik Krumhardt, *Dragieren von Adetaminpillen.* Die einzelnen Stufen des Dragierverf. werden besprochen: Vorbehandlung, weiße u. rote Dragierung, Färbung, Blankierung. Für die letzte Stufe wird die Anwendung eines Gemisches von 15 (g) Talcumpulver, 35 Gummi arabicum-Schleim u. 5 Fettemulsion (Kakaoöl, weißes Wachs u. Ceresin, Paraffinöl mit Gummi arabicum, dest. W. u. A.) empfohlen. (Arch. Pharmac. og Chem. **62** (**112**). 121—30. 19/2. 1955. Lyngby, Svane Apotek). R. K. Müller. 4766

P. Østrup, *Über Hexaminamygdalattabletten (Tabl. hexamini amygdalatis 0,25 g).* Das gegen Infektionen der Harnwege verwendete Präp. (0,25 g enthaltende Tabletten) wird durch Umsetzung von 76 g *dl*-Mandelsäure mit 70 g Hexamin in 500 cm^3 Methanol (I), Abdest. des I bis zur beginnenden Kristallisation, Absaugen, Waschen mit 50 cm^3 eisgekühltem I, Mischen von 250 (g) des Prod. mit 70 Kartoffelmehl, 25 Stearattalcum, ca. 30 cm^3 5%ig. Gelatinespiritus, Zuckerpulver, Celluloseacetatphthalat (vgl. Schaldemose, C. **1953.** 7000), Mg-Stearat u. Fl. hergestellt. — 7 Literaturhinweise. (Arch. Pharmac. og Chem. **62** (**112**). 91—94. 5/2. 1955. Gentofte, Apotek). R. K. Müller. 4766

Gerhard Schenk, *Verfälschte Rhizoma Caricis Erg. B. 6 im Handel.* Vf. stellt fest, daß sämtliche im Handel als „Rhizoma Caricis Erg. B. 6" erhältliche Droge von Carex hirta abstammt, die keinen vollwertigen Ersatz für die als Stammpflanze vorgeschriebene C. arenaria darstellt. (Arch. Pharmaz. Ber. dtsch. pharmaz. Ges. **287/59.** Nr. 9/10. Mitt. dtsch. pharmaz. Ges. **24.** 141—42. 1954. Wickede/Ruhr.) M. Negwer. 4782

F. H. L. van Os, E. Drijfhout und **F. H. Klompsma,** *Die Beeinflussung des Alkaloidgehaltes von Datura stramonium var. inermis durch Köpfen und Entfernen der Blüten.* Köpfen u. Entfernen der Blüten von Datura stramonium führt zu einer Erhöhung des Alkaloidgehaltes. Das Köpfen hat jedoch einen starken Rückgang der Ausbeute zur Folge, weil es die Bldg. der Knospen verhindert (Zahlentafeln). Die beiden Maßnahmen haben keinen Einfl. auf das Verhältnis Hyoscyamin: Scopolamin. (Pharmac. Weekbl. **90.** 209—15. 16/3. 1955. Groningen, Rijksuniv., Labor. voor Pharmacog.; Leeuwarden, Rijkstuinbouwconsulentschap.) W. Wesly. 4782

Wendell L. Holt und **Christopher H. Costello,** *Eine vorläufige chemische Untersuchung von Rauwolfia serpentina.* Übersicht über die bisher vorliegenden Ergebnisse chem. u. pharmakolog. Unterss. von Rauwolfia serpentina Benthan (I). Die Unters. der Alkaloide (II) von 5 Handelssorten ergab, daß die Herkünfte „Dehra Dun" u. „Himalaya" die stärkste antihyperton. Wrkg. besitzen u. die gleichen **II**, aber in verschied. Verhältnis enthalten. „Coastal Plain" u. „Malabar" waren in verschied. starkem Maße mit anderen Rauwolfia-Arten verfälscht. Der Gesamtgeh. an **II** gibt keinen Maßstab für die blutdrucksenkende Wrkg. von I, sofern nicht das Verhältnis der einzelnen **II** bekannt ist, welches in den untersuchten Mustern stark variiert. Chlf., Aceton u. $C_2H_4Cl_2$ sind die geeignetsten Lösemittel zur Extraktion der Wirkstoffe von **I**; zur Best. des Verhältnisses der Hauptgruppen der II erwies sich die Meth. von SIDDIQUI als am geeignetsten. Das Verf. nach Brit. Pharm. Cod. wäre demnach zu modifizieren. (J. Amer. pharmac. Assoc., sci. Edit. **43.** 144—48. März 1954. Columbus, O., Columbus Pharmacal Co.) F. v. GIZYCKI. 4782

Heber W. Youngken, *Malabar Rauwolfia, Rauwolfia micrantha Hook. f.* Die Wurzel von Rauwolfia micrantha Hook f. (I) kommt in zunehmendem Maße als Verfälschung u. Substitut der Wurzel von R. serpentina (II) vor. Vf. beschreibt die Histologie von I, ihre Unterscheidung von II u. von R. canescens. Die qualitative Prüfung mit 5 Reagentien ergab die Anwesenheit von Alkaloiden in I. (J. Amer. pharmac. Assoc., sci. Edit. **43.** 141—43. März 1954. Boston, Mass., Coll. of Pharmacy.) F. v. GIZYCKI. 4782

Edward P. Claus, *Eine Untersuchung über das Wurzelsystem von Hemerocallis fulva L.* 1. Mitt. *Morphologie und Histologie.* (J. Amer. pharmac. Assoc., sci. Edit. **43.** 188—91. März 1954. Pittsburgh, Pa., Univ., School of Pharm.) G. v. GIZYCKI. 4782

Spengler, *Zur Frage der Chemiefaserbeimischung zu Verbandwatte und Verbandgaze.* Vf. stellt fest, daß bei dem heutigen hochentwickelten Stand der Chemiefaser (Cellulosefaser; I)-Herst., eine Beimischung von I zu Verbandwatte u. Verbandgaze ohne Qualitätsminderung möglich ist. (Schweiz. Apotheker-Ztg. **93.** 33—36. 15/1. 1955.) M. NEGWER. 4794

—, *Neue Arzneimittel. Adrenosem* (MASSENGILL): Adrenochrommonosemicarbazon-Na-Salicylat. Tabletten zu 1 (mg), Ampullen zu 5. Erhöht die Capillarresistenz. Gegen Hämorrhagien, Gewebsblutungen. — *Aerodrin* (BURROUGHS WELLCOME): Spray mit Polymyxin B-Sulfat, Gramicidin, Methoxaminhydrochlorid. — *Amid-Sal* (GLENWOOD): Tabletten zu 0,228 g Salicylamid. — *Betabor* (SLY): Kapseln oder Tabletten aus Sulfathiazol 2 (%), Lactose 78, Borsäure 20. Fluormittel. — *Calphosan* (CARLTON): Lsg. von Ca-Glycerophosphat u. Ca-Lactat. Ampullen. — *Chibeeco* (CHICAGO PHARMACAL): Fl. Multivitaminpräparat. — *Clistin Maleate* (MCNEIL): Tabletten zu 4 mg p-Carbinoxamin, auch als Elixier. Antihistaminicum. — *Cobaden* (RAND): Adenosin-5-monophosphorsäure 25 (mg), Vitamin B_{12} 60 im cm^3. — *Co-Elorine* (LILLY)- Kapseln mit Elorinsulfat 25 (mg), Amytal 8. Anticholinergicum. — *Combistrep* (PFIZER): Trockenampullen mit Streptomycin u. Dihydrostreptomycin. — *Cortef Acetate Ointment* (UPJOHN): Enthält Hydrocortisonacetat, Antipruriginosum. — *Crysdimycin* (SQUIBB): 3 cm^3 Procainpenicillin G 600000 E., Streptomycin, Dihydrostreptomycin je 0,5 g. — *Cytinic* (STANDARD PHARMACAL): Kapseln mit Fe-Gluconat, Vitamin B_{12}, Folsäure, Ascorbinsäure, Leber- u. Magentrockensubstanz. — *Daprisal* (S.K.F.): Tabletten mit d-Amphetaminsulfat 5 (mg), Amobarbital 32, Acetylsalicylsäure u. Phenacetin je 162. Analgeticum. — *Dicurin Procaine* (LILLY): 2-[N-(3'-hydroxymercuri-2'-methoxyäthoxy)-propylcarbamyl]-phenoxyacetat-Procain u. Theophyllin. Diureticum. — *Disperdon* (STANDARD PHARMACAL): Tabletten mit Acetylcarbromal 0,13 g, Hyoscyaminsulfat 0,1 (mg), Atropinsulfat 0,02, Hyoscinhydrobromid 0,006. Antispasmodicum, Sedativum. — *Dorsacaine* (DORSEY): 0,4%ig. Lsg. von 2'-Dimethylaminoäthyl-4-amino-3-butoxybenzoat. Anästheticum in der Augenheilkunde. — *Duo-Strep* (MERCK): Trockenampullen zu 1 u. 5 g Streptomycin u. Dihydrostreptomycin als Sulfate. — *Duotinic Capsules* (IVES CAMERON): $FeSO_4$ 200 (mg), Folsäure 0,375, Ascorbinsäure 50, Galle 100, Magentrockensubstanz 100, Leber 100, Vitamin B_{12} 10 γ. — *Erythrosulfa Tablets* (UPJOHN): Erythromycin 0,1 (g), Sulfadiazin, Sulfamerazin, Sulfamethazin je 0,083. — *Esjaydiol* (TESTAGAR): Suspension von Methylandrostendiol. — *Malcotran* (MALTBIE): Tabletten zu 10 mg Homatropinmethylbromid. Anticholinergicum. — *M-Minus 5* (WHITTIER): Tabletten mit 2-Amino-2-methylpropanol-(1)-8-bromtheophyllin 50 (mg), Phenacetin 100. Gegen Dysmenorrhoe. — *Mutamycin* (BRISTOL): Streptomycin u. Dihydrostreptomycin zu gleichen Teilen, Trockenampullen zu 1 u. 5 g. — *Nexorin* (DORSEY): Kapseln mit d-Amphetaminsulfat 5 (mg), Phenobarbital 16, Methylcellulose 200, Magnesiumtrisilicat 200, Thiaminhydrochlorid 0,67, Lactoflavin 0,67, Nicotinamid 6,7. Appetitzügler. — *Obelip* (LAKESIDE): Kapseln mit Cholinbitartrat 400 (mg), dl-Methionin 150, d-Amphetaminsulfat 5, Phenobarbital 16, Methylcellulose 160, Vitamin B_{12} 4 γ. Entfettungsmittel. — *Pamine Bromide* (UPJOHN): Tabletten mit 2,5 mg Epoxymethaminbromid. Antispasmodicum, Anticholinergicum. — *Provell Maleate* (LILLY): Tabletten zu 0,5 mg Protoveratrin A u. B als Maleate. Gegen Hypotonie. — *Pymadex* (TESTAGAR): Tabletten zu 25 (mg) Pyranisaminmaleat u. 2 d-Amphetaminhydrochlorid. Antihistaminicum. — *Silicote* (ARNAR-STONE): Siliconöle u. Vaselin enthaltende Hautschutzsalbe. (Modern Drugs **18.** 625—51. Nov. 1953.) A. HOTZEL. 4800

—, *Pharmazeutische Spezialitäten. Lepsol* (DR. DEBAT, Paris): Tabletten mit 0,3 g Methylphenylsuccinimid. Antikonvulsivum. — *419 T.H.* (LABORATOIRES THERAPLIX, Paris): Tabletten mit 7,5 mg Fluorenol-9-carboxylat des β-Diäthylaminoäthanols. Antispasmodicum. — *Nokhel* (LABORATOIRES HOUDÉ, Paris): β-Diäthylaminoäthyläther des 5.8-Dioxymethylfuro-[4'.5': 6.7]-chromons. Gegen Angina pectoris, Asthma bronchiale. (Ann. pharmac. franç. **11.** 63—64. 78—79. April 1953.) A. HOTZEL. 4800

M. B. Swenzitzkaja, *Einfluß einer Zugabe von Adenylsäure auf die Lagerdauer von konserviertem Blut, welches unter Verwendung verschiedener konservierender Medien hergestellt wurde.* Wurde zu konserviertem Blut (als konservierendes Medium diente saures Na-Citrat mit einem Zusatz von Glucose bzw. von Glucose + Saccharose) während der Aufbewahrung, bevor noch Spuren einer latenten Hämolyse bemerkbar waren, *Adenylsäure* (I) hinzugegeben, so ließ sich dadurch die Hämolyse um 10—14 Tage hinauszögern. Der Zusatz von I zu den konservierenden Medien während der Herst. der Blutkonserve verzögerte die Hämolyse nicht. (Бюллетень Экспериментальной Биологии и Медицины [Bull. exp. Biol. Med.] **39.** Nr. 2. 39—42. Febr. 1955. Moskau, Zentralinst. für Hämatol. u. Bluttransfusion, Biochem. Labor.) E. RENTZ. 4812

Ludwig Grün, *Zum Problem der Luftdesinfektion unter besonderer Berücksichtigung neuerer physikalischer und chemischer Verfahren.* Besprochen werden: Tröpfchen- u. Staubinfektion, Sanierung von Keimträgern durch individuelle Behandlung, Keimzahlbest. in der Raumluft, physikal. u. chem. Verff. der Luftdesinfektion, Bekämpfung der Staubkeime u. Überblick über den heutigen Stand der Verhütung aerogener Infekte. (Ergebn. Hyg., Bakteriol., Immunitätsforsch. exp. Therap. **29.** 623—89. 1955. Düsseldorf, Med. Akad., Inst. für Hyg. u. Mikrobiol.) E. BOYE. 4832

W. Kellner und **W. Kober,** *Möglichkeiten der Verwendung ätherischer Öle zur Raumdesinfektion.* 1. Mitt. *Die Wirkung gebräuchlicher ätherischer Öle auf Testkeime.* Schrifttumsübersicht über die bactericiden Eigg. äther. Öle. — Prüfung der wachstumshemmenden Wrkg. der Dämpfe von 175 äther. Ölen auf Escherichia coli, Eberthella typhosa, Neisseria, Streptococcus faecalis u. pyogenes, Staphylococcus aureus, Bacillus megatherium, Corynebacterium diphtheriae u. Oidium albicans. Als bes. wirksam erwiesen sich: Lemongrasöl, Hyazinthenöl, Wurmsamenöl, Cassiaöl, Campheröl (leicht), Campher synthet., Lorbeerblätteröl, Zimtöl, Zimtblätteröl, Zimtaldehyd, Senföl (künstlich), Rosenöl (künstlich), Kopaivabalsamöl, Linaloeöl, Cajeputöl, Eucalyptus globulus-Öl, Eucalyptusöl, Nelkenöl, Cuminöl, Cuminaldehyd, Koriandersamenöl, Kümmelsamenöl, Kümmelöl, Wintergrünöl (künstlich), Krauseminzöl, Menthol (synthet.), Poleyöl (span.), Rosmarinöl, span. Hopfenöl, span. Spiköl, Thymianöl, Thymol u. Thymen. — 49 Literaturangaben. (Arzneimittel-Forsch. **4.** 319—25. Mai 1954. Nürnberg, Hyg. Inst.; Fürth, Chem. Fabr. Dr. Hetterich.) H. P. FIEDLER. 4832

Fred Miller, *Arzneimittelprüfungen mit dem Leitz-Mikrorefraktometer nach E. Jelley.* (Vgl. auch OPFER-SCHAUM, C. **1955.** 7973.) Tabellar. Zusammenstellung von 225 Brechungsindices von Arzneimitteln. Bei homöopath. Dilutionen ist die Stärke des verwendeten A. refraktometr. bestimmbar, bei gleicher A.-Stärke ist dagegen keine Unterscheidung verschied. Potenzen möglich. (Dtsch. Apotheker-Ztg. **95.** 354—55. 14/4. 1955. Kirchheim Teck, Adlerapotheke.) PH. FRESENIUS. 4880

A. Calo, A. Davidova, O. Mariani Marelli und **U. Marotta,** *Ein vorläufiger Beitrag zur Untersuchung der Verfahren zur Prüfung der „enteralen" Umhüllung von pharmazeutischen Präparaten.* Das von DEQUEKER angegebene Verf. zur Prüfung der Wirksamkeit der „enteralen" Kapseln von Arzneimitteln (C. R. du Premier Symp. Int. Contrôle des Spécialités Pharmac. Bruxelles **1952.** 275) wird zur Unters. von Na-p-Aminosalicylat in Kapseln aus Ricinusöl enthaltendem Gummilack bzw. (für Unterss. in vivo) von $BiONO_3$ (I) in den gleichen Kapseln verwendet. Im allg. stimmen die in Diagrammen wied ergegebenen Ergebnisse mit den von DEQUEKER erzielten überein. In einigen Fällen geht I unzers. durch den Verdauuungskanal. Die Unterschiede zwischen den Ergebnissen der Verss. in vitro u. in vivo hängen mit den verschied. Löslichkeiten der Arzneimittel zusammen. (Pharmac. Weekbl. **90.** 112—15. 12/2. 1955. Rom, Ist. Superiore di Sanità.) W. WESLY. 4880

A. Engelund und **P. Terp,** *Pyrogenuntersuchungen in Arzneimitteln.* 3. Mitt. *Untersuchungen über die Ausführung der Probe auf pyrogene Stoffe in Calciumgluconat, Natriumcitrat oder Kaliumchlorid enthaltenden Lösungen.* (2. vgl. C. **1954.** 7238.) Die Pyrogenprobe (Injektion von 10 cm^3/kg am Kaninchen) kann mit 2%ig. Ca-Gluconatlsg. ohne Gefahr tox. Nebenwirkungen ausgeführt werden; mit 10%ig. Lsg. wird ein Vers. mit Fällung durch Na_2CO_3 u. Injektion der Na-Gluconatlsg. durchgeführt, diese Meth. kann aber nicht empfohlen werden. Bei 2—2,5%ig. Na-Citratlsg. für Transfusion ist vor der Pyrogenprobe eine Verdünnung mit sterilem W. oder 0,9%ig. NaCl-Lsg. auf $\sim$1% Na-Citratgeh. (langsame Injektion) oder Zusatz einer dem Citration äquivalenten Menge Ca^{2+} (Injektion von 5 cm^3/kg) erforderlich; letztere Meth. wird empfohlen. Die im Arzneibuch vorgeschriebene KCl-Lsg. für Infusion kann zur Prüfung auf Pyrogengeh. mit 10 cm^3/kg ohne Nebenwrkg. injiziert werden. (Arch. Pharmac. og Chem. **62** (**112**). 1—13. 8/1. 1955. Danmarks Apotekerforenings Kontrollabor.) R. K. MÜLLER. 4880

A. Engelund, H. Koefoed, P. Terp und **O. Weis-Fogh,** *Pyrogenuntersuchungen in Arzneimitteln. 4. Mitt. Untersuchungen über die Anwendbarkeit verschiedener Reinigungsmethoden zur Erzielung sicher pyrogenfreier Utensilien.* (3. vgl. vorst. Ref.) Die Reinigung von Infusionsgeräten, Flaschen u. ERLENMEYER-Kolben, die stark mit Pyrogenen verunreinigt sind, nach den Arzneibuchvorschriften [Behandlung mit warmem Seifenwasser oder dgl., dann Chromschwefelsäure (I), Spülung mit pyrogenfreiem W.] gewährleistet pyrogenfreie Geräte. Um die I-Behandlung zu umgehen, kann man auch mit 2% ig. Na_2CO_3- oder Trinonlsg. kochen, nacheinander mit Leitungswasser, 0,25% ig. HCl u. dest. W. spülen, dann im Autoklaven erhitzen. Auch weitgehende mechan. Reinigung wird zweckmäßig eingeschaltet, bes. bei Gummiteilen usw., die keine I-Behandlung oder höheres Erhitzen vertragen. (Arch. Pharmac. og Chem. **62 (112)**. 228—40. 16/4. 1955.) R. K. MÜLLER. 4880

H. P. Kaufmann und **W. Arends,** *Zur Bromometrie arzneilich wichtiger Verbindungen.* Vff. zeigen, daß sich die Best. der verschiedenartigsten Arzneimittel mit einer Lsg. von Brom in mit NaBr gesätt. CH_3OH durchführen läßt, u. schlagen die Aufnahme der Br-Lsg. in die Arzneibuch-Prüfmethoden vor. Zur Herst. der Lsg. werden in 100 (Teilen) absol. CH_3OH 12—15 bei 130° getrocknetes NaBr gelöst. Zu 1 Liter der gesätt. Lsg. läßt man 5,2 ml Brom (zur Analyse) fließen. Zur Durchführung der Best. werden ca. 0,1 g des Arzneimittels in 10—20 (ml) absol. CH_3OH kalt oder heiß gelöst, mit 20—25 der so erhaltenen n/10 Br-Lsg. versetzt u. je nachdem 5 Min. bis 12 Std. im Dunkeln stehengelassen. Nach dann folgendem Zusatz von 10 10% ig. KJ-Lsg. wird mit n/10 $Na_2S_2O_3$-Lsg. titriert. Vff. bestimmen auf diese Weise eine Anzahl von Bestandteilen von *äther. Ölen,* einige *Sulfonamide* (*Sulfapyridin, Sulfathiazol, Prontalbin, Globucid* u. *Albucid*), *Coffein* (I). *Theophyllin* (II), *Antipyrin* (III) u. *p-Aminobenzoesäureester* (*Anästhesin* u. *Novocain*). Um bei I u. II eine Bromaddition zu erreichen, ist ein Zusatz von W. erforderlich. Ohne Wasserzusatz kann III in Ggw. von I u. II bestimmt werden. — Genaue Arbeitsanweisungen für die verschied. Verbb. im Original. (Arch. Pharmaz. Ber. dtsch. pharmaz. Ges. **287/59.** 590—601. 1954. Münster, Univ., Inst. für Pharmazie u. chem. Technologie.) M. NEGWER. 4880

F. Neuwald und **U. Hagenström,** *Die photometrische Bestimmung des Hypericingehaltes in Herba Hyperici.* (Vgl. HAGENSTRÖM, C. **1955.** 3435.) Das Verf. nach BROCKMANN u. Mitarbeitern zur Best. von Hypericin (I) in Pflanzenteilen (Liebigs Ann. Chem. **553.** [1942.] 1) wird modifiziert. Bei der neuen Meth. wird Pseudo-I zusammen mit I erfaßt, da es die gleichen Absorptionsbanden zeigt. 1—5 g getrocknetes Drogenpulver werden mit Chlf. erschöpfend extrahiert u. getrocknet. Dann folgt eines Extraktion mit 3% Pyridin·enthaltendem Methanol. Nach Filtration u. Auffüllen wird dieser Extrakt direkt zur Best. der Extinktion mit Filter S 59 in der 0,5 cm-Küvette verwendet. Die Fehlergrenze wird bei einem Geh.-I von 0,05—0,15% mit $\pm 5\%$ angegeben. Die Auswertung erfolgt an Eichkurven, die an Lsgg. von reinem I im gleichen Lösungsmittelgemisch aufgestellt wurden. — 8 Literaturangaben. (Arch. Pharmaz. Ber. dtsch. pharmaz. Ges. **288/60.** 38—42. 1955. Schönberg, Holstein, Apotheke.) PH. FRESENIUS. 4880

R. R. A. Pride und **E. S. Stern,** *Eine spezifische Methode zur Bestimmung von Morphin.* Die Rk. von CRAMER u. VOERMAN (Pharmac. Weekbl. **84.** [1949.] 129) zum Nachw. von Morphin (I) als grüngefärbter Ni-Komplex vom Absorptionsmaximum (Am.) bei 670 mμ wird zu einer quantitativen Bestimmungsmeth. ausgebaut. I in wss. Lsgg. in CaO-Auszügen aus Opium oder Na_2CO_3-Auszügen aus Mohnkapseln nach Einstellung eines p_H von 4—5 wird bis herunter zu 0,005% erfaßt, wobei die Genauigkeit bis 0,03% $\pm 2\%$ beträgt. Von den natürlichen Opiumalkaloiden stört lediglich Pseudo-I, aber nur wenig. Das nach Zusatz von HJO_3 zur I-Lsg. frei werdende J kann mit CCl_4 vor dem weiteren Zusatz des NH_4HCO_3–Ni-Reagens ausgeschüttelt werden, ohne daß die Komplexbldg. beeinflußt wird. Die Lichtabsorption wird beim Am. u. beim Absorptionsminimum von 530 mμ gemessen u. der I-Geh. aus Eichkurven entnommen. Es wird vermutet, daß die Grund-Rk. mit HJO_3 zu einem o-Diphenol führt u. dann eine Aminbldg. eintritt. Verätherung oder Veresterung des phenol. Hydroxyls verhindern eine Rk. mit HJO_3 u. die Bldg. des grünen Komplexes. 3-Oxy-N-methylmorphinan bildet nicht den üblichen Komplex. Grüne Komplexe entstehen auch mit Nor-I, N-Allylnor-I, Dihydro-I, Dihydromorphinon, Heterokodein (II), Dihydro-II u. Heteroäthyl-I. — 10 Literaturangaben. (J. Pharmacy Pharmacol. **6.** 590—606. Sept. 1954. Edinburgh, J. F. Macfarlan & Co. Ltd.) PH. FRESENIUS. 4880

Karl-Erik Bonn, *Über die chemischen und mikrobiologischen Verfahren zur Prüfung von Vitaminpräparaten.* Chem. u. biol. Verff. zur Prüfung der Wirksamkeit mehrerer Vitamine werden verglichen; die Ergebnisse werden in mehreren Zahlentafeln wiedergegeben. (Pharmac. Weekbl. **90.** 97—111. 12/2. 1955. Helsinki, Labor. pour l'examen des préparations pharmaceutiques.) W. WESLY. 4880

David Child Soul, Bedford, England, *Überziehen pulverförmiger Stoffe mit einer Fettsäureschicht* durch inniges Vermischen des Pulvers, z. B. $BaSO_4$, A-Kohle, ZnO, $CaCO_3$, Talkum oder dgl. mit Salzen von Fettsäuren mit 12 u. mehr C-Atomen, mit flüchtigen Aminen oder NH_3 u. Trocknen der Mischung bei 80—150°, wobei die Salze unter Flüchtigwerden der Amine oder des NH_3 zers. werden u. das Pulver mit einer dünnen Schicht Fettsäure, wie Stearin-, Öl- oder Ricinolsäure, hinterbleibt. (**E. P. 721 467** vom 21/1. 1952, ausg. 5/1. 1955.) K. HEINZE. 4767

Istituto Sieroterapico Milanese Serafino Belfanti (Erfinder: **Luigi Calcagno**), Mailand, *Herstellung poröser Eiweißkörper.* Verd. Lsgg. z. B. 0,5%ig. Gelatinelsg., werden nach dem Gelieren auf Tempp. $< 0°$ abgekühlt u. durch Behandeln mit W. lösenden Mitteln, bes. 95%ig. A., entwässert. — *Träger* für *Medikamente.* — Zeichnung. (**Schwz. P. 296 838** vom 19/7. 1951, ausg. 1/5. 1954.) C. LÜTTGEN. 4787

T. & H. Smith Ltd., Edinburgh, Schottland, und **I. F. Macfarlan & Co. Ltd.,** Boreham Wood, Hertfordshire, England, *Morphinextraktion.* Man mischt Mohnstroh (I) oder -kapseln mit 5 Gew.-% $Ca(OH)_2$ u. dem 5fachen I-Gewicht an W., preßt nach 2 Std. ab, stellt den wss. Extrakt mit H_2SO_4 auf p_H 4—4,5, konz. im Vakuum, macht das Konzentrat, z. B. mit Na_2CO_3, alkal., extrahiert mit einem mit W. nicht mischbaren organ. Lösungsm., z. B. Fuselöl-Xylol-Gemisch 1 : 1, bei ca. 100° u. gewinnt, Morphin aus der Lsg. durch Extraktion mit HCl u. Ausfällen mit NH_3. (**E. P. 713 689** vom 8/2. 1952, ausg. 18/8. 1954.) O. MÜLLER-MEININGEN. 4791

C. H. Boehringer Sohn, Ingelheim/Rh. (Erfinder: **Heinrich Wieland** und **Karl Bähr,** München), *Kristallisiertes Toxiferin I und II* erhält man durch Extraktion der Rinde von *Strychnos toxiferc* mit W., Einengen der Auszüge u. Überführung in die *Reineckate,* die durch Umfällen u. Chromatographieren gereinigt u. anschließend in die krist. Salze anorgan. oder organ. Säuren übergeführt werden. *Toxiferin I-Hydrochlorid,* $C_{20}H_{23}ON_2Cl$ (?), *Pikrat,* F. 270°; mit konz. HNO_3 braungrüne Farb-Rk.; $[\alpha]_D^{20}$ —610°; lähmende Froschdosis (III) 0,3 γ. — *ToxiferinII-Pikrat,* $C_{20}H_{23}N_2 \cdot C_6H_2O_7N_3$ (?), F. 216° (aus verd. $[CH_3]_2CO$); III 8 γ entsprechend 5 γ Hydrochlorid. (**D. R. P. 761 043** Kl. 12p vom 10/5. 1941, ausg. 8/6. 1953.) O. MÜLLER-MEININGEN. 4791

J. R. Geigy Akt.-Ges., Basel, Schweiz, *1.2-Bis-(2'-triäthylammoniumäthylmercapto)-äthandijodid* (I). — Man kocht 1.2-Dibromäthan mit 2-Diäthylaminoäthylmercaptan u. $NaNH_2$ in Toluol u. setzt das entstandene *1.2-Bis-(2'-diäthylaminoäthylmercapto)-äthan* ($Kp._{0,1}$ 132—133°) mit Äthyljodid in Aceton um, F. ca. 220°. — *Therapeuticum.* (**Schwz. P. 304 185** vom 11/12. 1951, ausg. 1/3. 1955.) G. LANGER. 4807

American Cyanamid Co., New York, N. Y., V. St. A., *Heterocyclische Sulfonamide.* Durch Rk. von 2-Benzolsulfonamido-1.3.4-thiadiazol-5-sulfochlorid mit NH_3 erhält man *2-Benzolsulfonamido-1.3.4-thiadiazol-5-sulfonamid,* F. 238—241° (Zers.). Analog werden dargestellt: *2-(p-Chlorbenzolsulfonamido)-1.3.4-thiadiazol-5-sulfonamid,* F. 270—271° (Zers.); *2-(p-Brombenzolsulfonamido)-1.3.4-thiadiazol-5-sulfonamid,* F. 271 bis 272° (Zers.), u. *2-(p-Acetylaminobenzolsulfonamido)-1.3.4-thiadiazol-5-sulfonamid,* F. 285—290° (Zers.). — *Heilmittel.* (**Schwz. PP. 304 302, 304 303, 304 304 u. 304 305** vom 3/4. 1951, ausg. 1/3. 1955. A. Priorr. 4/4., 5/4., 8/4. u. 17/4. 1950. **Zusätze zu Schwz. P. 299 875; C. 1955. 6200.**) A. BRÖSAMLE. 4807

American Cyanamid Co., New York, N. Y., übert. von: **Richard Joseph Turner,** Fanwood, und **Jerome J. Lawson,** Gladstone, N. J., V. St. A., *Tris-(dialkylaminoalkoxy)-benzole* entstehen beim Erhitzen von Trioxybenzol mit Monohalogentrialkylamin in Ggw. von starkem Alkali u. Reinigen durch Dest. in Ggw. von Alkalimetallhydroxyd oder Alkalimetallalkoholat. — *1.2.3-Tris-(β-diäthylaminoäthoxy)-benzol,* $Kp._{1,5}$ 193—196°; *Trisjodäthylat,* Kristalle. — *Therapeuticum.* (**A. P. 2 691 042** vom 17/11. 1951, ausg. 5/10. 1954.) G. LANGER. 4807

Aktiebolaget Astra, Apotekarnes Kemiska Fabriker (Erfinder: **N. M. Löfgren** und **B. J. Lundqvist**), *Herstellung von Alkylaminoacylaniliden, die im Benzolring durch Diäthoxygruppen substituiert sind.* In Weiterführung des Schwed. P. 131 911; C. **1955.** 4645, wird Chloracetat-[2.6-diäthoxy]-anilid in Diäthylamin durch Kochen im Rückflußkühler zu *Diäthylaminoacet-[2.6-diäthoxy]-anilid,* $Kp._{0,57}$ 169°, umgesetzt. — *Lokalanästheticum.* (**Schwed. P. 138 455** vom 8/11. 1949, ausg. 23/12. 1952.) JÜRGEN SCHMIDT. 4807

California Research Corp., San Francisco, übert. von: **Richard D. Stayner**, Albany, Calif., *Quaternäre Ammoniumsalze* der Formel I, worin R einen Alkylrest mit

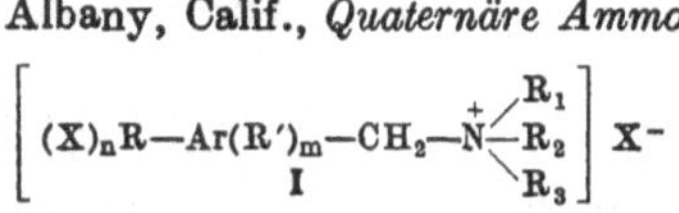

6—18 C-Atomen, Ar einen aromat. KW-stoffrest, X Halogen, n = 1—8, R′ Methyl, m = 0—4, R_1, R_2 u. R_3 KW-stoffreste mit höchstens 12 C-Atomen bedeuten, wirken *bakteriсid*. — Man kocht o-Tolyldodecan mit SO_2Cl_2, Bzl. u. wenig Benzoylperoxyd, isoliert das entstandene chlorierte o-Tolyldecan u. kocht mit Pyridin u. Toluol → chloriertem Dodecylbenzylpyridiniumchlorid. — Analog: *Chloriertes Dodecyl-m-xylyldimethylbenzylammoniumchlorid*. — *Chloriertes Dodecylbenzyltrimethylammoniumchlorid*. — Weitere Prodd. mit chlorierten C_9—C_{15}-Gruppen, Trimethylammonium-, Dimethylbenzylammonium- u. Pyridiniumgruppen. (**A. P. 2 694 715** vom 20/12. 1949, ausg. 16/11. 1954.) G. LANGER. 4807

J. R. Geigy Akt.-Ges., Basel, Schweiz, *Herstellung von 1.2-Diphenyl-3.5-dioxo-4-äthoxyäthylpyrazolidin*, F. 78—79°, aus 1.2-Diphenyl-3.5-dioxopyrazolidin u. Äthoxyacetaldehyd in A. durch katalyt. Hydrierung mit RANEY-Ni bei 100° u. 20 at H_2-Druck. — *Therapeut. Verwendung*. (**Schwz. P. 301 597** vom 6/11. 1950, ausg. 16/11. 1954.) E. CARL. 4807

Hoffmann-La Roche, Inc., Nutley, N. J., übert. von: **Moses Wolf Goldberg**, Upper Montclair, und **Lester Mischa Jampolsky**, Clifton, N. J., V. St. A., *Herstellung von 4.4′-Bispiperidinderivaten und ihren 1.1′-bisquaternären Salzen*. Durch Erhitzen von 4.4′-Bispiperidin (I) mit Ameisensäure u. CH_2O erhält man *1.1′-Dimethyl-4.4′-bispiperidin* (II), F. 57—59°, *Dihydrochlorid*, F. 314—316° (Zers.). Aus II mit CH_3J das *1.1.1′.1′-Tetramethyl-4.4′-bispiperidindijodid*, F. 350—360° (Zers.); mit C_2H_5J erhält man *1.1′-Dimethyl-1.1′-diäthyl-4.4′-bispiperidindijodid*, F. 295—299° (Zers.); durch Erhitzen in Benzollsg. unter Rückfluß mit Äthylmonobromacetat das *1.1′-Dimethyl-1.1′-bis-(carbäthoxymethyl)-4.4′-bispiperidindibromid*, F. 225—227° (Zers.); mit Äthyl-γ-bromcrotonat das *1.1′-Bis-(3-carbäthoxyallyl)-1.1′-dimethyl-4.4′-bispiperidindibromid*; mit Benzylbromid das *1.1′-Dimethyl-1.1′-dibenzyl-4.4′-bispiperidindibromidmonohydrat*, F. 280—282° (Zers.), mit p-Methoxybenzylchlorid das *1.1′-Dimethyl-1.1′-bis-(p-methoxybenzyl)-4.4′-bispiperidindichlorid*. Analog werden dargestellt: *1.1′-Bis-(p-nitrobenzyl)-1.1′-dimethyl-4.4′-bispiperidiniumdibromid*, *1.1′-Bis-(2-naphthylmethyl)-1.1′-dimethyl-4.4′-bispiperidindibromidmonohydrat*, F. ca. 218—249° (Zers.), *1.1′-Dicinnamyl-1.1′-dimethyl-4.4′-bispiperidindibromid*, Zers. bei 219—241°, *1.1′-Bis-(3.4-dimethylbenzyl)-1.1′-dimethyl-4.4′-bispiperidindichloridmonohydrat*, Zers. bei 219—224°. — Aus I u. Benzylbromid (**III**) erhält man unter Erhitzen in Bzl.-Lsg. unter Rückflußkühlung *1.1′-Dibenzyl-4.4′-bispiperidin*, F. 132 bis 134°, aus diesem durch 2 std. Erhitzen in Bzl. unter Zusatz von **III** das *1.1.1′.1′-Tetrabenzyl-4.4′-bispiperidindibromidsesquihydrat*, Zers. bei 300°. Das aus I u. Äthylenoxyd erhaltene *1.1′-Bis-(2-oxyäthyl)-4.4′-bispiperidin* (**IV**) (F. ca. 123°) ergibt mit Diphenylacetylchlorid *1.1′-Bis-[2-(diphenylacetoxy)-äthyl]-4.4′-bispiperidin*, das mit **III** in das *1.1′-Bis-[2-(diphenylacetoxy)-äthyl]-1.1′-dibenzyl-4.4′-bispiperidindibromidtrihydrat* übergeführt wird. Aus **IV** u. Allylbromid erhält man *1.1′-Bis-(2-oxyäthyl)-1.1′-diallyl-4.4′-bispiperidindibromid*, Zers. bei 203—218°; aus **IV** u. **III** das analoge *1.1′-Dibenzyldibromid*, Zers. bei 260°; aus **IV** u. p-Methoxybenzylchlorid das analoge *1.1′-Bis-(p-methoxybenzyl)-dichlorid*, F. 243—244° (Zers.), u. aus **IV** u. Äthyljodid das analoge *1.1′-Diäthyldijodid*, Zers. bei 248—250°. Aus I u. Acrylnitril entsteht *1.1′-Bis-(2-cyanoäthyl)-4.4′-bispiperidin*, F. ca. 109°, das mit **III** *1.1′-Dibenzyl-1.1′-bis-(2-cyanoäthyl)-4.4′-bispiperidindibromiddihydrat*, F. ca. 315—320° (Zers.) ergibt. Aus I u. 1-Äthoxy-4-brombutan erhält man *1.1′-Bis-(4-äthoxybutyl)-4.4′-bispiperidin*, das mit HBr das *1.1′-Bis-(4-brombutyl)-4.4′-bispiperidindihydrobromid* ergibt. Dieses geht mit KOH in das *1.1.1′.1′-Ditetramethylen-4.4′-bispiperidindibromidmonohydrat* über, F. ca. 319—320°. — *Therapeutica* mit *curareartiger* Wirkung. (**A. P. 2 624 734** vom 29/4. 1950, ausg. 6/1. 1953.) H. DERSIN. 4807

Hoffmann-La Roche, Inc., Nutley, N. J., übert. von: **Jakob Finkelstein**, East Paterson, und **John Lee**, Essex Falls, N. J., V. St. A., *Herstellung von 1-Alkyl-2 oder 4-[4-(N-alkyl-N-β-dialkylaminoalkyl)-aminophenäthyl]-piperidinen und ihren Salzen* mit

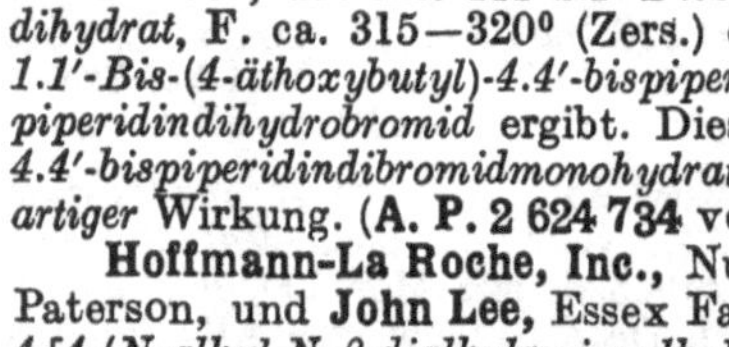

anorgan. u. organ., nicht tox. Säuren, wie HCl, HBr, H_2SO_4, H_3PO_4, $CH_3 \cdot COOH$, Malein- u. Weinsäure, der allg. Formel I, in der R_1, R_2, R_4 u. R_5 eine Alkylgruppe u. R_3 eine Alkylengruppe darstellen. — Man stellt z. B. aus N-Methyl-N-β-diäthylaminoäthylanilin u. N-Methylformanilid in Ggw. von $POCl_3$ den substituierten p-Aminobenzaldehyd her, kondensiert ihn mit 1.2-Dimethylpyridiniumjodid zum 1-Methyl-2-[4-(N-methyl-N-β-diäthylaminoäthyl)-aminostyryl]-pyridiniumjodid (F. ca. 147—165°) u. hydriert diese Verb. unter Druck in Ggw. von Platindioxyd zu *1-Methyl-2-[4-(N-methyl-N-β-diäthylaminoäthyl)-aminophenäthyl]-piperi-*

din, Kp.$_{0,5}$ 193°. Das *Trihydrochlorid* erhält man durch Rk. der freien Base mit n-HCl. — Analog werden erhalten: *1-Äthyl-2-[4-(N-methyl-N-β-diäthylaminoäthyl)-aminophenäthyl]-piperidin*, Kp.$_1$ 193—205°; *1-n-Hexyl-2-[4-(-N-methyl-N-β-diäthylaminoäthyl)-aminophenäthyl]-piperidin*, Kp.$_1$ 225°; *1-Methyl-4-[4-(N-methyl-N-β-diäthylaminoäthyl)-aminophenäthyl]-piperidin*, Kp.$_{0,5}$ 192—198°; *1-Äthyl-4-[4-(N-methyl-N-β-diäthylaminoäthyl)-aminophenäthyl]-piperidin*, Kp.$_{0,5}$ 200—204°; *1-n-Hexyl-4-[4-(N-methyl-N-β-diäthylaminoäthyl)-aminophenäthyl]-piperidin*, Kp.$_1$ ca. 219°. — *Therapeutica* gegen *Trichomonaden-* u. *Amöbeninfektionen*. (**A. P. 2 626 948** vom 24/7. 1950, ausg. 27/1. 1953.) H. DERSIN. 4807

Ward Blenkinsop & Co. Ltd. und **Howards of Ilford Ltd.**, London, und Ilford, Essex, England (Erfinder: **Alan August Goldberg** und **Donald Maurice Besty**), *Mesohalogen-1-aza-acridine* der allg. Formel I, (R′ = H, Halogen oder NO_2; R″ = Alkoxy oder Aralkoxy; Hal = Halogen) erhält man durch Erhitzen einer entsprechend substituierten o-Pyrid-3-yl-aminobenzoesäure oder des entsprechenden, durch Ringschluß aus dieser erhaltenen Acridons mit einem Phosphorylhalogenid. — 5-Chlor-4′-n-butoxy-3′-azadiphenylamin-2-carbonsäure + $POCl_3$ → *2-N-Butoxy-6.9-dichlor-1-aza-acridin*, F. 127—128°. — Analog folgende 1-Aza-acridine: *2-Methoxy-6.9-dichlor-*, F. 186—187°. — *2-Phenoxy-6.9-dichlor-*, F. 184°. — *2-Methoxy-7-nitro-9-chlor-*, F. 250°. — *2-Äthoxy-6-nitro-9-chlor-*. — *2.7-Dimethoxy-9-chlor-*, F. 218—220°. — *Zwischenprodd.* für die Herst. von *antibakteriell, antiplasmod.* u. *antiprotozoisch* wirkenden Mitteln. (**E. P. 704 238** vom 17/5. 1950, ausg. 17/2. 1954.) U. SIEVERS. 4807

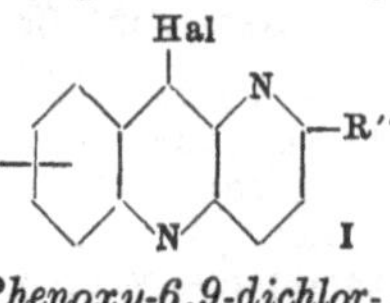

G. D. Searle & Co., Chicago, Ill., übert. von: **John W. Cusic**, Skokie, Ill., V. St. A., *Herstellung von basisch substituierten 1-(10-Acridanyl)-alkanonen* der allg. Formel I, in der NRR_1 einen Dialkylaminorest oder einen N-haltigen heterocycl. Rest bedeutet. — Man setzt z. B. Acridan mit einem halogenierten Alkanoylhalogenid der Struktur: Halogen—Alkylen—CO—Halogen durch Erhitzen in einem organ. Lösungsm., z. B. Bzl., um u. erhält ein (10-Acridancarbonyl)-alkylhalogenid, welches mit einem Amin unter Ersatz des Halogens zur Rk. gebracht wird. Man erhält z. B. aus Acridan mit β-Chlorpropionylchlorid in Toluol durch Erhitzen das *1-(10-Acridanyl)-3-chlor-1-propanon* (F. 89—90°), welches mit Diäthylamin unter Zusatz geringer Mengen KJ u. Butanon als Lösungsm. bei 60° das *1-(10-Acridanyl)-3-diäthylamino-1-propanon* ergibt, *Chlorhydrat*, F. 185—186°. Mit CH_3Br bildet sich *β-(10-Acridancarbonyl)-äthyldiäthylmethylammoniumbromid*, F. 198—199°. — Analog werden erhalten: *1-(10-Acridanyl)-5-diisopropylamino-1-pentanon*, gelbliches Öl; *1-(10-Acridanyl)-3-(N-morpholino)-1-propanon*, F. 195—196°. Die Salze sind *Therapeutica* mit *vasodilator.*, die quaternären Salze mit *spasmolyt.* Wirkung. (**A. P. 2 625 548** vom 1/2. 1951, ausg. 13/1. 1953.) H. DERSIN. 4807

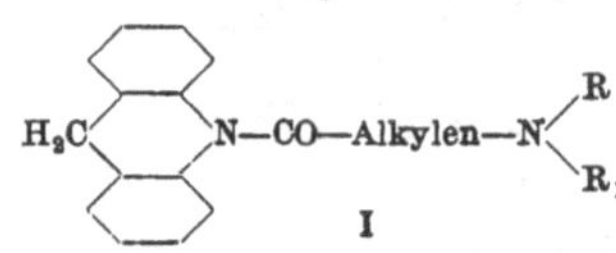

Burroughs Wellcome & Co. (USA), Inc., Tuckahoe, N. Y., übert. von: **George H. Hitchings**, Tuckahoe, und **Peter Byrom Russell**, Crestwood, N. Y., V. St. A., *Herstellung von 2-Carboxymethylthio-4-aminopyrimidinen* der allg. Formel I, in der R H, Alkyl-, Aryl- oder Aralkylreste mit nicht >8 C-Atomen, R_1 die gleichen Substituenten mit nicht >20 C-Atomen, R_2 H u. CH_3 u. R_3 dasselbe wie R bedeuten, wobei R_1 u. R_2 oder R_3 u. R zusammen ein cycl. Syst. bilden können, u. in der wenigstens einer der Substituenten R_2 u. R_3 = H ist. Die Verbb. werden durch Einw. von Monochloressigsäure (II) auf 2-Thiol-4-aminopyrimidine erhalten. Durch Einw. von NH_3 oder Aminen wird die Carboxymethylthio-Gruppe durch NH_2 ersetzt. — Man erhitzt z. B. 2-Thiol-4-tetradecylaminopyrimidin mit II u. erhält *2-Carboxymethylthio-4-tetradecylaminopyrimidin*, F. 118—119°. — Analog werden erhalten: *2-Carboxymethylthio-4-anilinopyrimidin*, F. 197°, das durch Erhitzen mit RANEY-Ni in wss.-alkoh. Lsg. in *4-Anilinopyrimidin* übergeht. — *2-Carboxymethylthio-4-aminopyrimidin*, F. 220°. — *2-Carboxymethylthio-6-methyl-4-aminopyrimidin*, F. 256°; wird durch Erhitzen mit konz. HCl in *2-Oxy-6-methyl-4-aminopyrimidin* übergeführt. — *2-Carboxymethylthio-6-methyl-4-anilinopyrimidin*, F. 188—189°. — *2-Carboxymethylthio-4-p-methoxyanilinopyrimidin*, F. 118 bis 119°. — *2-Carboxymethylthio-5-methyl-4-anilinopyrimidin*, F. 210°. — *2-Carboxymethylthio-4-piperidinopyrimidin*, F. 199°, das durch Erhitzen mit NH_3 in wss. Lsg. in *2-Amino-4-piperidinopyrimidin*, F. 142°, übergeht. — *Therapeutica*. (**A. P. 2 621 182** vom 9/9. 1948, ausg. 9/12. 1952.) H. DERSIN. 4807

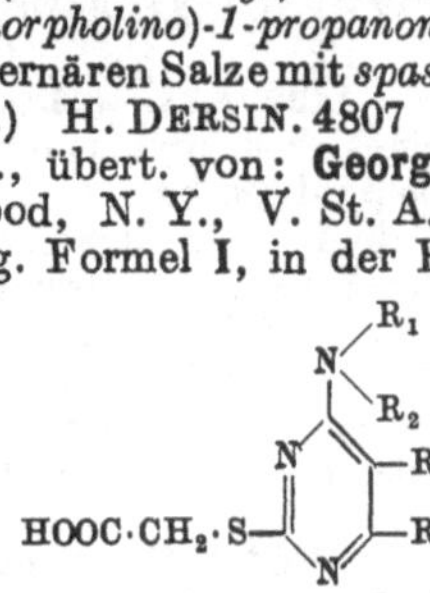

Merck & Co., Inc., Rahway, übert. von: **Frank R. Koniuszy**, Rahway, und **Karl Folkers**, Plainfield, N. J., V. St. A., *5.6-Dimethylbenzimidazol*, F. 204—205°, erhält man durch Rk. von 1.2-Dimethyl-4.5-diaminobenzol mit CS_2 u. Erhitzen des erhaltenen

2-Mercapto-5.6-dimethylbenzimidazols, F. 325°, mit RANEY-Ni in Butanol. — *Wachstumsbeschleunigende* Wrkg. (wie Vitamin B_{12}). (**A. P. 2 701 249** vom 30/1. 1951, ausg. 1/2. 1955.) A. BRÖSAMLE. 4809

National Research Development Corp., London (Erfinder: **Philip Calvert Spensley**), England, *Steroidsapogenine*, bes. Hecogenin, erhält man aus dem Pflanzensaft, z. B. der Sisalagave, durch Erhitzen mit einer Mineralsäure, Abtrennung der unlösl. Anteile, Behandlung der das hydrolysierte Saponin enthaltenden Lsg. mit einem Adsorptionsmittel, z. B. Kohle oder Al_2O_3, Extraktion des adsorbierten Sapogenins in bekannter Weise mit einem organ. Lösungsm. u. anschließende Reinigung durch Umkristallisieren oder Chromatographie. — *Zwischenprod.* für die Herst. von *Steroidhormonen.* (**E. P. 722 186** vom 12/11. 1951, ausg. 19/1. 1955.) U. SIEVERS. 4809

Research Corp., New York, V. St. A., *3.11.20-Triketo-12-brom-21-acetoxy-Δ^4-pregnen*, F. 215—216°, $[\alpha]_D$ 84 $\pm$ 2°; $\lambda_{max}^{CH_3OH}$ = 238 mμ (ε = 16,400), erhält man durch Bromierung von 3.11.20-Triketo-12-brom-21-acetoxypregnan zum 4.12-Dibrom-21-acetoxypregnan, F. 219—220°; $[\alpha]_D$ +39 $\pm$ 2°, Rk. mit einem Hydrazinderiv., z. B. 2.4-Dinitrophenylhydrazin u. Abspaltung der Hydrazongruppe. — Zwischenprod. für die Herst. therapeut. wirksamer Steroide. (**Schwz. P. 295 298** vom 15/9. 1948, ausg. 1/3. 1954. A. Prior. 15/9. 1947. **Zusatz zu Schwz. P. 279 285; C. 1955. 6199.**) U. SIEVERS. 4809

Upjohn Co., übert. von: **John A. Hogg** und **William P. Schneider,** Kalamazoo, Mich., V. St. A., *Steroidalkalimetallenolate*, die in ihrer Ketoform der allg. Formel I entsprechen (R = H oder Acyl; R' = Alkyl; die R—O-Gruppen haben α- oder β-Konfiguration) erhält man durch Rk. von 3.11-Dioxy- oder 3.11-Diacyloxy-16.17-oxidopregnan-20-on mit einem Oxalsäuredialkylester in Ggw. einer Alkalimetallbase. — 3α.11α-Dioxy-16.17-oxidopregnan-20-on (in Bzl.) + Na-Methylat + Oxalsäureäthylester, nach $3^3/_4$ std. Rühren bei n. Temp. → *Na-Enolat des 21-Äthoxyoxalyl-3α.11α-dioxy-16-17-oxidopregnan-20-ons* (III); III + alkoh. KOH → *21-Glyoxalsäure des 3α.11α-Dioxy-16.17-oxidopregnan-20-ons*; III + J_2 → 21-Jodverb. + K_2CO_3 + Eisessig → *21-Acetoxy-3α.11α-dioxy-16.17-oxidopregnan-20-on.* — Analog erhält man: die *Na-Enolate des 21-Methoxyoxalyl-3α.11α-dioxy-16.17-oxidopregnan-20-ons* u. des *21-Methoxyoxalyl-3β.11α-dioxy-16.17-oxidopregnan-20-ons* sowie das K-Enolat des *21-Äthoxyoxalyl-3β.11β-dioxy-16.17-oxidopregnan-20-ons.* — *Zwischenprodd.* für die Herst. von *Steroidhormonen.* (**A. P. 2 683 712** vom 21/8. 1952, ausg. 13/7. 1954.) U. SIEVERS. 4809

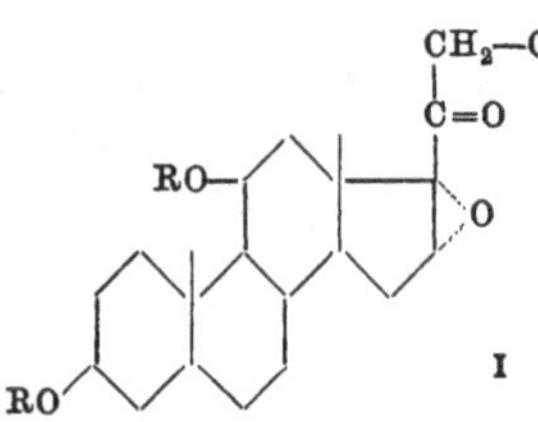

I

Ciba Akt.-Ges., Basel, Schweiz, *Progesteron* (I) erhält man durch Oxydation eines Δ^5-3-Acyloxypregnenyl-(20)-alkylketons unter vorübergehendem Schutz der Doppelbindung mit einer Persäure, Verseifung der erhaltenen 3.20-Diacyloxyverb. u. Dehydrierung des 3.20-Diols. — Δ^5-3β-Acetoxypregnenyl-(20)-methylketon + Benzopersäure (nach vorheriger Bromierung der 5ständigen Doppelbindung) → *Δ^5-Pregnen-3β.20α-dioldiacetat*, F. 142—143°; daraus mit alkoh. KOH *Δ^5-Pregnen-3β.20α-diol*, F. 177—178°; dann mit Al-Isopropylat u. Cyclohexanon nach OPPENAUER I, F. 125 bis 126°. — *Heilmittel*, Zwischenprod. zur Herst. von Heilmitteln. (**Schwz. P. 298 405** vom 15/7. 1949, ausg. 1/7. 1954. **Zusatz zu Schwz. P. 286 494; C. 1955. 6199.**) U. SIEVERS. 4809

Glidden Co., Cleveland, O., übert. von: **Percy L. Julien,** Oak Park, und **William J. Karpel,** Chicago, Ill., V. St. A., *C_{19}-Steroide* erhält man aus der entsprechenden C_{21}-Steroid-20-ketonen durch Rk. mit Perbenzoesäure (I). Gegebenenfalls im Mol. vorhandene Doppelbindungen werden in bekannter Weise durch Anlagerung von z. B. Br_2, HCl, Cl_2 geschützt. — Man behandelt z. B. Dibrompregnenolon bei 25—35° im Dunkeln 3—5 Tage mit wenigstens 1,8 Mol I, oxydiert die 3ständige OH-Gruppe mit CrO_3/Eisessig, entbromiert mit $CrCl_2$, verseift mit methanol. KOH u. erhält *Testosteron* vom F. 145—150°; *Hemisuccinat*, F. 175—180°. — Analog: Aus Dichlorpregnenolonacetat u. I → *5.6-Dichlorandrostandiol-3.17-diacetat*, F. 182—185° (Zers.), welches mit CrO_3 u. $CrCl_2$ behandelt, in *Androstendion*, F. 163—166°, übergeführt wird. — *Steroidhormone.* (**A. P. 2 696 490** vom 26/5. 1953, ausg. 7/12. 1954.) U. SIEVERS. 4809

American Cyanamid Co., New York, V. St. A., *7-Androsten-3β.17β-diol*, F. 193 bis 195°, $[\alpha]_D^{27,5}$ —28,4°, $[\alpha]_{Hg}^{27,5}$ —36,9° (absol. A.), $\alpha Hg/\alpha_D$ 1,30, *Diacetat*, F. 117—119°, erhält man durch Red. von 5.7-Androstadien-3β.17β-dioldiacetat in Essigester mit PtO_2/H_2 oder mit C_2H_5ONa. — *Cortisonwirksames Steroidhormon.* (**Schwz. P. 301 958** vom 4/2. 1952, ausg. 1/12. 1954. A. Prior. 7/2. 1951.) U. SIEVERS. 4809

Braunschweiger Gesellschaft für angewandte Elektrizität m. b. H. (Erfinder: **Rudolf Kühnhold** und **Werner Dahlke**), Braunschweig, *Gewinnung antibiotischer Stoffe mittels Mikroorganismen* nach D. B. P. 853 633, dad. gek., daß man eine künstliche Mikroorganismenaufschwemmung mit einer hohen, speziell für das Absterben optimalen Aufheizgeschwindigkeit, z. B. ca. 100°/Sek. auf eine bei sehr kleinen Einwirkzeiten zur Abtötung bzw. Reduzierung der Mikroorganismen hinreichenden Temp. aufheizt. Es können dann die abgetöteten Mikroorganismen auf die in ihnen enthaltenen Wirkstoffe oder die in der Aufschwemmung gelösten Wirkstoffe verarbeitet bzw. gewonnen werden. Es kann von Rein- oder Mischkulturen ausgegangen werden u. Nähr-Fll. bzw. Aufschwemmittel sind dem Verwendungszweck der Hemmstoffe anzupassen. (**D. B. P. 904 812** Kl. 30h vom 26/2. 1949, ausg. 22/2. 1954. **Zusatz zu D. B. P. 853633; C. 1953. 9243.**) H. SCHINDLER. 4811

Imhausen & Co. G. m. b. H., und **Karl-Heinz Imhausen** (Erfinder: **Walter Rudolph, Gustav Renckhoff** und **Karl-Heinz Imhausen**, Witten/Ruhr, und **Erich Hesse**, Hamburg), *Anreicherung antibiotisch, insbesondere tuberkulostatisch bzw. tuberkulocid wirksamer Stoffe*, dad. gek., daß aus Kulturlsgg., z. B. durch Abschleudern, isolierte Colibakterien (I) mit Hilfe von Lipoide, bes. höhere Fettsäuren lösenden organ. Lösungsmitteln, wie Ae., PAe. oder dgl., Ester, oder auch mit W. mischbaren Mitteln, wie Alkohole, Aceton, Pyridin oder dgl. mit einem Wassergeh. nicht über 25—45%, extrahiert u. die Extrakte vom Lösungsm. sowie gegebenenfalls von in schwachem Alkali (p_H 8—9) unlösl. Stoffen befreit werden. In der I-Masse können vor der Extraktion mit festen Stoffen, bes. NaCl oder Na_2SO_4, oder durch Gefrierenlassen die Zellen zerstört oder es kann auch die M. zuvor getrocknet werden. Schließlich ist vorgesehen, aus den Extrakten höhermol. gesätt. Fettsäuren, bes. Palmitinsäure, z. B. durch Ausfrieren, zu entfernen. — Beispiele. (**D. B. PP. 923 739** Kl. 30h vom 27/6. 1950, u. **923 738** Kl. 30h vom 4/11. 1950, beide ausg. 21/2. 1955. Anmeldungen bekanntgemacht 28/8. 1952.) H. SCHINDLER. 4811

Imhausen & Co. G. m. b. H., Witten (Erfinder: **Erich Hesse**, Hamburg, und **Gertrud Meißner**, Borstel), *Bakterienpräparate mit antibiotischer Wirkung gegen Tuberkelbacillen* durch Auslesezüchtung von Stämmen der Gruppe *Escherichia coli* in peptonhaltiger HOTTINGER-Nährlsg. u. Weiterzüchtung unter ständiger Auslese in gleicher Nährlsg., worauf die Bakterien, z. B. durch Zentrifugieren, isoliert werden. Die Vermehrung kann in durch Erhitzen partiell enteiweißter Molke erfolgen; die gasförmigen Stoffwechselprodd. können entfernt u. der p_H-Wert von 7,2 $\pm$ 0,2 kann mit NH_3 eingehalten werden. (**D. B. P. 889 203** Kl. 30h vom 15/7. 1949, ausg. 7/9. 1953.) H. SCHINDLER. 4811

National Research Development Corp., London (Erfinder: **Guido Pellegrino Arrigo Pontecorvo** und **Joseph Alan Roper**), *Mutanten von Mikroorganismen* erhält man außer durch Bestrahlen, z. B. mit Röntgenstrahlen, durch Zusatz von Campher, Acenaphthen oder Bornylchlorid zur Nährflüssigkeit. Züchtungsbeispiele für Mutanten des *Aspergillus nidulans, A. niger* u. *Penicillium chrysogenum*. Bei der techn. Verwendung ergaben diese Mutanten höhere Ausbeuten an Stoffwechselprodukten. — Tabellen. (**E. P. 719 313** vom 24/10. 1951, ausg. 1/12. 1954.) H. SCHINDLER. 4811

Upjohn Co., übert. von: **Stanley T. Rolfson, James H. Hunter** und **Jack W. Hinman**, Kalamazoo, Mich., V. St. A., *Phenacetursäurebenzylester* (I), F. 93—94°, erhält man aus 96,5 (g) Phenacetursäure u. 1 Liter Benzylakohol, die unter Schütteln u. allmählichen Zusatz von 39 Acetylchlorid verestert werden. Ausbeute: 123 g I = 87% der Theorie. — *Zwischenprod.* für die *Penicillin*-Herstellung. (**A. P. 2 555 008** vom 2/11. 1945, ausg. 29/5. 1951.) U. SIEVERS. 4811

John A. Vaichulis, Manteno, und **Andrew C. Ivy**, Chicago, Ill., V. St. A., *Germicide Präparate* mit prophylakt., antisept., bakteriostat. u./oder bakterieider Wrkg. bestehend aus einer wss. Lsg. von Penicillin mit wenigstens einem der folgenden Stoffe: Carinamid (4'-Carboxyphenylmethansulfonanilid), Na-Benzoat, Sulfonamid, A. u. einer nicht tox. Säure, z. B. HCl. Der p_H-Wert soll 6,5—7 betragen. — Mengenbeispiele. (**A. P. 2 668 135** vom 21/5. 1949, ausg. 2/2. 1954.) H. SCHINDLER. 4811

Rudolf H. Krebs, Berlin, *Herstellung von Phenylacetamidoglykolaldehyd*, $C_{10}H_{11}\cdot O_3N$, F. 151—153°, hellgelbe, drusige oder rosettförmige Ballungen kleiner Kristallwarzen, in 20%ig. Ausbeute, dad. gek., daß (wss.) Lsgg. von Glyoxal u. Phenylacetamid warm gemischt, mit konz. HCl versetzt u. nach einleitendem Zusatz von W. gefällt werden. Das Prod. dient zur Synth. von *Penicillin*-Verbindungen. (**D. B. P. 919 464** Kl. 12o vom 3/11. 1951, ausg. 25/10. 1954. Anmeldung bekanntgemacht 25/3. 1954.) W. HEROLD. 4811

Eli Lilly & Co., übert. von: **Harley W. Rhodehamel jr.**, Indianapolis, Ind., V. St. A., *Penicillinsalze des Aminophenylpiperidins* erhält man durch Rk. von Penicillingemischen, z. B. in Amylalkohol, mit N-(o-Aminophenyl)-piperidin (I) in Amylacetat oder aus Penicillin G–K-Salz in doppelter Umsetzung. — *Heilmittel* mit verlängerter Wirkung. (**A. P. 2 633 465** vom 13/2. 1952, ausg. 31/3. 1953.) U. SIEVERS. 4811

Jan M. Heilbron und **Arthur Herbert Cook,** London, England, *Zwischenprodukte für die Herstellung substituierter Cysteine und Derivate derselben.* Man setzt Verbb. der allg. Formel I (R_3 u. R_4 = gleichartig oder verschieden, u. zwar H oder Alkyl, jedoch nicht beide = H) mit der äquivalenten Menge oder einem Überschuß eines Amins der Zus. NHR_5R_6 (R_5 u. R_6 = gleichartig oder verschieden, u. zwar H, KW-stoffrest oder Gruppen, die wenigstens einen Carboxylrest oder ein funktionelles Deriv. davon enthalten; es soll jedoch wenigstens einer der Reste R_5 u. R_6 eine Carboxylgruppe bzw. ein Deriv. davon enthalten) zu Verbb. der allg. Formel II (R_3, R_4, R_5 u. R_6 = wie vorst.) um, red. diese mit amalgamiertem Al in Ggw. von W., vorzugsweise nach S-Alkylierung, spaltet anschließend mit wss. oder wss.-alkoh. $HgCl_2$ in neutraler oder schwach saurer Lsg. u. behandelt die gebildete Hg-Komplexverb. mit H_2S, wobei Verbb. der Zus. $(R_3)R_4-C(SH)-C(NH_2)-CO-NR_5R_6$ (R_3, R_4, R_5 u. R_6 = wie vorst.) erhalten werden. — 4-Benzyliden-2-mercapto-5-thiazolon (**III**) + 1 Äquivalent Glycin (**IV**) in Ggw. von 1nNaOH → Kondensationsprod. (K) der Formel II (R_3 = H, R_4 = C_6H_5, R_5 = H, R_6 = CH_2COOH) (**IIa**), F. 179°. — **III** + 1,5 Äquivalente **IV** → **K** vom F. 184°. — Isopropyliden-2-thiazolon + **IV** → K der Zus. **II** (R_3 = CH_3, R_4 = CH_3, R_5 = H, R_6 = CH_2COOH), F. 194—196°. — Isopropylidenthiazolon (2-Mercapto-4-isopropylidenthiazolin-5-on; **V**) + Glycylglycin → **K** der Zus. II (R_3 = CH_3, R_4 = CH_3, R_5 = H, R_6 = $CH_2CONHCH_2COOH$), F. 210—212°. — **V** + DL-Alanin → *2-Mercapto-5.5-dimethylthiazolin-4-carboxyamido-α-propionsäure*, F. 208°. — Isobutylidenthiazolon + **IV** → *2-Mercapto-5-isopropylthiazolin-4-carboxyamidoessigsäure-sesquihydrat*, F. 42°. — **IIa** + Diazomethan, nach Red. mit Al-Amalgam → *Methyl-5-phenylthiazolidin-4-carbonamidacetat*, α-Form, F. 173°, β-Form, F. 115°. Nach Behandlung der α-Form mit 5%ig. wss. $HgCl_2$ u. anschließend mit H_2S erhält man *Phenylcysteinylglycinmethylesterhydrochlorid*, F. 90—91°, hygroskopisch. — *Penicillaminylglycinmethylesterhydrochlorid*, F. 225—227°. (**E. PP. 681 808** u. **681 900** vom 30/3. 1949, ausg. 29/10. 1952.) U. SIEVERS. 4811

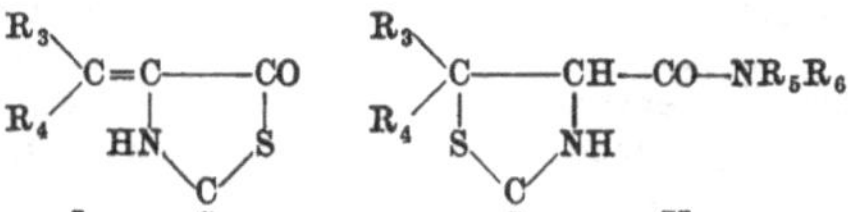

I II

Bristol Laboratories, Inc., übert. von: **Alden B. Hatch,** Syracuse, und **Robert D. Muir,** Manlius, N. Y., V. St. A., *Streptomycingewinnung* auf biol. Wege durch aerobe Züchtung von Str. griseus in üblichen Nährmedien unter Zusatz von Hühnerei in frischem oder getrocknetem Zustand als Mittel zur Ausbeutesteigerung. — Tabellen. (**A. P. 2 682 493** vom 17/1. 1952, ausg. 29/6. 1954.) H. SCHINDLER. 4811

Robert Pfleger (Erfinder: **Robert Pfleger, Otto Laubereau** und **Hans Heller**), Bamberg, *Herstellung von Diacyloxyacetonen* der allg. Zus. $R-CH(OAc)-CO-CH_2(OAc)$ (R = substituierter oder unsubstituierter carbocycl. oder heterocycl. Ring oder kondensiertes Ringsyst.), dad. gek., daß man Acyloxyessigsäurehalogenide, bes. -chloride der Zus. $R-CH(OAc)-COHal$ mit Diazomethan (I) unter Bldg. von Diazoketonen der Zus. $R-CH(OAc)-CO-CH{<}\genfrac{}{}{0pt}{}{N}{N}$ (CH mit N‖N) umsetzt u. diese mit organ. Säuren, z. B. CH_3COOH, umsetzt. — Man tropft z. B. in eine Lsg. von 16,5 g I in 700 cm³ absol. Ae. bei 0° eine Lsg. von 28 Acetylmandelsäurechlorid in 20 cm³ absol. Ae. ein, löst 29 Rohprod. in 130 cm³ Eisessig, erhitzt allmählich auf 105—110° u. erhält nach ca. 20 Min. 20 gelbes, sirupartiges *1-Phenyl-1.3-diacetoxypropanon-(2)*. — Ausgangsprodd. zur Herst. von *Chloramphenicol* u. dergleichen. (**D. B. P. 923 484** Kl. 12o vom 24/11. 1951, ausg. 14/2. 1955. Anmeldung bekanntgemacht 8/7. 1954.) O. MÜLLER-MEININGEN. 4811

Parke, Davis & Co., Detroit, Mich., V. St. A., *threo-N-Acetyl-β-p-nitrophenylserin* (**I**). Man setzt *dl*-erythro-β-p-Nitrophenylserinäthylester mit Acetimidoäthylätherhydrochlorid in A. um zu *dl-erythro-2-Methyl-4-carbäthoxy-5-p-nitrophenyloxazolin* (F. 135 bis 136°), verseift durch Erhitzen mit verd. NaOH, dampft ein, versetzt mit konz. HCl bis zur kongosauren Rk., macht erneut alkal. mit NaOH u. säuert mit HCl an, wobei **I** ausfällt. **I**: F. 194—196°. — *Zwischenprod. für Chloramphenicol.* (**Schwz. P. 301 438** vom 31/7. 1951, ausg. 16/11. 1954.) G. LANGER. 4811

Parke, Davis & Co., Detroit, Mich., V. St. A., *DL-threo-β-p-Nitrophenylserinäthylester* (**I**). Man setzt p-Nitrobenzaldehyd mit Glykokolläthylester in A. zu *DL-2-p-Nitrophenyl-4-carbäthoxy-5-p-nitrophenyloxazolidin* (**II**) um, läßt erythro-**II** vom F. 152 bis 154° auskristallisieren, dampft die threo-**II** enthaltende Mutterlauge zur Trockne u. verseift den Rückstand mit alkoh. HCl zu **I**, F. 137—139°. — *Zwischenprod. für Chloramphenicol.* (**Schwz. P. 301 435** vom 31/7. 1951, ausg. 16/11. 1954.) G. LANGER. 4811

Parke, Davis & Co., Detroit, Mich., V. St. A., *Herstellung von Salzen der Dichloracetoxyaminopropanole.* D-threo-(2-Dichlormethyloxazolinyl-4)-(p-nitrophenyl)-carbinol oder D-threo-2-Dichlormethyl-4-oxymethyl-5-(p-nitrophenyl)-oxazolin wird mit HCl behandelt, wobei sich die entsprechenden Hydrochloride abscheiden. Diese Salze haben dieselben therapeut. Eigg. wie Chloramphenicol. (**N. P. 82 619** vom 16/9. 1952, ausg. 19/10. 1953. Schwz. Priorr. 9/10. u. 4/12. 1951.) K. H. KÄHLER. 4811

May & Baker Ltd., England (Erfinder: **Basil Jason Heywood**), *Herstellung von Oxazolinen.* Man behandelt die Erythroform von Verbb. der allg. Formel O_2N-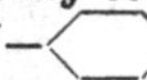 $-CH(ONO_2)-CH(NHCOR_1)-CH_2OR$ mit einem Alkali. Es bedeuten R eines Acyl- oder Carbalkoxygruppe, COR_1 eine aliphat. Acylgruppe, welche nicht mehr als 4 C-Atome besitzt. — Z. B. gibt man 1 g dl-erythro-1-(p-Nitrophenyl)-2-dichloracetamido-3-acetoxypropanol-(1) (I), F. 116—117°, zu 4 cm³ auf —60° abgekühlte HNO_3 (D. 1,5) u. läßt das Reaktionsgemisch sich in ca. 1 Std. auf 0° erwärmen. Das Reaktionsprod. gießt man in ein Gemisch von 25 cm³ W. u. 25 g Eis. Die weitere Aufarbeitung ergibt den I-HNO_3-*Ester*, F. 126—127°, Ausbeute 0,8 g. 410 mg dieses Esters suspendiert man bei 0° in 8 cm³ Methanol, fügt 1 cm³ 2nNaOH hinzu, erhitzt nach 3 Min. die gebildete, blaßgelbe Lsg. allmählich auf 30—40° u. läßt sie 10 Min. bei dieser Temperatur. Dann kühlt man das Reaktionsprod. auf 10° ab, neutralisiert es mit 2nEssigsäure u. versetzt es mit Wasser. Man erhält *dl-threo-2-Dichlormethyl-4-oxymethyl-5-(p-nitrophenyl)-oxazolin-(2)*, welches aus wss. Methanol umkrist. bei 128—129° schmilzt. Wenn man I direkt in das Oxazolin umwandelt beträgt die Ausbeute an Oxazolin 80%. Ferner werden noch folgende Verbb. angeführt: *d-threo-2-Dichlormethyl-4-oxymethyl-5-(p-nitrophenyl)-oxazolin-(2)*, F. 133—135°; ferner folgende Salpetersäureester (**S**): *l*-erythro-1-(p-Nitrophenyl)-2-dichloracetamido-3-acetoxypropanol-(1)-**S**, F. 139—140°; dl-erythro-1-(p-Nitrophenyl)-2-dichloracetamido-3-(m-nitrobenzoxy)-propanol-(1)-S, F. 138,8 bis 141,5°; dl-erythro-1-(p-Nitrophenyl)-2-dichloracetamido-3-carbäthoxyoxypropanol-(1)-S, F. 120—123,5°. Die Oxazoline besitzen *therapeut.* Eigg. u. dienen zur Herst. von dem Chloramphenicol ähnlichen Substanzen. (**F. P. 1 044 549** vom 7/11. 1951, ausg. 18/11. 1953. E. Priorr. 22/11. 1950 u. 1/11. 1951.) T. OPPERMANN. 4811

Soc. des Usines Chimiques Rhône-Poulenc, Seine, Frankreich, *Extraktion von Chlortetracyclin.* Man stellt die Gär-Fl. von Streptomyces aureofaciens mit 25%ig. H_2SO_4 auf p_H 1,5 ein, versetzt die Fl. mit „Supercel Hyfol" u. filtriert sie. Das Filtrat stellt man mit 10%ig. NaOH auf p_H 8—9 ein, gibt „Supercel Hyfol" hinzu, filtriert u. extrahiert den alkal. Filterkuchen mit Isopropanol bei p_H 1,5 (eingestellt mit 25%ig. H_2SO_4). Die gewonnene isopropanolhaltige Lsg. versetzt man mit NaCl u. Äthylglykol u. konz. sie bei 35—40° u. 50 mm Hg. Die Reinigung des Rohprod. ergibt Chlortetracyclinhydrochlorid von hohem Reinheitsgrad. (**F. P. 1 048 920** vom 17/11. 1951, ausg. 24/12. 1953.) T. OPPERMANN. 4811

Commercial Solvents Corp., übert. von: **Herbert L. Wehrmeister**, Terre Haute, Ind., V. St. A., *Reinigen von Neomycin* durch Zusatz von Na-Anthrachinon-β-sulfonat zur rohen Gärlsg., Abfiltrieren des aus den Komponenten entstandenen Nd., Lösen des Nd. in verd. Mineralsäuren u. Fällen des Hydrochlorids oder Sulfats mit z. B. Methanol. — Beispiel. (**A. P. 2 686 749** vom 5/12. 1950, ausg. 17/8. 1954.) H. SCHINDLER. 4811

Commercial Solvents Corp., übert. von: **Urs F. Nager**, Terre Haute, Ind., V. St. A., *Prodigiosin* mit der Strukturformel I kann aus Nährlsgg. von *Serratia marcescens* dadurch gewonnen werden, daß zunächst die Prodigiosin (I) enthaltenden Zellen durch Filtrieren oder Zentrifugieren abgetrennt, vorzugsweise getrocknet, in einem aliphat. KW-stoff mit 6 oder mehr C-Atomen (Hexan, Heptan, Octan), Gemischen von aliphat. KW-stoffen (Naphtha) oder aromat. KW-stoffen (Bzl., Toluol) suspendiert u. anschließend mit gesätt. Alkalihydroxydlsgg. (NaOH, KOH), wss. NH_3 oder alipaht. Aminen (Methylamin, Äthylamin) auf p_H von mindestens 7, bes. 10, gebracht u. die organ. I enthaltenden Lösungsmittelextrakte bis zur Kristallisation von I eingeengt werden. Gesamtausbeute: 60,4—68%. — *Antibioticum.* (**A. P. 2 667 492** vom 20/11. 1950, ausg. 26/1. 1954.) R. LINK. 4811

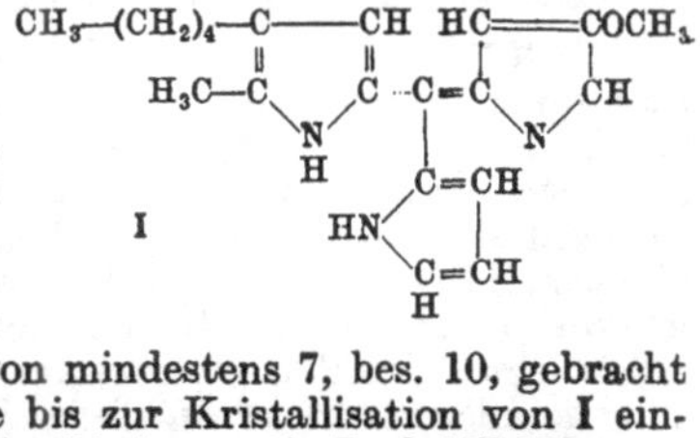

I

Farbenfabriken Bayer Akt.-Ges., Leverkusen, (Erfinder: **Hans Brockmann**, Göttingen, und **Günter Schmidt-Kastner**, Wuppertal), *Herstellung des Antibioticums Aminomycin* durch Züchtung des Streptomycesstammes „Ihr 582" u. Gewinnung durch Extraktion, bes. des abgetrennten Mycels, mit organ. Lösungsmitteln, bes. KW-stoffen, F. 187° (korr.); charakterist. UV- u. Infrarotspektren. — Kurven. (**D. B. P. 926 806** Kl. 30h vom 20/11. 1952, ausg. 25/4. 1955. Anmeldung bekanntgemacht 30/9. 1954.) H. SCHINDLER. 4811

Chas. Pfizer & Co., Inc., V. St. A. (Erfinder: **Fred Wilbur Tanner jr.** und **John Broderick Routien**), *Gewinnung des Antibioticums P. A. 86.* Zu Ind. P. 47 233; C. **1955.** 2732 ist nachzutragen: Man züchtet Streptomyces rimosus (Stamm Nr. 4622–21) in einer wss. ein Nährmittel enthaltenden Lsg. unter aeroben Bedingungen bei 25—30° ca. 2—7 Tage u. isoliert das in der Kultur-Fl. enthaltene Antibioticum (eine kristalline Substanz). Es besitzt fungicide Eigenschaften. (**F. P. 1 063 828** vom 5/5. 1952, ausg. 7/5. 1954. A. Prior. 11/5. 1951.) T. OPPERMANN. 4811

Abbott Laboratories, übert von: **Anthony F. De Rose** und **Alma L. Whitman**, Chicago, **Walton E. Grundy, John C. Sylvester** und **Jay R. Schenck**, Waukegan, Ill., V. St. A., *Herstellung und Gewinnung von 4-Thiazolidon-2-n-capronsäure* auf biol. Wege durch Züchtung von Streptomyces virginiae in üblichen Nährlsgg. bei p_H 6—7 u. 24—26° unter aeroben Bedingungen. Nach Entfernen der Festbestandteile aus der vergorenen Lsg. wird die Säure an A-Kohle adsorbiert u. mit angesäuertem A. eluiert. Farblose Nadeln, F. 135—137°, umkrist. F. 137—139°; Lsg. in A. $[\alpha]_D$ —60,5°; keine charakterist. UV-Spektr., dagegen bestimmtes Infrarotspektrum. Bes. wirksames *Antibioticum* gegen Mycobacterium tuberculosis u. phlei. Angaben über morpholog. u. physiol. Eigg. von Str. virginiae. — Beispiele für Gärverf. u. Extraktion. (**A. P. 2 678 929** vom 19/10. 1950, ausg. 18/5. 1954.) H. SCHINDLER. 4811

Cilag Akt.-Ges., Schaffhausen, Schweiz, *Röntgenkontrastmittel*, enthaltend Verbb. der allg. Formel $J—C_6H_4—O—R—COOH$, worin R einen KW-stoffrest bedeutet, z. B. einen Aryl- oder Aralkylrest. Es können die Salze der Säuren mit anorgan. oder organ. Basen, wie aliphat. oder cycl. Aminoverbb. oder Alkanolaminen verwendet werden. — Z. B. 1-Phenyl-1-(2'.4'.6'-trijodphenoxy)-essigsäure, 2-Phenyl-1-(2'.4'.6'-trijodphenoxy)-propionsäure, 2-Phenyl-2-(2'.4'.6'-trijodphenoxy)-propionsäure, 1-Phenyl-2-(2'.4'.6'-trijodphenoxy)-propionsäure, (4-Oxy-3-carboxybenzyl)-(2'.4'.6'-trijodphenyl)-äther, (4-Carboxybenzyl)-(2'.4'.6'-trijodphenyl)-äther, (2-Carboxybenzyl)-(2'.4'.6'-trijodphenyl)-äther, (3-Carboxybenzyl)-(2'.4'.6'-trijodphenyl)-äther oder ihre Salze. (**Schwz. P. 296 470** vom 8/8. 1951, ausg. 17/4. 1954.) K. HEINZE. 4825

M. Loeper et J. Lesure, Formulaire pratique de thérapeutique et de pharmacologie. 37e édit. conforme au Codex 1949 et aux récents décrets ministériels. Paris: G. Doin et Cie. (1360 S.) fr. 3500,—.

G. Analyse. Laboratorium.

P. Heath, *Ein abgeänderter, handbetriebener Hochdruck-Schwefelwasserstoff-Generator.* An Hand eines Aufrisses wird die Bedienung des Generators u. der Ablauf der Rk. beschrieben. (Analyst **79.** 787—88. Dez. 1954. Dagenham, Essex, South East Essex Techn. Coll.) E. SAJAK. 5006

D. R. Hewett, A. H. Perkin und **J. C. Wilson**, *Spritzpistole für destilliertes Wasser.* Beschreibung nebst Abb. einer neuartigen Spritzpistole für dest. Wasser. (Chem. and Ind. **1953.** 8. 3/1. Greenwich, London, Fuel Res. Stat.) K. PISTOR. 5006

F. Lee Rodkey, *Wirksame Sicherheitspipette.* Es wird eine neuartige Sicherheitspipette beschrieben, durch die gesundheitsschädliche Folgen beim Arbeiten mit radioakt. Lsgg., Suspensionen lebensfähiger Mikroorganismen u. anderen gefährlichen Fll. vermieden werden. (Science [Washington] **118.** 488—89. 23/10. 1953. Boston, Mass., Harvard Med. School, Dep. of Biol. Chem.) K. PISTOR. 5014

Robert H. Davis und **Ajay S. Divatia**, *Gestaltung und Arbeitsweise von Entdampfungs-Ionenpumpen.* Vff. beschreiben einen neuen Typ einer Hochvakuumpumpe zur Entfernung von organ. Dämpfen u. Stoffen mit hohem Dampfdruck aus Vakuumsystemen ohne Verwendung von Kühlfallen oder Prallblechen. Die Pumpe verwendet zunächst die Getterwrkg. von kontinuierlich verdampftem Ti. Um auch Gase abzupumpen, die auf die Getterwrkg. von Ti nicht ansprechen, müssen die Moll. oder Atome ionisiert u. an die akt. Oberfläche getrieben werden. Der Ionisationsapp. besteht aus einem feinen Draht u. 2 konzentr. zylindr. Gittern. Die Potentiale sind so angeordnet, daß die Elektronen zu oscillieren beginnen. Positive Ionen, die zwischen den Gittern gebildet werden u. durch das äußere Gitter gehen, werden einem Feld ausgesetzt, welches sie an die Pumpenwände befördert, wo sie durch das kondensierende Metall bedeckt werden. Die Pumpwrkg. wurde an verschied. Gasen untersucht, leicht abgepumt werden H_2, N_2, O_2, CO_2, SF_6, CCl_2F_2, C_2H_4, NH_3 u. CH_4, während *Ar* u. *He* nur langsam entfernt werden. Für H_2 beträgt die Abpumpgeschwindigkeit bei $3 \cdot 10^{-6}$ mm Hg 7000—8000 Liter/Sek., für N_2 u. O_2 bei $1{,}5 \cdot 10^{-6}$ mm Hg 6500—7500 Liter/Sek., für Ar bei $4 \cdot 10^{-6}$ mm Hg ca. 9 Liter/Sek. u. für He bei $3 \cdot 10^{-5}$ mm Hg ca. 4 Liter/Sekunde. Der tiefste, erreichbare Druck beträgt ca. $2 \cdot 10^{-7}$ mm Hg. (Rev. sci. Instruments **25.** 1193—97. Dez. 1954. Madison, Wis., Univ., Dep. of Phys.) C. GOTTFRIED. 5026

Richard W. Decker, *Ventile, ganz aus Glas, zur Verwendung bei der Erzielung von ultrahohen Vakua.* Beschreibung der Ventile. (J. appl. Physics **25.** 1441—42. Nov. 1954. East Pittsburgh, Pa., Westinghouse Res. Labor.) C. Gottfried. 5026

W. B. Haliday und **J. R. Nall,** *Gießen eines sehr reinen Magnesiumoxydhalters zur Verwendung in einer experimentellen Vakuumröhre.* Vff. beschreiben ausführlich die Herst. von gegossenen MgO-Haltern, wobei von einer cremeartigen Paste von 4,85 g gemahlenem Periklas u. 1 g 99,5%ig. A. ausgegangen wird. Bei Ggw. von 1% W. war ein Gießen nicht möglich, bzw. war der Guß nicht verwendbar. (Rev. sci. Instruments **25.** 1225—26. Dez. 1954. Washington, D. C., Nat. Bur. of Standards.) C. Gottfried. 5026

M. Kent Wilson, *Entfernung von adsorbiertem Wasser aus Vakuumsystemen.* Zur Entfernung der letzten Spuren von Feuchtigkeit aus Vakuumgefäßen werden diese mit einem Gemisch von Methylchlorsilandämpfen bei dem Gleichgewichtsdampfdruck des Gemisches gefüllt u. vor Evakuierung einige Min. in dem Syst. belassen. In dieser Weise behandelte Gefäße zeigten keinerlei Rk. mit hygroskop. Stoffen wie SiH_4 u. SiH_2Cl_2. (Rev. sci. Instruments **25.** 1130—31. Nov. 1954. Cambridge, Mass., Harvard Univ., Mallinckrodt Chem. Labor.) C. Gottfried. 5026

J. Pritzker und **R. Jungkunz,** *Über einen Perforationsapparat für Extraktionen mit spezif. leichten oder spezif. schweren Lösungsmitteln.* Vff. beschreiben einen einfachen Perforationsapp., der es erlaubt, Stoffe aus wss. Fll. mit spezif. leichten u. schweren Extraktionsmitteln zu perforieren. Es können mit dem App. 100 cm^3 Fl. perforiert werden. (Mitt. Gebiete Lebensmittelunters. Hyg. [Bern] **44.** 229—31. 1953. Bern u. Basel.) W. Knöpke. 5034

J. I. Pankove, *Impulskurvenschreiber zur Halbleiteruntersuchung.* Kurze Beschreibung u. Schaltskizze. Das Gerät erzeugt alle 4,4 mSek. Stromstöße von 80 μSek. Dauer, deren Spannung „sägezahnförmig" jeweils innerhalb 144 mSek. von 0 auf 350 V ansteigt. Zusätzlich können noch 0—100 V Gleichspannung in Serie zu den Stromstößen angewandt werden, so daß die maximale Spannung 450 V beträgt. Das Gerät ermöglicht die weitgehende Ausschaltung von therm. Effekten bei der oscillograph. Unters. der Strom-Spannungs-Charakteristik von Halbleitern sowie bes. bei der Verfolgung des Durchschlags von Gleichrichtern. (Electronics **27.** Nr. 9. 172—73. Sept. 1954. Princeton, N. J., RCA Labors.) R. Stein. 5048

Ss. I. Gofman, *Methode zur Bestimmung der mechanischen Kennzahlen von biegsamen elastischen Proben.* Beschreibung einer Meth. zur Best. des Elastizitätsmoduls u. der Proportionalitätsgrenze an Probestäben aus Material mit geringer elast. Biegefähigkeit. (Журнал Технической Физики [J. techn. Physik] **24.** 722—28. April 1954.) V. Ehmcke. 5048

A. Battersby, *Genauigkeit der Analysen.* Vf. schließt sich der Ansicht von Dodd (C. **1953.** 1216) unter Hinweis auf Student u. Wood (Ann. Rep. Progress Chem. **44.** [1947.] 265) an, daß die wahre Genauigkeit statist. nur zu ermitteln ist, wenn die gleiche Analyse in verschied. Laboratorien ausgeführt wird. — Weitere Stellungnahme von C. H. Osborn unter Bezugnahme auf zweifelhafte Auswertung von *Borsäure*-Bestimmungen im Müllstaub, der möglicherweise nicht genau gemischt war. (Chem. and Ind. **1951.** 192—93. 10/3. Essex, Dorset.) H. Freytag. 5050

Joseph A. Pask und **Maurice F. Warner,** *Verfahren und Ausführungsformen der thermischen Differentialanalyse.* Beschreibung des Verf. der therm. Differentialanalyse unter bes. Berücksichtigung der an der University of California benutzten App. u. Arbeitsweise u. Angabe einiger typ. Abbaukurven für *Kugelton* u. *Talk.* (Amer. ceram. Soc. Bull. **33.** 168—75. 15/6. 1954. Berkeley, Calif., Univ. Div. of Mineral Technol.) W. Hentschel. 5052

V. S. Ramachandran und **S. K. Bhattacharyya,** *Technik und Anwendungen der thermischen Differentialanalyse.* Vff. beschreiben die Meth. für therm. Differentialanalysen, bei der Proben gleichmäßig erhitzt werden. Ein Thermoelement mißt die Temperaturdifferenz zwischen einer Vergleichsprobe ohne Umwandlungspunkte u. einer unbekannten Probe. Bei Umwandlungspunkten, Entwässerungen usw. beobachtet man Temperaturdifferenzen, deren Vorzeichen davon abhängt, ob die Umwandlung exotherm oder endotherm verläuft. Die beobachteten Temperaturdifferenzen sind abhängig von der Teilchengröße, der Packung der Substanz, von der Art des Thermoelements u. der Anheizgeschwindigkeit u. Atmosphäre des Ofens, wie auch theoret. Betrachtungen zeigen. Vff. berichten über die erfolgreiche Anwendung der Meth. bei der Unters. von Carbonaten, wasserhaltigen Fe-Hydroxyden, organ. Verbb., wie Zucker, Seife usw., Katalysatoren, radioakt. Mineralien u. a.; auch zur Best. von Reaktionswärmen leistet die Meth. gute Dienste. (J. sci. ind. Res. [New Delhi] **13A.** 365—72. Aug. 1954. Kharagpur, Indian Inst. of Techn.) H. Pluskal. 5052

T. Green, R. P. Harker und **F. O. Howitt,** *Die Verwendung von Adsorptionssäulen bei der Analyse wässeriger Ölemulsionen.* Es wird eine allg. Meth. zur Analyse von wss. Emulsionen, die durch verschied. Netzmitteltypen stabilisiert sind, beschrieben. Die organ. Bestandteile werden von Harzaustauschersäulen vollständig adsorbiert u. durch verschied. Lösungsmittel fraktioniert eluiert. Es werden hauptsächlich *Lanolin* (I)-Emulsionen untersucht, doch ist die Meth. mit gleicher Genauigkeit auf *Mineralölemulsionen* (*Shell clavus Öl 27*) u. *vegetabil. Ölemulsionen* (*Olivenöl*) anwendbar. Zu Serienbestimmungen wurde eine App. mit 6 Säulen (Skizze) entwickelt. Nachst. Systeme werden untersucht: a) Mit Seifenlsg. stabilisierte I-Emulsion; *Zeo-Karb 225* — Tierkohle (Adsorbens); Elution der Fettsäuren mit heißem A. oder schneller mit heißem 90% ig. A., gravimetr. oder titrimetr. Best. mit Alkalilsg.; Elution von I durch heißes *Trichloräthylen* (II), Best. gravimetrisch. Eine schnellere Meth. verwendet heißes, azeotropes (2:3 Volumenteile) Bzl.-Methanol-Gemisch zur Eluierung, acidimetr. Best. der Fettsäuren, Best. von I als Differenz zwischen Gesamtgewicht des Eluats u. Gewicht der Fettsäuren. — b) Durch anion. Netzmittel (Na-Cetylsulfat) stabilisierte Emulsionen; Adsorbens wie vorst.; Elution von I mit II, von Cetyl-H-Sulfat mit Äthylenglykol, Best. durch Titration mit wss. NaOH. — c) Durch kation. Netzmittel (Cetyltrimethylammonium-(III)-bromid) stabilisierte Emulsionen: *De-Acidite FF* (Adsorbens); Elution von III mit 50% ig. wss. A. oder heißem dest. W., danach Elution des Fetts mit heißem II; da III zwar völlig adsorbiert wird, der Austausch von Br^- gegen OH^- aber unvollständig ist, ist direkte Titration von III–OH nicht möglich. Zur Best. werden 2 Methoden untersucht, von denen sich nachst. Modifizierung der Hartley-Runnicles-Titrationsmeth. (Proc. Roy. Soc. **A 168.** [1938.] 424) als brauchbar erwies. Zum Eluat (A. muß weitgehend entfernt werden) wird die eingestellte Lsg. eines anion. Netzmittels im Überschuß gegeben u. das unumgesetzte Netzmittel mit III–Br^--Lsg. gegen Bromphenolblau rücktitriert. Die Meth. ist auf verd. Lsgg. kation. Netzmittel anwendbar. Die Endpunktbest. ist schwierig. Fällung von III als III-Bichromat u. Rücktitration von überschüssigem $K_2Cr_2O_7$ gibt nur bei hochkonz. III-Lsgg. brauchbare Ergebnisse. — d) Durch nichtion. Netzmittel (*Lissapol N* = *Octaäthylenglykol-p-octylphenyläther* (IV)) stabilisierte Emulsionen: *Biodeminrolit* (Adsorbens); Elution von IV mit 50% ig. wss. A.; Elution von I mit II. Die Meth. wurde durch Verwendung von 2 getrennten Säulen auf die Analyse einer IV-Seife-I-Emulsion ausgedehnt. IV wird wie vorst. an Biodeminrolit, Seife u. I wie unter a) ausgetauscht u. bestimmt. IV wird von Tierkohle fest adsorbiert u. bei Elution von Seife u. I nicht mit entfernt. Die IV- u. I-Fraktionen wurden durch ihre Infrarotspektren identifiziert. (Analyst **80.** 470 bis 475. Juni 1955. Leeds, Headingley, Wool Ind. Res. Ass. Torridon.) H. Hofmann. 5062

James B. Saunders, *Messungen des Brechungsvermögen an dicken Platten.* Das beschriebene Interferometer ist eine Modifikation des Dowell-Interferometers (C. Candler, Modern Interferometers, p. 209 [Hilger u. Watts, Ltd., London]). Es erlaubt die Messung von Brechungsindexschwankungen Δ n durchsichtiger, dicker Platten. Es erwies sich als geeignet zur Messung von Δ n in Glasblöcken bis zu 5 in. Dicke u. bis zu 27 in. Durchmesser. Die Lichtquelle ist ausgedehnt u. monochromatisch. (J. Res. nat. Bur. Standards **53.** 165 bis 171. Sept. 1954. Washington.) H. Lindberg. 5063

John J. Keane und **Richard S. Stein,** *Eine thermostatische Kammer zur Messung der Lichtstreuung von festen Körpern bei erhöhten Temperaturen.* Beschreibung einer Thermostatenkammer zur Verwendung in Verbindung mit dem Lichtstreuungs-Meßinstrument nach Zimm (vgl. Zimm, C. **1948.** E. 64; Carr u. Zimm, C. **1951.** II. 933) für die Messung der Winkelabhängigkeit der Lichtstreuung von polymeren Filmen bei Tempp. zwischen 30 u. 200° bei Streuwinkeln zwischen 10 u. 70°. Die Streukammer besteht aus einem Luftthermostat, in welchem die Temp. der Probe durch einen zirkulierenden Luftstrom auf $\pm$ 0,3° konstant gehalten wird bei einer maximalen Temperaturdifferenz zwischen verschied. Teilen der Probe von $\pm$ 1°. Erläuterung der Verwendung der Kammer durch eine Meßreihe an einem Polyäthylenfilm. (Rev. sci. Instruments **25.** 892—94. Sept. 1954. Amherst, Mass., Univ. of Massachusetts, Dep. of Chem.) H.-J. Eichhoff. 5063

W. A. Hardy, P. Fletcher und **V. Suarez,** *Eine Mikrowellenabsorptionszelle für reaktionsfähige Moleküle.* Vff. beschreiben die Fensterdichtungen u. die Stark-Zuleitung einer Starkschen Modulationsmikrowellenabsorptionszelle für die Analyse reaktionsfähiger Moll., bes. von Fluoriden. In dieser Zelle sind den reaktionsfähigen Gasen nur Messing, Cu u. Teflon ausgesetzt. Die Verwendung der Metalle ist möglich infolge der Bldg. nichtreaktionsfähiger Fluoridüberzüge auf ihren Oberflächen. Die konstruierte Zelle konnte in dem Temperaturbereich von —72 bis +100° benutzt werden. (Rev. sci. Instruments **25.** 1135. Nov. 1954. New York, N. Y., Columbia Radiation Labor.) C. Gottfried. 5063

William H. R. Shaw, *Ein Polarimeter aus einer Verpackungshülse.* Beschreibung eines aus einem Papprohr mit übergeschobenem, drehbarem Deckel (Skala) u. Polaroidscheiben (an beiden Enden) bestehenden Polarimeters, in das ein ebenfalls selbstgefertigtes Rohr mit der zu prüfenden Fl. eingeschoben wird. (J. chem. Educat. **32.** 10. Jan. 1955. Austin, Tex., Univ. of Texas.) K. BLUMRICH. 5063

P. Wellmann, *Die spektrographische Einrichtung des Bergedorfer 1 m-Spiegelteleskops.* Beschreibung von CASSEGRAIN-Einsatz, Spektrograph u. Antrieb mit Geschwindigkeitsregelung. (Z. Astrophysik **33.** 115—19. 1953. Bergedorf, Hamburger Sternwarte.) H.-J. EICHHOFF. 5063

Ekkehard Preuss, *Die Ausleuchtung von Spektrographen mit Linsenrastern.* In der quantitativen Spektralanalyse kann durch die Abbildung der Lichtquelle durch eine Linse vor dem Spalt das Intensitätsverhältnis im Spektr. verfälscht werden. Deshalb wird ein Linsenraster in einem bes. Beleuchtungsstrahlengang verwendet, der ein Vielfachbild der Lichtquelle erzeugt u. die Spektrographenoptik gleichmäßig u. reproduzierbar ausleuchtet. (Heidelberger Beitr. Mineralog. Petrogr. **4.** 163—71. 1954. München, Opt. Werke C. A. Steinheil Söhne.) J.-E. HILLER. 5063

R. W. G. Hunt, *Ein visuelles, die C.I.E.-Reize X, Y, Z verwendendes Dreireiz-Photometer.* Angabe des Bauprinzips für ein Farbmeßgerät, bei welchem automat. mit den C. I. E.-Normvalenzen gearbeitet wird, indem die negativen Anteile der Primärvalenzen R, G, B der zu messenden Farbe, die positiven Anteile dem Vergleichsfeld additiv im richtigen Verhältnis zugemischt werden. Das Gerät liefert ebenso zuverlässige Werte wie das DONALDSON-Instrument, gestattet aber die direkte Ablesung der C.I.E.-Normvalenzen u. den Vgl. aller Farben ohne vorherige Entsättigung. Außerdem läßt sich die Helligkeit der Farben direkt an der Y-Skala ablesen. (J. sci. Instruments **31.** 122—24. April 1954. Harrow, Middlesex, Kodak Ltd., Res. Labors.) H.-J. EICHHOFF. 5063

Anil Kumar Majumdar, *5.6-Benzochinaldinsäure als analytisches Reagens.* 5.6-Benzochinaldinsäure wurde zur Best. u. Trennung des Cu u. Cd voneinander, zur Best. von Zn, Co, Ni, Mn, zur Trennung des Cu u. Cd von verschied. Elementen, zur Best. von Mg u. Hg bei verschied. p_H u. zur colorimetr. Best. von Fe verwendet. Verss. zur Trennung von Cd, Zn, Mn, Ni u. Co sind im Gange. (Sci. and Cult. **19.** 265—66. Nov. 1953. Calcutta, Coll. of Engng. and Techn., Chem. Engng. Dep.) H. PLUSKAL. 5072

Malcolm Dole, John A. Wethington jr., Norman Larson und **W. P. Hettinger jr.,** *Einige neue technische Methoden in der Festkörpercalorimetrie.* (Sitzungsbericht.) Bei der Unters. von Hochpolymeren auf spezif. u. latente Wärme wurde eine automat. Anordnung für adiabat. Kontrolle der Temp. u. der elektr. zugeführten Energie verwendet. Durch kontinuierlich registrierende Potentiometer werden Korrekturen für Temperaturunterschiede zwischen Calorimeter u. adiabat. Mantel ermöglicht; die automat. App. läßt verschied. Einfll. auf den Temperaturanstieg mit der Zeit beobachten u. ist bes. zur Messung langsamer Wärmeeffekte geeignet. (Physic. Rev. [2] **77.** 761—62. 1/3. 1950. Northwestern Univ.) H. NIEHRS. 5084

a) Elemente und anorganische Verbindungen.

Yukichi Yoshino, *Bestimmung von Sulfat durch Ionenaustauscherharze.* Zur Best. von SO_4^{2-} wird dieses als $BaSO_4$ gefällt, der Nd. sodann in wss. Suspension bei 90° zugleich mit der ca. 5fachen Menge *Amberlite IR 120* (Na) u. *Amberlite IRA 410* (Cl) behandelt u. das in Freiheit gesetzte Cl nach MOHR titriert. Um eine leichte u. vollständige Auflösung des Nd. zu gewährleisten, wird dieser bereits nach 1 Std. abfiltriert u. der Rührprozeß zur Auflösung 1 mal öfter wiederholt, als zum augenscheinlichen Klarwerden der Suspension erforderlich ist. Sulfatanalysen eines Quellwassers u. eines Jarosits zeigen gute Ergebnisse, nachdem vorher die störenden Kationen mittels *Amberlite IR 112* (H) entfernt wurden. (Sci. Pap. Coll. gen. Educat., Univ. Tokyo **3.** 19—23. Juni 1953. Tokio, Univ., Coll. of Gen. Educat., Inst. of Chem. [Orig.: engl.]) GÜNTHER LANGE. G 253

Anil Kumar Majumdar und **Siddheswar Banerjee,** *Bestimmung von Siliciumdioxyd.* Vff. empfehlen 5.6-Benzochinaldin u. 8-Oxychinaldin zur Fällung des SiO_2 als Silicomolybdat, $H_4SiO_4 \cdot 12\,MoO_3 \cdot 4\,C_{14}H_{11}N$, oder $H_4Si_4O_4 \cdot 12\,MoO_3 \cdot 4\,C_{10}H_9ON$ nach Trocknen bei 110°. Bei 150° beginnt der Zerfall der Verbb., der bei 550° zu $SiO_2 \cdot 12\,MoO_3$ führt. In dieser Form kann ebenfalls gewogen werden. (Sci. and Cult. **19.** 265. Nov. 1953. Calcutta, Coll. of Engng. and Techn., Chem. Engng. Dep.) H. PLUSKAL. G 261

J. Clive Sergeant, *Ein Schnellverfahren zur Bestimmung von Magnesium in Aluminiumlegierungen mit Komplexon.* Das Verf. beruht auf der titrimetr. Best. des Mg mit Dinatriumäthylendiamintetraessigsäure mit Eriochromschwarz als Indicator (Komplexonverf.). (Metallurgia [Manchester] **48.** 261—62. Nov. 1953. Birmingham, T. J. Priestman, Ltd., Labor.) W. WESLY. G 282

F. Burriel Martí und **S. Arribas Jimeno,** *Neue Fällungstitrationen von Quecksilber(I)-Salzen als $Hg_2(SCN)_2$ unter Benutzung von Adsorptions- und Oxyadsorptionsindicatoren.* Bei einer erstmaligen Unters. einer Fällungstitration von Hg-Salzen als $Hg_2(SCN)_2$ wurden als Adsorptionsindicatoren Bromphenolblau, Kongorot u. Alizarin-S u. als Oxyadsorptionsindicatoren Benzidin, o-Dianisidin u. o-Tolidin in Verb. mit Ferri-, Cupri- u. Vanadationen benutzt. Der Einfl. von Säure u. Verdünnung bei diesen Titrationen wurde untersucht. Eine neue Best. von Zn-Salzen durch Fällung mit $Hg(SCN)_4^{2-}$ u. Titration des Überschusses mit Hg-Salzen unter Benutzung der obigen Indicatoren wurde vorgeschlagen. (An. Real Soc. españ. Física Quím., Ser. B **50.** 185—94. Febr. 1954. Madrid, Univ., Fac. de Cienc., Labor. de Quím. anal.) F. GROH. G 290

J. R. A. Anderson und **J. L. Garnett,** *Ein neues Reagens für zweiwertiges Zinn.* Zum qualitativen Nachw. geringer Sn(II)-Mengen (bis 0,001 mg) brachten Vff. 0,02 ml Lsg. mit ca. 0,2 mg Metallionen auf ein Stückchen Filtrierpapier u. befeuchteten dieses mit einer 2%ig. wss. Lsg. des NH_4- oder Pyridinsalzes von *6-Nitro-2-naphthalin-8-sulfonsäure,* wobei dem NH_4-Salz auch 1% Äthylendiamin zugefügt sein kann. Die an der Luft getrockneten Papierstreifen wurden dann mit 15nNH_3-Lsg. befeuchtet u. wieder getrocknet. Bei Bestrahlung mit UV-Licht zeigte sich eine intensiv blaue Fluorescenz, die auf Red. des Reagenses durch Sn(II) zurückgeführt wird. Diese Rk. wurde von 47 untersuchten Metallionen nicht gegeben. (Analytica chim. Acta [Amsterdam] **8.** 393—96. Mai 1953. Sydney, Univ. of Techn.) H. PLUSKAL. G 327

Masuo Kojima, *Bestimmung einer kleinen Menge Blei in einer Zinksulfatlösung und in einer Cadmiumsulfatlösung.* Zur Best. von Pb-Spuren in $ZnSO_4$ werden diese durch Zugabe von Ba^{2+} mit $BaSO_4$ zusammen gefällt, der Nd. mit Mischung von Amberlite IR 120 (H^+) u. Amberlite IRA 410 (OH^-) in Lsg. gebracht, das Pb^{2+} mit NH_4-Acetat eluiert, das Eluat ammoniakal. gemacht, mit KCN u. NH_2OH versetzt u. mit Dithizon (I)–CCl_4 extrahiert. Das Pb wird im I-Extrakt colorimetr. bestimmt. Durch Zufügen von Th B kann mit radiometr. Messungen nachgewiesen werden, daß die Zusammenfällung mit $BaSO_4$, die Elution mittels NH_4-Acetats sowie die Extraktion mit I prakt. quantitativ verlaufen, während die direkte Ausschüttelung von Pb^{2+} aus $ZnSO_4$-Lsg. mit I–CCl_4 nicht gelingt. Ba^{2+}-Salze stören bei der colorimetr. Best. nicht. Die Analyse des Pb-Geh. in mehreren Proben von Elektrolyt-Zn nach Lösen in HNO_3 ergibt gute Übereinstimmung mit polarograph. u. spektroskop. erhaltenen Werten, wobei sich zeigt, daß dieses Verf. für Pb-Gehh. zwischen 0,0004 u. 0,1% geeignet ist. Analoge Verss. zur Pb-Best. in $CdSO_4$-Lsg. ergeben, daß hier die Zusammenfällung mit $SrSO_4$ günstiger als die mit $BaSO_4$ ist. Als Anwendung der Meth. wird die Löslichkeit von $PbSO_4$ in sowie die Korrosion von Pb durch 1 mol. $ZnSO_4$- bzw. $CdSO_4$-Lsg. bestimmt. (Sci. Pap. Coll. gen. Educat., Univ. Tokyo **3.** 25—37. Juni 1953. Tokio, Univ., Coll. of General Educat., Inst. of Chem. [Orig.: engl.]) GÜNTHER LANGE. G 328

G. H. Bush, *Eine Methode zur Schnellbestimmung von Blei in Stahl.* Zur Best. des Pb in Stahl wurden 0,2 g Stahl mit 8 ml HCl (1 : 1) versetzt, erhitzt u. unter geeignetem Verschluß (CONTAT-GÖCKEL) 30 ml Na-Citrat–Na_2CO_3-Mischung (250 g Na-Citrat + 125 g Na_2CO_3 auf 1 Liter mit W. aufgefüllt) zugegeben. Um Fe komplex zu binden, wurden 15 ml 20%ig. KCN-Lsg. zugegeben u. nach 5 Min. Stehen auf 85—90° erhitzt, bis die Lsg. fast farblos erschien. Nach Zers. geringer Mengen PbS durch 1 Tropfen 20%ig. H_2O_2-Lsg. wurde filtriert u. auf 50 ml mit kaltem W. aufgefüllt. Für die Absorptionsmessung in einem SPEKKER-Absorptionsgerät diente die Hälfte dieser Lsg. nach Zusatz von 5 ml 10%ig. $Na_2S_2O_4$-Lsg. als Vergleichslsg., während in der anderen Hälfte durch Zugabe von 10 ml 10%ig. Na_2S-Lsg. koll. PbS erzeugt wurde. Die Absorption wurde bei 430 mμ gemessen. Bei genau gleicher Herst. der Lsgg. für die Eichkurve u. für die Analyse konnten bei 0,2 g Einwaage 0—0,5% Pb mit einem Fehler von ca. $\pm$0,006% bestimmt werden. Die Färbung ist 15—20 Min. haltbar, bei Zugabe von Schutzkoll. entsprechend länger. (Analyst **79.** 697—702. Nov. 1954. Sevenoaks, Kent., Fort Halsted, Ministry of Supply, Armament Res.Establ.) H. PLUSKAL. G 328

J. G. Maltby, *Eine mögliche Fehlerquelle bei der Bestimmung von Metallspuren, besonders Blei.* Bei Pipetten, die eine Graduierung aus Email haben, löst sich z. B. beim Abmessen von Ammoniumcitratlsg., das zur Pb-Best. mit Dithizon in Nahrungsmitteln verwendet wird, in meßbaren Mengen Pb, das bei Nichtbeachtung zu erheblichen Bestimmungsfehlern führen kann. (Analyst **79.** 786—87. Dez. 1954. Epsom, Surrey, Distillers Co. Ltd., Great Burgh, Anal. Labor.) E. SAJAK. G 328

M. Debeauvais, F. G. Houtermans, E. Jäger und **W. Buser,** *Über die Lokalisierung von Wismut in Gesteinen mit Kernemulsionsplatten.* Die Meth. der Lokalisierung von Bi in Gesteinen mittels der α-Strahlung von künstlichem Po, das durch die Reaktion $^{209}Bi\ (n, \gamma)\ RaE \xrightarrow{\beta} RaF$ durch Bestrahlung mit therm. Neutronen in einem U-Meiler erzeugt wird, wurde an einem Gesteinsschliff experimentell geprüft. Die Empfindlichkeit dieser Meth. für den Nachw. von Bi wird diskutiert u. liegt in der Größenordnung der besten bisher bekannten analyt. Methoden. Sie ist in der Größenordnung von 10^{-8} g Bi/g Gestein. (Tschermaks mineralog. petrogr. Mitt. [3] **5**. 129—36. 1954. Bern, Univ., Phys. Inst., Mineralog.-Petrograph. Inst., Anorgan.-chem. Inst.) J.-E. HILLER. G 334

R. B. Golubzowa, *Bestimmung von Wolfram in hochlegierten Legierungen.* Die Trennung von den anderen Elementen erfolgt mit *Rivanol* (6.9-Diamino-2-äthoxy-acridinlactat): 1 g Legierung (mit Fe-, Co- oder Cr-Basis) wird in 80 ml HCl (1:1) unter starkem Erwärmen gelöst, nach dem Auflösen wird mit 5 ml HNO_3 (D. 1,40) oxydiert. Legierungen auf Ni-Basis werden in einem Gemisch von 60 ml HCl (1:1) u. 5 ml HNO_3 (1,40) gelöst. Dann wird bis Pastenkonsistenz eingedampft u. auf Asbest getrocknet. Der trockene Rückstand wird mit 50—60 ml HCl (1:1) 1 Std. mäßig erwärmt, mit 100 ml dest. W. versetzt u. wieder 1 Std. erhitzt. Die ausgefallene H_2WO_4 wird durch ein dichtes Filter (Blauband + etwas Papierbrei) filtriert, mit 10%ig. HCl bis zum Verschwinden der Fe-Rk. gewaschen, in 50 ml NH_3 (1 Teil NH_3 auf 1 Teil heißes W.) gelöst (30 Min. Wasserbad), die filtrierte Lsg. (+ Wasch-NH_3) mit HCl (1,19) angesäuert (Methylorange; 3—4 Tropfen Überschuß) u. (je 2,5% W) mit 5 ml 2%ig. wss. Rivanollsg. gefällt. Der heiß (gegebenenfalls kalt über Nacht) koagulierte Nd. wird filtriert u. 2—3mal mit HCl (1:400) nachgewaschen, getrocknet (anfangs sehr behutsam: Sublimation möglich) bei 600—650° geglüht. — Fe^{2+}, Fe^{3+}, Co, Ni, Zn, Ce, Be, Ti, V, Nb, Cr, Mn, Mo werden nicht mitgefällt, wenn die Acidität p_H 3—4 beträgt, in schwachsaurer HCl-Lsg. fällt Mo mit. In hochlegierten Legierungen, die Nb u. W enthalten, kann nach der Ausfällung des Nb durch Magnesiamischung ($MgSO_4$, NH_3, NH_4Cl) das Filtrat angesäuert (HCl 1,19), CO_2-frei gekocht u. mit Rivanol das W gefällt werden. Belege befriedigend. (Журнал Аналитической Химии [J. analyt. Chem.] **8**. 105—09. März/April 1953.) A. v. WILPERT. G 337

E. G. Brown, *Die Anwendung der Komplexone in der metallurgischen Analyse.* 1. Mitt. Besprechung der Meth. der komplexometr. Best. von Co, Cr, Cu, Mn, Mo u. Ni in Fe u. Stahl. — 23 Literaturangaben. (Metallurgia [Manchester] **49**. 101—05. Febr. 1954.) PH. FRESENIUS. G 354

M. Bobtelsky, D. Chasson und **S. F. Klein,** *Photometrische Messungen an Eisenoxalaten.* Bei photometr. Titrationen von Fe(III)-Lsgg. mit Na-Oxalat-Lsgg. unter Verwendung eines Blaufilters konnten Vff. Komplexe der Form Fe (III)/1 Ox (Ox. = Oxalsäure) u. Fe(III)/3 Ox. nachweisen. Fe(III)/1 Ox. zeigt ein Maximum, Fe(III)/3 Ox. ein Minimum mit deren Hilfe eine Best. möglich ist. Fe(III)/1 Ox. ist unempfindlich gegen Säuren, während sich Fe(III)/3 Ox. allmählich mit steigender Acidität zersetzt. Zur Best. kleiner Mengen Oxalat fügten Vff. zu 13 ml neutraler Oxalatlsg. (mit 2—3 mg Oxalsäure in 100 mg Lsg.) 5 ml eingestellte 0,002 mol. $FeCl_3$-Lsg. (0,01 n an HCl) u. 2 ml 0,06 mol. NH_4·CNS-Lsg., bestimmten die Extinktion mit Hilfe eines Grünfilters u. die Menge Oxalat mittels Vergleichskurven. Die Genauigkeit lag innerhalb 1%. (Analytica chim. Acta [Amsterdam] **8**. 460—70. Mai 1953. Jerusalem, Hebrew Univ., Dep. of Inorgan. and Anal. Chem.) H. PLUSKAL. G 354

K. M. Somasundaram, *Untersuchungen über Ersatzstoffe für das Zimmermann-Reinhardt-Reagens.* (Vgl. hierzu C. **1955**. 426.) Vf. beschreibt die Anwendung von Na-Acetat oder Borax statt des ZIMMERMANN-REINHARDT-Reagenses bei Titration von *Fe^{2+}* mit $KMnO_4$ in HCl-Lösung. Es wurde der Farbumschlag von Gelb nach Orange beobachtet. Zur Beseitigung der störenden Färbung des Fe^{3+} in HCl diente ein Zusatz von Na_3PO_4, so daß der Umschlag von Farblos nach Rosa stattfindet. 2 g Na-Acetat + 2 g Na_3PO_4 in 20 ml n/10 Fe^{2+}-Lsg. + 20 ml 5 n HCl ersetzen 40 ml ZIMMERMANN-REINHARDT-Reagens. (J. sci. ind. Res. [New Delhi] **13 B**. 35—37. Jan. 1954. Annamalainagar, Annamalai Univ., Chem. Labor.) H. PLUSKAL. G 354

Walter Nielsch und **Gerhard Böltz,** *Eine neue photometrische Bestimmungsmethode für Kupfer mit Nitrilotriessigsäure.* (Vgl. C. **1954**. 10547.) Cu kann mit *Nitrilotriessigsäure* (*Komplexon I*) (I) photometr. bestimmt werden. Der Cu-I-Komplex mit überschüssigem I hat ein Absorptionsmaximum bei 690—710 mμ bei p_H 5,1 u. bei 640—680 mμ bei p_H 9,5. Die Extinktion ist im Bereich p_H 3,20—6,0 u. p_H 8,65—9,50 konstant. Ein I-Überschuß hat keinen Einfl. auf die Extinktion, ebenfalls nicht die Art der Lsg. in verschied. Säure (*HNO_3, H_2SO_4, HCl + Br_2, HBr + Br_2, HNO_3 + H_2SO_4 + H_3PO_4* 2:1:1) u. Pufferlsgg., wie *Kaliumtetraborat, Na-Tartrat, NH_4-Acetat* u. *NH_4Cl*. Im Temperaturbereich 16—29° bleibt die Extinktion konstant u. verändert sich nicht mit der Zeit. Das LAMBERT-BEERsche Gesetz gilt im Bereich 0,04—7,0 mg Cu/ml Lsg. bei p_H 4—5. (Z. analyt. Chem. **142**. 406—12. 1954. Laucherthal, Vers.-Anstalt der fürstl. Hohenzollernschen Hüttenverwalt.) H.-G. MOSLÉ. G 358

P. D. Malhotra, *Eine abgeänderte Methode zur Zersetzung von Chromit.* Bei der Unters. von ind. Chromiten wurden verschied. Aufschlußmethoden erprobt. Die Zers.

von Chromiten durch Behandlung mit Säuren ist für Vollanalysen nicht brauchbar. Eine Schmelze mit Na_2CO_3 u. $NaNO_3$ muß bis zu 4mal wiederholt werden, bevor 0,5 g Erz zers. sind, dabei gehen 5—10 mg Pt in Lösung. Bei der Schmelze mit Na_2CO_3 in einer O_2-Atmosphäre wird 0,5 g Erz in 2 Std. völlig zersetzt. Die Verunreinigung durch Pt ist so gering, daß es bei der Fe-Best. nicht stört. Im Gegensatz zur Säurebehandlung oder Bisulfatschmelze erlaubt die Sodaschmelze eine saubere Trennung des Cr, V, Al u. Si von Fe, Ca, Mg, Mn u. Ti schon beim Beginn der Analyse. Die Na_2CO_3-Schmelze in O_2 kann auch für das Herauslösen von V aus vanadinhaltigen Fe-Erzen an Stelle der Na_2CO_3-$NaNO_3$-Schmelze verwendet werden. (Analyst **79**. 785—86. Dez. 1954. Calcutta, Geol. Survey of India, Chem. Labor.) E. SAJAK. 5292

b) Organische Verbindungen.

Ernest H. Swift und **Carl Niemann**, *Halbmikroverfahren zur qualitativen und quantitativen Elementaranalyse.* Es wird ein Verf. zur qualitativen u. quantitativen Best. von 32 Elementen in gemischt anorgan.-organ. Verbb. beschrieben. Feste Stoffe u. Fll. mit Kp. >40° werden durch Schmelzen mit Na_2O_2 u. Rohrzucker in einer PARR-Mikro- oder Semimikrobombe, niedriger sd. Stoffe oder Gase analog in eingewogenen Mengen in Bombenrohren aufgeschlossen. Die Arbeitsgänge sind unabhängig von den Oxydationsstufen der Elemente in der Probe u. geben keinen Hinweis auf sie; sie sind auf die meisten anorgan. u. organ. Verbb. mit Ausnahme sehr resistenter anwendbar. Die Best. von C, H u. N erfordert ca. 30—50 mg, die der übrigen Elemente ca. 20—40 mg Substanz. Es kann jedes Element erfaßt werden, das bis zu 1% in der Probe vorkommt. Die Genauigkeit beträgt für N = $\mp$1 mg; für C nach der trockenen u. nassen Verbrennungsmeth. $\pm$0,05 mg u. für sonstige Elemente $\pm$0,3 mg. Bei Ggw. gewisser Elemente in größeren Mengen können Abweichungen bis zu $\pm$0,8 mg vorkommen. Das Verf. erfordert, abgesehen von der Best. von C, H u. N, keine bes. Apparaturen. Der Analysengang ist in Tabellen wiedergegeben. (Analytic. Chem. **26**. 538—43. März 1954. Pasadena, Calif., Calif. Inst. of Technol.) H. HOFMANN. 5352

Raymond A. Bournique, *Bestimmung des Äthoxylgehaltes in Alkyläthoxylsilanen.* Zur Best. des Äthoxylgeh. in Alkyläthoxylsilanen verwendet Vf. an Stelle der üblichen HJ (Kp. 125—130°) rauchende HJ (D. 1,95). Die Bestt. wurden in einer modifizierten App. von COLSON (Analyst **58**. [1933.] 594) durchgeführt. An Stelle der gravimetr. AgJ-Meth. wurde die Titration des J_2 mit Thiosulfat nach der Meth. von CLARKE [Assoc. Offic. Agr. Chemists **15**. (1932.) 136] angewendet. Die erhaltenen Resultate sind gut. (Chemist-Analyst **43**. 40—41. Juni 1954. Brunswick, Maine, Bowdoin College, Chem. Dep.) K.-G. HACKSTEIN. 5360

N. H. Ray, *Chromatographie von Gasen.* 1. Mitt. *Trennung und Bestimmung flüchtiger organischer Verbindungen durch Gas–Flüssigkeits-Verteilungschromatographie.* Vf. beschreibt eine heizbare Chromatographiersäule, die mit einer stationären Phase aus *Di-(3.5.5-trimethylhexyl)-phthalsäureester* auf Kieselgur beschickt ist. Unter Verwendung von N_2 als Trägergas werden 5—20 μl des zu untersuchenden Stoffgemisches auf die Säule gegeben u. das Auftreten der Einzelfraktionen durch Messung der Wärmeleitfähigkeit des aus der Säule austretenden Gases bestimmt. Folgende Gemische wurden untersucht u. getrennt: Aliphat. KW-stoffe (*n-* u. *Isopentan*, *n-Hexan*, *n-Heptan*), aromat. KW-stoffe (*Bzl.*, *Toluol*, *Äthylbenzol*, *o-*, *m-* u. *p-Xylol*), Alkohole (*Methanol*, *A.*, *n-* u. *Isopropanol*, *n-*, *Iso-* u. *tert.-Butanol*, *n-Pentanol*), Ester (*Ameisensäureäthyl-*, *-n-propyl-*, *-isopropyl-* u. *-n-butylester*, *Essigsäuremethyl-*, *-äthyl-*, *-n-propyl-* u. *-Isopropylester*, *Propionsäuremethyl-* u. *-äthylester*, *Isobuttersäuremethyl-* u. *-äthylester* u. *n-Buttersäuremethylester*), Carbonylverbb. (*Acetaldehyd*, *Aceton*, *Methyläthylketon*, *Methylpropylketon* [*n-* u. *Iso-*], *Methylbutylketon* [*n-*, *Iso-* u. *tert.-*] u. *Methyl-n-pentylketon*), Äther (*Ae.*, *Methylpropyl-* [*n-* u. *Iso-*], *Methylbutyl-* [*n-* u. *Iso-*], *Äthylpropyl-*[*n-* u. *Iso-*] u. *Divinyläther*, *Äthylenoxyd*, *Trimethylenoxyd*, *Tetrahydrofuran* u. *Tetrahydropyran*). Eine quantitative Aussage über die Zus. des Gemisches ist mit einer Genauigkeit von 1% möglich. (J. appl. Chem. **4**. 21—25. Jan. 1954. Northwich, Cheshire, Imperial Chem. Ind. Res. Dep., Alkali Div.) E. MOISAR. G 500

N. H. Ray, *Chromatographie von Gasen.* 2. Mitt. *Trennung und Analyse von Gasgemischen mittels chromatographischer Methoden.* (1. vgl. vorst. Ref.) An der im vorst. Ref. beschriebenen Säule konnten verteilungschromatograph. H_2, *n-* u. *Isobutan* u. *Isobuten* sowie O_2, *Äthylen*, *Propylen* u. *Butadien* getrennt werden. Unter Verwendung von Aktivkohle als Adsorbens gelang die Trennung von H_2, CO, CH_4, *Äthylen* u. *Acetylen*. (J. appl. Chem. **4**. 82—85. Febr. 1954.) E. MOISAR. G 500

G. A. Lugg, *Eine colorimetrische Methode zur Bestimmung von Methylbromid in Luft.* Basierend auf der Rk. zwischen *Methylbromid* (I) u. Pyridin in Ggw. von wss.

NaOH (Bldg. eines gefärbten Pyridinkomplexes) entwickelt Vf. eine Meth. zur quantitativen Best. von I in Luft. Sie ist geeignet zur Best. von 50—1600 mg I/cm^3 Luft. Die Genauigkeit liegt zwischen 96 u. 92%. Zur Best. wird die Intensität der Absorptionsbande 370—430 mμ benutzt. Beim Erhitzen nach Herst. der Mischung ändert sich diese Intensität nicht mit dem Alter. Vf. bestimmt die optimalen Bedingungen. Methyljodid, Äthyljodid u. Äthylbromid geben Färbungen gleicher Intensität; Äthylendichlorid u. -dibromid geringerer Intensität. Höhere aliphat. Halogenide stören kaum. CCl_4, Chlf., Trichloräthylen u. Tetrachloräthan geben Rotfärbungen mit Absorptionsmaxima bei 365 u. 535 mμ. (Analyst **80**. 290—95. April 1955. Ascot Vale, Victoria, Austr., Defence Standards Labors.) M.-L. KLAAR. G 510

Yoshiyuki Inouye und **Manjirō Noda**, *Trennung und Identifizierung von Fettsäuren.* 16. Mitt. *Papierchromatographie ungesättigter höherer Fettsäuren.* (15. vgl. J. agric. chem. Soc. Japan **26**. [Nippon Nogeikagaku Kaishi] [1952.] 634.) Zur Trennung wurde das Verf. der umgekehrten Phasen (absteigende Meth.) der 15. Mitt., als Entwickler Methanol + PAe. (Kp. 140—170°) oder Methanol–Aceton–PAe., zur Färbung 0,2% Bromkresolgrün in A. u. (für die ungesätt. Säuren) 2%ig. alkoh. J_2-Lsg. bzw. JCl-Lsg. nach WIJS benutzt. Der R_f-Wert sinkt mit der Kettenlänge (KL), bei gleicher KL nimmt R_f zu in der Reihenfolge: gesätt. < 1 C=C < 2 C=C < 3 konjugierte C=C < 1 C≡C < 3 C=C < (C=C + OH). cis- u. trans-Isomere zeigen wenig Unterschied. Mit PAe. als stationärer fl. Phase u. CH_3OH/PAe. (4:1) sind die R_f-Werte bei 30° (absteigende Meth.): *Crotonsäure* 0,88, ([F.] 72,5°), *Undecen-(10)-säure* 0,84 (24°, n_D^{25} 1,4489), *Ölsäure* 0,52 (16°, n_D^{20} 1,4619), *Elaidinsäure* 0,54 (44°, n_D^{45} 1,4497), *Erucasäure* 0,35 (33,5°, n_D^{35} 1,4572), *Brassidinsäure* 0,23 (60,5°) *Ricinolsäure* 0,85 (5°, n_D^{35} 1,4675), *Ricinelaidinsäure* 0,87 (53°), *Stearolsäure* 0,61 (47°), *Behenolsäure* 0,40 (58°), *Linolsäure* 0,55 (—6°, n_D^{15} 1,4710), *Linolensäure* 0,65 ($Kp._{15}$ 228—230°), α-*Eläostearinsäure* 0,60 (48,5°, n_D^{50} 1,5101) u. β-*Eläostearinsäure* 0,54 (72°). (J. agric. chem. Soc. Japan [Nippon Nôgeikagaku Kaishi] **27**. 50—53. 1953. Kyoto, Univ., Coll. of Agricult., Biochem. Labor. [Orig,: japan., Auszug: engl.]) L. SCHULER. G 800

J. Glavind und **S. Hartmann**, *Chemische Natur des Thiobarbitursäuretestes zur Oxydation ungesättigter Fettsäuren.* Zur Klärung der chem. Natur der *Thiobarbitursäure* (I)-Rk. auf oxydierte ungesätt. Fettsäuren lassen Vff. I mit einigen Proben reagieren u. messen die entstehende Färbung im BECKMAN-Spektrophotomeser. Zum Vgl. führen sie analoge Verss. mit Phloroglucin (II) (KREIS [1899]) durch u. bestimmen außerdem die Peroxydwerte. Bei Rk. von I mit geringen gereinigten Mengen Methyloleathydroperoxyd tritt eine starke Färbung auf, die nicht durch etwa beigemengtes Linolenat erklärt werden kann. Somit ist die Angabe von WILBUR u. Mitarbeitern (C. **1950**. II. 1188), nach der I ein spezif. Reagens auf oxydierte Linolensäure sein soll, unzutreffend. Vielmehr zeigen weitere Verss., daß der I-Test sehr dem KREIS-Test ähnelt u. stark von der HARTMANN-GLAVIND-Meth. verschied. ist. So reagiert z. B. Benzoylperoxyd quantitativ mit Leukodichlorphenolindophenol, während der I-Test bzw. Rk. mit II hier negativ verläuft. Starke Färbungen dagegen entstehen bei Rk. von I bzw. II mit Epihydrinaldehyd. Vff. ziehen hieraus den Schluß, daß der HARTMANN-GLAVIND-Test ein spezif. Kriterium für die Peroxydgruppierung liefert, während der Test mit I oder der KREIS-Test mehr die bei der Peroxydation auftretenden komplexen Strukturen wiederzugeben scheinen. (Acta chem. scand. **5**. 975—76. 1951. Kopenhagen, Polytechn. Inst., Dep. of Biochem. and Nutrition.) H. LEHWALD. G 810

C. Capitani und **G. Gambelli**, *Eine Schnellmethode zur potentiometrischen Bestimmung von Cyanamid und Dicyandiamid und zur getrennten Bestimmung von Harnstoff, Thioharnstoff, Melamin und Guanidin in wässerigen Extrakten und festen Produkten, die bei der technischen Herstellung von Dicyandiamid aus Calciumcyanamid anfallen.* Das neue Verf. beruht auf der potentiometr. Best. des Überschusses an Ag^+, die zur Bldg. von Derivv. des *Cyanamids* (I) u. des *Dicyandiamids* (II) verbraucht werden, nachdem zuvor andere mit Ag^+ reagierende Verbb. abgetrennt worden sind. Zur Festlegung der Reaktionsbedingungen u. von Korrekturwerten werden die Löslichkeiten bei 20° von Ag–I, CN_2Ag_2 für p_H 0,8—10, von Ag-II, $C_2H_3N_4Ag$, für p_H 0,8—2 u. bei 2° von Ag-II-*Pikrat* (III), $C_8H_6O_7N_7Ag$, für p_H 0,8 u. 1 bestimmt. — Ausführung, Proben: Feste Substanzen werden in W. gelöst; Kalkstickstoffhydrolysenschlamm wird 1 Std. bei ca. 20° mit 200 ml W. geschüttelt, mit W. auf 250 ml aufgefüllt u. durch trockenes Filter filtriert; Lsgg. u. Suspensionen werden, gegebenenfalls mit der geringst möglichen Menge verd. HNO_3 geklärt, mit W. zu bestimmtem Vol. aufgefüllt. — Cyanamid (I) u. Dicayndiamid (II). Einen aliquoten Teil (P) der Lsg. mit ca. 0,1 g I + II verd. man mit 100 ml W., fügt 10 ml 10%ig. HNO_3 zu, so daß das $p_H < 1$ wird, weiterhin 100 ml 0,1 n $AgNO_3$-Lsg. u. füllt mit W. auf 250 ml auf, filtriert durch trockenes Faltenfilter [Entfernung der mit Ag^+ reagierenden Cl^-, S^{2-}, SCN^- u. *Thioharnstoff* (IV)]: Lsg. a. Zu 25 ml von dieser gibt man 25 ml W. u. titriert dann mit 0,1 n NH_4SCN-Lsg. potentiometr. (Kalomel- gegen Ag-AgCl-Elektrode) oder mit $FeNH_4(SO_4)_2$ als Indicator das gesamte gelöste Ag^+: A ml. Sodann versetzt man 100 ml Lsg. a mit 20 ml ca. 2,5% ig. NH_4OH in solcher Menge, daß nach Ausfällung des Ag-I das überschüssige Ag^+ als Komplex in Lsg. geht, gibt durch Faltenfilter, wäscht mit 30—50 ml W. aus, verwirft den Nd., säuert das Filtrat mit 20 ml 10% ig. HNO_3 an u. titriert mit 0,1 n NH_4SCN-Lsg. wie oben: B ml. Da 1 ml 0,1 n NH_4·SCN-Lsg. 0,0021 g I entspricht, ist %I = (4A—B)·250·0,0021/P. Dann kühlt man 100 ml Lsg. a im Eisschrank, fügt 100 ml gesätt. wss. Pikrinsäurelsg. zu, rührt, läßt 20 Min. lang **III** auskristallisieren [das zugleich ausfallende *Melamin* (**V**)-Pikrat stört nicht, da es keine Ag^+ festhält], das man nach der Filtration verwirft, während man im Filtrat den Ag^+-Überschuß mit 0,1 n NH_4SCN-Lsg. wie oben titriert: C ml. Da 1 ml Reagenslsg. 0,0084 g II u. 0,2 ml Reagenslsg. der Löslichkeit des **III** in 200 ml Lsg. entspricht, ist % II = (4 A — C + 0,2)·250·0,0084/P. — Harnstoff (**VI**). Auf Grund von Verss. über die zur Spaltung des **VI** in $(NH_4)_2CO_3$ erforderliche Ureasemenge u. Zeit wird ein aliquoter Teil Probelsg. mit 0,01—0,1 g **VI** mit 50 ml W. verd. u. nach Zugabe von 20 ml 10% ig. K_2CO_3-Lsg. 30 Min. stehengelassen. Dann filtriert man das $CaCO_3$ ab (Ca^{2+}-Ionen würden die Ureasewrkg. hindern), wäscht mit 20—30 ml W., säuert mit HCl (1:1) gegen Methylrot bis zur Rotfärbung an, verjagt CO_2 (8—10 Min. Luftdurchsaugen mit 200 Blasen/Min.), neutralisiert genau mit n/2 NaOH u. füllt auf 200 ml auf. Zu 50 ml dieser Lsg. gibt man 20 ml Ureaselsg. (Bereitung aus 10 g Sojabohnenmehl mit 200 ml W., s. Orig.). Nach Homogenisierung läßt man 1 Std. im geschlossenen Gefäß bei Raumtemp., setzt dann 1 ml Methylrotindicator u. 50 ml 0,1 n HCl zu, vertreibt CO_2 wie oben u. titriert mit 0,1 n NaOH den HCl-Überschuß zurück (Umschlag Rot→Gelb), wobei 1 ml 0,1 n HCl 0,003 g **VI** entspricht. — Thioharnstoff (**IV**). Einen aliquoten Teil Probelsg. mit 0,001—0,1 g **IV** verd. man auf 150 ml, setzt 10 ml Eisessig u. 10 ml 10% ig. Cd-Acetatlsg. zu, füllt auf 200 ml auf u. schüttelt. Wenn sich ein Nd. (infolge Fällung durch S^{2-}) bildet, wird durch trockenes Filter filtriert. Zu 100 ml Filtrat tropft man 20% ig. NaOH bis zur Ausfällung des $Cd(OH)_2$ zu, gibt noch 1—2 ml NaOH zu u. erhitzt 1 Std. auf 80°. Dann macht man mit Eisessig deutlich sauer, erhitzt weiter 10 Min. auf 80°, filtriert u. wäscht den Nd. mit 20 ml W.; zu Filter mit Nd. gibt man 50 ml 0,1 n J_2-Lsg., dann 10 ml HCl ($D._{15}$ 1,19) u. titriert den J_2-Überschuß mit 0,1 n $Na_2S_2O_3$-Lsg. zurück, wobei 1 ml J_2-Lsg. 0,0038 g **IV** entspricht. — Melamin (**V**). Einen aliquoten Teil Probelsg. mit 0,001—0,01 g **V** verd. man auf 25 ml mit W., gibt 5 ml 6% ig. alkoh. Pikrinsäurelsg. zu, läßt $1^1/_2$ Std. unter Umrühren stehen, gibt auf Glasfrittentiegel Nr. 4, wäscht mit ca. 30 ml gesätt. **V**-Pikratlsg. u. trocknet bei 100—105°, um **V**-Pikrat zu wägen; Umrechnungsfaktor 0,355. — Guanidin (**VII**). Man verd. einen aliquoten Teil Probelsg. mit 0,01—0,1 g **VII** mit ca. 20 ml W., fügt 50 ml 95° warme 4% ig. Ca-Pikratlsg. zu, läßt 2 Std. bei Raumtemp. stehen, gibt auf Glasfrittentiegel Nr. 4, wäscht mit 20—30 ml gesätt. **VII**-Pikratlsg. u. trocknet bei 100°; Umrechnungsfaktor 0,2048. **VII** u. **V** stören sich bei ihrer Best. gegenseitig nicht. — Durchschnittliche relative Fehler (Reproduzierbarkeit): I +0,8 (±2,8%), II +1,8 (±2,2%), IV —7 (±13%), V +5 (±2%), VI —0,6 (±0,2%). (Chim. e Ind. [Milano] **35**. 890—96. Dez. 1953. Novara, Soc. Rhodiatoce, Labor. Ric. „Acetilene e Derivati".) W. METZENER. G 880

R. N. Parida, S. Aditya und **B. Prasad,** *Potentiometrische Bestimmung von Rhodanid in Lösungen.* Vff. beschreiben die Herst. einer AgSCN-Elektrode zur potentiometr. Titration von SCN^--Ionen mit $AgNO_3$-Lsg.: Eine Pt-Schneckenöse wird mit einer Ag_2O-Paste gefüllt, auf 450° zur Red. des Ag erhitzt u. dann das Ag durch Schaltung als Anode in einer NH_4SCN-Lsg. in AgSCN verwandelt. Die Titration ergibt scharfe Äquivalenzknicke, auch in Ggw. von Elektrolyten, wie KCl oder NH_4NO_3, wobei beim KCl nacheinander 2 Knicke für SCN^-- bzw. Cl^--Ionen auftreten. (J. Indian chem. Soc. **29**. 377 bis 379. Mai 1952. Cuttack, Ravenshaw Coll., Mayurbhanj Chem. Labor.) W. NIEMITZ. G 890

Luisa Nebbia und **Franco Guerrieri,** *Die Bestimmung der sekundären Amine mittels der Nickeldithiocarbamate.* Das Verf. beruht auf der verschied. Löslichkeit der *Ni-Dithiocarbamate* (**I**): Die aus den prim. Aminen gebildeten **I** sind in neutraler Lsg. schwer, dagegen in alkal. Lsg. leicht lösl., die aus den sek. Aminen gebildeten **I** sind sowohl in neutraler wie alkal. Lsg. schwer löslich. Ausführung: Zum neutralen Gemisch der Aminsalze gibt man einige Tropfen Phenolphthaleinlsg., 10—12 ml CS_2-Isoamylalkoholmischung (1:5) u. dann n/2 NaOH bis zur 5 Min. lang bleibenden Rosafärbung, so daß die sek. Amine quantitativ in die entsprechenden Dithiocarbamate übergeführt sind, während infolge langsamerer Rk. die prim. Amine nur teilweise reagiert haben. Man fügt 50—70 ml Bzl. zu, um den CS_2-Überschuß zu extrahieren, schüttelt noch 2- bis 3 mal die benzol. Schicht mit W. u. benutzt weiterhin die vereinigten wss. Lösungen. Best. kleiner Mengen sek. Amine: Statt der Best. a) durch Colorimetrieren der aus der wss. Dithiocarbamatlsg. gewonnenen benzol. I-Lsg. nach deren Behandlung mit NaOH bzw. nach deren Überführung in die Cu-Dithiocarbamatlsg. empfiehlt sich mehr die Best. b): Zu der aus höchstens 0,7—1 mg Methylaminen (bis zu 15 mg Äthylaminen) bereiteten Dithiocarbamatlsg. gibt man 5 ml ammoniakal. (neutrale) 0,1n $NiSO_4$-Lsg. u. 50 ml Bzl.; nach dem Durchschütteln wird die wss. Schicht abgetrennt, u. zur Benzolschicht gibt man 5—10 ml 10%ig. NaOH, schüttelt kräftig, trennt die wss. Phase ab u. wäscht die benzol. Schicht einmal mit verd. NH_4OH u. 2—3mal mit W.; versetzt sie dann mit einigen ml 0,1n $AgNO_3$-Lsg., um die I in die entsprechenden Ag-Salze überzuführen, u. Wasser. Nach völliger Entfärbung wird die wss. Schicht abgetrennt, die benzol. 2—3mal mit W. gewaschen. Zu den wss. Lsgg. gibt man einige Tropfen Murexid als Indicator, 5 ml konz. NH_4OH je 100 ml u. titriert mit 0,01 oder 0,001n *Äthylen-bis-(iminodiessigsäure)* (**II**) bis zur Violettfärbung. Gute Ergebnisse im Bereich von 180—950 γ Dimethylamin u. 1—4 mg Diäthylamin. — c) B e s t. g r ö ß e r e r M e n g e n s e k. A m i n e: Zu 250 ml wss. Dithiocarbamatlsg. gibt man 20 ml n/2 NaOH, 50 ml konz. NH_4OH u. 0,05mol. $NiSO_4$-Lsg. im Überschuß unter kräftigem Umrühren. Nach 2—3 Std. wird der Nd. abfiltriert u. gründlich mit NH_4OH gewaschen. Dann behandelt man Filter + Nd. mit 5 ml konz. HNO_3 in der Kälte u. nach mäßigem Verdünnen mit W. unter Kochen. Die abgekühlte Lsg. verd. man nach Neutralisieren mit 10%ig. NaOH u. Alkalisieren mit 15 ml konz. NH_4OH mit W. auf 300ml, um sie dann mit 0,05mol. **II**-Lsg. u. Murexid als Indicator auf Violett zu titrieren. Fast theoret. Ergebnisse bei 74—740 mg Diäthylamin in Ggw. von 400—80 mg Monoäthylamin; bei den Methylaminen je nach Menge des Monoamins bis zu stark positiven Fehlern infolge Mitreißens durch die schnell sich ausscheidenden **I**. Diese werden vermieden, wenn man zur Dithiocarbamatlsg. 15—20 ml konz. NH_4OH, 15 ml *Äthylendiamin* (**III**), wenig 10%ig. NaOH u. 25—50 ml 0,05mol. Ni-**III**-Sulfat $[Ni(C_2H_8N_2)_3]\cdot SO_4$-Lsg. gibt u. nach 15—30 Min. Ruhe das im **III** etwas lösl. **I** durch Zugabe von 10 ml ammoniakal. 0,15mol. $NiSO_4$-Lsg. zur langsamen, vollständigen Kristallisation bringt. Weiterbehandlung mit HNO_3—NaOH + NH_4OH— u. Titration wie oben. Gute Ergebnisse mit 1—20 ml 0,1n Diäthylamin neben 0—1,2 g Monomethylamin u. 0,3 g Triäthylamin. Das Verf. läßt sich anscheinend auch auf höhere Amine übertragen. (Chim. e Ind. [Milano] **35.** 896—99. Dez. 1953. Novara, „Montecatini", Ist. Ric. „G. Donegani".)

W. METZENER. G 910

J. R. Anderson, K. G. O'Brien und **F. H. Reuter,** *Reaktion von Borverbindungen mit Oxychinonen. Ein Farbtest von diagnostischem Wert.* Vff. untersuchten die Rkk. der Borsäureester [WILSON- (**A**) u. DIMROTH-Reagens (**B**), modifiziertes DIMROTH-Reagens (**C**)] mit einer großen Zahl von Oxycarbonylverbindungen. **C** u. Triphenylborat verhalten sich gleich, diese Reagentien sind empfindlicher u. selektiver als **A**. **B** reagiert mit *Oxyacridonen, Methoxyacridonen, Xanthonen, Flavonen, Flavonolen* u. *Chalconen.* Angegeben sind ferner die Farb-Rkk. von *Naphthochinonen, Anthrachinonen, Flavanonen, Isoflavonen, Acetophenonen, Benzaldehyden* u. *enolisierbaren Verbindungen.* Die beschriebenen Rkk. sind geeignet für die Unters. von Substanzen auf Mikro- oder Halbmikrobasis u. können bei geeigneter Auswahl der Rkk. für die colorimetr. Best. der betreffenden Substanzen benutzt werden. (Analytica chim. Acta [Amsterdam] **7.** 226—37. Sept. 1952. Sydney, Australien, New South Wales Univ. of Technol., Chem. Dep.)

R. WALCKER. G 1190

d) Medizinische und toxikologische Analyse.

Ian R. MacKay, Wade Volwiler und **Patrick D. Goldsworthy** (unter Mitarbeit von **Nils Eriksen** und **Patricia Ann Wood**), *Papierelektrophorese von Serumproteinen: Photometrische Auswertung und Vergleich mit der freien Elektrophorese.* Vff. beschreiben eingehend die beiden papierelektrophoret. Methoden von GRASSMANN u. HANNIG (C. **1955.** 5616) u. von DURRUM (C. **1952.** 2350). Beide liefern übereinstimmende Resultate bei der photometr. Auswertung nach GRASSMANN u. HANNIG (l. c.). Der Trenneffekt bei Verwendung verschied. Pufferlsgg. wird untersucht. Die besten Resultate werden mit Veronalpuffer p_H 8,6 u. Ionenstärke 0,1 erhalten. Ein Vgl. der Anfärbung der Proteine mit Amidoschwarz 10 B u. mit Azocarmin zeigt befriedigende Proportionalität u. Übereinstimmung. Ausführlich vergleichen Vff. die Resultate der Papierelektrophoresen mit der freien Elektrophorese nach TISELIUS an 12 verschied. Normalsera u. 43 verschiedensten patholog. Seren (Tabelle). Die Übereinstimmung ist befriedigend bis auf einige Fälle hohen Lipoidgeh. der Sera. Die Gründe für die Differenzen der nach beiden Methoden erhaltenen Resultate u. die Charakteristika verschied. patholog. Sera werden diskutiert. Korrekturfaktoren für die papierelektrophoret. Globulinwerte sollen nach Ansicht der Vff. besser nicht verwendet werden, da sie zu starken Schwankungen unterliegen. (J. clin. Invest. **33.** 855—66. Juni 1954. Seattle, Wash., Univ. of Washington, Dep. of Med.)

K. PRCHAL. 5728

B. Drevon, *Weiterentwicklung der Papierelektrophorese von Serumproteinen. Entfärbung der Banden durch Extraktion nach Kumagawa.* Eine Erleichterung bei der Entfärbung des Untergrundes von Proteinogrammen, die mit angefärbten Proteinen hergestellt wurden, besteht in der Anwendung der Meth. von KUMAGAWA mit Hilfe eines Gerätes, das einer Filmentwicklerdose ähnelt. Die Entfärbung durch Extraktion mit Methanol–Essigsäure-Gemisch (9:1) erfolgt schneller u. benötigt weniger Lösungsmittel. (Bull. Soc. Chim. biol. **36.** 921—23. 1954. Lyon/Rhône, Labor. de Pharmacie et Pharmacol. de la Fac. mixte de Méd. et de Pharmacie.) K. HEYNS. 5728

R. Wolff und **P. Magnin,** *Bemerkungen zu der Verwendung von Amidoschwarz B als Entwickler von Proteinfraktionen in der Papierelektrophorese.* Es werden Unterss. über den Einfl. eines Veronal–Veronalnatrium-Puffers auf die Färbung der Zonen beschrieben. Die Ggw. des Puffers führt beim Waschen der Papiere zu einer Aufhellung. Dies kann vermieden werden, indem die Proteinogramme vor dem Anfärben mit W. ausgewaschen werden. (Bull. Soc. Chim. biol. **36.** 925—26. 1954. Nancy, Fac. de Méd., Labor. de Chim. biol.) K. HEYNS. 5728

G. Hunter, *Bestimmung von Isonicotinsäurehydrazid in Blutserum und Liquor.* Beschreibung einer colorimetr. Meth. u. Angaben über die Vorbehandlung von Serum u. Liquor zur Best. der opt. D. bei $\lambda = 500$ mμ; der Nachw. von *Isonicotinsäurehydrazid* (I) erfolgt durch Vgl. mit einer Eichkurve, die mit einer wss. Pikrylchlorid–Phosphat-Pufferlsg. u. bekannten I-Zusätzen aufgenommen wurde. Bei Zusatz von I zum Serum in Mengen von 0,4—2,0 μg/ml wurden 82—89% von I nachgewiesen, die I-Best. im Liquor ergab nach Vf. noch bessere Werte. (Brit. med. J. **1955 I.** 585. 5/3. Aylesbury, Bucks., Stoke Mandeville Hosp.) H. DOSSMANN. 5728

J. R. K. Preedy, *Eine Methode zur Bestimmung von Inulin in dextranhaltigem Plasma und Urin.* 1 ml Plasma oder auf 15—55 mg *Inulin* (I)/100 ml verd. Urin wird mit 7 ml dest. W., 1 ml $ZnCl_2$-Lsg. (100 g/Liter) u. 1 ml NaOH-Lsg. (59 g/Liter) vermischt u. der Eiweiß u. etwas Dextran (**II**) enthaltende Nd. abzentrifugiert. Zur vollständigen Abscheidung von **II** werden 2 ml Überstand mit 8 ml A. vermischt, zentrifugiert u. 4 ml Lsg. eingedampft. Der Rückstand wird in einem Gemisch von 2 ml dest. W. u. 1 ml Lsg. (0,1 g Resorcin u. 0,25 g Thioharnstoff in 100 ml Eisessig) aufgenommen u. nach Zugabe von 7 ml HCl (835 ml konz. HCl, 165 ml W. u. 7,5 mg $FeCl_3$), 10 Min. Erwärmen auf 80°, dann Abkühlen die Lichtdurchlässigkeit der Lsg. bei 512 mμ gemessen. Die Meth. ist mindestens zwischen 10 u. 50 mg I/100 ml in Ggw. von 100—1200 mg **II** brauchbar. Bei Plasma wurden im Mittel 100,0, bei Urin 101,2% I wiedergefunden; mittlere Abweichung 2,3 bzw. 2,2%. Bei geringem **II**-Geh. wurde bereits mit $ZnCl_2$ + NaOH **II** ganz entfernt. (J. biol. Chemistry **210.** 651—55. Okt. 1954. New York, N. Y., Columbia Univ., Dep. of Med., Coll. of Physic. u. Surg., u. Presbyterian Hosp.) W. WILLENBERG. 5732

—, Probenahme, Erze, Metalle, Brennstoffe. Gesammelte Vorträge, geh. bei d. „Tagung für Probenahme" in Clausthal-Zellerfeld am 23.—25. April 1952. Düsseldorf: Verl. Stahleisen. 1953. (56 S. m. Abb.) DM 9,—.

H. Angewandte Chemie.

I. Allgemeine chemische Technologie.

Walter Brötz, *Physikalisch-chemische Grundlagen der technischen Reaktionsführung.* Zusammenfassende Übersicht der Hauptvorträge der Tagung der DEUTSCHEN BUNSEN-GESELLSCHAFT 1953 in Duisburg mit besonderer Betonung der Systematik der Reaktionsapparate u. der bei ihrer Vorausberechnung zu berücksichtigenden Einflußgrößen. Diskussion der hierfür zur Verfügung stehenden Methoden, wie Extrapolation, Anwendung von Ähnlichkeitsbeziehungen, Vorausberechnung unter Annahme vereinfachter Modellvorstellungen oder in Ausnahmefällen exakte mathemat. Vorausberechnung bei genügend genauer Kenntnis der Kinematik der Reaktionsvorgänge. (Chemie-Ing.-Techn. **26.** 121—29. März 1954. Aachen, TH, Forschungsinst. der Verfahrenstechnik.) W. BLAUHUT. 5800

Charles Dosogne, *Die chemische Widerstandsfähigkeit von Materialien auf Basis Phenol–Formaldehyd-Harz.* Übersicht über die Beständigkeit der Materialien „*Kera S*" (für Säuren, Salze, organ. u. anorgan. Lösungsmittel), „*Kera A*" (für die angeführten Chemikalien u. Alkalien) u. „*Kera F*" (speziell für H_2F_2) gegenüber ca. 100 verschied. Medien bei verschied. Konzz. u. Tempp. bis 140°. Des weiteren werden einige mechan. Eigg. der Materialien mitgeteilt. (Revêtement et Protection **1954.** 25—27. März/April. Brüssel.) GERHARD GÜNTHER. 5804

T. K. Ross, *Korrosion in Anlagen der chemischen Industrie.* Überblick über mögliche Ursachen für das Auftreten von Korrosion. (Chem. Age **71.** 655—59. 25/9. 1954. Birmingham, Univ., Dep. of Chem. Engng.) H. SPINDLER. 5808

—, *Kathodischer Schutz.* Überblick über günstige u. ungünstige Anordnungen von Einrichtungen für den kathod. Schutz bei unterird. verlegten Rohrsystemen. (Amer. Gas J. **181**. Nr. 5. 129—31. 15/11. 1954.) H. SPINDLER. 5808

P. F. Corbett und **D. Flint,** *Der Einfluß gewisser Rauche und Staube auf den SO_3-Gehalt von Heizrohrgasen in Kraftwerken.* Starke Korrosionen durch Heizgase infolge ihres hohen SO_3-Geh. sind bekannt. Diese lassen sich verringern bzw. vermeiden, wenn man dem Heizmaterial z. B. 0,25% Zn zufügt. Interessant ist ferner, daß durch Verwendung fester, pulverförmiger Heizstoffe gleichfalls eine wesentliche Verringerung des SO_3-Geh. eintritt, die wahrscheinlich auf Absorption beruht. (J. Inst. Fuel **25**. 410—36. Mai 1953.) H.-J. HEINRICHS. 5808

L. N. Clarke und **R. S. T. Kingston,** *Weitere Untersuchungen über einige Fehlerquellen einer dynamischen Methode zur Bestimmung der Wärmeleitfähigkeit und -ausbreitung bei Isolierstoffen.* Durch Rechnung wird die für die Best. geeignete Probengröße u. die zulässige Wärmekapazität der Thermoelemente festgestellt. Der relative Einfl. der verschied. Fehlerquellen u. die Gesamtgenauigkeit der Meth. werden diskutiert. (Austral. J. appl. Sci. **2**. 235—42. Juni 1951.) K. KELLERMANN. 5816

F. Soult, *Elektronische Erwärmung.* Übersicht über die Verff. der Induktionserwärmung leitender Stoffe u. der dielektr. Erwärmung von Nichtleitern sowie über die Anwendungsgebiete. (Electronique **1953**. Nr. 82. 26—30. Sept.) H. PAULI. 5816

K. Stange, *Beurteilung von Mischgeräten mit Hilfe statistischer Verfahren.* Zur Beurteilung der Leistungsfähigkeit von Mischgeräten für körniges Material wird der Begriff der „Mischgüte" eingeführt. Diese ist die Wahrscheinlichkeit, mit der nach Durchführung der Mischung erreicht wird, daß eine bestimmte Anzahl von Proben eine vorher festzulegende Abweichung vom mittleren Gewichtsverhältnis unterschreitet. Diskussion der Abhängigkeit der Mischgüte von der Probenzahl u. -größe unter Zugrundelegung GAUSSscher Normalverteilungen zur Festlegung von Mindestmischzeiten chargenweise arbeitender Mischgeräte. (Chemie-Ing.- Techn. **26**. 150—55. März 1954. Karlsruhe, TH.) W. BLAUHUT. 5822

Ernst R. Wolff, *Grundlagen der Anwendung von Sieben.* An Skizzen, Diagrammen u. Formeln wird die Wrkg. kreisender u. hin- u. hergehender Siebe erläutert u. ihre Anwendung in Sichtern u. dabei erforderliche Zusatzeinrichtungen beschrieben. (Ind. Engng. Chem. **46**. 1778—84. Sept. 1954. Bloomington, Ill.) H. MÜHLMEISTER. 5840

Edward M. Berly, Melvin W. First und **Leslie Silverman,** *Wiedergewinnung von gelösten Gasen und Aerosolen aus Luftströmen.* In einer waagerechten Kammer, ausgerüstet mit Vorfilter, mehreren durch Düsen mit umlaufendem W. benetzten schrägliegenden Packungen 51 × 51 × 10 cm aus SARAN (Vinylidenchlorid)-Fasern 78 μ Durchmesser, Tropfenfänger u. Schlußfeinfilter aus den gleichen Fasern 5 μ Durchmesser wurden Verss. durchgeführt, um HF, NH_4F, H_2SO_4, $AlCl_3$ u. SiO_2 als Gas, Nebel oder Rauch aus einem Luftstrom von 0,85—1,7 m^3/Min. niederzuschlagen. Die in 9 Tabellen u. 4 Diagrammen aufgeführten Ergebnisse zeigten, daß Kunststoffasern, auf das Vol. bezogen, eine 5—10fach, auf das Gewicht bezogen eine 75fach bessere Wrkg. haben als RASCHIG-Ringe, BERL-Füllkörper u. a., wobei der Widerstand bei einer Luftgeschwindigkeit von 6 m^3/m^2 Querschnitt 15 cm Wassersäule nicht übersteigt. Mit den feinen Fasern am Schluß zum Zurückhalten feinster Tröpfchen ergab sich ein Gesamtwirkungsgrad von 99,9%. Die bei HF entstehende 2%ig. wss. Lsg. kann wieder verwendet werden. (Ind. Engng. Chem. **46**. 1769—77. Sept. 1954. Boston, Mass., Harvard School of Publ. Health, Dep. of Ind. Hyg.) H. MÜHLMEISTER. 5848

—, *Turbogridböden für Kolonnen.* Es werden Betriebserfahrungen mit Turbogridböden bei Destillations- u. Absorptionskolonnen für KW-stoffe u. andere organ. Prodd. mitgeteilt. Die erzielbaren Belastungen liegen um 20—100% höher als bei Glockenböden bei gleichen, zum Teil sogar besseren Austauschgraden, die Druckverluste um 40—80% niedriger. Bei den Absorptionskolonnen ist die Wrkg. bei hohen Belastungen besser, bei mittleren u. kleinen schlechter als bei Glockenböden. Die Turbogridböden sind merklich billiger u. einfacher aus Sonderwerkstoff herzustellen als Glockenböden. (Chem. Engng. Progr. **50**. 57—64. Febr. 1954.) W. BLAUHUT. 5862

Yoland Mayor, *Chemische Anwendungen des Ultraschalls.* Übersicht über die Erzeugung von Ultraschall u. Gesichtspunkte für seine Anwendung, u. a. bei der Analyse, der zerstörungsfreien Werkstoffprüfung, Herst. u. Brechen von Emulsionen, zur Ausflockung aus Gasen u. Fll., zum Entlüften von Lsgg. (Viscose), zur Reinigung metall. Oberflächen, zu chem. Rkk., biol. zum Sterilisieren. — 34 Literaturangaben. (Ind. chimique **41**. 129—30. Mai 1954.) H. MÜHLMEISTER. 5878

Standard Oil Development Co., Elizabeth, N. J., V. St. A., *Rostschutzmittel,* bes. für Maschinenteile, bestehend aus einer größeren Menge eines Mineralöls, bes. Mineralschmieröls, 1—10(%), bes. 2—8, eines mikrokristallinen Wachses mit F. 140 bis 190° F u. einer ASTM-Penetration von $<$40 mm/10 bei 77° F u. 0,1—5 (0,2—3) eines teilweise veresterten mehrwertigen Alkohols, der z. B. mit einer langkettigen (C_{12}—C_{22}) Fettsäure verestert ist, wie Sorbit- oder Pentaerythritmonooleat. (**E. P. 722 466** vom 14/8. 1952, ausg. 26/1. 1955. A. Prior. 30/10. 1951.) W. GRÄGER. 5809

Badische Anilin- & Soda-Fabrik (Erfinder: **Hans Häuber** und **Werner Hagen,** Heidelberg), Ludwigshafen/Rh., *Entfernung von Kohlenoxyd aus olefinhaltigen Gasen,* indem man diese mit Lsgg. von Doppelcyaniden des 1wertigen Ni, bes. dessen Doppelcyaniden mit Alkalien, wäscht; z. B. enthält ein mit einer Lsg., die 5 g/Liter 1wertiges Ni als komplexes Na–Ni^{I}-Cyanid enthält, gewaschenes Gas weniger als 0,001% CO. (**D. B. P. 856 344** Kl. 26d vom 24/9. 1942, ausg. 20/11. 1952.) K. DEMMLER. 5849

Lyophile-Cryochem Corp., Baltimore, Md., übert. von: **Samuel Bradbury,** Conshohocken, Pa., V. St. A., *Trocknen hitzeempfindlicher Stoffe, wie Seren, Vaccinen, Mikroorganismen, Antibiotica, Lebensmittel und dergleichen.* Das zunächst gefrorene Material wird im Hochvakuum bei 50—750 μ in einem Hochfrequenzfeld von 200 bis 400 MHz erwärmt. Im allg. genügt ein Druck von 200 μ, der gegen Ende des Vorganges auf 50 μ gesenkt werden kann. Der Feuchtigkeitsgeh. kann auf 0,5% u. weniger herabgesetzt werden. — Vorrichtung. (**A. P. 2 513 991** vom 19/3. 1946, ausg. 4/7. 1950.) H. SCHINDLER. 5875

American Cyanamid Co., New York, N. Y., V. St. A., *Katalysatoren* zur Oxydation von organ. Verbb., die im Wirbelstrombett verwendet werden, erhält man durch Rk. eines alkal. Silicats mit einer Säure zu einem Gel, in dem man V_2O_5 u. eine geringe Menge eines Oxyds eines Metalls der Gruppen IIIB u. IVA des Period. Syst. niederschlägt. Zweckmäßig wird das Kieselsäuregel bei einem p_H von nicht unter 6 niedergeschlagen. — Zu 14,2 kg einer K-Silicatlsg. (30°Bé) in 39 W. gibt man schnell 13,8 H_2SO_4 (17%ig) unter Rühren. Mit konz. NH_4OH stellt man p_H 8,0 ein u. fügt eine Suspension von 3,85 NH_4-Metavanadat in 11,8 W., das 350 cm³ NH_4OH enthält, hinzu. Darauf Zusatz von 342 g K-Al-Sulfat u. 2,5 Liter heißem W., worauf die Suspension auf die Hälfte ihres ursprünglichen Vol. konz. wird. Das erhaltene Gel wird bei 100° getrocknet, bei 450° calciniert u. auf die gewünschte Korngröße gebracht. — Tabelle zeigt Oxydation von Naphthalin zu Naphthochinon u. Phthalsäureanhydrid. (**Schwz. P. 300 933** vom 11/7. 1952, ausg. 1/11. 1954. A. Prior. 14/7. 1951.) J. MÜHLEISEN. 5905

Albert Gourgues, Lyon, Frankreich, *Wärmeerzeugende Mischung,* bestehend aus Calciumsilicid (60—65% Si u. 33—36 Ca) mit 1% $CaSiO_3$ maximal, Eisenoxyd u. Strontiumchromat. (**Dän. P. 76 426** vom 4/2. 1950, ausg. 28/9. 1953. F. Prior. 5/2. 1949.) K. H. KÄHLER. 5907

III. Elektrotechnik.

Bernhard Beyschlag Apparatebau (o. H. G.) (Erfinder: **Bernhard Beyschlag**), List (Sylt), *Schichtwiderstände* auf keram. Trägern. Das therm. Aufbringen der Schichten (z. B. durch term. Zers. von KW-stoffen) erfolgt unmittelbar im Zusammenhang mit dem Brand unter Ausnutzung der Brennwärme, prakt. in geeigneten Temperaturzonen eines kontinuierlichen Durchlaufes, entweder vor der Sinterung oder in einer Kühlzone mit anschließendem Aufbringen von Schutz- u. etwaigen besonderen Metallisierungsschichten. (**D. B. P. 927 578** Kl. 21c vom 18/9. 1951, ausg. 12/5. 1955. Anmeldung bekanntgemacht 27/11. 1952.) H. KESSEL. 5955

Westinghouse Electric Corp., East Pittsburgh, Pa., V. St. A., *Isoliermaterial.* Zur Herst. werden a) 4,25—5,9 (Mol) einer ungesätt. 2bas. sauren Verb., b) 4,8—2 eines Prod., das aus mindestens einer ungesätt. 2bas. Säure mit 1—12 nichtcarbocycl. C-Atomen besteht, 2—3,5 nichtcarbocycl. C-Atome je 2bas. Säuremol. enthält u. zu mindestens 25 Mol-% aus Bernsteinsäure (**I**) besteht, wobei insgesamt 7,2—8,8 saure Bestandteile (**II**) verwendet werden, c) 2,1—2,65 mindestens eines aliphat. Diamins (**III**) mit 2—3 C-Atomen, u. d) 5—6,75 eines Prod., das mindestens einen aliphat. mehrwertigen Alkohol (**IV**) enthält u. mindestens vorwiegend aus einem Glykol besteht, wobei der mol. Anteil von **III** + **IV** mindestens gleich dem von **II** ist, miteinander zur Rk. gebracht. — Beispiel: 5,75 Maleinsäureanhydrid, 1,2—1,5 **I**, 1,2—1,5 Adipinsäure, wobei diese 3 **II** zusammen prakt. 8 Mol betragen, 2,1—2,65 Äthylendiamin (**V**) u. 5—6,75 Äthylenglykol (**VI**), wobei **V** u. **VI** zusammen mindestens 8 Mol betragen. Die harzige M. wird aufgetragen u. durch Erhitzung gehärtet. (**Schwz. P. 271 751** vom 27/3. 1947, ausg. 16/2. 1951. A. Prior. 27/3. 1946.) H. KESSEL. 5957

Fabrique Suisse d'Isolants, Breitenbach, Schweiz, *Isolierüberzüge für elektrische Leiter* bestehen aus einer Polyäthylenschicht, einer Seidebespinnung u. einer darüber angeordneten, nichtentflammbaren Firnisschicht. Diese besteht prakt. aus einem Celluloseacetat (I) oder -acetobutyrat oder einem chlorierten Kautschuk. — Beispiel: 60(%) I, 10 Dimethylglykolphthalat, 20 chlorierte Weichmacher, 10 Triphenylphosphat. (**Schwz. P. 273 514** vom 23/12. 1947, ausg. 1/5. 1951.) H. KESSEL. 5957

International Standard Electric Corp., New York, V. St. A. (Erfinder: **Arthur James Warner** und **Archibald Alan New,** London, England), *Weichmachen von polymerisiertem Styrol für Isolationszwecke,* dad. gek., daß als Weichmacher C-Verbb. mit einem über 240° liegenden Kp., einem kleinen elektr. Moment u. gegebenenfalls mit Seitenketten, die nicht mehr als 5 C-Atome besitzen, z. B. Phenanthren, Isoamylnaphthalin, α-Propylnaphthalin, Fluoren, β-Naphthylmethyläther oder eine Mischung von Octohydrophenanthren u. Octohydroanthracen, verwendet werden. Der Weichmacher kann heiß eingewalzt oder gemeinsam mit dem Polystyrol gelöst werden. Verwendung für die Konstruktion von dielektr. Wellenleitern, zur Isolation in koaxialen Kabeln u. für das Dielektrikum von Hochfrequenzkondensatoren. (**D. B. P. 923 332** Kl. 39b vom 18/2. 1938, ausg. 10/2. 1955. Anmeldung bekanntgemacht 20/5. 1954. E. Prior. 19/2. 1937.) G. SALZMANN. 5957

Georg Neumann, Suresnes, Frankreich, *Alkalische Akkumulatorenzelle,* deren Elektroden mitsamt dem Elektrolyten in einem ständig gas- u. flüssigkeitsdichten Behälter eingeschlossen sind, wobei die im Innern der Zelle sich befindenden Gase mit der akt. Elektrodenmasse zwecks ihrer Verbindung mit derselben in Berührung treten können, dad. gek., daß die akt. M. der negativen Elektrode, oder der negativen Elektroden, mindestens in der Hauptsache aus einem Metall, z. B. Kupfer, besteht, dessen Oxydul oder Oxyd bei einem Potential red. wird, das positiver ist als dasjenige Potential, bei dem CdO red. würde, u. dessen Oxydul oder Oxyd prakt. in dem alkal. Elektrolyten unlösl. ist. (**D. B. P. 925 959** Kl. 21b vom 1/11. 1951, ausg. 4/4. 1955. Anmeldung bekanntgemacht 11/12. 1952. F. Prior. 3/11. 1950.) F. LAASS. 5971

Badische Anilin- & Soda-Fabrik Akt.-Ges., Ludwigshafen/Rh., *Herstellung von Elektroden für Akkumulatoren.* Poren eines nichtmetall. Formkörpers, z. B. aus Kohle, Graphit, Glasfritte, Porzellan oder dgl., werden innen mit elektrochem. widerstandsfähigen Metallen überzogen, u. dann wird der Körper mit den akt. Massen imprägniert. (**E. P. 719 013** vom 10/12. 1952, ausg. 24/11. 1954. D. Prior. 14/12. 1951.) F. LAASS. 5971

Bamag-Meguin Akt.-Ges. (Erfinder: **Ewald Oberste Berghaus**), Berlin, *Vorelektrode für Elektrolysezellen.* Über die aus einer durchlochten Platte bestehende Vorelektrode wird ein Drahtnetz gespannt u. mit dieser durch Punktschweißung verbunden. Dabei werden die Schweißstellen so über die gesamte Fläche verteilt, daß fast jeder der Drähte des Netzes mindestens an einer Stelle mit der Platte verbunden wird. Zum Formieren der Vorelektrode wird zunächst auf die Platte allein u. nach Aufbringen des Netzes u. Verschweißen nochmals auf das Ganze eine Metallschicht aufgespritzt. — Abbildungen. (**D. B. P. 897 839** Kl. 12i vom 29/7. 1951, ausg. 23/11. 1953. Anmeldung bekanntgemacht 26/3. 1953. **Schwz. P. 302 143** vom 12/7. 1952, ausg. 16/12. 1954. D. Prior. 28/7. 1951.) R. SCHREINER. 5971

Comp. Française Thomson-Houston, Frankreich, und **General Electric Co.,** übert. von: **Warner William Schultz,** New York, N. Y., V. St. A., *Strahlenempfindliche Zelle.* Eine von der zu erfassenden Strahlung erregte, auf eine ihr flächenhaft anliegende Sperrschichtphotozelle einwirkende Fluorescenzschicht besteht aus NaJ- oder KJ-Kristallkörnern, die mit Tl aktiviert u. in eine lichtdurchlässige Ölschicht (z. B. aus Paraffinöl) eingebettet sind. (**F. P. 1 065 131** vom 29/10. 1952, ausg. 20/5. 1954. A. Prior. 2/11. 1951. **E. P. 721 867** vom 23/12. 1952, ausg. 12/1. 1955.) H. KESSEL. 5977

Guest Keen & Nettlefolds Ltd., Combran (Erfinder: **George Alfred Phipps**), England, *Thermoelement für Schmelzöfen oder Feuerungsanlagen.* Das Element wird in einen Stein aus feuerfester M. so eingeformt, daß die warme Lötstelle nahe einer Oberfläche des Steines liegt, während die beiden Ableitungen auf der gegenüberliegenden Seite des Steines austreten. Nach dem Brennen des Steines wird dieser als Teil der inneren Wand der Anlage verwendet. (**E. P. 690 894** vom 16/2. 1951, ausg. 29/4. 1953.) F. LAASS. 5979

Aktiebolaget Robo, Stockholm, Schweden (Erfinder: **W. Brellochs** und **F. Schäfer**), *Herstellung von Isolierlamellen aus Glasgewebekommutatoren.* Man tränkt das Glasgewebe mit einem Phenolkondensationsprod., das anorgan. Füllstoffe enthält, wie Kaolin. — Z. B. bestehen die Lamellen aus 34,5—40% Glasgewebe, 40,1—43,8% Phenolharz u. 19,9—21,7% Kaolin. (**Schwed. P. 139 556** vom 16/10. 1941, ausg. 17/3. 1953, D. Prior. 25/10. 1940.) JÜRGEN SCHMIDT. 5983

IV. Wasser. Abwasser.

Johann-Friedrich Braune, *Orientierende Untersuchungen mit einem Sterilitversuchsfilter zur Trinkwasserentkeimung.* 3. Mitt. (2. vgl. C. **1954**. 9598.) An Wasserkeimen (Wk.) u. Salmonellen (S. enteritidis Jena; S.e.) wurde die Wrkg. steigender Ag-Ionenkonzz. geprüft. S.e. ist gegen Ag-Ion empfindlicher als Wk. Von Wk. wurden 2- u. 3stellige Wasserkeimzahlen je cm^3 mit 10—75 γ Ag/Liter in 2—3 Std., 4stellige in 6 Std. nur mit 100 γ, 6stellige mit 400—500 γ vernichtet, während bei S.e. 3stellige mit 10—75 γ in <3 Std., mit 100—200 γ in 10 Min., 4stellige mit 10—75 γ in 6, mit 100—300 γ in 3 Std., 5stellige mit 10—100 γ in 6, mit 200 γ in 3 Std., 6stellige mit 100—200 γ in 6 Std. getötet wurden. S.e. verloren auch ihre Virulenz, im Mäusevers. bewirkten 10 u. 50 γ Ag/Liter W. in 3 Std., 200 γ in 10 Min., daß tödliche Erkrankungen, die mit demselben nichtsterilisierten W. auftraten, vermieden wurden. Der Ag-Wrkg. sind Grenzen gesetzt, sie ist vom Verhältnis Ag-Ionenkonz. zur Keimzahl u. -art u. von der Wasserqualität abhängig. Zu kleine Ag-Ionenkonz. kann bei Bakterien Reizwachstum bewirken. Beim optimalen Verhältnis Ag-Ionenkonz.:Keimzahl läßt sich durch Ionisationsvermehrung keine Beschleunigung der Abtötung mehr erzielen. Das Sterilitfilter bewirkt bei Beachtung der angeführten Einschränkungen ohne zusätzliche Chemikalien u. Energie eine Wasserentkeimung ohne Beeinträchtigung des Geschmacks. (Gesundheits-Ing. **76.** 21—23. Jan. 1955. Göttingen, Univ., Hyg. Inst.) H. MÜHLMEISTER. 6016

A. I. Akeroyd, *Die Anwendung der Austauschmaterialien in der Behandlung der Wässer und der wässerigen Lösungen.* Überblick über die Typen von Ionenaustauschern mit besonderer Berücksichtigung der Anionenaustauschharze; Anwendungen: Enthärtung, Alkalitätskontrolle, Entionisierung, bes. Entfernung von SiO_2, Gewinnung von Trinkwasser aus Meerwasser, Entfernung unerwünschter u. Gewinnung wertvoller Ionen aus Lsgg., Trennung u. Konzentrierung von Elektrolyten, Ersatz bestimmter Ionen durch andere. Verwendung als Katalysator, Entfernung von Ca^{2+} aus Blut u. Blutplasma, Knochenentkalkung. — 27 Literaturhinweise. (Ann. Chimica **43.** 410—18. Juli 1953. London, Permutit Co. Ltd.) R. K. MÜLLER. 6020

—, *Die Wasseraufbereitung in der Textilindustrie unter besonderer Berücksichtigung des Magno-Verfahrens.* Das MAGNO-Verf. verwendet einen durch Brennprozeß weitgehend aufgeschlossenen gebrannten Dolomit, welcher zu 73% aus $CaCO_3$ u. 25% aus MgO besteht. Das Material ist ein hochakt. Filterstoff. Das Verf. u. dessen Anwendung werden im einzelnen beschrieben. (Reyon, Zellwolle andere Chemiefasern **32.** 496—98. Aug. 560—62. Sept. 1954.) P. ECKERT. 6024

Sandro Doldi, *Die elektrochemische Chlorung technischer Kühlwässer.* Die in natürlichem W. (Meer- oder Süßwasser) enthaltenen biol. Substanzen (Mikroorganismen, Algen usw.) können bei der Verwendung als techn. Kühlwasser zu erheblichen Störungen, Betriebsunterbrechungen usw. führen. Als einfaches Verf. zur Behebung dieser Nachteile hat sich die potentiometr. kontrollierte Chloralkalielektrolyse bewährt. In einer Anlage mit einem Durchsatz von 1000 m^3/Std. werden in 24 Std. 14 kg Cl_2 erzeugt, entsprechend einer Aufnahme von $0{,}5$—$0{,}6 \cdot 10^{-6}$. Der Katholyt wird zur chem. Behandlung des W. verwendet. (Chim. e Ind. [Milano] **36.** 743—48. Okt./Nov. 1954. Genova, Univ., Fac. di ing.) R. K. MÜLLER. 6030

W. Gordon Carey, *Abwasser, Flußverunreinigung und industrielle Abwässer.* Fortschrittsbericht 1950. — 22 Literaturhinweise. (Rep. Progr. appl. Chem. **35.** 828—39. 1950.) M. WINIKER. 6036

W. Gordon Carey, *Abwasser, Flußverunreinigung und industrielle Abwässer.* (Vgl. vorst. Ref.) Fortschrittsbericht 1951. — 24 Literaturhinweise. (Rep. Progr. appl. Chem. **36.** 88—98. 1951.) M. WINIKER. 6036

Alfred A. Estrada, George A. Elias und **Gordon J. Wiest,** *Aufnahmefähigkeit öffentlicher Kanalisationen für gewerbliche Abwässer.* Allg. Überblick über die verschied. gewerblichen Abwässer u. ihre Wrkg. auf Kanalisations- u. Kläranlageneinrichtungen, sowie über die Bedingungen, unter denen solche Wässer in die öffentliche Kanalisation übernommen werden können. (Sewage ind. Wastes **27.** 40—48. Jan. 1955. Philadelphia, Pa., Albright and Friel, Inc.; Warner Co., Pennsylvania Dep. of Health.) W. NIEMITZ. 6036

—, *Reinigung von Abwässern eines Elektroplattierwerkes durch automatische Kontrolle.* Die Verunreinigung von Gewässern durch Industrieabwässer verhindert ein Elektroplattierwerk dadurch, daß es die schädlichen Bestandteile durch Fällung beseitigt. Die hierfür notwendigen Ingredienzien werden durch elektrometr. Kontrollinstrumente gesteuert, die durch Überwachung von p_H u. Oxydations-Reduktions-Potential den jeweiligen Zufluß regeln. (Canad. Metals **15.** Nr. 9. 18—20. Aug. 1952.) H.-J. HEINRICHS. 6038

G. E. Lynn und **T. J. Powers**, *Bakteriologische Untersuchungen über die Oxydation phenolhaltiger Abwässer.* Kürzliche Arbeiten über die biol. Oxydation phenolhaltiger gewerblicher Abwässer geben Vff. Veranlassung, kurz an eine bereits 1937 auf Grund der Ergebnisse einer Versuchsanlage gebaute Anlage zur Reinigung phenolhaltiger gewerblicher Abwässer durch Belüftung zu erinnern u. bes. über damals nicht veröffentlichte Ergebnisse bakeriolog. Unterss. an der Versuchsanlage zu berichten, aus denen hervorgeht, daß von den in den Belüftungbecken wirksamen Bakterienarten — die im einzelnen alle angeführt werden — über 50% Bodenbakterien sind, die über den Weg des zur Verdünnung des gewerblichen Abwassers benutzten Grundwassers an die Anlage gelangten. Ca. 20% der Bakterien sind ausgesprochene Wasserbakterien, während der Rest aus gleichfalls zugesetztem häuslichem Abwasser stammt, dem daher bei dem Phenolabbau außer der Nährstoffzufuhr keine entscheidende Rolle zugeschrieben wird. (Sewage ind. Wastes **27.** 61—69. Jan. 1955. Midland, Mich., Dow Chem. Co.) W. Niemitz. 6044

Werner N. Grune und **Robert Q. Sload**, *Einfluß der Fluoridkonzentration auf die Schlammfaulung.* Aus Verss. über den Einfl. von F^--Ionen auf die Schlammfaulung wird geschlossen, daß Konzz. von 5 mg/Liter F — das ist etwa das Zehnfache dessen, was bei der üblichen Trinkwasserfluorierung (1 mg/Liter) als in den abgesetzten Frischschlamm übergehend angesehen werden kann — keinerlei meßbaren Einfl. auf die Schlammfaulung ausüben, u. zwar weder auf die Geschwindigkeit noch auf die endgültige Gasausbeute. (Sewage ind. Wastes **27.** 1—3. Jan. 1955. Atlanta, Ga., Inst. of Technol., School of Civil Engng.) W. Niemitz. 6048

V. Anorganische Industrie.

Eugene D. Crittenden jr. und **A. Norman Hixson**, *Extraktion von Chlorwasserstoff aus wässerigen Lösungen.* Nach Feststellung, daß aliphat. Alkohole geeignet sind, wurden die Verteilungskoeffizienten für 14 Alkohole von C_5—C_8 ermittelt u. tabellar. u. graph. dargestellt u. daraus mittels thermodynam. u. kinet. Berechnung eine im Fließschema dargestellte Sprühturmanlage entwickelt, deren Wirtschaftlichkeit kurz betrachtet wird. (Ind. Engng. Chem. **46.** 265—74. Febr. 1954. Philadelphia, Pa., Univ. of Pennsylvania.) H. Eckhard. H 247

P. Grodzinski, *Der Diamant als Werkstoff.* Zusammenfassender kurzer Überblick über die verschied. Arten von Diamanten, die Kristallstruktur u. die physikal. Eigenschaften. (Arch. techn. Messen **1953.** 215—16. Sept. London.) C. Gottfried. 6148

Robert Webster, *Die Geheimnisse von synthetischem Smaragd.* Vf. berichtet zuerst kurz über die Herst. synthet. Smaragde. Als ein Hauptmerkmal zur Unterscheidung von echten u. synthet. Steinen erwähnt Vf. die wesentlich niedrigeren Brechungsindices sowie die beträchtliche anomale Doppelbrechung. (Gemmologist **21.** 117—21. Juli 1952.) C. Gottfried. 6152

Kaiser Aluminum & Chemical Corp. (Erfinder: **Leslie Wentworth Austin** und **Clarence Alfred Rick**), Oakland, Calif., V. St. A., *Herstellung eines gleichmäßig kristallisierten Periklas.* Man mischt frischgefälltes $Mg(OH)_2$ oder akt. Magnesia mit ca. 2(%) CrO_3 oder $MgCrO_4$ u. ca. 5 feingemahlener SiO_2, z. B. Diatomeenerde, u. brennt das Gemisch bei 1500—1750°. Das anfallende Prod. (MgO) enthält <2 CaO. (**E. P. 721 916** vom 1/7. 1952, ausg. 12/1. 1955.) H. Nebelsiek. 6151

Montclair Research Corp. und **Ellis-Foster Co.**, übert. von: **John B. Kurt**, Montclair, und **Leonard Spialter**, Irvington, N. J., V. St. A., *Behandlung von Salzen zur Erniedrigung der Hygroskopizität.* Z. B. wird Tafelsalz oder Backpulver mit einem Halogenid, z. B. $SiHCl_3$, in Dampfform behandelt. Die Behandlung kann auch während der Vermahlung u. Pulverisierung der Stoffe erfolgen. Weitere Anwendungsgebiete sind *Düngemittel, Sprengstoffe, Phosphate, Zement, Zucker.* (**A. P. 2 689 166** vom 5/11. 1945, ausg. 14/9. 1954.) W. Kranz. H 228

Buffalo Electro-Chemical Co., Inc., Buffalo, N. Y., V. St. A., *Herstellung von Wasserstoffperoxyd* durch Red. alkylierter Anthrachinone oder ihrer Tetrahydroderivv. u. anschließende Autoxydation der gebildeten Hydrochinone in einem 2-Stoff-Mischlösungsm., das aus einem Chinonlösungsm. u. einem Hydrochinonlösungsm. besteht. Als chinonlösender Bestandteil des Mischlösungsm. wird ein Diphenyl-KW-stoff mit 12 bis 18 C-Atomen verwendet, der mit Ausnahme der beiden Benzolringe vollständig gesätt. ist, z. B. Diphenyl (I), I-Methan, I-Äthan, I-Propan, Methyl-I, Amyl-I, Bitolyl u. Gemische dieser Stoffe. (**E. P. 719 523** vom 25/11. 1952, ausg. 1/12. 1954. A. Prior. 1/2. 1952.) R. Schreiner. H 241

Bergwerksverband zur Verwertung von Schutzrechten der Kohlentechnik G. m. b. H. (Erfinder: **Otto Grosskinsky** und **Helmut Umbach**), Dortmund, *Ver-*

arbeitung von Ammoniakwasser. Man läßt die Ausgangs-Fl. bei erhöhtem Druck u. erhöhter Temp. in Ggw. von Luft oder O_2 über großoberflächige Füllkörper (Aktivkohle, Holzkohle, Koks) rieseln, treibt aus der nunmehr $(NH_4)_2SO_4$ enthaltenden Lsg. das freie NH_3 ab u. verarbeitet die zurückbleibende Lauge auf festes Salz. (**D. B. P. 874 000** Kl. 12k vom 3/10. 1948, ausg. 6/6. 1955. Anmeldung bekanntgemacht 21/8. 1952.) H. Nebelsiek. H 243

Mathieson Chemical Corp., New York, übert. von: **William P. ter Horst**, Lewiston, N. Y., V. St. A., *Herstellung von Alkalicyanaten und -thiocyanaten.* Man erhitzt ein Gemisch aus 2—3 (Mol) Harnstoff bzw. Thioharnstoff mit 1 Alkalicarbonat zum Schmelzen, zieht, nachdem sich eine klare Schmelze gebildet hat, nach ca. 5 Min. ab u. läßt abkühlen. (**A. P. 2 690 957** vom 21/11. 1950, ausg. 5/10. 1954.) H. Nebelsiek. H 243

Minister of Mines and Technical Surveys of Canada, Ottawa, Can., *Extraktion von Elementarschwefel aus Eisenmonosulfiden,* die durch therm. Austreiben des disponiblen S aus Pyrit erhalten werden. Die feinteiligen Monosulfide werden in einem geschlossenen Gefäß in W. suspendiert. Man erhitzt auf wenigstens 110°, rührt, leitet unter Druck O_2 ein, hält die Temp. nicht >140°, um Oxydation des freigesetzten S zu vermeiden, u. trennt den elementaren S von der Suspension. Der Druck soll wenigstens 100 lbs./sq.in. betragen, u. der S soll innerhalb von nicht >2 Std. nach Beginn der Erhitzung abgetrennt sein, um die Rkk. $S + O_2 = SO_2$ u. $2Fe_2O_3 + 7 S = 4 FeS + 3 SO_2$ zu vermeiden. (**E. P. 722 143** vom 15/7. 1952, ausg. 19/1. 1955. Can. Prior. 31/7. 1951.) A. Zürn. H 253

Joh. A. Benckiser G. m. b. H., Chemische Fabrik, Ludwigshafen/Rh., *Herstellung eines in Wasser viscose Lösungen ergebenden Ammoniumsalzes einer hochpolymeren Metaphosphorsäure.* Man leitet in Metaphosphorsäure so lange gasförmiges, trockenes NH_3, bis allmählich eine dickfl. Schmelze entsteht. (**Schwz. P. 303 516** vom 11/4. 1944, ausg. 1/2. 1955. D. Prior. 18/11. 1941.) A. Zürn. H 264

Centre Nationale de la Recherche Scientifique, Paris, Frankreich, *Herstellung von reinem metallischem Eisen, Kobalt, Mangan, Magnesium,* aber auch von Erdalkalimetallen, Li, Zn, Cer, Th aus ihren pulverförmigen Oxyden, wobei das Pulver mit einem Doppelfluorid (Kryolith, Chiolith) gemischt u. der Schmelzelektrolyse unterworfen wird. Das reine Metall wird an der Kathode entweder als kompaktes Pulver oder in fl. Form gewonnen. (**N. P. 81 495** vom 21/3. 1951, ausg. 16/3. 1953. F. Prior. 21/3. 1950.) K. H. Kähler. H 270

Kaiser Aluminum & Chemical Corp. (Erfinder: **James Clenny Hicks** und **Leslie Wentworth Austin**), Oakland, Calif., V. St. A., *Gewinnung einer kristallinen Magnesia hoher Dichte.* 50—95 (Gew.-%) einer feingemahlenen Magnesia, die wenigstens 95 MgO u. nicht mehr als 2 SiO_2 u. 2 CaO enthält, u. die in mehreren Wochen bei 2000—2200° totgebrannt ist, wird mit 50—5 einer feingemahlenen, akt. Magnesia (<1200°) desselben Reinheitsgrades gemischt, unter Zusatz von etwas W. verpreßt u. kurzfristig bei 2000 bis 2200° gebrannt. (**E. P. 719 623** vom 10/7. 1951, ausg. 8/12. 1954.) H. Nebelsiek. H 294

Magnesium Elektron Ltd. (Erfinder: **Alfred Luis Hock**), Clifton Junction, Manchester, England, *Herstellung von Kaliumfluorzirkonat* (I) mit einem Molverhältnis $KF:ZrF_4$ von 1—1,2. Einem I mit einem Molverhältnis $KF:ZrF_4$ von >1,2 oder einem solches I liefernden Gemisch von Ausgangsstoffen wird mindestens eine der Mineralsäuren HCl, H_2SO_4, HNO_3 in einer Menge von mindestens 1 Moläquivalent pro Atom Zr zugesetzt u. das entstandene I mit einem Molverhältnis $KF:ZrF_4$ von 1—1,2 aus dem Gemisch abgetrennt. (**D. B. P. 927 209** Kl. 12i vom 27/5. 1952, ausg. 2/5. 1955. Anmeldung bekanntgemacht 7/10. 1954. E. Prior. 14/6. 1951.) R. Schreinér. H 322

Philips Electrical Industries Ltd., London, England, *Herstellung eines feinteiligen Eisenoxyds von hoher Koerzitivkraft.* Zu einer wss. Ferrosalzlsg., einem Oxydationsmittel, z. B. $NH_4 \cdot NO_3$, u. ca. 1—6% einer lösl. Co-Verb. fügt man unter Rühren bei ca. 80° verd. NaOH-Lsg. u. steigert unter weiterem 3 std. Rühren die Temp. auf 100°. Dann filtriert man, trocknet u. erhitzt das Prod. ca. 3 Std. auf 200—300°, bes. 290°. (**E. P. 719 283** vom 17/9. 1952, ausg. 1/12. 1954. Holl. Prior. 20/9. 1951.) H. Nebelsiek. H 354

Soc. Nouvelle des Etablissements Silvester, Frankreich, *Basisches Kupfersulfat,* Man läßt in einer mit kleinen Cu-Stückchen beschickten Kolonne eine $CuSO_4$-Lsg., welche als Katalysator anorgan. Salze, z. B. Ammoniumsulfat, enthält, herabrieseln. Gleichzeitig strömt Luft oder O_2 der Lsg. entgegen, wobei die Reaktionstemp. ca. 85° beträgt. Das gebildete bas. Sulfat von der Formel $CuSO_4 \cdot Cu(OH)_2$ wird als hellgrüne, feinkristalline M. abgetrennt. Die Mutterlauge wird nach Sättigen mit $CuSO_4$ wieder verwendet. (**F. P. 1 019 796** vom 7/6. 1950, ausg. 26/1. 1953.) W. Wittholz. H 358

VI. Silicatchemie. Baustoffe.

H. Moore, *Glas.* Fortschrittsbericht 1950. — 116 Literaturhinweise. (Rep. Progr. appl. Chem. **35.** 220—32. 1950.) M. WINIKER. 6168

H. Moore, *Glas.* (Vgl. vorst. Ref.) Fortschrittsbericht 1951. — 128 Literaturhinweise. (Rep. Progr. appl. Chem. **36.** 374—88. 1951.) M. WINIKER. 6168

O. K. Botwinkin und **B. W. Tarassow,** *Zur Frage der chemischen Festigkeit von Glas.* Während bei 310° durch Wasserdampf alle bekannten Gläser mit einem undurchsichtigen Film bedeckt werden, wurden durch systemat. Unterss. einige Na_2O-ZrO_2SiO_2-Gläser gefunden, die im Autoklaven bei 310° lichtdurchlässig bleiben u. quantitativ untersucht werden können. Schon eine kurze Einw. von Wasserdampf ergibt einen großen Gewichtsverlust; danach wird die Destruktion geringer. Die Wassermenge der Oberflächenschicht bleibt konstant, woraus sich eine konstante Dicke der Schutzschicht ergibt. Beste Eigg. hat ein Glas der Zus. 62,26% SiO_2, 20,53% ZrO_2 u. 17,21% Na_2O. Nach 24 Std. hatte es erst 42 mg/dm² eingebüßt, während Quarzglas 150 mg verlor. Die ZrO_2-Aggregate sind ebenfalls der Hydrolyse unterworfen; H_2ZrO_3 wird jedoch vom Oberflächenfilm adsorbiert. (Стекло и Керамика [Glas u. Keram.] **11.** Nr. 6. 12—14. Juni 1954.) O. POLLAK V. EMHOFEN. 6200

Adolf Dietzel und **Emil Deeg,** *Über die Temperaturabhängigkeit von innerer Dämpfung, Schallgeschwindigkeit und Elastizitätsmodul von Glas.* Vom Unterschied im Klangbild verschied. Silicatgläser ausgehend, werden Schallgeschwindigkeit c u. Verlustzahl η als für den Klang langer, dünner Glasstäbe charakterist. Materialkoeff. eingeführt. An einem techn. Spiegelglas werden nach dem FÖRSTERschen Verf. die Temperaturabhängigkeiten von c, η u. E unter Ausschluß der Dämpfung durch die umgebende Luft gemessen. Einfl. der Inhomogenitäten (Blasen, Schlieren) u. der Art der Kühlung auf die drei Meßgrößen werden untersucht. Spannungen setzten c u. E herab, erhöhen η u. verändern deren Temperaturverlauf. Schlieren, die durch Zusatz eines Fremdglases anderer Zus. zur Schmelze erzeugt wurden u. die sich opt. nicht von „Verarbeitungsschlieren" unterscheiden, verändern η u. E merklich. Unmittelbar nach Temperung gemessene Stäbe weisen ein erheblich größeres η auf als Tage darauf. Im Temperaturverlauf von c u. E wird bei ca. 110° ein Knick festgestellt. Die Meßergebnisse werden unter Zugrundelegung der ZACHARIASEN-WARRENschen Glasstruktur gedeutet. (Glastechn. Ber. **27.** 105—16. April 1954. Würzburg, Max-Planck-Inst. für Silikatforsch.) K. STEINER. 6200

A. A. Pirogow und **Ju. A. Kusnetzow,** *Das Brennen von Satkinomagnesit mit eisenhaltigen Mineralisatoren.* Ein Zusatz von 2—2,5% Eisenhammerschlag (37,72% Fe_2O_3, 55,79% FeO) als Mineralisator zu grobzerkleinertem Satkinomagnesit (I) als Brenngut im Drehofen verbessert die Rekristallisation des Periklas u. erhöht die Backfähigkeit des I. Das nach Abtrennung der Fraktion >8 mm erhaltene I-Pulver enthält nur ca. 1,45% CaO. Das Schüttgewicht wird durch den Zusatz von 1,76 auf 1,80 g/cm³ erhöht. (Огнеупоры [Feuerfeste Mater.] **20.** 3—8. Jan. 1955. Charkow, Inst. für feuerfeste Materialien.) M. NOETZEL. 6208

D. G. Moore, L. W. Pitts und **W. N. Harrison,** *Die Rolle einer dünnen Nickelschicht beim Emaillieren von Stahlblechen.* Der vor dem Emailauftrag durch Eintauchen in eine saure $NiSO_4 \cdot (NH_4)_2SO_4$-Lsg. auf dem Fe-Blech erzeugte Ni-Überzug verbessert die Haftung des Grundemails bei kurzer Einbrennzeit, bewirkt aber das Gegenteil bei längerer Brennzeit. Bei Ti-haltigem Stahl mit geringem C-Geh. wird durch die Ni-Schicht die Haftung verbessert. 50—120 mg/sq.ft. Ni stellen ein Optimum für die Verbesserung der Haftfestigkeit dar. Die Fischschuppenbldg. wird vermindert. Die Wrkg. der Ni-Schicht wird dahingehend erklärt, daß auf der vernickelten Oberfläche Lokalelemente aus Ni/Fe entstehen, die beim Aufschmelzen des Emails wirksam werden u. die zu überziehende Oberfläche aufrauhen. (J. Amer. ceram. Soc. **37.** 363—69. 1/8. 1954. Washington, D. C., Nat. Bur. of Stand.) F. MARKHOFF. 6212

Frederick D. Olympia, *Thermische Differentialanalyse von mit Titandioxyd getrübten Emails.* Es wird der Zusammenhang zwischen Kristallisationsgrad des TiO_2, den opt. Eigg. des Emails u. der Kristallgröße des TiO_2 behandelt. Bes. wichtige Faktoren für den Charakter der TiO_2-getrübten Emails ist die Kristallisationstemp. des TiO_2 u. die Bldg. von Kristallisationskernen. Die Bldg. dieser Kerne erfolgt durch Rk. von Fluoriden mit Kationen in der Schmelze bei 425—460°. Zu wenig Kerne verhindern die Bldg. von Anataskristallen. Die Kristallisation des TiO_2 erfolgt bei 620—720°. Bei zu hoher Temp. bilden sich mehr Rutilkristalle als die für die Trübung wichtigen Anataskristalle. Kleine, schlecht ausgebildete Kristalle zeigen auch schlechte Trübwirkungen. (Amer. ceram. Soc. Bull. **32.** 412—14. 15/12. 1953. Alfred, N. Y., New York State Coll. of Ceramics.) F. MARKHOFF. 6212

Armin Petzold und **Theodor Haase,** *Zur Frage der Abstimmung der Schmelzintervalle von Grund- und Deckemail bei der Blechemaillierung.* Die Ursache des Abplatzens vom Deckemail läßt sich auf die durch die Zus. u. Ausdehnung bedingten Spannungsmomente zurückführen. In einem ohnehin unter starken Druckspannungen stehenden Grundemail wird durch ein Deckemail mit höherer Ausdehnung der Spannungszustand noch verstärkt, so daß hierbei Abplatzen beobachtet werden kann. Wenn im Deckemail schwache Zugkräfte wirksam werden, können diese zum Reißen der Schicht u. zu Absprengungen führen. Das Viscositätsverh. der beiden Schichten, Grund- u. Deckemail, spielt als Ursache für das Abplatzen keine Rolle. — 14 Literaturstellen. (Silikattechnik **5.** 426—28. Okt. 1954. Freiberg, Sachsen, Bergakad., Inst. für Silikathüttenkunde.)
F. MARKHOFF. 6212

V. Charrin, *Die Tone, ihre verschiedenen Arten; ihre Verwendung in der chemischen Industrie.* (Vgl. C. **1954.** 5632.) Überblick über die verschied. Tonsorten, ihre Eigg., Verwendung u. die französ. Lagerstätten. (Chim. et Ind. **69.** 930—38. Mai 1953.)
M. NICOLAI. 6216

Franco Massazza, *Strukturuntersuchungen an feuerfesten Steinen mit erhöhtem Tonerdegehalt.* An Hand der chem. Analysen, mkr. Prüfungen u. röntgenograph. Unterss. von Mullitsteinen (zwischen 56 u. 60% Al_2O_3) zeigt Vf., daß bes. die mkr. Betrachtungsweise nach geeigneter Vorbehandlung des Prüfguts sehr geeignet ist, qualitative u. quantitative Aussagen über die mineral. Komponenten des Scherbens zu machen, wobei auch über die zur Herst. verwendeten Rohstoffe Klarheit geschaffen werden kann. Es wird deutlich, daß bei fast gleicher chem. Zus. der Prodd. der Scherben in seinen mineralog. Komponenten maßgeblich durch die Brennart, -temp. u. -dauer beeinflußt wird, was bzgl. der physikal. Eigg. zu beachten ist. Die Befunde der chem. Analyse u. der mkr. Prüfung werden durch Debeyeogramme ergänzend bestätigt. (Ceramica [Milano] [N. S.] **10.** Nr. 1. 41—51. Jan. 1955. Cagliari, Univ., Ist. di Chim. Applicata.)
W. ANIKA. 6218

F. Gille, *Untersuchungen über das Magnesiatreiben von Portlandzement.* Neuartige Dünnschliffe von 10 Zementen mit steigendem MgO-Geh. wurden sowohl in Durchlicht als auch in Auflicht untersucht. Das Maß des Treibens ist von der Korngröße des Periklas abhängig. Der Periklas im Klinker reagiert mit gespanntem Wasserdampf verschieden schnell, wobei vermutlich Mischkristallbldg. die Rk. verlangsamt. Auch hoch MgO-haltige Klinker können durch größere Zusätze von Quarz, Traß, Hochofenschlacke autoklavbeständig gemacht werden. — 3 Zahlentafeln, 23 Mikrophotos, 1 Bild. (Zement-Kalk-Gips **5 (41).** 142—51. Mai 1952. Düsseldorf, Forschungsinst. der Zementindustrie.)
F. MAUNE. 6222

G. Ss. Walberg und **F. I. Pirogowa,** *Die Herstellung von Tonerdezementklinkern auf dem Sinterrost.* Es wird ein Verf. zur Herst. von Tonerdezement-Klinkern (TZK) auf dem Sinterrost beschrieben, das im Vgl. zu den bisher bekannten Arbeitsweisen wesentliche Vorzüge aufweist. Wird der Wärmeverbrauch beim reduzierenden Elektroschmelzen zu 100% angenommen, so beträgt er bei der Hochofenschmelze rund 50%, beim Sintern im Drehofen 20%, auf dem Sinterrost 17%. Der auf letzterem erhaltene TZK stellt ein sehr kompliziertes Konglomerat von Mineralien dar, die bei Fehlen eines physikal.-chem. Gleichgewichts, bei völliger Bindung des CaO u. in Ggw. von FeO krist. sind. Außer den üblichen Mineralien (Aluminaten, Al-Silicaten u. Ca-Silicaten) enthalten die Klinker noch Ca-Ferrite, Ca–Al-Ferrite, Magnesit, FeO, Glas, metall. Fe, Oldhamit (CaS) u. manchmal wenig Hercynit ($FeO \cdot Al_2O_3$). Die Qualität des Tonerdezements, der bei Verwendung hochwertiger Bauxite billiger ist als nach anderen Verff. hergestellte, entspricht den sowjet. Normen. (Цемент [Zement] **20.** Nr. 5. 10—18. Sept./Okt. 1954.)
E. v. PEZOLD. 6222

A. I. Minass, *Eine zusätzliche Aktivitätszahl hydraulischer Zusätze.* Als zusätzliche Aktivitätszahl (AZ) hydraul. Zusätze bei der Herst. von Zementen wird $K_A = (K_0 - K_1)/14\,K_1$ vorgeschlagen, wo K_0 die Gesamtmenge des in 30 Tagen vom Probekörper absorbierten CaO (I) bedeutet u. K_1 das während der ersten 2 Tage aufgenommene I. Übersteigt die AZ 0,7, so weist dies auf eine zwischen den Komponenten des Prüfkörpers u. I bestehende chem. Rk. hin. In diesem Fall kann die genauere Aufnahme von I in 30 Tagen als zuverlässiger Kennwert der hydraul. Aktivität dienen. Bei $K_A > 0{,}4$ nimmt der Prüfstoff I nur adsorptiv auf, was eine Kontrolle der Aktivität des Gesteins nach einer anderen Meth. erfordert. Bei einem zwischen 0,4 u. 0,7 liegenden K_A ist eine derartige Kontrolle wünschenswert. (Цемент [Zement] **20.** Nr. 5. 24—25. Sept./Okt. 1954.)
E. v. PEZOLD. 6222

Benjamin C. Doell, *Einfluß von von Algen befallenem Wasser auf die Festigkeit von Beton.* Vf. untersucht die Festigkeit von Beton bei Verwendung von W., das Algen enthält, u. bestimmt den höchstzulässigen Geh. an organ. Stoffen. Der Festigkeitsrückgang kann 3 Ursachen haben: Verminderung der Adhäsion zwischen Zement u. Sand bzw. chem. Rk. zwischen Sekretionen der Algen u. dem Zement, oder Vermehrung der eingeschlossenen Luft wegen der oberflächenakt. Wrkg. der organ. Verbindungen. Die Abhängigkeit der Betonfestigkeit u. des Luftgeh. von der Algenkonz. sind graph. dargestellt. (J. Amer. Concrete Inst. **26.** 333—42. Dez. 1954. Regina, Sask., Canada, Prairie Farm Rehabilitation Administration, Dep. of Agricult.) D. BREDTSCHNEIDER. 6224

M. G. Lundina, *Abkürzung der Trocknungsdauer von Ziegeln.* Durch Dampfbehandlung der Rohziegel bei 40—50° wird eine 30—50%ig. Abkürzung der Trocknungsdauer erzielt. Die Dampfbehandlung ist sowohl im Tunnel- als auch im Kammerofen bei der Herst. von Hohl- u. Massivziegeln anzuwenden. Eine Herabsetzung der Trocknungsdauer auf $^1/_3$—$^1/_4$ (nicht mehr als 24 Std.) wird durch Zugabe von 30—50% Magerungsmittel (Sand, Schamotte u. a.) bei Anwendung von Vakuum u. Dampfbehandlung erzielt. Fehlen die Magerungsmittel, ist eine Dehydratation mit therm. Behandlung bei 400 bis 500° anzuwenden. Zugabe von entwässertem Ton setzt die Brenndauer herab, so daß die Herst. nur 36—48 Std. erfordert. Bei der Herst. von Hohlziegeln kann die Trocknungsdauer um 25% u. mehr abgekürzt werden. Bei der Dampfbehandlung ist die Trocknung gleich zu Beginn bei möglichst hoher Temp. durchzuführen. (Стекло и Керамика [Glas u. Keram.] **8.** Nr. 7. 15—19. Juli 1951.) E. FÖRSTER. 6228

Gerhard Streit, *Erfahrungen mit luftporenbildenden Zusatzmitteln zum Straßenbeton.* Durch Verss. an einer längeren Versuchsstrecke wurde der Nachw. erbracht, daß Beton mit luftporenbildenden Stoffen der Einw. von Auftausalzen widersteht, ohne daß die anderen, ebenfalls erwünschten Eigg. des Straßenbetons, bes. Festigkeiten, beeinträchtigt werden. (Beton- u. Stahlbetonbau **49.** 212—14. Sept. 1954. Hannover.) W. GELMROTH. 6230

A. Ss. Totesch, *Intensivierung des Polierprozesses von Glas auf dem Gerät 4PS.* In Glasschleifverss. mit *Englischrot*-Suspension zeigt *$FeSO_4$* (I) einen doppelt so großen Konzentrationsbereich als *$ZnSO_4$*, indem die beschleunigende Wrkg. auf den Polierprozeß unverändert bleibt. Ebenso vorteilhaft ist ein I-Zusatz bei hohem Druck. So wurde bei einer Drucksteigerung von 60 auf 110 g/cm² eine Erhöhung des Abpolierens von 15 auf 28 g/30 Min. ermittelt. Ein I-Zusatz bei 110 g/cm² ergab 35 g/30 Minuten. Ferner sind für die Produktivität Verbrauch u. Konz. der Englischrot-Suspension wichtig. Im untersuchten Intervall von 75—85° stieg die Produktivität mit der Temp., wobei der Verbrauch an Suspension, die entsprechend nachgegeben werden mußte, von erhöhter Bedeutung war. Optimal war ein Zusatz von 3—11 g/Liter I. Es wird wie folgt gearbeitet: 80—90 g/cm² Druck in Ggw. von 3,8 g/Liter I, wodurch die Leistungsfähigkeit von 10—12 g auf 27—29 g/30 Min. ansteigt. (Стекло и Керамика [Glas u. Keram.] **11.** Nr. 8. 26—28. Aug. 1954.) O. POLLAK V. EMHOFEN. 6238

R. Meldau und **R. H. S. Robertson,** *Morphologische Einflüsse auf technische Staubeigenschaften.* Elektronenopt. Messungen an Mineralteilchen kleiner als 1 μ aus Bentoniten, Kaolinen, Sepiolith, Serpentin, roten Eisenoxydpigmenten, Diamant. Betrachtungen über den Einfl. von Größe u. Form der Teilchen auf Viscosität, Trocknungsverh., Farbe der betreffenden Substanzen. Elektronenopt. Unters. der Einw. der Lungen-Fl. auf Kaolinit- u. Bentonitstaub in der Staublunge. — 17 elektronenopt. Fotos, 3 Zeichnungen, 2 Zahlentafeln. (Ber. dtsch. keram. Ges. e. V. Ver. Dtsch. Emailfachleute e. V. **29.** 27—35. Febr. 1952. Harsewinkel u. Glasgow.) F. MAUNE. 6240

L. Ainsworth, *Die Diamanteindruckhärte von Glas in ihrer Beziehung zu Härte und Struktur.* 1. Mitt. *Eine Untersuchung über die Härteprüfung von Glas.* Es werden zunächst theoret. Grundlagen der Härteprüfung des Glases erörtert, dann die Unterschiede der Prüfung mit Stahlkugel u. Diamantspitze. Für letztere wird die App., die Definition der Härte, die Grundlagen der mkr. Messung des Eindruckes u. dessen Größenunterschiede als Folge der Geschwindigkeit u. der Zeit der Einw. des Druckes angeführt. Eingehend behandelt wird der Einfl. der natürlichen bzw. der geschliffenen oder polierten Oberfläche des geprüften Glases. Vf. kommt zu dem Schluß, daß die Messung mit der Diamantspitze große Genauigkeit hat, unabhängig vom verwendeten Druck ist u. daß die Deformation des Glases, die dabei auftritt, eine Folge plast. Fließens des Glases ist, vorausgesetzt, daß die verwendete Probe sehr klein ist. (J. Soc. Glass Technol. **38.** Trans. 479T—500T. Okt. 1954.) L. KÜHNERT. 6242

J. R. Beattie, *Ein Pyrometer zur Messung der Temperaturen von Glasoberflächen.* Es wird ein Pyrometer beschrieben, das gestattet, die Tempp. von Glasoberflächen zwischen 150 u. 500° zu messen. Zur Messung wird die ausgestrahlte Wellenlänge von ca. 5 μ verwendet, weil in dem Gebiet zwischen 4,5 u. 8 μ das Glas sich wie ein vollkommen schwarzer Körper verhält. Die Strahlen werden durch einen oberflächenaluminierten Spiegel auf eine Thermosäule von der Empfindlichkeit 20 μV/μW geworfen.

Die Eichung wird eingehend beschrieben, u. die möglichen Fehler ebenso wie die Empfindlichkeit werden diskutiert. (J. Soc. Glass Technol. **38.** Trans. 457T—469T. Okt. 1954.) L. KÜHNERT. 6242

British Thomson-Houston Co. Ltd., London, England, *Verbesserung von Paraffinwachsen* durch einen Geh. von 0,05—50 Gew.-% eines Polyalkylhalogenpolysiloxans, z. B. Polymethylchlorpolysiloxan. Verwendung für die *Imprägnierung von Mattglas.* (**E. P. 720 473** vom 11/10. 1951, ausg. 22/12. 1954. A. Prior. 17/10. 1950.) P. UNGER. 6189

Réné-Frédéric Lauth, Haute-Garonne, Frankreich, *Herstellung von Kunststeinen aus Zementmörtel unter Mitverwendung von Dolomit.* Z. B. wird reiner Naturdolomit oder künstlich hergestellter Dolomit zerkleinert. Man vermischt dann 795 (kg) davon mit 304 Portlandzement u. 277 Liter W. innig. Nach Formung u. 7 Tagen Erhärtung erhält man Festigkeiten von 18,8 kg/cm² u. nach 28 Tagen solche von 26,8 kg/cm². Körper aus einem Mörtel mit Sand (Steine) ergeben demgegenüber nur Festigkeiten von 12,3 kg/cm² u. 16 kg/cm². Man kann den Beton auch noch bewehren u. die Bewehrung einer Vorspannung unterziehen. (**F. P. 1 003 632** vom 4/2. 1947, ausg. 20/3. 1952.) H. BEWERSDORF. 6229

Entreprises A. Barbin & Co. und **André Chonez,** Frankreich, *Neuer Baustoff für wärmeisolierende Umkleidungen, besonders für Großraum-Kraftstoffbehälter,* dad. gek., daß man Puzzolan (I) (Korngröße 5—20 mm) mit einem Mörtel aus I (Korngröße 0 bis 1 mm), Kalk (II) u. W., oder I, Zement (III) u. W., oder I, II, III u. W. vermischt. Auf 1 m³ Beton kommen 200—750 kg II oder III u. 30—200 Liter Wasser. Errichtung der Ummantelung wird beschrieben. (**F. P. 1 010 802** vom 29/10. 1948, ausg. 16/6. 1952.) T. OPPERMANN. 6229

Serviciesd Products Corp., übert. von: **Robert E. Huggins,** Palos Heights, Ill., V. St. A., *Isoliermaterial.* Mit Asphaltmasse getränkter Filz oder Papier wird auf die Innenseite von parallel liegenden Gewebebahnen kaschiert u. der Innenraum mit einer M. von 5—9 (Teilen) Kork (Durchmesser 3,2—12,7 mm) oder anderen Füllstoffen u. 3—5 Asphalt, gegebenenfalls mit 5% Kautschuk, gefüllt. Das Material kann unter Druck geformt werden u. eignet sich z. B. als Unterboden (in Turnsälen) oder stoßdämpfendes Material. (**A. P. 2 563 115** vom 22/10. 1949, ausg. 7/8. 1951.) G. SALZMANN. 6229

Albert Pierre Ridel, Frankreich, *Bedachungsmaterial,* bestehend aus undurchlässiger Pappe, Sperrholz u. dgl., deren Oberfläche mit einer dünnen Schicht Zn, Pb, Cu oder einem anderen Metall oder einer Legierung versehen ist. (**F. P. 1 003 857** vom 6/3. 1947, ausg. 24/3. 1952.) T. OPPERMANN. 6229

Emil Schermer, Deutschland, *Platten zum Bedecken der Dächer,* dad. gek., daß man Glasgewebe mit HF, Alkalien, W. u. dgl. behandelt, mit Asphalt, Bitumen, Pech usw. imprägniert u. mit einer Schicht aus gekörntem Schiefer oder einem anderen mineral. Stoff versieht. Man kann die Schieferkörnerschicht noch mit einer Paste aus gemahlenem Magnesit oder mit einer Mg-Salz enthaltenden Sulfitablauge überziehen. (**F. P. 1 005 216** vom 18/6. 1947, ausg. 8/4. 1952.) T. OPPERMANN. 6229

N. A. Schischkow, Fragen der Struktur von Silicatgläsern. Moskau: Verlag der Akad. der Wiss. der UdSSR 1954. (192 S. m. Abb. u. 2 Anlagen). 9 Rbl. 70 Kop. [russ.]

VII. Agrikulturchemie. Schädlingsbekämpfung.

J. Jordan, C. Simkins, G. Corey, R. Knight und **G. O. Baker,** *Aufnahme und Wanderung von Phosphordüngemittel.* Die Verss. wurden mit Kartoffeln auf feinem sandigen Lehm nach vorheriger Düngung mit $(NH_4)_2SO_4$ ausgeführt. Phosphatträger war allein Superphosphat. Ein Teil des Phosphats war an ^{32}P gebunden, der eine Aktivität von 0,2 mC pro g P_2O_5 zur Pflanzzeit hatte. An Hand von Tabellen wird die Aufnahme des ^{32}P durch Blätter u. Knollen nach verschied. Zeit, Düngungsmeth. u. Bodenfeuchtigkeit gezeigt. Bei Bewässerung erfolgte eine Abwärtsbewegung des ^{32}P im Boden. (Soil Sci. **73.** 305—13. April 1952. Idaho, Agricult. Exp. Stat.) F. GROH. 6270

Ivan Stewart und **C. D. Leonard,** *Chelate als Eisenlieferanten von Feldpflanzen.* Vff. weisen auf die Schwierigkeiten der Behebung von Fe-Mangelerscheinungen hin, da dem Boden zugeführte Fe-Salze zum größten Teil in schwer lösl. Verbb. übergehen u. von den Pflanzen nicht aufgenommen werden können. *Fe-Chelate mit Na-Äthylendiamintetraacetat* (I) erbrachten bei Orangenbäumen gute Erfolge. Die Blätter zeigten keine Chlorose mehr u. enthielten genügende Mengen Fe. Ob I von Pflanzen aufgenommen werden, wird angezweifelt. Vff. deuten die Möglichkeit an, daß die Wurzeln vielleicht das Fe aus dem Chelatkomplex durch Ionenaustausch aufnehmen können. (Science [Washington] **116.** 564—68. 21/11. 1952. Lake Alfred, Fla., Univ. of Florida, Citrus Exp. Stat.) W. SCHUPHAN. 6292

J. F. G. Lionnet, *Rendzinaböden auf Küstenflächen der Seyschellen.* Bericht über Vegetation u. Bodenzus. der Küstenflächen der Seychellen mit Angabe der Untersuchungsmethoden. Bzgl. der chem. Zus. wird der hohe $CaCO_3$-Geh. (80—90%) bes. hervorgehoben. (J. Soil Sci. **3.** 172—81. Juli 1952. Seychelles, Dep. of Agric.) F. RANG. 6300

M. Botzan, *Vorläufige Untersuchung tiefer unterirdischer Wasservorkommen im Bărăgan als Quelle für die Bewässerung.* Eine Anzahl von Wasservorkk. der Bărăgansteppe in Schichttiefen zwischen 16 u. 224 m sind artes. u. zeigen Druck über der Oberfläche des Grundwassers. Der ungewöhnlich hohe Geh. dieser Wasservorkk. an NaCl könnte ein Hindernis für die Bewässerung darstellen. Verss. ergaben eine erträgliche Steigerung des NaCl-Geh. im bewässerten Boden. (An. Inst. Cercetări agronom. României [Ann. Inst. Rech. agronom. Roum.] **21.** 312—18. 1954.) H. KYRI. 6304

Ja. N. Osstrowski, *Die Wirksamkeit der Anwendung von organomineralischen Mischungen in kleinen Dosen in den Kolchosen der Weißrussischen SSR.* Beispiele von Erfolgen bei Anwendung organomineral. Düngemittel in der Praxis. (Земледелие [Ackerbau] **3.** Nr. 1. 68—69. Jan. 1955. A. JACOB. 6304

M. F. Kornilow und **W. P. Illjuwijewa,** *Kalk-Silicat-Abfälle der Industrie für die Bodenkalkung.* Die geringste neutralisierende Wrkg. zeigten Abfälle der schieferverarbeitenden Industrie mit einem Basengeh. (in % $CaCO_3$) von 70,0—80,2, jedoch bewirkten sie sowohl bei Feld- als auch bei Vegetationsverss. hohe Mehrerträge, was sich durch ihre chem. Zus. u. bedeutenden Geh. an Mikroelementen erklärt. Die höchsten Mehrerträge (bei Gerste 7,6 dz/ha, bei Sommerweizen 5,6 dz/ha) wurden durch Belitmehl (Abfälle der Al-Herst.) erzielt. Untersucht wurden gemahlener Kalkstein, Schieferasche, Schieferkoks, Generatorasche, Belitmehl. (Земледелие [Ackerbau] **3.** Nr. 2. 85—88. Febr. 1955.) M. GORDIENKO. 6304

B. B. Belski und **T. N. Kulakowskaja,** *Die Anwendung von Düngemitteln bei Moorböden.* Bei der Kultur von Moorböden erhöht sich ihr Geh. an aufnehmbarem N u. P, dagegen nicht an K. K-Düngung erweist sich als wirksam; eine Einschränkung derselben hat eine Verminderung der Erträge zur Folge. Eine günstige Wrkg. des P tritt nur bei ausreichender K-Versorgung in Erscheinung. Auf neu urbar gemachten Böden vermehren erhöhte Phosphatgaben die Erträge. Die meisten Niederungsmoorböden sind ausreichend mit N versorgt, nur in besonderen Fällen geben kleine Gaben von Mineral-N eine günstige Wirkung. Auf Hochmoorböden muß man schwer lösl. Formen der Mineraldüngung rechtzeitig anwenden. Man kann einen Teil der P-Gaben im Herbst mit dem Pflug unterbringen, einen 2. Teil im Frühjahr mit der Scheibenegge. Gleichzeitige Anwendung von gekörntem Superphosphat mit der Aussaat der Getreidekulturen in einer Menge von 10 kg P_2O_5/ha erhöht die Erträge an Korn. Cu kann eine große Bedeutung auf Moorböden haben, da ihr Geh. an diesem Element oft äußerst gering ist. Von den anderen Spurenelementen hat hauptsächlich B eine Bedeutung. Die Anwendung von Bakteriendüngern erhöht in der Regel die Erträge der Kulturpflanzen. (Земледелие [Ackerbau] **3.** Nr. 1. 70—79. Jan. 1955.) A. JACOB. 6304

A. Grâneanu, *Beitrag zum Studium des Düngungseffektes auf natürliche Heugräser.* In Vergleichsdüngeverss. werden die höchsten Ertragssteigerungen mit NH_4NO_3 + Superphosphat (± K-Salz) erzielt. (An. Inst. Cercetări agronom. României [Ann. Inst. Rech. agronom. Roum.] **21.** 299—301. 1954.) H. KYRI. 6304

L. R. Finch und **E. J. Underwood,** *Der Einfluß von Kleeanbau auf den Thiamin- und Stickstoffgehalt des Weizens.* Vff. untersuchen, ob längerer Fruchtwechsel, der mehrjährigen Kleeanbau einschließt, den N- u. Thiamingeh. von Weizen beeinflußt. Auf 8—11 Jahre mit Klee bebautem Land betrug die durchschnittliche Verbesserung des N-Geh. 21%, die des Thiamingeh. 24%. (Austral. J. exp. Biol. med. Sci. **29.** 131—36. März 1951. Nedlands, W. A., Univ. of Western Australia, Inst. of Agricult.) E. HAAS. 6304

P. A. Gorschkow, *Besonderheiten der Phosphorernährung von Hanf.* Zu Beginn seines Wachstums muß der Hanf P_2O_5 in leicht aufnehmbarer Form u. in größeren Mengen erhalten; in späteren Entwicklungsphasen, da sein Wurzelsyst. stärker entwickelt ist, verwertet er P_2O_5 auch aus schwer lösl. Verbb. gut. Man erzielte hohe Erträge sowohl an der gesamten als auch an der oberird. M. der Hanfpflanze, wenn Superphosphat (I) mit dem Saatgut (in einer Tiefe von 10—12 cm) eingebracht oder geteilt ($^1/_5$ flach u. $^4/_5$ tief) gegeben wurde. Beim gleichmäßigen Vermischen des I mit dem Boden verminderte sich der Ertrag (Vegetationsverss.). 15 kg/ha granuliertes I, eingebracht in die Reihen, ergab den gleichen Ertrag wie gewöhnliches, breitwürfig verteiltes I in Mengen von 45 kg/ha. (Земледелие [Ackerbau] **3.** Nr. 2. 78—84. Febr. 1955.) M. GORDIENKO. 6304

A. H. Malan, *Wirkung von Stickstoff und Bewässerung auf Waltham Cross-Weinreben.* Seit einigen Jahren kann beim Anbau von Waltham Cross-Weinreben der

Anteil an kernlosen Beeren so hoch sein, daß ein beträchtlicher Teil der Ernte prakt. wertlos ist. An Hand einer Tabelle wird nun gezeigt, welchen Einfl. Bewässerung u. Stickstoffdüngung (Ammoniumsulfat) zu verschied. Zeiten vor der Blüte auf die Anzahl der Trauben u. den gewichtsmäßigen Anteil an kernlosen Beeren haben. (Farming South Africa **27.** 291—92. 294. Mai 1952. Stellenbosch, Western Prov. Fruit Res. Inst.)
F. GROH. 6304

B. Konnik und **R. Ssafra,** *Bekämpfung des Ambrosienkrautes mit chemischen Methoden.* Zur besseren Haftung an den Blättern beim Spritzen mit *2.4-Dichlorphenoxyessigsäure* (I) werden 0,1—0,8% OP-7 (Alkylphenylpolyäthylenglykoläther) zugesetzt, wodurch die tox. Wrkg. stark erhöht wird. I-Butylester wirkt besser als das Na-Salz. Weiter hängt die Wrkg. vom Entwicklungsstadium des Unkrautes (optimal im Jungstadium) u. von den Witterungsverhältnissen ab. Bei starker Verunkrautung sind auch Na-Dinitrokresolat u. NH_4-Dinitrophenolat wirksam, vermindern jedoch bei geringer Verunkrautung den Haferertrag. (Земледелие [Ackerbau] **3.** Nr. 2. 112—15. Febr. 1955. Zentrallabor. zur Quarantäne der landw. Kulturpflanzen.) M. GORDIENKO. 6312

R. Kasting und **D. G. Harcourt,** *Parathionrückstände auf Blumenkohlköpfen nach dem Spritzen.* Chem. u. biol. Unterss. ergaben, daß Blumenkohlköpfe von Pflanzen, die bis zu 3 mal in etwa wöchentlichen Abständen mit 1 lb. 15% ig. *Parathion* je 100 gallons W. gespritzt wurden, Rückstände nur in Höhe von $<$0,06 p.p.m. enthalten. Da die Toleranzgrenze bei 1,5 p.p.m. liegt, besteht keine Gefahr, daß nach Behandlung mit gebräuchlichen Parathiondosen in oder auf den Blumenkohlköpfen tox. wirksame Mengen auftreten. (Sci. agric. **32.** 299—303. Juni 1952. Ottawa, Dep. of Agric., Sci. Serv.)
F. RANG. 6312

M. Féron, *Neue Resultate über Bekämpfungsversuche von Capnoder (Capnodis tenebrionis L.) durch Bodenbehandlung.* Bekämpfung des Schädlings durch Winterbehandlung des Bodens durch Gießen der Baumscheibe mit 3—5 Liter 1% ig. H·C·H-(Hexachlorcyclohexan-)Lösung. (C. R. hebd. Séances Acad. Agric. France **38.** 715—18. Nov. 1952. Inst. nat. de la Rech. agronom.) C. GRIMME. 6312

Robert Pfleger, *Über die fungistatische und kontaktinsekticide Wirkung von Phenyltrichlormethylsulfiden.* Bei der Unters. von organ. Stoffen auf ihre Wrkg. gegen Pilze, die Hautkrankheiten hervorrufen (Mykosen), konnte die bes. große Wirksamkeit halogenisierter 2.2'-Dioxydiphenylsulfide gefunden werden. Die Best. der fungistat. Eigg. wurde durch die Hemmwrkg. gegen die Pilze *Trichophyton gypseum* u. *Torulopsis minor* vorgenommen. Von den zahlreichen geprüften Substanzen dieser Stoffklasse besaßen 2.2'-Dioxy-5.5'-dibromdiphenylsulfid, 2.2'-Dioxy-5.5'-dichlordiphenylsulfid u. 2.2'-Dioxy-3.3'.5.5'-tetrachlordiphenylsulfid bes. günstige Eigenschaften. Außerdem hatten auch die hydroxylgruppenfreien Phenylmethylthioäther eine relativ gute fungistat. Wrkg., so daß diese nicht an die Ggw. von Phenolgruppen gebunden ist. Die Trichlormethylgruppe u. der p-halogenierte Benzolkern lassen eine Analogie zur Konst. des DDT erkennen, so daß die kontaktinsekticide Wrkg. ebenfalls geprüft wurde. Eine Reihe von Stoffen wies eine erhebliche Wirksamkeit auf, wobei der o.p-Dichlorverb. besondere Bedeutung zukommt, da sie infolge ihrer geringen Flüchtigkeit nach längerer Zeit wirksamer als DDT ist. Durch die Oxydation zu Sulfonen wird die Wrkg. erheblich abgeschwächt. Die Strukturformeln der untersuchten Stoffe mit ihrer fungistat. bzw. kontaktinsekticiden Wrkg. sind in Tabellen zusammengestellt. (Angew. Chem. **65.** 415—18. 21/8. 1953. Erlangen, Univ., Inst. für angew. Chem). W. KNÖPKE. 6312

Ja. Akssinin, *Die Bekämpfung der Schildwanze.* Eine Flugzeugbehandlung von Winter- u. Sommergetreideflächen mit 5% ig. *DDT-Staub* (25—30 kg/ha) vernichtete nur 60—70% der Schildwanzen. Die Anwendung von *Wofatox*-Staub (Mengen nicht angegeben) Anfang Juli führte zu einer vollständigen Vernichtung der Schildwanze. Auch Getreidelaubkäfer u. Heuschreckenarten wurden völlig vernichtet. (Земледелие [Ackerbau] **2.** Nr. 11. 123. Nov. 1954. Baskowka, Maschinen-Traktoren-Stat.)
O. LEBTAG. 6312

—, *San José-Schildlaus (Quadraspidiotos perniciosus).* Die Bekämpfung erfolgt am wirkungsvollsten durch alljährliches Spritzen mit *DNC-oil* (Dinitro-o-kresol in Öl, 1 : 40). Durch folgendes Gemisch wird gleichzeitig auch die Pfirsichlaus u. Rote Milbe bekämpft: 1 gallon pale oil + 1 gallon Schwefelkalkbrühe (1 : 10) + W. zu 20 gallons. Zusatz von 1 pint Nicotinsulfat zu 75 gallons W. erhöht noch die Wirkung. (Agric. Gaz. New South Wales **63.** 379—80. 1/7. 1952.) F. RANG. 6312

Ernst Seifert, Kiel, *Als Bodenverbesserungsmittel geeignete Mischungen aus Xerogelen und Zusatzstoffen.* Die Xerogele gemäß D. B. P. 921 270 werden in Mengen von ca. 5—15 (%) mit natürlichen Ablagerungen, wie Weißtorf, Schwarztorf, Meeresschlick, mergeligen Silicaten u./oder Hüttensilicaten (insgesamt ca. 85—95), gegebenenfalls unter Zusatz von ca. 1—3 von Metallcarbonaten, innig vermischt. Die das Pflanzenwachstum fördernde Wrkg. der Mittel wird bes. auf basenarmen Böden oder Moorböden erhöht. (**D. B. P. 922 353** Kl. 16 vom 1/7. 1951, ausg. 13/1. 1955. Anmeldung bekanntgemacht 30/7. 1953. **Zusatz zu D. B. P. 921 270; C. 1955. 4196.**) H. KARST. 6295

Ernst Seifert, Kiel, *Herstellung von pflanzenphysiologisch wertvollen Xerogelen.* Gemäß D. B. P. 921 270 werden Alkalisilicate, Meeresschlick oder Gemische derselben unter Zusatz von Metallen in fein verteilter Form, bes. einer Korngröße von $<0{,}02$ mm Durchmesser, gegebenenfalls unter Beimischung von Torf, Torfböden oder tonerdehaltigen Silicaten, durch Zusatz von Metallsalzen gefällt. Bes. geeignet: Na- oder K-Wasserglas, Mg-, Zn-, Mn-Pulver u. Mn-, Zn-, Mg- oder Ca-Sulfate, Chloride oder Carbonate. — *Steigerung* des *Pflanzenwachstums.* (**D. B. P. 922 351** Kl. 16 vom 12/12. 1951, ausg. 13/1. 1955. Anmeldung bekanntgemacht 27/8. 1953. **Zusatz zu D. B. P. 921 270; C. 1955. 4196.**) H. KARST. 6297

Ernst Seifert, Kiel, *Herstellung von pflanzenphysiologisch wertvollen Xerogelen* gemäß D. B. P. 921 270, dad. gek., daß man Meeresschlick oder Mischungen von Meeresschlick mit Torf, Torfböden oder tonerdehaltigen Silicaten durch Zusatz von Metallsalzen in Xerogele überführt, gegebenenfalls unter vorherigem, gleichzeitigem oder nachträglichem Zusatz von Metallsalzen, die nicht mit in die Xerogelform übergeführt werden. Geeignete Fällungsmittel: Sulfate, Chloride u. Carbonate des Ca, Mg, Mn, Zn, Cu, Co u. dergleichen. — *Fördernde* Wrkg. auf das *Pflanzenwachstum.* (**D. B. P. 922 352** Kl. 16 vom 12/12. 1951, ausg. 13/1. 1955. Anmeldung bekanntgemacht 27/8. 1953. **Zusatz zu D. B. P. 921 270; C. 1955. 4196.**) H. KARST. 6297

DEHYDAG Deutsche Hydrierwerke G. m. b. H. (Erfinder: **Ernst Götte**), Düsseldorf, *Herstellung wässeriger, zur Schädlingsbekämpfung geeigneter Dispersionen.* Man setzt den wss. Dispersionen, welche Verbb. mit Di- bzw. Trihalogenmethyl- oder Dihalogenmethylengruppen, Lösungsmittel u. härtebeständige, anionakt. Substanzen enthalten, Schutzkolloide, z. B. Eiweißstoffe, Pflanzenschleime, Cellulosederivv., wie celluloseäthercarbonsaure Salze, zu. Das Schutzkoll. wird in W. gelöst u. in dieser Form in die Dispersion eingearbeitet; zweckmäßig werden die Dispersionen homogenisiert. Verwendung zum Imprägnieren von Wäsche- u. Kleidungsstücken. (**D. B. P. 922 310** Kl. 451 vom 8/3. 1944, ausg. 13/1. 1955. Anmeldung bekanntgemacht 29/1. 1953. **Zusatz zu D. B. P. 921 420; C. 1955. 5402.**) H. NEBELSIEK. 6313

Standard Oil Development Co., übert. von: **Robert Earl Emond,** Mooretown, und **Francis Grant Moffat,** Toronto, Ontario, Canada, *Unkrautvernichtungsmittel,* bes. gegen Unkräuter auf Selleriefeldern, bestehend aus einer wss. Emulsion eines raffinierten Petrolöls, Kp. 300—400° F, Aromatengeh. 6—24 (Vol.-%) u. Naphthengeh. 41—94, u. einem öllösl. Emulgiermittel, welches die Oberflächenspannung des W. herabsetzt, z. B. Polyoxyäthylensorbitlaurat oder Polyoxyäthylensorbitoleatlaurat. In der Emulsion sind 60—30 Petrolöl, 1—5 Emulgiermittel u. der Rest Wasser. (**A. P. 2 690 965** vom 29/4. 1953, ausg. 5/10. 1954.) H. NEBELSIEK. 6313

E. I. du Pont de Nemours & Co., übert. von: **Norman E. Searle** und **Charles W. Todd,** Wilmington, Del., V. St. A., *N-Halogenaryl-N'-oxyalkylharnstoffe* erhält man durch Addition von (Poly-)Halogenarylisocyanaten an Dialkylolamine oder Alkylalkylolamine in Ggw. inerter Lösungsmittel. — Z. B. setzt man 15,3 (Teile) p-Chlorphenylisocyanat, gelöst in 160 Bzl., bei 15—18° mit rasch zugefügten 12,6 Diäthanolamin zum *N-(p-Chlorphenyl)-N'.N'-diäthanolharnstoff,* F. 88—89°, in 87%ig. Ausbeute um. — Analog: („*-N'.N'-diäthanolharnstoff*" = I), [Ausbeute]. *N-(p-Bromphenyl)*-I, F. 105° [84%]; *N-(p-Jodphenyl)*-I, F. 113° [73%]; *N-(p-Fluorphenyl)*-I, F. 84—85° [76,5%]; *N-(2.4.6-Trichlorphenyl)*-I, F. 121—122° [82,5%]; *N-[4-Chlornaphthyl-(1)]*-I, F. 127 bis 128° [90,5%]. — In eine gerührte Suspension von 70 Methylglucamin in 206 Dioxan läßt man eine Lsg. von 50 p-Chlorphenylisocyanat in 51,5 Dioxan eintropfen. Durch Zusatz von 440 Bzl. werden 82 (= 72% der Theorie) *N-(p-Chlorphenyl)-N'-methyl-N'-(2.3.4.5.6-pentaoxyhexyl)-harnstoff* abgeschieden; dessen Monohydrat, F. 64,65°. — *Herbicide,* Zwischenprodukte. (**A. P. 2 663 729** vom 4/11. 1952, ausg. 22/12. 1953.) O. SCHÖN. 6313

Ciba Akt.-Ges., Basel (Erfinder: **Willi Fisch,** Binningen, **Max Geiger,** Riehen, und **Eduard Usteri,** Basel), Schweiz, *Herstellung von Schädlingsbekämpfungsmitteln.* Die insekticiden u./oder fungiciden Stoffe werden mit NH_3 abgebenden Stoffen u. wasserunlösl. Mischpolymerisatsäuren, deren NH_4-Salze in W. lösl. sind u. sich beim Eintrocknen ihrer wss. Lsgg. in die freien Säuren u. NH_3 spalten, versetzt, z. B. 80 (Gewichtsteile) S, 10 Vinylacetatcrotonsäuremischpolymerisat (hergestellt nach F. P. 837 360; C. **1939.** I. 3638, aus 95 Vinylacetat u. 5 Crotonsäure), 10 $(NH_4)_2CO_3$. Statt S kann verwendet werden z. B. DDT, Tribleiarseniat, Kupferoxychlorid; statt des angegebenen Mischpolymerisates Styrol–Maleinsäureanhydrid-Mischpolymerisat oder Vinylacetat–Maleinsäureanhydrid-Mischpolymerisat. (**D. B. P. 858 610** Kl. 45 l vom 25/12. 1948, ausg. 8/12. 1952. Schwz. Priorr. 15/8. 1947 u. 19/7. 1948.) H. DUTTENHÖFER. 6313

Soc. An. des Manufactures des Glaces et Produits Chimiques de Saint-Gobain, Chauny & Cirey, Seine, Frankreich, *Herstellung von Derivaten des 1.1-Di-(p-chlorphenyl)-äthans* (I). Man behandelt I bei 200—250° in Ggw. von UV-Licht mit Chlor. — Z. B. leitet man unter Bestrahlen mit UV-Licht bei 220—230° in 1 (g-Mol) I 2 Chlor ein. Es bildet sich ein öliges Prod. von der Formel $(Cl \cdot C_6H_4)_2C_2H_2Cl_2$. Ebenso erhält man aus I durch 6½ std. Einleiten von Chlor in Ggw. von PCl_3 als Katalysator eine Verb. von der Formel $(Cl \cdot C_6H_4)(Cl_2C_6H_3)C_2H_2Cl_2$, gelbes Öl, Kp. 210—220°; Ausbeute 87%. — *Insekticide* Mittel. (**F. P. 58 870** vom 13/1. 1949, ausg. 6/4. 1954. **Zus. zu F. P. 1 006 566; C. 1955. 6194.**) T. OPPERMANN. 6313

Herbert L. Sanders, Edward A. Knaggs und **Marvin L. Nussbaum,** Chicago, Ill., V. St. A., *Herstellung von Emulsionen für landwirtschaftliche Zwecke,* z. B. als *Insekticide* oder *Viehdesinfektionsmittel.* Sie enthalten a) ein nichtionisiertes Emulgiermittel in Form einer wasserlösl. bis wasserdispergierbaren Verb. mit einem Polyalkylenglykolrest von 4—60 Oxyalkylengruppen, gekettet an einen Rest mit höherem Mol.-Gew. (12 bis 22 C-Atome), wobei die Oxyalkylengruppen entweder Oxyäthylen- oder Oxypropylengruppen sind, u. b) eine öllösl. Verb. der allg. Formel I, in der Alk einen Alkylrest mit 12—16 C-Atomen u. R eine Methyl-, Phenyl-, Oxyphenyl- oder Oxygruppe bedeuten. Außerdem ist das Verhältnis von a : b in der Emulsion 9 : 1 bis 1 : 9, bes. 3 : 1 bis 1 : 3. — Beispiele für a: Oleinsäuremonoester des Polyoxyäthylenglykols, Polyoxyäthylenglykoläther des p-Isooctylphenols, Polyoxyäthylenglykoläther des Undecyl-p-oxyphenylketons, für b: Ca- oder Mg-Salze der Dibutylbenzolmonosulfonsäure, Monolaurylphenolmonosulfonsäure, Monolaurylbenzoldisulfonsäure, Monooctylbiphenylmonosulfonsäure. (**A. P. 2 696 453** vom 27/5. 1952, ausg. 7/12. 1954.)

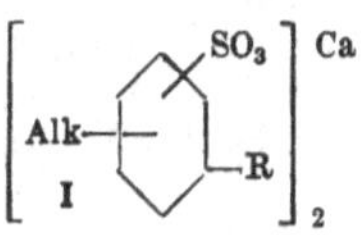

H. NEBELSIEK. 6313

N. V. de Bataafsche Petroleum Mij., Den Haag, Holland, *Insekticides Mittel,* bestehend aus 10—75 (Gew.-%) Feststoffen, d. h. einem Gemisch aus Füllstoffen, z. B. Fullererde, u. Insekticiden, z. B. DDT, b) 10—50 einer mit W. nicht mischbaren Fl., z. B. einem KW-stofföl, wie Kerosin, c) 0,25—20 Emulgiermittel, z. B. N-substituierte, langkettige Fettsäureamide u./oder Sulfonate, u. d) 10—40 Wasser. (**E. P. 719 360** vom 16/12. 1952, ausg. 1/12. 1954. Holl. Priorr. 17/12. 1951 u. 14/7. 1952.) H. NEBELSIEK. 6313

J. R. Geigy Akt.-Ges., Basel, Schweiz, *Herstellung rodenticider Schmelzprodukte.* Man erhitzt 4-Oxycumarin mit Styrylalkyl-, Styrylaryl- oder Styrylaralkylketonen, z. B. 4-Chlorbenzalaceton, in Abwesenheit fl. Verdünnungsmittel auf mindestens 120°. Die erhaltenen Gemische enthalten zum überwiegenden Teil folgende Verbb. („4-Oxycumarin" = I): *3-(α-(4'-Chlorphenyl)-β-acetyläthyl]*-I, *3-[α-(4'-Fluorphenyl)-β-acetyläthyl]*-I, *3-[α-(4'-Bromphenyl)-β-acetyläthyl]*-I, *3-[α-(4'-Chlorphenyl)-β-benzoyläthyl]*-I, *3-[α-(4'-Chlorphenyl)-β-(4''-chlorbenzoyl)-äthyl]*-I, *3-[α-(3'-Chlorphenyl)-β-acetyläthyl]*-I, *3-[α-(3'-Methyl-4'-chlorphenyl)-β-acetyläthyl]*-I, *3-[α-(3'-Nitrophenyl)-β-acetyläthyl]*-I, *3-[α-(4'-Nitrophenyl)-β-acetyläthyl]*-I. Vgl. D. B. P. 870 115; C. **1953.** 4758. (**Schwz. PP. 292 985, 292 986, 292 987, 292 988, 292 989, 292 990, 292 991, 292 992** u. **292 993** vom 25/7. 1950, ausg. 1/12. 1953. **Zusätze zu Schwz. P. 289 305; C. 1954. 11 612.**) K. FABEL. 6313

A. M. Kusin, Markierte Atome in landwirtschaftlichen Forschungsarbeiten. Moskau: Verlag der Akad. der Wiss. der UdSSR. 1954. (104 S. m. Abb. u. 3 Anlagen) 2 Rbl. [russ.]

R. Ss. Uschatinskaja, Biologische Grundlagen der Anwendung tiefer Temperaturen bei der Bekämpfung von Getreideschädlingen. Verlag der Akad. der Wiss. der UdSSR. 1954. (87 S.) 3 Rbl. 50 Kop. [russ.]

VIII. Metallurgie. Metallographie. Metallverarbeitung.

G. A. Walker, *Die Wirkung von Ungenauigkeiten vonProberesultaten auf metallurgische Ausbeuten.* Eingehende Diskussion der Fehlermöglichkeiten bei der Au-Best. in Golderzen des Kalgoorlie-Distriktes, veranlaßt durch ca. 2% bessere Ausbeute in der Praxis gegenüber Analysenergebnissen. Probenahme u. -vorbereitung, Schmelzaufschluß, Oxydation, Herauslösen des Ag mit HNO_3 u. Wägungen in allen Stufen sind einzeln ausgewertet; als Hauptfehlerquelle wurde die Wägung gefunden u. der Einsatz einer Quarzfadentorsionswaage empfohlen. (Australas. Inst. Mining Metallurgy, Proc. [N. S.] **1952.** Nr. 164/165. 33—44. Jan./Juni.) H. ECKHARD. 6350

Franz Bollenrath, *Zur Entwicklung warmfester Werkstoffe.* Überblick über warmfeste, korrosionsbeständige u. hitzebeständige Metalle u. ihre Verwendung in Großkraftanlagen, Dampferzeugern, Verbrennungskraftmaschinen u. bes. in Gasturbinen. Für geeignete Einsatzmöglichkeiten werden austenit. u. ferrit. Eisenlegierungen miteinander verglichen. Besondere Erwähnung finden Schwermetallegierungen mit Fe auf den Grundlagen Cr–Ni, Cr–Ni–Al–Ti, Co, Co–Cr–Ni (+ Ti, Ta, Nb, Mo), Cr–Fe–W, Cr–Mo–Fe, Ni–Co–Fe u. Sinterwerkstoffe. — Diskussion. (Arbeitsgemeinsch. Forsch. Landes Nordrhein-Westfalen **1951**. 8—50. Aachen, TH.) K.-H. ANDERS. 6388

Miklós Cseh, *Die Bedingungen zur Erzeugung von Gußeisen mit Kugelgraphit.* Zusammenfassung der Literaturangaben u. eigener Erfahrungen über die Herst., Zus., Wärmebehandlung, mechan. u. Gußeigg. von Gußeisen mit Kugelgraphit. — 59 Literaturzitate. (Kohászati Lapok **9** (87). Nr. 11. Öntöde **5**. 241—51. Nov. Nr. 12. 265—70. Dez. 1954.) J. PLANK. 6404

Endre Lendvai, *Stahlerzeugung in Induktionsöfen.* Entw., Vor- u. Nachteile u. Betrieb der Induktionsöfen. — 7 Literaturzitate. (Kohászati Lapok **9** (87). Nr. 10. Öntöde **5**. 228—34. Okt. Nr. 11. 252—61. Nov. 1954.) J. PLANK. 5408

Harry F. Walther, *Induktionswirbler für bessere Betriebstechnik.* Beschreibung einer aus zwei Öfen mit Wirblern versehenen Elektroofenanlage. Erzeugung von gewirbeltem *Stahl.* Der Wirbler wird 10 Min. vor dem Abschlacken eingeschaltet. Durch das Verf. wird der S-Geh. um 0,008—0,010% erniedrigt. (J. Metals **6**. Nr. 1. Sect. 1. 21—23. Jan. 1954. Canton, O., Timken Roller Bearing Co.) H. HOCHSTEIN. 6408

Ernest V. Gent, *Gedrückte und gezogene Zinkteile haben viele Anwendungen.* Bericht über die spanlose Formgebung von Zn-Blech durch Drücken u. Tiefziehen bei Raumtemperatur. (Materials and Methods **36**. Nr. 6. 102—04. Dez. 1952.) O. WERNER. 6426

D. B. Roach, R. B. Fischer und **J. H. Jackson,** *Eine ausscheidungshärtbare Kupfer–Nickel–Silicium–Aluminium-Legierung.* Entwickelt wird eine aushärtbare Legierung aus *Cu* mit ca. 10 (%) *Ni,* 1,5 *Si* u. 4,0 *Al.* Die Legierung kann nach einer Lösungswärmebehandlung leicht verformt u. durch anschließende Aushärtung wieder auf eine Proportionalitätsgrenze von ca. 60 kg/mm², auf eine Streckgrenze von 84 kg/mm² u. auf eine Zugfestigkeit von 98,5 kg/mm² bei einer Dehnung von 8% gebracht werden. Eine noch höhere Festigkeit kann durch eine der Aushärtungsbehandlung voraufgehende Kaltverfestigung erzielt werden. Prüfungen an einem aus dieser Legierung hergestellten Band haben die Brauchbarkeit des Werkstoffs zur Herst. von elektr. Kontaktfedern bewiesen. — 11 Schrifttumsangaben. Diskussion. (Trans. Amer. Soc. Metals **46**. 329—47. 1954. Columbus, O., Battelle Mem. Inst.) H. HOCHSTEIN. 6432

Clyde Wyman und **George W. Johnson,** *Die Wiedergewinnung von Vanadin und anderen Legierungsmetallen im sauren Elektroofen.* Unterss. über die Wiedergewinnung von V u. anderen oxydierbaren Elementen aus Altmetallen, die zur Beschickung von sauren Elektroöfen dienen, zeigen, daß 80—90% des eingebrachten V gewonnen u. sulfid. Einschlüsse vermieden werden, wenn die Desoxydation sorgfältig überwacht u. in einer im einzelnen beschriebenen Weise ausgeführt wird. (Vancoram Rev. **7**. Nr. 1. 11—16. 1952. Chicago, Ill., Burnside Steel Foundry Co., u. Vanadium Corp. of America, Steel Foundry Div.) W. WESLY. 6440

Hans Ginsberg, *Metallurgische Probleme der Tonerdeerzeugung.* Durch Verss. wurde ein Weg zur Beschleunigung der Hydratausfällung aus der Aluminatlauge u. zur Erzielung einer ausreichenden Gleichmäßigkeit des Kalzinatschüttgewichtes für die Elektrolyse gefunden; die Ursache für schlechteres Absitzen grobkörnigen Rotschlammes findet Vf. in den am gröberen Korn anhaftenden voluminösen Na-Silicatteilchen. Durch Schliffbilder, röntgenograph. Unters. sowie durch Härte- u. Dichtebest. wurde die kristallograph. Struktur eines Bauxits ermittelt. (Z. Erzbergbau Metallhüttenwes. **7**. 93—99. März 1954. Bonn, Vereinigte Aluminium- u. Vereinigte Leichtmetall-Werke G. m. b. H.) H. ECKHARD. 6446

Italo S. Servi und **Nicholas J. Grant,** *Gefügebeobachtungen von durch Kriechen bei erhöhten Temperaturen verformtem Aluminium.* Eine Korngrenzenwanderung wird bei sehr reinen u. bei hohen Tempp. geprüften Al-Proben beobachtet. Die Korngrenzen bewegen sich hierbei von ihrem Krümmungsmittelpunkt weg, wie im Falle einer Glühung nach einer Kaltverformung. Als erste Annäherung kann für um 15—40% verformte Proben festgestellt werden, daß die Abstände der Gleitlinien umgekehrt proportional der angelegten Spannung sind. Ein Fehlen von Gleitlinien tritt dann auf, wenn die Korngröße kleiner als der mittlere Gleitlinienabstand ist, wie er in einer grobkörnigeren, aber unter der gleichen angelegten Spannung geprüften Al-Probe erhalten wird. Die Verformung von Al ist weniger lokalisiert, je höher die Temp. oder je geringer die Belastungsgeschwindigkeit ist. — Schrifttumsangaben. (J. Metals **3**. 917—22. Okt. 1951. Niagara Falls, N. Y., Union Carbide & Carbon Res. Labors., Inc., u. Cambridge, Mass., Massachusetts Inst. of Technol.) H. HOCHHTEIN. 6446

Italo S. Servi und **Nicholas J. Grant,** *Das Kriech- und Zugfestigkeitsverhalten von Aluminium in Abhängigkeit vom Reinheitsgrad.* Zahlreiche Unterss. der Dauerstandsfestigkeit u. der Bruchzeiten für sehr reines u. für handelsübliches *Al* bestätigen das Vorhandensein eines Übergangsgebietes des Verh. bei niedrigen Tempp. zu dem bei höheren Temperaturen. Die so erhaltenen Werte werden in Beziehung mit den bekannten Verformungstheorien bei Metallen erörtert. — 14 Schrifttumsangaben. Diskussion. (J. Metals **3**. 909—16. Okt. 1951; **4**. 522—35. Mai 1952. Niagara Falls, N. Y.) H. HOCHSTEIN. 6446

Maurice Cook, *Das neue Metall Titan.* (J. Amer. Soc. Naval Engr., Inc. **66**. 400—20. Mai 1954. — C. **1954**. 11038.) F. VIER. 6448

M. A. Steinberg, S. S. Carlton, M. E. Sibert und **E. Wainer,** *Herstellung von Titan durch Fluoridelektrolyse.* Bei 740—760° wurde ein elektrolyt. Verf. in geschmolzenem NaCl entwickelt, das es ermöglicht, handelsüblich reines metall. Ti-Pulver aus K_2TiF_6 in einer Graphitzelle in einer inerten Gasatmosphäre herzustellen. Die Versuchsbedingungen werden eingehend beschrieben, u. ihre Wrkg. auf das erzeugte Metall werden diskutiert. Das Verf. ermöglicht es, Metall von hohem Reinheitsgrad zu gewinnen. Durch eine entsprechende Waschtechnik wird das Metall gereinigt. Es kann als grob krist. Metall u. als metall. Plättchen hergestellt werden. Die Elektrolysen wurden bei 350—550 A/dm² u. 4—5 V durchgeführt. (J. electrochem. Soc. **102**. 332—40. Juni 1955. Cleveland, O., Horizons Inc.) A.-F. BOGENSCHÜTZ. 6448

F. D. Rosi und **F. C. Perkins,** *Die Festigkeitseigenschaften und die Einflüsse einer Reckalterung in Titan.* Die Zugfestigkeit von *Ti* handelsüblicher Reinheit wird im Temperaturgebiet von 77—925° K (—196 bis 652° C) bei konstanten Belastungsgeschwindigkeiten von 0,003 min^{-1} u. 0,138 min^{-1} festgestellt. Das Ergebnis zeigt, daß Ti als Werkstoff die n. mechan. Beeinflussungen in Verbindung mit einer Reckalterung zeigt. Die Kurven, welche die Abhängigkeit einer Anzahl der mechan. Eigg. von der Temp. aufzeigen, lassen erkennen, daß die Reckalterung in bestimmten Temperaturgebieten, z. B. bei 27—127° C u. bei 232—452° C, einen wesentlichen Einfl. ausübt. An grobkörnigen Blechproben werden Beobachtungen über die Natur der dort auftretenden LÜDERSschen Linien angestellt. — 16 Schrifttumsangaben. Diskussion. (Trans. Amer. Soc. Metals **45**. 972—92. 1953. Bayside, N. Y., Sylvania Electric Products, Inc.) H. HOCHSTEIN. 6448

James L. Wyatt, *Empfindlichkeit gegen Reckspannung von handelsüblich reinem Titan.* Die Abhängigkeit des elektr. Widerstandes von handelsüblich reinem Ti vom Verformungsgrad wurde ermittelt, u. dieser Wert wurde mit den bei Konstantan u. kaltverformtem Invar erhaltenen Werten verglichen. Bei der Best. des Einfl. der Temp. zeigte sich, daß eine Änderung in der Temp. von ca. 17° die gleiche Änderung des elektr. Widerstandes erzeugt wie 1% Verformungsspannung. (J. Metals **4**. 1050. Okt. 1952. Cambridge, Mass., Massachusetts Inst. of Technol.) H. HOCHSTEIN. 6448

D. R. Luster, W. W. Wentz und **D. W. Kaufmann,** *Kriecheigenschaften von Titan.* Übersicht über die Ergebnisse von Kriechverss. an Ti vom Reinheitsgrad 99,0 u. 99,2% bei 80, 800 u. 1000° F. Bei Raumtemp. hat Ti niedrige Kriechwerte, zwischen 400 u. 600° F wird kein Kriechen beobachtet, zwischen 800 u. 1000° F weist Ti beachtliche Kriechwerte auf. (Materials and Methods **37**. Nr. 6. 100—03. Juni 1953. Rem-Cru Titanium, Inc.) M. BLUTH. 6448

—, *Die Bearbeitung von Titan.* Mit geeigneten Werkzeugen läßt sich Ti genau wie *Stahl* bearbeiten. Dabei ist zu beachten, daß Ti bei Tempp. über 425° mit O_2, N_2, H_2 u. C lebhaft reagiert. Schmieröle sind wegen ihrer Neigung, sich zu entzünden, in Verbindung mit CO_2 zu verwenden. Ti-Staub ist ebenso gefährlich wie Mg-Staub. Es wird eine Übersicht über die zum Drehen, Bohren, Gewindeschneiden, Fräsen u. Sägen geeigneten Werkzeuge gegeben. (Metal Ind. [London] **85**. 127—28. 13/8. 1954.) F. VIER. 6448

W. J. Barth und **A. L. Feild jr.,** *Der Einfluß von Eisen auf die Härte, Biegefähigkeit und das Schweißen von Titanblechen.* Durch Verss. wurde ermittelt, daß 0,5% Fe nur einen kleinen Einfl. auf die Festigkeitseigg. bei Raumtemp. von handelsüblich reinen α-Ti-Legierungen, z. B. *RC-70, RS-70, Ti-100-A* u. *MST Nr. III,* ausübt. Der Zusatz von 1% Fe jedoch bewirkt eine Erhöhung der Festigkeit, wobei die Biegefähigkeit noch zufriedenstellend bleibt. Alterungsunterss. mit Ti-Legierungen mit 0,5% Fe ergaben Stabilität sowohl im geschweißten Zustand als auch bei Betriebstempp. bis 400°. Ein Zusatz von 0,25% Fe zu einer Ti-Legierung mit üblichem Fe-Geh. ergab kaum einen Einfl. auf die Dauerstandsfestigkeit der Legierung. (Metal Progr. **64**. Nr. 5. 74—77. Nov. 1953. Newport, Del., E. I. du Pont de Nemours & Co., Inc.) H. HOCHSTEIN. 6448

W. M. Parris, P. D. Frost und **J. H. Jackson,** *Die Wärmebehandlung von hochfesten Titanlegierungen.* Die Eigg. von warmbehandelten Ti-Legierungen hängen von der Zus., der Art der Wärmebehandlung u. von dem Herstellungsverlauf der Legierung ab. Die bei Tempp. im α–β- oder β-Gebiet gewalzten u. anschließend einer Lösungsbehandlung im α–β-Feld unterworfenen Legierungen hatten im abgeschreckten u. luftgekühlten Zustand gute Zugfestigkeitswerte. Proben jedoch, die gewalzt, einer Lösungsbehandlung im α–β-Temperaturgebiet unterworfen u. dann bei 800—1100° F überaltert wurden, hatten viel bessere Eigenschaften. Die überalterten Proben waren auch bei einer Rückerwärmung auf 500° F für Zeiten von 500—1000 Std. stabil. Die Lösungsbehandlung im β-Gebiet versprödet stark alle Legierungen, auch wenn sie auf niedrige Härtewerte überaltert wurden. Eine von drei untersuchten Legierungen, die im β-Gebiet gewalzt war, hatte eine ziemlich gute Kaltbildsamkeit nach einer Lösungs- u. Überalterungsbehandlung. — Schrifttumsangaben. (Trans. Amer. Soc. Metals **46**. 568—86. 1954. Columbus, O., Battelle Memorial Inst.) H. HOCHSTEIN. 6448

H. R. Ogden, D. J. Maykuth, W. L. Finlay und **R. I. Jaffee,** *Die mechanischen Eigenschaften hochreiner Titan–Aluminium-Legierungen.* Hochreine bin. Ti–Al-Legierungen bis zu Gehh. von 7,5 (%) Al lassen sich bearbeiten. Legierungen mit mehr als 7,5 Al sind nicht verwendbar. Die γ-Legierungen mit ca. 37 Al sind zwar weich, haben aber nur eine begrenzte Bearbeitbarkeit. Kleine Zusätze von bis 3% Al ergeben nur eine geringe Festigkeitszunahme. Diese wird größer bei Al-Zusätzen von 4 u. mehr u. hat ein Maximum zwischen 4 u. 5 pro 1% Al. Al-Zusätze senken die D. von Ti-Legierungen u. erhöhen ihren Elastizitätsmodul um ca. 200000 lbs./sq.in./% Al. Diese Steigerung geht mit wachsendem Al-Geh. weiter, so daß γ-Legierungen einen Modul von 21000000 lbs./sq.in haben. Verss. bei höheren Tempp. ergaben eine Abnahme von Härte u. Elastizitätsmodul, die bei γ-Legierungen bedeutend geringer war als bei α-Legierungen. Es wurde festgestellt, daß die bearbeitungsfähigen Legierungen 1-Phasen-Legierungen sind, die einer Wärmebehandlung durch Abschrecken aus der β-Phase oder einer folgenden Alterung nicht zugänglich sind. Die Legierungen zeigten Kaltverfestigung in beträchtlichem Ausmaß, jedoch weniger als unlegiertes Ti. Die Schweißbarkeit der Legierungen entsprach der von reinem Ti. Durch Zusatz von Al wird die Oxydationsgeschwindigkeit herabgesetzt, bei 8 Al um ca. 40%. — Schrifttumsstellen, Diskussion. (J. Metals **5**. Nr. 2, Sect. 2, Trans. AIME **197**. 267—72. Febr.; **5**. Nr. 11., Sect. 2, Trans. AIME **197**. 1561—62. Nov. 1953. Columbus, O., Battelle Memorial Inst.) F. VIER. 6448

S. M. Bishop, J. W. Spretnak und **M. G. Fontana,** *Die mechanischen Eigenschaften einschließlich der Dauerfestigkeit von den Titanlegierungen RC-130-B und Ti-150-A bei sehr niedrigen Temperaturen.* Die Dauer- u. Zugfestigkeit sowie dilatometr. Messungen wurden bei Tempp. von 25 bis —196° an der *Ti*-Legierung *Ti-150-A* mit 1,3 (%) *Fe*, 2,7 *Cr*, bis 0,08 N_2, bis 0,05 *C*, Rest Ti sowie an der Legierung *RC-130-B* mit 0,24 *C*, 3,8 *Al*, 3,8 *Mn*, Rest Ti bestimmt bzw. durchgeführt. Die Schlagzähigkeit u. die Härte wurden bei Tempp. bis zu —253° ermittelt. Es zeigte sich u. a., daß sowohl bei polierten als auch gekerbten Proben die bei Raumtemp., —78 u. —196° ermittelte Dauerfestigkeit bei beiden Legierungen bei den tieferen Tempp. anstieg; jedoch bei der Legierung *RC-130-B* war die Zunahme prozentual größer. Bei dieser Legierung ist auch bei allen Tempp. die Härte etwas höher als bei *Ti-150-A*. Die Härte beider Werkstoffe war bei —253° um ca. 107% erhöht. Die Wärmeausdehnung von *RC-130-B* ist im Temperaturgebiet von Raumtemp. bis auf —196° größer als die der anderen Legierung. Sie nimmt jedoch mit fallender Temp. merklich ab. — Schrifttumsangaben, Diskussion. (Trans. Amer. Soc. Metals **45**. 993—1007. Columbus, O., Ohio State Univ.) H. HOCHSTEIN. 6448

W. E. Kuhn, *Gußteile aus Titan und Zirkonium.* Verf. zur Herst. von Gußteilen aus Ti u. Zr, bei dem unter Verwendung von Dauerformen aus Cu oder Graphit sowie nach dem Wachsausschmelzverf. sowohl im Vakuum als auch unter Ar gearbeitet wird. (Materials and Methods **36**. Nr. 6. 94—95. Dez. 1952. National Lead Co., Titanium Alloy Mfg. Div.) O. WERNER. 6448

R. M. Treco, *Einige Eigenschaften von sehr reinem Zirkonium und von dessen mit Sauerstoff versehenen Legierungen.* Durchgeführt wurde eine systemat. Unters. der physikal. u. mechan. Eigg. von sehr reinem, mit Jodid gefeintem *Zr* sowie von dessen verdünnten Legierungen mit O_2-Gehh. bis zu ca. 2,5 At.-%. Schon geringere O_2-Zusätze ergaben eine Steigerung der Festigkeit des reinen Zr bei einer geringen Verbesserung der Kaltbildsamkeit; bei höheren O_2-Gehh. jedoch wurde Zr spröde. Die O_2-Legierungen von Zr hatten im Vgl. zu Rein-Zr eine verbesserte Bearbeitbarkeit. Auch die Warmfestigkeit bis zu Tempp. von 400° wurde durch O_2-Zusätze erhöht. — 14 Schrifttumsangaben, Diskussion. (Trans. Amer. Soc. Metals **45**. 872—92. 1953. Bridgeport, Conn., Bridgeport Brass Co.) H. HOCHSTEIN. 6448

Bruno Waeser, *Cer — Cerlegierungen — Cerrolegierungen.* Es wird ein Überblick über die Herst. u. techn. Verwendung von Ce u. Ce-Legierungen gegeben. Durch Schmelzflußelektrolyse von Cerchlorid bzw. Cerfluorid mit Na oder Li wird ein Metall von 99,92—99,93%ig. Reinheit erzeugt. Beim grauen *Gußeisen* bewirkt Ce eine globulare

Ausbldg. des Graphits (sphärolith. Gußeisen); bei der *Stahl*-Herst. wird Ce als stark wirkendes Desoxydationsmittel verwendet. Es wird eine Zusammenstellung von Sn, Pb, Bi u. Cd enthaltenden Cerrolegierungen mit Angabe des F., der D., BRINELL-Härte u. spezif. Wärme sowie der Gießtemp., Zug- u. Druckfestigkeit u. Schrumpfung beim Erstarren gegeben. (Werkstoffe u. Korrosion **5**. 137—38. April 1954. Elmshorn bei Hamburg.) H. HOCHSTEIN. 6448

A. Lutsch, *Grundlagen und Verfahren zur zerstörungsfreien Werkstoffprüfung mittels Ultraschallwellen.* Überblick über die verschied. Verff. einer zerstörungsfreien Werkstoffprüfung mittels Ultraschallwellen. Besprochen werden die Durchstrahlungsverff. u. das Impuls-Reflexions-Verf., wobei jedoch nur auf die physikal. Unterschiede eingegangen wird, die Frage der prakt. Bedeutung der einzelnen Verff. nicht behandelt wird. (Arch. techn. Messen **1953**. 209—10. Sept. Erlangen, Siemens-Reiniger-Werke A.-G.) C. GOTTFRIED. 6480

H. H. Bleakney, *Die Duktilität von Metallen bei Kriechdehnungs-Bruch-Versuchen.* Verunreinigungen in handelsüblichen, reinen Metallen sind meist die Ursache von interkristallinen Sprödigkeitsrissen, die bei Kriechdehnungs-Bruch-Verss. auftreten. Die Ergebnisse von entsprechenden Verss. mit *Cu, Al* u. *Ag* werden wiedergegeben; sie zeigen eine mit der Metallreinheit steigende Abnahme der Sprödigkeit. Völlig reines Cu kann während der Verss. genügend O_2 absorbieren u. dadurch unrein werden. (Canad. J. Technol. **30**. 340—51. Dez. 1952. Ottawa, Can.) W. WESLY. 6480

F. Campus, *Methoden zur Messung von elastischen und plastischen Verformungen und von Schweißspannungen der Stähle.* Krit. Bericht über bekannte Verff. zur Messung von Spannungen u. Verformungen in Schweißungen, bes. das Verf. von GUNNERT (Arcos **1951**. 2493—2509). Vf. benutzt im Labor. die Zerschneidemeth. u. empfiehlt für Bauteile das Bohrverf. für Spannungsmessungen. (Arcos **1951**. 2584—89. Lüttich, Univ.) W. DEUTSCH. 6480

Turner E. Pardue, *Streckgrenze von weichem Stahl bei plötzlicher Belastung,* Kurze Mitt. über dynam. Belastungsverss. an Zerreißproben aus weichem Stahl mit einer Stoßmaschine. Die erhaltene Spannungs-Zeit-Kurve war im wesentlichen sinusförmig vor dem Fließen. Dehnungsgeschwindigkeiten zwischen 1—50 sec^{-1} wurden erhalten, wobei die Fließgrenzen 3mal größer waren als die n. statist. bei den höchsten Dehnungsgeschwindigkeiten. (Physic. Rev. [2] **87**. 172. 1/7. 1952. Naval Res. Labor.) S. HÜTTIG. 6480

W. C. F. Hessenberg, *Die Verarbeitung der Metalle Die Verformung beim Drahtziehen und Walzen.* Die Einflüsse von inneren u. äußeren Spannungen auf die Eigg. von Metallen u. Legierungen u. die beim Drahtziehen u. Walzen auftretenden Energieverteilungen werden im einzelnen beschrieben. — 8 Literaturzitate. (Iron Coal Trades Rev. **164**. 135—40. 18/1. 1952.) W. WESLY. 6490

A. P. Guljajew und **M. Ss. Tschaadajewa,** *Die Stabilisierung von Restaustenit bei einer Behandlung von Stahl in der Kälte.* Von unlegiertem Stahl mit 0,85—1,25 (%) *C* bis 0,4 *Mn*, sowie von legierten Stählen mit 1,02—1,39 C, 1,25—1,56 *Cr*, 0,57—1,05 Mn u. 0—1,55 *W* oder mit 1,4 C, 11,50 Cr u. 0,93 *V* oder mit 0,96 C, 1,62 Cr, 4,06 *Ni* u. 1,00 *W* oder mit 0,96 C, 1,68 Cr u. 3,66 Ni oder mit 0,78 C, 3,80 Cr, 1,40 V u. 18,01 W werden in Abhängigkeit von der Temp. der voraufgegangenen Härtung u. von der Haltezeit bei 20° die Martensitkurven (% Martensitgeh. im Gefüge nach Unterkühlungen bis —160°) aufgenommen u. die Veränderung der Eigg. bei einer Behandlung in der Kälte bei ununterbrochener Abkühlung nach Härtung von verschied. Tempp. sowie nach einer 1std. Stabilisierung bei 20° angegeben. Aus den Unterss. folgt u. a., daß ein Halten bei 20° in allen Stählen, die von verschieden hohen Tempp. abgeschreckt waren, eine Stabilisierung des Restaustenits hervorruft. Die Neigung zur Stabilisierung ist für die verschied. Stahlmarken u. beim gleichen Stahl, der von verschieden hohen Tempp. abgeschreckt worden ist, verschieden groß. (Вестник Машиностроения [Nachr. Maschinenbau] **33**. Nr. 1. 37—42. Jan. 1953.) H. HOCHSTENIN. 6492

F. E. Garriott, *Schweißen mit Bronzeelektroden.* Zusammenstellung der chem. u. mechan. Eigg. von 10 P-, Ni-, Si- u. Al-Bronzeelektroden nebst Beispielen für die Anwendung bei Schweißverbindungen u. als Oberflächenschutz gegen Korrosion u. Abrieb. (Metal Ind. [London] **79**. 143—47. 24/8. 1951. Milwaukee, Wis., Ampco Metal, Inc.) H. ECKHARD. 6506

Nathaniel Hall, *Technische Entwicklungen des Jahres 1952.* Bericht über Fortschritte auf dem Gebiet der Oberflächenbearbeitung. Behandelt werden u. a. Reinigen, Ätzen u. Polieren von metall. Oberflächen, metall. Überzüge, Metallisieren, Verhinderung der Korrosion, chem. Analysen u. Best. von Bestandteilen der Plattierungsbäder. — 246 Literaturhinweise. (Metal Finishing **51**. Nr. 1. 92A. 92B. 93—100. Jan. 1953.) M. GEHLEN-KELLER. 6508

Nathaniel Hall, *Technische Entwicklungen des Jahres 1953.* (Vgl. vorst. Ref.) Bericht über Fortschritte auf dem Gebiet der Oberflächenbehandlung. — 311 Literaturhinweise. (Metal Finishing **52.** 52—61. Jan. 1954.) M. GEHLEN-KELLER. 6508

Nathaniel Hall, *Technische Entwicklungen des Jahres 1954.* (Vgl. vorst. Ref.) Bericht über Fortschritte auf dem Gebiet der Oberflächenbehandlung. — 295 Literaturhinweise. (Metal Finishing **53.** 58—66. Jan. 1955.) M. GEHLEN-KELLER. 6508

Joseph T. Irwin, *Wirkung und Schutz von Depolarisatoren beim Reinigen von Stäben und Drähten.* Beschreibung der Wirkungsweise eines metallorgan. Inhibitorzusatzes beim Beizprozeß. (Wire and Wire Products **26.** 899—901. 994—96. Okt. 1951. Waukegan, Ill., Azed, Inc.) W. KATZ. 6512

Charles F. Burrows, *Ein neues „finish" liefert korrosionsfesteres Aluminium.* Al wird elektrochem. mit einem nichtmetall. korrosionsfesten Überzug „MHC-finish" versehen, dessen Härte größer ist als diejenige einer verchromten Oberfläche. Da das Verf. im großen wesentlich billiger ist als eine Hartverchromung, ergeben sich wichtige Anwendungen, u. a. für die Flugzeugindustrie. (Iron Age **166.** Nr. 8. 73—75. 24/8. 1950. Baltimore, Glenn L. Martin Co.) F. TÖDT. 6514

H. Spähn, *Das chemische Polieren.* Überblick über die wichtigsten Badtypen zum chem. Glänzen von *Al* u. *Cu,* über die theoret. Vorstellungen über den Glänzmechanismus, über die Analyse der Bäder u. die Anwendungsmöglichkeiten. — Schrifttumsüberblick. (Metalloberfläche, Ausg. B **6.** 17—26. Febr. 1954. Stuttgart.) F. MARKHOFF. 6514

Otto Niedermeyer, *Praktische Winke zum Aluminiumglänzen.* Nach der mechan. Behandlung, wie Stanzen, Ziehen, Schleifen oder Polieren, müssen kleinste Fremdmetallteilche von der *Al-Oberfläche* vor dem Eloxieren entfernt werden. Als Material für die Aufhängegestelle sind *Al–Mg–Si*-Legierungen am besten geeignet. Beim Eloxieren werden 18° als günstigste Badtemp. u. 1,2 A/dm^2 als günstigste Stromdichte empfohlen. Zur Nachverdichtung eignen sich am besten *Ni-Acetat*-Lsgg. von 92—95°. (Metalloberfläche, Ausg. B **6.** 29. Febr. 1954. Aschaffenburg.) F. MARKHOFF. 6514

W. L. Bruckart und **R. I. Jaffee,** *Ummantelung von Molybdän zur Verwendung in Luft bei erhöhter Temperatur.* Mit *Ni* ummanteltes *Mo* hat eine hohe Oxydationsbeständigkeit u. hohe Warmfestigkeit. Bes. mit *Inconel* ummanteltes Mo hat demgegenüber noch eine erhöhte Oxydationsbeständigkeit bei leichter Herstellung. Jedoch ist die Warmfestigkeit geringer als bei mit Ni ummanteltem Mo. Es wird auf die Bedeutung eines ausreichenden Kantenschutzes der ummantelten Mo-Platten hingewiesen u. nachgewiesen, daß das Plattieren unter Verwendung eines Ni-haltigen Füllmaterials mittels des Ar–Lichtbogen- oder des Sauerstoff–Acetylen-Verf. durchgeführt werden kann. — Schrifttumsangaben. Diskussion. (Trans. Amer. Soc. Metals **44.** 176—203. 1952. Columbus, O., Battelle Mem. Inst.) H. HOCHSTEIN. 6516

Ferenc Köszegi, *Herstellung und Eigenschaften von mit Kupfer plattierten Aluminiumplatten.* Die schwierige Aufgabe, festhaftende Cu-Belege auf Al-Platten herzustellen, löste Vf. in der Weise, daß eine dünne Zn-Schicht dazwischen angebracht wird. Die Zn-Schicht verhindert die Bldg. von sprödem Kupferaluminid, indem Zn sowohl in das Al als auch in das Cu leicht diffundiert u. so eine Mittelschicht aus einer Al–Zn–Cu-Legierung gebildet wird. Die Wärmebehandlung ist bei 300—360° optimal, höhere Temp. oder längere Zeit ist unvorteilhaft, da die Härte des Al zunimmt u. die ERICHSON-Werte sinken. Beim Tiefziehen verhalten sich plattierte Bleche wie Reinaluminium. Die Kupferseiten können leicht verlötet werden, nach Entfernung des Cu kann die reine Al-Fläche mit Al verlötet oder verschweißt werden, doch ist dabei zu beachten, daß das Metall nicht längere Zeit auf 420° erhitzt werde. Vernieten ist möglichst zu vermeiden, da Cu- u. auch Al-Nieten elektrolyt. Korrosion verursachen. Ist das Nieten unumgänglich, sollen Kupfernieten verwendet werden, doch muß auf der Al-Seite eine isolierende oder Zn-Unterlage verwendet werden. (Kohászati Lapok **9** (**87**). 520—23. 10/11. 1954.) J. PLANK. 6516

W. C. Schickner, J. G. Beach und **C. L. Faust,** *Herstellung galvanischer Metallüberzüge auf Zirkonium.* Es werden Methoden für die Abscheidung festhaftender galvan. Ndd. auf Zr beschrieben. Gute Adhäsion wird durch eine Ätzung in NH_4F–HF-Lsg. vor der galvan. Behandlung erreicht. Bes. festhaftende Ni- u. Fe-Überzüge erhält man durch nachträgliche Wärmebehandlung, wobei sich eine Legierungsschicht bildet. Auf diese durch Diffusion verankerte Fe- oder Ni-Schicht kann man andere Metalle galvan. aufbringen. (J. electrochem. Soc. **100.** 289—91. Juni 1953. Columbus, O., Battelle Mem. Inst.) W. SKALIKS. 6516

A. H. Hartman und **M. Schneider,** *Hochvakuum-Metallisierung von Metallen und Kunststoffen.* Übersicht über die Ausführung der Hochvakuummetallisierung, ihre

Vorteile, die dazu angewandten Metalle u. ihre Anwendungsgebiete. (Metal Finishing **49.** 64—70. Sept. 1951. Rochester, N. Y., Distillation Products Industries, Div. of Eastman Kodak Co.) W. WESLY .6516

Edmund R. Thews, *Herstellung von gefärbten Goldüberzügen.* Übersicht über die Verff. zur Herst. von durchscheinenden Au-Filmen, Au-Legierungen, reinen Au-Ndd., grünen, rosafarbenen u. weißen Au-Ndd., die Zus. der Bäder, die Eigg. der Überzüge u. der Korrosionsschutz durch Lackierung. (Metal Finishing **49.** 80—85. Sept. 1951. Berlin.) W. WESLY. 6526

Harry A. Evangelides, *Ein neuer Überzug für Magnesiumlegierungen.* Beschreibung des HAE-Überzugs. Die Mg-Legierungen werden auf elektrolyt. Wege mit einem feuerfesten keram. Überzug versehen, der gute Korrosions-, Abrieb- u. Wärmefestigkeitseigg. zeigt. (Metal Finishing **49.** 56—60. Okt. 1951. Philadelphia, Pa., Army Ordnance Corps, Frankford Arsenal.) W. WESLY. 6528

W. D. Mogerman, *Galvanische Korrosion von unähnlichen Metallen.* 1. Mitt. Überblick über Ursachen u. Wrkg. der galvan. Korrosion. (Sheet Metal Worker **44.** 41—43. 104—106. Nov. 1952.) F. MARKHOFF. 6538

A. R. Bailey und **W. H. Lowther,** *α-Messing unter Spannung in Seewasser und Ammoniak. Der Einfluß von Seewasser auf Spannungskorrosionsbrüche.* Weder wss. Lsg. von 3% NaCl noch Seewasser bewirken bei α-Messing Spannungskorrosionsbrüche, dagegen werden diese bei kleinen Zusätzen von NH_3 zu den Lsgg. hervorgerufen, u. zwar wirkt hier NH_3 stärker, als wenn es allein in W. zur Wrkg. gebracht wurde. — 21 Schrifttumsstellen. (Metal Ind. [London] **85.** 126—27. 13/8. 1954.) F. VIER. 6538

Robert R. Pierce, *Korrosionsverhütung in Fabriken zur Oberflächenbehandlung von Aluminium.* Berichtet wird über die systemat. Prüfung aller Schutzüberzüge gegen die Einw. der Chemikalien, die beim Beizen, Anodisieren usw. verwendet werden. (Mod. Metals **10.** Nr. 3. 73—80. April 1954. Philadelphia, Pa., Pennsylvania Salt Mfg. Co.) F. MARKHOFF. 6538

Irving A. Denison und **Melvin Romanoff,** *Korrosion von verzinktem Stahl in Böden.* Bericht über Korrosionsverss. über maximal 13 Jahre an ungeschütztem u. verzinktem Stahl in 15 verschied. Bodensorten. Die Zinkschichten (nominell 3 oz/ft^2) blieben in etwa der Hälfte der Böden während der gesamtenPrüfzeit hindurch unversehrt u. waren auch bes. widerstandsfähig in für ungeschützte Proben hochkorrosiven alkal. Böden. Lediglich in 2 organ. Böden traten nach relativ kurzer Zeit Schäden an den Zn-Schichten u. merkliche Korrosion des Stahles auf. Die bei den meisten Proben nach Abtragung der Zn-Schicht verbleibende Schutzwrkg. kann auf Ggw. eines kieselsäurehaltigen Films (kathod. Nd.) auf der Stahlunterlage beruhen. Für einen Schutz über 10 Jahre wird eine Schichtdicke von 2 oz/ft^2 für anorgan. oxydierende Böden u. für anorgan. reduzierende Böden eine Dicke von 3 oz/ft^2 gebraucht. (J. Res. nat. Bur. Standards **49.** 299—314. Nov. 1952.) W. KATZ. 6538

Irving A. Denison und **Melvin Romanoff,** *Korrosion von niedriglegiertem Eisen und Stahl in Böden.* (Vgl. vorst. Ref.) Berichte über Korrosionsverss. an 10 niedriglegierten Eisen- u. Stahlsorten über maximal 13 Jahre in verschied. Bodensorten. Die Anfangsgeschwindigkeit des Gewichtsverlustes u. der Grübchenbldg. u. ihre zeitliche Änderung werden aus einer empir. Beziehung zwischen Gewichtsverlust u. Eindringtiefe ermittelt. Die Legierungskomponenten setzten die Anfangsgeschwindigkeit der Korrosion herab, erhöhten aber die der Grübchenbildung. Ausgenommen in sehr schwach belüfteten Böden nimmt jedoch die Geschwindigkeit der Grübchenbldg. bei den legierten Stählen schneller ab als bei den unlegierten, u. die maximale Eindringtiefe ist bei den legierten geringer. *Cr* verringerte am wirksamsten den Gewichtsverlust u. zusammen mit *Mo* die Grübchenbildung. Beide sind bes. wirksam für die Verminderung des Angriffs in Schlacke. (J. Res. nat. Bur. Standards **49.** 315—24. Nov. 1952.) W. KATZ. 6538

Gebr. Böhler & Co. Akt.-Ges., Wien, Österreich, *Herstellung von Gußstücken.* Zum Gießen werden Formen benutzt, die durch Ausschmelzen des Modells erhalten worden sind. Der Werkstoff, z. B. ein Werkzeugstahl mit 13 (%) *Cr,* 1,5 *C,* Rest *Fe,* wird in die vorgewärmte Form gegossen u. während der Erstarrung mit Ultraschall behandelt. (**Schwz. P. 299 437** vom 17/7. 1951, ausg. 16/8. 1954.) HANS HOFFMANN. 6383

Gebr. Böhler & Co. Akt.-Ges., Wien, Österreich, *Stranggießverfahren für Metalle.* Vor dem Beginn des kontinuierlichen Stranggusses wird in die Kokille eine lockere Packung aus Holzwolle, Faserstoffen oder Metallspänen eingesetzt. (**E. P. 706 283** vom 14/3. 1952, ausg. 24/3. 1954. Oe. Prior. 16/3. 1951.) HANS HOFFMANN. 6383

Gebr. Böhler & Co. Akt.-Ges., Österreich, *Gießen von Metallbarren.* Zur Vermeidung von Kaltschweißstellen werden diejenigen Kokillenteile, welche am weitesten entfernt vom eintretenden Gießstrahl liegen, abgedeckt. (**F. P. 1 061 315** vom 7/8. 1952, ausg. 12/4. 1954. Oe. Prior. 14/8. 1951.) H. HOCHSTEIN. 6383

Gebr. Böhler & Co. Akt.-Ges., Österreich, *Abdichten von Kokillen beim Gießen von Metallbarren.* Beim Gießen von Metallbarren, bes. aus Eisen oder Stahl, wird der Hohlraum zwischen Kokille u. dem Verschlußstück mit pulverförmigem oder granuliertem Metall, dem noch Metallspäne zugesetzt werden können, ausgefüllt. Beim Gießen von Eisen oder Stahl wird zu diesem Zweck ein Metall verwendet, welches mindestens 50% Fe enthält. (**F. P. 1 054 527** vom 16/4. 1952, ausg. 11/2. 1954.) HANS HOFFMANN. 6383

Établissements Bollore-Soehnée, Frankreich, *Behandeln von Gußstücken aus Magnesium und dessen Legierungen.* Die Gußstücke werden zum Wasserdichtmachen u. zur Erhaltung der physikal. Eigg., bes. für Zwecke des Flugzeugbaus, mit Stoffen überzogen, welche auf der Basis von Phenol-Fettsäure-, plastifizierten Phenol-, Glycerin-Phthalsäure-Abkömmlingen von gegebenenfalls modifizierten Carbamin-, organ. Si- oder Ti-Lacken beruhen. (**F. P. 1 028 519** vom 28/11. 1950, ausg. 26/5. 1953.) HANS HOFFMANN. 6383

Nielsen & Co. G. m. b. H., Maulbronn/Württ., *Erhöhung der Schlagbiegefestigkeit von Legierungen.* Um die Bldg. von Dendriten zu verhindern, werden die Schmelzen von *Zn–Al-, Cu–Sn-, Cu–Zn-, Mg–Pb-, Cu–Al-, Cu–Mn-, Al–Mg-* u. *Al–Li*-Legierungen, die bei n. Abkühlung dendrit. erstarren, in möglichst vorgewärmte Kokillen gegossen u. sehr langsam, ca. 1—2°/Min., abgekühlt. Hat die Legierung bereits dendrit. Gefüge, so wird sie knapp unterhalb des F. 1—3 Std. lang erhitzt u. darauf sehr langsam abgekühlt. (**D. B. P. 902 679** Kl. 40d vom 4/10. 1951, ausg. 25/1. 1954.) C. GÖTZE. 6421

John Ireland, Hendon, England (Erfinder: **Leslie Thomas Greenfield**), *Zinnlegierungen* bestehen aus mindestens 75 (%) *Sn*, 5—15 *Sb*, 1—8 *Cu*, 0,05—0,3 *In*, Rest bis 10 *Cu*. Die Legierungen eignen sich für Lager u. zeigen eine hohe Widerstandsfähigkeit gegen Anlaufen. (**E. P. 697 624** vom 12/10. 1950, ausg. 23/9. 1953.) C. GÖTZE. 6429

Badische Anilin-& Soda-Fabrik (I. G. Farbenindustrie Akt.-Ges. „In Auflösung"), Ludwigshafen/Rh., *Verarbeitung von Nickel–Kupfer-Stein.* Ni–Cu-Stein mit einem S-Geh., der für die gesamte Abbindung von Ni u. Cu in Form von Sulfiden nicht ausreicht, wird vorzugsweise nach einer Warmbehandlung zerkleinert u. durch eine mechan. Scheidung eine wenigstens vorwiegend NiS u. CuS enthaltende Fraktion erhalten, die ohne Schmelzen als Anode einer Elektrolyse unterworfen wird. (**E. P. 709 000** vom 13/6. 1952, ausg. 12/5. 1954. **F. P. 1 058 497** vom 18/6. 1952, ausg. 16/3. 1954. Beide D. Prior. 21/6. 1951.) H. HOCHSTEIN. 6435

General Motors Corp., Delaware, übert. von: **Samuel Rodger Callaway** und **Fred John Webbere,** Winchester, Royal Oak, V. St. A., *Nickellegierungen* bestehen aus 0—0,25 (%) *C*, 1,5—3 *Ti*, 0—1 *Mn*, 1—4 *Al*, 0—1 *Si*, 0,01—0,5 *B*, 13—17 *Cr*, 8—12 *Fe*, 4—6 *Mo*, Rest *Ni*. Die Legierungen vertragen hohe Spannungen bei hohen Tempp. u. sind kriechfest. (**E. P. 697 589** vom 21/1. 1952, ausg. 23/9. 1953. A. Prior. 27/1. 1951.) C. GÖTZE. 6435

Elgin National Watch Co., Elgin, Ill., V. St. A., *Widerstandsfähige, elastische Gegenstände, besonders für Uhrfedern,* bestehen aus 20—50 (%) *Co*, 20—37 *Cr* + *Mo*, wobei der Cr-Geh. 13—30 u. der Mo-Geh. bis 10 beträgt, 25—50 *Ni* + *Fe* + *Mn*, wobei der Fe-Geh. bis 15 u. der Mn-Geh. bis 5 beträgt u. der Ni-Geh. größer als derjenige des Fe-Geh. ist, sowie 0,05—0,3 C. Die Legierungen können außerdem noch bis 0,01 *Be*, bis 0,5 *Si*, weniger als 0,05 *S* oder *P* enthalten. Der Werkstoff wird bei 1000—1250° homogenisiert, rasch abgekühlt u. einer Querschnittsverminderung von mindestens 50 in der Kälte unterzogen, nochmals homogenisiert, darauf auf die gewünschte Stärke gewalzt u. schließlich zwischen 250 u. 650° gealtert. Es wird eine VICKERS-Härte von über 480 erzielt. (**Schwz. P. 296 403** vom 1/9. 1947, ausg. 17/4. 1954. A. Prior. 12/12. 1944 u. 3/5. 1947.) C. GÖTZE. 6435

William Jessop & Sons Ltd., Sheffield, England, *Kobaltlegierungen hoher Kriechfestigkeit* bestehen aus 1,01—3 (%) *C*, 0,3—1,5 *Si*, 0,6—1,5 *Mn*, 7—14 *Ni*, 30—60 *Co*, 15—22 *Cr*, 0,8—9 *V*, 0,8—6 *Mo*, 0,5—5,5 *Nb* u. 0,5—25 *Fe*, wobei der Gesamtgeh. an V, Mo u. Nb 6,7—16 beträgt. Die Legierungen können außerdem noch bis 0,5 *B*, bis 4,5 *W*, bis 2 *Ti*, bis 10 *Ta* enthalten. — Zustandsdiagramm. (**Schwz. P. 296 076** vom 1/11. 1950, ausg. 1/4. 1954. E. Prior. 1/11. 1949.) C. GÖTZE. 6435

Louis Glaser, Frankreich, *Zink–Vanadium-Legierungen* bestehen aus 5—90 (%) *V*, Rest *Zn*. Sie können außerdem noch bis 10 *Cu, Cr, Sn, Ti, Mo, Ca, Mn, Fe, Co, Ni, Al, Nb* einzeln oder zu mehreren sowie weniger als 1 *Seltene Erden* enthalten. Die Legierungen sind kalt oder bei sehr tiefen Tempp. schmied- u. walzbar. Sie sind elast. u. kriechfest. (**F. P. 1 036 896** vom 9/5. 1951, ausg. 11/9. 1953.) C. GÖTZE. 6441

Comp. Industrielle des Métaux Électroniques, Frankreich, *Wolframlegierungen* bestehen aus bis 2 (%) *Ni* u. *Mo,* Rest mindestens 98 *W.* Sie werden hergestellt aus dem Gemisch der pulverförmigen Komponenten durch Sintern in einer reduzierenden Atmosphäre bei einer Temp., bei der das Ni schmilzt. Die Legierungen dienen als Schweißelektroden oder nach einem Zusatz von 2—4 Oxyde der *Erdalkalien* u. des *Th* als Emissionselektroden. (**F. P. 1 033 463** vom 6/3. 1951, ausg. 10/7. 1953.) C. GÖTZE. 6441

N. V. Philips' Gloeilampenfabrieken, Niederlande, übert. von: **Roberto Levi,** *Gegenstand aus Metall mit hohem Schmelzpunkt und seine Herstellung.* Ein Metall mit hohem F., vorzugsweise *W*, wird in pulverförmigem Zustand zu einem porigen Gegenstand bei einer Temp. gesintert, die höher als die spätere Betriebstemp. des so behandelten Gegenstandes ist, worauf der porige Gegenstand mit einem solchen niedrigschm. Metall, wie *Cu, Ag, Au* oder deren Legierungen, imprägniert wird, das mit dem bei höherer Temp. schm. Metall keine Legierung bildet. Der imprägnierte Gegenstand wird darauf durch Bearbeitung, wie Drehen, Bohren, Fräsen oder dgl., in die gewünschte Form gebracht, u. darauf wird das imprägnierte Metall, vorzugsweise im Vakuum, durch Erhitzung auf hohe Temp. verdampft. — Abbildungen. (**F. P. 1 059 278** vom 27/6. 1952, ausg. 23/3. 1954. A. Prior. 30/6. 1951.) H. HOCHSTEIN. 6475

Heinrich Siepmann, Buschhütten, Krs. Siegen, *Behandlung von Metallpulver.* Die zu Sinterzwecken verwendeten Pulver werden vor ihrer Verarbeitung einer reduzierenden Glühbehandlung unterworfen, indem sie durch gasförmige Stoffe, die aus einer porösen Wandung ausströmen, die zugleich die das Pulver tragende Oberfläche bildet, durchwirbelt werden. Die poröse Wandung kann aus dem gesinterten Pulver des Grundmetalls bestehen. Bei der Behandlung der Pulver, die in mehreren Stufen erfolgen kann, können durch die gasförmigen Stoffe therm. u. chem. Einwirkungen eintreten, oder es können mittels eines Magnetscheiders ferromagnet. u. para- bzw. diamagnet. Stoffe getrennt werden. Auch können dabei staubfeine Anteile abgeschieden werden. — Apparatur. (**Schwz. P. 291 569** vom 27/9. 1950, ausg. 16/9. 1953. D. Priorr. 2/2. u. 21/3. 1949.) C. GÖTZE. 6475

Deutsche Edelstahlwerke Akt.-Ges. (Erfinder: **Carl Ballhausen**), Krefeld, *Sintern von metallischen Pulvern oder Gemischen von metallischen oder nichtmetallischen Pulvern* unter Druck, dad. gek., daß der Außendurchmesser, der das Sintergut aufnehmenden Preßform kleiner ist als der des Preßstempels, so daß letzterer über die Form hinausragt. Für die Preßform u. den Preßstempel werden verschied. Werkstoffe gewählt, die an ihrer Berührungsstelle eine bei oder unterhalb der Sintertemp. schm. Legierung bilden, wodurch sich die Form in dem Maße verkürzt, wie das Sintergut zusammengepreßt wird. Hierdurch wird vermieden, mit genau ineinanderfassenden Stempel u. Form zu arbeiten. Das Verf. ist überall dort anwendbar, wo eine Umhüllung des druckgesinterten Körpers nicht stört oder erwünscht ist. Natürlich kann die Umhüllung auch ganz oder teilweise entfernt werden. — Abbildungen. (**Oe. P. 176 978** vom 25/10. 1951, ausg. 10/12. 1953.) C. GÖTZE. 6475

Métallurgie des Poudres (Erfinder: **Michel Alexandre Jean Eudier**), Frankreich, *Sinterung von Metallen und Legierungen.* Der Preßling aus Metallpulver wird zunächst vorzugsweise im Sinterofen der Bldg. einer Metallverb., vorzugsweise eines Salzes, auf den Kornflächen u. darauf der Zers. derselben bei einer Temp., die ausreicht, daß die frei gewordenen Metallatome unter sich u. mit den Körnern des Preßlings verschweißen können, unterworfen. Zur Bldg. der Verb. auf dem Preßling wird dieser mit NH_4J u. NH_4F behandelt, welche mit dem Fe des Preßlings FeJ_2 u. FeF_2 bilden, wobei das erstere Salz sich bei 250° u. das andere bei 1000° zersetzt. Die Zers. wird durch eine Änderung der Temp. u. der Atmosphäre bewirkt. — Gefügebilder. (**F. P. 1 065 580** vom 23/7. 1952, ausg. 26/5. 1954.) H. HOCHSTEIN. 6475

Thompson Products, Inc. (Erfinder: **Raymond S. Gurnick** und **Robert T. Joy**), Cleveland, O., V. St. A., *Verbesserte Herstellung von porigen gesinterten Gegenständen von vorbestimmter Größe und Dichte.* Eine vorgeformte plast. M., die Metallteilchen u. ein in der Wärme sich verflüchtigendes organ. Bindemittel enthält, wird auf eine Sintertemp. erhitzt, um das Bindemittel zu verflüchtigen u. um die Metallteilchen aneinander zu sintern. Dabei wird die Erhitzung in Ggw. eines nichtoxydierenden Schutzgases, wie H_2, durchgeführt u. die Gasgeschwindigkeit so eingestellt, daß die Verdampfung des Bindemittels während der Erhitzung in bezug auf die zu erreichenden Abmessungen u. D. des Sintergutes geregelt wird. (**E. P. 714 560** vom 13/11. 1952, aus. 1/9. 1954.) H. HOCHSTEIN. 6475

Husqvarna Vapenfabriks Aktiebolag, Schweden, *Herstellung von Gegenständen aus Sinterstahl.* Eisenpulver mit höchstens 0,25% C, vorzugsweise elektrolyt. hergestelltes Eisenpulver, wird zu Preßlingen in flacher Form, die im wesentlichen der gewünschten Endform entspricht, verdichtet u. darauf ohne Erhöhung des C-Geh. bei einer Temp.

über 1050°, vorzugsweise bei 1200—1250°, gesintert. Nach einer Kaltnachverdichtung mit Erhöhung der D. auf 6,8—7,6, vorzugsweise 7,2, sowie einer mechan. Bearbeitung wird der Gegenstand, zweckmäßig in einem Salzbad, bei nicht über 900° aufgekohlt u. abschließend gewaschen. Dem Eisenpulver wird vorzugsweise *Cu*-Pulver zugesetzt, welches während der Sinterung fl. ist. Der so hergestellte Sinterstahl eignet sich als Werkstoff zur Herst. von Kettenrädern für Fahrräder. (**F. P. 1 070 170** vom 28/1. 1953, ausg. 20/7. 1954. Schwed. Prior. 29/1. 1952.) H. HOCHSTEIN. 6475

Soc. An. pour l'Industrie de l'Aluminium, Schweiz, *Herstellung eines Gegenstandes aus gesintertem Aluminium* mit einer D. von mindestens 3 g/cm³, mit einer wenigstens in einer Richtung vorhandenen Zerreißfestigkeit von über 25 kg/mm² u. einer BRINELL-Härte von wenigstens 75 kg/mm² im geglühten Zustand, durch Anwendung von Druck oder einer plast. Warmverformung sowie durch Sinterung von schuppenförmigem Al mit geringem Geh. an Fett als Schmiermittel, dad. gek., daß an der Oberfläche oxydiertes schuppenförmiges Al mit einer scheinbaren D. von mindestens 0,7 kg/Liter, einem Oxydgeh. von mindestens 6%, vorzugsweise 10%, u. einem Gesamtgeh. an Fett als Schmiermittel unter 0,3% verwendet wird. Zweckmäßig wird die Sinterung während des Druckes in der Wärme oder während der Warmformgebung durchgeführt. — Schliffbilder. (**F. P. 1 071 040** vom 10/5. 1952, ausg. 24/8. 1954. Schwz. Priorr. 10/5. 1951 u. 10/4. 1952.) H. HOCHSTEIN. 6475

Vereinigte Österreichische Eisen- und Stahlwerke Akt.-Ges. (Erfinder: **Erich Pelzel**), Linz, Österreich, *Herstellung von Verbundkörpern aus pulvermetallurgisch hergestellten Formkörpern mit niedriger schmelzenden Metallen und Metallegierungen*. Der Sinterkörper wird zuerst mit einem schmelzfl., organ. oder anorgan. Stoff u. dann mit dem fl. Metall bzw. der Metallegierung getränkt, wobei der schmelzfl. organ. bzw. anorgan. Stoff durch das Tränkmetall aus den Poren vollständig verdrängt wird. Auf diese Weise können die bisher üblichen Einrichtungen für das Arbeiten in einer Schutzatmosphäre oder in Vakuumöfen erspart werden. (**Oe. P. 176 679** vom 9/2. 1952, ausg. 10/11. 1953.) C. GÖTZE. 6475

Deutsche Edelstahlwerke Akt.-Ges., Krefeld, Deutschland, *Herstellung von Hartmetall*. Eine durch Schmelzen hergestellte Legierung, die als Hauptbestandteil einen Hartstoff bildendes Metall, wie *C*, *Si*, *B*, N_2, sowie als Bindemittel ein Metall der *Fe*-Gruppe enthält, wird zerkleinert u. mit einem zur Bldg. von Hartstoff mit dem Hauptbestandteil befähigten Element, wie *Ti*, *Zr*, *V*, *Nb*, *Ta*, *Cr*, *Mo* oder *W*, vermengt u. gesintert. Will man Hartstoffe herstellen, die an Stelle der Carbide Nitride enthalten, so kann die gepulverte Legierung, z. B. eine Ferrolegierung, wie Ferrowolfram oder Ferrotitan oder eine Mischung derselben ohne C-Zusatz in N_2-haltigem Gas bis zur Umwandlung in Nitrid erhitzt u. dann gesintert werden. (**Schwz. P. 295 148** vom 8/12. 1944, ausg. 16/2. 1954. D. Prior. 12/10. 1943.) C. GÖTZE. 6477

Metallwerk Plansee G. m. b. H., Reutte, Tirol, Österreich, *Herstellung von Sinterhartmetallen*. Die Hartmetalle bestehen aus einer Carbidphase von 15—96 (%) *WC*, 2—40 mindestens eines weiteren Carbides eines *Metalles der 4. Gruppe* u. 0,5—15 mindestens eines weiteren Carbides eines *Metalles der 5. u. 6. Gruppe* des Period. Syst. u. 1—30 *Hilfsmetallen*. Zunächst wird ein prim. Mischkristall aus den Carbiden ohne WC durch Mischung der pulverförmigen Ausgangsstoffe u. Glühen bei einer Temp. von über 1800° hergestellt u. aus dem erhaltenen prim. Mischkristall die endgültige Carbidphase mit WC für die Herst. des Hartmetalles gebildet. (**Schwz. P. 296 732** vom 22/3. 1951, ausg. 1/5. 1954. Oe. Prior. 25/7. 1950.) C. GÖTZE. 6477

Gebr. Böhler & Co. Akt.-Ges., Wien, Österreich, *Gesteinsbohrwerkzeuge mit einem aus Hartmetall bestückten Stahlschaft* bestehen aus B- u. Cr-freien *Mischcarbiden* von mindestens 2 der Elemente *W*, *Mo*, *V*, *Ti*, *Zr*, *Nb*, *Ta*, *U*, *Th* u. aus Hilfsmetallen der Fe-Gruppe. — Beispiel: 50—90 (%) *WC*, 3—20 Metalle der *Fe*-Gruppe u. 5—40 *TiC*, *TaC*, *NbC* u. *VC*. (**Oe. P. 175 219** vom 9/8. 1948, ausg. 25/6. 1953.) C. GÖTZE. 6477

Fried. Krupp Widia-Fabrik, Deutschland, *Hartmetallegierungen* bestehen aus 0,5—5 (%) *TaC*, 0,5—5 *TiC*, 0,1—1 *VC*, 3—15 Bindemittel, z. B. *Co*, Rest *WC*, wobei das Verhältnis von TaC zu TiC zwischen 1:1 u. 2:1 u. zu WC zwischen 2:1 u. 6:1 variiert. Zur Herst. der Legierung werden die Oxyde des Ta, Ti u. V mit einer solchen Menge C vermischt, die ausreicht, um die Oxyde zu reduzieren u. in Carbide zu verwandeln, worauf das Gemisch im Vakuum erhitzt wird. (**F. P. 1 033 950** vom 14/3. 1951, ausg. 16/7. 1953. D. Prior. 29/7. 1950.) C. GÖTZE. 6477

Gußstahlwerk Witten Akt.-Ges., Witten/Ruhr (Erfinder: **August Dammer**), *Ermittlung der Versprödungsneigung von Konstruktionsstählen bei tiefen Temperaturen*. Die Ermittlung wird bei härtbaren u. analyt. gleichen Stahlqualitätsgruppen so durchgeführt, daß Proben stufenweise gehärtet werden zur Erkennung der Einhärtung bzw. Durchhärtung u. der Empfindlichkeit gegenüber Temperaturüberschreitungen, wobei eine zunehmende Einhärtung bzw. Durchhärtung u. Empfindlichkeit gegenüber Überschreitungen der Härtetempp. einer wachsenden Neigung zur Versprödung entsprechen. — Kurvenbild. (**D. B. P. 928 290** Kl. 18c vom 25/3. 1943, ausg. 31/5. 1955. Anmeldung bekanntgemacht 23/10. 1952.) H. HOCHSTEIN. 6481

A. G. für Unternehmungen der Eisen- und Stahlindustrie, Essen (Erfinder: **Franz Kölbl,** Füssen/Allgäu), *Materialabtragende Bearbeitung von Hartmetall.* Gleichzeitig mit einer mechan. Abtragung durch Schleifen wird eine Abtragung durch chem. Einw., bes. durch anod. Behandlung des Hartmetalls in alkal. Lsg. vorgenommen. (**D. B. P. 923 403** Kl. 48a vom 18/7. 1943, ausg. 10/2. 1955. Anmeldung bekanntgemacht 11/9. 1952.) F. MARKHOFF. 6513

Hooker Electrochemical Co., Niagara Falls, übert. von: **Harry R. Spence,** Lewiston, **Arnold N. Johnson,** Niagara Falls, N. Y., V. St. A., und **Sidney G. Osborne,** St. Davids, Ontario, Can., *Entfernen von dichten, festhaftenden Oxydschichten von Metalloberflächen.* Die Gegenstände werden vor der Beizbehandlung in Säurelsgg. in einer Schmelze von *Alkalihydroxyd* behandelt, der mindestens 1% *Alkali-* oder *Erdalkalinitrat* oder *-chromat* sowie 0,1—1% einer O-haltigen Verb. des Mn, V oder Mo, wie MnO_2, $MnSO_4$, MoO_3, V_2O_5, zugesetzt sind. Die Regeneration der Oxydationsmittel erfolgt durch Einleiten von O_2 in die Schmelze. Durch die Behandlung lösen sich die Oxydschichten auf *Fe, Ni, Co* u. ihren Legierungen mit *Cr, Mo, W, V* u. *Cu* in den üblichen Beizsäuren leicht. (**A. P. 2 676 900** vom 8/7. 1947, ausg. 27/4. 1954.) F. MARKHOFF. 6513

Joseph T. Irwin, Fremont, O., V. St. A., *Verbessern der Oberflächenbeschaffenheit beim Beizen von Metallen.* Der Beizlsg., wie H_2SO_4, wird eine anorgan. S abspaltende Verb., wie $Na_2S_2O_3$, zugesetzt, u. zwar in solcher Menge, daß durch 5425 (Teile) Beizlsg. 1—8 koll. S freigesetzt werden. — Z. B. werden auf 700 (Teile) einer 7% ig. H_2SO_4 2 $Na_2 \cdot S_2O_3 \cdot 5\,H_2O$ zugesetzt. Die so erhaltenen Oberflächen lassen sich bes. gut galvan. überziehen. (**E. P. 717 572** vom 1/2. 1951, ausg. 27/10. 1954.) F. MARKHOFF. 6513

British Thomson-Houston Co. Ltd., London, England, *Chemisches Glänzen von Aluminium.* Die Gegenstände werden in eine Lsg. von 1—6 (oz/gal.) *Alkalihydroxyd* u. 2—6 *Alkalinitrat* oder *-nitrit* getaucht. Temp. der Lsg. 140—170° F (60—77° C). (**E. P. 718 024** vom 20/8. 1951, ausg. 10/11. 1954. A. Prior. 29/8. 1950.) F. MARKHOFF. 6513

Commonwealth Engineering Co. of Ohio (Erfinder: **Oliver Francis Davis** und **Hans Gunther Belitz**), O., V. St. A., *Kontinuierliches Herstellen von Metallüberzügen auf unregelmäßig geformten Gegenständen* durch Abscheiden des Überzugsmetalls aus therm. zersetzbaren Metallverbindungen. Die Gegenstände werden mittels eines Transportbandes durch Waschvorrichtungen nach Aufheizen auf 390° in inerter Atmosphäre in den Reaktionsraum geführt, in den eine Mischung von CO_2 mit einem Metallcarbonyldampf, z. B. $Ni(CO)_4$, einströmt. Nach einer Behandlungsdauer von 30 Sek. ist eine Plattierschicht von 0,002 in. (0,005 cm) Dicke abgeschieden. Danach wird in inerter Atmosphäre abgekühlt. (**E. P. 724 799** vom 20/2. 1953, ausg. 23/2. 1955.) F. VIER. 6517

Westinghouse Electric International Co., New York, N. Y., V. St. A. (Erfinder: **George William Jernstedt** und **James Douglas Patrick**), *Erzeugen galvanischer Metallniederschläge mit Umkehrstrom.* Die zu überziehenden Gegenstände werden zunächst mindestens 45 Sek. kathod. geschaltet u. anschließend mindestens 30% dieser Zeit anod., wobei die durchschnittliche Stromdichte geringer ist als bei der kathod. Behandlung. Die beim Wiederauflösen der abgeschiedenen Metallschicht angewendete Strommenge in Coulomb soll 30—95% der bei der Abscheidung angewendeten Strommenge sein. Das Verf. wird angewendet beim Abscheiden von *Cu, Ag, Zn, Cd, Sn, Au,* u. solchen Legierungen, in denen diese Metalle vorherrschend sind. — Abbildung. (**E. P. 710 375** vom 26/10. 1951, ausg. 9/6. 1954.) F. MARKHOFF. 6517

Quarzhütte Silectra, Jimmy E. Gerber, Zürich (Erfinder: **H. Schladitz,** München), *Herstellung von Metallniederschlägen auf Oberflächen von anorganischen und organischen Körpern durch thermische Zersetzung von Metallverbindungen.* Nur die Oberfläche des zu metallisierenden Körpers wird auf die zur Metallabscheidung notwendige Temp. gebracht, die Oberfläche wird nur stellenweise erhitzt, u. zur Kompensation der Wärmeverluste während des Zersetzungs- u. Abscheidungsvorgangs wird der Oberfläche von außen her Energie zugeführt. Der Zersetzungsvorgang geht nur innerhalb einer solchen Entfernung von der Oberfläche vor sich, daß keine sichtbare Metallstaubbldg. eintritt. Die Wärme kann der Oberfläche durch Kontakterhitzung, z. B. über rotierende Rollen oder gleitende Platten oder durch Aufstrahlen von heißen Gasen, Sand oder erhitztem Metallpulver, zugeführt werden. Die Erhitzung kann weiter durch die Einw. elektr. u.

magnet. Felder durch Elektronen oder Ionenstoß vorgenommen werden. Ebenso können elektr. Widerstandserhitzung u. Erhitzung durch Absorption von Hörschall oder Ultraschall angewendet werden. (**Schwz. P. 297 853** vom 21/3. 1950, ausg. 16/6. 1954. D. Prior. 21/10. 1949.) F. VIER. 6517

Deutsche Edelstahlwerke Akt.-Ges., Krefeld, *Aufbringung einer Metallschicht auf einem Ventilkörper aus Stahl.* Der zur Aufbringung der Schicht dienende Werkstoff besitzt die Form eines vorgeformten geschlossenen Ringes, welcher rund um den Ventilkörper im Innern eines Feldes einer koaxial mit dem Ring angeordneten Induktionsspule so gelagert ist, daß der Ring induktiv stärker als der Ventilkörper erhitzt u. auf die Preßschweißtemp. gebracht oder geschmolzen u. so mit dem Ventilkörper unter Bldg. einer Randauflagefläche vereint wird. — Vgl. auch F. P. 1 032 400; C. **1954.** 8441. (**E. P. 707 555** vom 16/2. 1951, ausg. 21/4. 1954. D. Prior. 17/2. 1950.) H. HOCHSTEIN. 6517

Climax Molybdenum Co., New York, N. Y., V. St. A., *Herstellung von Metallüberzügen auf Molybdän und dessen Legierungen.* Auf die Gegenstände wird ein Überzug aus *Al* u. *Si* aufgebracht u. bei erhöhter Temp. unter nichtoxydierenden Bedingungen eindiffundiert, so daß sich eine Oberflächenschicht aus Mo, Al u. Si bildet. Ein derartiger Überzug ist bei hohen Temppp. oxydationsbeständig. — Z. B. kann die Schicht durch anhaltendes Tauchen in ein schmelzfl. Bad aus 1—20 (Gewichtsteilen) Al auf 1 Si bei einer Temp. von 1350° F (735° C) hergestellt werden. Der Überzug kann auch aufgespritzt werden u. kann neben Al u. Si *Mo, Cr, Fe* u. *Ni* enthalten. — Z. B. wird zuerst ein Überzug aus Al in einer Dicke von 0,002 in. (0,005 cm), danach eine Legierung von 37 (%) Mo, 32 Si u. 30 Ni in einer Dicke von 0,002 in. aufgespritzt. Beide Schichten werden in derselben Reihenfolge u. Dicke nochmals aufgespritzt u. dann bei 2000° F (1095° C) in trocknem H_2 zur Diffusion gebracht. Der so hergestellte Überzug ist bei 1700° F (925° C) 315 Std. gegen Oxydation beständig. (**E. P. 723 899** vom 25/1. 1952, ausg. 16/2. 1955. A. Prior. 29/6. 1951.) F. VIER. 6517

Aluminum Co. of America, Pittsburgh, übert. von: **Walter G. Zelley,** New Kensington, Pa., V. St. A., *Galvanische Überzüge auf Aluminium.* Die Gegenstände werden vor der Galvanisierung in eine *Alkalizinkat*-Lsg. getaucht, welche 0,1—1,5 g/Liter eines Metalles der Fe-Gruppe enthält, z. B. 0,5—7,5 g/Liter $FeCl_3$; außerdem setzt man dem Bad zweckmäßig noch auf 1 g Fe-Metall mindestens 5 g *Tartrat* zu. Die Zn-Schicht wird wieder entfernt, eine 2. Zn-Schicht erzeugt u. auf diese der eigentliche Metallüberzug niedergeschlagen. (**A. P. 2 676 916** vom 23/9. 1949, ausg. 27/4. 1954.) F. MARKHOFF. 6517

Pechiney Comp. de Produits Chimiques et Électrométallurgiques, Paris, Frankreich, *Galvanisches Verbleien von Aluminium und seinen Legierungen.* Vor dem Verbleien in einem *Perchlorat*-Bade wird auf dem Al nach dem üblichen Entfetten u. Beizen eine pulvrige *Ni*-Schicht erzeugt, die durch eine Tauchbehandlung in einer aus $NiCl_2$, $B(OH)_3$ u. *HF* bestehenden Lsg. erhalten wird. (**Schwz. P. 301 458** vom 31/7. 1952, ausg. 16/11. 1954. F. Prior. 1/8. 1951.) F. MARKHOFF. 6517

Chrysler Corp., Highland Park, übert. von: **Walter E. Jominy,** Detroit, und **John H. Olson,** Berkley, Mich., V. St. A., *Flußmittel für das schmelzflüssige Aufbringen von Aluminiumüberzügen,* besteht aus 4—20 (Gewichtsteilen) Na_2SiF_6, 3—5 *KCl*, 3—5 *NaCl*, 0,8—5 *NaF* oder Na_3AlF_6 mit 100 Wasser. (**A. P. 2 671 737** vom 10/10. 1950, ausg. 9/3. 1954.) F. VIER. 6517

Shell Development Co., San Francisco, Del., übert. von: **Robert Graham,** Kilmarnock, Schottland, *Herstellung von aluminiumhaltigen Überzügen.* Die Gegenstände erhalten einen sehr dünnen *Ni*-Überzug, der elektrolyt. aufgebracht u. durch einen noch dünneren *Cd*-Überzug bedeckt wird. Bei dem nachfolgenden Tauchen in das schmelzfl. Al-Bad, das auch neben 60% *Al, Ni, Co* oder *Fe* enthalten kann, schm. der Cd-Überzug, u. es wird eine oxydfreie Bindung zwischen Ni u. Al ermöglicht. Während des Tauchens wird der Gegenstand in schneller Bewegung gehalten u. ein schwacher elektr. Strom zwischen ihm u. dem Bad aufrechterhalten, wobei der Gegenstand Kathode ist. Danach wird in einem Salzbad auf 600—900° zur Diffusionsbehandlung erhitzt. Der gebildete Überzug enthält mindestens 55 (%) Al u. 30—45 Ni u. eignet sich bes. für Ventile von Verbrennungskraftmaschinen, da er korrosionsbeständig gegen die Zersetzungsprodd. von Antiklopfmitteln, wie Pb-Tetraäthyl, ist. Nach A. P. 2 664 874 enthält der Überzug 33—96 *Al*, 2—65 *Ni* u. 2—65 *Co*. (**A. PP. 2 664 873** vom 1/8. 1947 u. **2 664 874** vom 13/1. 1948, beide ausg. 5/1. 1954.) F. VIER. 6517

Siegfried Junghans, übert. von: **Otto Schaaber,** Schorndorf, *Anodische Oxydation von Aluminium.* Als Elektrolyt dient eine wasserfreie Salzschmelze aus einem *Alkalinitrat* u. *-nitrit.* Die Behandlung wird mit Stromstößen von 1—10 Sek. u. ebenso langen Pausen dazwischen mit einer Spannung bis zu 50 V durchgeführt. Temp. des

Bades 140—550°. Dem Bad können noch *Fe-* oder *Cu-Verbb.* sowie *Alkalichromat* u. *Citronensäure* in geringen Mengen zugesetzt werden. Es werden porenfreie Oxydschichten erhalten. (**A. P. 2 666 023** vom 30/12. 1948, ausg. 12/1. 1954.) F. MARKHOFF. 6531

American Chemical Paint Co., Ambler, Pa., V. St. A., *Verbessern der Korrosionsbeständigkeit von phosphatierten oder arsenierten Aluminiumoberflächen.* Die Gegenstände werden in einem Bad aus *W.*, *CrO_3* u. *$Ce(NO_3)_4$* behandelt mit einem Geh. von 0,04 bis 12 (g/Liter) CrO_3 u. 0,02—6 $Ce(NO_3)_4$. (**E. P. 712 922** vom 16/11. 1951, ausg. 4/8. 1954. A. Prior. 2/7. 1951.) F. MARKHOFF. 6533

W. I. Lichtman, P. A. Rehbinder und **G. W. Karpenko**, Einfluß des oberflächenaktiven Mediums auf die Deformationsprozesse der Metalle. Moskau: Verlag der Akad. der Wiss. der UdSSR. 1954. (208 S. m. 7 Anlagen.) 10 Rbl. 40 Kop. [russ.]

IX. Organische Industrie.

Kiyoshi Yoshikawa, *Reppe-Chemie.* Entstehung, Entw., Grund-Rkk. u. Erweiterungen der REPPE-Chemie, deren gegenwärtiger Stand in Deutschland, Amerika u. Japan u. deren Zukunft. — 4 Tabellenübersichten. — 8 Literaturangaben. (Kagaku [Science] **23.** 129—35. 1953. Mitsui Kagaku, Mitsuike Farbenind. [Orig.: japan.]) L. SCHULER. H 530

George R. Hembrough, *Darstellung und Eigenschaften von Oleylalkohol.* Kurze Übersicht über die Darst., Reinheitsanforderungen, Eigg. u. Verwendung von *Oleylalkohol* u. die Darst. u. Verwendung sulfatierter Derivate. (Chem. Products chem. News **17.** 378—80. Okt. 1954.) H. BERTSCH. H 560

A. D. Dargaville, D. L. Ingles und **J. B. Polya**, *Die Wiedergewinnung der organischen Substanz aus Kobalt-1-nitroso-2-naphtholat.* Nach verschied. Spaltungsverss. mit Säuren, NaOH, H_2S, Na_2SO_3, $NaHSO_3$, Na-Alkoholat u. Oxalsäure zur Wiedergewinnung von 1-Nitroso-2-naphthol (**I**) aus dessen Kobaltkomplex (**II**), der bei der Fällung aller Co-Spuren aus elektrolyt. Zinkbädern entsteht, wurden in Anlehnung an die Red. von **I** mit Natriumdithionit (**IV**) zu *1-Amino-2-naphthol* (**III**) mit **IV** (60 g) aus **II** (24 g) in 5 n NaOH-Lsg. (300 cm³) in exothermer Rk. *Kobaltsulfid*, 91,8% (Ausbeute) u. **III**-Hydrochlorid (70%) erhalten. **III** wurde zu *o-Naphthochinon* (**V**) (92%) oxydiert, mit Hydroxylamin lieferte **V** *2-Nitroso-1-naphthol* (**VI**) (70%). **VI** kann nur schlecht zur Co-Abscheidung benutzt werden: Die Verb. von Co u. **VI** ergab mit **IV** zwar 93% Co, aber nur 28% **VI** zurück, Oxydation von **VI** mit Ferrichlorid lieferte nur 32—36% **V**. — Der organ. Anteil von **II** kann also lohnend als **V** nutzbar gemacht werden, eine Rückgewinnung von **I** aus **II** ist dagegen auf dem vorgeschlagenen Weg nicht möglich. — Elektrolyt. Oxydation von **III** ergab **V**. (J. appl. Chem. **1.** 345—46. Aug. 1951. Hobart, Tas., Univ. of Tasmania.) G. BANKWITZ. H 2700

Fa. Carl Still (Erfinder: **Josef Schmidt** und **Gustav Lamberty**), Recklinghausen, *Gewinnung niedrigsiedender, normalerweise gasförmiger Kohlenwasserstoffe aus Gasen durch Absorption,* z. B. C_2-, C_3- u. C_4-KW-stoffe (Ruhrgasol) aus Gasen durch eine 1. Absorption mit einem fl. Waschmittel u. eine 2., auf das gasförmige Abtriebserzeugnis der 1. angewendeten Absorption wird so bewerkstelligt, daß die Waschmittel beider unter erhöhtem Druck durchzuführender Absorptionen aus Bestandteilen des zu waschenden Ausgangsgases gebildet werden u. das 2. Waschmittel vorwiegend niedrigermol., den C_4-KW-stoffen nahekommende u. mehr als 4 C-Atome aufweisende KW-stoffe, das 1. Waschmittel vorwiegend höhermol. KW-stoffe als das 2. umfaßt. — Zeichnung. (**D. B. P. 925 827** Kl. 12o vom 11/1. 1944, ausg. 31/3. 1955. Anmeldung bekanntgemacht 19/3. 1953.) P. UNGER. H 500

Metallgesellschaft Akt.-Ges. (Erfinder: **Hans-Georg Kayser**, Nagpur M. P., Indien, und **Philipp Rack**), Frankfurt/M., *Herstellung von Kohlenwasserstoffen und gegebenenfalls Kohlenwasserstoffderivaten* durch katalyt. CO-Hydrierung, bes. unter Druck, dad. gek., daß die Katalysatorschichten in einer geschlossenen (z. B. aus einzelnen Einsätzen mit gasdicht aufeinanderpassenden Seitenwänden bestehenden) Säule untergebracht werden, die in der gegebenenfalls druckfesten Hülle des Reaktionsgefäßes angeordnet ist mit Ringraum zwischen Hülle u. Säule u. Einrichtungen zum Führen heißer Gase aus dem oberen in den unteren Teil der Säule durch den Ringraum (z. B. ein Gebläse mit durch Gefäßdeckel geführte Antriebswelle). Dabei kann aus dem durch den Ringraum geführten Kreislaufgas ein Teil zum Abscheiden der Reaktionsprodd. abgezweigt werden. — Abbildung. (**D. B. P. 897 546** Kl. 12o vom 20/12. 1949, ausg. 24/2. 1955. Anmeldung bekanntgemacht 8/1. 1953.) W. HEROLD. H 500

E. I. du Pont de Nemours & Co., Wilmington, Del., V. St. A., *Kohlenwasserstoffe* erhält man aus einem Gemisch von CO, H_2, W. u. einer Verb. (I), welche den $p_H < 2$ hält, bei 150—300° u. 200—1000 at in Ggw. eines Ru enthaltenden Katalysators. Als I kommen z. B. HCl, H_3PO_4, Kresol, Phenol, Mono-, Di- u. Trichloressigsäure u. Benzolsulfonsäure in Betracht. Die Synthesegase kann man auch von O_2 u. S befreien. Der Reaktionsmischung kann man inerte Dispergiermittel zusetzen. Der Katalysator kann auf Träger, wie Al_2O_3, SiC, Bimsstein, aufgetragen, verwendet werden. Als Katalysatoren eignen sich bes. RuO_2, RuO_4, Ru-Carbonyle u. Ru-Salze organ. Carbonsäuren. Man erhält fast ausschließlich hochmol. Kohlenwasserstoffe. (**E. P. 681 648** vom 15/12. 1950, ausg. 29/10. 1952. A. Prior. 8/3. 1950.) G. KÖNIG. H 500

Ruhrchemie Akt.-Ges., Oberhausen, Rhld. (Erfinder: **Karl Büchner**, Duisburg, und **Josef Meis**, Oberhausen), *Reinigung von Kohlenoxydhydrierungsprodukten* mit Alkalilaugen, dad. gek., daß man die zum Auswaschen dienenden Laugen mit Alkalisulfiden, bes. krist. Natriumsulfid, behandelt, um Alkalichlorate zu zersetzen. Zweckmäßig wird die Lauge längere Zeit bei n. Temp. mit der dem $NaClO_3$-Geh. äquivalenten Menge Na_2S innig verrührt. (**D. B. P. 922 884** Kl. 12o vom 5/9. 1951, ausg. 27/1. 1955. Anmeldung bekanntgemacht 9/10. 1952.) W. HEROLD. H 500

Celanese Corp. of America, New York, N. Y., V. St. A., *Kontinuierliche Oxydation von aliphatischen Kohlenwasserstoffen* mit weniger als 6 C-Atomen, z. B. n-Butan, erfolgt in fl. Phase mit O_2 oder Luft bei 125—225° u. 200—2000 lbs./sq.in. in Ggw. von 0,1—1,5% Co-Acetat u. einem Lösungsm. wie CH_3COOH (Methyl- oder Äthylester), Aceton, Bzl. usw., wobei das Reaktionswasser mit dem Lösungsm. abdest. u. nach Kondensation der abgetrennte KW-stoff wieder in die Rk. zurückgeführt wird. (**E. P. 709 674** vom 25/4. 1952, ausg. 2/6. 1954. A. Prior. 28/4. 1951.) O. MÜLLER-MEININGEN. H 500

Badische Anilin- & Soda-Fabrik Akt.-Ges., Ludwigshafen/Rh. (Erfinder: **Mathias Pier**, Heidelberg, **Gerhard Free†** und **Wilhelm von Füner**, Ludwigshafen/Rh.) *Herstellung niedrigsiedender Kohlenwasserstoffe aus höhersiedenden Kohlenwasserstoffen durch katalytische Spaltung* nach D. B. P. 886 897, dad. gek., daß der verwendete Katalysator einen Geh. an der Verb. des Metalls der Fe-Gruppe von mindestens 50%, bes. mehr, aufweist. Der fertige Katalysator kann 1—20% F enthalten. (**D. B. P. 929 186** Kl. 12o vom 29/10. 1952, ausg. 20/6. 1955. Anmeldung bekanntgemacht 2/12. 1954. **Zusatz zu D. B. P. 886 897; C. 1954. 11 586.**) W. HEROLD. H 500

Socony-Vacuum Oil Co., Inc., N. Y., übert. von: **Paul B. Weisz**, Pitman, und **Robert D. Goodwin**, Wenonah, N. J., V. St. A., *Gaspolymerisation durch elektrische Entladungen* bei $<1000°$, bes. bei <10 cm Hg-Druck, wird zur Darst. *höherer Fluorkohlenstoffe* aus Perfluoräthylen benutzt. Vorteilhaft wird mit wesentlich weniger als 200 W pro Liter Reaktionsraum bei solchem Durchsatz gearbeitet, daß je Mol C_2F_4 mehr als 10 kcal elektr. Energie aufgewandt werden. Beispiele für Darst. von verschied. Prodd. bis C_9F_{20} u. cycl. C_9F_{14} usw., wobei Gleichungen zur Berechnung der Zus. aus n u. D gegeben werden. — Abbildung. (**A. P. 2 676 145** vom 1/9. 1949, ausg. 20/4. 1954.) W. HEROLD. H 500

Soc. An. d'Exploitations Pétrolières Antar und **Raffineries Françaises de Pétrole de l'Atlantique (R. F. P. A.)**, Seine, Frankreich (Erfinder: **Burdet-Berthod** und **Mourakoff**), *Behandlung von organischen Produkten mit Adsorptionsmitteln*, bes. von KW-stoffen. Man leitet die Charge von organ. Prodd. durch eine adsorbierende Schicht (z. B. aus SiO_2-Gel, akt. Tonerde), welche die ganze oder einen Teil der Charge adsorbiert. Dann behandelt man die adsorbierende Schicht, um eine prakt. quantitative Trennung von gesätt. Verbb. (Paraffinen u. Naphthenen) einerseits u. ungesätt. Verbb. (Aromaten u. Olefinen) sowie O_2-, N_2- u. S-haltigen Verbb. andererseits zu bewirken, mit Fraktionen, welche fast nur gesätt. Verbb., u. solchen, welche fast nur ungesätt. Verbb. enthalten. Die nur ungesätt. Verbb. enthaltende Fraktion entfernt man aus der adsorbierenden Schicht mit überhitztem Wasserdampf. Man kann die mit KW-stoffen beladene, adsorbierende Schicht anfangs auch mit überschüssiger Charge oder mit Xylol behandeln. (**F. P. 1 064 233** vom 9/10. 1952, ausg. 12/5. 1954.) T. OPPERMANN. H 500

N. V. de Bataafsche Petroleum Mij., Den Haag, Holland, *Herstellung primärer Halogenkohlenwasserstoffe* nach der Gleichung $R_1R_2C{=}CR_3R_4 + CH_2{=}CH_2 + HX \rightarrow XCH_2{-}CH_2{-}CR_1R_2{-}CHR_3R_4$ (X = Halogen, R_1 u. R_3 = KW-stoffrest u. R_2 u. R_4 = H oder KW-stoffrest). Die Rk. des bes. 4—24 C-Atome enthaltenden Olefins (z. B. Alkylcyclohexan) mit C_2H_4 u. dem Halogenwasserstoff (bes. HCl) erfolgt unter 100° (bes. bei -20 bis $+20°$) in Ggw. von ca. 0,2—2,5% FRIEDEL-CRAFTS-Katalysatoren, wie $AlCl_3$ oder anderen Al-Halogeniden bzw. deren Doppelsalzen (gegebenenfalls auf Trägern, wie Al_2O_3 oder Diatomeenerde) oder deren organ. Komplexverbindungen. Bevorzugt werden auf 1 (Mol) HCl 0,5—2 Olefin u. 0,5—1,5 C_2H_4 angewandt. (**E. P. 713 854** vom 12/10. 1951, ausg. 18/8. 1954. A. Prior. 16/10. 1950.) W. HEROLD. H 500

Texas Co., New York, übert. von: **Ernest F. Pevere**, Beacon, und **George B. Arnold**, Glenham, N. Y., V. St. A., *Abtrennung von Olefinen aus Kohlenwasserstoffgemischen*. Man behandelt das niedrigsd. Gemisch aus Paraffinen u. Olefinen mit Kieselgel, das mit wss. $AgNO_3$-Lsg. imprägniert, getrocknet u. calciniert worden war, unter geringem Druck (nicht $>$ 3 atü), wobei die Olefine selektiv adsorbiert werden. — Zeichnung. (**A. P. 2 685 607** vom 21/2. 1952, ausg. 3/8. 1954.) P. UNGER. H 520

Karl Ziegler (Erfinder: **Karl Ziegler,** Mülheim/Ruhr, und **Kurt Zosel,** Oberhausen/Rhld.), *Dimerisation von Olefinen bzw. olefinischen Gemischen* gemäß D. B. P. 878 560, dad. gek., daß Olefine mit 2 u. mehr C-Atomen, bes. α-Olefine, bei Anwendung der nach D. B. P. 878 560 verwendeten Polymerisationskatalysatoren (I) in Lsg. oder beim Arbeiten mit diesen I in kontinuierlichem Verf. bei 250—350, bes. 250—300°, dimerisiert werden. Hierbei wird Buten zu *1-Äthyl-1-butyläthylen* u. Propylen zu *1-Methyl-1-propyläthylen* umgesetzt. (**D. B. P. 925 291** Kl. 12o vom 21/11. 1953, ausg. 17/3. 1955. Anmeldung bekanntgemacht 12/8. 1954. **Zusatz zu D. B. P. 878 560; C. 1954. 662.**) W. GRÄGER. H 520

Phillips Petroleum Co., Del., übert. von: **Martin R. Cines** und **Robert J. Hogan,** Bartlesville, Okla., V. St. A., *Entfernung von Alkinen aus Gasen,* die z. B. *Äthylen* enthalten. Den Gasen wird SO_2 im Mischungsverhältnis von SO_2 : Alkingeh. = 0,6 : 1 bis 2,3 : 1, bes. 0,8 : 1 bis 1,2 : 1, zugesetzt. Das Gemisch wird bei 0—200, bes. 70—140° F, u. einem Druck von 0,1—4, bes. 0,5—1,5 at, mit einer Raumgeschwindigkeit von 200 bis 1500 Vol. auf 1 Vol. Kontaktmasse pro Std. über einen Katalysator geleitet, der in einem porösen inerten Träger (Silicagel, Tonrede, Kohle) 7—30 Gew.-% $AgNO_3$ enthält. Die Alkine (Acetylen, Propin, 1-Butin) werden zu organ. S-haltigen Säuren umgesetzt, die durch Aceton aus der Kontaktmasse herausgelöst werden können. (**A. P. 2 696 497** vom 9/9. 1952, ausg. 7/12. 1954.) W. GRÄGER. H 520

Union Carbide & Carbon Corp., übert. von: **Jared W. Clark,** Charleston, W. Va., V. St. A., *Herstellung von halogenierten Olefinen.* Man erhitzt ein Gemisch von 1.1.2-Trichlor-1.2.2-trifluoräthan u. H_2 im Mischungsverhältnis von 0,75—3 : 1 Mol auf 200—525, bes. 400—475°, in Ggw. eines Katalysators, der aus auf einem Trägerstoff feinverteiltem Ni besteht, wobei als Träger Ba-, Ca- oder F–Ca-Phosphat verwendet wird. Es entsteht Chlortrifluoräthylen. (**A. P. 2 685 606** vom 25/2. 1953, ausg. 3/8. 1954.) W. GRÄGER. H 520

Badische Anilin- & Soda-Fabrik Akt.-Ges., Ludwigshafen/Rh. (Erfinder: **Hans Krekeler,** Bielefeld, **Rudolf Leutner,** Gimmeldingen, und **Martin Müller-Cunradi †,** Ludwigshafen/Rh.), *Herstellung von Allylchlorid aus Dichlorpropanen,* dad. gek., daß man 1.3-Dichlorpropan oder wesentliche Mengen davon enthaltende Gemische von Dichlorpropanen auf 550—650° erhitzt. Bessere Ausbeuten als bei Verwendung von 1.2-Dichlorpropan als Ausgangsstoff. (**D. B. P. 926 246** Kl. 12o vom 10/3. 1944, ausg. 14/4. 1955. Anmeldung bekanntgemacht 20/11. 1952.) W. GRÄGER. H 520

Standard Oil Development Co., übert. von: **Richard H. Nagel,** Elizabeth, N. J., V. St. A., *Alkoholsynthese.* Nach Rk. von Olefinen mit CO u. H_2 in Ggw. von Co-Katalysatoren mit darauffolgender Hydrierung der Aldehyde zu Alkoholen werden diese fraktioniert abdest.; der Destillationsrückstand wird dem zu hydrierenden Gemisch wieder zugesetzt. Als Hydrierungskatalysator wird bes. auf akt. Kohle niedergeschlagenes MoS_2 verwendet. Bei der Hydrierung setzt man bes. noch geringe Mengen (3—10% der Olefine) W. zu. Die Alkoholausbeute wird erhöht, während der Destillationsrückstand sich verringert. (**A. P. 2 697 731** vom 7/2. 1951, ausg. 21/12. 1954.) W. GRÄGER. H 550

Ruhrchemie Akt.-Ges., Oberhausen (Erfinder: **Karl Büchner,** Duisburg), *Gewinnung wasserunlöslicher Alkohole* aus Primärprodd. der katalyt. *CO-Hydrierung* u. anderen Alkohol–KW-stoff-Gemischen durch Extraktion mit wss. Lsgg. niederer Alkohole, anschließende Schichtentrennung, teilweise Abdest. des zur Extraktion benutzten niederen Alkohols aus der wss. Phase u. nochmalige Schichtentrennung nach D. B. P. 909 691, dad. gek., daß die Extraktion mehrstufig im Gegenstrom durchgeführt wird. Eine hierfür geeignete, aus nebeneinanderstehenden u. stufenweise angeordneten Rührwerksbehältern u. Dekantiergefäßen bestehende Vorr. wird beschrieben. (**D. B. P. 923 666** Kl. 12o vom 30/11. 1950, ausg. 21/2. 1955. Anmeldung bekanntgemacht 26/6. 1952. **Zusatz zu D. B. P. 909 691; C. 1954. 11 541.**) W. GRÄGER. H 550

Standard Oil Development Co., Del., übert. von: **Henry J. Hibshman,** Plainfield, N. J., V. St. A., *O-haltige organische Verbindungen* gewinnt man aus Mischungen mit KW-stoffen etwa gleicher Siedegrenzen durch Behandeln mit SO_2 u. einer Wasch-Fl., die in SO_2 nicht lösl. ist, z. B. nichtaromat. KW-stofffölen, wie Weißölen vom Kp. 300° F u. höher. Die Extraktionstemp. soll zwischen —50 bis +300° liegen u. der Druck für Aufrechterhaltung der fl. Phase ausreichen. Die O-haltigen Verbb. befinden sich mit dem SO_2 in der Extraktphase, die KW-stoffe bilden die Raffinatphase. — Zeichnung. (**A. P. 2 626 276** vom 13/12. 1947, ausg. 20/1. 1953.) G. KÖNIG. H 550

Ruhrchemie Akt.-Ges. (Erfinder: **Walter Rottig**), Oberhausen, Rhld., *Herstellung von Kohlenoxydhydrierungsprodukten mit hohem Gehalt an sauerstoffhaltigen Verbindungen* bei 190—210°, dad. gek., daß bei Synthesedrucken < 5 at u. Verwendung von Fe-Katalysatoren mit 3—15% Alkali (als K_2O berechnet u. auf Fe bezogen), die bes. bei Strömungsgeschwindigkeiten > 1,5 m/Sek. red. wurden u. > 60% Fe als Metall enthalten, der CO–H_2-Umsatz auf ca. 20—35% beschränkt wird; die Restgase können in nachgeschalteten Stufen mit n. Umsatz aufgearbeitet werden. — Über einen aus 100 (Teilen) Fe, 5 Cu, 10 CaO, 10 Kieselgur u. 9,6 Alkali bestehenden Katalysator, der bei 300° mit H_2 red. wurde, werden stündlich je Vol. Katalysator 100 Vol. Wassergas bei 203° u. n. Druck geleitet, wobei ein 30%ig. Umsatz ($CO + H_2$) erreicht wird. Die fl. Prodd. enthielten bis Kp. 150° 40 (%) Alkohole, 4 Aldehyde, 3 Ester u. 38 Olefine, bei Kp. > 150° 15 Alkohole, 10 Ester u. 65 Olefine. — Das Restgas kann mit anderen Katalysatoren bei Normaldruck einer üblichen KW-stoffsynth. zugeführt u. das Restgas hieraus durch Methanisierung auf normgerechtes Stadtgas verarbeitet werden. (**D. B. P. 911 014** Kl. 12o vom 3/9. 1950, ausg. 10/5. 1954. Anmeldung bekanntgemacht 2/8. 1951.) W. HEROLD. H 550

Standard Oil Development Co., Del., übert. von: **Samuel W. Wilson**, Baton Rouge, La., V. St. A., *Reinigen der Alkohole* von übelriechenden Stoffen erfolgt durch Behandeln in der fl. oder Dampfphase mittels Glas-, Flintglas-, Pyrex- oder Vycorglasteilchen, in der Maschengröße < 30. — Wss. Alkohole können gleichfalls so behandelt werden. (**A. P. 2 663 745** vom 13/12. 1950, ausg. 22/12. 1953.) G. KÖNIG. H 550

Manufactures de Produits Chimiques du Nord, Établissements Kuhlmann (Soc. An.), Seine, Frankreich, *Trennung von Alkoholen und Paraffinen.* Man versetzt das Alkohol–Paraffin-Gemisch mit einer solchen Menge Methanol, daß sich sämtliche Alkohole darin lösen, u. leitet danach in das methanolhaltige Gemisch bei niedriger Temp. (—20°) oder bei n. Temp. bei einem Druck von einigen at bis zur Sättigung SO_2 ein. Die mit SO_2 gesätt. Lsg. trennt sich beim Stehenlassen schnell in zwei Schichten, von denen man die Alkoholschicht durch Dest. vom SO_2 u. vom größten Teil des Methanols befreit. Die gewonnenen Alkohole wäscht man mit W., worin sich das restliche Methanol löst. Derartige, durch Einw. von CO u. H_2 auf ein Gemisch von Paraffinen u. Olefinen ($Kp._{760}$ 165—180°) hergestellte u. nach obigem Verf. abgeschiedene Alkohole besitzen ein mittleres Mol.-Gew. von 180 u. eine Hydroxylzahl von 315, Ausbeute mehr als 85%. (**F. P. 1 006 272** vom 12/12. 1947, ausg. 21/4. 1952.) T. OPPERMANN. H 550

Standard Oil Development Co., Del., übert. von: **Wilbur F. Fischer**, Roselle Park, N. J., V. St. A., *Stabilisieren von verzweigtkettigen Alkoholen*, bes. von Oxoalkoholen, erfolgt durch Zusatz geringer Mengen von Biphenolen, bes. von *2.2-Di-(p-oxyphenyl)-propan.* (**A. P. 2 658 923** vom 21/6. 1950, ausg. 10/11. 1953.) G. KÖNIG. H 550

Metallgesellschaft Akt.-Ges., Deutschland, *Zerlegung von alkohol- und/oder phenolhaltigen Kohlenwasserstoffgemischen* in KW-stoffe u. Alkohol u./oder Phenol. Man dest. die Gemische mit einem zwei- oder mehrwertigen Alkohol [z. B. Äthylenglykol, Butandiol-(1.3 oder 1.4), Pentandiol-(1.5), Hexandiol-(1.6 oder 2.5)] oder mit einem Gemisch solcher Alkohole. — Z. B. versetzt man eine aus 50 (%) Alkohol u. 50 KW-stoffen bestehende Fraktion (Siedebreich 260—340°), welche man durch Red. von CO mittels H_2 bei 25 at u. 185° in Ggw. eines Ferrokatalysators gewonnen hat, mit einer $^1/_5$ ihres Vol. entsprechenden Menge an Hexandiol-(1.6), Kp. 250°, u. dest. das Gemisch in einer Kolonne mit schwachem Rückfluß. Das Kondensat der entwickelten Dämpfe enthält 1 (Teil) KW-stoff auf 2 Hexandiol, Wenn man die Dest. unter dauerndem Zusatz von Hexandiol fortsetzt, bis keine KW-stoffe mehr entweichen, erhält man nach Abscheidung des mehrwertigen Alkohols einen mehr als 98%ig. Alkohol. — Vgl. auch E. P. 678 191; C. **1955.** 8261. (**F. P. 1 021 887** vom 4/7. 1950, ausg. 25/2. 1953. D. Priorr. 23/9. u. 7/2. 1949 [? Redaktion].) T. OPPERMANN. H 550

Imperial Chemical Industries Ltd., London, und **Ronald James Morley**, Norton-on-Tees, England, *Herstellung von zur Synthese von Methanol und (oder) Ammoniak geeigneten Gasgemischen.* H_2, CO, CH_4 u. andere KW-stoffe enthaltende Gasgemische werden zusammen mit Luft u. Wasserdampf im Gegenstrom mit in einem Behälter abwärts wandernden „pebbles" in Kontakt gebracht, wobei z. B. die Temp. in der Reaktionszone 1000—1200° beträgt u. die „pebbles" z. B. Tonerde oder Mullit enthalten. (**E. P. 715 881** vom 30/12. 1949, ausg. 22/9. 1954.) K. DEMMLER. H 560

Imperial Chemical Industries Ltd., London, und **Frank Talbot**, Widnes, England, *Natriummethoxyd* (I) erhält man aus Methanol (II) u. kaust. Soda unter stetem Abdest. einer W.–II-Mischung u. fortlaufender Ergänzung des abdest. **II.** Überschüssiges **II** wird von **I** soweit als möglich abdest. u. mittels trockenem N_2 nachbehandelt, um reines **II** zu erhalten. (**E. P. 698 282** vom 20/3. 1951, ausg. 14/10. 1953.) G. KÖNIG. H 560

Canadian Industries Ltd., Montreal, Can., *α-Glykoldiglycidyläther* der allg. Formel I erhält man durch Halogenwasserstoffabspaltung aus Dichlorhydrinen von α-Glykoldiallyläthern bei Tempp. vom E. bis zum Kp. der Lsg., bes. bei 0—25°, in Ggw. einer bas. wirkenden Verb., wie Alkali- oder Erdalkalihydroxyden oder Carbonaten. In I bedeuten R u. R′ = H, gesätt. aliphat., aromat., alicycl. oder heterocycl. Gruppen. — Es werden hergestellt: *Äthylenglykoldiglycidyläther*, $Kp._{5,5}$ 126—127°, n_D^{25} 1,4522, $D._{25}$ 1,1250; *Propylenglykoldiglycidyläther*, $Kp._{0,5}$ 94—98°, n_D^{25} 14499, $D._{25}$ 1,0866; *Butylenglykoldiglycidyläther*, $Kp._{0,5}$ 84—94°; *Phenyläthylenglykoldiglycidyläther*, $Kp._{0,08}$ 146°. — *Zwischenprodd.* u. polymerisierbar in Ggw. von Polymerisationskatalysatoren, wie BF_3 u. Perchlorsäure. — Vgl. auch Can. P. 488 698; C. **1954.** 4258. (**E. P. 672 935** vom 17/6. 1949, ausg. 28/5. 1952. Can. Prior. 19/6. 1948.)

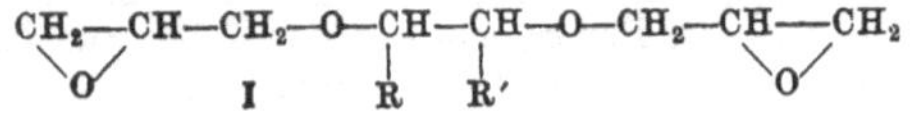

I

G. KÖNIG. H 570

Phillips Petroleum Co., Del., übert. von: **Chester M. Himel**, Palo Alto, Calif., und **Lee O. Edmonds**, Bartlesville, Okla., V. St. A., *Reine meso- und dl-Erythrite* (**I**) erhält man aus der Reaktionslsg., die bei der Hydroxylierung von Butadien mit wss. H_2O_2 in Ggw. eines niedrigsd. Alkylformiats (Methylformiat) (**II**) entsteht, indem man durch Dest. II entfernt u. das Bodenprod. in gleichen Teilen A. löst, anschließend auf 41° F kühlt, vorteilhaft vorher mit meso-I Kristallen impft u. die Kristalle von meso-I abtrennt. Man dest. aus dem Filtrat den A. ab, versetzt den Rückstand mit Ae., ca. 10fache Menge des Rückstandes, wobei 3-Buten-1.2-diol u. höhersd. Polyäther in Lsg. gehen. Das Raffinat wird in der gleichen Menge A. gelöst, mit dl-I Kristallen geimpft u. bei 41° F das Auskristallisieren von dl-I beendet. (**A. P. 2 634 299** vom 12/7. 1949, ausg. 7/4. 1953.) G. KÖNIG. H 580

Shell Development Co., übert. von: **M. Buis** und **D. M. Samuel**, Emeryville, Calif., V. St. A., *Nicht gelbildendes oberflächenaktives Gemisch*, bestehend aus dem Alkalisalz eines Fettalkoholschwefelsäureesters mit 8—20 C-Atomen, aus W. u. einer geringen Menge eines NH_4-Salzes, z. B. NH_4Cl, $(NH_4)_2SO_4$ oder $(NH_4)_2HPO_4$. (**Can. P. 483 794** vom 5/8. 1944, ausg. 3/6. 1952. E. Prior. 19/8. 1943.) M. F. MÜLLER. H 590

Consortium für elektrochemische Industrie G. m. b. H. (Erfinder: **Herbert Reinicke** und **Alfred Treibs**), München, *Herstellung von Aldolen* durch Kondensation von Aldehyden u./oder Ketonen. Der die Katalysator-Fl. [z. B. wss. 5% ig. Na_3PO_4 oder 1 (Teil) 4nKOH + 2 20% ig. K_2CO_3] enthaltenden Reaktionszone werden kontinuierlich die Ausgangsstoffe [z. B. 2 (Mol) Acetaldehyd + 1 Butyraldehyd] zusammen mit einem Extraktionsmittel, z. B. Ae., zugeführt, welches das Aldol leicht löst, aber mit der Katalysator-Fl. nicht mischbar ist. Die Lsg. der Reaktionsprodd. [z. B. Acetaldol + 3-Methylalpentanol-(2)] u. der nicht umgesetzten Ausgangsstoffe in dem Extraktionsmittel wird kontinuierlich abgezogen u. letzteres zusammen mit nicht umgesetzten Ausgangsstoffen durch Dest. abgetrennt u. im Kreislauf zurückgeführt. Vorteile des Verf. sind bes. gute Temperaturkontrolle. Verwendung von Pufferlsgg. an Stelle starker Laugen, Abwesenheit anorgan. Bestandteile bei der Weiterverarbeitung, z. B. Dest., der Aldole, daher weitgehende Vermeidung von Bldg. ungesätt. Aldehyde durch Wasserabspaltung. — Zeichnung. (**D. B. P. 909 570** Kl. 12o vom 8/8. 1942, ausg. 22/4. 1954. Anmeldung bekanntgemacht 24/12. 1952.) W. HEROLD. H 650

Standard Oil Development Co., Del., übert. von: **John Dana Koontz**, Baton Rouge, La., V. St. A., *Entkobaltisieren von Oxosyntheseprodukten in Gegenwart von flüssigem Wasser*, dad. gek., daß die Zers. der in dem *Aldehyd* enthaltenen Co-Carbonylverbb. bei 200—500° F (u. bes. 50—200 lbs./sq.in.) durch Einspritzen von Frischdampf oder W. u. Aufrechterhalten einer fl. Wasserphase in der Zersetzungszone erfolgt. Hierdurch werden die Co-Verbb. zu Metall, Formiat u. bas. Formiat verseift, welche nach Kondensation mit dem W. von dem Aldehyd abgetrennt werden können. Die abgezogene unter wss., Co-haltige Schicht kann zur Oxosynth. als Katalysator zurückgeführt werden. Vor der Zers. wird das Oxosyntheseprod. zweckmäßig entgast. Der Aldehyd ist nach Absetzenlassen u. Filtrieren Co-frei. (**A. P. 2 679 534** vom 20/11. 1950, ausg. 25/5. 1954 u. **E. P. 717 446** vom 15/7. 1952, ausg. 27/10. 1954. **Zusatz zu E. P. 660737; C. 1953. 5106.**) W. HEROLD. H 660

Standard Oil Development Co., Del., übert. von: **Joseph K. Mertzweiller**, Baton Rouge, La., V. St. A., *Kobaltentfernung bei der Aldehydsynthese* aus dem Oxoreaktionsprod. durch Hitze oder H_2 in mit Füllkörpern beschickter Abscheidezone (wobei Oxoreaktions- u. Katalysatorscheidezone wechselweise umgeschaltet werden können, wenn die Abscheidezone mit genug Co-Nd. versehen ist). Verstopfungen werden vermieden, indem das Co-Carbonyle enthaltende Oxoreaktionsprod. der Zersetzungszone in mehreren hintereinander liegenden getrennten Zonen zugeführt wird. (**A. P. 2 638 485** vom 10/4. 1948, ausg. 12/5. 1953.) W. HEROLD. H 660

E. I. du Pont de Nemours & Co., Wilmington, Del., übert. von: **Donald D. Lee,** Charleston, W. Va., und **Herbert S. Lecky,** Orange, Tex., V. St. A., *Konzentrieren von Formaldehyd.* Zur Herst. von methanolfreiem u. weniger als 4% W. enthaltendem CH_2O wird eine 50—70 (bes. 60) %ig. wss. CH_2O-Lsg. einer Destillationsfolge bei verschied. Drucken unterworfen: Die 1. Stufe ist eine Blitzdest. bei $<$ 300 mm; das Destillat wird in 2. Stufe bei 20—300 lbs./sq.in. dest., wobei das Destillat zur 1. Stufe zurückkehrt u. die Boden-Fl. verworfen wird. Die Boden-Fl. der 1. Stufe wird unter Zusatz der 0,4 bis 2fachen Menge Methanol bei $<$ 600 mm dest. u. gibt als Boden-Fl. reinen CH_2O, während das Destillat (bes. unter Zusatz einer verd. methanol. CH_2O-Lsg.) einer Methanolabstreifung durch Dest. unterworfen wird, deren Kopfdestillat in die 3. Stufe u. deren Boden-Fl. in die 2. (Druck-) Stufe zurückgeführt wird. — Zeichnung. (**A. P. 2 676 143** vom 22/11. 1949, ausg. 20/4. 1954.) W. HEROLD. H 670

Badische Anilin- & Soda-Fabrik (Erfinder: **Walter Reppe**), Ludwigshafen/Rh., *Diäthylketon.* Man arbeitet, in Ausbldg. des Verf. zur Herst. von Ketonen, Ketocarbonsäuren u. Ketoalkoholen gemäß D. B. P. 880 297, bei der Rk. von Äthylen mit CO in Ggw. von alkal. Verbb., bes. Alkalicarbonaten, u. hält dabei die Konz. des Katalysators auf mindestens 5% des Reaktionsmediums u. das Verhältnis von Äthylen: CO > 1, bes. auf mindestens 3 : 2. (**D. B. P. 894 991** Kl. 12o vom 14/7. 1951, ausg. 29/10. 1953. **Zusatz zu D. B. P. 880 297; C. 1955. 3486.**) A. BRÖSAMLE. H 710

Stanolind Oil & Gas Co., übert. von: **Donald G. Cain,** Clifton, **S. Goddin jr.** und **Neal M. Caruthers,** Tulsa, Okla., V. St. A., *Gewinnung von Carbonsäuren aus ihren Gemischen mit Kohlenwasserstoffen,* wie sie z. B. bei der CO-Hydrierung an Fe-Kontakten anfallen, erfolgt durch Neutralisation mit $NaHCO_3$ u. Extraktion der erhaltenen Salzlsg. mit fl. CO_2 bei 555—1055 lbs./sq.in. u. ca. 88° F. — Vorr., Zeichnungen. (**A. P. 2 670 366** vom 27/8. 1951, ausg. 23/2. 1954.) O. MÜLLER-MEININGEN. H 800

Badische Anilin- & Soda-Fabrik Akt.-Ges. (Erfinder: **Nikolaus v. Kutepow,** Karlsruhe, und **Heinz Bille**), Ludwigshafen/Rh., *Herstellung von Carbonsäuren und deren funktionellen Derivaten* durch Rk. von Olefinen mit CO u. Verbb. mit beweglichem H-Atom bei erhöhter Temp. u. unter Druck, dad. gek., daß man als Katalysatoren Co-Komplexsalze verwendet, deren Liganden C_2H_4 u. CO auszutauschen vermögen. Man gewinnt diese, z. B. durch Rk. von Co-Formiat oder -Propionat mit Trimethylamin, Butylpyrrolidin, Piperidin, Äthylendiamin, Pyrrol. — Beispiele für Herst. von Propionsäure-(methylester). (**D. B. P. 921 988** Kl. 12o vom 1/1. 1953, ausg. 7/1. 1955. Anmeldung bekanntgemacht 26/5. 1954. **Zusatz zu D. B. P. 874 769; C. 1955. 7080.**) O. MÜLLER-MEININGEN. H 810

Standard Oil Development Co., übert. von: **Kenneth K. Mercer,** Houston, Tex., und **William E. Catterall,** Elizabeth, N. J., V. St. A., *Abtrennen von C_2—C_4-Fettsäuren* (I) *aus Fettsäuregemischen* (II) Bei Synthesen anfallende, stark verd. wss. Lsgg. von II werden mit Isophoron (III) extrahiert. Der Extrakt wird in einer Fraktionierkolonne dest. u. das sich aus dem Kondensat vom W. trennende III als Rücklauf in diese zurückgeführt. Man zieht am Boden II-III-Gemisch ab u. dest. in einer 2. Kolonne C_2–C_4-I ab. Höhere I werden aus dem zurückbleibenden III mit Alkalien ausgewaschen. — Zeichnung. (**A. P. 2 588 268** vom 22/9. 1948, ausg. 4/3. 1952.) C. LÜTTGEN. H 810

Norsk Hydro-Elektrisk Kvaelstofaktieselskab, Oslo, Norwegen (Erfinder: **E. B. Lous**), *Konzentrierung von Ameisensäure.* Wss. HCOOH wird zweistufig ohne Zusatz von Hilfsstoffen dest., wobei der Druck in der ersten Stufe 2—10mal so groß sein soll wie in der zweiten Stufe. In der ersten Stufe wird bes. bei n. Druck gearbeitet. (**Schwed. P. 138 863** vom 14/6. 1951, ausg. 27/1. 1953. N. Prior. 9/4. 1951.) JÜRGEN SCHMIDT. H 810

Anglo-Iranian Oil Co. Ltd., London, England, *Gewinnung von Essigsäure* aus ihrem Gemisch mit HCOOH u. W. erfolgt durch Zusatz von mehr Essigsäureanhydrid als zur Überführung des W. in Essigsäure erforderlich ist, wobei gleichzeitig oder anschließend HCOOH abdest. wird. In einer Essigsäure u. -anhydrid enthaltenden Fraktion kann man Essigsäureanhydrid durch Wasserzusatz in berechneter Menge in wasserfreie Essigsäure überführen. Das Verf. eignet sich bes. zum Aufarbeiten von Oxydationsprodd. (mit Luft) von Paraffinen oder Cycloparaffinen C_4—C_{12} oder Alkylaromaten mit mindestens einer Alkylgruppe C_2—C_{12}. (**E. P. 721 301** vom 19/3. 1952, ausg. 5/1. 1955.) O. MÜLLER-MEININGEN. H 810

Rudolf Decker & Hellmuth Holz (Erfinder: **Anton Krug,** Burghausen, und **Johann Sixt**), München, *Herstellung von Essigsäureanhydrid* aus Acetpersäureester, den man durch Rk. von O_2 mit CH_3CHO bei tiefer Temp., z. B. 0°, erhält, dad. gek., daß die umzulagernde Oxydationslsg. nur so viel indifferentes Lösungsm. enthält, wie zur

Lsg. des Schwermetallkatalysators, bes. Cu-Acetat, gerade erforderlich ist. (**D. B. P. 875 196** Kl. 12o vom 30/6. 1943, ausg. 30/4. 1953. Anmeldung bekanntgemacht 15/5. 1952. **Zusatz zu D. B. P. 867 689; C. 1953. 4940.**) O. MÜLLER-MEININGEN. H 810

E. I. du Pont de Nemours & Co., übert. von: **Walter M. Bruner**, Wilmington, und **Eugene Turner Darden**, New Castle, Del., V. St. A., *Gewinnung von Propionsäureamid* (I) (hergestellt aus Propylen, NH_3, S u. W. nach WILLGERODT nach A. P. 2 495 567; C. **1954.** 4485) aus seinen Mischungen, z. B. mit S, Sulfiden, Disulfiden, Mercaptanen u. anderen Verunreinigungen, erfolgt durch azeotrop. Dest. mit einem Alkan mit 10- bis 12 C-Atomen u. Kp. 153—273° (n-Decan, n-Undecan, n-Dodecan oder deren Mischungen). $Kp._{50}$ der azeotrop. Mischung mit n-Decan: 88°. (**A. P. 2 609 336** vom 25/8. 1950, ausg. 2/9. 1952.) G. KRAUSS. H 810

Monsanto Chemical Co., St. Louis, Mo., V. St. A., *Acrylnitril* wird gegen Polymerisation u. Verfärbung bei der Lagerung mit Hydrochinonmonomethyläther stabilisiert. (**E. P. 708 108** vom 24/7. 1952, ausg. 28/4. 1954. A. Prior. 26/7. 1951. **Zusatz zu E. P. 708 100; C. 1955. 6192.**) G. KRAUSS. H 810

Shell Development Co., San Francisco, übert. von: **George W. Hearne,** El Cerrito, und **Theodore W. Evans,** Oakland, Calif., V. St. A., *Herstellung von Methacrylonitril* durch katalyt. Rk. von 1 Mol Methacrylsäure mit 1—3 Mol NH_3 in der Dampfphase bei 350—450°. Als Katalysator wirkt Borphosphat. (**Can. P. 490 301** vom 26/1. 1948, ausg. 3/2. 1953. A. Prior. 24/2. 1947.) M. F. MÜLLER. H 810

Badische Anilin- & Soda-Fabrik Akt.-Ges. (Erfinder: **Walter Reppe**), Ludwigshafen/Rh., *Dicarbonsäuren* erhält man durch Rk. von α.β-ungesätt. Carbonsäuren, deren Salzen (I), Acetylen-KW-stoffen oder deren I mit CO u. W. bes. bei 60—200° u. mindestens 30, bes. 50 bis ca. 200 at in Ggw. von komplexen Ni-, Co- oder Fe-Rhodanverbb. in alkal. Medium. — $CH{\equiv}CH + CO + H_2O \rightarrow CH_2{=}CH{-}COOH + CO + H_2O \rightarrow HOOC{-}CH_2{-}CH_2{-}COOH$. — Beispiele zur Herst. von *Bernsteinsäure.* (**D. B. P. 888 099** Kl. 12o vom 16/2. 1950, ausg. 31/8. 1953. **Zusatz zu D. B. P. 880 297; C. 1955. 3486.**) O. MÜLLER-MEININGEN. H 820

— (Erfinder: **Paul Schlack,** Berlin-Treptow, und **Karl Rössler,** Schmöckwitz bei Berlin), *Herstellung von Acylmercaptocarbonsäuren und Derivaten davon* aus ungesätt. Carbonsäuren oder ihren Estern, Nitrilen oder Anhydriden, in denen die Carboxylgruppe von der Doppelbindung durch mindestens drei kettenbildende Atome getrennt ist, durch Rk. mit Thiocarbonsäuren, wie Thioessigsäure, in Ggw. von Peroxyden. — Undecylensäure u. Thioessigsäure bilden dabei [Acetylmercapto]-undecansäure. — Ölsäure u. Thioessigsäure bilden in Ggw. von Benzoylperoxyd ebenfalls die Acetylmercaptoverb. als Öl. — Mit Undecylensäureäthylester u. Thioessigsäure wird der 11-[Acetylmercapto]-undecylensäureäthylester als farbloses Öl erhalten. — Ausgangsstoffe zur Gewinnung von hochmol. Polykondensationsprodukten. (**D. P. [DDR] 4 802** Kl. 12o vom 31/1. 1942, ausg. 6/2. 1954 [Ausschließungspatent].) M. F. MÜLLER. H 850

Consolidated Mining & Smelting Co. of Canada Ltd., Montreal, Quebec, Can., *Guanidinsulfamat.* Man läßt bei > 200° in geschlossenem Reaktionsraum Harnstoff (I), Biuret oder Cyanursäure mit NH_4-Sulfamat (II) in Ggw. von zugefügtem NH_3 (NH_3-Druck > 1 at) reagieren, wobei die Reaktionsteilnehmer wasserfrei sein sollen u. das Mol-Verhältnis I : II mindestens 2 : 1 beträgt. — Skizze. (**E. P. 721 620** vom 29/5. 1952, ausg. 12/1. 1955.) A. BRÖSAMLE. H 880

United States of America, übert. von: **Mario D. Banus,** Ipswich, und **Thomas R. P. Gibb jr.,** und **Robert W. Bragdon,** Marblehead, Mass., V. St. A., *Alkylaminborine,* die nicht mehr als 12 C-Atome enthalten, entstehen durch Erhitzen von quaternären Ammoniumborhydriden, die 3 Alkylreste u. einen vierten Rest enthalten, der aus einer Alkyl-, Aryl- oder Alkarylgruppe besteht, auf Tempp., die oberhalb 150° aber unterhalb der Dissoziationstemp. des herzustellenden Alkylaminborins liegen, wobei als Nebenprod. ein KW-stoff entsteht. — *Trimethylaminborin,* man erhitzt *Tetramethylammoniumborhydrid* unter vermindertem Druck auf 220—225°, F. 93—94°. Nebenprod. ist CH_4. (**A. P. 2 678 949** vom 28/2. 1952, ausg. 18/5. 1954.) G. LANGER. H 910

American Cyanamid Co., New York, N. Y., übert. von: **Joseph J. Carnes,** Greenwich, Conn., V. St. A., *Polyätheramine* der allg. Formel $HN{-}[(CR_2)_a{-}O]_nH[(CR_2)_mOH]$, in der a = 1—4; m = 2—3; R = H oder Alkylrest; R′ = H, Alkyl, Aryl; R″ = Alkyl, Aryl u. n = 2—100 bedeutet, erhält man durch Rk. von Epoxyverbb. der Zus. $R_2C{-}CR_2$ (über O verbrückt) mit 1 Mol einer heterocycl. Verb. der Zus. $(R')(R'')$—C—O—$(CR_2)_m$—NH (Ring) (R′, R″, R_2 u. m = wie vorst.!) u. anschließende Hydrolyse des Kondensationsproduktes. — Man setzt z. B. 2-Phenyloxazolidin (I), $Kp._{0,8}$ 93—94°, in Ggw. von Triäthylamin u. sek. Butylalkohol bei 100° mit 10 Mol Äthylenoxyd zu einem *polyglykolsubstituierten 2-Phenyloxazolidin* um, dunkelrotes viscoses Öl, das durch Erhitzen seiner wss. Dispersion auf dem Dampfbad unter Abspaltung von Benzaldehyd zu dem entsprechenden polyglykolsubstituierten Äthanolamin, dunkelrotes Öl, hydrolysiert wird. — Verbb. mit ähnlichen Eigg. erhält man z. B. auch aus I u. 35 Mol Äthylenoxyd, I u. 4 Mol Glycidol, 2-Isopropyloxazolidin u. 2 Mol Propylenoxyd oder aus 2.2-Dimethyl-4-äthyloxazolidin u. 4,3 Mol Äthylenoxyd. — *Zwischenprodd.* für die Herst. von z. B. *oberflächenaktiven Mitteln*. (**A. P. 2 629 740** vom 4/5. 1948, ausg. 24/2. 1953.) U. SIEVERS. H 920

John B. Pierce Foundation, New York, N. Y., übert. von: **Ettore Da Fano**, Pasadena, Calif., V. St. A., *Tetrabutylorthosilicate*, wobei der Butylrest eine verzweigte Kette aufweisen soll, erhält man durch Eintragen von $SiCl_4$ in den Alkohol bei höchstens 25°. Wenn alles $SiCl_4$ eingetragen ist, wird auf n. Temp. gebracht u. anschließend bei 125° HCl verjagt, was unter Rückfluß 10 Std. dauert. Man wäscht mit W. bis zur Neutralisation, trocknet über ($CaSO_4$) u. filtriert. — Es werden hergestellt: *Tetra-(sek.-butyl)-*, Kp. 478° (F), klarer F. bei —65°; *Tetraisobutyl-*; *Tri-sek.-butylisopropyl-*, *Triisobutylisopropyl-*; *Di-sek.-butyldiisopropyl-*; *Diisobutyldiisopropyl-*; *sek.-Butyltriisopropyl-*; *Isobutyltriisopropyl-*; *Isopropylisobutyldi-sek.-butyl-*; *Isopropyldiisobutyl-sek.-butyl-*; *Tri-sek.-butylisobutyl-*; *Di-sek.-butyldiisobutyl-*; *Triisobutyl-sek.-butylorthosilicat*. — Verwendung als Wärmeübertragungsflüssigkeiten. (**A. P. 2 640 032** vom 17/11. 1950, ausg. 26/5. 1953.) G. KÖNIG. H 980

Office National d'Études & de Recherches Aéronautiques (O. N. E. R. A.), Seine, Frankreich (Erfinder: **Ch. Horny** und **M. Guinet**), *Herstellung von halogenhaltigen organischen Siliciumverbindungen*. Man setzt Si mit einem organ. Halogenid in Ggw. eines Cu–Al_2O_3- oder Cu–MgO-Katalysators um. — Z. B. vermischt man einen 41% Cu enthaltenden Cu–Al_2O_3-Katalysator mit handelsüblichem, 98,5% ig., pulverisiertem Si derart, daß das Gemisch 17,5% Cu enthält. Das zu Pastillen geformte Gemisch erhitzt man im H_2-Strom auf ca. 250° u. verdrängt den H_2 mittels N_2. Denn leitet man bei 280° Methylchlorid über die Pastillen u. steigert die Temp. nach u. nach auf 230°. Man erhält 70 (%) $(CH_3)_2SiCl_2$, 22 CH_3SiCl_3 u. 6 $(CH_3)_3SiCl$. Auf analoge Weise erhält man aus Si u. Methylbromid bei 220—290° in Ggw. eines Cu-MgO-Katalysators $(CH_3)_2SiBr_2$, $(CH_3)_3 \cdot SiBr$, $(CH_3)SiBr_3$ u. $SiBr_4$. (**F. P. 1 046 295** vom 11/12. 1951, ausg. 4/12. 1953.) T. OPPERMANN. H 980

Standard Oil Development Co., Elizabeth, N. J., V. St. A., *Herstellung aromatischer Kohlenwasserstoffe* aus nichtaromat. KW-stoffen mit mindestens 6 C-Atomen zu nicht verzweigter Kette, dad. gek., daß man ein Gemisch aus 1 (Mol) des verdampften Beschickungsgutes [z. B. n-Hexan u. Cyclohexan, bzw. n-Heptan, Methylhexan u. Methylcyclohexan oder Sechsringnaphthene u. Paraffine] u. 0,5—20 eines Verdünnungsmittels, das im wesentlichen aus Paraffin-KW-stoffen mit nicht mehr als 4 C (CH_4, C_2H_6, C_3H_8) besteht, aromatisiert u. das Prod. in eine aromatenreiche Fl. u. einen H_2-reichen KW-stoffgasstrom zerlegt. Wird C_4H_{10} als Verdünnungsmittel benutzt (bei 538—621° u. nicht über 3 at), so erhält man ein butylenreiches Endgas (n-C_4H_8 u. Iso-C_4H_8 aus n-C_4H_{10} bzw. Iso-C_4H_8 aus Iso-C_4H_{10}), aus dem unverändertes C_4H_{10} abgetrennt u. zurückgeführt werden kann. Mit H_2 als Verdünnungsgas (bes. zur Vermeidung der Koksbldg.) hat das Verf. erheblich bessere Aromatisierungsausbeuten. — Abbildung. (**D. B. P. 924 382** Kl. 12o vom 1/5. 1952, ausg. 3/3. 1955. Anmeldung bekanntgemacht 22/7. 1954. A. Prior. 1/5. 1951.) W. HEROLD. H 1010

Universal Oil Products Co., übert. von: **Herman Pines** und **Vladimir N. Ipatieff**, Chicago, Ill., V. St. A., *Katalytische Kondensation aromatischer Verbindungen mit ungesättigten organischen Verbindungen* (I), wobei die eine Seitenkette tragenden Aromaten (II) an dem dem Ring benachbarten C-Atom alkyliert werden. Als I kommen Olefine (C_2H_4, C_3H_6 usw.) oder Acetylen, bes. Monoalkylacetylen, u. als II mit CH_3-, C_2H_5-, C_3H_7-, u./oder sek.-C_4H_9- substituiertes Bzl. oder Tetralin, Indan, Diphenylmethan, Cyclopentylbenzol sowie substituierte Heterocyclen (z. B. mit Pyridin-, Furan,- Thiophen-, Pyrrol-, Pyrazol- oder dgl. Ringen) in Betracht. Die II können ferner durch —Cl, —OR, NO_2 oder dgl. substituiert sein. Die Seitenkettenalkylierung erfolgt bei 100—350° (bes. 125—275°) in Ggw. von Katalysatoren aus Alkalimetall-Acetylen-Verbb. (C_2H_2 bis etwa C_7H_{12}), die auf Trägern (Kohle, Al_2O_3, SiO_2, Porzellan usw.) angebracht oder damit gemischt sein können. Bevorzugt wird mit Überschuß von II in Ggw. von 0,01 (bes. 0,05) bis 0,5 Mol Katalysator je Mol I gearbeitet. Beispiel für Herst. von *n-Propylbenzol* aus Toluol u. C_2H_4 bei 200—223° u. 30 at Anfangsdruck mit Na-Heptinverbindung. (**A. P. 2 670 390** vom 25/7. 1951, ausg. 23/2. 1954.) W. HEROLD. H 1010

Universal Oil Products Co., übert. von: **Hermann Pines** und **Vladimir N. Ipatieff**, Chicago, Ill., V. St. A., *Kondensation aromatischer Verbindungen mit ungesättigten orga-*

nischen Verbindungen in Gegenwart gemischter Katalysatoren. Für die in A. P. 2 670 390 (vgl. vorst. Ref.) beschriebene Seitenkettenalkylierung von Aromaten oder Heterocyclen mit aromat. Charakter werden an Stelle der Alkali–Acetylen-Verbb. als Katalysator Verbb. der Alkalimetalle mit heterocycl. N-Verbb. mit 4—5 Ring-C-Atomen, z. B. Pyridine, Chinoline, Isochinoline (mit verschied. Alkylseitenketten), Pyrrol, Piperidin, benutzt, die ebenfalls mit inerten Trägern gemischt sein können. Als Druck werden (bes. bei 150—275°) 5—50 at angegeben. — Beispiele für *n-Propylbenzol* (neben *3-Phenylpentan* durch Weiter-Rk.) aus Toluol u. C_2H_4 in Ggw. von Pyridin-Na bzw. α-Picolin-Na bei 200—230° u. 30 at Anfangsdruck. (**A. P. 2 688 044** vom 4/4. 1951, ausg. 31/8. 1954.) W. HEROLD. H 1010

Koppers Co., Inc. (Erfinder: **William O. Kelling,** Pittsburgh, Pa., V. St. A., *Benzol hohen Reinheitsgrades* aus benzolhaltigem Gemisch nach D. B. P. 917 068: Man setzt dem Benzol-Gemisch vor Einführung in die Kristallisationseinrichtung ein unter erhöhtem Druck stehendes Lösungsmittelgemisch aus einer mit Bzl. ein azeotropes Gemisch bildenden Fl. (Isopropanol) u. einer weiteren, leicht verdampfbaren Fl. (fl. Propan, Butan) zu, kühlt die Mischung durch Umrühren u. Entspannen rasch ab, so daß Bzl. in kleinen, unzusammenhängenden Kristallen krist., die abgetrennt u. geschmolzen werden, wonach das fl. Reinbenzol gegebenenfalls dest. wird, während aus der Mutterlauge ohne Zusatz weiteren Lösungsm. das restliche Reinbenzol durch azeotrop. Dest. gewonnen wird. — Zeichnung. (**D. B. P. 918 145** Kl. 12o vom 3/10. 1950, ausg. 20/9. 1954. Anmeldung bekanntgemacht 13/11. 1952. A. Prior. 9/4. 1945. **Zusatz zu D. B. P. 917 068; C. 1955. 4499.**) P. UNGER. H 1010

Farbwerke Hoechst Akt.-Ges., vormals Meister Lucius & Brüning (Erfinder: **Leopold Horner,** Frankfurt/M., und **Helmut Stöhr,** Kalbach), *Umwandlung von diazotierbaren aromatischen Aminen* durch Austausch ihrer Aminogruppe gegen H über ihre Diazoniumsalze in Ggw. von prim. u. sek. Alkoholen, dad. gek., daß man bei beliebiger Temp. unter Bestrahlung mit künstlichem UV-Licht arbeitet. — 10 g p-Chlordiazoniumchlorid werden in 150 cm³ Methanol mit einer UV-Tauchlampe unter N_2 u. Eiskühlung bestrahlt. Lebhafte N_2-Abspaltung. Das Lösungsm. wird weitgehend abdest. u. der Rückstand mit Wasserdampf behandelt. Das Wasserdampfdestillat wird mit Ae. ausgeschüttelt u. der höhersd. Anteil fraktioniert destilliert. Man erhält 60% der Theorie an *Chlorbenzol.* (**D. B. P. 898 298** Kl. 12o vom 3/7. 1951, ausg. 30/11. 1953.) R. SCHWECHTEN. H 1010

Standard Oil Co., übert. von: **David A. McCaulay,** Chicago, Ill., und **Arthur P. Lien,** Highland, Ind., V. St. A., *Isomerisieren von Xylolen* zur Anreicherung von *m-Xylol* (I) durch Erhitzen mit (bes. 1—3 Mol) BF_3 in 100—300 Vol. fl. HF (bezogen auf I), wobei fl. KW-stoffe als Verdünnungsmittel zugegen sein können. Temp. u. Reaktionszeit sind aufeinander abgestimmt. So wird aus p-Xylol in 300—600 (Min.) bei 60° F in 200 bis 350 bei 70° F oder in 150—200 Min. bei 90° F ca. 85% I in der Mischung erzielt, bzw. aus o-Xylol in 600—1000 bei 70° F, in 300—600 bei 80° F oder in 200—300 bei 90° F ca. 80% I. Auch Mischungen der Xylole (gegebenenfalls mit Äthylbenzol) können so bei 0—90° F umgewandelt werden. (**A. P. 2 662 925** vom 29/6. 1951, ausg. 15/12. 1953.) W. HEROLD. H 1010

Wingfoot Corp., Akron, O., V. St. A., *Chlorierte Xylole,* nämlich *Hexachlor-p-xylol* (I) u. *Pentachlor-o-xylol* (II) werden hergestellt, indem in 1. Stufe Toluol (bes. durch Sättigung eines Gemisches aus Toluol, CH_2O, $ZnCl_2$ u. konz. wss. HCl bei ca. 60° mit HCl) chlormethyliert wird zu *o-* u. *p-Xylylchlorid* u. dann in 2. Stufe (durch Einleiten von Cl_2 bis zur Beendigung der Gewichtszunahme bei ca. 145—150°) durch Seitenkettenchlorierung diese in I u. II übergeführt werden. Aus dem I- u. II-Gemisch wird I, F. 108—111°, durch 1—3tägiges Stehenlassen bei ca. 25° oder durch Behandeln mit warmem Eisessig u. Abkühlen auf ca. 10° krist. erhalten u. bei ca. 100° mit CH_3OH gewaschen u. getrocknet. I dient bes. zur Herst. von Terephthalsäurederivv. für die Kunstfasererzeugung. (**E. P. 720 419** vom 28/5. 1952, ausg. 22/12. 1954. A. Prior. 5/12. 1951.) W. HEROLD. H 1010

Cilag Akt.-Ges., Schaffhausen, Schweiz, *Basische Äther. 1-(p-Methoxyphenoxy)-2-methylaminopropan.* Man red. ein Gemisch aus 1-(p-Methoxyphenoxy)-2-oxopropan (I) u. Methylamin bzw. Nitromethan oder CH_2O. Entsteht auch beim Hydrieren eines Gemisches aus I u. N-Methylbenzylamin in Ggw. von RANEY-Ni im Autoklaven bei 70—75° u. 100 at, $Kp._{14}$ 150—152°; *Hydrochlorid,* F. 104—105°. — Analog: *1-(p-Methoxyphenoxy)-2-äthylaminopropan,* $Kp._{14}$ 156—158°, *Hydrochlorid,* F. 128—129°. — *1-(o-Methylphenoxy)-2-methylaminopropan,* $Kp._{14}$ 124—127°, *Hydrochlorid,* F. 101—102°, *Pikrat,* F. 135—136°. — *1-(o-Methylphenoxy)-2-äthylaminopropan,* $Kp._{14}$ 130—133°, *Hydrochlorid,* F. 136—137°. — *1-(3'.5'-Dimethylphenoxy)-2-methylaminopropan,* $Kp._{14}$ 139—142°,

Hydrochlorid, F. 150—151°. — *1-(m-Oxyphenoxy)-2-methylaminopropan* sd. unter Zersetzung. *Hydrochlorid*, F. 157—158°. — *Zwischenprodd.* u. *Pharmaceutica*. (**Schwz. PP. 297 262, 297 263, 297 264, 297 265, 297 266, 297 267** vom 6/4. 1950, ausg. 17/5. 1954. **Zusätze zu Schwz. P. 292 589; C. 1954. II 613.**) G. LANGER. H 1060

General Mills, Inc., Del., übert. von: **Owen A. Moe** und **Donald T. Warner**, Minneapolis, Minn., V. St. A., *Herstellung von β-Phenyl-γ-nitroaldehyden* der Formel $O_2N\cdot C(R_1, R_2)\cdot CH(C_6H_5)\cdot CH_2\cdot CHO$ (R_1 u. R_2 = H oder niedere Alkylgruppe) durch Rk. von Zimtaldehyd (I) mit etwa gleichmol. Mengen eines Nitroparaffins der Formel $R_1\cdot CH(R_2)\cdot NO_2$ in Ggw. eines alkal. Katalysators (Alkalialkoholat, tert. Amin oder dgl.) bes. > 50°. Die Verbb. sind Ausgangsprodd. zur Herst. von Indolen, Hydantoinen, Aminosäuren usw. — 80 mm absol. A. werden mit 0,1 (g) Na umgesetzt, 22,3 2-Nitropropan u. bei 25° 33 I zugegeben. Nach 16std. Stehen wird mit 0,8 Eisessig neutralisiert, im Vakuum eingeengt, mit 200 cm^3 Bzl. aufgenommen, 4mal mit 50 cm^3 W. gewaschen, über Na_2SO_4 getrocknet, Bzl. im Vakuum entfernt u. wiederholt fraktioniert: *γ-Nitro-γ-methyl-β-phenylpentanal*, $Kp._{0,2}$ 111,5—112,5°, n_D^{20} 1,5299, Öl; *2.4-Dinitrophenylhydrazon*, F. 181—182°. — Mit 1-Nitropropan ebenso: *γ-Nitro-β-phenylhexanal*, $Kp._{0,4-0,45}$ 120 bis 125°; n_D^{25} 1,5280; *2.4-Dinitrophenylhydrazon*, F. 204—204,5° (aus Ae.-Äthylacetat). (**A. P. 2 628 980** vom 18/2. 1949, ausg. 17/2. 1953.) W. HEROLD. H 1120

May & Baker Ltd., Dagenham, England (Erfinder: **Harry James Barber**), *Methansulfonsäuren, deren Alkali- und Erdalkalisalze* der allg. Formel $R[XCH_{3-n}(SO_2Y)_n]_m$ R = freies oder substituiertes Aryl, X = 0 oder S, n = 1, 2, 3, m = höchstens 3, bes. 1 oder 2, Y = H, OH, NH_2, CH_3) erhält man durch Kondensation eines Salzes der Chlor-, Brom- oder Jodmethansulfonsäure mit einem Alkali- oder Erdalkaliarylat oder der entsprechenden Thioverbindung. — 2.4-Dichlorphenol wird mit NaOH auf 120° u. nach Zusatz von Na-Jodmethansulfonat u. einer Spur Cu-Bronze auf 180—200° erhitzt, wodurch man das *Na-2.4-Dichlorphenoxymethansulfonat* erhält. *Ba-Salz* (S-Benzylisothioharnstoff = I). I-*Salz*, F. 135—136°. — *Ba-2-Chlorphenoxymethansulfonat*. I-*Salz*, F. 158°. — *Na-4-Chlorphenoxymethansulfonat*. I-*Salz*, F. 136—137°, → 4-Chlorphenoxymethylchlorid. — *Na-4-Cyanphenoxymethansulfonat*. I-*Salz*, F. 145—145,5°. — *Ba-Phenoxymethansulfonat*. I-*Salz*, F. 102—103°. — *Na-4-Bromphenoxymethansulfonat*. I-Salz, F. 139—140°. — *Na-4-Carbäthoxyphenoxymethansulfonat*. I-*Salz*, F. 165—166°. — *Ba-2.5-Dichlorphenoxymethansulfonat*. — *Ba-2.4.5-Trichlorphenoxymethansulfonat*. I-*Salz*, F. 112—114°. — *Ba-2.4.6-Trichlorphenoxymethansulfonat*. I-*Salz*, F. 115—116°. — *Na-β-Naphthoxymethansulfonat*. — *Ba-Phenylen-1.4-bis-(oxymethansulfonat)*. — *Na-4-Methylphenylthiomethansulfonat*. — *Ba-4.6-Dichlorphenylen-1.3-bis-(thiomethansulfonat)*. — Verwendung zur Herst. von Aryloxy- u. Arylthiomethylhalogeniden. (**E. P. 647 214** vom 7/10. 1947, ausg. 6/12. 1950.) G. KRAUSS. H 1090

General Aniline & Film Corp., New York, N. Y. (Erfinder: **Saul R. Buc**, und **David I. Randall**, Easton, Pa.), V. St. A., *Aminobenzyläther* der Formel I, worin das eine Y = H, Cl oder einen Methylätherrest, das andere Y den genannten Methylätherrest u. X = H oder Methyl bedeuten. — *(3-Aminobenzyl)-glykoläther*. Aus (3-Nitrobenzyl)-glykoläther, H_2 u. RANEY-Ni in Methylalkohol; Öl. — Analog: *(5-Amino-2-methylbenzyl)-glykoläther*; Öl. — *Diäthylenglykol-(methyläther)-3-(aminobenzyläther)*, F. 93°. — *4-Amino-2.6-bis-(oxymethyl)-benzyl-bis-glykoläther*, F. 94°. — *Diäthylenglykol-(3-aminobenzyläther)*, F. 83°. — Vgl. D. B. P. 871 443; C. **1955**. 5906. (**D. B. P. 879 105** Kl. 12q vom 19/11. 1950, ausg. 2/7. 1953. A. Prior. 22/11. 1949.)

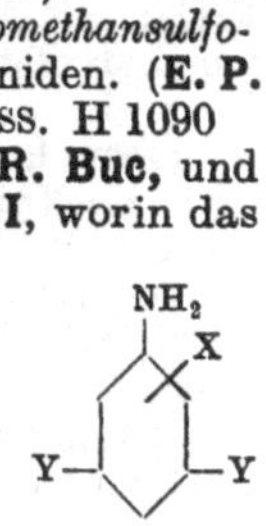

I

G. LANGER. H 1320

J. R. Geigy Akt.-Ges., Basel, Schweiz, *Sulfonsäurearylester von Polyaryläthylenen* erhält man durch Kondensation eines aromat. Mono- oder Dialdehyds mit einem Nitrotoluol der Formel I (X_2 = NO_2, X_1 = Sulfonsäurearylester) in Ggw. eines bas. Katalysators (Piperidin, Morpholin, Butylamin) bei 115—170° u. eines hochsd. Lösungsmittels. — 4-Nitrotoluol-2-sulfonsäurephenylester gibt beim Erhitzen mit Benzaldehyd u. Piperidin auf 135—145°

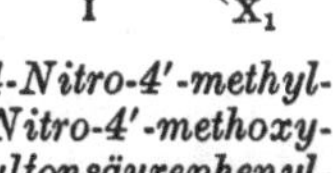

I

4-Nitrostilben-2-sulfonsäurephenylester in 84%ig. Ausbeute, F. 157°. — *4-Nitro-4'-methylstilben-2-sulfonsäurephenylester*, schwachgelbe Nadeln, F. 142°. — *4-Nitro-4'-methoxystilben-2-sulfonsäurephenylester*, F. 160°. — *4-Nitro-2'-chlorstilben-2-sulfonsäurephenylester*, F. 139°. — *4.4'-Dinitrostilben-2-sulfonsäurephenylester*, F. 170°. — *4-Nitrostilben-2-sulfonsäure-p-chlorphenylester*, F. 136°. — 4-Nitrotoluol-2-sulfonsäurephenylester + Terephthalaldehyd → $NO_2C_6H_3(o\text{-}SO_2OC_6H_5)CH{=}CHC_6H_4CH{=}CHC_6H_3(o\text{-}SO_2OC_6H_5)\cdot NO_2$, F. 239—241°. — *2'.2''-Dinitro-1.4-distyrylbenzol-4'.4''-disulfonsäurephenylester*, F. 255—256°. — *4-Nitro-4'-dimethylaminostilben-2-sulfonsäurephenylester*, F. 160°. — *2-Nitrostilben-4-sulfonsäurephenylester*, F. 151°. — *4'.4''-Dinitro-1.4-distyrylbenzol-2'.2''-disulfonsäure-p-chlorphenylester*, F. 250°. Verwendung als *opt. Aufheller* (vgl. E. P.

668 200; C. **1955.** 6189) u. als Zwischenprodd. für Farbstoffe. (**E. P. 668 199** vom 28/7. 1949, ausg. 12/3. 1952. Schwz. Prior. 13/8. 1948.) G. KRAUSS. H 1490

Dow Chemical Co., übert. von: **Kenneth C. Kauer, Francis N. Alquist** und **Edgar C. Britton,** Midland, Mich., V. St. A., *$C_6H_6Cl_6$* (I) erhält man aus fl. C_6H_6 (**II**) u. Cl_2 in Ggw. von C_3H_6 (**III**) bei Tempp. zwischen 5° u. dem Kp. von **II**, wobei das Verhältnis 1 (Mol) **III**: 6 Cl_2 nicht überschritten werden soll. Sobald die Konz. an **I** 18% in der Reaktionslsg. erreicht, zieht man eine Mischung von **I, III** u. $C_3H_6Cl_2$ ab u. läßt gleichzeitig frisches **I** zulaufen. Aus der Mischung trennt man die einzelnen Bestandteile. Man arbeitet vorteilhaft unter Ausschluß von Licht. — Zeichnung. (**A. P. 2 552 562** vom 6/9. 1946, ausg. 15/5. 1951.) G. KÖNIG. H 1810

Hooker Electrochemical Co., übert. von: **Aylmer Henry Maude** und **David Solomon Rosenberg,** Niagara Falls, N. Y., V. St. A., *Hexachlorcyclopentadien.* Pentan wird nach A. P. 2 473 162 (C. **1950.** I. 2032) mit Cl_2 in Chlorpentane, z. B. $C_5H_5Cl_7$, übergeführt. Diese mindestens 2 Cl-Atome enthaltenden C_5-Chlor-KW-stoffe werden in der Dampfphase mit der erforderlichen Menge Cl_2 durch eine Reaktionszone geleitet, deren vorderer Teil auf 300—430° u. deren hinterer Teil auf 450—525° erhitzt ist. Der vordere Teil ist mit porösem Silicagel, mit säureextrahiertem Bauxit, Bimsstein, Aktivkohle, Kieselgur, Fullererde, Floridin, Attapulgite, Diatomeenerde, die noch mit Fe-, Ni- oder Co-Chloriden imprägniert sein können, gefüllt. Die Ausgangsstoffe können mit HCl verd. sein; Ausbeute >90%. (**A. P. 2 650 942** vom 20/3. 1951, ausg. 1/9. 1953.) G. KRAUSS. H 1810

Petrolite Corp. Ltd., Wilmington, Del., übert. von: **Melvin De Groote,** University City, und **Bernhard Keiser,** Webster Groves, Mo., V. St. A., *Hydrophile synthetische Produkte* der allg. Formel **I** (R = Alkyl, Aralkyl, Cycloalkyl, Aryl mit höchstens 8 C-Atomen, R_1 u. R_2 = Alkyl, Aralkyl, Cycloalkyl, Aryl mit höchstens 18 C-Atomen, R_3 = Äthylen, Propylen, Butylen, Oxypropylen, Oxybutylen, n = 1—20) erhält man durch Oxalkylierung mit Alkylenoxyden entsprechender dreikerniger Phenolharze oder von Polymeren, die durch Polymerisation von Estern der Formeln $H_2C{=}CH{-}COOR$, $H_2C{=}C(CH_3){-}COOR$ oder $H_2C{=}CH{-}OOCR$ (R = Rest mit 5—20 C-Atomen) erhalten wurden. — Eine dreikernige Verb. (R = Methyl, R_1 = tert.-Amyl, R_2 = tert.-Butyl) wird in Xylol in Ggw. von Na-Methylat mit Äthylenoxyd 2½—4 Std. unter 155—185 lbs./sq.in. auf 150—160° erhitzt, wobei durchschnittlich 1 Mol Äthylenoxyd eingeführt wird. Durch weitere Behandlung kann ein weiteres Mol. eingeführt werden. In anderen Ausgangsstoffen ist R Phenyl, Cyclohexyl, R_1 = tert.-Octyl, R_2 = tert.-Butyl. Vgl. Tabelle. — Laurylmethacrylat wird in Xylol mit Benzoylperoxyd polymerisiert u. anschließend mit Äthylenoxyd 6½ Std. bei 165° u. 170 lbs./sq.in. behandelt. *Demulgatoren* (vgl. A. P. 2 543 489; C. **1952.** 4714), *Netz-, Reinigungs-, Wasch-* u. *Färbereihilfsmittel, Flotationsmittel, Germicide, Insekticide, Schmieröle.* (**A. PP. 2 598 234** vom 12/11. 1948, ausg. 27/5. 1952 u. **2 602 079** vom 12/11. 1948, ausg. 1/7. 1952.) G. KRAUSS. H 2260

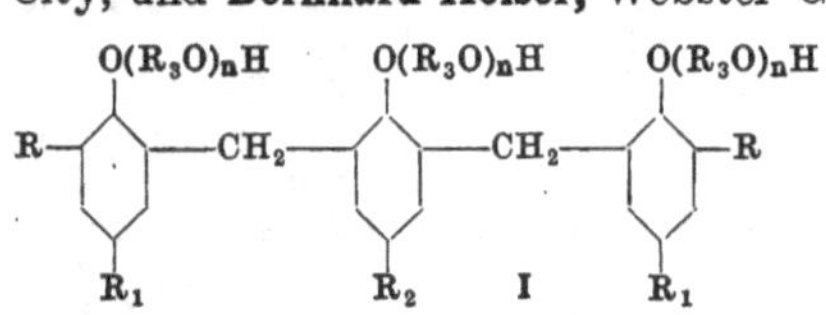

Distillers Co. Ltd., Edinburgh, England (Erfinder: **Edwin George Edward Hawkins** und **Frederick William Major**), *Tetrahydrobenzoesäure* (I) u. ein *Glykol* (**II**), Kp.$_2$ 176—178°, F. 96—98° (aus Bzl.-Leichtpetroleum), erhält man durch Behandeln von Δ^3-Tetrahydrobenzaldehyd oder dessen fl. Trimeren mit wss. oder alkoh. Alkali bei ca. 50—200, bes. 100—150°, in fl. Phase. **II** kann mit wss. Alkalien, z. B. bei 210—230°, zu Δ^3-Tetrahydrobenzylalkohol u. I, Kp.$_{15}$ 125—127°, verseift werden. Vgl. E. P. 713 639; C. **1955.** 3969. (**E. P. 711 424** vom 21/2. 1951, ausg. 30/6. 1954.) G. KRAUSS. H 2270

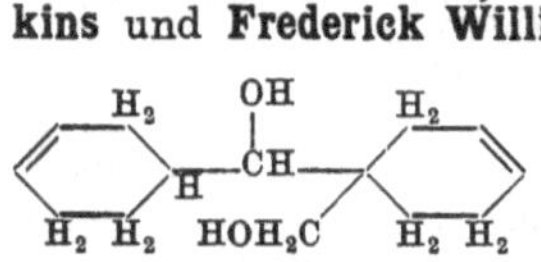

II

E. I. du Pont de Nemours & Co., übert. von: **Richard Raymond Merner,** Wilmington, Del., und **Robert A. Bernard,** Upper Darby, Pa., V. St. A., *Herstellung und Reinigung von Bis-(alkoxybenzamido)-stilbendisulfonaten.* Diese erhält man durch Kondensation von 4.4'-Diamino-2.2'-stilbendisulfonsäure (I) mit einer Methoxybenzoesäure (1—3 Methoxygruppen) in Ggw. von $POCl_3$ u. wasserfreiem Pyridin. Die Reaktionsmischung wird dann mit wasserfreiem NH_3 behandelt, wobei aus dem Pyridinsalz des Kondensationsprod. das NH_4-Salz entsteht. Das Pyridin wird nun zweckmäßig im Vakuum abdest., bes. unter vorherigem Zusatz von o-Dichlorbenzol. Dieses wird durch Wasserdampfdest. entfernt u. durch Zusatz von NaOH oder KOH das Dialkalisalz ausgefällt, das abfiltriert werden kann. Man kann auch während der Wasserdampfdest. Na_2CO_3 zusetzen. Man kann ferner das rohe Reaktionsgemisch mit Alkalien oder Erdalkalien alkal. machen, bis der p_H 9—12 beträgt. Dann dest. man das Pyridin mit Wasserdampf unter 100° ab u. kann die Salze abfiltrieren. — Aus I + 2.4-Dimethoxybenzoesäure u. Pyridin in Ggw. von $POCl_3$ → *Na-4.4'-Bis-(2.4-dimethoxybenzoylamino)-stilben-2.2'-disulfonat.* — *Na-4.4'-Bis-(2.4.5-trimethoxybenzoylamino)-stilben-2.2'-disulfonat.* — *2.3-Dimethoxy-, 2.5-Dimethoxy-, 3.4-Dimethoxy-* u. *4-Methoxybenzoylaminoderivate.* — *Fluorescenzmittel* für *Waschmittel* u. *Papier.* (**A. PP. 2 616 926** vom 7/12. 1949, ausg. 4/11. 1952 u. **2 635 113** vom 27/10. 1950, ausg. 14/4. 1953.) G. Krauss. H 2290

Soc. An. Bozel-Maletra (Soc. Industrielle de Produits Chimiques), Seine, Frankreich, *Herstellung von α-Naphthylessigsäure* (I). Das Verf. des F. P. 1 006 339, wonach man I durch Erhitzen von Naphthalin mit Monochloressigsäure, einem Ester dieser Säure oder dem Anhydrid dieser Säure herstellt in Ggw. von $FeCl_3$ oder einer Verb., welche unter den Reaktionsbedingungen $FeCl_3$ bildet, wird dahin erweitert, daß man die beiden Ausgangsprodd. in Ggw. von mindestens einem Metall mit der Atomnummer 22—28 (z. B. Ti, V, Cr, Mn, Co, Ni), einem Salz oder einer Verb. eines solchen Metalles u. gegebenenfalls von Fe, einem Fe-Salz oder einer anderen Fe-Verb. erhitzt. — Z. B. erhitzt man 11,5 (Teile) $MnCO_3$ mit 180 Monochloressigsäure, versetzt das Gemisch mit 480 Naphthylamin u. erhitzt das Ganze 100 Std. auf 180°. Die Aufarbeitung des Reaktionsprod. ergibt schneeweiße I, F. 127—128°. (**F. P. 58 915** vom 18/12. 1948, ausg. 22/4. 1954. **Zusatz zu F. P. 1 006 339; C. 1955. 6194.**) T. Oppermann. H 2700

Badische Anilin- & Soda-Fabrik Akt.-Ges. (Erfinder: **Hans-Georg Trieschmann**), Ludwigshafen/Rh., Cyclische *Urethane.* Man läßt 1 (Mol) $COCl_2$ auf ca. 3 eines Aminoalkohols ohne Zusatz von sonstigen säurebindenden Stoffen in organ. Lösungsmitteln, in denen die Aminoalkohole (I) u. die Reaktionsprodd. gut, dagegen die Hydrochloride der I schwer lösl. sind, bes. in chlorierten KW-stoffen, einwirken. — Monoäthanolamin + $COCl_2$ in $CHCl_3$ → *Oxazolidon-(2)*, F. 89°. (**D. B. P. 917 972** Kl. 12p vom 2/3. 1951, ausg. 16/9. 1954. Anmeldung bekanntgemacht 11/2. 1954 **Zusatz zu D. B. P. 883 902; C. 1955. 4937.**) A. Brösamle. H 3132

Farbwerke Hoechst Akt.-Ges., vormals Meister Lucius & Brüning (Erfinder: **Max Bockmühl** und **Gustav Ehrhart**), Frankfurt/M., *Herstellung von basischen Verbindungen der Diarylmethanreihe* nach D. R. P. 766 207, dad. gek., daß man die nach den Verff. gemäß D. R. PP. 710 227 (C. **1941.** II. 2973) u. 711 069 (C. **1942.** I. 513) erhältlichen, durch einen bas. Rest substituierten Diarylessigsäurenitrile u. -ester mit den säurebildenden Rest abspaltenden Mitteln behandelt. Als letztere dienen Alkalimetalle, -hydroxyde oder -amide. Nach den Beispielen werden erhalten: *α.α-Diphenyl-γ-piperidinopropan,* Hydrochlorid, F. 214—215°; *Diphenyldimethylaminoäthylessigsäure,* F. 195° (Zers.) → *α.α-Diphenyl-γ-dimethylaminopropan,* $Kp._{10}$ 170—173°, Hydrochlorid, F. 168°; *α.α-Diphenyl-γ-pyrrolidinopropan,* Phosphat, F. 160—161°; *α.α-Diphenyl-γ-piperidinobutan,* $Kp._6$ 200—203°, Hydrochlorid, F. 213—214°. (**D. B. P. 908 136** Kl. 12p vom 9/7. 1940, ausg. 1/4. 1954. Anmeldung bekanntgemacht 9/7. 1953. **Zusatz zu D. R. P. 766 207; C. 1955. 2489.**) H. Schindler. H 3231

F. Hoffmann-La Roche & Co. Akt.-Ges., Basel, Schweiz, *Isonicotinsäuremethylester* erhält man durch Hydrieren des 2.6-Dichlorisonicotinsäuremethylesters (I) in ca. 95%ig. CH_3OH in Ggw. von K-Acetat mit Pd-Kohle bei 50° oder durch Hydrieren von I in absol. alkoh. Lsg. in Ggw. von Triäthylamin mit Pd-Kohle oder Raney-Ni bei einem H_2-Druck von ca. 40 at, $Kp._{14}$ 96—97°; Ausbeute ca. 90%. (**Schwz. P. 302 905** vom 7/3. 1952, ausg. 17/1. 1955.) R. Link. H 3231

Eastman Kodak Co., Rochester, N. J., übert. von: **Harry W. Coover jr.,** Kingsport Tenn., V. St. A., *Organische Phosphorverbindungen.* Durch Rk. von 1 (Mol) Cyanurchlorid mit 3 Triäthylphosphit (I) erhält man *Tri-(diäthylphosphono)-triazin,* F. 82—84°. Statt I kann man auch Na-Diäthylphosphit, ferner Trimethyl-, Tributyl-, Tripropylphosphit verwenden. — Weichmacher, Lösungsmittel, Insekticide. (**A. P. 2 685 581** vom 8/10. 1952, ausg. 3/8. 1954.) A. Brösamle. H 3313

X. Färberei. Organische Farbstoffe.

Fr. Braun, *Farbenmessung — Methode der Gegenüberstellung von Farbtönen.* Die Theorien von Maxwell, Rosenstiehl, Oswald u. Hardy werden besprochen. Stearns, Selling, Peters u. andere haben Formeln zur Best. von Farbtönungen aufgestellt. Hierbei werden von 3 Grundfarben (Rot, Gelb u. Blau) in 1%ig. Lsg. Spektralkurven aufgenommen. Diese schneiden sich in 3 Punkten, die bestimmten Wellenlängen entsprechen. Bei diesen 3 Wellenlängen wird der Remissionsgrad des zu untersuchenden Farbtons bestimmt. Durch eine einfache Rechnung ergibt sich die Konz. von Rot, Gelb u. Blau. Das Verf. wird hinsichtlich seiner Anwendungsmöglichkeit krit. betrachtet. (Chim. Peintures **16.** 368—74. Okt. 1953. Löwen, Univ.) E. Preu. 7000

—, *Farbstoffe und Textilhilfsmittel.* Prodd. der Imperial Chemical Industries Ltd.: *Alcian „X"* ist ein neues Sortiment von Farbstoffen für die Textildruckerei. *Alcian Blue 8GX* ergibt mit W. angepastet eine hygroskop. Lsg., die während des Dämpfens unlösl. wird. Die Dämpfdauer beträgt 5—10 Min., das Prod. ist in seiner lösl. Form kationakt. u. ergibt bes. gute Echtheiten. — *Alcian Yellow GX* weist die gleichen Eigg. auf, nur der Unlöslichkeitsprozeß während des Dämpfens erfolgt schneller. — Auch die Allgemeinechtheiten der Farbstoffe *Alcian Green 3BX* u. *Alcian Green 2GX* sind gut bis sehr gut. — Musterkarten: SC737 Onium, SC 738 Onium u. SC939 Onium. — Prod. der J. R. Geigy AG.: *Cuprophenylgrün BL* ist ein Nachkupferungsgrün mit bes. guten Echtheiten. Eignet sich zum Färben von Kleider-, Sportblusen-, Regenmantel- u. Dekorationsstoffen, von Trikotagen u. Nähgarnen sowie von Waschartikeln, die nicht gechlort u. nicht über 70° gewaschen werden. (Reyon, Zellwolle andere Chemiefasern **1955.** 184. März.) P. Eckert. 7018

R. Casty, *Neuere Erfahrungen aus der Praxis der Cibalanfärberei.* Hinweise zum Färben von Wolle u. Polyamidfasern mit Cibalanfarbstoffen (für Gabardine werden Neolanfarbstoffe empfohlen). Ein Absäuern nach der Färbung schützt die Faser vor Mikrobenbefall, verringert elektrostat. Aufladungen, verbessert die Naßdekaturechtheit u. den Griff. Die Farbstoffe können mit unveränderten Echtheitseigg. für das Hochtemperaturfärbeverf. u. für lose Wolle in der Continuefärberei verwendet werden; durch ihre hohen Naßechtheiten eignen sie sich bes. zum Färben von Nähseide. Wolle–Nylon-Mischgewebe werden wegen der verschied. Aufziehgeschwindigkeit der Cibalane auf die Fasern mit Neonylfarbstoffen oder für tiefe Töne durch eine Kombination Cr- u. Cibalanfarbstoffe gefärbt. (SVF Fachorgan Textilveredlung **10.** 196—200. April 1955.) I. Schoenmann. 7020

R. Casty, *Metallkomplexfarbstoffe in Theorie und Praxis.* (Färgeriteknik **28.** 170 bis 172. Aug. 194—98. Sept. 1952. Basel, CIBA. — C. **1953.** 2031.) R. K. Müller. 7020

G. Dierkes, *Farbstoffe zum Färben von Fasermischungen.* 2. Mitt. (1. vgl. C. **1955.** 6854.) Behandelt wird das Färben von Wolle/Perlon bzw. Nylon mit sauren Farbstoffen, mit Chromier- u. Metallkomplexfarbstoffen, das Färben von Wolle/Acetatfaser-Mischungen sowie das Färben von Wolle/Seide. Genaue Färbevorschriften werden gegeben. (Reyon, Zellwolle andere Chemiefasern **1955.** 104—08. Febr.) P. Eckert. 7020

Franz Molzer, *Bei der Kontinuefärberei gesammelte Erfahrungen.* Übersicht über die Entw. der Kontinuefärberei. Geeignete Farbstofftypen, Textilhilfsmittel, App. u. prakt. Rezepturen werden näher beschrieben. (Rev. Textilis **11.** Nr. 2. 37—42. Febr. 1955.) A. Sander. 7020

Girolamo Pozza, *Die Färbung der Merinovafaser.* Beschreibung der chem.-physikal. Eigg. der neuen wollähnlichen Kunstfaser „Merinova" der Snia Viscosa sowie geeignete Färbeverff. mit Beizensäuren u. Schwefelfarbstoffen. (Riv. Tessile Aracne **9.** 1257—62. Nov. 1954.) A. Sander. 7020

W. Flügel, A. Peter und **H. Egli,** *Die Sandocrylmethode der Färbung von Polyacrylnitrilfasern nach dem Kupferionverfahren.* (Vgl. C. **1955.** 8268.) Beim Sandocrylverf. ist die Aufziehgeschwindigkeit direkt proportional der Oberfläche des Cu, wenn die $CuSO_4$ (**I**)-Menge konstant gehalten wird, u. bei konstanter Cu-Oberfläche proportional der **I**-Menge. Oberhalb 100° kann die Cu- u. **I**-Menge red. werden (bei 110° um je 50%). Das p_H wird mit H_3PO_4, H_2SO_4, Ameisen- oder Essigsäure auf 2,5—4 eingestellt. Vor der Färbung wird mit Sandozin NI (**II**) gewaschen, bei der Färbung nur wenig **II** zugesetzt. Das mechan.-prakt. Vorgehen wird erläutert. Es stehen 13 Farbstoffe zur Verfügung. (Färgeriteknik **30.** 304—05. Dez. 1954. **31.** 10. 12—13. Jan. 1955. Basel, Sandoz AG.) R. K. Müller. 7020

H. Stern, *Beitrag zum Färben von Fasermischungen mit „Orlon 42".* Übersicht über Herst. u. Eigg. der Polyacrylnitrilfasern u. Färbemethoden mit Dispersions-, bas. u. sauren Wollfarbstoffen nach der Cu-Methode. Das Färben von Orlon–Woll- oder Nylonmischungen nach der „Zweistufen-Einbadmeth." mit sauren Woll- u. bas. „Deorlin"-Farbstoffen; für höhere Echtheiten nach der Zweibadmeth. mit bas. u. Metallkomplexfarbstoffen. Färbeverf. für Orlon–Baumwoll- bzw. Zellwollmischungen mit substantiven u. Dispersions- oder bas. Farbstoffen. Farbige Illustrationen für Färbungen der genannten Fasermischungen. (SVF Fachorgan Textilveredlung **10.** 168—72. April 1955.) I. Schoenmann. 7020

H. R. Hirsbrunner, *Das statische Irgalan-Druckfärbeverfahren Geigy.* (Vgl. C. **1955.** 693.) Beschreibung mit schemat. Darst., Arbeitsweise u. Anwendungsbereich von Hochtemperaturfärbeapparaten zum Färben von Wolle unter u. über 100° mit Irgalan-, Irganol S-, Polar-, Eriochrom- u. Eriochromalfarbstoffen. (SVF Fachorgan. Textilveredlung **10.** 173—79. April 1955.) I. Schoenmann. 7022

Lyde S. Pratt, *Pigmentmodifizierungen.* Bei der Herst. von Pigmenten deren Eigg. beeinflussende Faktoren u. ihre Berücksichtigung in der Praxis. Hinweis auf neue Anwendungen der Pigmente im Drucken u. Färben von Textilfasern u. die hier verlangten Eigenschaften. (Amer. Ink Maker **32.** Nr. 12. 30—32. 67—68. Dez. 1954.)
A. SANDER. 7022

Farbwerke Hoechst Akt.-Ges., vormals Meister Lucius & Brüning, Frankfurt/M., *Herstellung von überfärbeechten Färbungen auf Celluloseacetat.* Man behandelt das Material in einem wss.-ammoniakal. Bade, das enthält: ein organ. Lösungsm. (I) mit schwach bas. Rk. u. ein Gemisch von 1-Amino-2.5-dimethoxy-4-nitrobenzol u. ein Alkalisalz von 1-(2'.3'-Oxynaphthoylamino)-2-methyl-4-methoxybenzol oder 1-(2'.3'-Oxynaphthoylamino)-2-methoxybenzol oder 1-(2'-Oxycarbazol-3'-carboylamino)-4-chlorbenzol, diazotiert auf der Faser u. entwickelt in heißem Bade. I ist z. B. Monoäthanolamin. (**E. P. 719 475** vom 28/1. 1952, ausg. 1/12. 1954. D. Prior. 26/1. 1951.) H. v. SCHILLER. 7021

Ciba Akt.-Ges., Basel, Schweiz, *Beständiges Färbepräparat,* dad. gek., daß es eine P-Verb. (I), welche sich von einer Phosphorsäure mit mindestens 2 P-Atomen im Säuremol. ableitet, sowie eine an sich schwerlösl., komplexe Metallverb. eines mindestens 2 Azogruppen aufweisenden Farbstoffes (II) enthält, in welcher eines der Metalle mit den Atomnummern 27—29 in komplexer Bindung vorliegt. I ist z. B. $Na_4P_2O_7$ u. II eine Cu-Verb. eines o.o'-Dioxy- oder o-Oxy-o'-carboxyazofarbstoffes. (**Schwz. P. 304 863** vom 16/11. 1951, ausg. 16/3. 1955.) H. v. SCHILLER. 7021

Badische Anilin- & Soda-Fabrik, Ludwigshafen/Rh. (Erfinder: **Gerhard Otto** und **Ludwig Neumann,** Mannheim), *Färben von Leder* mit Farbstoffen (I), die Sulfonsäureamidgruppen (II), aber kein komplexgebundenes Metall enthalten, aus neutralem Bade. Man verwendet in Abänderung des Verf. nach D. R. P. 742 996; C. **1944.** I. 1331 I oder I-Gemische, die neben II noch Sulfonsäure- oder Carboxylgruppen enthalten, z. B. den Disazofarbstoff aus 1 (Mol) diazotierter 1-Aminobenzol-4-sulfonsäure, 1 Resorcin u. 1 diazotiertem 1-Aminobenzol-4-sulfonsäureamid. (**D. B. P. 876 986** Kl. 8m vom 4/3. 1943, ausg. 8/5. 1953.) H. v. SCHILLER. 7025

Farbenfabriken Bayer Akt.-Ges., Leverkusen (Erfinder: **Heinz Jakoby**), *Nachbehandlung von mit basischen Farbstoffen hergestellten Gummidrucken,* dad. gek., daß man die Gummidrucke mit in nicht-wss. Lösungs- bzw. Bindemitteln befindlichen Reduktionsprodd. komplexer Molybdän–Wolfram-Verbb. nachbehandelt, zweckdienlich mittels Aufspritzen. (**D. B. P. 925 585** Kl. 15k vom 17/12. 1952, ausg. 24/3. 1955. Anmeldung bekanntgemacht 26/8. 1954.) F. LAASS. 7031

Sandoz Akt.-Ges., Basel, Schweiz, *Monoazofarbstoff.* Die Suspension der Diazoverb. von 1-Aminobenzol-2-sulfonsäure in $NaHCO_3$-Lsg. wird mit dem Na-Salz von 1-Oxy-6-octanoylaminonaphthalin-3-sulfonsäure gekuppelt u. der Farbstoff ausgesalzen. Er färbt Wolle, Seide u. Polyamidfasern aus schwach saurem Bad lebhaft orange mit guter Licht-, Wasch- u. Schweißechtheit. (**Schwz. P. 297 411** vom 28/8. 1951, ausg. 1/6. 1954.) A. KALIX. 7053

Sandoz Akt.-Ges., Basel, Schweiz, *Monoazofarbstoff.* 1 (Mol) 1-Amino-4-nitrobenzol wird mit 1 1-(N-Oxyäthyl-N-cyanäthyl)-amino-3-chlorbenzol gekuppelt. Das Reaktionsprod. färbt Lacke, Acetat-, Polyamid- u. Polyesterfasern in leuchtend orangefarbenen licht- u. waschechten Tönen. (**Schwz. P. 297 844** vom 7/9. 1951, ausg. 16/6. 1954.) A. KALIX. 7053

General Aniline & Film Corp., New York, N. Y., V. St. A., *Desaminierte Polyazofarbstoffe.* Man kuppelt z. B. 4.4-Tetrazobiphenyl (bzw. dessen kernsubstituierte Methyl-, Methoxy- oder Sulfoderivv.) mit einer auxochrome Gruppen enthaltenden Komponente, kuppelt weiter mit einer Verb., die eine diazotierbare NH_2-Gruppe enthält, diazotiert u. kuppelt mit einer Aminobenzol- oder -naphthalinverb. u. desaminiert das erhaltene Prod. durch Diazotieren u. anschließende Rk. mit Na-Formiat oder -Acetat. — Tetrazotiertes Benzidin (I) → Salicylsäure → 1-Aminonaphthalin-6-sulfonsäure (II); nach Ansäuern wird die erhaltene Disazoverb. diazotiert u. sodann mit Na-Acetat behandelt; dunkelbraunes, alkalilösl. Pulver. — Man kann auch I mit 1-Phenyl-3-methyl-5-pyrazolon in alkal. Lsg. kuppeln, mit II weiterkuppeln, nach Ansäuern weiterdiazotieren u. mit Na-Acetat behandeln; braunes, alkalilösl. Pulver der wahrscheinlichen Formel III. — Farbstoffe mit ähnlichen Eigg. erhält man durch Ersatz des I durch tetrazotierte (s) Benzidin-2.2'-disulfonsäure, o-Toluidin oder Dianisidin. Sie liefern ausgezeichnete substantive

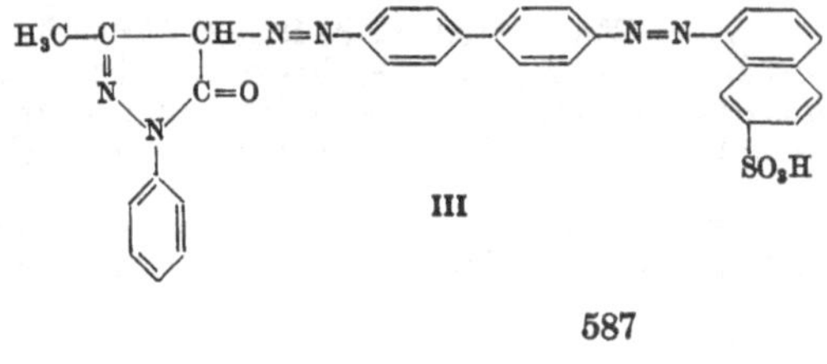

III

Färbungen auf Leder u. besitzen auch als Textilfarbstoffe gute Licht- u. Waschechtheitseigenschaften. (**E. P. 665 049** vom 3/10. 1949, ausg. 16/1. 1952. A. Prior. 7/10. 1948.) U. SIEVERS. 7055

Sandoz Akt.-Ges. (Erfinder: **Hans Ruckstuhl** und **Walter Wehrli**), Basel, Schweiz, *Kupferhaltige Polyazofarbstoffe* erhält man durch weitere Ausbldg. des Verf. nach D.B.P. 889 493 durch Kuppeln von 1 (Mol) Tetrazoverb. aus 3.3'-Dimethoxy-4.4'-diamino-1.1'-diphenyl (I) mit 1 eines gegebenenfalls in Form der Kupferverb. vorliegenden Monoazofarbstoffes der Zus. **Ia** (R = in o-Stellung zur OH-Gruppe gekuppelter Rest einer Oxybenzolsulfonsäure oder Oxynaphthalinmono- oder -di- bzw. -trisulfonsäure) u. mit 1 einer beliebigen anderen Azokomponente. Das Kupplungsprod. wird abschließend mit

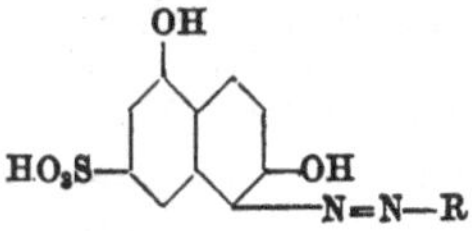

Ia

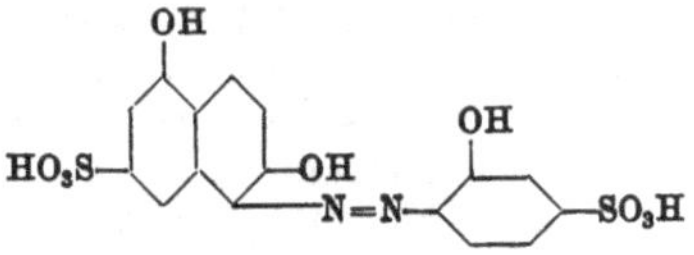

IIa

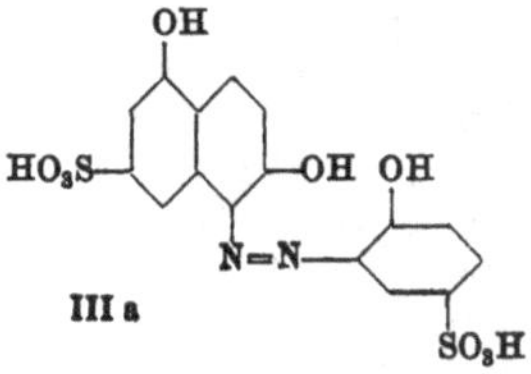

IIIa

kupferabgebenden Mitteln behandelt. — I wird tetrazotiert u. mit 1-Oxynaphthalin-3.6-disulfonsäure einerseits u. mit der Kupferkomplexverb. des Monoazofarbstoffs der Formel **IIa** andererseits gekuppelt. Der entstandene Trisazofarbstoff wird abschließend gekupfert. Baumwolle (**A**) wird in marineblauen Tönen gefärbt. — Wird der kupferhaltige Monoazofarbstoff im obigen Beispiel durch die Kupferkomplexverb. des Monoazofarbstoffs der Formel **IIIa** ersetzt, so erhält man einen Trisazofarbstoff, der **A** ebenfalls marineblau färbt. — Die erhaltenen marine- bis graublauen Färbungen sind gut wasch- u. lichtecht. (**D. B. P. 903 367** Kl. 22a vom 25/12. 1951, ausg. 4/2. 1954. Anmeldung bekanntgemacht 3/6. 1953. Schwz. Prior. 25/4. 1951. **Zusatz zu D. B. P. 889 493; C. 1955. 6143.**) U. SIEVERS. 7055

Ciba Akt.-Ges., Basel, Schweiz, *Küpenfarbstoffe*. Man stellt Trianthrimide der allg. Zus. I (R_1 u. R_2 = je ein in 1-Stellung an die Iminogruppe gebundener Anthrachinonrest, der einen in 5.6-Stellung ankondensierten Acridonring aufweist) dar u. führt sie gegebenenfalls in die entsprechenden Dicarbazole über. Man erhält sehr echte, bes. lichtechte, Farbstoffe für Wolle, Seide, bes. pflanzliche Fasern. — Durch Rk. von 11,1 (Teilen) 1.5-Dichloranthrachinon mit 28,6 5-Aminoanthrachinon-1(N). 2-1'.2'(N)-benzolacridon in 400 Nitrobenzol in Ggw. von 8 Na-Acetat, 4 MgO u. 2 CuCl erhält man in 90—95% ig. Ausbeute das Trianthrimid (II), rotviolettes Pulver, in konz. H_2SO_4 braungelb lösl., das Baumwolle (**A**) aus bordeauxfarbener Küpe (**K**) sehr echt violettblau färbt. Durch Carbazolierung von II in einer $AlCl_3$-NaCl-Schmelze wird in Form eines dunklen Pulvers ein in konz. H_2SO_4 braunviolett lösl. Farbstoff erhalten, der **A** aus stumpfvioletter **K** sehr echt violettstichigbraun färbt. (**Schwz. P. 303 285** vom 26/10. 1951, ausg. 1/2. 1955.) O. ROICK. 7059

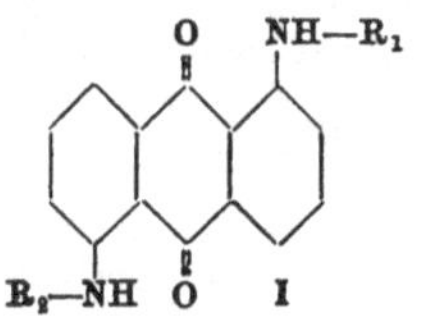

I

XIa. Farben. Anstriche. Lacke. Naturharze.

H. A. Barbian, *Vorbereitung von Magnesiumflächen für den Anstrich.* Mg wird mit Lösungsmitteln, Emulsionen oder Alkalien vorgereinigt u. zur Entfernung von Korrosionsprodd. usw. mit HF oder Chromsäure nachbehandelt. Auch HNO_3 u. deren Mischungen mit anderen Säuren kommen zur Anwendung. Von den Vorbehandlungsmethoden ergeben einige einen schwarzen, andere einen metall. glänzenden oder anod. Überzug. Vorwiegend werden Chrombeize u. Bichromatbehandlung angewendet. Der Chromatfilm wirkt antikorrosiv u. bildet einen günstigen Verankerungsgrund für den nachfolgenden Anstrich. Bei Anwendung von Spezialgrundierfarben bilden die chem. Vorbehandlungsmethoden einen zusätzlichen Korrosionsschutz. (Amer. Paint J. **36**. Nr. 33. 31—34. 5/5. 1952. Midland, Mich., Dow Chemical Co.) B. SCHEIFELE. 7090

P. W. Ranby und **A. P. Rice**, *Chemie der Leuchtstoffe.* Überblick über die Anwendung u. Herst. von Leuchtstoffen. Aktivierung, Bedeutung der Reinheit der Ausgangsstoffe, Fragen des Reaktionsmechanismus, Katalysatoren u. verschied. physikal. Einflüsse auf die Herst. werden besprochen. (Ind. Chemist **28**. 545—52. Dez. 1952.) E. PREU. 7092

Josef Weiss, *Alte und neue Theorien über die Trocknung von Ölen.* Nach bisheriger Ansicht hängt das Trocknungsvermögen der Öle vom Geh. an ungesätt. Fettsäuren (I)

u. der Anzahl u. Anordnung ihrer Doppelbindungen (II) ab. So wurde durch Isomerisierung abgespaltener I aus Fischölen u. Dehydratisierung von Ricinusöl die Herst. trocknender Öle (III) durch Bldg. konjugierter II ermöglicht. Nach einer neuerlichen schwed. Entdeckung wurden III aus beliebigen Fettsäuren hergestellt, die keine II u. auch nach der Behandlung keine I enthielten, u. zwar durch Kondensations-Rkk. mittels Katalysatoren, durch die Trocknungsgeschwindigkeit u. Filmeigg. im voraus geregelt werden können. Sie sind für Luft- u. Ofentrocknung u. für die Modifikation von Lackharzen geeignet. (Seifen-Öle-Fette-Wachse **79.** 581—82. 28/10. 1953. Stockholm.) H. MÜHLMEISTER. 7096

Jean Petit, *Für ein besseres Verständnis der Struktur von Standölen.* Die Viscositätserhöhung beim Standölkochen erfolgt durch DIELS-ALDER-Rk. zwischen bereits vorhandenen oder durch Isomerisation gebildeten Doppelbindungen, wobei vorwiegend Dimere u. etwas Trimere entstehen. Daneben erfolgen Seiten-Rkk., bes. Crackung von C–H-Ketten nahe der Doppelbindung. Auch Umesterungen treten ein. Prakt. Bedeutung hat die Umesterung von Ölgelen mit rohem Leinöl durch längeres Erhitzen, wobei die gelierten Öle wieder verwendungsfähig werden. Techn. Interesse bietet auch die Standölkochung unter Zusatz von ca. 1,6% BF_3 als wirksamem Katalysator. (Amer. Paint J. **39.** Nr. 12. 32. 34. 36. 38. 6/12. 1954. Bellevue, Frankreich, Paint & Varnish Res. Labors.) B. SCHEIFELE. 7096

J. H. Greaves, *Trocknende Öle, Sikkative und Lacke.* (Vgl. C. **1948.** E. 828.) Fortschrittsbericht 1950. — 37 Literaturhinweise. (Rep. Progr. appl. Chem. **35.** 441—46. 1950.) M. WINIKER. 7096

J. H. Greaves, *Trocknende Öle, Sikkative und Firnisse.* (Vgl. vorst. Ref.) Fortschrittsbericht 1951. — 20 Literaturhinweise. (Rep. Progr. appl. Chem. **36.** 440—44. 1951.) M. WINIKER. 7096

L. F. Stapleton, *Siliconlackharze.* (Paint, Oil Colour J. **125.** 1007—08. 23/4. 1954. — C. **1954.** 5182.) M. WINIKER. 7096

J. C. Hudson, *Schutzüberzüge für Schiffe und mit Seewasser in Berührung kommende Einrichtungen.* Überblick über verschied. Verff., z. B. Anstriche, metall. Überzüge, u. ihre theoret. Grundlage. — 21 Schrifttumsangaben. (Chem. and Ind. **1954.** 640—51. 5/6. London, Brit. Iron and Steel Assoc.) F. MARKHOFF. 7106

Jean-Louis Rabaté, *Lacke und Anstriche und Probleme der industriellen Heizung.* Übersichtsbericht. Besprochen werden: Lacke u. Anstriche als Rostschutz bei höheren Tempp. u. ihre Zus.; Hitzebeständigkeit verschied. Pigmente; wärmeisolierende Anstriche für Heizkörper u. Rohrleitungen; Schutzlacke für Behälter mit fl. KW-stoffen. (Peintures, Pigments, Vernis **30.** 212—17. März 1954.) K. STEINER. 7106

M. Colombet, *Ablösbare Lacke auf Grundlage von Vinylharzen.* Besprochen werden: Eigg., Verwendung als Korrosionsschutz u. Auftragen von Vinylharzlacken. (Peintures, Pigments, Vernis **30.** 210—11. März 1954. Comp. de Saint-Gobin.) K. STEINER. 7106

Imperial Chemical Industries Ltd., London, England, *Pigmente der Tetraazaporphinreihe.* Zu Schwz. P. 291 817 ist nachzutragen: Die Herst. weiterer Pigmente, alle dunkelblaue Pulver, in W. unlösl., jedoch in H_2SO_4 unter Bldg. einer grün oder blau gefärbten Lsg. lösl., ist beschrieben (-tetraazaporphin = **a**): Co-Tetramethyldibenz-**a**, aus 2 (Mol) Dimethylmaleinsäureanhydrid (I), 2 Phthalsäureanhydrid (II), Harnstoff (III) u. einer Co-Verb. (IV) (z. B. Co-Chloridhexahydrat); Co- oder Ni-Dimethyltribenz-**a**, aus 1 I, 3 II, III u. einer IV bzw. Ni-Verb. (V) (z. B. Ni-Chlorid); Co- oder Ni-Hexamethylmonobenz-**a**, aus 3 I, 1 II, III u. einer IV bzw. V. (**Schwz. PP. 296 547, 296 548, 296 549, 296 550** u. **296 551** vom 11/1. 1951, ausg. 17/4. 1954. E. Prior. 12/1. 1950. **Zusätze zu Schwz. P. 291 817; C. 1955. 5431.**) O. ROICK. 7093

A. Schneider G. m. b. H., Konolfingen, Schweiz, *Überzugsmittel,* bestehend aus einem in W. suspendierbaren Gemisch von Faserstoffen (Fasern von Cellulose, Holz, Asbest, Glas), Füllstoffen, wie Erdalkalisulfate, -carbonate, -oxyde oder -hydroxyde, oder Al-Silicat, -Oxyd oder -Hydroxyd, u. einer wasserlösl. Stärke als einem freie OH-Gruppen enthaltendem Koll., dem ein verätherndes oder veresterndes Mittel, wie Na-Trichloracetat (I), di- oder polyhalogenierte KW-stoffe oder Carbonsäuren, Ester mehrwertiger Alkohole mit anorgan. Säuren, zugesetzt ist. — Beispiel: 400 g Faserstoffe, 2 kg $CaCO_3$, 230 g Stärke u. 75 g I. — *Abwaschbarer Anstrich.* (**E. P. 716 652** vom 23/4. 1952, ausg. 13/10. 1954. Schwz. Prior. 27/11. 1951.) W. GRÄGER. 7107

General Electric Co., N. Y., übert. von: **Birger W. Nordlander,** Schenectady, und **John A. Loritsch,** Scotia, N. Y., V. St. A., *Polymerisierbare thixotrope Gemische für Überzüge und als Füllmittel,* z. B. für elektr. Spulen, bestehend aus 30—60 (%) Kaolin oder 40—60 Bentonit mit nicht > 0,3 W. u. einem fl., lösungsmittelfreien u. polymerisierbaren Alkydharz. — Geeignet ist z. B. ein Ansatz aus 27 (Teilen) Diallylphthalat (I), 27 Diäthylenglykolmaleat, 1 tert.-Butylperbenzoat u. 45 Georgia-Ton oder aus 15 Diäthylenglykolmaleatphthalat, 45 I, 1 Perbenzoat u. 39 Bucca-Ton. (**A. P. 2 641 586** vom 31/12. 1949, ausg. 9/6. 1953.) H. MÖLLERING. 7107

Diamond Alkali Co., Cleveland, übert. von: **James G. Lander**, Cincinnati, O., V. St. A., *Überzug für Metallplatten* zwecks Verhinderung des Anklebens von Papierverbundschichten bei ihrer Herst., bestehend aus einer Wasserglaslsg. mit 37 (%) Festkörper ($Na_2O:SiO_2 = 1:3,3$), 8 Harnstoff u. 0,2 Triäthanolamin. Die Lsg. wird auf 177° warme Fe-Platten gegossen u. erstarrt sogleich zu einem glasartigen Überzug. Der Harnstoff sorgt für gleichmäßige Verteilung u. krist. an der Oberfläche der Schicht. (**A. P. 2 671 747** vom 11/3. 1950, ausg. 9/3. 1954.) G. SALZMANN. 7107

Imperial Chemical Industries Ltd., London, England, *Kunstharz* bildet sich bei der Kondensation von p-Phenylphenoxyphosphoryldichlorid mit Hydrochinon, bes. im äquimol. Mengenverhältnis, vorteilhaft unter ansteigenden Tempp. (bis 240°). Feuchtigkeit wird möglichst ferngehalten. Eine inerte Atmosphäre ist erwünscht. Katalysatoren, die HCl entfernen (Sn), sind angezeigt. Lösungsmittel für die Ausgangsstoffe, die einen Acceptor für HCl enthalten, können Anwendung finden. Das Kunstharz ist in der Wärme nicht härtbar; gelöst in Dioxan, Chlf. oder Bzl.-A.-Gemisch, findet es zur Herst. säurebeständiger, korrosionsschützender, hochglänzender *Überzüge* Verwendung. (**Schwz. P. 290 784** vom 3/4. 1950, ausg. 17/8. 1953. E. Prior. 30/5. 1949. **Zusatz zu Schwz. P. 285 782; C. 1955. 6199.**) G. KÖNIG. 7107

Clarence B. F. Young, Leonia, N. Y., V. St. A., *Reinigungsmittel.* Zur Reinigung von *Metallen*, die galvanisiert, lackiert oder ähnlich behandelt werden sollen, wird eine M. verwendet, die in einem Bindemittel aus einem Ester von Polyäthylenglykol (Mol.-Gew. 1000—6000) mit einer höheren einbas. Fettsäure (bes. Stearinsäure) Scheuerstoffe (Schmirgel, Flint, Ton, Al_2O_3) u. außerdem Carbonate (Na_2CO_3, $NaHCO_3$, $CaCO_3$), zusammen mit auf Zutritt von W. sauer reagierenden Stoffen [$Al_2(SO_4)_3$, Weinsäure], enthält. Durch die sich bei der Anwendung des Mittels entwickelnde CO_2 wird die Säuberung der Metallflächen durch das nachfolgende Abspülen mit W. oder verd. Säure erleichtert. (**A. P. 2 681 274** vom 29/9. 1950, ausg. 15/6. 1954.) W. GRÄGER. 7119

Simoniz Co., übert. von: **Paul E. Wenaas**, Clarendon Hills, Ill., V. St. A., *Flüssiges Poliermittel*, bestehend aus 78 (Gewichtsteilen) eines flüchtigen KW-stofflösungsm., 0,75—3,0 (1,5) eines oxydierten mikrokristallinen Wachses (F. 180—185° F, SZ. 20—25 u. VZ. 55—65), 0,5—3,5 (1,0) eines fl. Silicons (Dimethylsiloxan) mit einer Viscosität von 50—1000, bes. 200 cst. bei n. Temp., u. 0,25—1,5 (0,5) Lanolinalkoholen. (**A. P. 2 681 859** vom 12/8. 1950, ausg. 22/6. 1954.) W. GRÄGER. 7119

Raymond A. Kennedy, Sioux City, Io., V. St. A., *Insekticides Poliermittel*, bestehend aus 5 (Teilen) eines Insekticids („Chlordane"), 1 W. oder bes. Mineralöl, wie farbloses Paraffinöl, 5 Schlämmkreide u. 89 fl. Wachs, das z. B. 250 Carnaubawachs in 138 Lösungsm. („Hydromalin") gelöst enthält. (**A. P. 2 687 964** vom 7/11. 1951, ausg. 31/8. 1954.) W. GRÄGER. 7119

Dr. Kurt Herberts & Co. vorm. Otto Louis Herberts (Erfinder: **Ralph Schwemer**), Wuppertal-Barmen, *Veredelung von Harzestern*, dad. gek., daß man die Harzester mit den gemäß D. B. P. 884 869 (C. **1955**.. 5433) hergestellten Umsetzungsprodd. aus Phenolalkoholen u. reaktionsfähigen, über 80° sd. Carbonylverbb. zur Rk. bringt. Bes. arbeitet man bei 180—250°. — Z. B. setzt man einen Kolophonium-Glycerin-Ester mit einem Harz aus einem Phenolalkohol u. Cyclohexanon um. An Stelle der fertigen Harzester kann man auch die Gemische von Harzen u. Veresterungsmitteln anwenden. (**D. B. P. 922 190** Kl. 22h vom 20/8. 1949, ausg. 10/1. 1955. Anmeldung bekanntgemacht 28/12. 1950.) W. GRÄGER. 7141

Hercules Powder Co., Wilmington, Del., V. St. A., *Verringerung des ungesättigten Charakters von Rosinylverbindungen* (Verbb. mit dem gleichen KW-stoffkern der Abietylverbb., wie Pimar-, Sapinsäure oder diese enthaltende Harze oder deren Ester, Sapinylalkohol, Pimarylalkohol) erfolgt nach D. R. P. 701 600 durch 5 Min. langes bis 5 std. Erhitzen mit bekannten Hydrierungskatalysatoren in Abwesenheit von Stoffen, die eine Absättigung der vorhandenen Doppelbindungen bewirken unterhalb ihrer Zersetzungstemp., bes. auf 220—250°, in der Dampfphase bei Unterdruck. — Ein französ. Balsamharz mit 86% Harzsäuregeh. (im wesentlichen d-Pimarsäure), SZ. 160, Tropfpunkt 92°, spezif. Drehung 15,9°, Thiocyanatzahl 100, gibt nach 1 std. Erhitzen auf 230° in Ggw. eines Tonerde–Pd-Katalysators ein Harz mit Tropfpunkt 99°, Thiocyanatzahl 24, das nach der Veresterung mit Glycerin ein hartes Harz mit SZ. 5 liefert. — „G"-amerikan. Balsamharz, SZ. 165, Tropfpunkt 90°, Thiocyanatzahl 94 (im wesentlichen Sapinsäure) → Harz, Tropfpunkt 95°, Thiocyanatzahl 8, durch Veresterung mit Stearylalkohol →

Stearylester, weiches Wachs, SZ. 1,5. Glycerinester, Tropfpunkt 96°. (**D. B. P. 882 546** Kl. 12o vom 13/8. 1936, ausg. 9/7. 1953. A. Prior. 12/6. 1936. **Zusatz zu D. R. P. 701 600; C. 1941. I. 3622.**) G. KRAUSS. 7149

XIb. Plaste (Kunstharze. Plastische Massen).

Frank P. Greenspan und **Ralph J. Gall,** *Epoxyfettsäureester als Weichmacher.* Epoxyfettsäureester wurden durch Epoxydierung ungesätt. Fettsäureester ein- u. mehrwertiger Alkohole mit einer Persäure dargestellt u. auf ihre Eigg. als Weichmacher untersucht. Sie zeigen gute Verträglichkeit mit Nitrocellulose, Äthylcellulose, Polystyrol, Polymethacrylsäuremethylester u. Polyvinylchlorid. Ihre Weichmacherwirksamkeit ist gleich oder besser als die von Dioctylphthalat. Außerdem weisen sie gute Stabilisatorwrkg. gegen Licht u. Wärme auf.

V e r s u c h e: Zu 100 g Methyloleat u. 3,5 g wasserfreiem Na-Acetat werden 70 g 40% ig. Peressigsäurelsg. (I) langsam in 1 Std. bei 20—25° zugegeben. Nach ca. 3 Std. (nachdem ca. 80—85% von I verbraucht sind) wird 1 Std. auf 50—60° erhitzt. Nach Abtrennen der wss. Schicht wird die ölige Schicht mit W. säurefrei gewaschen u. über Na_2SO_4 getrocknet: *Methylepoxystearat,* $Kp._4$ 177—248°; $D.^{20}_{20}$ 0,929, n_D^{25} 1,4518, F. —5,6° Viscosität bei 20°: η^{20} 17 cP. Analog: *Butylepoxystearat,* $Kp._4$ 179—268°, $D.^{20}_{20}$ 0,911, n_D^{25} 1,4510, F. —12°, η^{20} 18 cP; *Methylepoxyester der Baumwollsamenfettsäuren* (II), $D.^{20}_{20}$ 0,919, n_D^{25} 1,4489, F. 7°, η^{20} 12,4 cP; *Butylepoxyester von* II, $Kp._4$ 191—268°, $D.^{20}_{20}$ 0,902, n_D^{25} 1,4483, F. —2°, η^{20} 14,8 cP; *Methylepoxyester von Sojabohnenfettsäuren* (III), $Kp._4$ 171—261°, $D.^{20}_{20}$ 0,948, n_D^{25} 1,4535, F. 3,5°, η^{20} 20 cP; *Butylepoxyester von* III, $Kp._4$ 195—261°, $D.^{20}_{20}$ 0,918, n_D^{25} 1,4520, F. —8,5°, η^{20} 19 cP; *n-Octylepoxyester von* III, $D.^{20}_{20}$ 0,917, F. 3°, n_D^{25} 1,4560, η^{20} 34 cP; *Tetrahydrofurfurylepoxyester von* III, $D.^{20}_{20}$ 0,999, F. —6,5°, n_D^{25} 1,4662, η^{20} 75 cP; *Äthylenglykolmonobutylätherepoxystearat,* $D.^{20}_{20}$ 0,924, F. 0,5°, n_D^{25} 1,4510, η^{20} 23 cP; *Diäthylenglykolmonobutylätherepoxyester von* III, $D.^{20}_{20}$ 0,972, F. —15°, n_D^{25} 1,4568, η^{20} 49,1 cP; *Epoxysojabohnenöl* (IV), $D.^{20}_{20}$ 0,998, F. —7,5°, n_D^{25} 1,4713, η^{20} 537 cP. — Alle untersuchten Epoxyester sind bei 25° in W. unlösl., lösl. in Bzn., Mineralöl, Methanol, A., Bzl., Chlf., Aceton u. Ae.; **IV** ist in Methanol unlöslich. (Ind. Engng. Chem. **45.** 2722—26. Dez. 1953. Buffalo, N. Y., Food Machinery & Chem. Corp., Buffalo Electro-Chem. Co. Div.) R. SCHÄFF. 7170

R. M. Wheaton und **D. F. Harrington,** *Herstellung von Kationenaustauscherharzen hoher physikalischer Beständigkeit.* Die zur Herst. kugelförmiger Prodd. zu treffenden Maßnahmen (Anwendung von Quellungsstoffen, Verdünnung, Aufrechterhaltung des Feuchtigkeitsgeh.) werden im einzelnen beschrieben. Die Quellungsstoffe müssen vor der Sulfonierung zugesetzt werden. (Ind. Engng. Chem. **44.** 1796—1800. Aug. 1952. Midland, Mich., Dow Chemical Co.) W. WESLY. 7170

—, ***Kunststoffe aus fluorierten Kohlenwasserstoffen in Verbindung mit Metallen und Gummi geben neue aussichtsreiche Verbundmaterialien.*** *Teflon* oder *Kel F* können mit Al, Cu u. Gummi einschließlich dem Siliconkautschuk außerordentlich fest verbunden werden. Für solche Verbundstücke besteht ein großes Anwendungsgebiet, bes. in der elektrotechn. u. chem. Industrie. (Materials and Methods **35.** Nr. 3. 96—97. März 1952.) J. FISCHER. 7172

A. D. Clarke, *Saumrisse bei Regenbekleidung aus Polyvinylchlorid.* Die manchmal bei Polyvinylchloridregenmänteln am unteren Saum beobachteten senkrechten Risse werden durch sehr schnelle Biegebeanspruchung (z. B. durch Wind) hervorgerufen. Tiefere Tempp. begünstigen diese Rissebildung. Zur Vermeidung der starken örtlichen Biegebeanspruchung wird die Verstärkung des Saumes durch einen eingelegten Faden aus Nylon oder Catgut vorgeschlagen. (Brit. Plastics **27.** **444.** Nov. 1954. Commercial Plastics Ltd.) R. SCHÄFF. 7172

Deutsche Gold- & Silberscheideanstalt vormals Roessler, Frankfurt/M., und **W. C. Heraeus G. m. b. H.,** Hanau/M. (Erfinder: **Hellmut Bredereck** und **Erich Bäder,** Stuttgart), *Herstellung von Polymerisationsprodukten* aus polymerisierbaren Verbb. mit einer doppelt gebundenen endständigen Methylengruppe in weiterer Ausbldg. des D. B. P. 913 477, dad. gek., daß neben den oder an Stelle der dort genannten Amine als Polymerisationsbeschleuniger Verbb. der allg. Formel $R—SO_2—CH(R'')—R'$ verwendet werden, worin R einen gegebenenfalls substituierten KW-Rest, bes. einen aliphat., aromat., hydroaromat. oder heterocycl. Rest, R' einen Rest, wie OH oder OR''', der auflockernd auf das H am C wirkt, R'' = H, einen gegebenenfalls substituierten KW-stoffrest, wie R, oder einen auf das H am C aktivierend wirkenden Rest, wie R', oder einen sulfonhaltigen Rest $R—SO_2—CH$ u. R''' einen Alkyl- oder Acylrest bedeuten. Genannt sind z. B. Arylsulfoncarbinole der allg. Formel $R—C_6H_4—SO_2—CH(R'')—OH$,

wie Phenylsulfon-, p-Tolylsulfon-, p-Tolylsulfon-(methyl)-, p-Chlorphenylsulfon-Octylsulfonpropyl- u. Dodecylsulfonpropylcarbinol. Beschleunigung der Polymerisation, harte, blasenfreie Produkte. (**D. B. P. 916 733** Kl. 39c vom 1/8. 1950, ausg. 16/8. 1954. Anmeldung bekanntgemacht 29/10. 1953. **Zusatz zu D. B. P. 913 477; C. 1955. 5437.**)
H. SCHINDLER. 7173

E. I. du Pont de Nemours & Co., Wilmington, Del., übert. von: **Thomas Franklin Banigan** und **Aurelius Franklin Chapman,** Kenmore, N. Y., V. St. A., *Polyäthylenfilme, Fäden, Überzüge und dergleichen von verminderter elektrostatischer Aufladung* erhält man durch eine Imprägnierung mit einer 60—70° warmen wss. Dispersion aus z. B. 0,25 (%) Polyvinylacetat (I), 0,15 Na-Laurylsulfonat, 0,10 NaCl u. 0,05 $ZnCl_2$. — In gleicher Weise eignet sich eine wss. Dispersion aus 0,13 I, 0,17 Naturharz, 5 konz. NH_4OH u. 0,05 LiCl. (**A. PP. 2 676 120** u. **2 676 121** vom 13/9. 1951, ausg. 20/4. 1954.)
G. SALZMANN. 7173

Dow Chemical Co., Midland, Mich., V. St. A. (Erfinder: **Louis Charles Rubens** und **Raymond Foster Boyer**), *Herstellung eines Gießharzes,* das hauptsächlich aus einer aromat. Vinylverb., z. B. *Styrol* oder kernsubstituierte Methyl- oder Halogenstyrole, u. aus einem ungesätt. Alkydharz mit Mol.-Gew. >500 besteht. Der ungesätt. Polyester soll die Gruppierung —CO—C=C—CO— enthalten u. dient als Katalysator. Außerdem können aber noch organ. Peroxyde zugesetzt werden, ferner 2—50% eines aliphat. KW-stoffpolymeren, z. B. Polyisobutylen, Polybutadien, Polyäthylen oder Mischpolymerisate von Butadien u. Styrol. Inerte Füllstoffe, die sehr geringe Polymerisationsschrumpfung bedingen u. niedrige dielektr. Verluste aufweisen, sind z. B. chlorierte Diphenylharze, in Mengen von 10—50%. Zur Herst. von Schichtpreßstoffen, wobei Verluste durch Abfließen der Harze von der Glasfaser infolge raschen Gelierens verhindert werden, eignen sich Zusätze von 1—10% Divinylbenzol, Allylacrylat, Diallylphthalat oder -äther oder Glykoldiacrylat. Zur Verhinderung der Polymerisation bei Zimmertemp. dient z. B. tert.-Butylbrenzcatechin. — Beispiele. (**E. P. 715 999** vom 8/7. 1952, ausg. 22/9. 1954.)
H. SCHINDLER. 7173

Imperial Chemical Industries Ltd., London (Erfinder: **Alfred John Rudge,** Widnes), England, *Herstellung von fluorierten Kohlenwasserstoffen,* dad. gek., daß F_2 oder eine Mischung von F_2 mit inertem Gas mit festem *Polyäthylen* (I) umgesetzt wird, das in Form von Plättchen, Fasern, fein zerrieben, pulverförmig usw. vorliegt u. mit Metall in therm. Berührung gehalten wird. Abbau, Verbrennung oder Verkohlung des I soll vermieden werden. Reaktionstemp. 20—85°; Viscosität des I bei 190° 9000 poise. Als Metall wird Cu, bes. als Gaze, verwendet. Das Endprod. soll ca. 76% F enthalten, ist chem. stabil u. dient bes. zu Isolierzwecken. — Mengenbeispiele. (**D. B. P. 926 514** Kl. 39c vom 4/12. 1952, ausg. 18/4. 1955. Anmeldung bekanntgemacht 16/9. 1954. E. Prior. 3/12. 1951.)
H. SCHINDLER. 7173

Firestone Tire & Rubber Co., übert. von: **Grant Crane** und **William S. Barnhart,** Akron, O., V. St. A., *Difluorverbindungen* entstehen durch Dehydrohalogenierung von Additionsprodd. aus $BrClCF_2$ oder Br_2CF_2 mit einem Olefin oder Chlorolefin. So wird ein 1.1-Difluor-1.3-diolefin, erhalten aus einer Verb. der allg. Formel XCF_2—CHR—CHBr—CH_2R', in der X ein Halogen (Cl oder Br) ist u. R u. R' H, ein Alkyl- oder Chloralkylrest sein können, wobei CH_2R' wenigstens ebensoviel C-Atome aufweist wie R, jedoch nicht >12, die durch Behandeln mit alkal. Mitteln (Alkali- oder Erdalkalihydroxyden, Kalk oder organ. Basen) unter Entfernung des Br am 3. C-Atom dehydrobromiert u. dann in Ggw. von sauren Katalysatoren (Phosphorwolfram- oder Phosphormolybdänsäure, Salzen starker Säuren u. schwacher Basen, wie $FeCl_3$, $ZnBr_2$) dehydrohalogeniert wird. So erhält man aus $BrClCF_2$ u. 2-Buten über *3-Brom-1-chlor-1.1-difluor-2-methylbutan* ($Kp._{736}$ 140—141°, $D._{25}$ 1,508) *1.1-Difluorisopren* (Kp. 40—41°, $D._{25}$ 0,90) u. aus $BrClCF_2$ u. Propylen über *3-Brom-1-chlor-1.1-difluorbutan* ($Kp._{737,9}$ 117,2—117,3°, $D.^{25}_{4}$ 1,5737), das *1.1-Difluor-1.3-butadien* (Kp. ca. 0°, wenig schwerer als W.), das leicht polymerisierbar ist. Die *Polymerisationsprodd.* quellen, sind aber unlösl. in Chlf. u. Methyläthylketon. (**A. P. 2 686 207** vom 31/12. 1949, ausg. 10/8. 1954.)
W. GRÄGER. 7173

M. W. Kellogg Co., Jersey City, übert. von: **Irving Green,** Bayonne, N. J., V. St. A., *Wässerige Dispersionen von Fluorkohlenstoffpolymeren.* Eine solche Dispersion enthält ein harzartiges Polymeres von Trifluorchloräthylen (I) mit einem Erweichungspunkt zwischen 200 u. 350° u. einen Zusatz eines wachsartigen Polymeren von I mit niedrigerem Mol.-Gew., das durch Ausfällen aus seiner Lsg. in Aceton mittels W. u. Dekantieren erhalten wurde, als Weichmacher. Außerdem ist ein wasserlösl. Netzmittel zugesetzt, wie ein 1- oder 2wertiger Alkohol mit nicht mehr als 8 C-Atomen, bes. Butanol, Pentanol oder Äthoxyäthanol, oder ein Keton mit nicht mehr als 6 C-Atomen, bes.

Aceton, Methyläthylketon oder Diäthylketon, oder ein substituiertes Polyäthylenoxyd mit nicht mehr als 30 C-Atomen, das als endständigen Substituenten eine Alkylphenoxy- oder eine Thioalkylgruppe aufweist. Die Dispersion enthält zweckmäßig 10—35% harzartiges I u. 10—25% wachsartiges I, wobei die Teilchengröße im Durchschnitt 0,1—10 μ beträgt. Füllstoffe u. Pigmente können zugesetzt werden. (**A. P. 2 686 767** vom 22/12. 1950, ausg. 17/8. 1954.) W. GRÄGER. 7173

Monsanto Chemical Co., übert. von: **Harry R. Gamrath** und **Roger E. Hatton**, St. Louis, Miss., V. St. A., *Weichmachungsmittel für Polyvinylchlorid* u. seine Mischpolymerisate, z. B. mit Acrylnitril, bestehend aus einem Dialkylmonoarylphosphorsäureester der Formel I, in dem R_1, R_2, R_3 u. R_4 H oder eine Alkylgruppe (Anzahl der C-Atome insgesamt mindestens 7) u. R_5 eine Arylgruppe bedeutet. — Beispiele: 2-Äthylhexylmethylphenyl-, n-Octyl-n-butylphenyl-, 2-Äthylhexyl-n-butylkresyl- oder n-Butyl-sek.-tetradecylphenylphosphat. — Die Massen sind kältebeständig bzw. elast. bis —53°. (**E. P. 713 552** vom 13/11. 1951, ausg. 11/8. 1954. A. Prior. 27/11. 1950.)

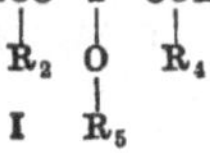

I

G. SALZMANN. 7173

Metal & Thermit Corp., New York, übert. von: **Herbert I. Passino**, Englewood, und **George G. Lauer**, New York, N. Y., V. St. A., *Herstellung von Dibutylzinndichlorid* gemäß der Gleichung: $2C_4H_9Cl + SnCl_4 + 4Na \rightarrow (C_4H_9)_2SnCl_2 + 4NaCl$, dad. gek., daß insgesamt 4 (Mol) Na portionsweise in feinverteilter Form in eine auf 95—110° vorgewärmte Mischung aus 3—4 Butylchlorid u. 1 $SnCl_4$ zugegeben wird, wobei zweckmäßig in Ggw. eines inerten Lösungsm. (z. B. PAe., Bzl. oder Toluol) gearbeitet wird. Durch Kühlen hält man die Temp. konstant, bes. auf 97,5—100°. — *Stabilisator für Vinylharze.* (**A. P. 2 665 286** vom 20/12. 1949, ausg. 5/1. 1954.) O. SCHÖN. 7173

Dow Chemical Co., übert. von: **John L. McCurdy** und **Leo Kin**, Midland, Mich., V. St. A., *Nichtentflammbare Polystyrolzellkörper*, gek. durch einen Geh. an 1—10% $\beta.\beta'$-Dibromäthylbenzol, 1.2-Di-(dibrommethylbenzol, 1.2-Dibrompropan, 2.3-Tribrombutanol, Di-(β-bromäthyl)-äther u. a.; Treibmittel CH_3Cl. — Als Stabilisierungsmittel für gleichartige Massen kann Na-Tripolyphosphat ($Na_3P_3O_{10}$), $Sn(C_6H_5)_4$, 2.6-Di-(tert.-butyl)-4-methylphenol, $Pb_2P_2O_7$, Benzoesäure, Methyl-p-oxybenzoat oder das Di-Na-Salz des Ca-Chelats der Versensäure zugesetzt werden. (**A. PP. 2 676 927** u. **2 676 946** vom 11/9. 1950, ausg. 27/4. 1954.) G. SALZMANN. 7173

Dr. Kurt Herberts & Co. vorm. Otto Louis Herberts, Deutschland, *Herstellung von Mischpolymerisaten.* Mischpolymerisate aus aromat. Vinylverbb., wie Styrol (I) u. Ölen, Alkydharzen u./oder Natur- u. Kunstharzen, werden mit weiteren Mengen aromat. Vinylverbb. gemischt u. polymerisiert, wobei auch weitere Mengen an Ölen u. Harzen zugegen sein können. Mit dem erhaltenen Mischpolymerisat kann das Verf. wiederholt werden. — Man erhitzt eine Mischung aus 250 g Mischpolymerisat (45% I, 27,5% Lackleinöl, 27,5% Holzöl) u. 250 g Mischpolymerisat (20% I, 40% Lackleinöl u. 40% Holzöl) unter allmählichem Zusatz von 114 g I auf 200°. Die erhaltenen Polymeren geben schnell härtende Lacke u. eignen sich auch zum Appretieren von Textilien u. Papier. (**F. P. 1 067 877** vom 2/7. 1952, ausg. 21/6. 1954. D. Prior. 2/7. 1951.) M. PANKOW. 7173

Dow Chemical Co., übert. von: **Gerald A. Griess**, Midland, Mich., V. St. A., *Mischpolymerisate von aromatischen Vinylverbindungen* erhält man aus 50—96 (Teilen) Styrol, 2—40 Monoisopropenylbenzol (α-Methylstyrol) u. 2—10 Synthesekautschuk, z. B. aus Butadien u. Styrol. Als Katalysator dient z. B. Lauroylperoxyd unter Zusatz von z. B. n-Butylstearat als Gleitmittel. Die Mischpolymerisation erfolgt in 2 Stufen, wobei in der 2. Stufe die Formgebung erfolgt. Thermoplast. Prodd. mit hoher Stoßfestigkeit u. Dehnbarkeit. (**A. P. 2 683 127** vom 2/5. 1952, ausg. 6/7. 1954.) H. SCHINDLER. 7173

Monsanto Chemical Co., St. Louis, Mo., V. St. A., *Polymerisation oder Mischpolymerisation* in wss. Emulsion u. in Ggw. eines Katalysators, wobei das Verhältnis von W. zu Monomerem oder Monomerengemisch 60:40 bis 40:60 ist. — Der Katalysator wird absatzweise in wss. Lsg. derart zugegeben, daß der Rest erst dann zugefügt wird, wenn die Lsg. des Emulgators in dem Monomeren oder Monomerengemisch vollständig in den Reaktionsbehälter eingeführt ist. Als Reaktionskomponenten sind Styrol, Chlor-, Dichlor-, Methyl-, Dimethyl-, Äthyl- oder Diäthylstyrol einerseits u. Acrylsäure oder eine α-Alkylacrylsäure genannt. — Mengenbeispiele. *Lackharze.* (**E. P. 713 492** vom 9/4. 1952, ausg. 11/8. 1954. A. Prior. 12/4. 1951.) H. SCHINDLER. 7173

Union Carbide & Carbon Corp., New York, N. Y., übert. von: **Franklin Johnston**, St. Albans, W. Va., V. St. A., *Diesterverbindungen der Phosphorigen Säure* mit Estern, Amiden, Nitrilen, Esteramiden, Esternitrilen oder Amidonitrilen gesätt. Carbonsäuren mit 2—4 funktionellen Gruppen erhält man bei der Rk. eines Phosphits (I) der Formel

$(RO)_2HP{=}O$, wobei R = Alkyl, Aryl, Aralkyl, Cycloalkyl, Alkenyl, Alkoxyalkyl, Aryloxyalkyl, Cycloalkoxyalkyl oder ein β-halogensubstituiertes Äthylenradikal darstellt, mit einer in α.β-Stellung vorhandenen Äthylengruppe einer polyfunktionellen Verb. (II) bei 25—200° in Ggw. eines alkal. Kondensationsmittels, das keine freien Radikale bildet u. kein Peroxyd ist, in Mengen von 0,5—5%. Als I kommen vorteilhaft Metallalkoholate oder Alkalimetallsalze des Diesters der Phosphorigen Säure in Betracht. Die entsprechenden Erdalkali- oder Mg-Salze sind weniger geeignet. Inerte Lösungsmittel können angewendet werden. Als II werden bevorzugt Carbonsäuren mit 2—4 Carboxylgruppen, die verestert sind, angewendet. Die funktionellen Gruppen können, soweit freie Valenzen vorhanden, an das gleiche C-Atom gebunden sein. — 4 (Teile) metall. Na werden mit 194 Dibutylphosphit versetzt. Es entsteht das Na-Salz des Dibutylesters. Man fügt tropfenweise 228 Dibutylmaleat unter Rühren zu u. hält die Temp. durch Kühlen < 80°. Nach 20 Min. säuert man mit Essigsäure leicht an u. verd. mit 250 cm³ Bzl., wäscht 2mal mit 250 cm³ W. u. filtriert. Das Filtrat wird im Vakuum dest.; man erhält *Dibutyl-2-(dibutylphosphono)-bernsteinsäure*. An Stelle von Na kann man auch Li u. K anwenden. — Es werden ferner hergestellt: *Tetraäthyldibutylphosphonodimalonat*, Kp.$_4$ 155°, n_D^{30} 1,4480, D.$_{20}$ 1,105; *Äthyl-2-cyan-3-phenyl-3-dibutylphosphonopropionat*, $(C_4H_9O)_2P({=}O)CH(C_6H_5)CH(CN)COOC_2H_3$, Kp.$_{0,05}$ 149°, n_D^{30} 1,4870; D.$_{20}$ 1,090, ölige Fl.; *Äthyl-2-cyan-3-(dibutylphosphono)-hydrocinnamat*, ölige Fl., Kp.$_1$ 169°, n_D^{30} 1,490, D.$_{20}$ 1,084; *2-Cyan-3-dibutylphosphono-3-phenylpropionamid*, F. 105—106°; *Dibutylphosphonosuccinnitril* $(C_4H_9O)_2P(:O)CH(CN)CH_2CN$, ölige, gelbe Fl., Kp.$_3$ 170°, n_D^{30} 1,4330; *2.3-Dicyan-2-dibutylphosphonosuccinat* $(C_4H_9O)_2P(:O)C(CN)(COOC_2H_5)CH\cdot(CN)COOC_2H_5$; *Diäthyl-2-(diäthylphosphono)-succinat*, Kp.$_{2,5}$ 155°, n_D^{20} 1,4398, D.$_{20}$ 1,1332; *Diäthyl-2-(dibutylphosphono)-succinat*, Kp.$_{1,7}$ 172°, $n_D^{20,5}$ 1,4412, D.$_{20}$ 1,0698; *Dibutyl-2-(diallylphosphono)-succinat*, Kp.$_{0,7}$ 185°, n_D^{20} 1,4680, D.$_{20}$ 1,0954. — Diese Prodd. sind bes. Plastifikatoren für *Copolymerisate* des *Vinylchlorids* mit *Vinylacetat*. Die P-Verbb. sind feuerbeständig u. verleihen diese Eig. auch solchen plast. Massen, welche diese Verbb. enthalten. (**E. P. 695 782** vom 3/6. 1949, ausg. 19/8. 1953. A. Prior. 1/7. 1948.) G. KÖNIG. 7177

Chemische Forschungsgesellschaft m. b. H., München (Erfinder: **Herbert Berg**, Burghausen), *Polymere Vinylalkohole*. A. wird unterhalb seines Kp. in Ggw. von geringen Mengen saurer oder alkal. Zusätze in der Weise auf Polyvinylalkohol zur Einw. gebracht, daß man die Ausgangsstoffe in einer zur Durchmengung zäher Massen geeigneten Vorr., bes. unter Kühlung, innig miteinander vermischt. Es können zusätzlich kleine Mengen Lösungsmittel, bes. Ester des verwendeten Alkohols u. der etwa zu verseifenden Säure (der Polyvinylverb.) verwendet werden. (**D. R. P. 763 840** Kl. 39b vom 11/5. 1937, ausg. 14/2. 1955. **Zusatz zu D. R. P. 642 531; C. 1937. I. 5104.**) G. SALZMANN. 7177

Dynamit Akt.-Ges. vormals Alfred Nobel & Co., Troisdorf (Erfinder: **Hans Orth**, Zürich, Schweiz), *Herstellung von Polymerisationsprodukten* nach D. B. P. 906 514, dad. gek., daß als monomere Verb. das zweifach ungesätt. Bis-[propen-(1)-diol-(2.3)-acetal] des Glyoxals verwendet u. das Polymere zum Auspolymerisieren noch einer 8—12std. Wärmebehandlung unterworfen wird. Das Monomere kann auch mit anderen zweifach ungesätt. Bis-dioxalanen, z. B. Cyclohexanonpropen-(1)-diol-(2.3)-ketal, mischpolymerisiert werden. Die Endprodd. besitzen große Härte u. lassen sich wie Glas schleifen u. polieren. (**D. B. P. 926 937** Kl. 39c vom 19/2. 1952, ausg. 25/4. 1955. Anmeldung bekanntgemacht 30/9. 1954. **Zusatz zu D. B. P. 906 514; C. 1954. 5186.**) H. SCHINDLER. 7177

Rohm & Haas Co., Philadelphia, Pa., V. St. A., *Herstellung unlöslicher Kationenaustauschharze* mit Sulfon- u. Carboxylgruppen, durch Sulfonieren bei < 100° u. Hydrolysieren eines Mischpolymerisats aus z. B. *Äthylacrylat* u. *Divinylbenzol* (I) oder *Methylmethacrylat* u. I in Äthylstyrol mit Chlorsulfonsäure. Nach der Hydrolyse mit NaOH erfolgt Umwandlung in die Säureform mit konz. HCl. — Mengenbeispiele. (**E. P. 719 685** vom 19/11. 1952, ausg. 8/12. 1954. A. Prior. 28/11. 1951.) H. SCHINDLER. 7177

General Aniline & Film Corp., New York, N. Y., übert. von: **Harry D. Anspon**, Easton, und **Frank E. Pschorr**, Tatamy, Pa., V. St. A., *Blockpolymerisation von α-Chloracrylsäureestern* durch Zusatz von 0,005—0,1% des Monomerengewichts eines Sulfobernsteinsäurediesters, z. B. Dihexyl-, Dilauryl- oder bes. Dioctylsulfobernsteinsäureesters. Vermeidet Haftung an der Form u. Schrumpfung, verursacht keine Trübung u. setzt Härte u. Erweichungspunkt nicht herab. — Beispiel. (**A. P. 2 686 174** vom 30/12. 1950, ausg. 10/8. 1954.) H. SCHINDLER. 7177

Allied Chemical & Dye Corp., New York, übert. von: **Arthur M. Howald**, Perrysburg, O., V. St. A., *Hitzehärtbare Polyestermasse*, bestehend aus einem ungesätt. Polyester mit mehreren $>C{=}C{-}CO$-Gruppen, dem gegebenenfalls eine monomere Verb. (Diallylphthalat, Styrol, Methylmethacrylat u. dgl.) u. ein Beschleuniger zugegeben wird, ferner 2—20% eines Metallhydroxyds der II. Gruppe des Period. Syst. u. Füllstoffen, wie Cellulose, Asbest, Glasfasern, Kaolin u. dergleichen. Die Formkörper sind an der Oberfläche nicht klebrig, aber zähe, nehmen nur wenig W. auf (0,118—0,138 g in sd. W./Std.) u. haben gute elektr. Eigenschaften. (**A. P. 2 665 263** vom 31/8. 1949, ausg. 5/1. 1954.) G. SALZMANN. 7177

Chemische Werke Hüls, Marl, *Herstellung von Polyacrylnitril* (**I**). Zu A. P. 2 642 418; C. **1954.** 4047 ist nachzutragen: Man führt je Std. ein Gemisch aus 104 (kg) W. mit einem Geh. von 200 g CO_2 u. 7,5 Acrylnitril kontinuierlich am Kopf eines 5 cm langen u. 0,5 m breiten Reaktionsgefäßes ein u. pumpt gleichzeitig je Std. 2 einer wss. Lsg. von 11 g K-Persulfat u. 4,4 einer Lsg. von 22 g $NaHSO_3$ je Liter zu. Reaktionstemp. 40—50°, p_H 4,0—4,5, Druck 5 at. Nach Maßgabe des Zuflusses am Kolonnenkopf wird an deren Boden die I-Dispersion abgezogen u. im Vakuum mit Dampf Monomeres u. CO_2 abgetrieben. Man erhält eine prakt. elektrolytfreie I-Dispersion vom p_H 6,0—6,5, die man filtrieren, in W. dispergieren u. dann sprühtrocknen kann. Das Reaktionsprod. löst sich leicht in Dimethylformamid. Viscosität einer 20—24%ig. Lsg. ca. 80—100 poisen. — Zeichnung. (**E. P. 701 293** vom 2/1. 1951, ausg. 23/12. 1953.) O. MÜLLER-MEININGEN. 7181

Eastman Kodak Co., übert. von: **Joseph B. Dickey,** Rochester, N. Y., V. St. A., *Mischpolymerisate für Fäden, Filme, Formkörper, Tuben* u. dgl. erhält man durch übliche Polymerisation eines Gemisches aus 95—5 (Teilen) Acrylnitril u. 5—95 α-Acetoxyacrylnitril. Dieses läßt sich auch in Gemisch mit Isopropenylacetat, Methylmethacrylat, Styrol oder ähnlichen Verbb. polymerisieren. (**A. P. 2 611 765** vom 18/8. 1950, ausg. 23/9. 1952.) H. MÖLLERING. 7181

Farbenfabriken Bayer, Leverkusen, *Herstellung von Kationenaustauschharzen.* Man mischpolymerisiert eine wasserlösl. ungesätt. polymerisierbare Monocarbonsäure u./oder dessen lösl. Salz, wie Acryl- oder Methacrylsäure, gegebenenfalls unter Zugabe einer anderen Säure, wie Fumarsäure, mit einer wasserlösl. polymerisierbaren Verb., die mindestens 2 Doppelbindungen enthält, wie das trimere Prod. aus CH_2O u. Acrylnitril oder die Prodd. aus organ. Polyaminen mit polymerisierbaren Carbonsäuren, wie Äthylendiacrylamid. (**E. P. 719 330** vom 12/3. 1952, ausg. 1/12. 1954. D. Prior. 12/3. 1951.) J. MÜHLEISEN. 7181

Farbwerke Hoechst Akt.-Ges., vormals Meister Lucius & Brüning (Erfinder: **Herbert Bestian** und **Kurt Karrenbauer**), Frankfurt/M., *Herstellung N-haltiger Polymerisationsprodukte* nach D. B. P. 914 325, dad. gek., daß man Verbb. mit einem oder mehreren Äthyleniminresten mit Diazoniumsalzen mit schwer polarisierbarem Anion als Katalysatoren polymerisiert. — Z. B. Bis-(β-äthyleniminobuttersäure)-glykolester (**I**) mit Phenyldiazoniumborfluorid; β-Äthyleniminopropionsäuremethylester mit p-Nitrophenyldiazoniumborfluorid (**II**); β-Phenyläthyläthylenimin mit **II**; Tris-(β-äthyleniminobuttersäure)-glycerinester u. I mit Phenyldiazoniumperchlorat. (**D. B. P. 915 743** Kl. 39c vom 13/9. 1949, ausg. 29/7. 1954. Anmeldung bekanntgemacht 24/12. 1953. **Zusatz zu D. B. P. 914 325; C. 1955. 3266.**) H. SCHINDLER. 7181

Rohm & Haas Co. (Erfinder: **Charles Hamilton McBurney**), Philadelphia, Pa., V. St. A., *Kunstharzionenaustauscher.* Polymere Vinyl-KW-stoffe oder diese enthaltende Mischpolymerisate werden mit einer vorbereiteten Mischung von Chlormethyläther u. FRIEDEL-CRAFTS-Katalysator behandelt, so daß unter Chlormethylierung Querverbindungen entstehen, worauf die Prodd. mit einem tert. Amin, z. B. Triäthyl-, Tripropyl- oder Dimethyläthylamin, zweckmäßig nach einer Quellung in Bzl. oder Toluol umgesetzt werden. Die Prodd. sind unlösl. u. unschmelzbare quaternäre Ammoniumverbb., die mit Alkalihydroxyd in quaternäre Ammoniumhydroxyde übergeführt werden u. dann Anionen austauschen. — Der angegebenen Behandlung wird z. B. ein bei 90° aus 97,5 (g) Styrol, 1 Divinylbenzol u. 1,5 Äthylstyrol in Ggw. von 1 Benzoylperoxyd erhaltenes Polymerisat unterworfen. (**D. B. PP. 848 256** vom 3/3. 1950 u. **848 257** vom 7/3. 1950, beide ausg. 1/9. 1952. A. Prior. 28/5. 1949. **Zusätze zu D. B. P. 841 796; C. 1955. 6180.**) H. MÖLLERING. 7181

Directie van de Staatsmijnen in Limburg, Heerlen, Holland, *Herstellung von stark basischen Anionenaustauschern,* indem zu einer Lsg. von Trianisylsulfoniumchlorid in konz. H_2SO_4 eine kalte Lsg. von Paraformaldehyd in konz. H_2SO_4 unter innigem Vermischen zugefügt u. das Gemisch auf eine langsam rotierende, auf 50° vorgewärmte Trommel gegeben wird. Die gebildete Folie kann nach einiger Zeit mit W. von der Trommeloberfläche abgeweicht u. durch Spülen säurefrei gemacht werden. (**Holl. P. 73 966** vom 5/6. 1952, ausg. 15/1. 1954.) K. DEMMLER. 7185

General Electric Co., New York, übert. von: **Richard M. Savage,** Colonie, N. Y., V. St. A., *Vulkanisierbares elastisches Polysiloxan.* Man gibt dem 1,95—2,25 Alkyl- u./oder Arylgruppen je Si-Atom tragenden Polysiloxan (I) 0,1—2 Teile (bezogen auf 1 Teil I) γ-Al_2O_3 einer Teilchengröße von <100 mμ neben Beschleunigungsmitteln, ZnO,

Si-Aerogel, Diatomeenerde, $CaCO_3$ u. Fe_2O_3 zu, preßt die M. 15 Min. bei 124° u. 35 at u. vulkanisiert 25 Std. bei 150—249°. Das bei 150—315° wärmebeständige, bei —100° noch elast. Material eignet sich für elektr. Isolierungen, Dichtungen, als Stoßdämpfer u. dergleichen. — Zugfestigkeit 740—945 kg/cm², Dehnung 270—660%. (**A. P. 2 671 069** vom 24/6. 1952, ausg. 2/3. 1954.) G. SALZMANN. 7189

Colloid Chemical Laboratories, Inc., Cedar Knolls, übert. von: **Clifford F. Armitage,** South Orange, N. J., V. St. A., *Behandlung von Cashewnußschalenöl* (I). Man versetzt z. B. 6804 (kg) eines 7,5% Cu-Naphthenat enthaltenden I mit 90,72 einer 43%ig. wss. Lsg. von HBF_4 u. erhitzt auf 325°. Das hierbei entstehende Öl eignet sich zur Herst. von Harzen, Lacken, als Kautschukzusatz u. für elektr. Isolationen; es kann mit Phenolharzen vermischt, mit Fasern u. Füllstoffen versetzt werden. Zwecks Herst. harzartiger Prodd. für Brems- u. Kupplungsbeläge setzt man 6% Paraformaldehyd u. 2% Hexamethylentetramin zu. (**A. P. 2 669 554** vom 18/6. 1952, ausg. 16/2. 1954.) G. SALZMANN. 7199

Lansil Ltd. und **Albert Norman Edmondson,** England, *Preßpulver.* Poröse Körner aus Cellulosederivv. werden mit einer Fl. vom Kp. $< 170°$ behandelt, die ein Plastifiziermittel enthält u. dessen Adsorption an die Körner begünstigt; solche Fll. sind z. B. wss. Aceton, A., wss. Benzoldispersion. — Man rührt 4837 (g) Celluloseacetatkörner (60% Wassergeh.) mit einer Mischung von 1050 Aceton, 615 W., 700 Dimethylphthalat u. 300 Triphenylphosphat 2 Std. u. entfernt dann die Fll.; bereits nach 20 Min. waren die Plastifiziermittel aus der Fl. fast vollständig adsorbiert. (**F. P. 1 055 954** vom 24/8. 1951, ausg. 23/2. 1954. E. Priorr. 29/8. 1950 u. 3/8. 1951.) M. PANKOW. 7205

Universal Moulded Products Corp., übert. von: **Robert J. Nebesar,** Bristol, Tenn., V. St. A., *Preßmasse,* bestehend aus einem Mischpolymerisat aus einem ungesätt. Polyester u. Vinylacetat, -chlorid oder Amylacrylat, 3—20% Asbestfaser (bis zu 3 mm Länge) u. 35—60% Glasfaser von 12—51 mm; Preßtemp. 93—139°. Aus dem gesprenkelten Prod. lassen sich z. B. *Säurebehälter* herstellen. (**A. P. 2 667 465** vom 12/7. 1951, ausg. 26/1. 1954.) G. SALZMANN. 7205

Badische Anilin- & Soda-Fabrik Akt.-Ges., Ludwigshafen (Erfinder: **Hans Krzikalla,** Heidelberg, **Ferdinand Meyer,** Mannheim, und **Fred van Taack-Trakanen,** Ludwigshafen/Rh.), *Kunstharzmassen,* dad. gek., daß man die nach D. B. P. 884 424; C. **1955.** 4949 erhältlichen Kondensationsprodd. aus Aldehyden oder aldehydabspaltenden Stoffen mit Umsetzungsprodd. aus Phenolen u. O-haltigen Kondensationsprodd. aus aromat. KW-stoffen u. Aldehyden mit etwa der gleichen Menge oder mehr an elektr. leitenden C-haltigen Stoffen, bes. Graphit, sowie gegebenenfalls geringen Mengen von höhermol., hochchlorierten aliphat. KW-stoffen vermischt, diese Mischung verformt u. einem Härtungsprozeß unterwirft. — Z. B. werden 26 (Teile) eines novolakartigen Kondensationsprod. aus phenolmodifizierten, O-haltigen Naphthalin–CH_2O-Harzen u. CH_2O nach D. B. P. 884 424, 70 Graphit, 3 Hexamethylentetramin u. 1 eines hochchlorierten Paraffins mit 18—22 C-Atomen auf dem Walzwerk vermischt u. bei 170° zu *Formkörpern* verpreßt, die eine hohe elektr. Leitfähigkeit besitzen. (**D. B. P. 918 834** Kl. 39b vom 8/8. 1951, ausg. 7/10. 1954. Anmeldung bekanntgemacht 19/11. 1953.) R. HERBST. 7205

Koppers Co., Inc., Pittsburgh, Pa., V. St. A., *Polymerisation von Epoxyverbindungen* erfolgt mit Ionenaustauschharzen, die mehrere Sulfonsäuregruppen enthalten, wie sulfonierten Styrol–Divinylbenzol-Mischpolymerisaten u. sulfonierten Phenolaldehydharzen. Als Epoxyverbb. werden bes. Diglycidyläther von Bis-phenolen verwendet. — 20 (Gewichtsteile) feinverteiltes Phenol–CH_2O-Harz, das 0,8 Sulfonsäuregruppen im Kern enthält, werden mit 80 Diglycidyläther des Resorcins 1 Std. auf 120° erhitzt. Es bildet sich ein hartes, unschmelzbares Harz. Verwendung als *Preßmassen.* (**E. P. 721 150** vom 9/5. 1951, ausg. 29/12. 1954. A. Prior. 27/5. 1950.) J. MÜHLEISEN. 7205

Dow Chemical Co., übert. von: **Alvin M. Edmunds,** Midland, Mich., V. St. A., *Bei Raumtemperatur härtende, poröse Filter-, Diffusions- und Verteilerplatten.* Bei 1100—1400° calcinierter Petroleumkoks wird mit einem 10—35% W., Kohlenstoff, Graphit, Sand, SiO_2 oder Quarz u. ca. 10% Benzolsulfonylchlorid (Härter), gegebenenfalls in Mischung mit $CCl_3 \cdot COOH$ enthaltenden, durch alkal. Kondensation erhaltenen fl. Phenolharz imprägniert. Die M. wird zu Platten, Briketts oder Barren geformt u. gehärtet. Die Platten sind gegen konz. u. verd. H_2SO_4 bzw. Mineralsäure, sowie gegen wss. Alkalilauge widerstandsfähig u. halten größere Temperaturschwankungen aus. — Zum Imprägnieren kann auch ein fl., zu 50% aus Furfurylalkohol (I) bestehendes Furanharz, hergestellt aus I, Maleinsäureanhydrid u. CH_2O (Viscosität 660 cP/25°) verwendet werden. (**A. PP. 2 670 338** vom 24/3. 1951 u. **2 670 339** vom 29/10. 1952, beide ausg. 23/2. 1954.) G. SALZMANN. 7205

Libbey-Owens-Ford Glass Co., Toledo, O., übert. von: **Thomas F. Anderson,** Huntsville, Ala., V. St. A., *Preßmasse,* z. B. für wasserbeständige *Elektroisolierungen,* bestehend aus einem Gemisch von 85—1 (Teil) bei 600—1200° vom (auch chem. gebundenen) W. befreitem *Kaolin* (I) u. 15—99 polymerisierbaren Polyestern aus ungesätt. Polyalkoholen u. -carbonsäuren. — Im Banburymischer werden 116,8 (Teile) Polyester (II), 13 Diallylphosphat, 2,6 Trikresylphosphat, 2,6 Benzoylperoxyd, 160 Antiphyllitfasern, 160 I u. 10 Zn-Stearat bei 27—32° vermahlen u. zu einer Preßmasse granuliert. II ist erhalten aus 1 (Mol) Maleinsäureanhydrid, Fumar-, Itacon-, Mesacon- oder Citraconsäure, 0,85 Propylenglykol, 0,2 Äthylenglykol u. geringen Mengen Hydrochinon. (**A. P. 2 632 752** vom 12/5. 1950, ausg. 24/3. 1953.) H. MÖLLERING. 7205

Libbey-Owens-Ford Glass Co., Toledo, O., übert. von: **Thomas F. Anderson,** Huntsville, Ala., V. St. A., *Stabilisieren von Preßmassen,* wie Gemischen polymerisierbarer ungesätt. Polyester, bes. aus monomeren Polyallylestern, einem ungesätt. Alkydharz als Bindemittel u. einem Polymerisationskatalysator, erfolgt durch den Zusatz von 0,01—0,5 eines organ. Ozonoides, bes. Benzochinon (I). — Z. B. werden 21,3 (Teile) Alkydharz (aus Äthylenglykol, Phthal- u. Maleinsäureanhydrid), 11,5 Diallylphthalat, 0,65 Benzoylperoxyd u. 2 Zn-Stearat im BANBURY-Mischer mit 20 Asbest, 0,1 I u. 48 Kaolin vermahlen. Das Gemisch bleibt bei 37° 68 Tage preßfähig. (**A. P. 2 632 753** vom 23/2. 1950, ausg. 24/3. 1953.) H. MÖLLERING. 7205

Union Carbide & Carbon Corp., New York, übert. von: **Frazier Groff,** Plainfield, und **Howard D. Bassett,** Bound Brook, N. J., V. St. A., *Langspielplatte,* bestehend aus Polystyrol (Mol.-Gew. 40000—150000; methanollösl. Anteil $<$ 3%) u. 2—10% Naturwachs mit einem 0,0025—0,0127 mm starken Überzug aus Glycerin oder Polyäthylenglykol; letztere werden in wss. oder alkoh. Lsg. aufgebracht. (**A. P. 2 670 308** vom 27/4. 1950, ausg. 23/2. 1954.) G. SALZMANN. 7205

Farbenfabriken Bayer, Deutschland, *Herstellung magnetischer Tonbänder.* Auf die Oberfläche der Kunststoffäden kommt eine vorzugsweise nicht pigmentierte Lackschicht, etwa aus Polyurethan, u. darauf die magnet. Schicht, die als Bindemittel ein Kunstharz, vorzugsweise ebenfalls Polyurethan, enthält. — Man führt einen Lactampolyamidfaden durch ein Bad aus einer Lsg. des Polyesters aus Adipin-, Phthalsäure u. Hexanitril in Methylen-, Äthylenchlorid u. Äthylacetat u. einer Lsg. eines Toluoldiisocyanat–Hexantriol-Additionsprod. (I) in einem Chlorbenzol–Toluol–Methylenchlorid-Gemisch, heizt auf 80—150°, führt durch ein Bad aus γ-Fe_2O_3, Adipinsäure–Hexantriol–Butylenglykol–Polyester in Chlorbenzol–Toluol–Methylenchlorid-Mischung u. I u. heizt erneut auf 80—150°. Statt des Polyamidfadens kann solcher aus Terephthalsäureharz oder Regeneratcellulose genommen werden. (**F. P. 1 046 813** vom 28/8. 1951, ausg. 9/12. 1953.) M. PANKOW. 7205

XII. Kautschuk. Guttapercha. Balata.

G. M. Bartenew, *Zur Theorie der trockenen Reibung von Gummi.* Auf Grund von Berechnungen ergibt sich ein prinzipieller Unterschied zwischen der Reibung zwischen einem glatten festen Körper u. Gummi einerseits u. der Reibung zwischen festen Körpern andrerseits. Im ersten Fall tritt keine stat. Reibung auf; Reibungskoeff. u. Reibungskraft sind im Ruhezustand gleich Null. Der Literatur entnommene experimentelle Reibungswerte für Gummi–Stahl u. Gummi–Glas zeigen gute Übereinstimmung mit den berechneten Werten. Diese Betrachtungen können auch auf andere amorphe Polymere ausgedehnt werden u. liefern eine befriedigende Erklärung für die Zunahme der Reibungskraft bei steigender Gleitgeschwindigkeit hochelast. Materialien. Demzufolge hat auch die Übertragung der stat. Reibungsgesetze auf das Gebiet hochelast. Materialien keinen physikal. Sinn. (Доклады Академии Наук СССР [Ber. Akad. Wiss. UdSSR] [N. S.] **96.** 1161—64. 21/6. 1954. Forschungsinst. für die Gummiind.) W. DAWYDOFF. 7220

M. Braden, W. P. Fletcher und **G. P. McSweeney,** *Vulkanisation von Kautschuk durch organische Peroxyde.* Von mehreren untersuchten organ. Peroxyden eignen sich nur *tert.-Butylperbenzoat* (I) u. *2.2-Bis-[tert.-butylperoxy]-butan* zur techn. Auswertung als Kautschukvulkanisationsmittel. Sie geben Weichgummivulkanisate mit guter Transparenz u. Farbe. Nur *Di-tert.-butylperoxyd* ergibt Rußvulkanisate mit befriedigenden Eigenschaften. Bei Verwendung von Resorcin oder β-Naphthol mit I werden die Eigg. der Vulkanisate verbessert. (Trans. Proc. Instn. Rubber Ind., Trans. **30.** T 44—T 55. April 1954.) R. SCHÄFF. 7228

Péter Ször und **Éva B. Frigyes,** *Bemerkung zur Mitteilung von K. Csurgay und Z. B. Sólyom: „Die Gewichtsänderung der vulkanisierten Elastomere in Lösungsmitteln".* Vff. bemerken, daß die Beobachtung von CSURGAY u. SÓLYOM (C. **1955.** 4951) nur in dem Fall stichhaltig ist, wenn die in die Außenfläche einströmenden Lösungsmittelanteile die Diffusion nicht stören. Sind die Probekörper von gleicher spezif. Oberfläche, so ist das auf die Oberflächen- oder Masseneinheit bezogene Lösungsm. in gleichen Zeitspannen gleich. Dies bewiesen auch diejenigen Ergebnisse von CSURGAY u. SÓLYOM, wo bei den Verss. die spezif. Oberflächen der Probekörper annähernd gleich waren. — *Erwiderung von Csurgay u. Sólyom* (an selber Stelle): Das Ziel der Unterss. war, auf die Unrichtigkeit der Übernahmevorschriften hinzuweisen, wonach die Gewichtszunahme in bestimmter Zeit in % vorgeschrieben ist. Daher wurde festgestellt, daß die Gewichtszunahme auf die Oberflächeneinheit bezogen anzugeben ist. (Magyar Kémiai Folyóirat [Ung. Z. Chem.] **61.** 125—26. April 1955. Budapest, Inst. für industrielle Gummiforsch.) J. PLANK. 7230

Dunlop Rubber Co. Ltd., London (Erfinder: **C. E. Kendall**, Castle Bromwich, und **M. Landau**, Edgbaston), England, *Erweichen von Rohkautschuk* nach dem Verf. des D. B. P. 883 804, wobei durch die Lsg. während der Depolymerisation O_2 oder ein O_2-haltiges Gas geleitet wird, u. wobei bes. 0,02—15(%) der Perverb. u. 0,02—10 des Depolymerisationsbeschleunigers zugesetzt werden. (**D. B. P. 895 971** Kl. 39b vom 14/9. 1951, ausg. 9/11. 1953. E. Prior. 10/10. 1950. **Zusatz zu D. B. P. 883 804; C. 1955. 6157.**) W. OVERBEK. 7223

Firestone Tire & Rubber Co., Akron, O., V. St. A., *Zwischenschichten* zur Verhinderung des Verfärbens hellfarbiger Kautschukschichten, z. B. der hellen Seitenwandungen von Kraftfahrzeugreifendecken, von aus der dunklen Unterschicht, z. B. der schwarzen Seitenwand, herausdiffundierenden Stoffe, wie Öle, bestehend aus 30—80(%) Butylkautschukregenerat u. 70—20 Natur- oder Kunstkautschuk. (**E. P. 713 596** vom 8/7. 1952, ausg. 11/8. 1954. A. Prior. 8/4. 1952.) W. OVERBECK. 7227

Ethyl Corp., New York, N. Y., übert. von: **Eugene F. Hill**, Birmingham, und **David O. De Pree**, Royal Oak, Mich., V. St. A., *Alterungsschutzmittel für Kautschuk*, bestehend aus substituiertem Thioharnstoff, in dem mindestens 1 N-Atom substituiert ist durch Oxy-, Amino- oder Alkylaminophenyl u. das andere durch Alkyl. (**A. P. 2 651 621** vom 9/12. 1950, ausg. 8/9. 1953.) W. OVERBECK. 7227

Ethyl Corp., New York, N. Y., übert. von: **Eugene F. Hill**, Birmingham, und **David O. De Pree**, Royal Oak, Mich., V. St. A., *Alterungsschutzmittel für Kautschuk*, bestehend aus substituiertem Harnstoff, in dem mindestens 1 N-Atom substituiert ist durch Oxy-, Amino- oder Alkylaminophenyl u. das andere durch Alkyl. (**A. P. 2 651 622** vom 9/12. 1950, ausg. 8/9. 1953.) W. OVERBECK. 7227

Firestone Tire & Rubber Co., übert. von: **Harry E. Albert**, Akron, O., V. St. A., *Alterungsschutzmittel für Kautschuk*, bes. synthet. Kautschuk, bestehend aus einem in W. unlösl. Sn^{++}-Aminkomplex mit 60—80% Sn^{++}-Gehalt. Genannt sind Sn^{++}-Komplexe mit Diphenylamin, Diäthylanilin, Thiodiphenylamin, Phenyl-β-naphthylamin u. α-Naphthylamin. Herst. der Komplexe durch Alkalisieren einer organ. Lsg. eines aromat. Amins u. des Sn^{++}-Salzes einer starken Säure. (**A. P. 2 632 754** vom 5/12. 1947, ausg. 24/3. 1953.) W. OVERBECK. 7227

Phillips Petroleum Co., übert. von: **John C. Hillger**, Bartlesville, und **Daniel A. Nicewander**, Elk City, Okla., V. St. A., *Weichmacher und Füllstoffe für vulkanisierbare kautschukartige Massen.* Man verwendet polycycl. Reaktionsprodd. von Diolefinen, z. B. Butadien-(1.3), mit Furfurol u. seinen Homologen. Die Herst. dieser Verbb. (I) erfolgt gemäß A. P. 2 683 151; C. **1955.** 4936. (**A. P. 2 689 040** vom 6/4. 1951, ausg. 14/9. 1954.) K. FABEL. 7227

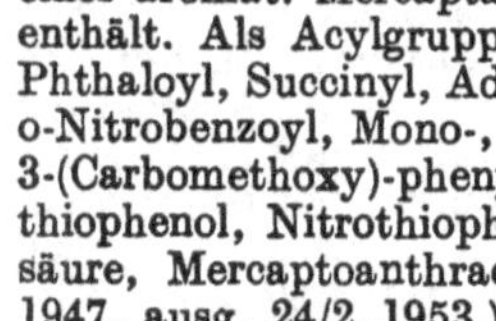

I

E. I. du Pont de Nemours & Co., übert. von: **John Joseph Verbanc**, Wilmington, Del., V. St. A., *Erweichen von Kautschuk* durch Zusatz von 0,05—5% eines Acylesters eines aromat. Mercaptans ohne Aminosubstituenten, dessen Acylgruppe <9 C-Atome enthält. Als Acylgruppen sind genannt: Acetyl, Benzoyl, Oxalyl, Furoyl, Fumaryl, Phthaloyl, Succinyl, Adipyl, Methacrylyl, Propionyl, Butyryl, Caproyl, o-Chlorbenzoyl, o-Nitrobenzoyl, Mono-, Di- u. Trichloracetyl. Diese können verestert sein mit Xylyl-, 3-(Carbomethoxy)-phenyl-, β-Naphthyl-, o-Tolyl- oder α-Naphthylmercaptan, Chlorthiophenol, Nitrothiophenol, Mono- u. Dithioresorcin, 2-, 3- oder 4-Mercaptobenzoesäure, Mercaptoanthracen oder Mercaptoanthrachinon. (**A. P. 2 629 755** vom 17/10. 1947, ausg. 24/2. 1953.) W. OVERBECK. 7227

Phillips Petroleum Co., Bartlesville, Okla., V. St. A., *Hydroxylierte Polybutadiene und deren Ester.* Aus konjugierten Diolefinen mit 4—6 C-Atomen erhaltene fl. Polybutadiene werden in Ggw. eines Hydroxylierungskatalysators, z. B. Ameisensäure oder deren Methyl-, Äthyl- oder Propylester, mit H_2O_2 behandelt. Die Rk. erfolgt in 1—60 Min. bei 10—90°, zweckmäßig mit Polymeren mit Mol.-Gew. <5000 u. in Ggw. eines fl. Chlor-KW-stoffes, z. B. Chlf. oder Chlorbenzol. Die Prodd. sind als *Weich-*

macher für (Kunst-) Kautschuk geeignet; sie können mit (un-) gesätt. aliphat. Carbonsäuren bis zu 20 C-Atomen oder aromat. Carbonsäuren mit $<$13 C-Atomen verestert werden. (**E. P. 711 512** vom 18/12. 1951, ausg. 7/7. 1954. A. Prior. 2/1. 1951.)
H. MÖLLERING. 7227

Monsanto Chemical Co., St. Louis, Mo. (Erfinder: **Andrew Tomlin**, Hudson, O., **Marion Wesley Harman, Richard Olis Zerbe** und **Robert Luther Sibley**, Nitro, Va.), V. St. A., *Vulkanisiermittel für Ofenruß enthaltenden Kautschuk.* Statt S verwendet man ein N.N'-Thio-bis-sek.-amin, in dem nicht $>$2 S-Atome die sek. Aminogruppen verbinden. — Beispiele: N.N'-Dithio-bis-dimethylamin; N.N'-Dithio-bis-diamylamin; N.N'-Dithio-bis-didodecylamin; N.N'-Dithio-bis-dicyclohexylamin; N.N'-Dithio-bis-di-tetrahydrofurylamin; N.N'-Dithio-bis-ditetrahydrothienylamin; N.N'-Dithio-bis-di-β-cyanäthylamin; N.N'-Dithio-bis-di-β-chloräthylamin; N.N'-Dithio-bis-di-β-phenäthylamin; N.N'-Dithio-bis-dibenzylamin; N.N'-Dithio-bis-ditetrahydrofurfurylamin; N.N'-Dithio-bis-N-methylcyclohexylamin; N.N'-Dithio-bis-N-äthylcyclohexylamin; N.N'-Dithio-bis-propylaminoacetonitril; N.N'-Dithio-bis-methylaminopropionitril; N.N'-Dithio-bis-amylaminopropionitril; N.N'-Dithio-bis-octadecylaminopropionitril; N.N'-Dithio-bis-N-methyltetrahydrofurfurylamin; N.N'-Dithio-bis-N-cyclohexyltetrahydrothienylamin; N.N'-Dithio-bis-cyclohexylaminoacetonitril; N.N'-Dithio-bis-piperidin; N.N'-Dithio-bis-α-pipecolin; N.N'-Dithio-bis-morpholin; N.N'-Thio-bis-morpholin; N.N'-Thio-bis-dipropylamin; N.N'-Thio-bis-dibutylamin; N.N'-Thio-bis-dicyclohexylamin; N.N'-Thio-bis-dibenzylamin; N.N'-Thio-bis-methylaminopropionitril; N.N'-Thio-bis-äthylaminopropionitril; N.N'-Thio-bis-N-methyltetrahydrofurfurylamin; N.N'-Thio-bis-cyclohexylaminoacetonitril; N.N'-Thio-bis-α-pipecolin. — S u. Ruß können in den Massen auch fehlen. Als Beschleuniger wird ein Thiazol, bes. N-Cyclohexyl-2-benzothiazol, bevorzugt. (**D. B. P. 898 675** Kl. 39b vom 29/9. 1951, ausg. 3/12. 1953. A. Prior. 29/9. 1950.)
W. OVERBECK. 7229

Monsanto Chemical Co., St. Louis, Mo., übert. von: **John Mann Butler**, Centerville, O., V. St. A., *Vulkanisationsbeschleuniger.* Durch Rk. von N-dibutyldithiocarbaminsaurem Na mit tert.-Dodecylmercaptozinkacetat erhält man *tert.-Dodecylmercaptozink-N.N-dibutyldithiocarbamat*, $C_{12}H_{25}-S-Zn-S-C(:S)-N(C_4H_9)_2$. Analog werden folgende Salze dargestellt: *tert.-Octylmercaptozink-N.N-dimethyldithiocarbamat; tert.-Tetradecylmercaptozink-N.N-dimethyldithiocarbamat; tert.-Octylmercaptozink-N.N-dibutyldithiocarbamat.* (**A. P. 2 696 492** vom 26/4. 1952, ausg. 7/12. 1954.)
A. BRÖSAMLE. 7229

General Tire & Rubber Co., übert. von: **Laurence Baker**, Akron, O., V. St. A., *Vulkanisieren von „Butyl"-Kautschuk* u. anderen synthet. Kautschukarten, wobei neben den üblichen Vulkanisiermitteln ein Gemisch von Tetramethyl- u. Tetraäthylthiuramdisulfid im Mischungsverhältnis 5:95 bis 50:50, bes. 25:75, zugesetzt wird. (**A. P. 2 666 755** vom 5/3. 1948, ausg. 19/1. 1954.)
W. OVERBECK. 7229

Rhein-Chemie G. m. b. H. (Erfinder: **Willy Lautsch**, Heidelberg, und **Rudolf Kern**, Neustadt/Weinstraße), *Herstellen von Kautschukmischungen*, bes. solchen mit weißen oder hellen Füllstoffen, gek. durch den Zusatz von substituierten Eiweiß- oder Eiweißabbauprodd. bzw. deren Salzen, z. B. der Alkalien oder Erdalkalien. Der Zusatz kann aus Umesterungsprodd. von gesätt. u. ungesätt. vegetabil. oder animal. Fettsäuren bzw. deren Derivv., z. B. Chloriden, ferner von Sulfonierungsprodd. dieser Säuren bzw. deren Estern, alkyl-, arylaralkylsubstituierten KW-stoffen u. deren Hydrierungsprodd., olefin. u. paraffin. KW-stoffen mit Eiweiß- u. Eiweißabbauprodd., z. B. Lysalbin- oder Protalbinsäure, bestehen, ferner aus Kondensationsprodd. der Sulfochlorierung von langkettigen Paraffinen, den aus der Sulfoxydation von Paraffin herstellbaren Sulfochloriden, ferner den Fettsäuren u. ihren Derivv. aus der Paraffinoxydation mit diesen Stoffen. Der Zusatz kann in wss. Lsg. oder zusammen mit W. erfolgen. (**D. B. P. 842 403** Kl. 39b vom 29/10. 1949, ausg. 10/3. 1955. Anmeldung bekanntgemacht 2/8. 1951.)
W. OVERBECK. 7231

Lonza Elektrizitätswerke und Chemische Fabriken Akt.-Ges., Schweiz, *Herstelstellung von nichtschrumpfendem Schaumkautschuk und Kunstharzschaum.* Der Schaum wird einem Vakuum unterworfen, z. B. 3—10 Min. bei 10—30° unter der Fließgrenze des Harzes bei 60—200 mm Hg. Plastiziermittel enthaltende Kunstharze verringern hierbei infolge Ausdehnung ihre Dichte. — 50 (Gewichtsteile) Polyvinylchlorid, 50 Dioctylphthalat u. 20 Methyläthylketon werden mit N_2 unter Druck, Vergelen, Abkühlen u. Expandieren in Zellmaterial der D. 0,08 umgewandelt. Man behandelt dann bei 90° mit 60 mm Hg einige Min. u. erhält eine M. von der D. 0,07. — Dehnt man die Wärmebehandlung im Vakuum auf 3—24 Std. aus, so entsteht eine M. von höherer Dichte. — Ein Polyvinylchloridschaum (D. 0,12) wird nach Entfernen der äußeren Hülle zu passenden Scheiben von 1—2 cm Stärke geschnitten u. bei 30 mm Hg u. 100° mehrere Std.

gehalten. D. danach 0,5. Verwendung für Sohlen. (**F. P. 1 067 554** vom 9/12. 1952, ausg. 16/6. 1954. Schwz. Prior. 12/12. 1951.) M. PANKOW. 7231

General Motors Corp., Detroit, Mich., übert. von: **William B. Reynolds**, Bartlesville, Okla., **Gerard Kraus** und **Anthony Conciatori**, Cincinnati, O., V. St. A., *Verbinden von Kautschuk mit Metall.* Es werden 2 Bindeschichten verwendet. Die eine wird auf das Metall aufgetragen u. besteht aus einem teilweise chlorierten Diencopolymerisat. Die andere wird auf den Kautschuk aufgebracht u. besteht aus durch mindestens 56% Ruß verstärktem Kautschuk, der als Lsg. aufgetragen wird. — 3 Zeichnungen. (**A. P. 2 569 536** vom 27/11. 1946, ausg. 2/10. 1951.) W. OVERBECK. 7231

British Thomson-Houston Co. Ltd., London, England, *Herstellung von Organopolysiloxankautschuk.* Man polykondensiert ein fl., 1,75—2,25 KW-stoffreste, bes. CH_3-Reste, pro Si-Atom enthaltendes Polysiloxan mit 0,1—5 Gew.-% eines Borhydrids, bis zu einem elast. Gel, das dann mit Füllstoffen u. mit 0,5—5% Benzoylperoxyd bzw. tert.-Butylperbenzoat oder mit 0,1—5% Borhydrid bei 150—200° unter Druck verpreßt u. durch weiteres Erhitzen auf obige Temp. nachgehärtet wird. (**E. P. 716 035** vom 3/9. 1951, ausg. 29/9. 1954. A. Prior. 12/9. 1950.) J. MÜHLEISEN. 7231

Dow Corning Corp. (Erfinder: **Earl Leathen Warrick**, Pittsburgh), Midland, Mich., V. St. A., *Vulkanisierbare Masse für die Herstellung von Siloxankautschuk*, gek. durch einen Geh. an einem entweder fl. Polysiloxan, das durchschnittlich 1,75—2,25 organ. Reste, u. zwar Alkyle, Aryle, substituierte Alkyle, Aryle oder Mischungen solcher Reste auf 1 Si-Atom enthält, oder einem gelförmigen Siloxanmischpolymerisat, das Dimethylsiloxaneinheiten u. mindestens geringe Mengen eines phenylsubstituierten Siloxans, z. B. Phenylalkylsiloxaneinheiten, enthält, mit der Maßgabe jedoch, daß in dem fl. oder gelförmigen Polysiloxan mindestens 40 Mol-% Einheiten der Formel R_2SiO, in der R niedere Alkylreste bedeutet, vorhanden sind, durch einen Geh. an einem Acylperoxyd, das mindestens einen aromat. Acylrest besitzt, u. gegebenenfalls durch einen Geh. an Füllstoffen [SiO_2-Aerogel, TiO_2 oder Pb_2O_3, Fe_2O_3, Al_2O_3, $CaSiO_3$, ZnO, MgO, Schiefer, Graphit, Glimmer, Bentonit, ZnS, Asbest, Glasfasern u. dgl.]. Herst. von Unterlegscheiben, Manschetten für Kupplungen u. Gummibeutelpressen u. Anstrichen. (**D. B. P. 918 898** Kl. 39b vom 28/9. 1950, ausg. 7/10. 1954. Anmeldung bekanntgemacht 4/3. 1954.) G. SALZMANN. 7231

XIII. Ätherische Öle. Parfümerie. Kosmetik.

Oculus, *Herstellung von Emulsionen und kolloidalen Lösungen von ätherischen Ölen und Parfümölen.* Für die Emulgierung von äther. u. Parfümölen brauchbare Emulgatoren (I) müssen in W. koll. lösl. sein u. selbst keine Nachtrübung verursachen; sie sind um so besser, je mehr sie die Oberflächenspannung disperser Systeme herabsetzen. Unter diesem Gesichtspunkt werden Eigg. u. Anforderungen an Seife, Türkischrotöl, Kaliharzseifen mit Triäthanolamin, Na-Salze der Laurinsulfosäure u. Fettsäureester sechswertiger Alkohole (Sorbit, Mannit) besprochen. Als Lösungsvermittler neben I kommen Glykolmonoäthyläther u. sein Monoacetat, Glykolmonobutyläther, Diäthylenglykolmonoäthyläther u. Dioxan in Betracht. Beispiele für ihre Anwendung, bei der A. eingespart wird. (Seifen-Öle-Fette-Wachse **79**. 651—53. 9/12. 1953.) H. MÜHLMEISTER. 7262

L. D. Galloway, *Ätherische Öle als dampfförmige Antiseptica gegen Schimmelpilze.* Verss. ergaben eine antisept. Wrkg. von verflüchtigtem *Anis-*, *Zimt-*, *Nelken-*, *Kümmel-* u. *Cuminöl.* Keine Wrkg. hatten Fenchel-, Kamillen-, Wacholder-, Dill-, Muskat-, Basilicum-, Majoran- u. Cedernholzöl sowie Vanillin. Vf. regt an, wenig bekannte ungiftige äther. Öle mit schwachem Eigengeruch u. -geschmack aus der Familie Umbelliferae in dieser Hinsicht zu erproben. (Perfum. essent. Oil Rec. **43**. 359—95. Okt. 1952.) H. MÜHLMEISTER. 7262

Robert A. Stetson, *Neue kosmetische Rezepte mit Glycerin.* Wegen seiner hygroskop. anfeuchtenden Wrkg. u. seines Einfl. auf die Eindringfähigkeit u. Konsistenz der Präpp. ist Glycerin auch in der modernen Kosmetik unentbehrlich. 13 Rezepte für alle Arten Kosmetika zeigen seine Anwendung. (Amer. Perfumer essent. Oil Rev. **64**. 97—101. Aug. 1954.) H. MÜHLMEISTER. 7284

C. C. Currie und **D. M. Fransisco**, *Silicone, neue kosmetische Trägerstoffe.* Silicone von hoher, bei Temperaturänderung gleichbleibender Viscosität u. hohem Kp., hitze- u. kältebeständig, wasserunlösl. u. -abweisend, fast ungiftig, hautverträglich, geruch- u. geschmacklos, nichtflüchtig u. oxydationsfest sind als Emulsionen oder gelöst in KW-stoffen oder 95% ig. A. sehr geeignete Trägerstoffe für kosmet. Zubereitungen aller Art, für die 6 Rezepte u. eine Tabelle der Verträglichkeit mit üblichen sonstigen Bestandteilen angegeben werden. (Amer. Perfumer essent. Oil Rev. **64**. 421—23. Dez. 1954. Midland, Mich., Dow Corning Corp.) H. MÜHLMEISTER. 7284

XIV. Zucker. Kohlenhydrate. Stärke.

Pál Wertán, *Die Regelung des p_H-Wertes in der 1. Saturation* (Auszug). Auszug aus der Arbeit von KINDER (C. **1954.** 10610) in ungar. Sprache. (Cukoripar **7.** 193—96. Okt. 1954.) J. PLANK. 7412

N. L. Baranowa, *Kühlung der Füllmasse des zweiten Produktes in den Kristallisationsrührwannen durch Luftanblasen.* Wird die Füllmasse bei zu hoher Temp. zentrifugiert, so entstehen hohe Zuckerverluste. Durch Einbau einer Vorr. zur Bestreichung der Oberfläche der Füllmasse in den Rührwannen mit kalter Luft konnte die notwendige Abkühlung in der zur Verfügung stehenden Zeit erreicht u. die Leistung der Rührwannen auf 145% erhöht werden. (Сахарная Промышленность [Zucker-Ind.] **26.** Nr. 4. 22—24. April 1952. Kokand, Zuckerfabrik.) B. KRAFT. 7416

W. K. Pakitjanski, *Die Bestimmung des Zuckers in der Rübe.* Verf. untersuchte die Differenzen bei der Best. des Zuckers im Rohstoff im Betriebslaboratorium. Es zeigte sich, daß die glatten Teile der Rübe, an denen die Proben für die Rohanalyse gewöhnlich entnommen werden, mehr Zucker enthalten als die mit Nebenwurzeln besetzten Teile. Diese Tatsache muß berücksichtigt werden. Scheibenreiber sind die zuverlässigsten Geräte zur Probenahme für die Zuckerbestimmung. (Сахарная Промышленность [Zucker-Ind.] **28.** Nr. 8. 25—26. 1954. 2. Kuban. Zuckerfabrik.) A. ECKE. 7470

XV. Gärungsindustrie.

Georg Haeseler, *Fragen zur Untersuchung von Brennwein und Weinbrand.* (Vortrag.) Es werden die für die Unters. u. Beurteilung in Frage kommenden Bestandteile des Brennweines besprochen. (Branntweinwirtschaft **76.** 245—48. 25/6. 1954.) E. KIELHÖFER. 7536

Franz Hellmeier, *Gersten-Jahrgang 1954 und die ersten neuen Malze aus südwestdeutschem Gebiet.* Der Gerstenjahrgang 1954 hat gegenüber dem Vorjahr einen höheren Wassergeh., guten Eiweißgeh., ungünstigere Grob–Fein–Schrot-Differenz, guten Extraktgeh., jedoch schlechte Verzuckerungszeiten. (Brauwelt, Ausg. B **94.** 1437. 3/12. 1954. Mannheim, Südwestdtsch. Untersuchungsstat. für Brauerei u. Mälzerei Hajek & Dr. Blau.) J. MILLER. 7540

G. A. Watson, *Die Trocknung von ganzem und zerblättertem Hopfen.* Vor- u. Deckblätter trocknen in jedem Fall schneller als die Spindeln. Bei ganzen Dolden hängt Trocknung von Anzahl u. D. der Deckblätter ab. Beim Abkühlen wird Feuchtigkeitsgleichgewicht bei 12,5% Wassergeh. erreicht, bei richtig gedarrtem Hopfen in 3 Std., bei schlecht getrocknetem Hopfen sehr langsam. (J. Inst. Brewing **60** ([N. S.] **51**). 400—05. Sept./Okt. 1954. Kent, Wye College, Dep. of Hop Res.) H. G. SCHULTZE-BERNDT. 7540

Gérard Biserte und **René Scriban,** *Proteine, Peptide und Aminosäuren von Malz, Würze und Bier, ihre Herkunft, Entwicklung und Nährwert.* (Vgl. C. **1954.** 5417.) Mit Hilfe der Papierelektrophorese (I), Papierchromatographie u. Dialyse wird der Geh. an *Proteinen, Peptiden* u. *Aminosäuren* (II) von Malz, Würze u. Bier ermittelt. In einem Schema wird die Gehaltsänderung von *Albuminen, Globulinen, Hordein, Glutelin,* nichtdialysierbaren *Polypeptiden* (III), dialysierbaren III u. II während des Brauvorganges gezeigt. Lediglich dialysierbare II u. III gelangen ins Bier, da alle anderen Stoffe koll. sind u. als solche gefällt u. abfiltriert werden. 100 g Gerstenprotein enthalten nach der I-Meth. 11,0 g *Leucin,* 3,2 g *Isoleucin,* 4,7 g *Phenylalanin,* 3,2 g *Methionin,* 0,5 g *Valin,* 8,5 g *Tyrosin,* 13,3 g *Prolin,* 17,3 g *Glutaminsäure,* 6,5 g *Alanin,* 5,9 g *Threonin,* 8,8 g *Asparaginsäure,* 4,3 g *Serin,* 4,2 g *Glycin,* 2,7 g *Arginin,* 2,1 g *Lysin,* 1,7 g *Histidin,* 9,4 g *Cystin* u. *Cystein,* während *Tryptophan* durch Hydrolyse abgebaut wurde. — Die N-Bilanz sieht so aus: Von 105 g Proteiden in der Gerste (1030 g) kommen 100 g in das Malz (1000 g), 40 g in die Würze (5000 ml 5%), 15 g ins Bier (5000 ml 5%). Die entsprechenden Zahlen für II u. III sind: 13, 41, 32, 15 g; für *Albumine, Globuline, Hordein* u. *Glutelin* zusammen: 92, 58, 8 u. 0 g. — 5 Tabellen u. 11 Figuren. (Ann. Nutrit. l'Alimentat. **8.** 699—721. 1954. Lille, Chem.-biol. Labor., Med. Fac.) J. MILLER. 7550

Margaret E. Kieser, A. Pollard und **A. H. Williams,** *Das Vorkommen von Leukoanthocyaninen in Mostbirnen.* Trübungen u. Sedimentbldg. bei der Birnenmostbereitung, die früher mit Veränderungen der Pektinstoffe in Zusammenhang gebracht wurden, werden verursacht durch Chlorogensäure u. ein komplexes Leukoanthocyanin von hohem Molekulargewicht. (Chem. and Ind. **1953.** 1260. 21/11. Bristol, Long Ashton Res. Stat.) R. STAAB. 7552

E. Kielhöfer, *Die Wirkung antibiotischer Stoffe auf die Weingärung.* Es wird über Verss. mit den fungistat. wirksamen Antibioticis *Actidion* (I), *Gladiolsäure* (II) u. *Cyclopaldsäure* (III) berichtet. 4 mg I im Liter, zusammen mit 1% einer gut gärenden Reinhefe-

kultur zum Traubenmost zugesetzt, verhindern die Gärung. Aus dem Verh. der Hefe beim Weiterimpfen wird geschlossen, daß unter diesen Bedingungen durch 4 mg I im Liter die Hefe nicht abgetötet, sondern nur geschwächt wird, während durch 16 mg I im Liter die Hefe völlig abgetötet wird. In einem leicht gärenden Wein (67,5 g A. im Liter u. 27 g Zucker im Liter) wird die Gärung bereits durch 0,5 mg I im Liter sofort zum Stillstand gebracht. Weitere einschlägige Beobachtungen. Fütterungsverss. an Mäusen (10 mg I je kg täglich) lassen keine Wrkg. von I erkennen. Bei der Kostprobe waren 30 mg I im Liter im Apfelsaft nicht wahrnehmbar, während bereits 10 mg im Liter die Aufnahme des Apfelsaftes durch die Mäuse verhinderten. — II u. III zeigten in Mengen bis zu 16 mg im Liter keine Wrkg. gegenüber Saccharomyces ellipsoideus. Weitere Angaben über die fungistat. Eigg. von *Mycosubtilin, Antimycin A, Botryticin* (aus Botrytis cinerea) u. anderen Antibioticis, ferner der synthet. *K-Vitamine.* Diskussion der Ergebnisse im Hinblick auf die Praxis der Weingärung. — 20 Literaturzitate. (Dtsch. Wein-Ztg. **89.** Nr. 35. Wein u. Rebe **35.** 638—42. 11/12. 1953. Trier, Weinforschungsinst.)
E. KIELHÖFER. 7554

G. Gillissen, *Über die Verwendung antibiotischer Stoffe an Stelle von schwefliger Säure in der Oenologie.* Unter Bezugnahme auf die diesbzgl. Publikation von RIBÉREAU-GAYON (C. **1954.** 6368) u. KIELHÖFER (vorst. Ref.) wird diskutiert, welche Anforderungen, bes. vom medizin. Standpunkt, an ein Antibioticum gestellt werden müssen, wenn es zur Konservierung des Weines benutzt werden soll. (Dtsch. Wein-Ztg. **90.** 195—96. 21/4. 1954. Mainz, Univ., Hygieneinst.) E. KIELHÖFER. 7554

St. C. Teodorescu und **L. V. Iliescu,** *Die Klärung von Weinen mit Bentonit.* Die Entfernung trübender Proteine u. Mikroorganismen aus Wein wurde mit einer Suspension der koll. Anteile eines örtlichen Bentonits durchgeführt. Die Anwendung von 25—100 g/hl ergab völlige Klärung u. hatte keinen schädlichen Einfl. auf Farbe u. Geschmack der Weine, die ohne Filtration vom gebildeten Bodensatz abgezogen werden. (An. Inst. Cercetări agronom. României [Ann. Inst. Rech. agronom. Roum.] **21.** 225—55. 1954.)
H. KYRI. 7554

Fr. Villforth, *„Flüssige Gelatine" zur Schönung von Wein.* Die durch proteolyt. Fermente verflüssigte Gelatine „Gelita-Klar" der DEUTSCHEN GELATINE-FABRIKEN in Göppingen enthält 20% Gelatine u. zur Haltbarmachung 250—300 mg/Liter SO_2. Es wurden Schönungsverss. im Vgl. mit der üblichen in Lsg. gebrachten festen Gelatine bei Weißwein, Rotwein, Apfelsaft u. Apfelwein durchgeführt u. dabei die Farbe u. Trübung gemessen (Trübungsmesser DR. LANGE). Im allg. ist bei der fl. Gelatine die Klarheit etwas besser, der Farbentzug etwas geringer, die Ausflockung etwas langsamer, die Filtrierleistung die gleiche. Die analyt. Werte des Weines wurden nicht verändert, ebenso auch nicht die geschmacklichen Eigenschaften. (Ind. Obst- u. Gemüseverwert. **38.** 161—62. 21/5. 1953. Dtsch. Wein-Ztg. **89.** 126. 128; Dtsch. Weinbau **8.** 214—15. Weinblatt **47.** 207. Weinsberg, Versuchsanstalt für Wein- u. Obstbau.) E. KIELHÖFER. 7554

Johannes Schönfeld, *Anschauliche Überprüfung des Verzuckerungsprozesses.* Vf. beschreibt 3 Methoden, die mit einfachsten Mitteln gestatten, eine Verzuckerungsprüfung in Form einer Farbskala bei der Sudhausmaischarbeit u. bei Malzanalysen vorzunehmen. Die erhaltenen Farbskalen sind noch nach Monaten makroskop. u. mkr. nachzuprüfen. (Brauwelt, Ausg. B **95.** 475—76. 26/29. 4. 1955. Essen.)
G. TREWENDT. 7590

XVI. Nahrungs-, Genuß- und Futtermittel.

G. E. Fussell, *Nahrungsmittelherstellung unter Elisabeth I.* Kurzer Überblick mit 3 zeitgenöss. Illustrationen. (Food Manufact. **28.** 227—29. 1/6. 1953.) M. WINIKER. 7630

F. D. Tollenaar, D. A. A. Mossel und **H. van Genderen,** *Chemikalien ohne Nährwert in Nahrungsmitteln.* Vf. empfiehlt, neue Konservierungsmittel, Farbstoffe, Antioxydantien, Emulgatoren usw. in Nahrungsmittel nur dann einzuführen, wenn sie wirklich überragende Vorteile gegenüber den bisher dafür angewandten Mitteln bringen, da unter den üblichen Prüfungsmethoden auf Unschädlichkeit auch die am besten durchgearbeiteten noch sehr unsicher sind. (Chem. and Ind. **1952.** 923—24. 20/9. Utrecht, Zentralinst. für Nahrungsmittelunters. T.N.O., u. Nationalinst. für öffentl. Gesundheitswesen, Pharmakol. Abt.) A. KALIX. 7630

E. B. McCall, *Die Herstellung von Vanillin aus Nelkenöl und seine Verwendung als Aromastoff in der Lebensmittel- und Getränkeindustrie.* Besprechung der Vanillinsynthesen aus Isoeugenol, der Patentliteratur, der Anwendung des Vanillins bei Erzeugung von Nahrungsmitteln u. Getränken sowie der Verff. seiner Best. in solchen Produkten. — 53 Literaturangaben. (Perfum. essent. Oil Rec. **45.** 365—68. Nov. 1954. Ruabon, North Wales, Monsanto Chemicals Ltd.) PH. FRESENIUS. 7642

Ralph C. Lakamp, *Untersuchungen an Kuchenmehl.* Das Mehl von „Soft White"-Winterweizen eignet sich bes. gut zur Herst. von Kuchen u. Gebäck. Die Qualität der erhaltenen Erzeugnisse läßt sich durch Viscositätsmessungen u., besser noch, durch Best. der Ausdehnung beim Backen feststellen. Letztere ist im allg. um so größer, je kleiner der Geh. des Mehles an Proteinen u. Mineralstoffen ist (für die Viscosität gilt ähnliches), das heißt, die ersten Mahlprodd. ergeben ein Mehl mit besserem Ausdehnungsfaktor als die Nachmehle. (Northwestern Miller **252.** Nr. 6. Milling Product. Sect. 1a. **16a**—18a. 10/8. 1954. Cincinnati, Kroger Food Found.) R. WOLLER. 7670

M. Rothe, *Über die Bedeutung eines Ferments von Lipoxydasecharakter für die Bildung von Bitterstoffen in Cerealien.* Bldg. von Bitterstoffen tritt bes. bei Hafermehlen auf, die daher zur Unters. gelangten. Bei der Bldg. der Bitterstoffe ist höchstwahrscheinlich ein lipoxydat. Ferment beteiligt. Nach Entfernung der Fermente durch Passieren eines wss. Extraktes von entfettetem Hafermehl über Aluminiumoxyd unterbleibt Bitterstoffbildung. Vorangehende Autoxydation ungesätt. Fettkomponenten ist anscheinend Voraussetzung für das Bitterwerden, da Einsatz stärker oxydierter Fette dieses beschleunigt. Für die Bitterstoffbldg. ist kein Fermentfaktor erforderlich, falls als Fettkomponente ein bereits weitgehend anoxydiertes Prod. eingesetzt wird. Der Bitterstoff entsteht auch bei Austausch des Fermentfaktors gegen ein definiertes Prooxygen ($CoSO_4$). Weitere Unterss. müßten biol. Bedeutung u. Wirkungsweise des an der Bitterstoffbldg. beteiligten Ferments näher klären. (Getreide u. Mehl **4.** 67—70. Sept. 1954. Beilage zu: Mühle. Potsdam-Rehbrücke, Inst. für Ernährungsforsch.) R. BEYTHIEN. 7670

Robert L. Squibb, Miguel Guzmán und **Nevin S. Scrimshaw**, *Getrocknetes Desmodium, Kikuyu-Gras, Ramie und Bananenblätterfutter als Ergänzungen von Protein, Riboflavin und Carotinoiden in Hühnerfuttermitteln.* Getrocknetes Desmodium (Desmodium intortum), Kikuyu-Gras (Pennisetum clandestinum), Ramie (Boehmeria nivea) u. Bananenblättermehle sind gleichwertig u. den Alfalfamehlen überlegen. Diese Mehle sind ausgezeichnete Quellen für Proteine, Riboflavin u. Vitamin A. Wenn sie zu 5% in Grundfuttermitteln, die einen geringen Geh. an Vitamin A oder Riboflavin aufweisen, enthalten sind, liefern sie hinreichende Mengen an Carotinoiden u. Riboflavin für das Wachstum. Blutanalysen bei Küken zeigten, daß die 4 Mehle außerdem hohe Serumspiegel an Riboflavin, Ascorbinsäure, Vitamin A u. Carotinoide aufrechterhalten. Die Ergebnisse sind für die Anreicherung der Hühnerfuttermittel mit Vitaminkonzentraten wichtig. (Poultry Sci. **32.** 1078—83. Nov. 1953.) H. PATZSCH. 7782

W. B. Enken und **P. I. Wiktorow**, *Die Kichererbse als wertvolles Eiweißfuttermittel.* Für die südlichen u. südöstlichen trockenen Gebiete der Sowjetunion wird der Anbau der Kichererbse empfohlen. Die Erbsen mit 21—31% Eiweiß, 4—6% Fett, ca. 10% Cellulose, 9% Salzen u. 52% N-freien Extraktstoffen eignen sich als eiweißreiches Futtermittel für Schweine, Rindvieh u. Geflügel. (Животноводство [Tierzucht] **1953.** Nr. 6. 19—21. Nov.) W. SCHMELZ. 7786

J. M. Prache, *Die Fütterung von Milchkühen.* Um Milchkühe möglichst wirtschaftlich füttern zu können, stellt Vf. die Erfordernisse der Tiere an Futter nach Körpergewicht, Lactations- bzw. Trächtigkeitszustand, Milchleistung u. Alter in Futtermitteleinheiten (F.E. = vom Organismus auswertbare Energiemenge, die in 1 kg Gerste mittlerer Qualität enthalten ist) zusammen. Die F.E. sowie der ebenfalls bei der Fütterung zu berücksichtigende Eiweißanteil u. Trockenanteil werden für verschied. Futtermittel angegeben. (Agric. prat. **118.** 527—31. Nov. 1954. Comité Fédératif Nat. de Contrôle laitier.) F. GÜNTHER. 7786

—, *Antibiotica im Schweinefutter.* Bericht über Beifütterung von Antibioticis, bes. Penicillin u. Aureomycin, die wachstumsfördernde Wrkg. zeigte. (Fertiliser, Feeding Stuffs Farm Suppl. J. **38.** 217—19. 2/4. 1952.) C. GRIMME. 7786

R. J. Smith, *Bestimmung der Milchsäure im schweren Mais-Weichwasser.* Durch Einweichen der Maiskörner in verd. SO_2-Lsg. bei 125° F werden die Kohlenhydrate lösl. u. anschließend teilweise zu Milchsäure vergoren. Die erhaltene Fl. wird durch Eindampfen auf 50—55% Geh. an Trockensubstanz konzentriert. Dies ist „schweres Weichwasser" (heavy steep liquor; I), das bei der Gewinnung der Antibiotica Verwendung findet. Das Bestimmungsverf. der Milchsäure beruht auf der Oxydations–Destillations-Meth. von FRIEDEMANN u. GRAESER: I wird zunächst durch Behandlung mit $CuSO_4$ u. $Ca(OH)_2$ nach VAN SLYKE von störenden Kohlenhydraten (Proteine stören nicht) befreit. Alsdann wird mit $KMnO_4$ oxydiert, dest., das Destillat in Bisulfitlsg. aufgefangen u. mit Jod u. Thiosulfat titriert. Ein Vgl. dieser Meth. mit der Ätherextraktion der Milchsäure (u. nachfolgender Titration mit Alkali) ergibt gute Übereinstimmung, aber nur bei vorhergehender Ansäuerung von I, da anscheinend ein Teil der Milchsäure als

Salz vorliegt. (Analytic. Chem. **25.** 505—07. März 1953. Argo, Ill., George M. Moffett Res. Labors., Corn Prod. Refining Co.) E. KIELHÖFER. 7806

Giuseppe Safina und **Emerico Trifirò,** *Über den Nachweis eines auf Wolle nicht aufziehbaren organischen Farbstoffes in Tomatenkonserven.* Ein roter Farbstoff (I), dessen genaue Zus. nicht bekannt ist, wird in verschied. Konservenfabriken unter dem Namen „Rosso pomodoro" zum Färben von Tomatenkonserven verwendet. Nachw.: Tomatenkonzentrat wird mit W. verd., das schwefelsaure Filtrat davon mit Isoamylalkohol extrahiert u. der Extrakt durch eine Al_2O_3-Chromatographiersäule geschickt. Der I, der als roter Ring an die Säule adsorbiert wird, ist mit 15%ig. Citronensäurelsg. eluierbar. Das Vorhandensein von I läßt sich dadurch erhärten, daß das Eluat jetzt deutlich rot gefärbt ist, während die Säule nur noch einen schwach rosafarbenen Ton aufweist. (Ind. Conserve **29.** 189—90. Juli/Sept. 1954. Palermo, Centro Sperim. per l'Ind. delle Conserve Alimentari e dei Derivati Agrumari.) R. WOLLER. 7810

Antonio Ollero Gómez und **Rodrigo Cota Galán,** *Schnelle und einfache Methode zur Nicotinbestimmung im Tabak.* Das in einer früheren Mitt. (Bol. Inst. nac. Invest. agronom. **24.** [1951.] 1) beschriebene colorimetr. Verf. der Best. des *Nicotins* (I) in den grünen Tabakblättern, ohne es erst durch Wasserdampfdest. abzutrennen oder mit Lösungsm. zu extrahieren, wird weiter untersucht. Die durch Extraktion verschied. Mengen Tabak mit W. bzw. mit I-Lsgg. von bekanntem Geh. erhaltenen Lsgg. u. die Wasserdampfdestillate dieser Extrakte werden bei der Best. verglichen. Dabei ergibt sich die Gültigkeit des BEERschen Gesetzes u. Übereinstimmung der in den Extrakten u. in ihren Wasserdampfdestillaten gefundenen Werte, also keine Störung durch Begleitstoffe, die nicht mit Wasserdampf flüchtig sind. Von den im Tabak vorkommenden flüchtigen Verbb. wurde *Pyridin* (II) untersucht, das bei gleicher Konz. eine stärkere orangerote Färbung als die durch I verursachte Rosafärbung gibt. Doch kommt diese Farbe bei der I-Best. erst zur Geltung, wenn der II-Geh. $\geq$2,5% des I-Geh. beträgt, was nur bei Spezialsorten mit $<$0,16% I der Fall sein könnte. Dagegen bleibt noch der Einfl. des *Nornicotins* zu untersuchen, das zwar in den span. Tabaken keine Rolle spielt, aber in I-armen u. im Maryland-Tabak vorkommt. Auf Grund dieser Unterss. wurde folgendes Verf. festgelegt: Gewöhnlich genügen 30 mg, bei I-armen Sorten 50—60 mg Tabakpulver, die nach Zusatz von 0,2 g MgO mit dest. W. bei Raumtemp. 1—2 Std. extrahiert werden. Zu 5 ml des Filtrats gibt man 5 ml 0,2% ig. alkoh. (80—85%) α-Naphthylaminlsg. u. 1 ml BrCN-Lsg. (Darst. wie l. c.). Nach 3½ Std. im Dunkeln bei Raumtemp. mißt man die Farbstärke mit einem SPEKKER-Absorptiometer bei 490 mμ unter Vgl. mit einer Eichlösung. Die Werte stimmen mit denen der gravimetr. Best. als I-Silicowolframat auf $\pm$4,4% überein. Entscheidend ist das p_H der Extraktlsg., das durch Sättigung mit MgO auf 10, 20 gebracht wird. Größere Farbstärke erzielt man mit β-Naphthylamin statt der hier benutzten α-Verbindung. (An. Real Soc. españ. Fisîca Quím., Ser. B **50.** 413—20. April 1954. Inst. Biol. Tabaco, Secc. Quim.) W. METZENER. 7836

Aldo Buffa und **Giorgio Ambanelli,** *Über die Bestimmung des Verderbsgrades von frischen und konservierten Fischen.* Bei frischem Fisch können mehr oder minder starke Verderbserscheinungen durch die Zunahme des Geh. an wasserdampfflüchtigem N erkannt werden, während das Ausmaß der Verderbnis von konservierten Fischen besser folgendermaßen ermittelt wird: Wss. Extrakt mit $HgCl_2$-Lsg. versetzt, ergibt eine um so stärkere Trübung bzw. Fällung, je weiter die Zers. der Proteine vorangeschritten ist. (Ind. Conserve **29.** 185—89. Juli/Sept. 1954.) R. WOLLER. 7852

Percival Sydney Jewell, James Gordon Travis King und **George Cocker Ingram,** Cambridge, England, *Herstellung von Glutenprodukten für Nahrungsmittelzwecke.* Gluten wird mit einer nach N. P. 82 335 hergestellten Emulsion unter den dort angegebenen Bedingungen behandelt. Eine kleine Menge dieser Emulsion kann jeweils zur „Beimpfung" eines neuen Glutenansatzes genommen werden, wobei in mehreren Generationen der Eiweißabbau des Glutens, vermutlich infolge Enzymwrkg., immer wieder vor sich geht u. damit die Emulsionsbldg. bewirkt. (**N. P. 82 369** vom 8/1. 1952, ausg. 7/9. 1953. E. Priorr. 23/4. u. 22/11. 1951. **Zusatz zu N. P. 82 335; C. 1955. 7807.**) K. H. KÄHLER. 7647

Chemicolloid Laboratories, Inc., New York, N. Y., übert. von: **Charles Olin Ball,** New Brunswick, N. J., V. St. A., *Herstellung von Fruchtsaft.* Die Früchte, z. B. Ananas, werden zunächst zur Gewinnung der Hauptsaftmenge gepreßt. Der Rückstand wird durch Anwendung von Siebpressen u. Kolloidmühlen in eine pureeartige M. übergeführt, deren Teilchen eine Lauge von 0,025 (cm^3) u. eine Dicke von 0,0005 besitzen. Bis zu 10% der M. werden mit dem Hauptsaft unter weiterer Zugabe von Zucker u./oder Salz vereinigt. (**A. P. 2 696 440** vom 13/7. 1950, ausg. 7/12. 1954.) W. KRANZ. 7707

General Foods Corp., New York, N. Y., V. St. A., *Gewinnen von Gelatine* (**I**). Man säuert das I-haltige Rohmaterial an u. extrahiert die I durch im Kreislauf geführtes heißes Wasser. Die Säuerung soll so stark sein, daß die extrahierte I-Lsg. einen p_H-Wert von 1,5—3,5 aufweist. Man neutralisiert bis zu ca. p_H 4,0. — Zeichnung. (**E. P. 722 211** vom 5/6. 1952, ausg. 19/1. 1955. A. Prior. 11/6. 1951.) C. LÜTTGEN. 7709

Jens Peter Jensen, Frederiksberg, Dänemark, *Mittel zur Verbesserung der Konsistenz und Verhinderung von unerwünschten Gärungen im Käse.* Es besteht aus einer Mischung von z. B. 73 (Gew.-%) Glycerin u. 27 1-nHCl bzw. NaOH oder aus 32 Glycerin, 12 1-nHCl u. 56 H_2O_2. Von ersterem werden pro 100 kg Milch 5 g, von letzterem 12—15 g angewendet. (**Dän. P. 76 730** vom 16/12. 1950, ausg. 23/11. 1953.) K. H. KÄHLER. 7761

Philip R. Park, Inc., City of San Pedro, Calif., V. St. A. (Erfinder: **Gertrude Humphrey Beckwith** und **James Lloyd Sutherland**), *Futtermittel.* Fl. Fischkonzentrate werden zusammen mit einem proteinhaltigen Mehl in Ggw. von Ca-Stearat u. einem Netzmittel mit einer solchen Menge eines Phosphates gemischt, daß ein trockenes Endprod. entsteht, wobei das Phosphat einen Teil des W. als Kristallwasser aufnimmt. — Beispiel: 1000 (Teile) Sojamehl, 800 Fischpreßwasserkonzentrat, 200 $CaNH_4PO_4 \cdot 7H_2O$, dazu 0,5(%) Ca-Stearat u. 0,1 sulfoniertes Fischöl. (**E. P. 715 954** vom 31/7. 1951, ausg. 22/9. 1954.) W. KRANZ. 7787

Braunschweiger Gesellschaft für angewandte Elektrizität m. b. H. (Erfinder: **Ludwig Popp, Werner Dahlke**, Braunschweig, **Erich-Günther Köhler**, Dortmund), *Feststellung der Keimzahl in Nahrungsmitteln*, dad. gek., daß als Maß für die Keimzahl Intensität u./oder Charakter der Färbung benutzt werden, den gewisse chem. Substanzen durch die Atmungstätigkeit von Mikroorganismen erfahren. Als Reagens wird 1-nitroanthrachinon-7-sulfosaures Na oder Triphenyltetrazoliumchlorid benutzt. (**D. B. P. 868 080** Kl. 421 vom 25/9. 1951, ausg. 23/2. 1953. Anmeldung bekanntgemacht 28/2. 1952.) W. v. HUHN. 7789

Alexanderwerk Akt.-Ges. (Erfinder: **Werner Mialki** und **Ingeborg Liefke**), Remscheid, *Betriebsmäßige Messung des p_H-Wertes*, bes. von *Fleisch*, dad. gek., daß die Fleischprobe auf eine einen Indicatorfarbstoff tragende Folie abgedrückt wird u. diese nach dem Farbumschlag mit einer ungefärbten Stelle gleicher Folie photoelektr. verglichen wird. — Vorrichtung. (**D. B. P. 894 009** Kl. 421 vom 18/11. 1951, ausg. 22/10. 1953. Anmeldung bekanntgemacht 19/2. 1953.) W. v. HUHN. 7851

XVII. Fette. Seifen. Wasch- u. Reinigungsmittel. Wachse. Bohnermassen usw.

O. S. Privett und **F. W. Quackenbush**, *Untersuchungen über die antioxygenen Eigenschaften von Weizenkeimphosphatiden.* Die antioxygenen Eigg. von gereinigten Weizenkeimphosphatiden (I) wurden bei 59 u. 99° in der WARBURG-App. gemessen. Der Peroxydgeh. war wesentlich niedriger (bes. bei 99°) als man aus der Sauerstoffaufnahme berechnen konnte. Da sich die Viscosität während der Oxydation erhöhte, nehmen Vff. an, daß die I ähnlich wie die Phosphorsäure (II) mit den Peroxyden der Fette polymere Verbb. bilden. I, die in 20%ig. Lsg. in sd. Cyclohexan belüftet wurden, zeigten keinen Peroxydgeh., u. freie II konnte nicht mit H_2O extrahiert werden. Ähnlich verhielt sich eine 40%ig. Lsg. in Phthalsäuredibutylester während der Oxydation bei 59 u. 99°. Die aus der — bes. bei 99° — erfolgenden Sauerstoffabsorption resultierenden Prodd. scheinen Polymere zu sein. (J. Amer. Oil Chemists' Soc. **31**. 169—71. Mai 1954. Lafayette, Ind., Purdue Univ., Dep. of Biochem.) H.-J. HAASE. 7878

A. Montefredine, *Über die Veränderungen des Öls in den Öltrestern.* Vf. untersucht die Veränderungen, die Öltrester bei der Lagerung unter verschied. Bedingungen (lose geschüttelt u. gepreßt) erleiden. Der Geh. an freien Säuren beträgt nach 2 Monaten ~60%, um dann in einigen Fällen abzusinken (Zerstörung der Fettsubstanz). Der Ölgeh. sinkt stark ab (z. B. nach 2 Monaten um 16,8%, nach 3 Monaten 24,4%, nach 6 Monaten über 80%). Diesem Absinken läuft eine Erhöhung des Wassergeh. parallel. Weiter vermehren sich die Oxysäuren (Fettabbau). Die JZZ. sinken ab. (Fette u. Seifen, Anstrichmittel **55**. 577—80. Sept. 1953. Pescara,(Prov.), Chem. Labor.) H.-J. HAASE. 7894

G. W. Tieman, *Reinigen und Desinfizieren.* Übersicht über die physikal.-chem. Grundlagen von Reinigungs-Rkk. (Abhängigkeit von Art u. Konz. des Reinigungsmittels, p_H, Oberflächenspannung u. Temp. der Lsg., Einwirkungsdauer u. mechan. Hilfsmittel), Begriff der Desinfektion u. Anforderungen an Desinfektionsmittel. (Oliën, Vetten Zeep **39**. 21—23. 22/1. 41—42. 5/2. 71. 5/3. 1955. Amsterdam, Hyg. Inst.) W. WESLY. 7912

Hildegard Mendrzyk und **Wilhelm Riepe**, *Beiträge zur Bestimmung der Reinigungswirkung von Waschmitteln.* 2. Mitt. *Waschverfahren.* Vergleichende Bewertung der Waschverff. (Becherglaskochverf., Verf. mit losen Fasern, maschinelle Verff.) u. Einfl. derselben auf die Bewertung der Waschmittel bzgl. der Waschwrkg. bzw. Schmutzübertragung in die Waschflotten bei Verwendung von dest. u. Leitungswasser. (Wäscherei-Techn. u. -Chem. **1954**. 642—45. Okt. Berlin-Dahlem, Materialprüfungsamt.) I. SCHOENMANN. 7912

K. R. Gerhart und **D. O. Popovac**, *Sulfonierung mit Schwefeltrioxyd.* Die Sulfonierung von Dodecylbenzol mit SO_3 in einer Versuchsanlage wird beschrieben. Günstigstes Verhältnis des zur Einw. gelangenden Luft/SO_3-Gemisches wie 9:1. Je nach Kühlung sind 5—10% SO_3-Überschuß erforderlich. Auftretende Anhydridbldg. (Nachneutralisieren wegen langsamer Hydrolyse) wird durch schnelle SO_3-Zugabe u. Neutralisieren bei 70° weitgehend vermieden. — Eingehende Diskussion der Vor- u. Nachteile des Verfahrens. (J. Amer. Oil Chemists' Soc. **31**. 200—03. Mai 1954. Baltimore, Md., u. Ponca City, Okla., Continental Oil Co.) H.-J. HAASE. 7912

Paul Philipp und **Egon Z. Raimann**, *Eine neue Schnellmethode zur Bestimmung des Fettgehalts in Kakaomasse und ihre Anwendung auf andere Öle.* Das Verf. besteht darin, daß die zusammen mit 40% Na_2SO_4 (I) gemahlene M. mit wenig Aceton (II) zentrifugiert, nach weiterem Zusatz von I noch 2mal zentrifugiert wird u. die vereinigten, mit reinem II auf 50 cm^3 aufgefüllten Extrakte mit wss. II-Lsg. bis zu einer 15 Sek. anhaltenden Trübung titriert werden. Die Titrationslsg. wird mit Hilfe von Massen von bekanntem Fettgeh. eingestellt; sie wird durch Verdünnen von 300 cm^3 dest. W. mit **II** auf 1 Liter hergestellt, $D.^{26}_{26}$ 0,884. (Rev. brasil. Quím. **37**. 104—06. Aug. 1954.) R. K. MÜLLER. 7932

E. Becker, H. Pardun und **H. von Pezold**, *Prüfung der Stabilität von Ölen und Fetten mit Hilfe des Swift–Stability-Testes.* 45 raffinierte u. gedämpfte Ölproben wurden dem SWIFT-Test bei 98,3° unterworfen u. die Inkubationszeit bis zur POZ. 200 bestimmt. Gleichzeitig ermittelte man in Lagerverss. bei 20° die Haltbarkeit dieser Proben organoleptisch. Die in der SWIFT-App. zu erwartende Inkubationszeit läßt sich mit Hilfe einer Regressionsgleichung aus dem Geh. des zu untersuchenden Öles an Öl-, Linol- u. Linolensäure mit 90% ig. Wahrscheinlichkeit berechnen. Aus der Inkubationszeit läßt sich die Haltbarkeit mit 70% ig. Wahrscheinlichkeit bestimmen u. aus der Fettsäurezus. die Haltbarkeit zu 70%. Da die Konstanten in den entsprechenden Gleichungen mit der Ölsorte wechseln, lassen sich nur Öle gleicher Sorte miteinander vergleichen. Der SWIFT-Test kann nach Vff. die n. Lagerungsprüfungen nur ergänzen. (Fette u. Seifen, Anstrichmittel **55**. 880—86. Dez. 1953. Hamburg-Bahrenfeld, Margarine-Union, Zentrallabor.) H.-J. HAASE .7932

F. A. Schlachter und **H. D. Hoffman**, *Eine Laboratoriums-Destillationsmethode für die Bestimmung von Rohglycerin.* Vff. konstruierten eine Destillationsapp. u. dest. damit 50 verschied. Seifenlaugen. Es wurde gefunden, daß ein ansteigendes Na_2O-Äquivalent des organ. Materials die Destillationsausbeute vermindert. (J. Amer. Oil Chemists' Soc. **31**. 174—75. Mai 1954. Chicago, Ill., Armour and Co.) H.-J. HAASE. 7936

XVIIIa. Holz. Cellulose. Zellstoff. Papier. Papierdruck. Celluloid, Linoleum.

F. Kollmann und **D. Narayanamurti**, *Studien über die Plastifizierung von Holz.* 1. Mitt. *Verhalten einiger indischer Holzarten im feuchten Zustand im hochfrequenten Wechselfeld.* Für eine genauere Kenntnis der physikal. Vorgänge bei der Herst. einer Reihe von Holzwerkstoffen spielen die Kompressibilität, Elastizität u. Plastizität des Holzes eine wichtige Rolle. Es wurde eine Reihe von ind. Holzarten im hochfrequenten Wechselfeld untersucht. Gegenstand der Arbeiten war die Abhängigkeit des Biege-Elastizitäts-Moduls in Abhängigkeit von der Temp. bei fortlaufender Erwärmung im Hochfrequenzfeld. Die Abnahme der Elastizität mit steigender Temp. wird in Diagrammen, bezogen auf den E-Modul bei 20° = 100, für Kern u. Splint getrennt, aufgezeigt. In Übereinstimmung mit früheren Unterss. von STAMM wird festgestellt, daß Kernholz mehr plastifizierbar ist als Splintholz. Die Frage, inwieweit die Inhaltsstoffe die Plastifizierung beeinflussen, ist noch nicht geklärt. (Holz Roh- u. Werkstoff **13**. 91—94. März 1955. Dehra Dun, Forest Res. Inst., New Forest.) P. ECKERT. 7952

Beaumont Thomas, *Kohlenstoffsteinauskleidung von Zellstoffkochern für den alkalischen Aufschluß.* Es wird über Erfahrungen berichtet, die in den letzten 22 Jahren in Nordamerika mit Kohlenstoffsteinauskleidungen in Kochern gemacht wurden, in welchen alkal. aufgeschlossen wird. Die Steinqualitäten wurden seit Einbau der ersten Auskleidungen stark verbessert sowie neue Steintypen entwickelt; Faktoren, die für die Dicke der Auskleidung bestimmend sind, werden angeführt. (Tappi **37**. 174—76. April 1954. Watertown, N. Y., Stebbins Engng. & Mfg. Co.) L. G. SCHEURING. 7956

J. R. Akers und **Jerry Gammon**, *Bau-Aluminium widersteht der Korrosion in der Zellstoff- und Papierindustrie.* Al-Legierungen eignen sich infolge der Oxydschichtbldg. gut für Gebäude u. Anlagen in der Papierindustrie. Proben aus Al-Legierungen (2 S, 3 S, 4 S, 41 S u. Al–Mg-Legierungen mit 2—6% Mg zeigten bei bis zu 14jährigen Bewitterungsverss. in stark verunreinigter Industrieluft nur geringe Korrosion (bis zu 0,0019 inch). (Paper Ind. **36**. 803. Nov. 1954. Reynolds Metals Co.) H. SPINDLER. 7956

V.-J. Hölsö, *Über säurebeständige Baustoffe.* Vf. berichtet über säurefeste Baustoffe für die Sulfitzellstoffindustrie, wie Kochersteine, selbsthärtende Kitte mit Na- u. K-Wasserglas, Kunstharzkitte, wie *Havegit 43 A* (Säurebau Otto) u. *Gausplit.* (Paperi ja Puu **36**. 282—86. 15/6. 1954. Porvoo, Finnland, Sulfitmurning AB.) E. BORCHERS. 7956

Wilbur L. Orr, *Die Auswirkung der Arbeitsweise in der Kocherei und Laugenbereitung auf das Auswaschen des Zellstoffs.* An Hand betrieblicher Erfahrungen wird zusammenfassend berichtet, wie sich durch verschied. Änderungen in der Arbeitsweise der Kocherei u. Laugenstation das Verh. der erkochten Stoffe beim Waschprozeß ändern läßt. (Tappi **37**. 162—63. April 1954. Pensacola, Fla., St. Regis Paper Co.) L. G. SCHEURING. 7956

D. J. MacLaurin und **J. F. Whalen**, *Kontinuierliche Kraftzellstofferzeugung in hoher Ausbeute aus Bauholzabfällen der Douglas-Fichte.* Aus verschiedenartigen Abfällen von Douglas-Fichtenholz werden in einer Lochapp., die in ihrer Wrkg. einem handelsüblichen Chemiepulper ähnelte, Kraftzellstoffe in Ausbeuten von 60—70% hergestellt. Hierzu wurden die Hackschnitzel mit Kochlaugen mit einem Geh. an akt. Alkali von 7—12% (als Na_2O gerechnet) imprägniert, in einem Vorerhitzer bei Drucken von 100 bis 150 lbs./sq.in. behandelt u. nach Ablauf der Vorbehandlungsdauer durch plötzliche Entspannung in einen Labor-Asplund-Zerfaserer gedrückt, wo bei 5% Stoffdichte die Zerfaserung vorgenommen wurde. Mit steigendem Chemikalieneinsatz u. erhöhtem Druck bei der Vorbehandlung nahmen im allg. die Zellstoffausbeuten ab, während ihre Festigkeitseigg. zunahmen. Die Festigkeitseigg. der besseren Zellstoffe entsprachen, den üblicherweise zur Wellpappeherst. benutzten Stoffen. Der Heizwert der Ablaugen bewegte sich zwischen 3600 u. 4200 kcal/kg Trockensubstanz. (Tappi **37**. 143—47. April 1954. Appleton, Wis., Inst. of Paper Chem.) L. G. SCHEURING. 7958

Werner Bandel, *Verfolgung des oxydativen Abbaues von Buchensulfitzellstoffen mittels Kettenlängenverteilungsdiagramm.* Buchenholzzellstoffe wurden im Verlauf ihres Verarbeitungsganges mit Hilfe der Fraktionierungstechnik verfolgt. Aus den Verteilungsdiagrammen lassen sich Hinweise auf die Abbaugeschwindigkeit sowie Filtrierbarkeit gewinnen. Bei der Verfolgung der Kettenlängenverteilung während des oxydativen Abbaues konnten Häufigkeitsmaxima, die durch „Lockerstellen" erklärbar wären, nur bei Tempp. $<22^0$ beobachtet werden. Aus den Verteilungsdiagrammen von Zellwollen läßt sich etwas über ihre Vorgeschichte aussagen. Es werden die Voraussetzungen diskutiert, die zur Herst. einer hochwertigen Faser notwendig sind, u. an Hand eines Kettenlängenverteilungsdiagramms von Zellwollfasern neue Wege zur Verbesserung der Faserqualität aufgezeigt. (Papier **9**. 204—12. 5/5. 1955.) P. ECKERT. 7962

Paul S. Lindqvist, *Betriebserfahrungen beim Rösten von Outokumpu-Flotationskies im Wirbelschichtofen.* Die Betriebsergebnisse eines Wirbelschichtofens der Bauart BASF (LURGI-Chemie), mit Outokumpu-Flotationskies in der Zellstoffabrik Kuusankoski werden mitgeteilt. (Paperi ja Puu **36**. 279—81. 15/6. 1954. Kuusankoski, Kymmene AB.) E. BORCHERS. 7962

Charley Gustafsson, Viljo Tammela und **Thorsten Lindh**, *Harzschwierigkeiten durch Sulfitzellstoff.* 2. Mitt. (1. vgl. C. **1953**. 4136.) Im wesentlichen ident. mit der C. **1955**. 3278 referierten Arbeit. Zu ergänzen ist: Es wurde festgestellt, daß die Art des Werkstoffes des Rührgefäßes (Cu oder Edelstahl) u. Zusätze, wie $CaCl_2$, $MgCl_2$, $NaHCO_3$ u. $Ca(HCO_3)_2$, von Einfl. auf die Harzabscheidung sind. Bei auftretenden Schwierigkeiten müssen diese Faktoren getrennt ermittelt werden. (Paperi ja Puu **36**. 269—74. 15/6. 1954. Helsingfors, Finnland, Centrallabor. AB — O. Y. Keskuslaboratorio.) E. BORCHERS. 7962

Bengt Brunes, *Neues über die Ausnutzung von Sulfitablauge.* Die Ausführungen befassen sich mit neuen Erfahrungen, die man in den letzten Jahren in Schweden gemacht hat. Es wird bes. auf die Einführung einer neuen Kombination Eindampfung–Spriterzeugung u. die Möglichkeit für Ausnutzung der Thermokompression hingewiesen. (Papier **9**. 81—91. 5/3. 1955.) P. ECKERT. 7962

Erkki Aaltio und **R. H. Roschier**, *Die chemische Bindung des Lignins in Aspenholz.* Um die Bindungsart von Lignin (I) u. Kohlenhydraten im Holz zu ermitteln, behandelten Vff. vorher mit Aceton extrahiertes Mehl von Aspe (II) (*Populus tremulus*), Birke, Kiefer (III) u. Fichte stufenweise bei 158° mit einem Gemisch von n-Butanol

u. W. 1 : 1, dem zur Pufferung auf p_H 7 0,1mol. NaH_2PO_4 u. 0,2mol. Na_2HPO_4 zugesetzt waren beim Flottenverhältnis 1 : 20. Nach 4 Std. bei 158° waren bei II 45,3% bzw. bei Birke 41,6%, aber bei Fichte nur 7,7% u. bei III 12,0% des im Holz enthaltenen I gelöst. Die Verss. erfolgten weiter bei Holz von II u. III verschied. Korngrößen von 0,5, 1,0 u. 2 mm, wobei sich zeigte, daß bei Laubholz die Korngröße keinen Einfl. hat, daß aber bei Nadelholz der Anteil gelösten I mit höherer Feinheit zunimmt. Wie sich aus 8maliger Wiederholung der Kochung von derselben Holzprobe ergab, ist bei II das Verhältnis gelöstes II zu Pentosan bei den Kochungen 2—5 ca. 0,85, bei den Kochungen 7—9 ca. 0,64. Der OCH_3-Geh. des gelösten I geht von 21,5% auf 13,9 nach Kochung 9 zurück. Vff. ziehen aus den Verss. Schlüsse auf die stufenweise Auflsg. der Holzzellen an Hand von Mikrophotos. Durch Papierchromatogramme wurden die bei der Druckkochung gebildeten Zucker qualitativ ermittelt. — 10 Tabellen, Kurven, Photos u. 41 Schrifttumshinweise. (Paperi ja Puu **36**. 157—74. April 1954. Helsinki, Finland, Inst. of Technol.) E. BORCHERS. 7966

Paavo Kajanne, *Untersuchungen über die chemische Zusammensetzung, Isomerisation und Autoxydation der Fettsäuren von Kiefernholz und Tallöl.* Nach einer Schrifttumsübersicht über die Extraktstoffe von *Pinus sylvestris* (P.s.) u. Tallöl (I) wurden die Verseifungsmethoden bzgl. ihres Einfl. auf die Konjugationsbldg. geprüft. Vf. empfiehlt die kalte Verseifungsmeth., wenn Konjugationsbldg. vermieden werden soll. Wiederveresterung kann Abweichungen der Werte für SZZ. u. VSZZ. von I-Fettsäuren bewirken. Lagerung des Holzes von P.s. verringert den Geh. an Fett- u. Harzsäuren. Autoxydation gibt bei Fettsäuren von P.s. Konjugationsbildung. Linolsäure von P.s. hat die n. cis.cis-Konfiguration. Durch die konjugierende Wrkg. der Sulfatzellstoffkochung werden ca. 38% der Linolsäure u. 50% der Linolensäure (II) umgewandelt. Der Geh. von finn. I an II ist sehr gering oder fehlt völlig. Von den beiden JZ.-Bestimmungsmethoden nach WIJS u. KLEE-BENHAM ist für I-Fettsäuren bes. letztere geeignet. Palmitinsäure ist ein sek. Prod. im n. I. (Paperi ja Puu **36**. 1—10. 15/1. 1954. Helsinki, Finland, Inst. of Technol.) E. BORCHERS. 7966

H. K. Stephens, *Methylcellulose und ihre Verwendbarkeit.* Vf. berichtet über Darst. u. Eigg. der Methylcellulose u. über ihre vielseitige Verwendbarkeit in der kosmet., pharmazeut., medizin. u. Lebensmittelindustrie (Literaturangaben s. Original). (Chem. Products chem. News [N. S.] **16**. 299—302. Aug. 1953.) D. AMELUNG. 7970

C. B. Tabb, *Papierzellstoff aus Stroh.* An Hand mehrerer Tabellen wird gezeigt, daß der Zusatz von gebleichtem Strohzellstoff zum Holzzellstoff zumindest gleichwertige, meist aber bessere Papiere ergibt. Vergleichswerte sämtlicher techn. Daten werden gebracht. (Proc. techn. Sect., Brit. Paper Board Makers' Assoc. (Inc.) **34**. 89—100. Febr. 1953.) H.-J. HEINRICHS. 7974

W. Brockie, *Abfallpapier als Faserrohstoff.* (Vgl. C. **1954**. 8251.) Übersicht über die Behandlungs- u. Reinigungsmethoden für Abfallpapier u. die Gründe für Verluste durch Feuchtigkeit u. unerwünschte Beimischungen. (Wld. Paper Trade Rev. **140**. 1405—22. 5/11. 1953.) H.-J. HEINRICHS. 7974

Charley Gustafsson und **Otto Gadd,** *Formalin zur Verhütung von Fäulnis und Schimmel in feuchtem Stoff. (Holzschliff und Zellstoff.)* Als Ersatz für das giftige Phenyl-Hg-Acetat oder das stark riechende Chlorphenol empfehlen Vff. auf Grund früherer guter Erfahrungen an Hand von eigenen Lagerverss. mit kleinen Versuchs- u. Betriebsballen von Holzschliff u. Sulfitzellstoff mit handelsüblichem Feuchtigkeitsgeh. Formalin (I). Die Zugabe von 3 kg einer 40% ig. Lsg. je t feuchtem Stoff genügt, um die Ballen für eine Lagerung von 3—8 Monaten gegen Schimmel u. Fäulnis beständig zu machen. Die Menge an I ist zwar erheblich höher als der Zusatz der Hg-Verbb., aber I kostet nur $^1/_{100}$ des Preises der Hg-Verbindungen. (Paperi ja Puu **36**. 155—56. April 1954. Helsinki, Finnish Pulp and Paper Ind., Res. Inst.) E. BORCHERS. 7974

Frank E. Caskey, *Die Festigkeitsentwicklung bei der Stoffmahlung und ihre Beeinflussung durch die Mahlbedingungen.* Vf. untersucht den Einfl. der Mahlbedingungen auf die Festigkeitsentw. bei der Stoffmahlung in einem Laboratoriumsholländer u. in großtechn. Mahlgeräten. In dem Laboratoriumsholländer (700 g Stoffeintrag) wurden unter Aufrechterhaltung eines Mahldrucks von ca. 8 lbs./sq.in. während der gesamten Mahldauer bei allen untersuchten Zellstoffen (ungebleichte u. gebleichte Sulfit- u. Sulfatzellstoffe) die günstigsten Werte für Berstdruck u. Fortreißfestigkeit erhalten. Zur Beurteilung der Arbeitsweise techn. Mahlgeräte wurden die bei der Mahlung in einem TAPPI-Laboratoriumsholländer erhaltenen Festigkeitswerte als Bezugswerte benutzt. Refiner mit einer Bemesserung von $^1/_4$ Zoll ergaben bei diesem Vgl. die höchsten Berstdrucke u. Reißfestigkeiten bei niedrigen Fortreißfestigkeiten, während die Mahlung in den üblichen Holländern zu niedrigen Berstdrucken u. Reißlängen bei hohen Fort-

reißfestigkeiten führte. Die Kombination dieser beiden Typen von Mahlgeräten führte zu Festigkeitsdaten, die zwischen diesen Extremwerten lagen. Um hohe Dehnungswerte zu erhalten, muß die Mahlung in möglichst hoher Stoffdichte vorgenommen werden. Auf die Notwendigkeit eines einwandfreien mechan. Zustandes der Mahlgeräte zur Erzielung optimaler Ergebnisse wird an Hand eines Beispieles hingewiesen. (Tappi **37**. 156—62. April 1954. Camas, Wash., Crown Zellerbach Corp., Central Res. Dep.)
L. G. SCHEURING. 7976

—, *Die Wiederbenutzung von Gebrauchswasser.* Berichtet wird über die Wiederverwendung von Gebrauchswasser in Papierfabriken. (Paper Trade J. **137**. Nr. 23. 14—16. 4/12. 1953.) H.-J. HEINRICHS. 7982

Fabriques El-Banna d'Allumettes et de Contre-Plaquage, Ägypten, *Herstellung von Kunstholz.* Pflanzenstengel oder Zweige werden zu dünnen Stäben zerkleinert, die mit einem Klebemittel wie Blutserum gemischt u. unter hydraul. Druck (6—20 kg/cm²) zu dem Holzersatz verpreßt werden. (**F. P. 980 951** vom 15/2. 1949, ausg. 21/5. 1951.)
M. PANKOW. 7953

Bruno Schulze und **Georg Gasda,** Berlin, *Herstellung pastenförmiger Imprägnierstoffe für Holzschutzzwecke,* dad. gek., daß Schutzstoffe mit Zusätzen von Palmitaten, z. B. Al-Palmitat, oder Stearaten, z. B. Mg- u. Zn-Stearat, versehen werden. Viscose Verdünnungsmittel, wie Glycerin, Schleime, Leime u. dgl., können der M. noch zugefügt werden. Gewinnung homogener, salbenartiger Pasten mit hohem Geh. an leichtlösl. Schutzsalzen. (**D. B. P. 927 713** Kl. 38h vom 14/12. 1943, ausg. 16/5. 1955. Anmeldung bekanntgemacht 10/7. 1952.) H. KARST. 7953

Emil Mecke (Miterfinder: **Boris v. Kruglewsky**), Hamburg, *Gewinnung von Zellstoff für Papier und Pappe aus Pansendung,* dad. gek., daß die Dauer der im Tiermagen stattgefundenen Aufschließung der Strohfaser nach Entnahme dadurch verlängert wird, daß das Gut im Beisein seiner Eigenfeuchtigkeit in gehöriger Menge gelagert u. unter Eigenentw. von Wärme einer Selbstgärung unterworfen wird. Zweckmäßig werden 0,5—1% Säure- oder Alkalilsg., auf den Wassergeh. des Gärgutes bezogen, zugesetzt. (**D. B. P. 901 370** Kl. 55b vom 16/3. 1951, ausg. 21/4. 1955. Anmeldung bekanntgemacht 27/11. 1952.) G. VOGEL. 7975

Johann Wolf und **Engelbert Wolf,** Seligenstadt/Hessen, *Gewinnung von Faserstoffen,* bes. für Papier, Spinnfäden u. Baustoffe, aus *Kletten,* dad. gek., daß Klettenpflanzen der Familien Lappa mayor u. Lappa minor als Rohstoff verwendet werden. Zur Verbesserung der Keimfähigkeit u. des Wachstums der Pflanzen werden deren Samen mit einem Auszug aus den Zwiebeln von Colchicum autumnale (Herbstzeitlose) behandelt u. zweckmäßig mit $KMnO_4$-Lsg. nachbehandelt. (**D. B. P. 928 027** Kl. 55b vom 30/8. 1949, ausg. 23/5. 1955. Anmeldung bekanntgemacht 15/1. 1953.)
G. VOGEL. 7975

Zschimmer & Schwarz vormals Chemnitz, Brilon (Westf.) (Erfinder: **Rudolf Schwarz,** Oberlahnstein, und **Theodor Hennig,** Braubach/Rh.), *Farbstoff aus Braun- bzw. Humuskohle.* Die Kohle wird vor dem alkal. Aufschluß einer nitrierenden Behandlung mit HNO_3, HNO_2, Nitraten oder Nitriten, gegebenenfalls in Ggw. von Säure, bes. H_2SO_4, unterworfen. Die erhaltenen Prodd. besitzen die Eigg. des n. Saftbraun, ergeben aber farbintensivere, klarere u. reinere Brauntöne. *Verwendung in der Papier-, Pappen- u. Holzindustrie.* — 100 (kg) trockne, feinzerkleinerte Humuskohle läßt man 10 Std. mit 40 konz. HNO_3 stehen, löst dann die entstandene M. heiß mit einer gerade zur Auflsg. ausreichenden Menge 45%ig. NaOH in Ggw. von W. u. dampft nach dem Absitzen von Gangart u. Verunreinigungen die erhaltene Lsg. auf Walzentrocknern ein. Schwarzes, schuppenförmiges Prod., in W. leicht lösl., *färbt Papierstoff* klar braun. (**D. B. P. 927 348** Kl. 22e vom 28/3. 1952, ausg. 5/5. 1955. Anmeldung bekanntgemacht 14/10. 1954.)
O. ROICK. 7981

Eastman Kodak Co., übert. von: **William J. Priest,** Rochester, N. Y., V. St. A., *Härten von Polyvinylalkoholstreichmassen,* dad. gek., daß eine poröse Oberfläche, bes. von *Papier für Photozwecke,* zuerst mit Citronensäure oder Al-Sulfat (als Katalysator) u. dann mit einer Mischung von Polyvinylalkohol u. Methylolmelamin gestrichen wird. — *Wasserdichte Überzüge auf Papier.* (**A. P. 2 691 604** vom 5/8. 1952, ausg. 12/10. 1954.)
G. VOGEL. 7987

Chemische Werke Hüls Akt.-Ges. (Erfinder: **Karl Saurwein, Richard Hilpert, Walter Gumlich** und **Heinz Tetzner**), Marl, *Druckpasten* (für Papierdruck), dad. gek., daß sie als Lösungsm. für die Bindemittel Alkylbenzole mit einer Verdunstungszahl von wenigstens 1500 (gegen Ae. = 1) enthalten. (**D. B. P. 927 152** Kl. 151 vom 23/2. 1952, ausg. 2/5. 1955. Anmeldung bekanntgemacht 23/9. 1954.) F. LAASS. 7989

Rudolf Hell, Kiel, *Zurichten gerasterter Klischees*, dad. gek., daß Rasterelemente auf der Vorderseite des Klischees einzeln oder zu mehreren lichtelektr. abgetastet werden u. gleichzeitig in Abhängigkeit von der Größe der Rasterelemente ein der Abtastvorr. gegenüberstehendes Werkzeug gesteuert wird, das die Rückseite des Klischees oder eine zusätzliche Zurichteplatte graviert. (**D. B. P. 927813** Kl. 15k vom 6/12. 1952, ausg. 16/5. 1955. Anmeldung bekanntgemacht 7/10. 1954.) F. LAASS. 7989

Franz Kollmann, Technologie des Holzes und der Holzwerkstoffe. Bd. 2.: Holzschutz, Oberflächenbehandlung, Trocknung u. Dämpfen, Veredelung, Holzwerkstoffe, spanabhebende u. spanlose Holzbearbeitung, Holzverbindungen. 2. neubearb. u. erw. Aufl. Berlin, Göttingen, Heidelberg: Springer; München: Bergmann. 1955. (XVII. + 1183 S. m. 1194 Abb., 6 Taf. u. 3 Faltbl.) DM 136,—.

XVIIIb. Textilfasern.

Walter Gellendien, *Moderne, hochwirksame und faserschonende Textilhilfsmittel.* Überblick über die neuere Entw. mit besonderer Berücksichtigung von *Adipon D* konz., dessen Anwendungsmöglichkeiten erörtert werden. (Färgeritekn. **28.** 173—75. Aug. 1952. Düsseldorf.) R. K. MÜLLER. 8028

J. H. MacGregor, *Schlichten und Schlichtemittel.* Übersicht mit Literaturangaben über die verschied. Methoden des Schlichtens, der Herst. u. Zus. des Schlichtebades, Trockenprozeß, Anwendungsbereich u. übermittelte Eigg. (auf Baumwoll-, Reyon-, synthet. u. Glasfasergarn u. -gewebe) sowie die maschinellen Einrichtungen. Die verschied. Schlichtemittel (Stärke u. -derivv., Pflanzengummi u. -schleime, Celluloseäther, Alginate, Gelatine, Casein u. synthet. Prodd.), ihre physikal.-chem. Eigg., struktureller Aufbau u. analyt. Nachw. der Ndd. auf der Faser. Weichmacheremulsionen (vegetabil. u. mineral. Öle) u. antistat. Mittel sowie Unterss. über die stat. Aufladung von Reyon- u. synthet. Fasern. (Rev. Textile Progr. **4.** 203—23. 1952.) I. SCHOENMANN. 8030

A. R. Smith, *Die Anwendung von Kunstharzen bei Textilien.* Im Rahmen allg. gehaltener Ausführungen über thermoplast. u. hitzehärtbare Harze werden folgende textile Anwendungen eingehender beschrieben: Knitterfestmachen u. Schrumpfechtausrüstung, permanente Prägeeffekte u. Versteifungsfinish, Pigmentdruck, Regenfestmachen, Flammfestausrüstung u. Stabilisierung von Wirkwaren. (J. Soc. Dyers Colourists **70.** 381—91. Sept. 1954. Oldbury, Birmingham, Brit. Ind. Plastics Ind.) H. ZAHN. 8032

W. Stolbowsky, *Das Unentflammbarmachen von Textilien.* Übersicht über den bisherigen Stand der Technik u. Vorschläge des Vf. zur Herst. von dauernd flammensicheren Appreturen. (Teintex **20.** 113—16. 15/2. 1955.) A. SANDER. 8036

F. W. Thomas, *Probleme des Schnelltrocknens.* Vergleichende Betrachtungen über Wirkungsweise u. -grad der Zylinder-, Heißluft-, mit Gas u. elektr. geheizter Trockensysteme u. das Trocknen von Garn in Packform. (Textile Weekly **55.** 1030—34. 8/4. 1955.) I. SCHOENMANN. 8038

E. Treiber, *Die Lichtschädigung der Cellulose, speziell in Gegenwart von Titandioxyd.* Die Arbeit beschäftigt sich mit der Photolyse der Cellulose sowie der Photooxydation in Ggw. u. Abwesenheit von TiO_2. Der Stand der heutigen Erkenntnisse auf dem angeführten Gebiet wird besprochen. Ferner wird auf mehrere unveröffentlichte Verss. des Vf. hingewiesen. Bes. behandelt werden Methoden zur Verminderung der Lichtschädigung sowie der Prüfung der Pigmentaktivität. Es wird darauf hingewiesen, daß noch zahlreiche Probleme hinsichtlich der Lichtschädigung von Textilien auf Cellulosebasis durch TiO_2 bisher ungelöst geblieben sind. (Svensk Papperstidn. **58.** 185—94. 31/3. 1955. Stockholm, Cellulosaindustriens Centrallabor., Viscoseabt.) P. ECKERT. 8040

L. Loeb und **L. Segal**, *Gewinnung von Baumwollcellulose-IV aus Baumwollcellulose-III.* Cellulose-III (I) entsteht aus gereinigter Baumwollcellulose durch Behandlung mit Äthylamin. Die aus I durch hohe Temp. modifizierte Cellulose-IV (II) zeigt ein spezif. orthorhomb. Röntgendiagramm (a = 8,11 Å, b = 10,3 Å, c = 7,90 Å), ist schwach dehnbar u. besitzt einen Polymerisationsgrad von 211.

V e r s u c h e: Zur Gewinnung von II werden 4 g I für 64 Std. in 100 cm^3 Glycerin (II) gebracht, mehrfach entlüftet u. nach wiederholter Erneuerung von III unter N-Atmosphäre 3 Std. auf 250° erhitzt. Nach Abkühlen wird III durch wasserfreien Isopropylalkohol ausgewaschen, der später durch n-Hexan beseitigt wird. (J. Polymer Sci. **14.** 121—23. Juli 1954. New Orleans, La., Southern Reg. Res. Labor.) E. SPEYER. 8044

Helmut Zahn und **Albrecht Würz**, *Über die Darstellung mikrobiologisch resistenter Wolle durch chemische Modifizierung.* 3. Mitt. *Reaktionen mit monofunktionellen Verbindungen.* (1. vgl. C. **1954.** 5885.) Die Eignungsprobe auf Bakterienfestigkeit von Wollgarnen bei 20° ist relativ gut reproduzierbar (Variationskoeff. der Trockenfestigkeit 15%). Die chem. Modifizierung von Wollgarn mit monofunktionellen Acylierungsmitteln ergab eine pilzfeste Wolle mit sd. Acetanhydridlsg. oder Tosylchlorid in Aceton-W., während zahlreiche andere Chemikalien entweder wirkungslos waren oder nur eine geringe Schutzwrkg. ergaben. Verss. mit Alkylierungsmitteln zeigten eine gewisse Wirksamkeit bei Epichlorhydrin u. Benzoylchlorid. (Melliand Textilber. **36.** 121—26. Febr. 1955. Heidelberg, Univ., Chem. Inst.) P. ECKERT. 8060

Helmut Zahn und **Albrecht Würz**, *Über die Darstellung mikrobiologisch resistenter Wolle durch chemische Modifizierung.* 4. Mitt. *Reaktionen mit 1-Fluor-2.4-dinitrobenzol.* (3. vgl. vorst. Ref.) Fluordinitrobenzol (I) erwies sich als geeignetes Reagens zur Herst. pilzfester Wolle, sofern eine genügend hohe Konz. angewendet wird. Bei Anwendung von 50% I-Lsg., bezogen auf Wolle, u. bei einer Flottenausnützung von ca. 25% wurden Beständigkeiten der Wolle im Eingrabvers. von mehr als 100 Tagen erreicht. Die gleiche gute Ausrüstung gegen Bakterienbefall läßt sich mit I auch in W. als Lösungsm. an Stelle von A. erreichen. I stabilisiert die Wolle nicht, wenn man das Reagens bei 40° einwirken läßt. Eine Stabilisierung der Wolle mit I, mit W. als Lösungsm., jedoch mit wesentlich kürzeren Reaktionszeiten, läßt sich durch Erhöhung der Reaktionstemp. auf 60—100° erreichen; bei 100° erwies sich auch das Chlordinitrobenzol als wirksam. (Melliand Textilber. **36.** 123—25. Febr. 1955.) P. ECKERT. 8060

Helmut Zahn, Albrecht Würz und **Adolf Räuchle**, *Über die Darstellung mikrobiologisch resistenter Wolle durch chemische Modifizierung.* 5. Mitt. *Reaktionen mit bifunktionellen Verbindungen.* (4. vgl. vorst. Ref.) Umsetzungen von Wolle mit polyfunktionellen Verbb. ergaben die Wirksamkeit von 1-Fluor-5-chlor-2.4-dinitrobenzol, mit Bis-(chlormethyl)-dimethylbenzol u. p-Brom-ω-bromacetophenon. Es wurde auch hier gefunden, daß die Wirksamkeit von der Konz. der Chemikalien in der Behandlungsflotte abhängt. (Melliand Textilber. **36.** 125—26. Febr. 1955.) P. ECKERT. 8060

Helmut Zahn, Albrecht Würz und **Adolf Räuchle**, *Über die Darstellung mikrobiologisch resistenter Wolle durch chemische Modifizierung.* 6. Mitt. *Chinon, Ninhydrin, Schwermetallsalze.* (5. vgl. vorst. Ref.) Die Behandlung mit einer mindestens 0,5%ig. Chromlsg. bei 100° führte zu einer starken Stabilisierung der Wolle gegen Pilze u. Bakterien. Auch die Umsetzung mit Ninhydrin nach SPEAKMAN war sehr wirksam. Umsetzungen von Wolle mit Verbb., welche Salz- oder Komplexbindungen mit den Wollproteinen eingehen, ergaben folgendes: Imprägnieren mit Dinitrophenol stabilisiert deutlich die Rk. mit Hg(2)-acetat, u. verschied. Chromierungen stabilisieren ebenfalls. Die chem. Modifizierung verdient prakt. Interesse, wenn außer der Bakterienfestigkeit weitere, techn. erwünschte Effekte, wie Alkalibeständigkeit, Mottenfestigkeit u. Säurefestigkeit, erreicht werden können. Dinitrophenylierung schützt gegen Bakterien u. im gewissen Umfang gegen Motten. (Melliand Textilber. **36.** 126—28. Febr. 1955.) P. ECKERT. 8060

E. Treiber und **L. E. Eriksson**, *Die Umrechnung von Kugelfallviscosität einer Viscose in Absolutviscosität.* Berechnungsgrundlage u. Tabelle. (Reyon, Zellwolle andere Chemiefasern **1955.** 162—63. März. Stockholm, Celluloseindustriens, Centrallabor., Viskosavd.) P. ECKERT. 8074

—, *Ein neuer Vorteil der Acetylierung. Besonders zweckmäßige Acetatfasern und Ausrüstungen für Baumwolle.* Herst. u. Eigg. von teilacetylierter (20% Acetylgeh.), sek. (54%) Acetylcellulose u. Cellulosetriacetatfasern. Das unterschiedliche Verh. bei verschied. Acetylierungsgrad (gegen Farbstoffe u. Mikroorganismenangriff) als Testmeth. der Fasern. (Textile Mercury Argus **132.** 545—48. 1/4. 1955.) I. SCHOENMANN. 8076

Herschel S. Jenkins, *Die Herstellung von Textilfasern aus Proteinen.* Die Eignung u. Isolierung des Proteins (aus Sojabohnen, Erdnüssen, Mais, Milch, Baumwollsamen u. Weizen) als Faserrohmaterial. Herst. der Spinnlsg. u. Spinnprozeß (schemat. Darst. vom nativen Proteinpartikel bis zum koagulierten Faden). Das Strecken u. Härten der Fäden; physikal. Eigg. u. Farbstoffaffinität der Fasern. (Canad. chem. Processing **38.** Nr. 11. 82—92. Okt. 1954. Carolina, Va., Chem. Corp., Res. Dep.) I. SCHOENMANN. 8078

M. V. Forward und **S. T. Smith**, *Feuchtigkeitsaufnahme durch endloses Nylon 66-Garn.* Die Unterss. haben gezeigt, daß der Einzelfasertiter auf die Feuchtigkeitsaufnahme im Gleichgewicht prakt. ohne Einfl. ist. Dafür wird aber die Geschwindigkeit der Feuchtigkeitsaufnahme vom Einzelfasertiter beeinflußt, u. zwar derart, daß mit steigendem Einzelfasertiter die Geschwindigkeit der Feuchtigkeitsaufnahme abnimmt. Diese Tatsache wird auf die gleichzeitig abnehmende spezif. Faseroberfläche zurückgeführt. Interessant ist auch die Beobachtung, daß Fasern, die durch das starke Zwirnen gleichzeitig verstreckt werden, eine etwas höhere Feuchtigkeitsaufnahme im Gleichgewicht zeigen als nichtgezwirnte Fasern. (J. Textile Inst., Trans. **46.** T158—T160. Febr. 1955. Pontypool, Mon., Brit. Nylon Spinners Ltd., Res. Dep.) H. G. FRÖHLICH. 8080

R. Meredith, *Wirkung der Dehnungsgeschwindigkeit auf die Festigkeitseigenschaften von Viscose- und Acetatreyon, Seide und Nylon.* Es werden zwei Geräte zur Registrierung des zugelast. Verh. von Garnen bei konstanten Dehnungsgeschwindigkeiten zwischen 0,001 u. 1000% pro Sek. beschrieben. Mit diesen Apparaten wurde der Einfl. der Dehnungsgeschwindigkeit auf die Festigkeit von Viscosereyon u. Zellwolle, Acetatreyon, Seide u. Nylon bei einer relativen Feuchte von 65% u. 20° gemessen. Je rascher gedehnt wird, um so größer ist die Spannung. Die Arbeit enthält genaue Angaben über den Einfl. der Dehnungsgeschwindigkeit auf den Elastizitätsmodul, die Reißfestigkeit u. Bruchdehnung der untersuchten Fasern. (J. Textile Inst., Trans. **45.** T30—T43. Jan. 1954. Manchester, Brit. Cotton Ind. Res. Assoc.) H. ZAHN. 8096

Jean-Paul Simon, *Ein neuer Abriebmesser für Serienversuche.* Beschreibung des neuen Abriebmessers nach STAT, der in Verbindung mit der Reißfestigkeitsprüfung eine genauere Best. der prakt. Tragfähigkeit von Webstoffen ermöglichen soll. Mit Hilfe von Zusatzgeräten können auch Leder, Gummi, Papier usw. geprüft werden. (Ind. Textile **1954.** 873. Dez.) A. SANDER. 8096

D. B. Das, *Papierchromatographie in der Faserforschung.* Überblick über die Anwendung papierchromatograph. Methoden in der Faserforschung. Berücksichtigt wurden Arbeiten über Wolle, Seide, Baumwolle, Flachs u. Jute. — 103 Literaturangaben. (Indian Textile J. **65.** 156—61. Dez. 1954.) E. MOISAR. 8096

A. G. Hamlin, *Die Bestimmung von kleinen Chrommengen in Textilien mit Diphenylcarbazid.* Empfohlen wird die Zerstörung organ. Substanz durch Naßverbrennung mit HNO_3, H_2SO_4 u. Perchlorsäure, Entfernung der störenden Ionen, Einstellung der Acidität u. Salzkonz. der Lsg. u. Oxydation des Cr in den 6-wertigen Zustand durch kochendes Ceriammonsulfat. Cr wird colorimetr. mit Diphenylcarbazid bestimmt. Es wird eine detaillierte Arbeitsvorschrift angegeben u. die Genauigkeit der Meth. durch Kontrollverss. an mit bekannten Cr-Mengen versetzten Baumwollproben belegt; auch wurde der Einfl. von Fremdionen (Al, Sb, B, Ca, Co, Cu, Fe, Pb, Mg, Mn, Hg, Phosphat, Sn, Ti, Zn u. Zr) auf die Cr-Best. ermittelt. (J. Textile Inst., Trans. **45.** T44—T54. Jan. 1954. Manchester, Brit. Cotton Ind. Res. Assoc.) H. ZAHN. 8096

W. G. Macmillan und **P. C. Das,** *Eine Methode zur quantitativen Kupferbestimmung, insbesondere in Hinsicht auf Jutefabrikate.* In Ggw. von NH_4OH-Überschuß kann Cu volumetr. durch Titration der sd. Lsg. mit einer Glucoselsg. bestimmt werden, die auf eine bekannte $CuSO_4$-Lsg. eingestellt wurde. — Diese Meth. konnte erfolgreich bei der Cu-Best. in Jutefabrikaten verwendet werden. (J. appl. Chem. **1.** 132—35. März 1951.) H. ROSSOW. 8104

J. R. Geigy Akt.-Ges., Basel, Schweiz, *Herstellung eines Aufhellungsmittels,* dad. gek., daß man 4.4'-Di-(2''-oxy-4''-methylbenzoylamino)-stilben-2.2'-disulfonsäure (I) mit einer den β-Oxyäthylrest einführenden Verb. bis zum Verschwinden der phenol. OH-Gruppen behandelt. Die erhaltene 4.4'-Di-[2''-(β-oxyäthoxy)-4''-methylbenzoylamino]-stilben-2.2'-disulfonsäure ist ein schwach gelblichgefärbtes Pulver. In gleicher Weise erhält man aus 4.4'-Di-(2''-oxy-5''-methylbenzoylamino)-stilben-2.2'-disulfonsäure die entsprechende β-Oxyäthoxyverbindung. Bei Einführung eines 2-Oxypropylrestes bzw. eines 2.3-Dioxypropylrestes in I erhält man die 4.4'-Di-[2''-(2'''-oxypropyloxy)-4''-methylbenzoylamino]-stilben-2.2'-disulfonsäure bzw. die 4.4'-Di-[2''-(2'''.3'''-dioxypropyloxy)-4''-methylbenzoylamino]-stilben-2.2'-disulfonsäure. Die Prodd. sind schwach gelblich, haben starke fluorescierende Eigg. u. gute Affinität zur Cellulosefaser. (**Schwz. PP. 302 363, 302 364, 302 366** u. **302 368** vom 27/5. 1949, ausg. 16/12. 1954. **Zusätze zu Schwz. P. 276 692; C. 1952. 5674.**) W. GRÄGER. 8027

E. I. du Pont de Nemours & Co., Wilmington, Del., übert. von: **John Augustus Piccard,** Swarthmore, Pa., V. St. A., *Nichtgewebte Textilflächen für Kunstleder und Polsterzwecke.* Faservliese aus Wolle, Baumwolle (I), Viscose- oder Acetatseide oder schwer schmelzbaren Harz- oder Glasfasern, z. B. Nylon, werden unter Wärmeeinw. durch ein lineares Mischpolymerisat [Ester aus einem Polymethylenglykol (II) mit 2—6 C u. einer aliphat. Dicarbonsäure (30—70%) u. aus II u. einer symm. aromat. Dicarbonsäure (70—30%)] verbunden. Das Bindemittel wird in das Vlies zweckmäßig in Faserform eingebracht. — Fasern aus 40 (Teilen) Äthylenglykolsebacinat u. 60 Äthylenglykolterephthalat werden mit der gleichen bis 3fachen Menge I gemischt, aus mehreren Vliesschichten wird ein Filz geformt u. dieser 1 Min. bei 300 lbs./sq.in. u. 186° verpreßt. (**A. P. 2 676 128** vom 18/6. 1951, ausg. 20/4. 1954.) H. MÖLLERING. 8033

Ludwig Nusch, Deutschland, *Behandeln von Fasermaterial* für Steppdecken, Kissen u. dergleichen. Man erhöht die Elastizität der Faser durch Überziehen, auch nach vorherigem Anquellen, mit Harzen oder Kunstharzen, z. B. von Perlonfasern, mit einer

Mischung aus 15 (Gewichtsteilen) Maprenal NP (Harnstoffharz), 20 Essigester, 40 Butanol u. 25 Butylacetat u. nachfolgendem 45 Min. Erhitzen auf 120°, oder mit einer Polyvinylacetat-, Desmophen–Desmodur- oder Siliconharzmischung oder mit Styrol u. nachfolgender Polymerisation. (**F. P. 1 063 935** vom 8/7. 1952, ausg. 10/5. 1954. D. Prior. 11/7. 1951.) M. PANKOW. 8039

Phrix-Werke Akt.-Ges., Hamburg (Erfinder: **Erich Torke**, Hamburg, und **Josef König**, Krefeld), *Knitterfestes Textilgut*, bes. aus *Regeneratcellulose*, das nach dem D. B. P. 857 943 mit wss. Lsgg. (substituierter) Aldehyde (I) imprägniert ist, zeigt durch den niedrigen Kp. von I mitunter bei der Trocknung Imprägnierverluste. Diese werden durch den Zusatz geringer Mengen höhermol., in W. lösl. Kohlenhydrate vermieden. Geeignet ist z. B. ein Zusatz von 0,5% Stärke, Celluloseglykolsäure oder Oxyäthylcellulose zur Imprägnierlösung. (**D. B. P. 928 043** Kl. 8k vom 8/11. 1951, ausg. 23/5. 1955. Anmeldung bekanntgemacht 16/7. 1953. **Zusatz zu D. B. P. 857 943; C. 1953. 4794.**) H. MÖLLERING. 8075

Imperial Chemical Industries Ltd., übert. von: **Robin H. K. Thomson**, Fairlie, England, *Gerben von künstlichen Proteinfäden*, die aus wss.-alkal. Lsgg. von pflanzlichem Globulin oder Phosphorproteinen durch Verspinnen in ein schwefelsaures, 92% Na_2SO_4 enthaltendes Bad erhalten werden. Das Faserbündel wird nach dem Strecken a) 4 Min. mit einer 28° warmen, 230 (g) im Liter Na_2SO_4 (I) enthaltenden Lsg. (in ringförmiger Wanne), b) 4 Min. mit einer wss. Lsg. von 220 I u. 10—15 CH_2O im Liter (55°) behandelt u. läuft senkrecht in einen Trichter u. durch ein horizontal nach oben geneigtes Glasrohr, in dem eine Lsg. von 340 I, 40 NaCl, 270 H_2SO_4 u. 10—15 CH_2O (90°) fließt. Die Fäden lösen sich nicht in 0,1%ig. H_2SO_4 u. 0,25%ig. I von 97° in 90 Minuten. — Zeichnung. (**A. P. 2 665 966** vom 9/7. 1951, ausg. 12/1. 1954. E. Prior. 28/8. 1950.) G. SALZMANN. 8079

Degussa Deutsche Gold- & Silberscheideanstalt vorm. Roessler (Erfinder: **Wilhelm Hundt** und **Hermann Baier**), Frankfurt/M., *Erhöhung des Reibungswiderstandes der Oberfläche von Textilfasergut* aller Art u. dessen Verarbeitungsstufen sowie von Kunststoffoberflächen u. Glasfasern. Man bringt auf diese Stoffe auf dem Wege über Aerosole gewonnene Aerogele, bes. als Dispersionen, mit u. ohne Anwendung besonderer Bindemittel. Man verwendet z. B. ein SiO_2-Aerogel, das durch Zers. flüchtiger SiO_2-Verbb. erhalten wurde, das durch Hydrolyse von vergastem $TiCl_4$ erhaltene Ti-Oxyd oder Ruß, der durch unvollkommene Verbrennung von vergastem C-haltigem Material hergestellt wurde, im allg. in Mengen von 0,05—0,2% des Gewichts des zu behandelnden Stoffes. — Man überzieht die Oberfläche eines Kunstleders aus Polyvinylchlorid mit einer dünnen Schicht eines Schattierlackes aus einer Suspension von 7 (Teilen) SiO_2-Aerogel in einer Lsg. von 10 Polymethylmethacrylat u. 3 Di-[2-äthyl]-phthalat ([2-äthylhexyl]? Die Red.) in 80 Essigester–Methyläthylketon (1 : 1), oder man besprüht 100 kg Glasfaser mit einem Gemisch aus 600 g W. u. 400 g 14%ig. Kieselsäureaerogels. (**D. P. [DDR] 2 916** Kl. 29b vom 28/12. 1950, ausg. 23/2. 1953 [Ausschließungspatent].) M. PANKOW. 8081

DEHYDAG Deutsche Hydrierwerke G. m. b. H. (Erfinder: **Alfred Kirstahler**, Düsseldorf, und **Winfried Hentrich**, Riehen, Basel, Schweiz), *Herstellung superpolymerer Verbindungen* aus Diaminen (I) u. Polyamide, Polyurethane, Polyharnstoffe oder dgl. bildenden bifunktionellen Verbb., dad. gek., daß man als I $1^2.2^2$-Diamino-1.2-diäthylcyclohexan (II) oder dessen Substitutionsprodd. verwendet. Nach dem Beispiel wird Adipinsäure u. **II**, das durch Hydrierung von Cyclohexan-1.2-diessigsäuredinitril gewonnen wird, im Autoklaven 2 Std. auf 220° erhitzt u. anschließend so lange auf 270° im Vakuum, bis die Schmelze *Fäden* zieht. (**D. B. P. 924 240** Kl. 39c vom 10/12. 1942, ausg. 28/2. 1955. Anmeldung bekanntgemacht 6/8. 1953.) H. SCHINDLER. 8081

VEB Film- und Chemiefaserwerk Agfa Wolfen, Wolfen, Krs. Bitterfeld (Erfinder: **Paul Schlack**, Berlin), *Herstellung von linearen Hochpolymeren.* Mäßig hochmol. Linearpolymere, die auch neben anderen reaktionsfähigen Endgruppen, bes. OH-Gruppen, endständige COOH-Gruppen tragen, werden mit Äthylenoxyd in der Wärme umgesetzt, bis die COOH-Gruppen verestert sind, worauf die Esterverbb. mit Diisocyanaten nachbehandelt werden; man kann als Linearpolymere z. B. Polyamide verwenden, in denen die Aminogruppen durch Rk. mit überschüssiger Dicarbonsäure substituiert sind. — Man löst einen Polyester aus Terephthalsäurechlorid u. Tetramethylenglykol (Mol.-Gew. 4000) mit der 3fachen Menge N-Methyl-α-pyrrolidon bei 160° u. läßt unter einem Überdruck von 100 Torr 2 Std. einen schwachen Äthylenoxydstrom durchtreten. Die kalte M. wird ausgekocht u. gibt mit Dicyclohexylmethan-4.4′-diisocyanat einen aus der Schmelze spinnbaren, kalt reckbaren *Faden.* (**D. P. [DDR] 5 074** Kl. 39b vom 18/11. 1944, ausg. 15/9. 1954 [Wirtschaftspatent].) M. PANKOW. 8081

Monsanto Chemical Co., St. Louis, Mo., übert. von: **George E. Ham**, Dayton, O., V. St. A., *Acrylnitril–Vinylidenchlorid-Mischpolymerisat.* Zu einer vorgelegten wss. Lsg.

eines peroxyd. Polymerisationsaktivators, wie $K_2S_2O_8$, die außerdem einen oberflächenakt. Stoff, wie eine Fettsäureseife oder ein Fettalkoholsulfat, enthält, wird eine Mischung aus 80—98% Acrylnitril (I) u. 2—20% Vinylidenchlorid (II) gleichmäßig bei ca. 70° am Rückflußkühler in dem Maße zugegeben, daß ein gleichmäßiger Rücklauf erfolgt. — Z. B. wird so in eine Lsg. aus 1000 (Teilen) dest. W., 0,2 $K_2S_2O_8$ u. 1 Di-2-äthylhexylester von Na-Sulfobernsteinsäure bei 70° eine Mischung aus 190 I u. 10 II eingetropft. Nach Beendigung der Polymerisation werden nicht umgesetzte Monomere durch Wasserdampfdest. schnell entfernt u. wird das Mischpolymerisat getrocknet; dieses ist lösl. in Dimethylformamid. — Durch *Trocken-* oder *Naßverspinnung* sind streckbare textile *Fäden* zu erhalten. (**A. P. 2 610 173** vom 31/8. 1948, ausg. 9/9. 1952.) R. HERBST. 8081

E. I. du Pont de Nemours & Co., V. St. A., *Herstellung von wenig schrumpfenden Fäden großer Zähigkeit.* Man verspinnt Polyäthylenterephthalatschmelze (aus Äthylenglykol u. Terephthalsäure) bei 260—310°, die bis zu 10% anderer Ester enthalten kann, derart, daß das Wegziehen des Materials von der Düse mit einer Geschwindigkeit $>$ 4,755 m/Min. (gemessen an dem verfestigten Faden) erfolgt. (**F. P. 1 066 202** vom 10/7. 1952, ausg. 3/6. 1954.) M. PANKOW. 8081

XIX. Brennstoffe. Erdöl. Mineralöle.

Etienne Audibert, *Verbrennung von Schlagenden Wettern, Verbrennung von Methangemischen.* Bei der Verbrennung von CH_4 mit O_2 sind vier Möglichkeiten gegeben: mol. Rk., heterogene Rk., Rk. mit verzweigten Ketten u. Kettenreaktion. Diese vier Möglichkeiten haben verschied. Charakter u. nur die letzte hat eine akt. Verbrennung zur Folge. Zur Einleitung der Verbrennung ist erforderlich, daß in dem Gemisch Fortpflanzungszentren für die Ketten-Rk. hervorgerufen werden. Hierzu ist eine Hilfs-Rk. erforderlich, an der die akt. Teile des Gemisches nicht teilnehmen. Die Fortentw. dieser einleitenden Rk., doch nicht die steigende Temp., ist für die Verbrennung wichtig. Aus diesem Grunde kann die mol. Rk. zwischen CH_4 u. O_2, wodurch die Temperaturerhöhung hervorgerufen wird, durch eine Induktions-Rk. in die Länge gezogen werden. Um die Zündung in einem Gemisch zu verhindern, genügt es, den Beginn der Ketten-Rkk. zu vermeiden. Auf Grund der Ergebnisse seiner Verss. kommt Vf. zu dem Schluß, daß es möglich ist, die Zündung Schlagender Wetter bei Sprengungen im Bergwerk zu verhindern. (U. S. Dep. Interior, Bur. Mines, Bull. **489.** 64—76. 1950.) F. ROSENDAHL. 8120

G. A. W. van Doornum, *Das plötzliche Erhitzen von Kohle.* An Hand vieler Kurven werden die Teste der O_2-Absorption u. der adiabat. Calorimetrie besprochen. Es folgen mathemat. Behandlungen: Ableitung einer Geschwindigkeitsgleichung der Wärmeerzeugung, die Wärmeerzeugung als Funktion der Zeit sowie der Zeit u. Temp., quasiisotherme Bedingungen, die Vernachlässigung des Abnahmeeffektes, eine Formel für die Wärmeerzeugung. Weiter werden besprochen die Abkühlungseffekte u. die Beziehung der theoret. Ergebnisse zu den Testen. (J. Inst. Fuel **27.** 482—95. Okt. 1954.)
E. BOYE. 8126

B. A. Waissman, M. D. Kriwitzki und **F. Je. Krigman**, *Elektronenmikroskopische Untersuchung der Formen der Übergangsporen von Förderkohle.* Mit Hilfe von Lack-Quarz-Abdrücken wurden Donez-Kohlen elektronenmkr. auf ihre Übergangsporen (100—1000 Å) untersucht. Bei den Poren von 200 Å, bes. aber bei denen von 500 Å, wurden kettenförmige Gebilde aus miteinander verbundenen Poren beobachtet. An einzelnen Stellen zeigten die Kanäle Verengungen, die wahrscheinlich Überreste früherer Porenwände darstellen. Die Kanäle zeigten eine bevorzugte Richtung. (Доклады Академии Наук СССР [Ber. Akad. Wiss. UdSSR] [N. S.] **97.** 1031—32. 21/8. 1954. Makejewka, Wiss. Forschungsinst. des Minist. für die Kohlenind. der UdSSR.)
O. LEBTAG. 8126

S. F. Tschuchanow, *Grundlagen einer Theorie für die thermische Verarbeitung von Brennstoffen.* (Vgl. C. **1954.** 1862.) Aus der Unters. der Erhitzung u. der physikal.-chem. Veränderung des Brennstoffes folgt, daß beim langsamen Erhitzen der Brennstoffteilchen bis zu einer bestimmten Temp. die Zahl der nicht zers. Teilchen immer geringer ist als bei raschem Erhitzen. Die Intensität der physikal.-chem. Veränderungen des organ. Anteils von Braunkohle, Torf, Steinkohle u. Brennschiefer wurde bei rascher Erhitzung (Bruchteile einer Sek.) der kleinen Brennstoffteilchen untersucht. Hierbei können 3 Gruppen charakterist. chem. Rkk. unterschieden werden. Zur 1. Gruppe gehören jene Rkk., die durch einen sehr raschen Verlauf u. einen hohen Geh. an H_2O, CO_2 u. CO in den flüchtigen Prodd. (bis 450—550°) gek. sind. Bes. bemerkenswert ist hier das prakt. vollkommene Fehlen einer Teerausscheidung. Die anschließende 2. Gruppe der chem. Rkk. hängt mit der Bldg. der wichtigsten Prodd. der therm. Zers. (Teer) u. der KW-stoffe der Methan- u. Äthylenreihe zusammen. Diese Rkk. sind gewöhnlich in einigen Min.

beendet. Die Rkk. der 3. Gruppe verlaufen am langsamsten. Hauptprodd. sind Methan u. H_2. Daß die Geschwindigkeit der Erhitzung in den Industrieöfen von geringem Einfl. auf Eigg. u. Ausbeute der Prodd. der therm. Behandlung ist, hängt damit zusammen, daß in den Industrieöfen u. Laboratoriumsvorrichtungen selbst die rascheste Erhitzung zu langsam verläuft, um die hierbei verlaufenden Prozesse entscheidend zu beeinflussen. (Известия Академии Наук СССР, Отделение Технических Наук [Nachr. Akad. Wiss. UdSSR, Abt. techn. Wiss.] **1954.** Nr. 8. 7—22. Aug.) O. LEBTAG. 8128

C. V. S. Ratnam und **S. Veeraraghavan,** *Verkokung von Süd-Arcot-Braunkohle.* Die Kohle wurde brikettiert u. bei 500, 550, 600, 650, 700 u. 720° verkokt. Mit steigender Temp. nahm die Ausbeute an Koks ab u. die Ausbeute an Teer u. Gas zu. Die flüchtigen Bestandteile des Kokses nahmen ab, der Geh. an C u. der Heizwert stiegen. Das wahre spezif. Gewicht des Kokses stieg mit zunehmender Verkokungstemperatur. Die Härte der verkokten Briketts war genügend, sie war so wie die der rohen Briketts. Der Aschegeh. des Peches war gering. Die Ausbeute an Teer u. Koks der Süd-Arcot-Braunkohle war die gleiche wie die von anderen Kohlen u. Braunkohlen. (J. sci. ind. Res. [New Delhi] **13 B.** 210—212. März 1954. Neyveli, Madras, Braunkohleninst.) F. ROSENDAHL. 8142

A. T. Tischtschenko, *Gewinnung von Kraftgas aus aschereichem Torf im Generator mit Rezirkulation der Gase.* Der angewandte Gasgenerator zur Gewinnung von Kraftgas aus Niederungstorf unterscheidet sich von den bisher üblichen dadurch, daß die Zers. des Teers durch eine Rezirkulation der Gase erfolgt. In die Brennzone werden gleichzeitig Luft- u. Dampf-Gas-Gemisch eingeführt. Der bei der Verschwelung des Torfes entstandene Teer passiert zusammen mit den zirkulierenden Gasen den erhitzten Koks u. wird dort zerlegt. Das erhaltene Gas besitzt einen Heizwert von 1190 kcal. (Вісник Академії Наук УРСР [Nachr. Akad. Wiss. UkrSSR] **26.** Nr. 2. 56—57. 1955.) O. LEBTAG. 8150

J. R. Park, *Industriell genutzte Gase.* Fortschrittsbericht 1951. — 70 Literaturhinweise. (Rep. Progr. appl. Chem. **36.** 389—403. 1951.) M. WINIKER. 8162

Kurt Peters, Erich Sattler-Dornbacher und **Max Rudolf,** *Zur Thermodynamik der Kohlenwasserstoffspaltung.* 2. Mitt. *Die Reaktionen des Methans mit Sauerstoff.* (1. vgl. C. **1953.** 2860.) Aufstellung thermodynam. Gleichgewichte für die Messung zwischen CH_4 u. O_2. Unterss. der Gase bei Verwendung von Luft, O_2–N_2-Gemischen oder techn. O_2. Die Ergebnisse werden in Diagrammen dargestellt. Die Reaktionswärmen werden nach drei verschied. Methoden berechnet. Der Heizwert der Spaltgase u. die adiabat. Reaktionstemp. werden ermittelt u. graph. dargestellt. Die Arbeit diente zur Schaffung von Unterlagen für kombinierte Luft–O_2–Wasserdampf-Spaltverfahren. (Gas, Wasser, Wärme [Wien] **9.** 47—56. März 1955. Wien, TH, Inst. für Verf. Technik u. Technol. der Brennstoffe.) F. ROSENDAHL. 8186

T. W. Nelson, *Die Entstehung des Petroleums.* Kritik der Faktoren (Rohstoffe, Milieu, Temp., Druck, Zeit) u. Theorien (therm. Zers., Einfl. von Bakterien, Radioaktivität u. Katalyse) der Bldg. von Mineralölen. Sie dürften aus organ. Material unterhalb 200° vorwiegend in physikal. u. chem. Vorgängen entstanden sein. (J. chem. Educat. **31.** 399—402. Aug. 1954. Paulsboro, N. J., Socony-Vacuum Labors.) K. BLUMRICH. 8188

W. K. Zysskowski, *Über die Berechnung der Oberflächenabkühlung der Kolonne zur Oxydation von Kerosinfraktionen.* Bei der Oxydation von KW-stoffen in einer Kolonne wird die Oxydation durch die Abkühlung durch die Kolonnenwände ungünstig beeinflußt. Zur Berechnung des Einfl. dieser Abkühlung werden eine Reihe von Formeln abgeleitet. (Журнал Прикладной Химии [J. angew. Chem.] **25.** 98—101. Jan. 1952.) JÜRGEN SCHMIDT. 8192

L. W. Zahnstecher und **C. A. Petrarca,** *Zusammenstellung gebräuchlicher Verfahren zur katalytischen Entschweflung von Erdöldestillaten.* Es gibt 3 Methoden der katalyt. Entschweflung, Entschweflung in Abwesenheit von H_2, Entschweflung mit Gaskreislauf ohne Zufuhr von H_2 von außen u. Entschweflung mit Gaskreislauf u. H_2-Zufuhr. Einzelne Verff. werden beschrieben. Der Einfl. von äußeren Bedingungen, Temp., Druck usw. wird geschildert. Die Kosten der verschied. Verff. werden ausführlich miteinander verglichen. — Literaturzusammenstellung. (Oil Gas J. **53.** Nr. 33. 78—81. 20/12. 1954.) HANS PAETZOLD. 8194

K. P. Lawrowski, A. M. Brodski und **Je. Lø. Saitzewa,** *Zur Frage der Rektifikation gasförmiger Kohlenwasserstoffe.* An Hand experimenteller Daten haben Vff. eine Gleichung zur Best. der Kinetik der Desorption von Äthylen (I), Propylen (II) u. n-Butylen (III) aus akt. Kohle unter Zugrundelegung der FREUNDLICHschen Isothermgleichung entwickelt. Der Arbeit lag das Problem der Gewinnung von C_2- u. C_3-Fraktionen

aus Crackgasen zugrunde. Die Verss. wurden in der Weise durchgeführt, daß durch 1—2 g akt. Kohle die zu untersuchenden Gase bei Zimmertemp. geleitet wurden. Die Desorption erfolgte mittels eines auf 395° erhitzten N-Stromes. Aus den Versuchsdaten wurden mit Hilfe der abgeleiteten Gleichung folgende Werte für β (kinet. Koeff.)/Γ ermittelt: **I** —2,9; **II** —0,573; **III**—0,52 sec^{-1}. Aus den Ergebnissen wird gefolgert, daß die Desorption eine Trennung der C_2- u. C_3-Fraktionen ermögliche. (Доклады Академии Наук СССР [Ber. Akad. Wiss. UdSSR] [N. S.] **90**. Nr. 1. 75—78. 1/5. 1953.)
R. RICHTER. 8196

G. Natta, *Oxosynthese, ihre Kinetik und verwandte Reaktionen.* Die Reaktionsgeschwindigkeit u. Kinetik der Oxosynth. hinsichtlich des Einfl. von Temp., Gesamtdruck u. Partialdruck von H_2 u. CO werden bei diskontinuierlichen Verss. mit Cyclohexan als Olefin u. Methylcyclohexan oder Toluol als Lösungsm. untersucht. Vf. fand, daß nicht das metall. Co der Katalysator der Rk. ist, also keine heterogene Katalyse vorliegt, sondern daß der eigentliche Katalysator in Lsg. wirkt u. daß es sich also um eine homogene Katalyse handelt. An Stelle der Co-Carbonyle benutzt Vf. das Dikobaltoctacarbonyl. Die Verss. zeigen, daß eine Gesamt-Rk. 1. Ordnung bzgl. der Olefine u. eine Rk. nullter Ordnung bzgl. des Gesamtdruckes der Gasphase für äquimol. Mischungen von CO u. H_2 bei Drucken zwischen 400 u. 100 atü vorliegt. Weiterhin berichtet Vf. über Esterbldg. aus Olefinen, Co u. Alkoholen, ferner über die Mengenverhältnisse der aus unsynthet. Olefinen u. CO entstehenden isomeren Reaktionsprodd. u. auch über die Oxosynth. mit Acetylen in Ggw. von Methanol. Ausführlicher Versuchsbericht mit tabellar. u. graph. gebrachten Ergebnissen. (Brennstoff-Chem. **36**. 176—81. 1/6. 1955. Mailand, Ist. di Chim. Ind. del Politecnico.) K. O. MÜLLER. 8200

F. B. Odasz und **J. V. Sheffield**, *Dieselölentschwefelung.* Das aus Oregon-Rohöl durch Dest. erhaltene stark S-haltige Dieselöl wird in Ggw. von Mo- u. anderen Metalloxydkatalysatoren unter H_2-Druck von 1,8 auf 0,3% S entschwefelt. Dabei werden gleichzeitig auch N_2- u. O_2-Verbb. entfernt u. die Cetanzahl erhöht. Fließdiagramm wird gebracht, aber keine näheren Betriebsbedingungen oder genaueren Angaben über Katalysatoren, die eine lange Lebenszeit (19 Monate) haben sollen. (Oil Gas J. **53**. Nr. 46. 203—04. 21/3. 1955. Cody, Wyo., Nusky Oil Co.) K. O. MÜLLER. 8212

H. Stanier und **J. B. McKean**, *Katalytische Vergasung von Erdölen.* (Vgl. C. **1955**. 5219.) In der Anlage der POWER GAS CORP. in Sydenham, von der eine schemat. Zeichnung gebracht wird, wurden Verss. durchgeführt, Gasöle mit einer Viscosität von 200 Sek. SAYBOLT u. Heizöle mit einer Viscosität von 950 Sek. SAYBOLT katalyt. über Kalk–Magnesit-Katalysator zu Gas zu spalten. Vff. vertreten den Standpunkt, daß auch Bunker C-Öle mit einer Viscosität von 3000—6000 Sek. SAYBOLT mit gleichem Erfolg verarbeitet werden können. Versuchsbeschreibung u. wirtschaftliche Betrachtungen. (Gas J. **280** (**106**). 673—74. 8/12. 1954. South Eastern Gas Board.)
K. O. MÜLLER. 8212

Itsuo Kagehira und **Ichiro Hara**, *Schmieröle von niedrigem Gelierpunkt.* Octen (**I**), Dodecen (**II**) u. Tetradecen (**III**) werden je mit $AlCl_3$ zu Ölen polymerisiert, desgl. wird **I** + **II** + **III** copolymerisiert zu Ölen u. ferner **II** + Bzl. kondensiert. Fraktionierung sämtlicher erhaltener Öle u. Best. von D., Viscosität u. Gelierpunkt der Fraktionen (12 Tabellen). Tiefe Gelierpunkte scheinen an die Ggw. von *Squalen* (**IV**) oder *Squalan* (**V**) gebunden. **IV** aus Haifischleberöl liefert bei katalyt. Hydrierung mit Ni, nach Entfernung höherer Alkohole mit Ae., **V**, mit einem Gelierpunkt von —51 bis —55°. (J. chem. Soc. Japan, ind. Chem. Sect. [Kōgyō Kagaku Zassi] **56**. 450—53. Juni 1953. Osaka, Maruzen Petrol. Ind. Co. [Orig.: japan.]) L. SCHULER. 8220

D. D. Utterback, *Neue Fragen zur Entstehung von Öl als Folge neuer Untersuchungen asphaltischer Kalkgesteine.* Vf. berichtet über die Unters. von Vork. in Alabama u. Texas, deren eines die Bitumen in u. um oolith. Kalk u. deren anderes Kalk in bituminöser Grundmasse enthält. Eine nachträgliche Einwanderung des Bitumen erscheint daher ausgeschlossen. — Diskussion der für die Theorie der Ölentstehung daraus zu ziehenden Folgerungen. (Oil Gas J. **33**. Nr. 16. 121—24. 23/8. 1954. New Orleans, Freeport Sulphur Co.) F. HEINRICH. 8224

A. Evans und **C. Q. Keiller**, *Ein Apparat zur Messung der Wasserdampfdurchlässigkeit bituminöser Emulsionsfilme.* Es wird eine App. zur Messung der Wasserdampfdurchlässigkeit mit Ton stabilisierter, bituminöser Emulsionsfilme beschrieben, die, verglichen mit gewöhnlichem Bitumen, hohe Durchlässigkeit aufweisen. Wasserdampf aus einer auf konstanter Feuchtigkeit gehaltenen Kammer diffundiert durch den zu untersuchenden Film u. wird von einem wasseranziehenden Mittel aufgenommen. Die Wasserdampfdurchlässigkeit der untersuchten Filme betrug im Mittel 120 $g \cdot cm/cm^2$/Std./mm $Hg \cdot 10^{-8}$. (J. Soc. chem. Ind., Suppl. Nr. 1. **69**. S 1—3. 1950. London, Berry Wiggins & Co. Ltd., Res. Labor.) K. STEINER. 8230

Friedrich-Carl Krecke, *Über einen neuartigen Sauerstoffschreiber und seine Verwendungsmöglichkeit für die Untersuchung von Kokereigas.* Für Kokereibetriebe ist eine laufende Kontrolle des im Koksofengas noch vorhandenen O_2 (I) erforderlich; dabei soll eine Überschreitung von 0,5 Vol.-% des Normgeh. an I vermieden werden. Vf. beschreibt einen neuen, gegenüber bisherigen Apparaten wartungsfreien Sauerstoffschreiber, der auf Grund von Entwicklungsarbeiten der B.A.S.F., auf dem paramagnet. Verh. des I beruht. Durch ein Ringgefäß mit einer genau horizontal zu lagernden Querverbindung aus Glas, die sich seitlich zwischen den Polen eines Magneten befindet, wird das zu untersuchende Kokereigas geleitet, wobei beim Vorhandensein von I in der Querverbindung eine Strömung entsteht. Diese ist null, wenn reine Gase (N_2, H_2) vorliegen. Der I-Geh wird durch Vorbeistreichen des Gases an einer elektr. beheizten Pt-Spirale in der Querverbindung u. deren dadurch erfolgenden Temperaturänderung durch die daraus resultierende Änderung des elektr. Widerstandes gemessen. Der neue Sauerstoffschreiber ist prakt. unempfindlich gegen Raumtemperaturschwankungen u. Heizungsstärke. Die I-Anzeige ist ebenso genau wie bei der Handbestimmung mit $MnCl_2$. (Gesammelte Ber. Betr. Forsch. Ruhrgas A.-G. **1951.** 41—44.) C. GENNINGER. 8242

R. C. Tomlinson, *Versuche zur Bestimmung der bei der Vorbereitung von Kohlenproben für die Laboratoriumsanalyse entstehenden Fehler.* (Vgl. C. **1953.** 5437.) Dargelegt werden der Gang der Verss., die Auswertung u. Prüfung der Ergebnisse, die Fehler bei verschied. Stufen der Reduzierung, die Größe der Proben, die Aschengehh. der Kohlen, die Meth. der Verkleinerung des Probengewichtes, die Korngröße bei jeder Reduzierstufe, ausfallende Ergebnisse u. analyt. Genauigkeit. (J. Inst. Fuel **27.** 515—22. Okt. 1954.) E. BOYE. 8246

I. W. Roshkow, *Präzisierung der graphischen Methode zur Bestimmung der Molekulargewichte von Kerosinfraktionen.* Beschrieben wird eine verbesserte Meth. zur Best. des Mol.-Gew. von Kerosinfraktionen aus dem mittleren Kp. u. der Dichte. Die maximale Abweichung der graph. ermittelten von den kryoskop. bestimmten Werten beträgt 3%, die mittlere Abweichung 1,5%. (Нефтяное Хозяйство [Petroleum-Wirtsch.] **32.** Nr. 6. 68—69. Juni 1954.) ——————— A. HOYNINGEN-HUENE. 8252

Fa. Carl Still (Erfinder: **Josef Schmidt**), Recklinghausen, *Auffrischung von Waschöl,* wobei ein aus dem Waschölkreislauf abgezweigter beschränkter Teilstrom in einer Verdampferkolonne unter unmittelbarer Einw. von Frischdampf in Waschöl als Destillat u. schwersd. Rückstand zerlegt u. das abziehende Dämpfegemisch von Waschöl u. Wasserdampf in die Waschölabtreibekolonne eingeleitet wird, dad. gek., daß dem aufzufrischenden, in die Verdampferkolonne einzuführenden Waschölteilstrom fremde, ölige oder teerige Stoffe mit höher als Waschöle sd. geeigneten Anteilen zugesetzt werden. Ein Teil des aus der Verdampferkolonne abziehenden Dämpfegemisches wird in die Fraktionierkolonne für das abgetriebene Leichtöl eingeleitet, deren Kolonnenrückstand u. auch das Rückstandsöl ihrer zur Kristallisation gebrachten Naphthalinfraktion dem in den Ölkreislauf der Gaswaschung zurückgeführten Waschöl zugemischt werden. — *Auswaschen von niedrig sd. KW-stoffen aus Gasen.* — Zeichnung. (**D. B. P. 927 596** Kl. 26d vom 3/7. 1942, ausg. 12/5. 1955. Anmeldung bekanntgemacht 13/9. 1951.) K. DEMMLER. 8165

Laboratorium für Adsorptionstechnik G. m. b. H. (Erfinder: **Walter Aehnelt,** Frankfurt/M., und **Alfred Engelhardt,** Bad Homburg v. d. H.), *Demulgierung von Öl-in-Wasser-Emulsionen, z. B. von mit Öl verunreinigten Abwässern.* Man läßt feinverteilte, im Emulsionswasser unlösl. Metalle auf die Emulsion einwirken u. trennt danach die im W. abgeschiedenen Emulsionsbildner vom W.; die mit Metall behandelten Emulsionen können anschließend oder gleichzeitig mit A-Kohle oder mit einer Mischung von A-Kohle u. Metall, gegebenenfalls bei höherer Temp., behandelt werden. (**D. B. P. 925 670** Kl. 23b vom 29/1. 1943, ausg. 28/3. 1955. Anmeldung bekanntgemacht 26/8. 1954.) P. UNGER. 8191

N. V. de Bataafsche Petroleum Mij., Den Haag, Holland (Erfinder: **David Louis Yabroff,** Berkeley, und **Ellis Ross White,** Albany, Calif., V. St. A.), *Reinigen von leichten Kohlenwasserstoffdestillaten* oder deren neutralen oder schwach bas. Derivv. mit wss. Laugen, die fettsaure Alkalisalze enthalten, nach D. R. P. 750 499, wobei die Ausgangsstoffe mit Laugen behandelt werden, die an Kaliumformiat oder Kaliumacetat hochkonz. bzw. gesätt. sind. Konz. der Lauge 5n. Sie kann Zusätze, z. B. ein Alkali-Alkylphenolat, enthalten. Menge des Extraktionsmittels 5—100% der KW-stoffe. (**D. B. P. 906 841** Kl. 23b vom 10/12. 1938, ausg. 18/3. 1954. Anmeldung bekanntgemacht 2/7. 1953. Can. Prior. 22/12. 1937 u. A. Prior. 15/7. 1938. **Zusatz zu D. R. P. 750 499; C. 1947. 1436.**) P. UNGER. 8195

Deutsche Vacuum Oel Akt.-Ges., Hamburg (Erfinder: **Paulus Kuchta**, Bremen), *Verbesserung schwefelhaltiger, leichter Kohlenwasserstoffe*, die Mercaptane enthalten, mittels mit Lauge getränkter A-Kohle, wobei vor oder während der Behandlung die leichten KW-stoffe mit Luft oder O_2 in Berührung gebracht werden. (**D. B. P. 925 058** Kl. 23b vom 21/2. 1952, ausg. 10/3. 1955. Anmeldung bekanntgemacht 12/8. 1954.) P. UNGER. 8195

Deutsche Vacuum Oel Akt.-Ges., Hamburg (Erfinder: **Reinhold Billig**, Bremen), *Geruchsverbesserung von Benzin* mit Hilfe von NaOH u. A-Kohle, wobei das Bzn. in der 1. Stufe kontinuierlich mit Lauge gewaschen u. in der 2. Stufe die Lauge kontinuierlich durch Kohle regeneriert wird. (**D. B. P. 925 059** Kl. 23b vom 1/3. 1952, ausg. 10/3. 1955. Anmeldung bekanntgemacht 12/8. 1954.) P. UNGER. 8195

Braunschweigische Maschinenbauanstalt, Braunschweig (Erfinder: **Hans Jürgen von der Linde**), *Gewinnung von aromatischen Verbindungen, von Naphthenen, von Isoparaffinen und normalen Paraffinen aus Mineralölen.* Man extrahiert das Mineralöl in einer fl.-fl.-Gegenstromextraktion mit Diacetonalkohol stufenweise, zuerst zieht man die Aromaten, dann die Naphthene u. schließlich die Isoparaffine ab. Als Raffinat erhält man einen ölhaltigen Paraffingatsch, der nach dem Entölen in bekannter Weise auf Paraffin (Hart- u. Weichparaffin) verarbeitet wird. (**D. B. P. 926 268** Kl. 23b vom 6/11. 1953, ausg. 14/4. 1955. Anmeldung bekanntgemacht 16/9. 1954.) P. UNGER. 8195

Phillips Petroleum Co., übert. von: **Bruce C. Benedict jr.**, Bartlesville, Okla., V. St. A., *Trennung von Öl und Paraffin.* Eine Paraffinöldestillatfraktion (Kp. 700 bis 850°F), aus der sich beim Abkühlen Paraffinkristalle abscheiden, deren Viscosität dann immer noch niedrig genug ist, daß die Fraktion gerührt u. gekühlt werden kann, u. die 20—50% entfernbares Paraffin enthält, wird, während das Paraffin noch gelöst ist, mit einer Benzinfraktion (Kp. 200—400°F) im Verhältnis Bzn./Destillatfraktion von 1 : 10 bis 1 : 5 versetzt, die Mischung gekühlt, während man langsam rührt, so daß man Paraffinkristalle ohne Klumpenbldg. erhält, die man von der Mischung abtrennt. — Zeichnung. (**A. P. 2 696 459** vom 7/6. 1951, ausg. 7/12. 1954.) P. UNGER. 8195

Pure Oil Co., Chicago, Ill., V. St. A., *Regenerieren der bei der Schwefelreinigung von Mineralölen aufgebrauchten Alkalilösung* erfolgt durch Behandeln der Alkalilsgg. mit freien O_2 enthaltenden Gasen, wie Luft, in Ggw. geringer Mengen einer aromat. Verb., die 3 benachbarte OH-Gruppen u./oder Substituenten enthält, die in alkal. Medium OH-Gruppen ergeben, als Oxydationsbeschleuniger. Die Menge des Beschleunigers kann zwischen 0,01—2 Gew.-% der alkal. Lsg. betragen. Vorteilhafte Behandlungstemp. ist 60—130°F u. n. Druck. (**E. P. 687 879** vom 11/6. 1947, ausg. 25/2. 1953. A. Prior. 20/4. 1944.) G. KÖNIG. 8195

Badische Anilin- & Soda-Fabrik Akt.-Ges. (Erfinder: **Wilhelm Michael**, Ludwigshafen/Rh., und **Otto Göhre**, Heidelberg), *Katalytische Spaltung von Kohlenwasserstoffölen* nach D. R. P. 739 510 u. D. B. P. 849 157; C. **1953.** 9367, in Ggw. von Katalysatoren, die durch Erzeugung eines Kieselgels aus Wasserglaslsg. u. Vermischen des Gels in noch feuchtem Zustand mit einer Metallsalzlsg. unter Zusatz eines Fällungsmittels für das Metallsalz hergestellt wurden, dad. gek., daß aus den Katalysatoren die zugesetzten Metalle teilweise herausgelöst werden. Herauslösen der Metalle mit anorgan. oder organ. Säuren. (**D. B. P. 903 131** Kl. 23b vom 21/6. 1938, ausg. 1/2. 1954. **Zusatz zu D. R. P. 739510; C. 1943. II. 2333.**) P. UNGER. 8197

Badische Anilin- & Soda-Fabrik Akt.-Ges (Erfinder: **Ludwig Raichle**), Ludwigshafen/Rh., *Raffinierende katalytische Druckhydrierung von Mineralölen und Teeren und deren Destillations-, Crack- und Hydriererzeugnissen* mit H_2-haltigen Gasen, die durch Konvertierung CO-haltiger Gase gewonnen wurden, wobei man die konvertierten Gase ohne Abscheidung von CO_2 zur Raffination verwendet u. Konvertierung u. Raffination bei etwa gleichem Druck (bei 10—150 at) durchführt, ebenso bei annähernd gleicher Temperatur. — Zeichnung. (**D. B. P. 927 349** Kl. 23b vom 19/9. 1953, ausg. 5/5. 1955. Anmeldung bekanntgemacht 14/10. 1954.) P. UNGER. 8197

Phillips Petroleum Co., Del., übert. von: **Harold J. Hepp**, Bartlesville, Okla., V. St. A., *Umwandlung von Kohlenwasserstoffen mittels Verbrennungsgasen und feinverteilten Katalysatoren.* Zur Temperaturregelung bei der KW-stoffumwandlung werden bei axialer Führung der KW-stoffe mit den darin verteilten Katalysatorteilchen in tangentialer Richtung heiße Verbrennungsgase zugeführt, welche dem KW-stoffstrom als aufsteigende Spirale am Umfang des nach oben enger werdenden Reaktionsgefäßes folgen. Am Ausgang werden die Verbrennungsgase mit dem Reaktionsprod. u. den Katalysatorteilchen gemeinsam gekühlt, letztere (z. B. im Zyklon) abgetrennt, regeneriert u. zurückgeführt, u. aus den vom Katalysator befreiten Gasen die umgewandelten KW-stoffe gewonnen. (**A. P. 2 669 591** vom 31/12. 1948, ausg. 16/2. 1954.) W. HEROLD. 8197

I. G. Farbenindustrie Akt.-Ges., Frankfurt/M. (Erfinder: **Mathias Pier**, Heidelberg, und **Walter Krönig**, Ludwigshafen/Rh.), *Katalytische Druckhydrierung von hochsiedenden flüssigen oder schmelzbaren Kohlenwasserstoffölen, die Asphalte und bzw. oder Harze enthalten.* Das Verf. des D. R. P. 725 600 wird dahin abgewandelt, daß die Verweilzeit im Reaktionsraum so geregelt wird, daß bei weitgehender Red. der Asphalte u. Harze eine Zunahme der $< 350^0$ sd. Öle um $< 10\%$ eintritt. (**D. R. P. 745 445** Kl. 12o vom 18/7. 1937, ausg. 4/10. 1954. **Zusatz zu D. R. P. 725 600; C. 1942. II. 2971.**) W. HEROLD. 8199

Heinrich Koppers G. m. b. H. (Erfinder: **Adolf Schmalenbach**, Essen), *Hochprozentiges Vorprodukt aus angereichertem Benzolwaschöl* in kontinuierlicher Arbeit durch Abtreiben des erhitzten Waschöls mit Wasserdampf in einer aus einem Abtreibeteil u. einem Fraktionierteil bestehenden Destillationskolonne unter Rückführung des erhaltenen wasserfreien Kondensates auf den Kopf der Kolonne zwecks Fraktionierung, des entstehenden Dämpfegemisches, wobei der Rücklauf, ehe er aus dem Fraktionierteil in den tiefer gelegenen Abtreibeteil der Destillationskolonne übertritt, wenigstens teilweise aus der Kolonne abgezogen u. anschließend für sich vollständig oder bis auf einen Rückstand verdampft wird, wonach die dabei entstehenden Dämpfe wieder dem Fraktionierteil der Kolonne an einer Stelle oberhalb des Abzuges für den Rücklauf zugeführt werden. — Zeichnung. (**D. B. P. 924 883** Kl. 23b vom 21/6. 1952, ausg. 10/3. 1955. Anmeldung bekanntgemacht 5/8. 1954.) P. UNGER. 8203

Standard Oil Development Co., übert. von: **Warren M. Smith**, Baton Rouge, La., V. St. A., *Raffination von Schieferöl.* Man unterwirft das Schieferöl in einer Destillationszone Destillationstempp. u. erhält ein Rohdestillat, bestehend aus Olefinen, N- u. S-Verbindungen. Man behandelt mindestens einen Teil des Destillats in einer Hydrierzone bei einer Raumgeschwindigkeit von 0,5—2 Vol./Vol./Std. unter einem Druck von 2000 bis 4000 lbs./sq.in. u. bei 700—800^{0}F mit H_2 in Ggw. von NiS-Katalysatoren, bis 1500 cu.ft H_2 pro Barrel Öl verbraucht sind. Dabei werden die Olefine abgesätt. u. die N-Verbb. teilweise hydriert. Das hydrierte Material leitet man in eine Säurebehandlungszone u. behandelt es dort mit einer kleineren Menge H_2SO_4 oder H_3PO_4. Man erhält hohe Ausbeuten wertvoller *fl. Treibstoffe.* — Zeichnung. (**A. P. 2 692 226** vom 7/10. 1950, ausg. 19/10. 1954.) P. UNGER. 8205

Badische Anilin- & Soda-Fabrik, Ludwigshafen/Rh. (Erfinder: **Gerhard Hofmann**, Hamburg, und **Hermann Zorn**, Chur, Schweiz), *Gewinnung hochwertiger Schmieröle* nach D. R. P. 718 130; C. **1942.** I. 3063 u. D. R. P. 767 348; C. **1953.** 6394, dad. gek., daß man C_2H_4 oder das C_2H_4-haltige Gas so schnell in das den Katalysator ($AlCl_3$ oder Kontaktöl) u. Lösungsm. enthaltende Polymerisationsgefäß einleitet, daß in ca. $^1/_2$ Std. die Temp. auf ca. 200—280^0 steigt, dann die Gaszufuhr so weit herabsetzt, daß in ca. $^1/_2$ Std. die Temp. auf 100—150^0 fällt, u. dann bei dieser Temp. die weitere Gasmenge laufend umsetzt. (**D. R. P. 767 928** Kl. 12o vom 25/4. 1937, ausg. 10/1. 1955. **Zusatz zu D. R. P. 718 130; C. 1942. I. 3063.**) W. HEROLD. 8221

Badische Anilin- & Soda-Fabrik Akt.-Ges., Ludwigshafen/Rh. (Erfinder: **Hans Häuber**, Ludwigshafen/Rh., und **Werner Hagen**, Heidelberg), *Gewinnung von Schmierölen* durch Polymerisation von C_2H_4 oder C_2H_4-haltigen Gasen nach D. R. P. 718 130, dad. gek., daß man die Reinigung der Ausgangsgase durch Waschen mit Lsgg. von Doppelverbb. des Ni(I)-Cyanids mit anderen Cyaniden (bes. mit Alkalicyaniden) vornimmt. (**D. R. P. 767 929** Kl. 12o vom 25/10. 1942, ausg. 10/1. 1955. **Zusatz zu D. R. P. 718 130; C. 1942. I. 3063.**) W. HEROLD. 8221

E. I. du Pont de Nemours & Co., übert. von: **Ralph K. Iler**, Wilmington, Del., V. St. A., *Schmieröl und Schmierfett* auf der Basis eines wasserunlösl. Mineralöls, das nur aus KW-stoffen besteht, gek. durch einen Geh. eines superkoll. Verdickungsmittels auf Si-Basis, dessen Oberfläche esterifiziert ist [Estersil (**E**)] (vgl. A. P. 2 657 149; C. **1955.** 8264) in Mengen von Öl:**E** = 200:1 bis 0,1:1. **E** enthält auf 100 μ^2 Oberfläche ν OR-Gruppen, in denen R ein C_{2-18}-Rest ist. — Beispiel: Weißes, feines Pulver aus Butyl–Estersil, hergestellt durch Eintragen eines feuchten, aus Na-Silicat in H_2SO_4 erhaltenen Gels in Butanol, wird in Mineralöl homogenisiert. (**A. P. 2 676 148** vom 23/10. 1950, ausg. 20/4. 1954.) E. DREWS. 8221

C. C. Wakefield & Co., London, England (Erfinder: **John Scotchford Elliott**), *Mineralschmieröl*, gek. durch einen Geh. von < 10 (Gew.-%) eines Esters (**I**) der allg. Formel $ROOC\cdot CH_2\cdot(X)_n\cdot CH_2\cdot COOR$. Hierin ist R ein Alkyl-, Aryl- oder Cycloalkylrest, der halogensubstituiert sein kann, X = Se oder S, n = 2—4 bei X = S, u. 2—3 bei X = Se. Weiter: Geh. von 0,05—0,2 Mercaptobenzthiazol (**II**) oder Benzthiazoldisulfid (**III**). — Beispiele für **I**: Di-(n-butyl)-dithio-, Di-(n-butyl)-trithio-, Di-(n-butyl)-diselenodiacetat. — Beispiel: Öl mit 1,0 Di-(n-butyl)-trithiodiacetat (**IV**) u. 0,05 **II**, oder mit 1,5 **IV** u.

0,1 III. (**E. P. 714 497** vom 23/4. 1951, ausg. 1/9. 1954. **Belg. P. 510 842** vom 21/4. 1952, ausg. 23/10. 1953. E. Prior. 23/4. 1951.) E. Drews. 8221

Dow Corning Corp., übert. von: **Robert P. Ruh** und **Arthur F. Gordon**, Midland, Mich., V. St. A., *Fluorierte Pentene und Diene.* Ein chloriertes Penten der Formel CCl_2=$CClCCl_2CHClCCl_3$ wird mit SbF_3 oder erst mit fl. HF zu CCl_2=$CClCF_2CHClCCl_3$ umgesetzt u. dann mit SbF_3 bei 45—100° behandelt. Das Prod. besteht aus einem Isomerengemisch mit der empir. Formel $C_5HCl_5F_4$, Kp.$_{754}$ 178—180°, D.$_{25}$ 1,694, n_{25} 1,4498, Verfestigungspunkt —79°. Führt man die Behandlung mit SbF_3 bei 100—250 bes. 200°, u. bei Überdruck im Ni–Cu-Autoklaven durch, so erhält man ein Isomerengemisch der empir. Formel $C_5HCl_4F_5$, Kp.$_{738}$ ca. 147°, D.$_{25}$ 1,6674, n_{25} 1,4190, dazu ein Isomerengemisch der empir. Formel $C_5Cl_5F_3$, Kp.$_{754}$ 175—176°, D.$_{25}$ 1,6620, n_{25} 1,4742. Die Prodd. sind verwendbar als *Zusätze zu hydraul. Fll.* u. *Schmiermitteln*, sie sind unbrennbar, verträglich mit fl. Siloxanen u. KW-stoffen u. haben einen niedrigen Gefrierpunkt. (**A. PP. 2 681 940, 2 681 941** u. **2 681 942** vom 26/12. 1951, ausg. 22/6. 1954.) W. Gräger. 8223

Standard Oil Development Co., Elizabeth, N. J., V. St. A., *Schmierfett.* Als Verdicker wird die Alkali- oder Erdalkaliseife eines sulfurierten oder phosphorsulfurierten Fettes verwendet. Zusatzmenge 10—50 Gew.-% von z. B. Li-Seife von sulfuriertem Spermöl (I) mit 6—12 S, oder von phosphorsulfuriertem I mit 0,1—0,5 P u. 2—20 S. Die Seife kann im Mineralschmieröl hergestellt werden, nicht in Syntheseölen. — Beispiel: Fett aus 20 sulfuriertem I mit 6 S, 1,7 NaOH, 78,3 Mineralöl. (**E. P. 704 788** vom 22/6. 1951, ausg. 3/3. 1954. A. Prior. 27/12. 1950.) E. Drews. 8223

Gulf Research & Development Co., übert. von: **Robert G. Capell, William P. Ridenour** und **John A. Stewart**, Pittsburgh, Pa., V. St. A., *Wachsmasse*, bestehend aus einem größeren Anteil Paraffin u. einer kleineren Menge eines Inhibitors, die ausreicht, um die Entw. von Gerüchen bei der Oxydation u. erkennbare Mengen saurer Zersetzungsprodd. in dem Wachs während der Behandlung mit O_2 bei ca. 180° F für eine Zeitdauer zu verhindern, die mindestens 24 Std. über die natürliche Resistenz des Wachses hinausgeht. Der Inhibitor besteht aus einem Bis-(2-oxy-3-tert.-butyl-5-methylphenyl)-alkan. — Beispiele für Alkane: Methan, Äthan, Propan, Butan, Isobutan, 2.2-Dichloräthan, 2.2.2-Trichloräthan, 2.2-Dibromäthan, 2.2.2-Tribromäthan, 2.2.3-Trichlorbutan. Man setzt den Inhibitor in einer Menge von 0,0001—0,01 Gew.-% der M. zu. (**A. P. 2 692 835** vom 7/6. 1950, ausg. 26/10. 1954.) P. Unger. 8227

Texaco Development Corp., Wilmington, Del. (Erfinder: **William Provine Gee**, Plainfield, **Howard Halcomb Gross** und **Walter Smisloff**, Fishkill, N. Y.), V. St. A., *Entparaffinieren von Ölen*, bes. *Schmierölen*, durch Ausfällen des Paraffins (I) mit Lösungsmitteln bei niedrigen Tempp. u. Abfiltrieren des gefällten I auf Umlauffiltern (Drehtrommeltyp), wobei eine ausgewählte Fraktion des niedergeschlagenen I, die frei von die Kristallstruktur ändernden Stoffen ist, in das Behandlungsgut zurückgeführt wird, wodurch dessen I-Konz. wesentlich erhöht u. so die Abscheidung eines Filterkuchens genügender Dicke in kurzer Zeit möglich wird. — Zeichnung. — Vgl. auch Schwed. P. 130 861; C. **1952.** 2287. (**D. B. P. 925 125** Kl. 23b vom 11/2. 1940, ausg. 14/3. 1955. Anmeldung bekanntgemacht 5/8. 1954. A. Priorr. 11/2. u. 24/2. 1939.) P. Unger. 8227

Benjamin Talbot Brooks and others, eds. The chemistry of petroleum hydrocarbons. V. 3. New York: Reinhold. 1954. (697 S., Diagrs.) $ 18,—.

XXI. Leder. Gerbstoffe.

A. M. Rodionow und **P. I. Tschatzki**, *Verbesserung der Technologie der Gerbung und Färbung von Schaffellen.* Die Weiche soll bei 38°, das Bleichen mit H_2O_2 u. NH_3 ausgeführt werden. Zum Entfetten soll ein Formaldehydzusatz verwendet werden; die beste H_2SO_4-Konz. beim Pickeln ist 4 g/Liter, Temp. 38°. Zum Färben im Spritzverf. für helle Farbtöne wird ein neuer App. empfohlen. Für ein lichtbeständiges Grau hat sich der graue Pelzfarbstoff A (keine näheren Angaben) besser als die bisher benutzten bewährt. Küpenfarbstoffe geben gute Lichtbeständigkeit, ziehen aber ungleichmäßig auf. (Легкая Промышленность [Leicht-Ind.] **15.** Nr. 1. 16—18. Jan. 1955. Wiss. Forschungsinst. der Pelzind.) J. v. Schroeder. 8330

Oscar V. Wederbrand, *Neue Chemikalien ermöglichen Leder mit besserem Aussehen.* Allg. Hinweise über den Einsatz von *Triton 770* (I) u. *Hydrholac Clear Finish R* (II). I wird bei der Gerbung zur Emulgierung u. Verteilung des vorhandenen Fettes eingesetzt, während II einen neuartigen Lack in Emulsionsform darstellt, der zur Oberflächenbehandlung als Decklack Verwendung findet. (Leather and Shoes **128.** Nr. 19. 42—43. 6/11. 1954. Rohm & Haas Comp.) H.-G. Fröhlich. 8338

Deutsche Gold- & Silberscheideanstalt vormals Roessler, Frankfurt/M. (Erfinder: **Ulrich Hoffmann,** Bad Homburg, und **Erich Böhme,** Konstanz), *Entkälkungsmittel für geäscherte tierische Hautblößen,* bestehend aus anorgan. oder organ. Säuren oder deren Gemischen mit ihren NH_4-Salzen, gek. durch einen Geh. an Pentaerythrit (I) oder Dipentaerythrit bzw. an Endmutterlaugen der I-Fabrikation. — Z. B. werden 100 (kg) geäscherte u. gespülte Hautblößen in einer Haspel mit einem Gemisch aus 0,5 CH_3COOH, 0,2 NH_4OH (techn.) u. 0,1 I in der üblichen Weise entkälkt. Man erhält eine helle Blöße, die sich durch einen glatten, feinen u. geschlossenen Narben auszeichnet. Der Restkalkgeh. der Blöße beträgt 16,5% CaO der ursprünglichen Menge, gegenüber 38,5% ohne den Zusatz von **I.** (**D. B. P. 926 025** Kl. 28a vom 23/8. 1953, ausg. 4/4. 1955. Anmeldung bekanntgemacht 9/9. 1954.) TH. SEIZ. 8335

Böhme Fettchemie G. m. b. H., Düsseldorf (Erfinder: **Friedrich Schmitt,** Düsseldorf, *Pickeln von Blößen und Pelzfellen* gemäß D. B. P. 916 570 unter Verwendung von Pickelbrühen, die neben Neutralsalzen das bei der Fettsäuresynth. durch Paraffinoxydation anfallende Kühlerwasser (I) oder Oxydationswaschwasser enthalten, dad. gek., daß man 1—10 Gew.-% des I durch Gerbstoff ersetzt. (**D. B. P. 917 639** Kl. 28a vom 26/5. 1943, ausg. 9/9. 1954. Anmeldung bekanntgemacht 21/5. 1952. **Zusatz zu D. B. P. 916 570; C. 1955. 6181.**) TH. SEIZ. 8335

Farbenfabriken Bayer Akt.-Ges. (Erfinder: **Martin Meister**), Leverkusen, *Herstellung von Leder,* dad. gek., daß man als *Gerbstoffe* Polyoxytriphenylmethane, die mindestens 3 Oxygruppen im Mol. enthalten, in wss. oder alkoh. Lsg. verwendet. Bereits gegerbte Leder können mit Polyoxytriphenylmethankondensationsprodd., die mindestens 3 Oxygruppen im Mol. enthalten, in wss., wss.-alkal. oder in alkoh. Lsg. gegebenenfalls zusammen mit Metallsalzen u. milden Alkalien, behandelt werden. — Zur Schmelze von 110 (g) Brenzcatechin u. 11 wasserfreien $ZnCl_2$ läßt man zwischen 110—120° bei gutem Rühren 50 cm³ Oxalylchlorid zutropfen. Die Schmelze färbt sich rot, u. es entweichen beträchtliche Mengen an Gasen. Man erhitzt dann $^1/_2$ Std. auf 150—160° u. entfernt flüchtige Substanzen im Vakuum. Nach dem Abkühlen löst man den Rückstand noch warm mit dest. Wasser. Die so hergestellte Lsg. hat einen Gerbstoffgeh. von 43,5%, eine Anteilzahl von 80,6, SZ. 69 u. p_H 2,75. Die Alleingerbung mit solchen Lsgg. erfolgt in üblicher Weise. Die erhaltenen Leder sind voll u. von vegetabil. Charakter; sie sind tiefschwarzblau u. besitzen metall. Oberflächenglanz. (**D. B. P. 927 045** Kl. 28a vom 25/10. 1953, ausg. 28/4. 1955. Anmeldung bekanntgemacht 7/10. 1954.) TH. SEIZ. 8337

Wickrather Lederfabrik (vorm. Z. Spier) Akt.-Ges. (Erfinder: **Dietrich Grosse**), Wickrath, *Herstellung von Leder mit einem künstlichen Narbenbild,* dad. gek., daß man einen künstlichen Narben auf die zweckmäßig gepickelten Blößen aufpreßt u. anschließend mit schnell angerbenden mineral., pflanzlichen oder synthet. Gerbstoffen ohne Bewegung des Gerbgutes gerbt. Man kann schwach angegerbte Blößen verwenden. Auch kann der Gerbprozeß unter der bekannten Anwendung von Ultraschall durchgeführt werden.— Z. B. werden für Handschuhleder geäscherte u. gebeizte neutrale bis schwach alkal. Lammblößen mit 100 (%) W., 20 NaCl, 5 Alaun u. 2 eines techn. Gemisches niedermol. Carbonsäuren 90 Min. gepickelt. Nach dem Abtropfen, Abwelken u. Ausrecken wird abgelüftet, mit einer hydraul. Presse ein Schweinsnarben bei 35° aufgepreßt u. in einer Cr-Brühe, die aus 30 g Cr-Gerbstoff (mit 25% Cr_2O_3, $^6/_{12}$ Basizität) sowie 0,5 g äthoxyliertem Fettalkohol pro Liter W. besteht, unter Anwendung von Ultraschall eingehängt. Über Nacht bleiben die Felle in der Cr-Brühe u. werden dann in üblicher Weise fertiggestellt. Man erhält ein rein chromgares Handschuhleder mit einem künstlichen Schweinsnarben. (**D. B. P. 926 875** Kl. 28a vom 6/2. 1954, ausg. 25/4. 1955. Anmeldung bekanntgemacht 23/9. 1954.) TH. SEIZ. 8341

XXII. Leim. Klebstoffe usw.

R. Gorodetzkaja, M. Scheremet, M. Schachnasarowa, A. Kasakow, W. Mirsojewa, Je. Michailowa, D. Wirnik, W. Smirnowa, Je. Tjunina, S. Bondarewa und **R. Jessakowa,** *Reserven der Gelatineindustrie.* Die Ursachen der verringerten Ausbeuten in der Gelatinefabrikation, bes. in der wärmeren Jahreszeit, sind die erhöhten Tempp. bei der Maceration u. bes. bei der Kälkung u. zu hohe Konz. der HCl. Die Temp. soll auf 15° festgelegt werden, die Konz. der HCl auf 5%. Falls jedoch eine durch die Witterung bedingte Temperaturerhöhung eintritt, soll die Konz. der HCl auf 2,5—2,7% herabgesetzt werden. Eine gewisse Dauer der Kälkungszeit — bis zu 35 Tagen — ist erforderlich, um eine hohe Viscosität der Gelatine zu erzielen. (Мясная Индустрия СССР [Fleisch-Ind. UdSSR] **23.** Nr. 6. 45—49. Nov./Dez. 1952. Moskau, Allunions Wiss. Forschungsinst. der Fleischind. u. Gelatinefabrik.) J. V. SCHROEDER. 8384

Bror Sorsa, *Trocknen von Leimen durch Hochfrequenzerhitzen.* Trocknen durch Hochfrequenzerhitzen ist nur bei geeigneten Leimarten, wie Melamin-, sauer kondensierten Phenol-, Carbamid- u. Resorcin-Formaldehydleimen möglich. — Die Technik der Hochfrequenztrocknung, bes. bei der Sperrholzherst., wird besprochen. (Valtion tekn. Tutkimuslaitos, Tiedoitus [Statens-tekn. Forskningsanst., Medd.] **1954.** Nr. 132. 1—25.) S. BECKMANN. 8384

Phillips Petroleum Co., übert. von: **Rufus V. Jones,** Bartlesville, Okla., V. St. A., *Herstellung von Chitinsulfat.* Man behandelt Chitin in der Wärme mit einem Komplex aus SO_3 u. Pyridin, Dioxan, N.N-Dimethylanilin oder $\beta.\beta$-Dichlordiäthyläther in Ggw. eines als Lösungsm. dienenden tert. Amins. Gleichzeitig oder anschließend setzt man mit Metallionen um, die z. B. von NaOH, NaCl, NaBr oder anderen Salzen geliefert werden. — *Verdickungsmittel für Klebstoffe.* (**A. P. 2 689 244** vom 23/6. 1950, ausg. 14/9. 1954.) K. FABEL. 8381

Phillips Petroleum Co., übert. von: **Rufus V. Jones,** Bartlesville, Okla., V. St. A., *Herstellung von Alkalisalzen von sauren Polysaccharidschwefelsäureestern.* Anwendung des Verf. gemäß A. P. 2 689 244 (vgl. vorst. Ref.) auf *Cellulose, Inulin, Stärke* u. *Dextrin.* — *Verdickungsmittel für Klebstoffe.* (**A. P. 2 697 093** vom 16/12. 1949, ausg. 14/12. 1954.) K. FABEL. 8381

Reardon Co., übert. von: **Frank X. Grossi,** St. Louis, Mo., V. St. A., *Tapetenkleister,* bestehend aus 10—11 (Teilen) Methylcellulose, 7—8 NaCl u. Wasser. (**A. P. 2 689 184** vom 4/6. 1952, ausg. 14/9. 1954.) C. LÜTTGEN. 8389

British Thomson-Houston Co. Ltd., London, England, *Klebstoff,* bes. zum *Verbinden* von *Metallen,* bestehend aus a) 30—80 (%) eines harzartigen Kondensationsprod. aus Epichlorhydrin, u. Bis-(4-oxyphenyl)-dimethylmethan u. b) 20—70 eines organ. Diisocyanats der Formel ZCNRNCZ (R = Alkylen, Z = O oder S), z. B. Methylen-bis-(4-phenylisocyanat). (**E. P. 693 747** vom 9/1. 1950, ausg. 8/7. 1953. A. Prior. 19/1. 1949.) C. LÜTTGEN. 8389

John Frederick Randerson, Canterbury, England, *Plastische Klebmischung,* bestehend aus je zur Hälfte Chicle-Kautschuk (Achras sapota) u. einer Mischung von $^2/_3$ Kautschuk u. $^1/_3$ S. Verwendung zum Verbinden der Teile von anatom. Modellen, z. B. von Skeletten. (**E. P. 711 858** vom 27/7. 1949, ausg. 14/7. 1954.) W. OVERBECK. 8389

XXIII. Tinte. Hektographenmassen und andere Spezialpräparate.

C. S. Harman, *Die Herstellung von Schreibtinten.* Allg. Ausführungen. (Manufact. Chemist **24.** 463—67. Nov. 1953.) M. WINIKER. 8420

A. B. Dick Co., V. St. A. (Erfinder: **Keith S. Hoover**), *Herstellung von Vervielfältigungsschablonen.* Man bringt eine aus thermoplast., für Druckfarbe undurchdringlichem Material bestehende Folie in Kontakt mit dem zu reproduzierenden Original u. läßt auf das Ganze an infraroten Strahlen reiches Licht einwirken. Die Strahlung wird von den dunklen Buchstaben absorbiert u. in Wärme verwandelt, welche auf der Folie farbdurchlässige Vertiefungen hervorruft. — Abbildungen. (**F. P. 1 064 683** vom 1/8. 1951, ausg. 17/5. 1954. A. Prior. 8/8. 1950.) T. OPPERMANN. 8423

Victor E. Chartrand und **Paul E. James,** Dallas, Tex., V. St. A., *Herstellung von Abziehbildern.* Das Bild wird auf die auf dem Papier befindliche wasserlösl. Schicht aufgedruckt u. dann mit einem in W. unlösl. Lack überzogen, der auch nach dem Trocknen klebrig bleibt u. zur besseren Handhabung des Papiers mit einer wasserlösl. Schicht abgedeckt wird. — Angaben über Zus. des Lackes u. der Schichten. (**A. P. 2 641 562** vom 2/11. 1950, ausg. 9/6. 1953.) F. LAASS. 8499

XXIV. Photographie.

H. O. Dickinson und **D. J. Fry,** *Photographische Materialien und Verfahren.* Fortschrittsbericht 1950. — 199 Literaturhinweise. (Rep. Progr. appl. Chem. **35.** 371—87. 1950.) M. WINIKER. 8590

H. O. Dickinson und **D. J. Fry,** *Photographische Materialien und Verfahren.* (Vgl. vorst. Ref.) Fortschrittsbericht 1951. — 62 Literaturhinweise. (Rep. Progr. appl. Chem. **36.** 198—210. 1951.) M. WINIKER. 8590

Karl-Richard Dorfner und **Georg Joos,** *Zur Lumineszenz photographischer Halogensilbergelatineschichten bei tiefen Temperaturen.* Die Lichtempfindlichkeit handelsüblicher photograph. Schichten nimmt zwischen —25 u. —40° sehr stark ab. Ursache dafür ist, daß ein Teil der lichtelektr. ausgelösten Elektronen, die bei Zimmertemp. zur Keimbildung führen, bei tiefer Temp. unter Lichtemission wieder gebunden werden. Vff. untersuchten das bei tiefen Tempp. auftretende Leuchten unter Trennung der Luminescenz des Bromsilberkorns von der der Gelatine. Als erregende Strahlung wurde das nahe UV (366 mm) verwendet, das Luminescenzlicht wurde durch SCHOTT-Filter in 4 Spektralbereiche zerlegt u. mittels Photozelle mit Sekundärelektronenvervielfacher u. Spiegelgalvanometer gemessen. Es ergab sich, daß die Gelatine von ca. —40° ab schwach bläulichweiß leuchtet, während das gelbgrüne Leuchten des Bromsilberkorns erst unterhalb —150° einsetzt. Das Leuchten der Gelatine ist wenig temperaturabhängig; das Kornleuchten nimmt mit abnehmender Temp. stark zu. Wenig Nachleuchten. Aus den Verss. geht hervor, daß der Beginn des Fluorescenzleuchtens des AgBr durch ein breites Temperaturintervall vom Beginn des Abfalls der Empfindlichkeit getrennt ist. In diesem Gebiet wird die gegenüber Zimmertemp. photochem. nicht genützte Energie ganz in Wärme verwandelt; auch bei —190° deckt die gesamte Fluorescenzstrahlung die ungenützte Energie noch nicht. Bei —40° ist die Wärmebewegung schon so vermindert, daß die für die Bildung des Keimes erforderliche Ionenwanderung ernstlich behindert ist. Sie reicht jedoch hin, um die Fluorescenz durch einen noch nicht geklärten Mechanismus zu löschen. (S.-B. math.-naturwiss. Kl. bayer. Akad. Wiss. München **1953**. 63—67.) J. SCHLEEDE-GLASSNER. 8596

G. P. Fajernan und **N. N. Schischkina**, *Elektronenmikroskopische Untersuchung der entwickelten Körner photographischer Emulsionen*. Vff. untersuchen elektronenmkr. die chem. entwickelten Ag-Körner photograph. Emulsionen. Als Entwickler diente folgende Lsg.: 0,03 Mol Hydrochinon, 0,20 Mol Na_2SO_3, 0,20 Mol Na_2CO_3 u. wechselnde Mengen KBr, aufgefüllt auf 1000 cm³ Wasser. Die Lsgg. enthielten 0,01, 0,03, 0,52 u. 0,70 Mol KBr. Entwickelt wurden Filmstreifen 3×12 in 200 cm³ Entwickler bei 20° 4—90 Minuten. Die Sensitometerstreifen von gewünschter D. wurden durch warmes W. von der Gelatine befreit u. die suspendierten Ag-Körner auf den Halter des Elektronenmikroskops (Metallnetz von 2 mm Durchmesser mit 100 Maschen 0,1×0,1 mm) aufgetragen. Die Vergrößerung war 6000fach bei D = 0,8. Bei Entw. mit 0,01 u. 0,03 Mol KBr bestanden die Ag-Körner aus einem dichten Geflecht von Fäden, bei höherem KBr-Geh., das heißt bei stärkerer Löslichkeit des AgBr, aus einzelnen dicken u. kurzen Fäden teilweise zu Klumpen zusammengeballt. Verss. ergaben, daß die Veränderung der Körnerform nicht von der Verzögerung der Entw. verursacht wird. Es ist möglich, daß diese Veränderung der Ag-Körner durch Komplexsalze $Ag\text{-}Na_2S_2O_3$ verursacht wird, deren Zus. nicht feststeht u. die teilweise vom Entwickler red. werden. Vff. halten es für möglich, daß hierbei auch eine physikal. Entw. stattfindet. Die Ag-Körner höherer Schwärzungen sind kompakter u. haben einen größeren Durchmesser. Die Unterss. des Schleiers zeigten, daß es sich hierbei um kompakte Ag-Kristalle handelt. (Журнал Прикладной Химии [J. angew. Chem.] **25**. 776—81. Juli 1952.) H.-A. OEHRN. 8596

A. L. Kartushanski, *Nichterfüllung des photochemischen Reziprozitätsgesetzes für photographische Schichten*. (Vgl. C. **1953**. 4803. 9371.) Zusammenfassende krit. Übersicht über die Nichterfüllung des Reziprozitätsgesetzes für photograph. Schichten bei kontinuierlicher u. nichtkontinuierlicher Belichtung u. über die Abweichungen vom Gesetz u. ihre Abhängigkeit von der Art der Emulsionen. — 50 Literaturangaben. (Успехи Физических Наук [Fortschr. physik. Wiss.] **51**. 161—203. Okt. 1953.) H.-A. OEHRN. 8598

L. Roosens, *Organische Farbstoffe in der Photographie*. Übersicht über die photograph. Gebiete, in denen organ. Farbstoffe angewandt werden, die Filterfarbstoffe, Antihalofarbstoffe, Sensibilisatoren u. Desensibilisatoren u. die farbenphotograph. Verff. (Verff., die auf der Ggw. von Ag, der Bldg. von Kolloidreliefs u. der Einw. von Licht auf Farbstoffe beruhen). — 279 Schrifttumhinweise. (Ind. chim. belge **19**. 1034—50. Okt. 1954. Mortsel-Antwerpen, N. V. Gevaert Photo-Producten, Diensten voor Scheik. Onderz.) W. WESLY. 8604

E. G. Bobalek, L. R. Lebras, A. S. Powell und **William von Fischer**, *Mikrostruktur von Farbfilmen*. Zur Unters. der Mikrostruktur von Farbfilmen wurde das Elektronenmikroskop mit Erfolg benützt. Untersucht wurden: die makromol. Struktur des Harzbindemittels, Ausflockung, Sedimentation u. andere Inhomogenitäten der Pigmentteilchen im Film u. Struktur der Zwischenräume im Film. Wegen der verhältnismäßig großen Filmdicke ist eine direkte Betrachtung nicht möglich. Es wurden zwei Verff. ausgearbeitet, welche Abdrücke der oberen u. der unteren Filmfläche abzunehmen gestatten. Entweder wird der Farbfilm mit einem dünnen Ag-Überzug u. mit Polyvinylalkohol (I) schließlich mit einem SiO_2-Film überzogen, Ag u. I-Film dann durch HNO_3 entfernt u.

das SiO_2-Positiv mit Cr getönt oder es wird ein I-Film aufgetragen, mit SiO_2 überzogen, der I-Film hierauf durch W. entfernt u. mit Cr getönt. Aus der bildlich dargestellten Verteilung der Pigmente werden Schlüsse auf Beeinflussung des Farbfilmglanzes gezogen. Die Beeinflussung durch Pigmentmischungen u. die Adhäsion der Farbfilme werden erörtert. (Ind. Engng. Chem. **46**. 572—77. März 1954. Cleveland, O., Case Inst. of Technol.) K. STEINER. 8630

E. Je. Wainstein, *Verallgemeinerte Gleichung zur Umwandlung der Schwärzungsfunktion.* Die übliche photograph. Meth. der Registrierung von Spektren beruht auf der Best. der Schwärzungsdichte $D = -\lg T$, wo T der Durchlässigkeitskoeff. der Emulsion ist u. nur in einem engen Bereich der Schwärzungsänderung geradlinig ist nach $D = \gamma \lg I - i_D$. Alle Verss. die Kurve geradlinig zu machen basieren auf der Gleichung (1) $P = \lg(1-T)^n/T$ wobei $(1-T)/T$ das Verhältnis der adsorbierten zu der durch die Emulsion durchgelassenen Lichtmenge ist. Falls n nicht = 1 u. unabhängig von D ist, kann (1) nach HONERJÄGER u. KAISER (C. **1949**. E. 908) umgewandelt werden. Bei $n = 1 - l$ (l = Konstante) folgt aus (1) $P = W - l \lg(1-T)$, oder, da $\lg(1-T) = W - D$ ist, folgert (2) $P = W + l(D - W)$, die Anwendbarkeit ist anscheinend begrenzt, bei Schwärzungen unter 0,15—0,1 ist sie ungültig. Falls $l = 1/2$ so kann (2) in $P = (D + W)/2$ umgewandelt werden, die nach HONERJÄGER u. KAISER (C. **1945**. I. 1508) die charakterist. Emulsionskurve für das UV-Gebiet „ausrichtet". Sie ist für Schwärzungen über 0,1 gültig. Allg. ist n abhängig von D u. ist annähernd $n = 1 - l + (A/D^2)$; Substitution in (1) ergibt $P = lS + (1 - l)W + [A(D - W)/D^2]$ in Übereinstimmung mit der von KAISER (l. c.) vorgeschlagenen Formel. (Доклады Академии Наук СССР [Ber. Akad. Wiss. UdSSR] [N. S.] **92**. 723—25. 1/10. 1953. Wernadski-Inst. für Geochem. u. analyt. Chem. der Akad. der Wiss. der UdSSR.) H.-A. OEHRN. 8660

Ilford Ltd., Ilford, England (Erfinder: **John David Kendall** und **Druglas James Fry**), *Polymethinfarbstoffe* der allg. Formel I (R_1 u. R_3 = Alkyl, Oxyalkyl oder Aralkyl; D_1 u. D_2 = 5- oder 6gliedriger heterocycl. Rest; X = Säurerest, n, x, y u. m = Null oder 1; Z = $=NR_4$, wobei R_4 = Alkyl, Cycloalkyl, Aralkyl oder Aryl) erhält man durch Rk. von Verbb. der Zus. I, in denen Z = $-NHR_4$ bedeutet, mit einer starken Base; die zuletzt genannten Verbb. können durch Rk. mit Verbb. der Zus. R_5X (R_5 = Alkyl oder Aryl; X = Rest einer starken Säure) in die entsprechenden quaternären Ammoniumsalze der Zus. I, in denen Z = $-NR_4R_5$ bedeutet, übergeführt werden. —

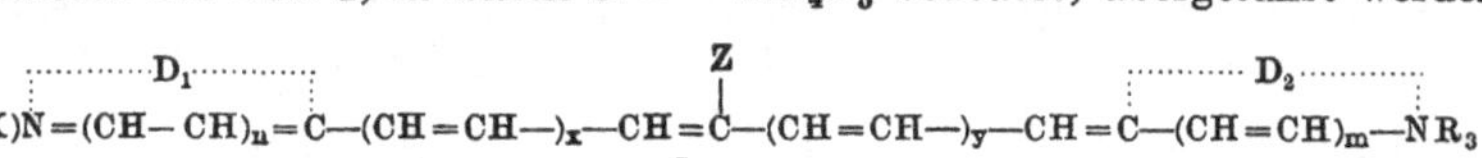

I

3.3'-Dimethyl-9-anilinothiacarbocyaninbromid in CH_3OH + NaOH → *1.3-Bis-(3-methyl-2.3-dihydrobenzthiazolyliden)-2-(phenylimino)-propan*, F. 197°. — *1-(3-Methyldihydrobenzthiazolyliden)-3-(3-äthyldihydrobenzthiazolyliden)-2-methyliminopropan*, F. 134 bis 137°. — *3-Methyl-3'-äthyl-9-(methylcyclohexylamino)-thiacarbocyaninjodid*, F. 160 bis 163°. — *3-Methyl-3'-äthyl-9-(methyl-p-toluidin)-oxathiacarbocyaninperchlorat*, F. 220 bis 224°. — *Photosensibilisatoren.* (**E. P. 684 650** vom 5/3. 1951, ausg. 24/12. 1952. **Zusatz zu E. P. 684 622; C. 1955. 7130.**) U. SIEVERS. 8605

E. I. du Pont de Nemours & Co., übert. von: **Elmore Louis Martin,** Wilmington, Del., V. St. A., *Sensibilisatoren* mit ausgeprägter Grünlücke bilden symm. 5-Carbalkoxxbenzthiazolcarbocyanine, bei denen das Zentral-H-Atom der Trimethincyaninkette gegebenenfalls durch eine Alkylgruppe R'' mit 1—3 C-Atomen substituiert ist u. die die allg. Formel I besitzen. Hierin ist R=R'' oder eine Benzylgruppe u. X ein Säurerest. Herst. nach bekannten Verff., z. B. durch Quaternierung eines 2-Methyl-5-carbalkoxybenzthiazols mit 2—5 C-Atomen in der Carbalkoxygruppe u. Kondensierung des Reaktionsprod. mit einem Monocarbonsäureorthoester, wobei beide Rkk. in ein u. derselben Lsg. ausgeführt werden können. Auf diese Weise werden z. B. gewonnen: *3.3'-Diäthyl-5.5'-dicarbomethoxythiocarbocyaninäthylsulfat*, purpurfarbige Kristalle, F. 280—282°, Absorptionsmaximum (AM): 635 mμ, Grünlücke zwischen 520 u. 550 mμ; *3.3'-Diäthyl-5.5'-dicarbomethoxy-9-methylthiacarbocyaninäthylsulfat*, purpurfarbige Kristalle, F. 259—260°, AM: 548 mμ, Grünlücke zwischen 500 u. 540 mμ. (**A. P. 2 647 052** vom 20/2. 1951, ausg. 28/7. 1953.) A. KALIX. 8605

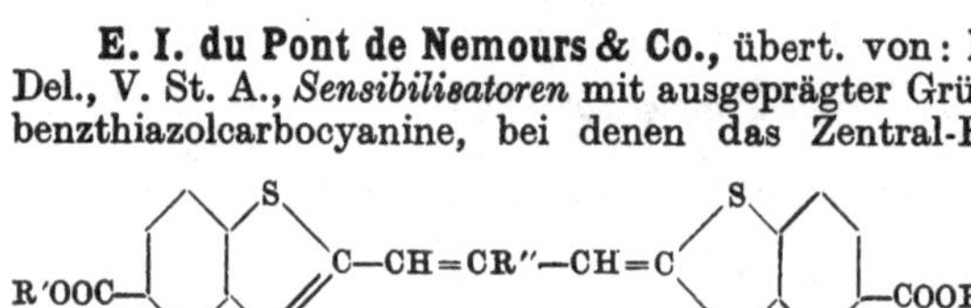

I

Eastman Kodak Co. (Erfinder: **Burt Haring Carroll**), Rochester, N. Y., V. St. A., *Supersensibilisierung.* Einer Halogensilber–Gelatine-Emulsion wird ein Farbstoffgemisch zugesetzt, das mindestens ein Diaryloxythiacarbocyanin der allg. Formel I u. mindestens ein komplexes Merocyanin der allg. Formel II enthält. Hierin bedeuten R u. R_1, R_2, R_3 u. R_4 Arylgruppen, Z u. Z_1 die zur Bldg. eines Benzothiazolkernes nötigen nichtmetall. Atome, X ein Anion, L eine Methingruppe, Z_2 die zur Bldg. eines Benzothiazol-, Naphthothiazol-, Benzoxazol- oder Chinolinkernes nötigen Atome; d u. n sind 1 oder 2. — Beispiel einer Kombination: 0,001 g 5-[(1-Äthyl-2(1)-β-naphthothiazolyliden)-α-äthyläthyliden]-3-β-methoxyäthyl-2-[3-β-methoxyäthyl-4-oxo-2-thiono-5-thiazolyliden]-4-thiazolidon + 0,080 g 8.10-Di-[p-methoxyphenoxy]-3.3'-dimethylcarbocyaninjodid auf 1 Mol Halogensilber. Herst. der Farbstoffe nach bekannten Verfahren. (**D. B. P. 926 586** Kl. 57b vom 27/2. 1953, ausg. 21/4. 1955. Anmeldung bekanntgemacht 23/9. 1954. A. Prior. 1/3. 1952.) A. KALIX. 8605

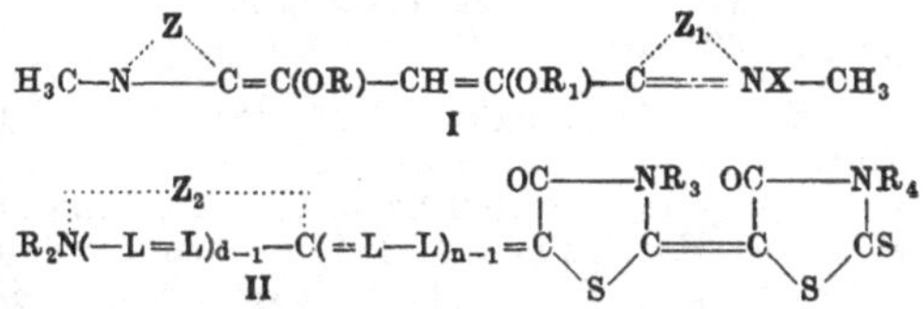

General Aniline & Film Corp., New York (Erfinder: **Newton Heimbach**, Johnson City), N. Y., V. St. A., *Oxy-aza-indolizinreste enthaltende Azoverbindungen* der allg. Zus. I bzw. II (R = Rest der Benzolreihe; R_2 = Aryl-, Alkyl- oder Aralkyl; R_1 = Aryl- oder heterocycl. Rest; R_3 u. R_4 = jeweils 1 C- u. 1 N-Atom oder umgekehrt; Z = eine zur Vervollständigung des Azaindolizinringes notwendige Atomgruppierung) werden durch Kondensation eines azogruppenhaltigen β-Ketocarbonsäureesters mit Aminoazol- bzw. Aminoindolderiv., bei dem die NH_2-Gruppe an den 5gliedrigen Azol- bzw. Indolkern gebunden ist, im Molverhältnis 1:1 erhalten. Die *Farbstoffe* werden gegebenenfalls in die Schwermetallkomplexe übergeführt. — Beispiele: 1-Aminonaphthalin-5.7-disulfonsäure → Acetessigsäureäthylester (**III**); man kondensiert mit 3-Amino-1.2.4-triazol (**VII**). — 1.3-Diamino-2-methylbenzol-5-sulfonsäure (**IV**) → **III** u. mit **VII** kondensiert. — 1-Amino-4-nitrobenzol-2-sulfonsäure (**VI**) → **III** u. mit **VII** kondensiert. Man red. die Nitroverb. mit H_2S → 1-Oxynaphthalin-4.8-disulfonsäure. — Ähnliche Farbstoffe erhält man durch Kondensation von 5.7-Disulfonaphthalin-1-azoacetessigsäureäthylester mit 2-Aminobenzimidazol (**V**), von 4-Phenylarsinsäure-1-azoacetessigsäureäthylester mit **V**, von 4-Sulfobenzol-1-azoacetessigsäureäthylester mit 2-Aminoindol. — 1-Aminonaphthalin-5-sulfonsäure → Butyrylessigsäureäthylester u. mit **VII** kondensiert. — **VI** → Benzoylessigsäureäthylester u. mit **VII** kondensiert. — 4-Amino-1-oxybenzol → **III** u. mit **VII** kondensiert. — 1-Aminobenzol-4-sulfonsäure → 4-Nitrobenzoylessigsäureäthylester u. mit 3-Amino-5-methyl-1.2.4-triazol kondensiert. — **VI** → **III** u. mit 2-Amino-5-nitrobenzimidazol kondensiert. — 2-Aminothiazol → **III** u. mit **VII** kondensiert. — 1-Aminonaphthalin-3.6.8-trisulfonsäure → **III** u. mit 2-Amino-α-naphthimidazol kondensiert. — Die gelben bis roten Verbb. dienen als *Filter* u. *Lichthofschutzmittel* in der *Photographie.* (**D. B. P. 882 883** Kl. 22a vom 1/1. 1949, ausg. 13/7. 1953. A. Prior. 19/4. 1944.) U. SIEVERS. 8613

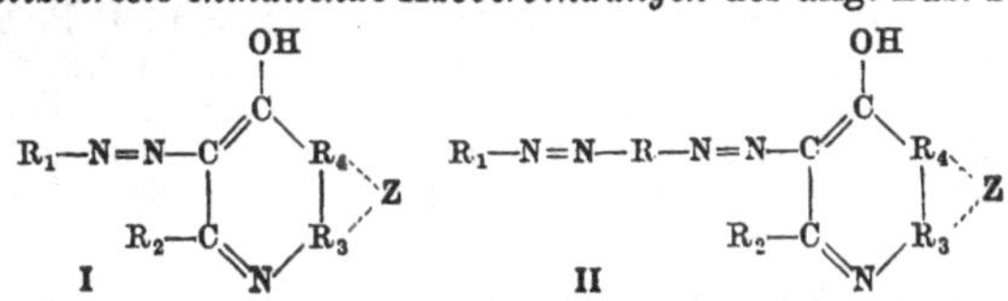

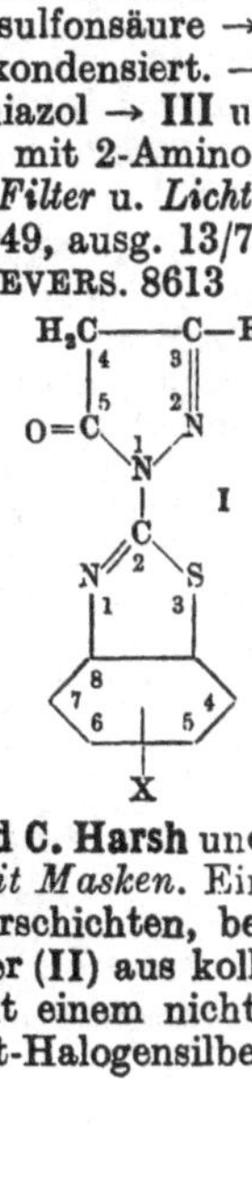

— (Erfinder: **Alfred Fröhlich und Wilhelm Schneider**, Dessau), *Herstellung subtraktiver Mehrfarbenbilder mittels Farbentwicklung.* Zur Herst. des Purpur-Teilbildes wird eine Farbstoffkomponente der Formel I in der Emulsion verwendet, worin R einen organ. Substituenten, der die Diffusionsfähigkeit des Pyrazolons in Kolloiden herabsetzt, u. X eine saure Gruppe bedeutet. Genannt ist 1-[-x'-Sulfobenzthiazolyl-(2')]-3-heptadecyl-5-pyrazolon. (**D. P. [DDR] 4 273** Kl. 57b vom 30/3. 1943, ausg. 9/9. 1954 [Ausschließungspatent].) G. GROTE. 8631

General Aniline & Film Corp., New York, N. Y., übert. von: **Harold C. Harsh** und **Joseph S. Friedman**, Binghamton, N. Y., V. St. A., *Mehrfarbenbilder mit Masken.* Ein Mehrschichtmaterial mit blau, rot u. grün sensibilisierten Halogensilberschichten, bei dem sich oben die blau empfindliche Schicht (**I**) u. darunter ein Gelbfilter (**II**) aus koll. Ag befindet, wird nach bildmäßiger Belichtung zuerst farbig, dann mit einem nichtkuppelnden Entwickler bis γ_∞ entwickelt. Anschließend wird aus I das Rest-Halogensilber mit einem hochviscosen Fixierbad entfernt, weiterhin das Ag aller Schichten einschließlich II in AgCl umgewandelt, aus allen Schichten nur das AgCl herausgelöst (z. B. mit $NH_3 + NH_4Cl$), das Rest-Halogensilber allg. belichtet, schwarzweiß entwickelt u. fixiert. (**A. P. 2 635 959** vom 16/10. 1946, ausg. 21/4. 1953.) A. KALIX. 8631

Kodak Ltd., London, übert. von: **Edward Allen Smith,** Rochester, N. Y., V. St. A., *Farbentwicklung von Mehrschichtmaterial.* Zur Vermeidung einer Überentw. u. Verschleierung der obersten Schicht, solange die übrigen noch nicht durchentwickelt sind, wird dem Farbentwickler der üblichen Zus. auf 1 Liter ca. 0,1 g eines Mercaptoazols zugesetzt, z. B. 1-Phenyl-5-mercaptotetrazol, 4-Phenyl-2-mercaptothiazol, 2-Mercaptobenzoxazol, 1-α-Naphthyl-5-mercaptotetrazol. (**E. P. 711 025** vom 13/11. 1952, ausg. 23/6. 1954. A. Prior. 14/11. 1951.) A. KALIX. 8631

Nachoum Kaganský, Frankreich, *Betitelung kinematographischer Filme.* Der Film wird mit einer säurefesten Schutzschicht (Paraffin) bedeckt, in welche die Lettern des Textes unter Erhitzung eingedrückt werden, worauf das Ag der Emulsionsschicht mittels HNO_3 u. HCl entfernt wird. Nach Fixieren mit $Na_2S_2O_3$ u. Waschen wird die Schutzschicht entfernt. Vgl. Schwz. P. 282 752; C. **1954.** 6158. (**F. P. 999 877** vom 22/1. 1946, ausg. 5/2. 1952.) G. GROTE. 8641

Alain de Kerhor, Roger Lagarrigue und **Jacques Schmucki,** Frankreich, *Lichtdruckformen.* Es werden Al-Platten verwendet, die in üblicher Weise mit einer Ätzschutzschicht aus Emaillack oder dgl. überzogen sind. Vor dem Kopieren werden sie in einem $FeCl_3$-Bad u. zum Ätzen in einem gleichen Bad unter Zusatz von Meersalz u. gegebenenfalls Gummi arabicum behandelt. (**F. P. 973 710** vom 20/11. 1941, ausg. 14/2. 1951.) G. GROTE. 8645

British Cellophane Ltd., Bridgwater, England (Erfinder: **William Berry, Charles Robert Oswin** und **Richard Arthur Rose**), *Heiß siegelfähiger feuchtigkeitsdichter Filmeinwickler,* bestehend aus einer dichten, schwer schmelzbaren Schicht von polymerem Vinylidenchlorid (I) mit einem heiß siegelbaren Überzug aus einem Michpolymerisat von I u. bis 12% Acrylnitril, Methylmethacrylat, Äthylacrylat, Vinylchlorid, -acetat oder Styrol. Die Trägerschicht soll 60—95% der Filmstärke ausmachen. (**E. P. 680 711** vom 9/3. 1949, ausg. 8/10. 1952.) H. MÖLLERING. 8655

Chemische Fabriek L. van der Grinten, übert. von: **Lodewijk Pieter Frans van der Grinten, Pieter Antoon Willem van der Grinten** und **Karel Jozef van der Grinten,** Venlo, Holland, *Diazokomponenten für die Diazotypie.* Für Kupplungen in saurer u. neutraler Lsg. eignen sich bes. Verbb. der allg. Formel I, in der R_1 u. R_2 gegebenenfalls substituierte Alkyl-, Cycloalkyl-, Aralkyl- oder Alkenylgruppen darstellen. Sie können in Ein- u. Zweikomponentenschichten verwendet werden. Geeignet sind z. B.: 1-Diazo-4-diäthylamino-, 1-Diazo-4-(N-methyl-N-allyl)-amino-, 1-Diazo-4-(N-methyl-N-phenyläthyl)-amino, 1-Diazo-4-(N-äthyl-N-β-oxyäthyl)-amino- u. 1-Diazo-4-(N-äthyl-N-3′-chlorbenzyl)-amino-3-jodbenzol. (**E. P. 682 353** vom 12/9. 1950, ausg. 5/11. 1952. Holl. Prior. 27/9. 1949.) A. KALIX. 8647

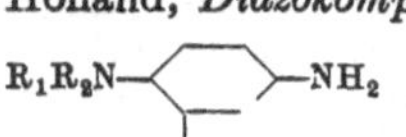

I

Agfa Akt.-Ges. für Photofabrikation (Erfinder: **Edith Weyde**), Leverkusen, *Bildverbesserung beim Silbersalz-Diffusionsverfahren.* Die Vergilbung des Weißen in den Positiven, die nach einiger Zeit durch die in der Schicht verbliebenen Reste von Entwickler, Alkali, Halogensilber-Lösungsmittel usw. verursacht wird, kann dadurch verhindert werden, daß den Schichten oder den Behandlungsbädern Salze von schwachen oder mittelstarken Basen mit organ. oder anorgan. Säuren zugesetzt werden u. der p_H-Wert der Schicht mit dem fertigen Bild auf höchstens 8 gebracht wird. Bes. geeignet sind Triäthanolaminsalze. (**D. B. P. 923 892** Kl. 57b vom 23/8. 1952, ausg. 21/2. 1955. Anmeldung bekanntgemacht 15/7. 1954.) A. KALIX. 8649

Herausgeber u. verantwortlich für den Inhalt: Prof. Dr. Maximilian Pflücke, Berlin NW 7, Schiffbauerdamm 19, Fernsprecher: 42 55 71. Redaktion: Chefredakteure Dr. Eugen Klever und Prof. Dr. Maximilian Pflücke. Verlag: Akademie-Verlag GmbH, Berlin W 8, Mohrenstraße 39 (Fernsprecher 20 03 86, Postscheckkonto Berlin 35021), u. Verlag Chemie, GmbH, Weinheim/Bergstraße (Postscheckkonto Frankfurt/M. 145314 u. Berlin [West] 7430, Fernsprecher: Weinheim 2017). Bestell- u. Verlags-Nr. dieses Heftes: 1007/126/39. Das Chemische Zentralblatt erscheint wöchentlich. Satz u. Druck: VEB Leipziger Druckhaus, Leipzig, III/18/203. IX. 55.
Veröffentlicht unter der Lizenznummer 1212 des Amtes für Literatur und Verlagswesen der Deutschen Demokratischen Republik.
Printed in Germany DDR.

FSC
www.fsc.org
MIX
Papier | Fördert gute Waldnutzung
FSC® C083411

Zeitfracht Medien GmbH
Ferdinand-Jühlke-Straße 7
99095 Erfurt, Deutschland
produktsicherheit@kolibri360.de